岩土工程施工技术与装备新进展 2022

——第四届全国岩土工程施工技术与装备创新论坛论文集

NEW PROGRESS IN CONSTRUCTION TECHNOLOGY AND EQUIPMENT OF GEOTECHNICAL ENGINEERING

王卫东　沈国勤　主编

中国建筑工业出版社

图书在版编目（CIP）数据

岩土工程施工技术与装备新进展＝NEW PROGRESS IN CONSTRUCTION TECHNOLOGY AND EQUIPMENT OF GEOTECHNICAL ENGINEERING. 2022：第四届全国岩土工程施工技术与装备创新论坛论文集/王卫东，沈国勤主编. —北京：中国建筑工业出版社，2023.5

ISBN 978-7-112-28628-7

Ⅰ. ①岩… Ⅱ. ①王… ②沈… Ⅲ. ①岩土工程-学术会议-文集 Ⅳ. ①TU4-53

中国国家版本馆 CIP 数据核字（2023）第 069590 号

责任编辑：杨 允 李静伟
责任校对：张 颖

岩土工程施工技术与装备新进展 2022

——第四届全国岩土工程施工技术与装备创新论坛论文集

NEW PROGRESS IN CONSTRUCTION TECHNOLOGY AND EQUIPMENT OF GEOTECHNICAL ENGINEERING

王卫东 沈国勤 主编

*

中国建筑工业出版社出版、发行（北京海淀三里河路 9 号）

各地新华书店、建筑书店经销

霸州市顺浩图文科技发展有限公司制版

建工社（河北）印刷有限公司印刷

*

开本：787 毫米×1092 毫米 1/16 印张：25½ 字数：619 千字

2023 年 6 月第一版 2023 年 6 月第一次印刷

定价：**99.00** 元

ISBN 978-7-112-28628-7

（40809）

第四届全国岩土工程施工技术与装备创新论坛
编辑委员会

前　言　Preface

随着国家“新基建”等重大战略的提出，当前社会经济发展方式正发生深刻变革，加速向数字化、绿色低碳的方向发展。城乡建设领域的低碳减排是实现“碳达峰、碳中和”国家战略的重要环节，实施城市更新行动也成为新型城镇化发展背景下城市建设的新动能。新形势下如何进一步推动岩土工程技术与装备向绿色低碳、数字化、智能化方向发展，实现节能减排、环境低影响，服务城市更新需求，是岩土工程面临的重大挑战。

近年来，国内外学者和工程界在岩土工程装备制造方面取得了大量的创新性研究成果和工程经验，为促进岩土工程装备学术成果与工程经验的交流，中国土木工程学会土力学及岩土工程分会于2016年、2018年和2020年分别在上海、郑州、武汉主办了第一届至第三届全国岩土工程施工技术与装备创新论坛，对施工新技术和装备在全国的推广起到了积极推动作用。为进一步促进学术与工程交流，第四届全国岩土工程施工技术与装备创新论坛将于2022年11月18日在宜兴召开。会议围绕“岩土工程绿色、低碳、低扰施工新装备与新技术”主题，针对新基建中岩土工程规划、勘察、设计、施工、监（检）测、运维等贯穿岩土工程全过程的系列问题进行研讨。本次会议旨在为国内外同行提供一个开放的交流平台，相互交流岩土工程施工技术与装备相关领域近年来取得的新进展，共同探讨岩土工程面临的挑战和发展的趋势。

本次会议自通知发出后，得到了国内业界专家学者的积极响应，共计收到投稿50余篇，经过专家的严格评审，正式收录43篇于会议论文集中，涵盖“施工设计与理论”“施工设备”“施工技术”和“施工监测与监测技术”等方向。

感谢主办单位、承办单位、协办单位和支持单位对会议的主持召开及论文集的编辑出版做出的贡献，感谢向本届会议投稿的作者和莅临本届会议的业内同行的大力支持，感谢审稿专家为论文评审工作付出的辛劳。谨向所有为本届会议的成功召开提供帮助的单位与个人表示诚挚的感谢！

第四届全国岩土工程施工技术与装备创新论坛组委会

2022年11月

目　录　Contents

一、施工设计与理论

二、施工设备

三、施工技术

四、施工监测与监测技术

一、施工设计与理论

预制混凝土扩体桩施工技术和设计理论创新及工程应用

周同和[1,2]，张浩[1]，郜新军[1]，郑华民[3]，乔博斐[1]，王中[1]，宋振亚[1]
（1. 郑州大学土木工程学院，河南 郑州 450001；2. 黄淮学院，河南 驻马店 463000；
3. 郑州大学综合设计研究院有限公司，河南 郑州 450002）

摘　要：预制混凝土扩体桩是一种新型桩基形式，长螺旋压灌植入法是其主要施工的方法，克服了预制桩穿越硬土层施工技术瓶颈，极大拓展了预制桩工程适用条件和应用范围。与水泥土复合桩相比，以水泥砂浆、细石混凝土为主要材料的扩体，具有较高的强度、均质和更好的质量可控性。理论与试验分析表明，在扩体桩施工工艺中植入预制桩的过程，对流态扩体材料具有挤密效应，加强了与土体的咬合；其胶凝材料向周围土中的扩散、渗透作用，可将桩侧相对光滑的“混凝土-土”界面转变为“包裹材料-土”界面，桩侧阻力由摩阻力、抗剪强度转化为粘结强度从而大幅度提高扩体桩桩侧阻力。介绍了两种扩体桩类型、相应的施工方法及其质量控制技术；提出了与施工工艺配套的单桩抗压、抗拔承载力计算理论及参数取值方法。结合工程试验和数值分析，验证了工艺可靠性和承载力计算理论方法的可行性。

关键词：扩体桩；施工工艺；作用机制；挤密效应；案例分析

Design Theory Innovation and Engineering Application of Reamed Precast Concrete Pile

Zhou Tonghe[1,2], Zhang Hao[1], Gao Xinjun[1], Zheng Huamin[3], Qiao Bofei[1], Wang Zhong[1], Song Zhenya[1]
(1. College of Civil Engineering, Zhengzhou University, Zhengzhou Henan 450001, China;
2. Huanghuai University, Zhumadian Henan, 463000, China; 3. Zhengzhou University Comprehensive Design and Research Institute Co., Ltd., Zhengzhou Henan, 450002, China)

Abstract: Reamed precast concrete pile is a new type of pile foundation, and the long helical grouting method is its main construction method, which overcomes the construction technical bottleneck of precast piles crossing hard soil layer, and greatly expands the applicable conditions and application areas of precast piles. Compared with the cement-soil composite pile, the reamed body with cement mortar or fine stone concrete as the main materials has higher strength, homogeneity and good quality controllability. The process of inserting the prefabricated pile has a compacting effect on the fluid reamed material, which strengthens the occlusion with the soil, and the diffusion and penetration of the cementitious material into the surrounding soil can make the relatively smooth " concrete-soil" interface on pile side transform into "reamed material-soil" interface. The pile side resistance is converted from frictional resistance and shear

基金项目：国家自然科学基金项目（51608490）。

strength to bond strength, thereby greatly improving the pile side resistance of the reamed pile. Two types of reamed piles, corresponding construction methods and quality control techniques are introduced. The calculation theory and parameter value method for single pile compressive and pull-out bearing capacity matched with construction technology are proposed. Combined with engineering experiments and numerical analysis, the feasibility of the theoretical method of process reliability and creativity calculation is verified.
Key words: Reamed piles; Construction technology; Mechanism; Compacting effect; Case analysis

0 引言

近年来，基础设施建设发展速度快、建设规模大、营建标准高，在安全、经济、绿色环保等方面对地基基础提出了更为严格的要求。钻孔灌注桩、预制桩等传统桩型虽然广泛应用于各领域的基础工程中，但其自身缺陷带来的诸多问题亦不容忽视。例如：钻孔灌注桩存在成桩工艺复杂、质量控制要求高和工程造价高等缺点，尤其采用泥浆护壁工艺时泥浆外运的环境问题直接限制其推广应用；预制桩超越硬土层困难，易引起爆桩，且作为一种挤土桩，其对周围土体的扰动问题，以及施工中易引起已压入桩的上浮、偏移和翘曲等问题不容忽视。

扩体桩作为一种新型的桩基形式，由混凝土桩或型钢外包裹水泥土混合料、水泥砂浆混合料、低强度等级混凝土等固结体而组成[1]，如图 1 所示。芯桩与外包裹固结体共同承担上部荷载，具有较高的单桩承载力、良好的抗渗性和经济环保等优势，可应用于桩基工程、基坑支护、软土地基处理等领域，受到了工程界和学术界的广泛关注。

广义上的扩体桩包含了已有的水泥土复合桩[2-4]、劲性搅拌桩[5,6]、高喷插芯组合桩[7,8] 等水泥土复合桩型，其结构特点与 SWM 工法型钢水泥搅拌桩、日本肋型钢管水泥土桩及欧美 Pin Pile 也较为相似[9]。自 20 世纪 70 年代日本首次研发应用 SWM 工法型钢水泥土搅拌桩以来，国内外对此类在水泥土搅拌桩中插设混凝土桩或型钢的组合截面桩开展了大量理论、试验和数值模拟研究[2-11]。研究成果表明：(1) 混凝土芯桩是主要承载构件，与外包水泥土界面通常具有足够的剪切强度将荷载有效的传递到桩周土体中[5,7,8,10,12]；(2) 水泥土复合桩桩土界面侧摩阻力普遍比混凝土桩土界面摩阻力高[3,5]；(3) 在混凝土芯桩与水泥土几何尺寸组合中，芯桩长度的影响效应高于芯桩横截面积的尺寸效应；且外包水泥土强度对组合桩承载性能和破坏模式影响显著[10]。

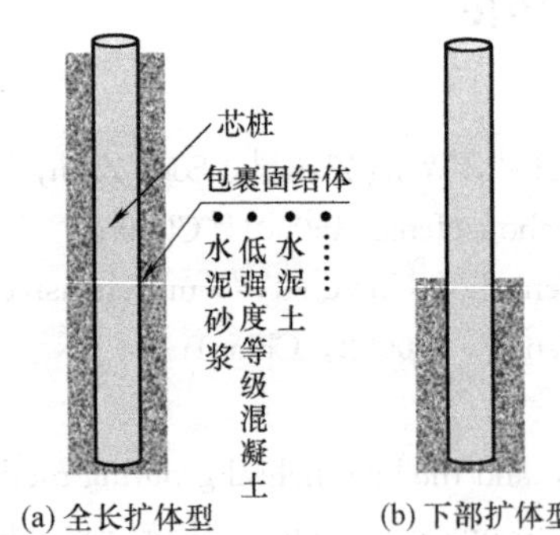

图 1 预制混凝土扩体桩示意图

受搅拌工法（干喷、湿喷）和高压旋喷工法的限制，此类组合桩多适用于相对软弱的软土地基，对硬黏土层、密实砂土层地基则成桩困难。周同和等[13,14] 通过引入长螺旋压灌浆工艺和取土喷射搅拌扩孔（机械扩孔）工艺，研发了预制混凝土扩体桩（简称 CMC 桩），其中全置换植入法的施工工艺如图 2 所示，桩截面材料相对均一、扩体材料强度相对较高（不小于10MPa）。应用于饱和软黏土等不宜直接采用预制桩的土层，硬黏土、密实粉土、密实砂土、卵石等直接采用预制桩施工较为困难的土层，拓展了组合截面桩的工程应用领域。

本文介绍两种长螺旋压灌浆植入预制桩的扩体桩施工工艺，通过作用机理分析，提出其抗压、抗拔承载力理论模型及计算参数，并通过现场试验与数值分析验证计算方法的可行性，为其在工程中的推广应用提供科学依据。

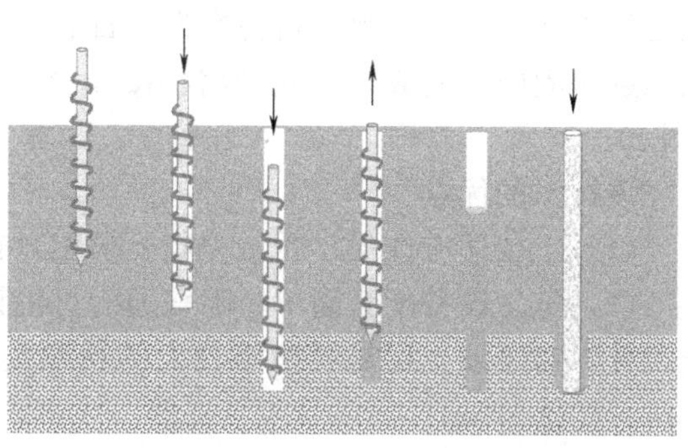
图2　长螺旋压灌扩体材料后植入成桩工艺

1　预制混凝土扩体桩施工技术创新

1.1　既有技术的优缺点与适用条件

前已述及，广泛意义上的预制混凝土扩体桩包括就地搅拌水泥土桩中插入预制桩形成的水泥土劲性复合桩，在高压旋喷水泥土桩中植入混凝土预制桩形成的水泥土复合桩。两种桩型在我国江苏省、山东省应用相对较多，前者水泥土桩施工工艺包含了干法施工的搅拌桩和添加各种改性材料的水泥土搅拌桩；后者旋喷桩工艺有单管喷射搅拌、二重管喷射搅拌等，可根据土层条件进行选择。

以上几种工艺的优点是，就地搅拌水泥土桩造价较低，施工设备简便，软土地基中施工采用干法施工时不产生泥浆，但硬土层适用性不强，且黏性土中搅拌均匀性较差，水泥土强度难以满足扩体桩工作性能要求。高压旋喷水泥土桩施工土层适应性较好，但造价相对较高，传统方法产生的泥浆量较大，水泥浪费比较严重。

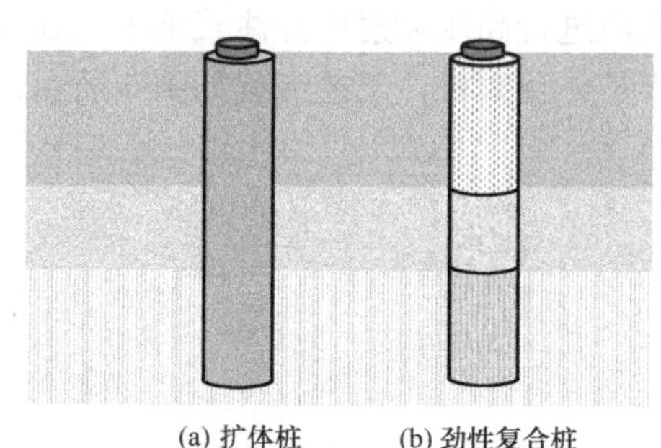

图3　不同工艺材料扩体的比较

与扩体桩相比（图3），就地搅拌的水泥土扩体材料均匀性差，特别是在黏性土中，强度不稳定。此外，由于水泥土桩强度增长相对较慢，工程桩检测需要的龄期可能相对较长，影响了经济效益的发挥。

另外，预制混凝土桩与深层搅拌桩水泥土界面的长期工作性状有待进一步观察。

1.2　扩体桩施工技术的创新

针对既有技术存在的问题，开展了以下扩体桩施工技术的创新研究。

1. 长螺旋压灌浆料植入法扩体预制桩施工技术

针对硬土层特别是密实砂土层预制桩穿越比较困难，以及在密实砂土、硬黏土中采用劲性复合桩时，水泥土搅拌桩施工困难，高压旋喷桩桩径难以保证等问题，引入长螺旋压灌混凝土技术，将压灌材料替换为细石混凝土、水泥砂浆混合料、水泥砂土混合料等。在长螺旋压灌施工完成后，立即将混凝土预制桩植入至设计标高，形成混凝土扩体预制桩（图2）。

该技术的优点：

（1）土层适应性强，质量控制要求相对较低，施工速度快，现场不产生泥浆。

（2）施工设备配套简单，除普通的打桩设备（静压或锤击，有时也采用振动锤）、推土机外，对于硬土层需要扭矩较大的长螺旋钻机，目前国内已有成型设备施工桩长可达45m、直径1.5m。

（3）与预制桩相比，压桩力终压值较小，约为设计极限承载力的0.4～0.7倍。

（4）无论采取静压或锤击方式施工，该技术对预制桩的损伤相对较小，桩身强度系数可以提高至0.85，比普通预制桩增加20%左右。

（5）性价比好，与预制桩相比可节省30%左右，与灌注桩相比可节省30%～60%。

（6）扩体材料可消纳一部分渣土或建筑垃圾，节能减排优势明显。

2. 长螺旋压灌浆料植入法下部扩体预制桩施工技术

对于桩端持力层为较好的粉土、粉砂或硬黏土，采用长螺旋取土后进行下部压灌浆料，再打入预制桩，形成下部扩体预制桩，如图4所示。上部易塌孔时可采取一定的措施防止塌孔，如在压灌浆料完成后通过设置在螺旋钻杆表面上的注浆管灌注一定量的水泥-膨润土浆液等。

该技术除具备前述长螺旋压灌浆料植入法施工技术的优点外，用于抗拔桩，其工作性能及造价优于囊式锚杆和灌注桩。

3. 取土旋喷植入法下部水泥土扩体桩施工技术

针对传统高压旋喷桩存在的问题，开发了一种取土高压旋喷桩技术，主要技术要点是预先采用长螺旋钻机取出一部分土体，然后在取土孔内进行高压喷射搅拌注浆施工。在未终凝的水泥土桩中植入预制桩，形成一种下部水泥土扩体预制桩，工艺流程如图5所示。

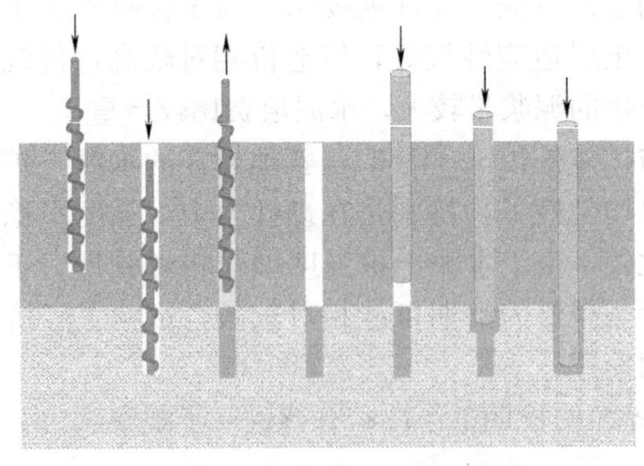

图4　长螺旋压灌浆料下部扩体桩施工工艺

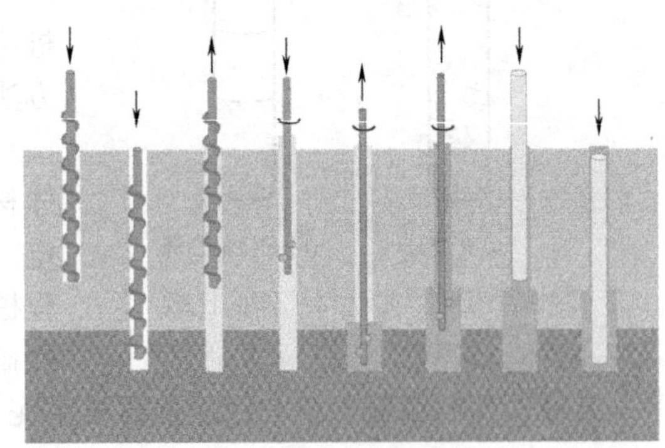

图5　取土旋喷植入法下部扩体桩施工工艺

该技术优点如下：

（1）节省水泥。旋喷水泥土桩属于半置换土体桩，但传统工艺一般采用直接旋喷方法，被置换出来的土体是由高压水泥浆射流冲击破坏土体后沿钻杆与周围土体间隙冒出地面（先清水旋喷后注浆法除外），流出地面的浆体为水泥浆与土体的混合物，其中水泥含量较高，必然会造成水泥的浪费。预先取出需要置换出的土体形成一定的空间，便于水泥浆与冲击破碎后的土颗粒在其中进行拌和，避免了水泥浆冒出地面形成浪费。一般条件下可以减少水泥用量 30%。

(2) 提高了水泥土桩的施工速度。传统工艺施工 800mm 直径的旋喷桩，钻杆提升速度一般在 250mm/min 以内，对于事先取土成孔工艺，当旋喷喷嘴设置在搅拌叶片的外端时，高压射流需要冲击切割的土体厚度将大幅度减小。以直径 800mm 为例，如取土孔直径为 400mm，切割厚度为 (800mm－400mm)/2，等于 200mm；传统方法切割厚度为 (800mm－200mm)/2，等于 300mm。因此，如果采用相同的冲击能量，可以适当降低冲击次数或冲击作用时间，仍然可以获得需要的桩径，从而可提高旋喷钻杆的提升速度，达到节省时间的目的。此时，喷射流量不变、水泥浆水灰比不变，水泥用量随之减少。如需要增加水泥掺量，可在钻杆底部设置低压喷嘴，这种喷嘴设置方法可以增加水泥土的强度和均匀性，并对桩底部虚土进行有效加固处理。

(3) 泥浆排放量少。由于事先干作业取出了一部分土，当计算的取土量合适时，泥浆排放量将可减少 30%以上。

(4) 降低了旋喷注浆设备功率。搅拌叶片及喷嘴的科学设置，可降低旋喷射流压力，从而降低了旋喷注浆泵的功率，减少了电力、材料等的消耗。

前述几方面因素，决定了该工艺可节省水泥土桩工程造价 15%～20%。

此外，该方法也可采用改进的长螺旋钻机设备，实现取土、旋喷一体化施工。

2 作用机理

扩体桩通常采用长螺旋成孔后压灌水泥砂浆混合料、低强度等级混凝土或水泥土混合料等扩体材料，然后通过静压、锤击打入或振动插入预制混凝土桩的施工工艺，可以更好发挥预制桩良好的承载性能，具有施工速度快、经济绿色环保等优点。施工中，扩体材料为预制桩沉桩提供了良好的条件，大幅度减少了压桩力或锤击数，降低桩身损伤程度；受荷工作时，包裹在预制桩周围的扩体材料不仅对桩身混凝土具有约束作用，而且可进一步增强扩体桩的桩侧阻力和桩端阻力。

2.1 桩侧阻力作用机制

扩体组合桩具有芯桩-包裹材料和包裹材料-周围土体两个相互作用界面。在上部荷载作用下，刚性芯桩首先承担了较大部分的荷载，并通过剪应力的形式传递给包裹材料，然后包裹材料通过与土体的相互作用再将荷载传递至周围土体。已有水泥土组合桩试验研究表明，当水泥土达到某一强度 f_{cu} 时，芯桩与水泥土之间的极限侧摩阻力值至少可以达到 $0.194f_{cu}$，而实际工程中水泥土组合桩与周围土的极限侧摩阻力约 50kPa，小于芯桩与水泥土之间的剪切强度。因此，可认为芯桩与包裹材料（水泥土）共同作用。Wonglert 等 (2015)[10] 通过模型桩和数值模拟也得出了类似的结论：当芯桩周围水泥土强度较大时 (>0.69MPa)，剪切塑性区主要出现在水泥土周围土体和芯桩桩端处，如图 6 所示。本文所涉扩体组合桩的包裹材料强度不小于 10MPa，芯桩与包裹材料的剪切强度更大，两者共同作用效应更为显著。

由此可见，在组合截面桩的荷载传递中，包裹材料的存在实质上是将传统预制桩相对光滑的“混凝土-土”相互作用界面转变为“包裹材料-土”相互作用界面，该工况下桩侧阻力则由剪切滑移摩阻力转变为“包裹材料-土”界面的粘结强度[15]，如图 7 所示。

同时，针对此类扩体组合桩，由于预制混凝土桩的植入（或锤击、或高频振动插入）而存在一定的挤密效应，使得包裹材料和桩周土在一定程度上被挤密，部分包裹材料渗入桩周土体当中，桩土界面粘结强度进一步增强，桩土界面侧阻力增大。

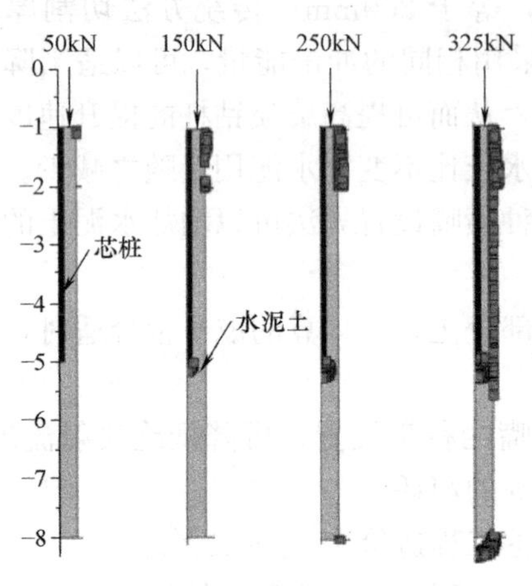

图 6　组合截面桩塑性区开展[10]

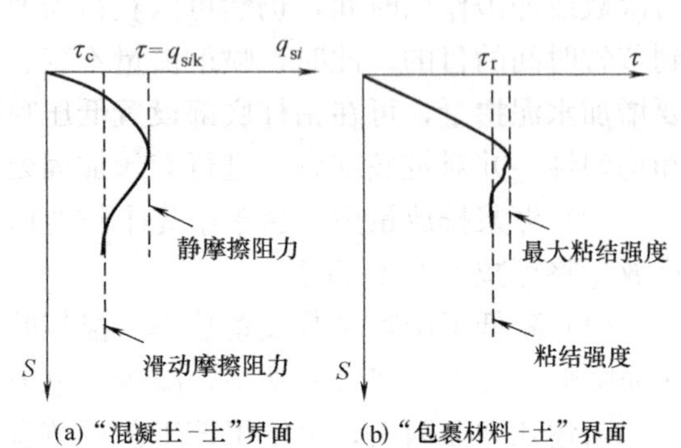

图 7　组合截面桩界面强度示意图

2.2　桩端阻力作用机制

扩体组合桩中包裹材料对桩端阻力具有增强作用。如图 8 所示，芯桩与包裹材料的共同作用，不仅可将包裹材料的横截面积视为增加了桩端持力面积；而且随着桩顶荷载的增大，桩端荷载逐渐增大，持力层塑性区逐渐开展，而包裹材料的存在对桩端土塑性区的开展还具有一定的约束，因此对桩端阻力的发挥具有增强作用。同时，随着桩端土塑性区的开展，桩端 0～5 倍桩径范围会形成“土拱效应”，进而对桩端附近侧摩阻力具有较大的增强作用。

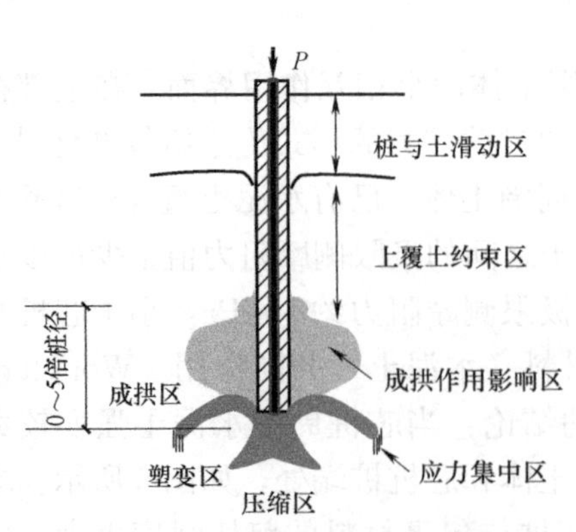

图 8　扩体组合桩桩端作用机制

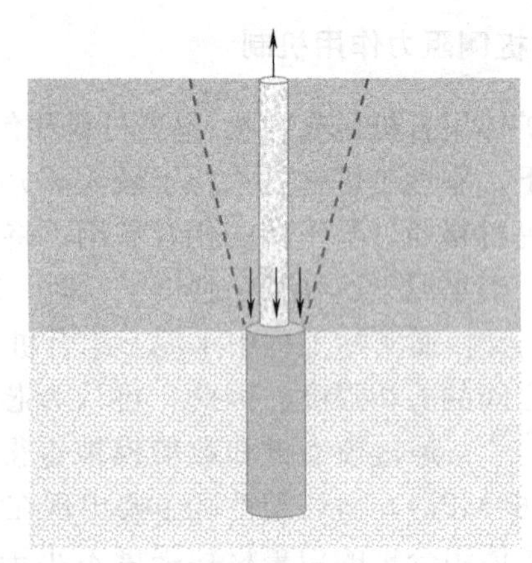

图 9　抗拔桩下部扩体作用机制

2.3 下部扩体抗拔桩上端阻力作用机制

下部扩体桩作为抗拔桩使用时，在上拔荷载作用下扩体上端土体将产生向下的阻力，称之为上端阻力。理论研究与试验表明，这一阻力将对扩体段桩侧阻力产生增强作用。其作用机理类似于抗压桩桩端阻力与桩侧阻力相互作用。上部土体的阻力限制了扩体段桩侧土体与桩身的相对位移，并形成成拱作用区，从而增加了扩体段的桩侧阻力（图 9）。

3 设计计算方法

3.1 竖向抗压承载力计算

基于上述作用机理，并结合大量试桩和工程经验统计分析，考虑成桩工艺的影响，提出了扩体组合桩单桩承载力的计算方法。

（1）全置换方法形成包裹材料，$A_D \geqslant 2A_p$ 或芯桩采用高频振动植入时，桩端阻力计算采用组合截面，考虑包裹材料压缩模量小于预制桩，需对桩端阻力进行折减。

$$Q_{uk}=\pi D\sum\beta_{si}q_{sik}l_i+\beta_p A_D q_{pk} \tag{1}$$

（2）当包裹材料厚度较小（$A_D<2A_p$），或预制桩桩端穿越包裹材料底部时，桩端阻力采用芯桩截面计算，且无需对桩端阻力进行折减。

$$Q_{uk}=\pi D\sum\beta_{si}q_{sik}l_i+A_p q_{pk} \tag{2}$$

（3）就地搅拌（深层搅拌水泥土、双向搅拌、高压喷射搅拌、MJS 等方法）形成的包裹材料，考虑桩身强度、直径等可能随土层发生变化，侧阻力估算时采用组合桩平均直径；考虑桩端可能形成低强度水泥土，桩端阻力计算采用芯桩桩端面积。

$$Q_{uk}=\pi\sum\overline{D}_i\beta_{si}q_{sik}l_i+\beta_p A_D q_{pk} \tag{3}$$

式中，D、$\overline{D}_i$ 分别为扩体组合桩直径、直径平均值；l_i 为桩长范围内第 i 土层厚度；A_D 为组合截面桩桩底截面积；A_p 为预制桩截面积；q_{sik} 为第 i 土层极限侧阻力标准值；q_{pk} 为桩端阻力极限值，可根据标贯击数按《高层建筑岩土工程勘察标准》JGJ/T 72—2017 确定；β_{si} 为第 i 土层侧阻力发挥系数，可按表 1 中经验取值；β_p 为桩端阻力发挥系数，可按下式计算选取：

$$\beta_p=\frac{E_p A_p+E_s(A_D-A_p)}{E_p A_D} \tag{4}$$

其中，E_p 为预制桩弹性模量；E_s 为包裹材料弹性模量，水泥土可取无侧限抗压强度的 100 倍。

（4）桩身强度验算

扩体材料采用水泥浆、水泥浆混合料、水泥砂浆混合料，芯桩为混凝土桩时，可仅考虑芯桩的作用。包裹材料采用混凝土时，可按组合截面计算桩身承载力。混凝土组合截面桩身强度验算，宜按下式进行：

$$Q\leqslant\varphi_1 A_{p1}f_{c1}+\varphi_2 A_{p2}f_{c2} \tag{5}$$

式中，f_{c1}、f_{c2} 分别为桩身两种混凝土轴心抗压强度设计值，按现行国家标准《混凝土结构设计规范》GB 50010 取值；A_{p1}、A_{p2} 分别为芯桩与外围混凝土桩身横截面积；φ_1、φ_2 分别为与成桩工艺、工作条件相关的系数，采用长螺旋、旋挖方法时取 0.70～0.85。桩侧阻力发挥系数见表 1。

桩侧阻力发挥系数 **表 1**

土类	淤泥、淤泥质土	黏性土、粉土	粉砂、细砂	中砂
β_{si}	1.0～1.1	1.2～1.5	1.3～1.6	1.4～1.7
土类	粗砂、砾砂	砾石、卵石	全风化岩、强风化岩	
β_{si}	1.6～2.0	2.0～2.5	1.2～1.5	

3.2 下部扩体桩竖向抗拔承载力计算

基于前述作用机理，给出非整体破坏时下部扩体桩抗拔承载力计算方法如下。

（1）抗拔极限承载力标准值按下式计算：

$$T_{uk}=\pi d\sum\lambda_i q_{sik}l_i+\pi D\sum\beta_{sj}\lambda_j q_{sjk}l_j+q_{pk}(A_D-A_p) \tag{6}$$

式中，T_{uk} 为抗拔极限承载力标准值；q_{sik}、q_{sjk} 为非扩体段和扩体段桩侧表面第 i、j 层土极限侧阻力标准值（kPa）；λ_i、λ_j 为第 i、j 层土抗拔系数；β_{sj} 为扩径段桩侧阻力系数；当上部覆盖土层满足最小厚度要求时，可取 1.5～2.0，砂性土取高值；q_{pk} 为扩径段桩上端极限阻力标准值；A_D 为扩径段桩截面面积。

（2）当扩径段桩顶部覆盖土层满足最小厚度要求时，上端阻力可按下式计算：

$$q_{pk}=(1+K_p)\gamma_m h \tag{7}$$

式中，γ_m 为扩径段桩上部土体重度，水下取浮重度；h 为扩径段桩上部覆土层厚度；K_p 为被动土压力系数，可由扩径段桩上部土体内摩擦角的平均值（水下应取不固结不排水指标）按被动土压力系数理论公式计算得到。

（3）扩径段桩上部覆盖土层最小厚度，可按下式估算：

$$h\geqslant\frac{\sqrt{\frac{3}{\pi}(1+K_p)A_D}}{\tan\theta} \tag{8}$$

式中，θ 为受拉时作用于扩径段桩上端土体的应力扩散角。

（4）扩径段预制桩与扩体间极限粘结强度，宜按下式进行验算：

$$T_{uk}\leqslant\pi d\sum\tau_{jk}l_j \tag{9}$$

式中，l_j 为扩径段桩土层计算厚度；τ_{jk} 为第 j 层土预制桩与扩体间平均极限粘结强度标准值。

以上方法得到了试验成果[16] 的验证。

4 工程案例

4.1 工程概况

鹤壁市凯旋广场工程位于鹤壁市淇滨区淇水大道路东，万泉河路南，昆仑山路西，峨眉山路北。一期超高层A座，地面以上高度139.75m，地下两层。

拟建场地地貌单元属于太行山前淇河冲洪积平原。根据该场地地层情况，上部为可塑—硬塑状的粉质黏土、中密—密实状态的卵石，下部为强度较高、厚度较大、分布稳定的黏土层。

根据上部结构荷载情况与基础形式，工程桩设计采用预制混凝土扩体桩。为了确定扩体桩承载力设计参数，验证工艺的合理性，进行了设计阶段的承载力试验研究。

典型工程地质剖面如图10所示。

根据土工试验及原位测试结果，本工程地质勘察报告建议的钻孔灌注桩极限侧阻力、端阻力标准值见表2。

钻孔灌注桩极限侧阻力、端阻力标准值 **表2**

岩土层号及名称	q_{sik}(kPa)	后注浆侧阻力	q_{pk}(kPa)	后注浆端阻力
④粉质黏土	55	1.4	—	—
⑤卵石	130	2.1	—	3.2
⑤$_1$粉质黏土	58	1.45	—	—
⑥黏土	80	1.5	1400	2.1
⑦$_1$砂岩	140	1.5	—	—
⑦黏土	85	1.5	1500	2.1

4.2 试桩设计与施工

（1）试桩设计

试验在基坑开挖约5m深度的主楼南侧地库位置进行，桩顶位于第④层粉质黏土顶板标高，试桩间距不小于3m。试桩共设计7根，单桩承载力极限值、压桩力终压值估算结果等见表3。扩体桩桩身大样如图11所示，预制桩选用型号为PHC 600 AB-110管桩，强度等级为C105，桩长13m，入土深度约为20m。扩体选用细石混凝土，强度等级为C15，充盈系数不小于1.1。沉桩工艺选用长螺旋压灌植入法。

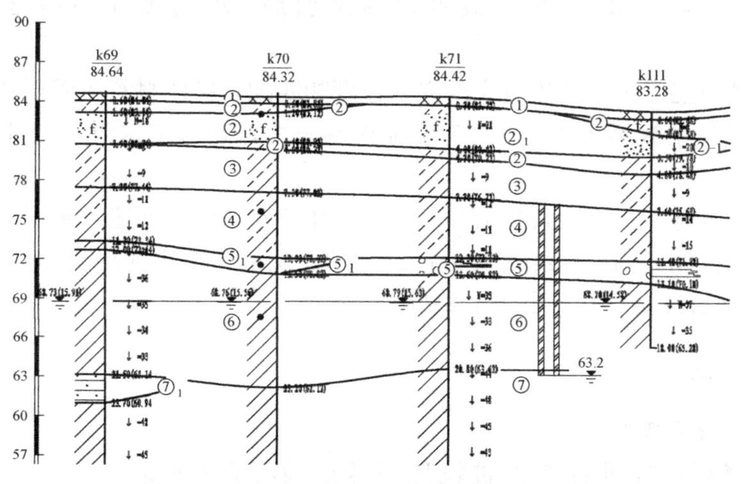

图10 典型工程地质剖面

试桩设计 表 3

试桩	扩体施工	极限承载力(kN)	压桩力(kN)
S1、S2、S3、S4	长螺旋二次成孔法	4600	2000～3200
S5、S6、S7	长螺旋一次成孔法	4600	2000～3200

桩身内力量测元件布设如图 12 所示，测量元件采用分布式光纤和振弦式钢筋应力计。

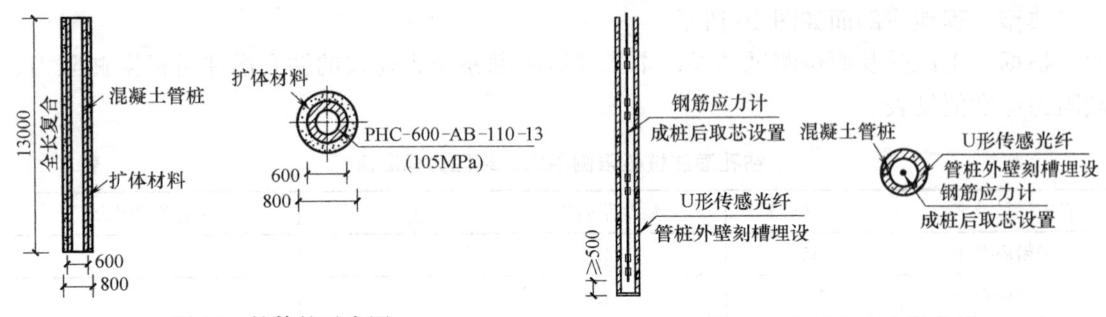

图 11 扩体桩示意图

图 12 光纤和应力计布置

其中，BOTDR 分布式光纤采用在管桩表面刻槽内铺设；钢筋应力计沿桩身设置 4 个点位（同一点位处设置 2 个），绑扎在钢筋上随钢筋一起置入预制桩空腔内并浇筑灌浆料。

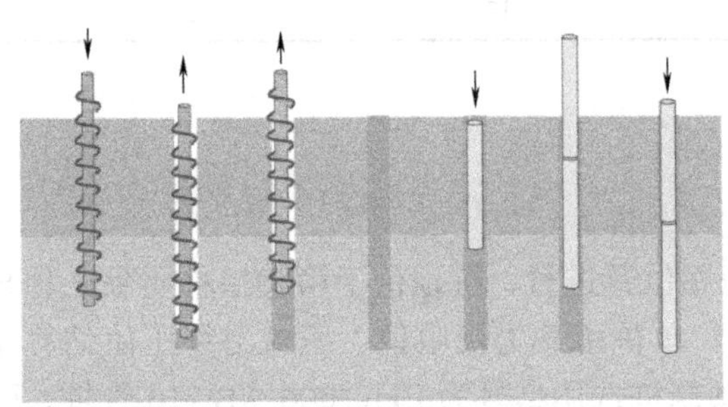

图 13 长螺旋压灌植入法施工工艺流程

（2）试桩施工

试桩施工设备包括一台大扭矩长螺旋钻机、一台 800t 静压桩基。施工工艺流程如图 13 所示，长螺旋钻孔分为二次成孔工艺、一次成孔工艺。其中，二次钻孔工艺是为了解决卵石土钻进困难所采取的技术措施。

C15 细石混凝土配比：42.5 级硅酸盐水泥用量为 165kg；中砂 870kg；碎石 950kg；粉煤灰 80kg；水 100kg；减水剂等添加剂。坍落度 180mm ± 20mm，重度 23.4kN/m^3。

施工要求细石混凝土压灌流量应与提升速度相匹配，扩体材料压灌至孔口标高，按桩孔体积计算的充盈系数不小于 1.1。为保证桩端阻力，开启泵送时，钻杆提升高度不大于 300mm。

预制桩的植入施工，应在长螺旋压灌后 9h 内完成；预制桩植入施工“以桩底标高控制为主，终压值控制为辅”为沉桩质量控制原则，现场施工实际压桩力终压值为 2000～2400kN，实测细石混凝土孔口冒出量每桩约 2m^3。

4.3 试验结果及分析

（1）单桩极限承载力

限于现场条件，仅进行 5 根桩抗压静载试验，结果见表 4。试桩最大加载值为 8400kN，最小为 3500kN，桩顶沉降量在 41～63mm 之间，单桩竖向抗压承载荷载-沉降

（Q-s）曲线如图 14 所示。

单桩竖向抗压静载试验结果　　表 4

试验桩号	成孔方式	试验日期	试桩龄期 (d)	试验历时 (min)	最大加载量 (kN)	最大沉降量 (mm)
S1	二次成孔	2022.1.18	45	1020	4800	62.05
S2		2022.1.10	37	1950	8400	53.74
S3		2022.1.13	40	545	3500	41.31
S6	一次成孔	2022.1.20	37	915	5600	62.97
S7		2022.1.06	22	1110	5600	61.72

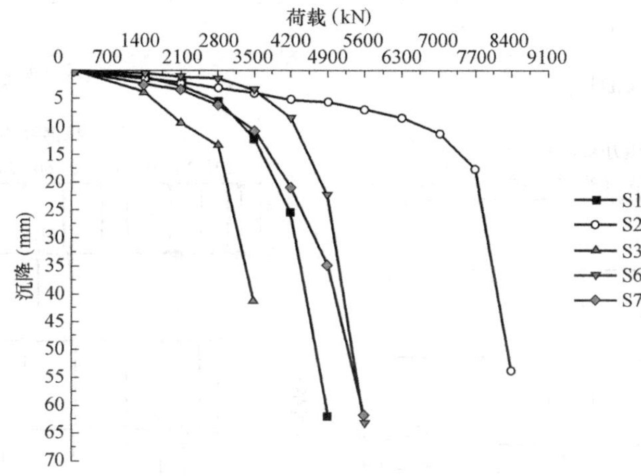

图 14　单桩竖向抗压 Q-s 曲线

极限承载力对应沉降量、总极限端阻力和总极限侧阻力结果见表 5。

试桩竖向抗压极限承载力　　表 5

桩号	极限承载力(kN)	对应沉降量(mm)	总极限端阻力(kN)	总极限侧阻力(kN)
S1	4200	25.45	1337.04	2862.96
S2	7700	17.70	1908.79	5791.21
S3	2800	13.42	1118.33	1681.67
S6	4900	22.31	1125.39	3774.62
S7	4900	34.82	1772.96	3127.04

（2）荷载传递及桩侧阻力分布变化情况

在荷载传递过程中，上部土层桩侧阻力先于下部土层发挥，各土层桩侧阻力增速并不相同。随着荷载增大，上部土层的侧阻力增速趋于稳定，而下部土层侧阻力增速逐渐变大，峰值缓慢下移。随着荷载增大，上部土层侧阻力增速趋于稳定，在埋深 2～4.5m 处的卵石层出现扩径现象，扩径段桩侧阻力显著偏大。在即将达到极限荷载时，桩侧阻力增速并不明显，说明桩侧阻力已充分发挥；桩侧阻力随深度增加逐渐变大。图 15 中 5 根试桩桩侧阻力分布及变化规律基本相似。

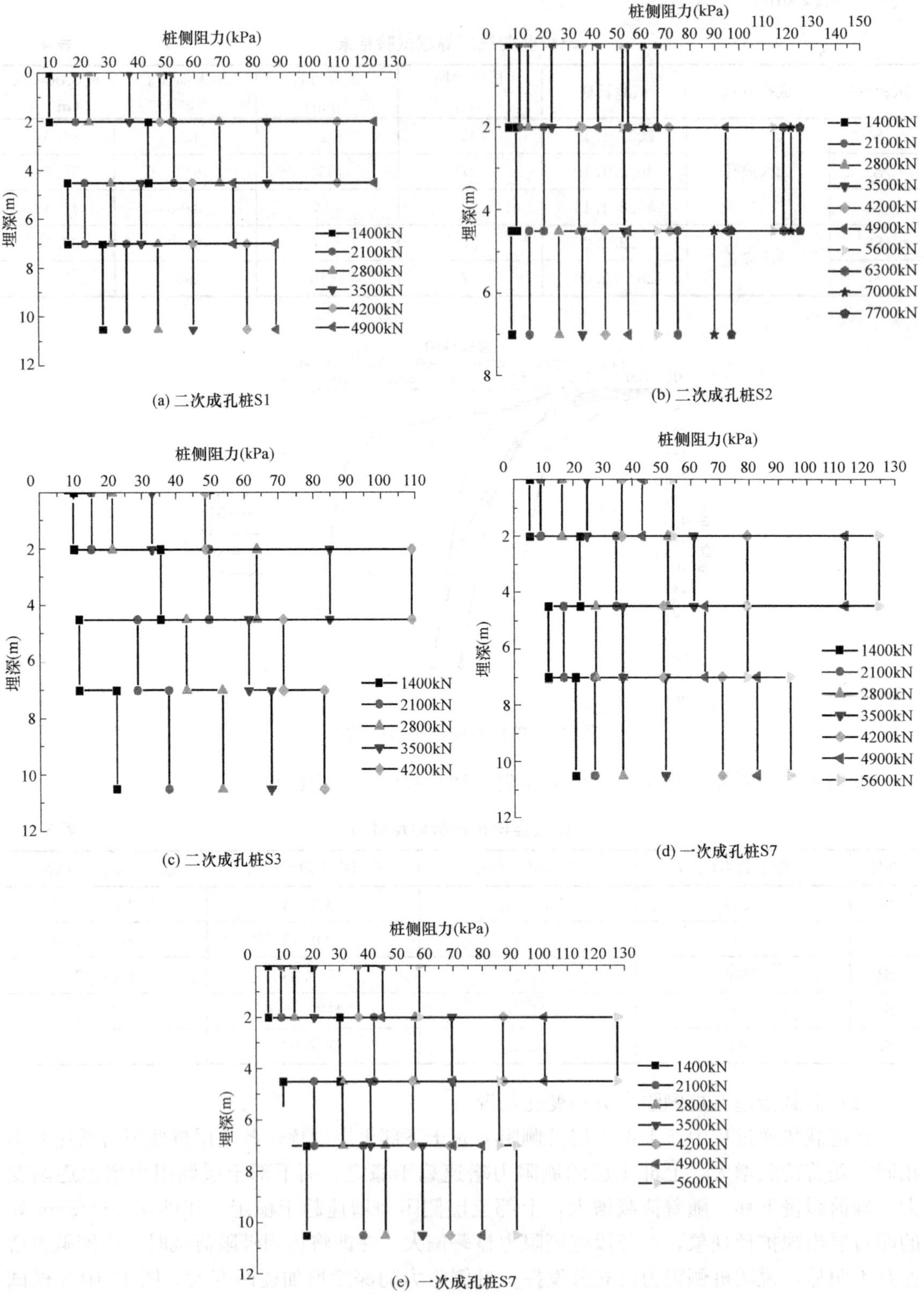

(a) 二次成孔桩S1

(b) 二次成孔桩S2

(c) 二次成孔桩S3

(d) 一次成孔桩S7

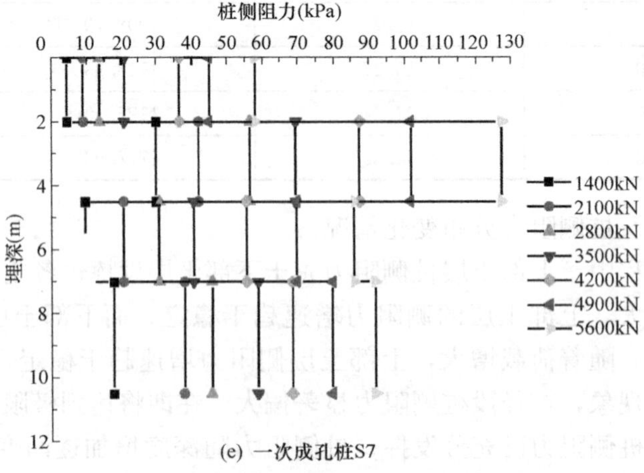

(e) 一次成孔桩S7

图 15　桩侧阻力随荷载变化分布图

（3）二次成孔工艺对承载力的影响

二次成孔试桩（S1、S2、S3）的极限承载力分别为 4200kN、7700kN、2800kN，离散性较大。除 S2 极限承载力远远大于其余 4 根试桩外，另两根均小于极限承载力估算值 4600kN，也小于一次成孔桩极限承载力 4900kN。分析可能是卵石层分布不均匀，较厚处桩的承载力较高，较薄或缺失处承载力较低；此外，二次成孔产生的孔壁松弛效应是形成承载力不足的原因之一。

二次成孔压灌工艺是在一次成孔后间隔一定时间后进行的，第一次成孔后，孔壁处于自由状态，会产生向孔内的径向位移，引起桩孔侧壁土体产生“松弛效应”。第二次成孔时，孔壁周围土体会受到再次扰动，导致土体强度进一步削弱，桩侧阻力随之降低。

（4）长螺旋钻孔压灌植入法施工工艺的可靠性

一次成孔试桩（S6、S7）的极限承载力均为 4900kN，大于设计承载力估算值 4600kN，质量稳定性明显好于二次成孔方式。分析认为，预制桩的贯入过程将增强粗颗粒扩体材料与土体的咬合和胶凝材料向周围土体中的扩散与渗透，形成所谓的“挤密效应”，增大了土-桩界面粘结强度，从而提高桩侧阻力。这种挤密效应随着埋深的增大而显著增加，从而形成下部较大的侧阻力区域，使其承载力与普通预制桩相比有较大幅度的提高。

两桩最大加载值 5600kN 时，所对应的沉降量非常接近，分别为 62.97mm、61.72mm，表明一次成孔压灌工艺和植入桩沉桩施工质量控制方法的可靠性。

（5）关于桩侧阻力与桩端阻力设计参数取值方法

依据以上试验成果，结合本章推荐的标贯试验结果与桩端阻力、桩侧阻力关系，综合给出各土层桩侧阻力与桩端阻力值及其相应的系数见表 6。

各土层桩侧阻力与桩端阻力值 **表 6**

土层编号	岩土名称	极限桩侧阻力标准值(kPa)	桩侧阻力发挥系数	极限桩端阻力标准值(kPa)	桩端阻力发挥系数
④	粉质黏土	56	1.5	—	—
⑤	卵石	130	1.5	—	—
⑤$_1$	粉质黏土	62	1.5	—	—
⑥	黏土	84	1.5	3700	0.72
⑦	黏土	94	1.5	4000	0.72

根据测得的桩端总极限阻力值求出桩端，阻力发挥系数。该值与理论公式（4）计算的桩端阻力发挥系数进行比较，结果如表 7 所示。表 7 中 5 根试桩的桩端阻力发挥系数平均值为 0.718，与表 6 中理论方法计算值 0.72 较为接近，验证了本章桩端阻力计算理论方法的合理性。

桩端阻力发挥系数 **表 7**

桩号	S1	S2	S3	S6	S7
桩端阻力发挥系数	0.66	0.94	0.55	0.56	0.88

4.4 工程桩设计施工与承载力检验

1. 工程桩设计

根据试桩结果对工程桩设计进行调整：扩体桩直径 0.8m、桩长 20.5m；预制桩直径 0.6mm，桩型号不变，桩长 21m。

（1）单桩承载力计算

主体结构设计要求单桩承载力特征值为 4200kN，以无卵石层的最不利 67 号孔为例，按式（2）进行单桩承载力计算：

$$\begin{aligned}R_a &= 1.5Q_{uk}\\ &= 1.5\times(\pi D\sum\beta_{si}q_{sik}l_i + A_p q_{pk})\\ &= 1.5\times[3.14\times0.8\times(28\times4.53+31\times1.2+42\times8.9+47\times6.37)+0.283\times4000]\\ &= 4852\text{kN} > 4200\text{kN}\text{，满足设计要求}\end{aligned}$$

（2）桩身抗压强度验算

不考虑扩体材料作用：

$$N = \varphi_c A_p f_c \tag{10}$$

式中，f_c 为混凝土轴心抗压强度设计值，C105 桩取 46.3MPa；A_p 为桩身混凝土竖向受力截面积（m^2）；φ_c 为与预制混凝土生产工艺、打桩施工工艺、根固桩工作条件相关的系数，取 0.85。

$$\begin{aligned}N &= 0.85\times[0.3^2\times\pi-(0.3-0.11)^2\times\pi]\times46.3\times1000\\ &= 6660\text{kN} > 4200\text{kN}\end{aligned}$$

满足承载力设计要求。

2. 工程桩施工

（1）工艺与设备

工程试桩所选用的工艺设备与试桩相同，施工空桩长度 1.5m 左右。现场施工如图 16 所示。

（2）扩体材料

C15 细石混凝土配合比为：水泥 150kg；砂 730kg；碎石 820kg；粉煤灰 79kg；矿渣粉 80kg；水 145kg；减水剂等外加剂。坍落度 180mm±20mm，重度为 20kN/m^3。

由图 17 可知，预制桩贯入过程中扩体混凝土有部分冒出地面，根据现场测量估算，每根冒出量约 1.5m^3，小于试桩的每根 2m^3。

图 16　工程桩施工现场

图 17　孔口冒浆情况

（3）质量控制措施

首先，将扩体混凝土重度由试桩时的 23.4kN/m^3，调整至 20kN/m^3，不仅减少了原材料用量，而且减少了浪费量。施工中细石混凝土用量充盈系数为 1.1 左右，预制桩净体积 0.17m^3/m，21m 净体积为 3.57m^3，远大于冒浆量，表明预制桩植入过程对扩体材料具有一定的挤密效应。与此同时，重度不大于 20kN/m^3 的细石混凝土，其空隙具有一定的可压密性，对挤土效应起到了一定的消纳作用。可见，合理的配方有利于预制桩沉桩施工并产生挤密效应和降低挤土效应。

其次，施工中按“桩长控制为主、终压值控制为辅”的原则进行质量控制。先期施工时，因压桩机配重较小导致压桩力不足造成预制桩植入深度不满足设计要求，最短为 11m。调整配重和细石混凝土配方后，沉桩入土深度均可达到标高设计要求。实际压桩力终压值为 3400～4100kN，最大为 5500kN，压桩力终压值约为单桩极限承载力值的 0.4～0.7 倍，这与以往工程经验相符。

3. 单桩竖向静载荷试验

选择 4 根单桩进行静载荷试验，加载方法采用慢速维持荷载法，4 根桩检测结果见表 8，*Q-s* 曲线如图 18 所示。

工程检测桩施工情况与承载力试验结果 **表 8**

检验桩号	施工桩长(m)	试验历时(min)	最大加载量(kN)	桩顶最大沉降量(mm)	桩顶残余沉降量(mm)
36	20.5/21.0	1740	8400	17.55	10.15
25	20.5/21.0	2010	9240	35.30	21.69
38	20.5/21.0	2070	9240	28.84	19.69
22	20.5/11.0	1620	8400	11.92	7.74

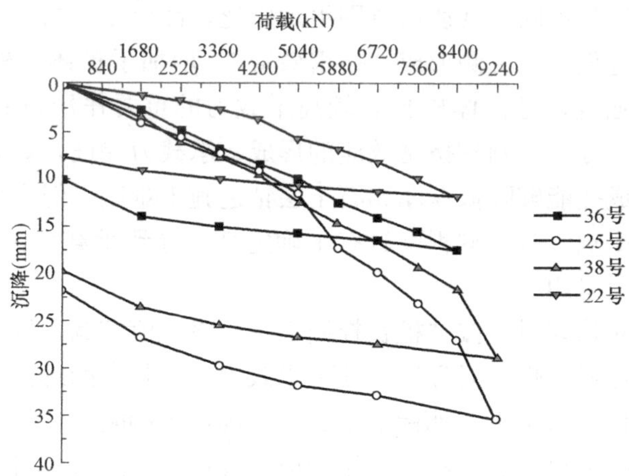

图 18　工程桩承载力检测 *Q-s* 曲线

从图 18 可以看出 *Q-s* 曲线呈缓变形，随着荷载的增大沉降量持续增长，在设计极限承载力值内，荷载沉降曲线都表现出近似线性关系，未出现陡降趋势。两组桩最大加载量为 8240kN 时，桩顶沉降仍能保持稳定，其中发生沉降最大的 25 号桩，最大沉降为 35.3mm，卸载后最大回弹量 14.61mm，回弹率 41.39%。可以看出全长扩体桩的承载能力并未达到极限状态，在满足工程设计需要的同时仍然具有一定的安全储备。

比较分析表明，25 号、38 号桩承载力极限值比计算结果超出 10%以上。芯桩较短的 22 号桩，扩体材料压灌深度满足设计要求，因土层复杂未能沉桩至扩体桩底，但加载至

2倍设计承载力时沉降量仅为11.92mm，可见土层中卵石厚度不均匀带来了检测结果的差异性。

现场开挖、桩头处理照片见图19～图21，总体施工质量较好，达到了预先目标。与桩底注浆灌注桩方案相比节省造价34%。

图19　扩体桩截面尺寸测量

图20　桩头处理照片

图21　现场开挖基础施工全景照片

5　结语

介绍了长螺旋压灌植入预制桩的施工工艺和质量控制的主要因素，扩体桩作用机制和承载力设计理论，初步研究分析了孔壁松弛效应、扩体挤密效应对扩体桩桩侧阻力的影响，并通过工程试验对扩体桩承载力设计理论方法进行验证，主要结论如下：

（1）预制混凝土扩体桩，具有水泥土复合桩或劲性复合桩的技术特征，但由于扩体材料的工程性质、施工工艺不同，其适用范围更加广泛，性价比较高。

（2）预制桩植入过程中，桩侧形成“挤密效应”，增加了扩体桩外直径和实际受力面积以及桩土界面粘结强度，是扩体桩具有较高承载力的重要作用机制。工程案例分析表明，合理的扩体材料配方对预制桩挤密效应的形成、承载力保证，具有重要意义。

（3）长螺旋二次成孔能够降低深厚卵石土层钻进施工难度，但产生的孔壁松弛效应将对桩侧阻力产生不利影响，且影响程度具有不确定性，导致承载力试验结果离散型较大，在设计、施工时应避免采用。

（4）地层条件相对均匀时，按“桩长控制为主、终压值控制为辅”的原则进行沉桩质量控制，具有较强的可操作性，对保证扩体桩承载力符合相应的理论计算结果十分关键。

（5）基于现场原位测试结果（如标贯击数等）确定桩侧阻力、桩端阻力标准值，以及根据不同施工工艺、扩体材料、形状等选用相应的发挥系数进行单桩承载力计算，是未来桩基理论研究的重要方向。

（6）扩体桩长螺旋压灌植桩工法、取土旋喷搅拌注浆工法，技术先进，质量可靠，节能减排优势明显，对推动我国桩基工程特别是预制桩工程的技术进步，具有重要价值，建议大力推广使用。

参考文献

[1]　中国土木工程学会. 根固混凝土桩技术规程：T/CCES 35—2022［S］. 北京：中国建筑工业出版社，2023.

[2] DONG P, QIN R, CHEN Z Z. Bearing capacity and settlement of concrete-cored DCM pile in soft ground [J]. Geotechnical and Geological Engineering, 2004, 22 (1): 105-119.
[3] 李俊才，邓亚光，宋桂华，等. 素混凝土劲性水泥土复合桩承载机制分析 [J]. 岩土力学，2009，30 (1)：181-185.
[4] 董平，陈征宙，秦然. 混凝土芯水泥土搅拌桩在软土地基中的应用 [J]. 岩土工程学报，2002，24 (2)：204-207.
[5] 丁永君，李进军，刘峨，等. 劲性搅拌桩的荷载传递规律 [J]. 天津大学学报，2010，43 (6)：530-536.
[6] 钱于军，许智伟，邓亚光，等. 劲性复合桩的工程应用与试验分析 [J]. 岩土工程学报，2013，35 (S2)：998-1001.
[7] 刘汉龙，任连伟，郑浩，等. 高喷插芯组合桩荷载传递机制足尺模型试验研究 [J]. 岩土力学，2010，31 (5)：1395-1401.
[8] 任连伟，刘希亮，王光勇，等. 高喷插芯组合单桩荷载传递简化计算分析 [J]. 岩石力学与工程学报，2010，29 (6)：1279-1287.
[9] XANTHAKOS PETROS P, ABRAMSON LEE W, BRUCE DONALD A. Ground Control and Improvement [M]. New York: John Wiley and Sons, Inc, 1994.
[10] WONGLERT A, JONGPRADIST P. Impact of reinforced core on performance and failure behavior of stiffened deep cement mixing piles [J]. Computers and Geotechnics, 2015, 69: 93-104.
[11] RAONGIANT W, MENG J. Field testing of stiffened deep cement mixing piles under lateral cyclic loading [J]. Earthquake Engineering and Engineering Vibration, 2013, 12 (2): 261-265.
[12] WANG A, ZHANG D, DENG Y. Lateral response of single piles in cement-improved soil: numerical and theoretical investigation [J]. Computers and Geotechnics, 2018, 102: 164-178.
[13] 周同和，宋进京，高伟，等. 一种水泥砂浆复合桩的施工方法：CN201810338681.0 [P]. 2018-09-07.
[14] 周同和，宋进京，高伟，等. 一种取土喷射搅拌水泥土桩施工方法：CN20180440490.5 [P]. 2018-09-18.
[15] 周同和，张浩，郭院成，等. 扩体桩的作用机制与工程理论 [J]. 地下空间与工程学报，2021，17 (4)：1117-1123+1136.
[16] 周同和，郜新军，郭院成，等. 下部扩大段复合桩抗拔承载力设计方法与试验研究 [J]. 岩土力学，2019，40 (10)：3778-3782+3788.

海上风电基础固化土冲刷防护技术评述与工程实践

吴英杰[1]，王菁[2]，王琛[1*]，谢锦波[2]，梁发云[1]

（1. 同济大学地下建筑与工程系，上海 200092；2. 中交第三航务工程局有限公司，上海 200032）

摘　要：海上风电基础面临的冲刷问题不容忽视，相关防护技术在实际工程中备受关注。基于海上风电基础冲刷机理的分析，对比了常见冲刷防护方法的原理与技术，并结合实际工程案例，研究了采用土体固化技术作为冲刷防护手段的效果。试验结果表明，固化土的无侧限抗压强度和凝固时间与其抗冲刷性能关系较大；工程监测结果显示，固化土的流失主要发生在施工期间。依据固化土的配比条件和流动状态可对其防护效果进行评估，为施工方案设计和技术要求提供参考。

关键词：冲刷；海上风机；固化土；冲刷防护施工

Using Solidified Soil as Scour Protection for Offshore Wind Turbine Foundation：Technology Review and Case Studies

Wu Yingjie[1]，Wang Jing[2]，Wang Chen[1*]，Xie Jinbo[2]，Liang Fayun[1]

（1. Department of Geotechnical Engineering，Tongji University，Shanghai 200092，China；
2. CCCC Third Harbor Engineering Co.，Ltd.，Shanghai 200032，China）

Abstract：The problems induced by scour around foundations should not be ignored for offshore wind turbines，and the related protection technologies have attracted attention in practical projects. Based on the analysis of scour mechanism around deep-water foundations，the principles and technologies of commonly used scour protection methods are compared. The effect of using solidified soil as scour protection is studied with project cases. The test results show that the unconfined compressive strength and solidification time of solidified soil are related to its scour resistance. Meanwhile，the in-situ monitoring results show that the loss of solidified soil mainly occurs during the construction. Based on the proportion conditions and flow state of the solidified soil，its protective effect can be evaluated first，providing reference for the design and technical requirements of the construction.

Key words：Scour；Offshore wind turbine；Solidified soil；Construction of scour protection

---

基金项目：上海市“科技创新行动计划”软科学重点项目（21692107100），广西岩土力学与工程重点实验室开放研究基金（20-Y-KF-07）。

作者简介：吴英杰，硕士研究生，E-mail：jacobmail@tongji.edu.cn；

王琛，博士，助理教授，E-mail：cwang33@tongji.edu.cn。

0 引言

在“双碳”及“海洋强国”背景下，我国的海上风电场开发已进入到了大规模建设阶段[1]。在海上风机的建设和运营期间，其基础附近的水流将不可避免地与基础结构发生相互作用，改变局部流场分布，进而将基础周围海床材料侵蚀带走，发生冲刷现象。这一现象会降低基础体系的承载性能，并改变海上风机的自振频率，进而影响其正常运营[2,3]。已有经验从试验与理论研究、数值模拟和工程应用等几方面展开了冲刷研究[4-6]。基于桥梁基础冲刷的经验，也有学者[7-9] 采用模型试验的方法，针对海上风机的工作环境特点，探讨了基础冲刷演化机理及相关参数的影响规律。

近年来，海上风机建设向深远海不断发展，其基础体系所处的海洋环境更加复杂，现有的理论方法难以准确预测冲刷结果，风机长期安全运营存在隐患。为此，在工程建设中，需要进行充分的冲刷防护以规避潜在风险。早期的海上风机冲刷防护技术通常借鉴桥梁工程的思路[10]，以抛石与抛填砂袋为常用措施，但实际效果参差不齐，存在成型差、整体性不高、容易流失等缺陷。

此外，随着我国环境保护要求的提高，砂石开采明显受限，抛石等传统技术的材料成本提升，工程建设开始尝试新的冲刷防护思路。其中，固化土技术最具代表性和应用前景。通过将土壤与固化剂按一定比例混合，形成强度更高的固化土胶凝材料。这一思路在护坡工程、地基处理等工程中已有较广泛的应用[11,12]。近年来，固化土也开始逐步运用到海洋工程当中[13,14]，有关其在海水腐蚀环境下的强度演化规律已有多位学者进行了研究[14-17]。但固化土技术用于海上风电基础冲刷防护的理论研究明显落后于工程实践，亟待开展。

为此，本文在对比传统冲刷防护技术特点的基础上，从冲刷细观机理的角度出发，对固化土用于海上风机冲刷防护的施工技术及原理进行了评述。结合室内试验结果与实际工程案例，初步探究了固化土强度与凝固状态对其抗冲刷性能的影响，为海上风机冲刷防护方案设计和技术要求提供参考。

1 冲刷机理与传统防护技术

1.1 冲刷机理

冲刷是水流、基础及基础周围土体之间相互作用的结果。当水流经过基础附近区域时，二者相互作用产生复杂的局部流场，如图 1 所示，主要包括：下降水流，马蹄形漩涡以及尾流涡流[18]。其中，下降水流是由于上游来流受到基础阻碍而突然向下转变流向产生，流速较大，可激荡并卷扬基础周围土体。同时，在马蹄形漩涡、尾流涡流等作用下，土体被剥

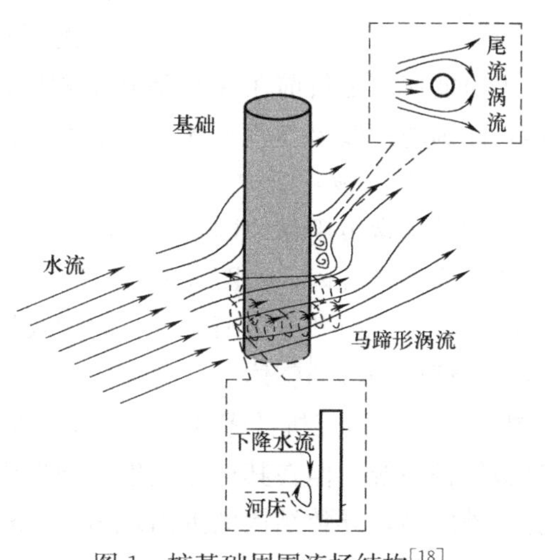

图 1 桩基础周围流场结构[18]

离、运移，并在基础下游沉积，最终达到平衡状态。对于单桩基础，其半径越大，冲刷现象越明显。在这一过程中，基础周围土体抵御冲刷作用的能力也是影响冲刷的重要因素，研究表明，同等水力条件下，细颗粒砂土相较于粗颗粒砂土和黏性土的冲刷更为剧烈[18,19]。

冲刷作用可由水流流速（V）或水流对土体产生的剪切力（τ）来表征，受到水流参数（流速 v_w）与基础参数（基础半径 D）影响。土体的抗冲刷性能（临界流速 V_c 或临界剪切力 τ_c）则受其自身的岩土力学参数影响（如中值粒径 d_{50}，黏聚力 c 等），冲刷的发生条件可表示为：

$$V(v_w, D) > V_c(d_{50}, c, \cdots) \tag{1}$$

$$\tau(v_w, D) > \tau_c(d_{50}, c, \cdots) \tag{2}$$

1.2 传统冲刷防护技术

传统的冲刷防护技术主要源于桥梁工程的实践，通常可分为两类[20,21]：一类旨在减少冲刷的动力，另一类着眼于改变泥砂特性，提高桩周土体抵御冲刷的能力。被动防护的思路在海上风电工程中运用较多，以抛石防护和砂袋（被）为代表。

1. 抛石防护

该方法通过在基础周围布设石块保护层以起到冲刷防护的效果，如图 2 所示。Herbich[22] 总结了从水面施工船放置抛石的技术。石块可由施工船直接抛投，也可借由管道送入海床，以降低石块的下落速度、提高放置精度。由于石块的粒径较大、颗粒较重，将其抛落在基础周围可提高周围床面的稳定性，起到防护效果。杨昕等[23] 开展了有关抛石防护的试验研究，认为影响其防护效果的因素主要包括抛石平均直径、抛填位置、防护层厚度等，通过半经验半理论公式可对抛投石块的粒径与范围进行设计。

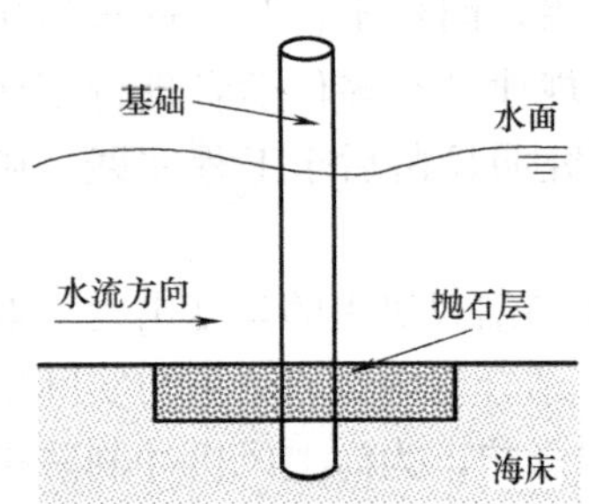

图 2　抛石冲刷防护示意图

抛石防护的取材范围相对较广，对施工器械的要求低，施工速度快，是目前在深水基础工程中应用最广泛的方法。但其施工精度差、整体性不佳，冲刷防护效果参差不齐，通常需要大量的后期维护以保持正常工作。

2. 砂袋（被）防护

砂袋也常被用作冲刷防护手段。将级配良好的砂土装入尼龙袋中，抛填至基础周边一定范围或冲刷坑内，如图 3 所示。然而，受水流冲刷及其他环境因素影响，尼龙袋出现破损时会导致袋内砂土逐渐流失，防护效果显著降低。同时，砂袋在抛填时同样存在间隙，难以保证砂袋群的整体性。为克服这一缺点，工程中通过将若干砂袋连接而制成大型砂被（图 4），采用施工机械将其放置于基础周围。Nordsee 海上平台[24] 尝试了尼龙袋制成的砂被保护系统，但在其边缘发生侵蚀掏底，导致砂袋偏离了预设的保护区域。特别是，部分砂被的破坏导致结构周围出现深 0.8m、长 3m 的冲刷沟槽。经验表明，常用的砂被使用寿命为 1～2 年。

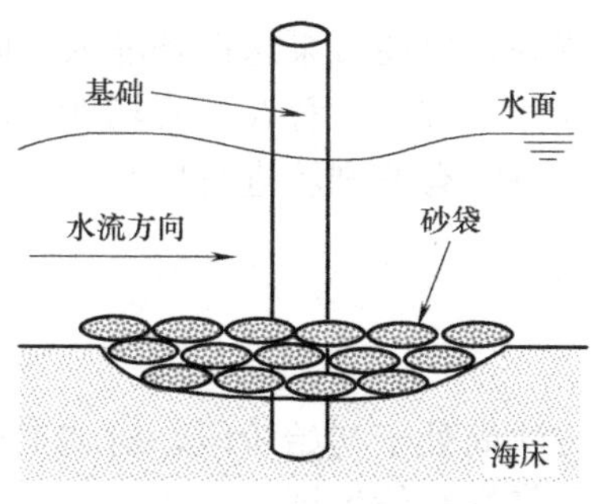

图 3　砂袋防护示意图

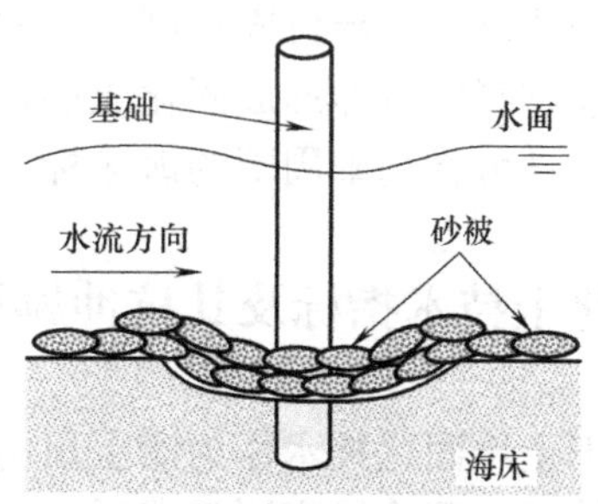

图 4　砂被防护示意图

2　固化土冲刷防护技术

土壤固化的工作机制是通过固化剂与土壤中的水分产生一系列水化和水解反应，生成水化产物和胶结物质。这些胶凝物质填充至土壤孔隙中，形成土颗粒-胶凝物质骨架，提高结构强度。固化土形成后，强度提高比较稳定，寿命理论可达 50～100 年。代表性的固化土物理力学参数与环保性可见表 1 与图 5[25]。

固化土目前已在边坡、护岸工程中得到较为广泛的应用，近年来逐渐在海上风机的冲刷防护工程中得到尝试，其示意图见图 6。其施工技术可分为原位固化与异位固化两种。原位固化是在设计防护区域，通过搅拌机将该区内原有土体同固化材料搅拌混合，提高原有土体的抗冲刷性能。其优势在于不需额外材料投入，但要求风机基础周围土体与固化剂

淤泥土固化前后物理力学指标　　表 1

物理力学指标	固化前	固化后	
		低含水率	高含水率
密度 ρ(g/cm^3)	1.5～1.7	＞1.60	1.35～1.50
含水率 w(%)	45～80	35～45	80～200
孔隙比 e_0	1.5～1.71	0.9～1.3	1.7～2.8
黏聚力 c(kPa)	7～11	30～100	25～90
内摩擦角 φ(°)	3.5～6.5	15～30	12～35
渗透系数 k(cm/s)	10^{-4}～10^{-8}	≤10^{-6}	10^{-5}～10^{-8}

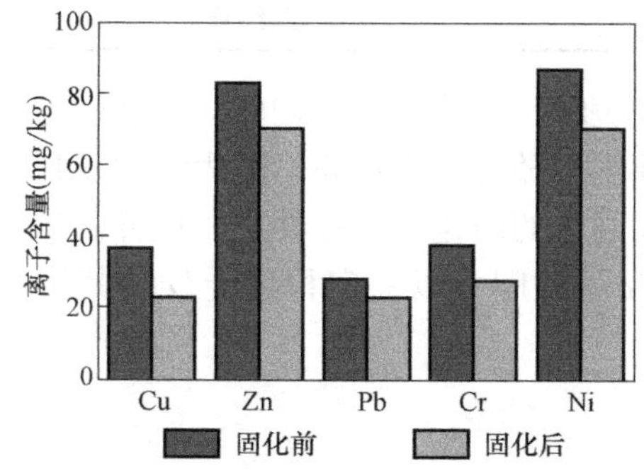

图 5　固化前后重金属离子含量变化

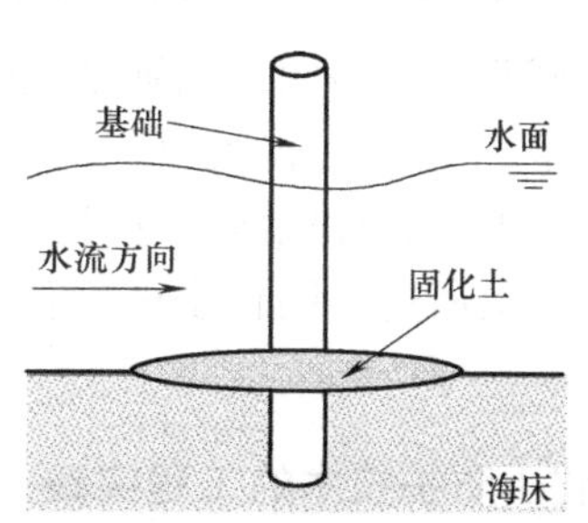

图 6　固化土防护施工示意图

能够较好地反应。异位固化则是事先将固化土浆体配置好，再通过泵送设备灌入到防护区域内，浆体凝固后即形成固化土层，达到冲刷防护效果。该方法优势在于对场地土的性质无要求，且可将基础周围的海床标高恢复到设计水平，将既有冲刷坑进行修复。

3 固化土技术指标及其抗冲刷性能

由于土壤固化技术作为海上风电基础的冲刷防护方法尚处于初始阶段，对施工经验的依赖性较强，理论研究明显滞后，在整个服役期间的可靠性有待论证。

3.1 固化土技术指标与室内试验研究初探

作为一种用于冲刷防护的工程材料，固化土的抗冲刷性能是评估其实践效果的重要参数，可通过土体抗冲刷性能测试装置（SSRT）开展室内试验得到[18]。通过测量土体冲刷区域与非冲刷区域的分界线，绘制室内试验土样侵蚀曲线、沉积曲线，计算冲刷临界流速，可评估固化土试样的抗冲刷性能，有关该试验的具体原理与测试步骤可见文献［18］。

此外，无侧限抗压强度指标也是工程中衡量固化土力学性能的重要指标，其测试原理简单、成本较低。若能建立抗冲刷性能与无侧限抗压强度的关系，并结合两者指标对固化土的抗冲刷性能进行初步估算，可在冲刷防护的设计与施工中带来便利。以上海④层灰色淤泥质黏土为例，该土层在上海地区分布较为均匀，工程中较为常见，土层顶面埋深一般为7～12m。将现场土在干燥通风处进行晾晒自然风干后粉碎，加入不同比例的42.5级硫铝酸盐水泥，制备出一系列强度的固化土后开展试验，可以尝试建立该固化土试样的抗冲刷性能与无侧限抗压强度指标关系。此外，由于凝固时间对固化土的状态有较大影响，在测试过程中还应考虑同样配比条件下初凝和终凝两种情况的固化土抗冲刷性能。

本文针对固化土的无侧限抗压强度与抗冲刷性能开展初步探索。无侧限抗压强度参照《水泥土配合比设计规程》JGJ/T 233—2011[26] 的要求进行，配置得到目标强度为50kPa、100kPa、150kPa的土样，并开展SSRT测试，试验工况见表2。

固化土性能初探试验工况表 **表2**

试验工况	无侧限强度(kPa)	固化状态
C0	未固化	对照组
C1、C2	50	初凝、终凝
C3、C4	100	初凝、终凝
C5、C6	150	初凝、终凝

初步试验结果表明，当强度较低、凝固时间较短时，固化土冲刷剧烈，冲刷区与非冲刷区边界呈直立形，冲刷区的固化土几乎完全被冲刷。随着强度提高、凝固时间延长，抗冲能力显著加强，冲刷区与非冲刷区平缓过渡，冲刷区的固化土虽被冲刷，但冲刷量有显著减小。综上所述，固化土的无侧限抗压强度和凝固时间可以一定程度上反映其抗冲刷性能。

3.2 固化土防护技术的工程实践

1. 浙江某海上风电项目

浙江某海上风电场位于杭州湾平湖海域，如图 7 所示，东西宽约 4.3km，南北长约 14km，总面积约 48km^2。场地水深 8～12m，潮流流速最大可达 2.6m/s，预估最大可能底层流速为 1.7m/s，海床表面为新近沉积淤泥。

项目采用单桩基础作为支撑体系的风机共 37 座。场地流速较快，采用了原位固化的方法，通过三轴搅拌设备对场地内淤泥土进行搅拌加固，待加固完成之后通过作业船在风电基础指定位置进行施工。

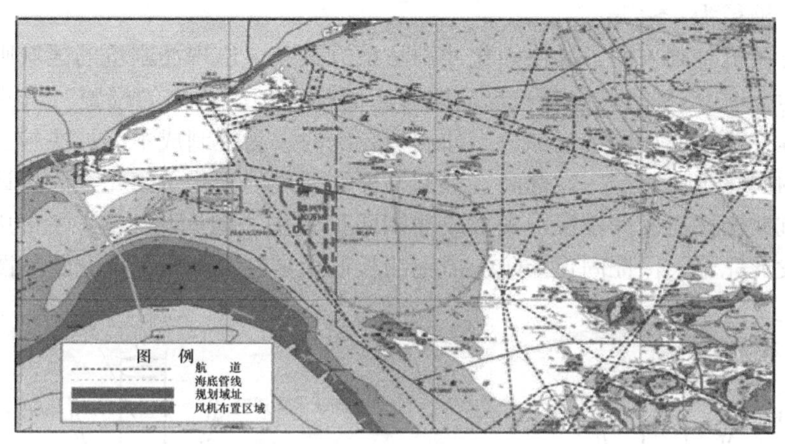

图 7 浙江某海上风电项目地理位置示意图

项目中固化土防护的施工范围约为 2 倍桩径，顺流方向 14m，7 排桩位；横流方向 12m，6 排桩位。考虑施工成本，由内到外设置深度为 5m＋2.5m＋1.6m 的固化区域，最终的单桩固化量大致为 1500m^3。对采用固化土施工的 6 个风电机位进行取芯检测，14d 强度与 28d 无侧限抗压强度均在 400kPa 以上。

在固化土施工前、施工全过程中、施工后一个月对五个采用固化土冲刷防护技术的风电机位附近进行扫海探测，冲刷情况统计见表 3。固化土施工时，钻头伸入自然冲刷面以下 1m 后开钻施工，从外向内，使桩外侧的土体在钻头作用下向内侧产生挤土效应。施工中产生一定的土体流失，流失量在 0.1～0.6m^3 不等，冲刷范围大致在 1 倍桩径内。对于先沉桩后固化的施工方法，施工过程中，基础附近海流受到施工影响，流速较大，流场较紊乱，且固化土凝结时间较短，强度尚未形成，在施工时即产生了较大程度的冲刷；固化土终凝后，冲刷发展程度较小。

施工后一个月冲刷情况统计表 **表 3**

施工方法	施工前最大冲深(m)	施工中最大冲深(m)	施工后最大冲深(m)
先沉桩后固化	0	3.7	3.8
先固化后沉桩	0	0.27	1.95

工程实践表明，在固化土充填阶段应保证初凝流动态固化土的抗冲刷性能，避免充填过程中产生较大流失。同时，为保证风电基础在长期冲刷作用下的安全，终凝态下固化土的抗冲刷临界流速也需满足现场环境条件要求。在施工阶段，处在初凝状态的固化土，其抗冲刷性能尚未完全发展，在较大的局部流速作用下，施工阶段会产生较大程度的冲刷，但当施工结束后，不仅流场趋于稳定，而且固化土抗冲刷性能也已提高，冲刷发展明显受

阻，不再进一步发展，这与表3的扫测结果相吻合。

2. 江苏某海上风电项目

江苏某海上风电场，场区中心离岸距离39km，海床面高程为−23.5～−3.1m，部分区域海底地形起伏明显。风电场平面布置呈梯形，东西方向长约为18km，南北方向平均宽约为6km，规划面积约为90km^2。工程场区最大流速表层为2.19m/s，最大底层流速为1.67m/s，对应流向为74°。根据地勘钻孔资料，海床表层为海相粉土、粉砂。风机采用单桩基础，桩径为6～7m。

项目部分风机基础采用了异位固化冲刷防护方式，未出现冲刷坑的区域则将固化土泵送半径大致为2～3倍桩径，并泵送至比原海床面标高稍高一些的位置。当冲刷坑已存在时，修复工程应覆盖原冲刷坑范围。当冲刷坑较深时，为控制成本、加快施工进度，可先用强度较弱的固化土填充至一定标高，再采用标准强度的固化土填充至原设计标高。表层标准固化土抗冲刷性能发展较快，先形成冲刷防护效果。弱固化土在一定的凝固时间后，抗冲刷性能发展完全，保证固化土防护措施的长期稳定性。其施工示意图如图8所示。

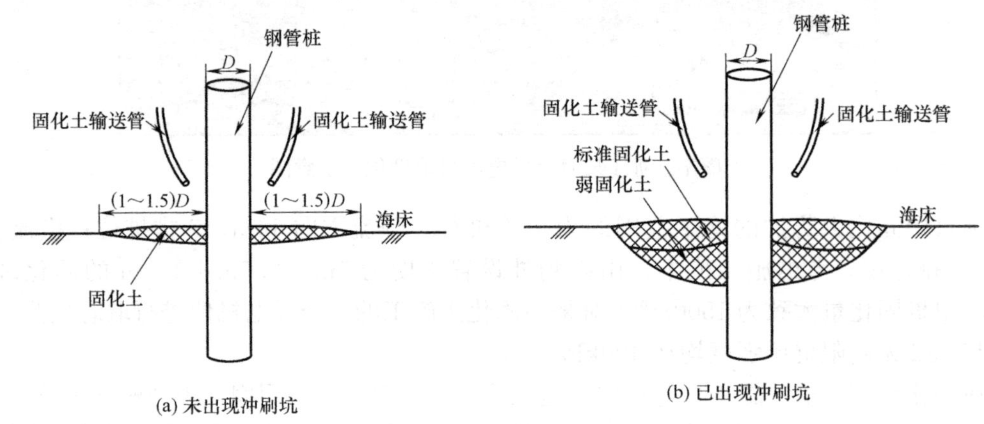

图8 异位固化施工示意图

对该项目而言，固化土充填阶段应保证初凝流动态的固化土抗冲刷临界流速大于60cm/s，以避免充填过程中产生较大的流失。同时，为保障风电基础在长期冲刷作用下的安全，终凝态下固化土的抗冲刷临界流速应大于167.0cm/s。由于施工期间固化土的粘结力尚未形成、流动性较大，该阶段容易产生较大程度的冲刷导致防护失效。然而，场地最大流速的出现可视为概率性的事件。为进一步优化设计，应考虑流速取值的概率问题，选用合适配比的固化土。在充填施工过程中，应结合施工时的实际流速条件与初凝态固化土的抗冲刷临界流速，优化固化土配合比选取。值得注意的是，原料土的差异对固化土的固化配比影响较大，在施工前应当进行室内的配套试验，确定合适的固化土配比。

4 结论

随着海上风电产业的快速发展，风电基础的冲刷问题得到了越来越多的关注。固化土冲刷防护具有环保、整体性好、抗冲刷能力强等优势，被逐渐尝试应用于海上风机基础冲刷防护工程当中。本文基于冲刷机理，评述了常见冲刷防护技术的特点，结合室内试验，对不同无侧限抗压强度的固化土冲刷特性进行了初步探索，并结合工程案例进行了分析，主要得到以下结论：

（1）固化土的无侧限抗压强度可以在一定程度上反映其抗冲刷性能，工程实践中可通过测定其无侧限抗压强度来预估抗冲刷性能，但二者之间的具体关系还有待进一步的研究；

（2）工程经验表明，固化土冲刷大部分发生在施工阶段，该阶段其抗冲刷性能尚未完全形成，黏聚力小、流动性大、施工时流场更复杂，应保证初凝流动态固化土的抗冲刷性能，避免充填过程中产生较大流失；

（3）固化土的抗冲刷性能远高于天然黏土或砂土，在完全凝结后，其抗冲刷性能需要应对海上风电基础面对的常规与极端条件情况，保证其终凝强度对风机长期服役性能十分关键。

参考文献

［1］ https：//wind. in-en. com/html/wind-2404851. shtml.

［2］ ZHANG H，CHEN S，LIANG F. Effects of scour-hole dimensions and soil stress history on the behavior of laterally loaded piles in soft clay under scour conditions ［J］. Computers and Geotechnics，2017，84：198-209.

［3］ SØREN P H S，IBSEN L B. Assessment of foundation design for offshore monopiles unprotected against scour ［J］. Ocean Engineering，2013，63（3）：17-25.

［4］ 王琛，梁发云，袁野．深水桥梁垫层隔震基础冲刷演化机理与设计建议［J］. 中国公路学报，2021，34（11）：48-59.

［5］ 何泓男，戴国亮，杨炎华，等. 局部冲刷下群桩水平承载试验研究［J］. 岩土力学，2015，36（10）：2939-2945.

［6］ 王顺意，牟力，魏凯，等. 不同水力条件下圆柱桥墩局部冲刷试验研究［J］. 防灾减灾工程学报，2020，40（3）：425-431.

［7］ 祁一鸣，陆培东，曾成杰，等. 海上风电桩基局部冲刷试验研究［J］. 水利水运工程学报，2015（6）：60-67.

［8］ YU T，ZHANG Y，ZHANG S，et al. Experimental study on scour around a composite bucket foundation due to waves and current ［J］. Ocean Engineering，2019，189：106-302.

［9］ CHEN S，GONG E，ZHAO X，et al. Large-scale experimental study on scour around offshore wind monopiles under irregular waves ［J］. Water Science and Engineering，2022，15（1）：40-46.

［10］ 梁发云，王琛．桥墩基础局部冲刷防护技术的对比分析［J］. 结构工程师，2014，30（5）：130-138.

［11］ KITAZUME M，SATOH T. Development of a pneumatic flow mixing method and its application to Central Japan International Airport construction ［J］. Proceedings of the Institution of Civil Engineers Ground Improvement，2003，7（3）：139-148.

［12］ 张春雷，OTHERS. 湖泊污染底泥的固化资源化技术在工程中的应用［C］//中国环境科学学会2008年学术年会，2009.

［13］ GHAZALI F M，SOTIROPOULOS E，MANSOUR O A. Large-diameter bored and grouted piles in marine sediments of the Red Sea ［J］. Canadian Geotechnical Journal，1988，25（4）：826-831.

［14］ 刘泉声，屈家旺，柳志平，等. 侵蚀影响下水泥土的力学性质试验研究［J］. 岩土力学，2014，

35 (12)：3377-3384.

[15] 吴燕开，史可健，胡晓士，等. 海水侵蚀下钢渣粉＋水泥固化土强度劣化试验研究 [J]. 岩土工程学报，2019，41 (6)：1014-1022.

[16] 何俊，栗志翔，石小康，等. 侵蚀环境中碱渣-矿渣固化淤泥的力学性质 [J]. 水文地质工程地质，2019，46 (6)：83-89.

[17] 万志辉，戴国亮，龚维明，等. 海水侵蚀环境对钙质砂水泥土强度影响及微观结构研究 [J]. 岩土工程学报，2020，42 (S1)：65-69.

[18] WANG C，YUAN Y，LIANG F，et al. Investigating the effect of grain composition on the erosion around deepwater foundations with a new simplified scour resistance test [J]. Transportation Geotechnics，2021，28：100527.

[19] BRIAUD J L，TING F C K，CHEN H C，et al. SRICOS：Prediction of scour rate in cohesive soils at bridge piers [J]. Journal of Geotechnical and Geoenvironmental Engineering，1999，125 (4)：237-246.

[20] CHIEW Y M. Scour protection at bridge piers [J]. Journal of Hydraulic Engineering，1992，118 (9)：1260-1269.

[21] WANG C，YU X，LIANG F. A review of bridge scour：mechanism，estimation，monitoring and countermeasures [J]. Natural Hazards，2017，87 (3)：1-26.

[22] HERBICH J B. Seafloor scour：Design guidelines for ocean-founded structures [M]. Marcel Dekker Incorporated，1984.

[23] 杨昕，梁发云. 桥墩基础局部冲刷抛石防护的研究进展 [J]. 结构工程师，2015，31 (6)：200-207.

[24] MAIDL B，SCHILLER W. Testing and experiences of different scour protection technologies in the North Sea [C] //Offshore Technology Conference. OnePetro，1979.

[25] 和庆冬，戚建功. 一种新技术在海上风机基础冲刷防护的应用研究 [J]. 南方能源建设，2020，7 (2)：112-121.

[26] 中华人民共和国住房和城乡建设部. 水泥土配合比设计规程：JGJ/T 233—2011 [S]. 北京：中国建筑工业出版社，2011.

地下水泥土连续钢墙技术研究与现场试验

李耀良，王理想，于顺利
（上海市基础工程集团有限公司，上海 200433）

摘　要：本文研究了地下水泥土连续钢墙的设计要点、施工设备及配套机具、施工关键技术，分析了水泥土连续钢墙受力变形特性、设计计算方法、劲性钢构件种类、平面连接及节点连接形式等关键设计要求。介绍了可以实现低净空、高装配率及机械化操作施工的设备和机具，并结合工艺试验，总结了成墙施工、型钢连接与插入下放控制、现场泥浆参数控制等施工关键技术。本文关于介绍地下水泥土连续钢墙（NS-BOX 工法）的相关研究结论可为本工法的推广应用提供基础，并为今后类似工程提供借鉴。
关键词：地下水泥土连续钢墙；设计要求；设备机具；施工关键技术

Technical Essentials and Field Test of Underground Cement Soil Continuous Steel Wall (NS-BOX method)

Li Yaoliang, Wang Lixiang, Yu Shunli
(Shanghai Foundation Engineering Group Co., Ltd., Shanghai 200433, China)

Abstract: This paper studies the key points of design, construction equipment, supporting machines and tools, and construction key technologies of underground cement soil continuous steel wall, and analyzes the key design requirements such as the mechanical deformation characteristics of cement soil continuous steel wall, the design and calculation method, the types of rigid steel members, plane connection and node connection forms. This paper introduces the equipment and machines that can realize low clearance, high assembly rate and mechanized operation. Combined with the process test, this paper summarizes the key construction technologies, such as the construction of wall, the control of section steel connection and insertion, and the control of on-site mud parameters. The relevant research conclusions of this paper on the introduction of underground cement soil continuous steel wall (NX-BOX construction method) can provide a basis for the popularization and application of this construction method, and provide reference for similar projects in the future.
Key words: Underground cement soil continuous steel wall; Design requirements; Equipment and machines; Key construction technology

0　引言

随着地下空间的发展，深基坑工程呈现出了深度深、规模大、限制条件多、要求变形小的趋势。一些市政基坑已经达到近60m深度，且深基坑多位于城市市区内，周围环境较为复杂，对深基坑支护工程提出更严格、更复杂的技术要求，不仅要确保支护结构的稳定，还必须满足变形控制的要求。

对于基坑深度小于20m的基坑，多采用的排桩支护。深度大于30m的基坑或周边环境保护要求较高的区域则多采用地下连续墙围护结构，地下连续墙施工速度慢、占地面积大、施工净高要求较高、造价高昂。考虑到基坑深度处在20～30m范围内时，采用排桩支护形式安全风险较大，而采用地下连续墙支护又不经济，因此基坑深度处在20～30m范围支护形式的选择较少，此外对于一些深基坑工程施工条件也越来越受限制，尤其对施工低净空要求越来越高，如处在机场、高压线、高架桥、高层建筑等附近，施工中需要严格限制施工机械的高度。因此需要寻找施工更为快捷、占地面积更小、能够满足低净空要求、经济适用且对环境影响小的基坑支护技术。

地下水泥土连续钢墙是在地下水泥土连续墙中内插劲性连续锁扣型钢，形成可以止水及受力的连续钢墙。地下水泥土连续钢墙工法特点包括：(1) 相对于地下连续墙，水泥浆替代原地墙中的混凝土，型钢代替原地下连续墙中的钢筋笼，可避免大量的钢筋笼焊接工作量，劳动力成本大大降低；(2) 内插锁扣型钢吊装重量轻便，施工占地小，施工安全风险小，可进行节段拼装，实现低净空作业；(3) 在水泥土墙里内插锁扣型钢，在水泥土和双层锁扣的组合作用下，实现了地下围护的三道止水体系，有效地确保了水泥土连续钢墙围护的止水效果；(4) 构件预制装配率及机械化施工率高，锁扣型钢均为节段高强连接，有效地保证了地下连续钢墙质量，对周边环境影响较小。该工法即符合地下空间开挖绿色施工发展，也为复杂环境区域的基坑工程（开挖深度20～30m）提供一种新的支护方案选择。

地下水泥土连续钢墙工法在国外类似的工艺为NS-BOX工法，该工法最早起源于德国，后广泛推广于日本。NS-BOX系统应用于地下围护是指采用NS-BOX一种两端有平行翼缘的钢材构件代替钢筋笼放入沟槽中，水泥土代替原钢筋混凝土地下连续墙中的混凝土形成的一道连续的钢结构水泥土墙，具有施工便捷、对环境影响小等特点。

目前该工艺也成功应用于日本多个工程案例（表1）。到目前为止，在约60多项工程中，完成了面积超过了18万m^2的NS-BOX钢制地下连续墙的建设。

地下连续钢墙应用实例 **表1**

序号	修建日期	工程名称	用途	基坑深(m)	墙深(m)	墙厚(mm)	墙长(m)
1	1991-04	(日)目黑站改建工程	基坑支护(边墙)	—	23	600	20.3
2	1993-10	(日)盾构顶管接收井	基坑支护(圆)	16.65	28.5	800	31.8
3	1997-08	(日)地铁换气口	竖井外墙(矩形)	38.15	41.35	1100	33.8
4	近阶段	东京地下停车场	竖井外墙(矩形)	38	49	1100	—

地下水泥土连续钢墙在我国尚无应用的先例，然而在等厚度水泥土搅拌墙施工领域，我国积累了很多技术储备。在基坑止水方面CSM、TRD等新型工法和设备不断涌现，满足了水泥土搅拌桩墙要求成墙深度深、成墙速度快、墙体强度高的技术需求，解决了施工

50～60m 深基坑的截水帷幕和在 $N \geqslant 50$ 的土层中进行施工的难题。并在上海、南昌、天津、杭州、苏州、武汉、南京等地的 20 余个基坑工程中得到成功应用。

地下水泥土连续钢墙的研发虽然在水泥土搅拌墙工艺基础上有一定技术储备，但国内尚未有地下水泥土连续钢墙具体实施案例。本文研究内容主要是地下水泥土连续钢墙的设计计算、施工工艺和配套设备机具方面的关键技术。

（1）地下水泥土连续钢墙设计关键技术

对于地下水泥土连续钢墙在设计理论方面，国内尚无完善的设计理论，关于其设计计算也没有一套成熟的方法可供参考。本文研究总结了地下水泥土连续钢墙受力特性、计算方法及劲性钢结构种类和性能、围护结构平面连接形式、连接节点设计等重要内容，为地下水泥土连续钢墙设计推广提供了理论基础。

（2）地下水泥土连续钢墙设备研发

对于地下水泥土连续钢墙在设备和机具方面，除了成槽设备具有一定的技术积累，其他设备国内尚无应用的先例，要实现高效率施工且满足低净空的要求，研发与工艺配套的装备机具是关键。本文介绍了一系列适应于地下水泥土连续钢墙成墙施工、型钢固定与导向、型钢下放配套组件、悬吊组件等配套机具和施工设备。

（3）地下水泥土连续钢墙施工关键技术对于地下水泥土连续钢墙在施工工艺方面，国内尚无相关案例，关于其施工流程、施工过程中需要重点控制的施工参数亦需要重点研究。地下水泥土连续钢墙不仅要考虑强度、止水防渗性能，还需考虑内插锁扣型钢施工的工艺要求。施工中内插型钢的连续性和垂直度直接关系到锁扣止水效果。通过机场联络线上海浦东站地下水泥土连续钢墙的工艺试验，总结了水泥土搅拌墙成墙、型钢连接与插放、泥浆参数控制等成套的施工工艺及施工流程，相关研究结论可为今后类似工程施工应用提供借鉴。

1 地下水泥土连续钢墙设计要点

1.1 地下水泥土连续钢墙受力及变形特性

地下水泥土连续钢墙中主要由钢结构承受弯矩和剪力。地下水泥土连续钢墙的受力机理和承载特性与柱列式型钢水泥土搅拌墙类似，连续锁扣型钢所承担的弯矩要远高于水泥土，连续锁扣型钢为水泥土连续钢墙结构中的主要抗弯构件，水泥土对弯矩的贡献则可以忽略不计。设计中通常不考虑水泥土的强度效应，只考虑其止水防渗效果。墙体抗弯刚度只计算内插型钢的截面刚度。

当基坑开挖较浅且不设置支撑时，地下水泥土连续钢墙表现为悬臂式位移分布，向基坑方向水平位移，墙顶位移最大。随着基坑继续挖深，墙体继续表现为向基坑内的三角形水平位移或平行刚体位移。如果设置支撑，则表现为墙顶位移不变或逐渐向基坑外移动，墙体腹部向基坑内突出，即抛物线形位移。对于围护结构墙趾进入硬土或风化岩层，其底部位移基本为零，当围护结构墙趾位于软土中且插入深度较小时，其墙趾变形呈“踢脚”形态且变形较大。围护结构变形见图 1。

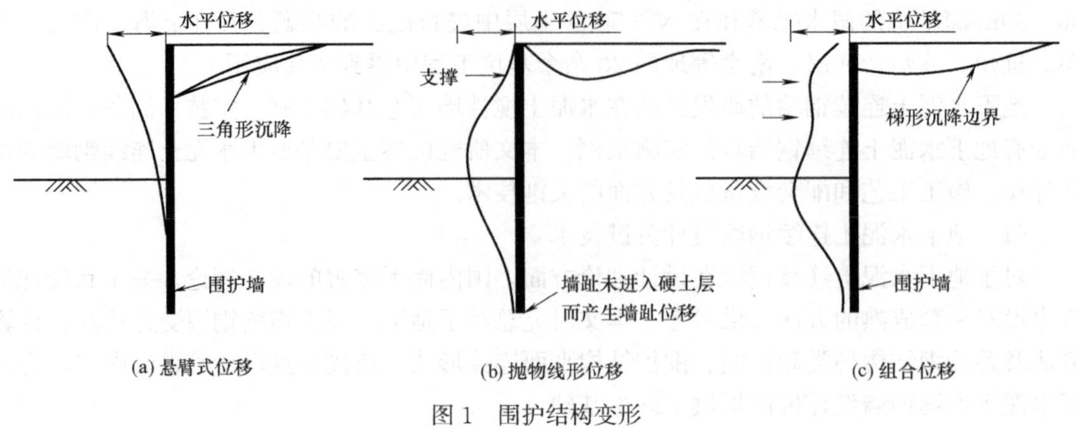

图 1 围护结构变形

1.2 地下水泥土连续钢墙设计计算

板式支护结构的设计计算方法，围护结构受力计算通常是按水泥土里的劲性钢结构的设计方法来设计。水泥土连续钢墙结构中，连续锁扣型钢两端翼缘端部间的型钢和水泥土交界面为最弱剪切面，应对该处进行局部抗剪计算（图 2），还应对锁扣型钢的抗弯、抗剪承载力进行验算。当型钢需要接长时，应对连接接头的抗弯和抗剪承载力进行验算。

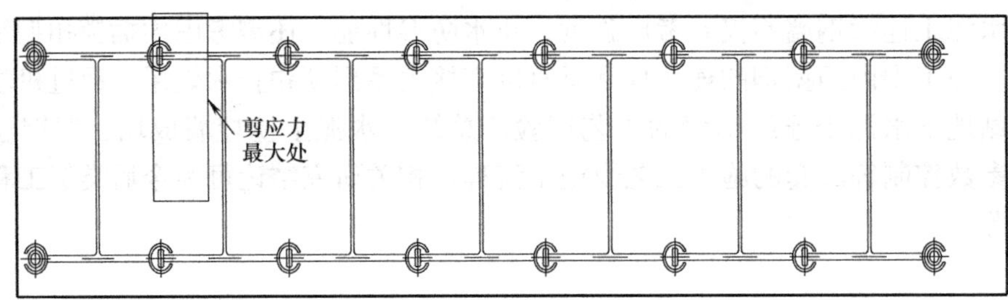

图 2 局部抗剪计算处

在对地下水泥土连续钢墙进行支护结构的内力、变形和各项稳定性计算时，支护结构的计算深度应取型钢的插入深度，型钢端部以下水泥土不计。水泥土墙的深度除需满足型钢的插入要求外，还应满足基坑的抗渗流稳定性要求。

1.3 地下水泥土连续钢墙设计构造

地下水泥土连续钢墙的垂直度偏差不应大于 1/500。水泥土墙的厚度和深度应满足锁扣型钢的插入要求，墙体厚度宜比锁扣型钢高度大 100mm，墙体深度宜比锁扣型钢的插入深度深 0.5～1.0m。

由于水泥土连续钢墙主要受力构件是内插劲性钢构件，因此钢构件的设计十分重要，钢构件的设计构造和节点连接要求如下。

（1）地下水泥土连续钢墙劲性钢构件结构种类和性能

地下水泥土连续钢墙的主要构件是一种箱式钢结构，根据地下连续钢墙的厚度和承受外荷载能力的不同以及制造方法的差异可以把劲性钢构件分成几种，即：BX、BH、GH-R 和 BH-H 等形式（表 2）。

地下水泥土连续钢墙劲性钢构件截面种类　　　　表 2

项目	箱式(BX)	BH 组装 H 形	GH-R(大 H 形)	BH(组装 H 蜂窝形)
结构	钢结构设计	钢结构设计	钢结构设计	钢结构设计
有效宽度(mm)	700～1000	400～500	800～900	900～1000
构件高度(mm)	300～600	300～600	350～1300	400～900
材质	Q235、Q345			

GH-R 构件又可分为 2 种结构形式：标准型和双销型（图 3）。后者用的插销是为了加固地下连续钢墙接头处的横向刚度。

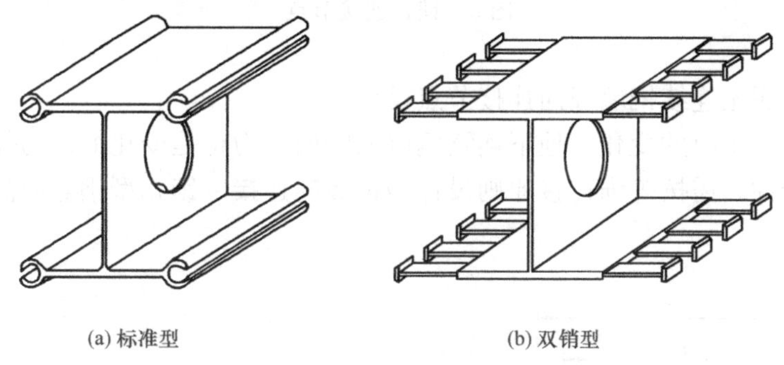

(a) 标准型　　(b) 双销型

图 3　GH-R 连接接头构件示意图

(2) 地下水泥土连续钢墙围护结构平面连接形式

结合基坑规模和要求，地下水泥土连续钢墙可采用一字形和圆形（图 4）的平面布置形式。圆形基坑连续钢墙布置和标准一字形不同。由于圆弧角度，锁扣连接不能直接闭合，为此可在型钢锁扣之间增设钢板进行封闭止水。

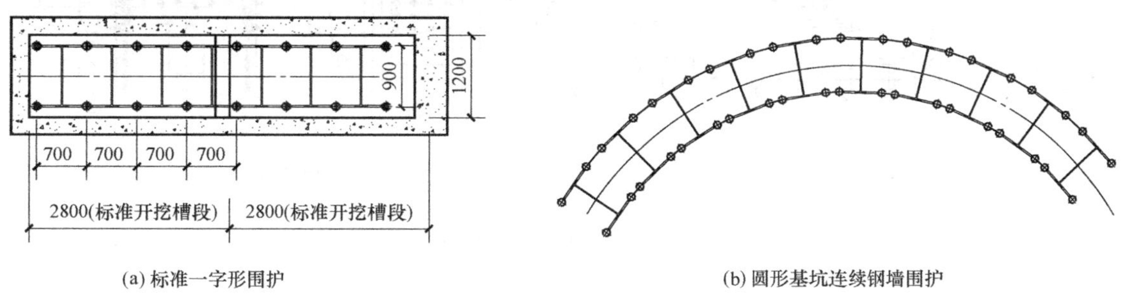

(a) 标准一字形围护　　(b) 圆形基坑连续钢墙围护

图 4　平面连接形式

(3) 地下水泥土连续钢墙锁扣连接节点设计

锁扣型钢的连接设计主要考虑止水效果、方便插入、连接约束作用等方面。锁扣型钢接头由C形锁扣和T形接头构成[图5(a)]，咬合接头连接后示意图见图5(b)。

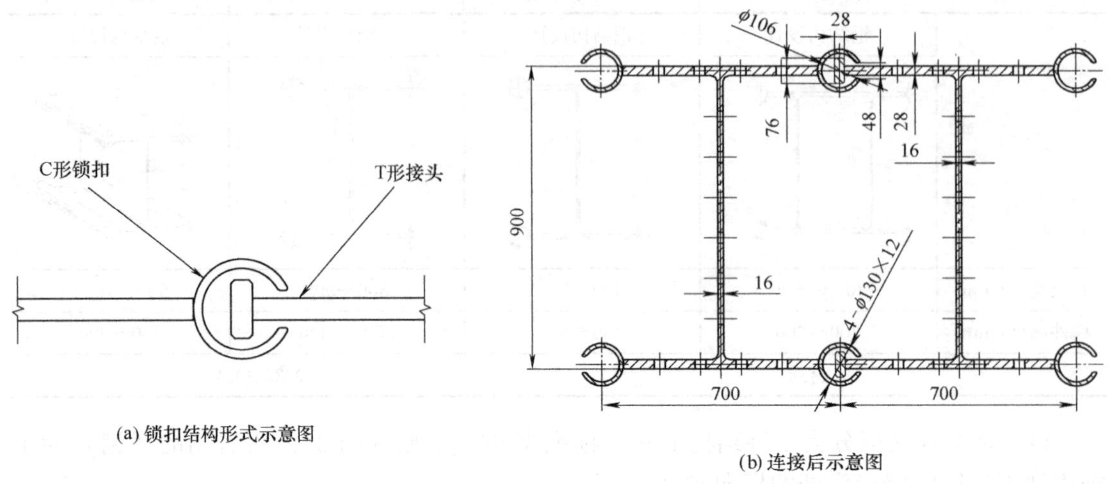

图5 锁扣连接节点

(4) 地下水泥土连续钢墙竖向连接节点设计

随着基坑开挖工况的变化，地下连续钢墙的竖向受力也是变化的。为保证围护结构的承载能力和安全性，需按等强连接原则设计型钢竖向连接。锁扣型钢竖向高强螺栓连接设计见图6。

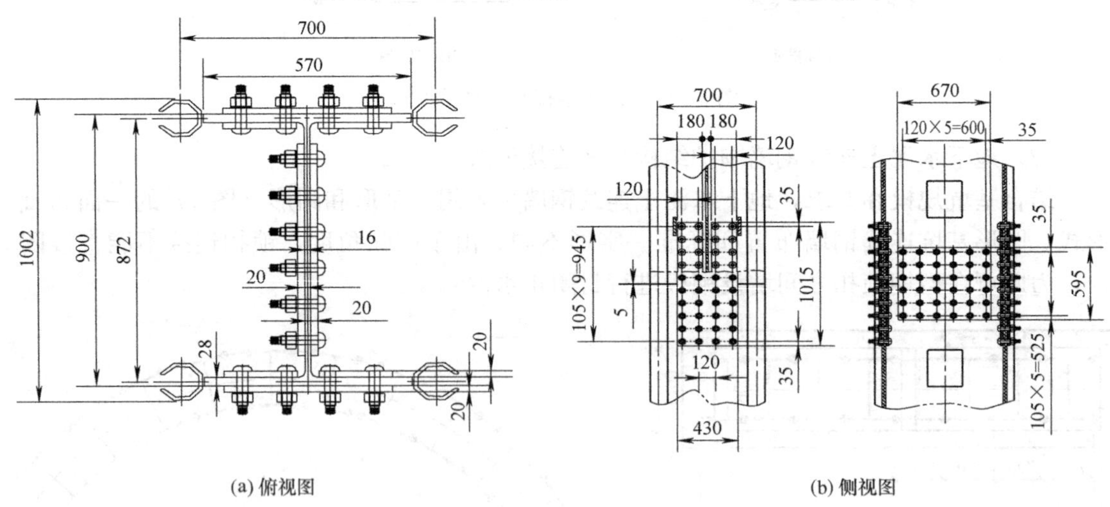

图6 锁扣型钢竖向高强螺栓连接设计

(5) 地下水泥土连续钢墙围护与结构连接节点设计

当采用叠合墙时，主体结构与水泥土地下连续钢墙之间的连接，可根据节点处的弯矩、剪力和构造要求来设计。围护和主体连接节点主要可采用焊接连接和套筒连接(图7)。

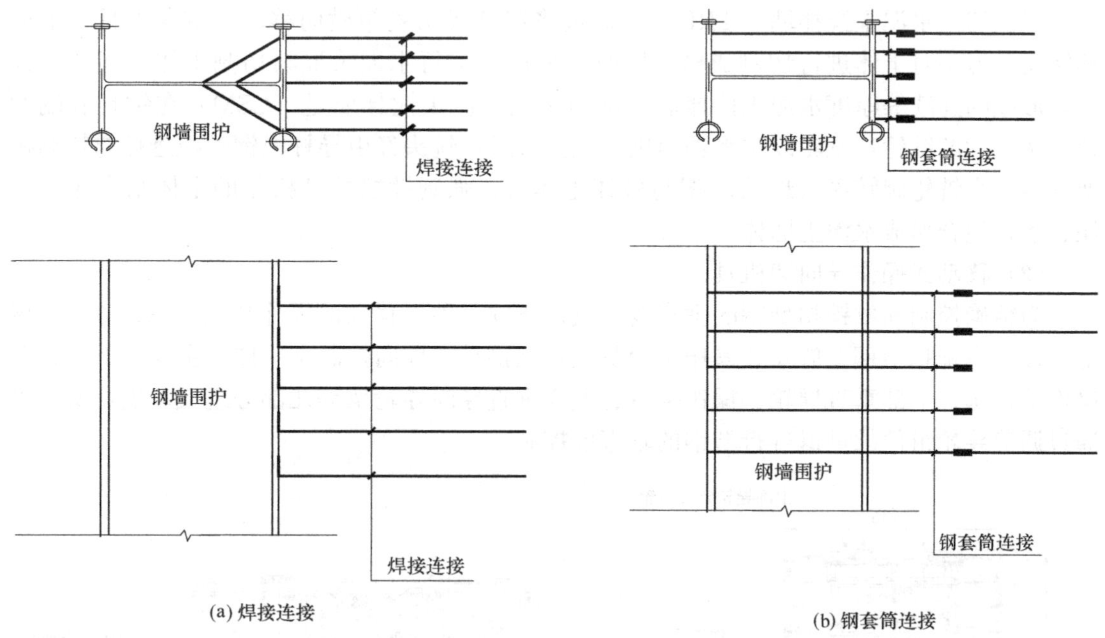

图 7　围护和主体连接节点

2　地下水泥土连续钢墙配套设备和机具

为了提高锁扣型钢插放施工效率及接头连接质量，研发了适用于锁扣型钢定位导向、连续下放、悬吊搁置等配套机具。通过在上海浦东机场站试槽段试验施工，检验了配套机具的适用性，实现了连续锁扣型钢插放的机械化施工、高精度的定位及垂直度控制。

（1）成墙设备

地下水泥土连续钢墙成墙主要设备为锯链式（TRD）设备（图 8）和铣削式（CSM）设备（图 9）。

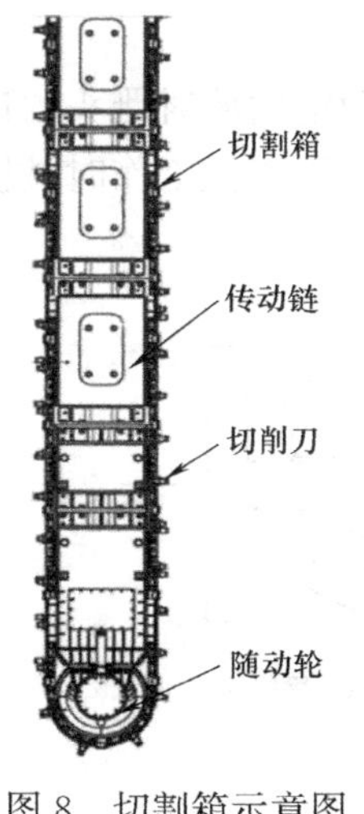

图 8　切割箱示意图

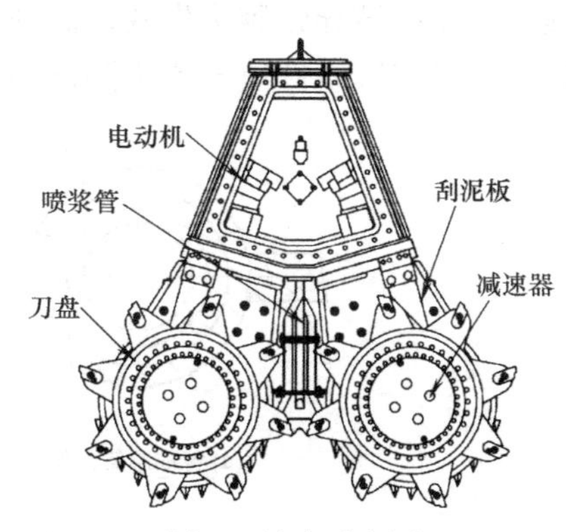

图 9　铣头示意图

渠式切割水泥土搅拌墙（TRD）是通过将锯链式切割箱横向移动、链条刀具上下循环转动，刀头对土体进行切割成槽，同时在槽段内进行水泥浆液与切割土体的混合与搅拌，形成的连续等厚度水泥土搅拌墙；铣削深搅水泥土搅拌墙是（CSM）在钻具底端配置马达驱动的铣轮，铣轮以水平轴向旋转搅拌方式，铣头经由导杆或钢丝绳悬挂与特制机架连接，当铣轮旋转深入地层削掘与破坏土体时，强制性搅拌已松化的土体结合注入水泥、水，混合形成水泥土墙体。

（2）移动式操作导向架机具

为精确控制插放锁扣型钢的垂直度，设计研发一种可移动的操作导向架（图 10）。该配套设备集锁扣型钢下放安装操作平台及锁扣型钢垂直导向控制于一体。主要由下部移动操作平台车、下部垂直导轮、操作架身、上部垂直导向导轮架等几部分组成。现场实施可通过调节导轮组件的进退进行型钢的垂直度控制。

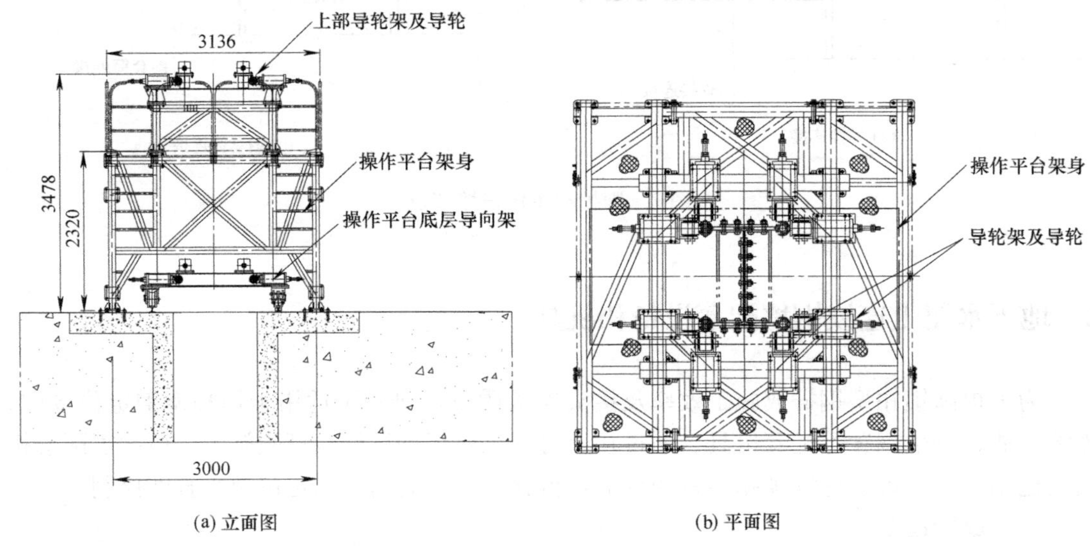

(a) 立面图　(b) 平面图

图 10　操作导向架结构示意

（3）下放配套组件

锁扣型钢下放前，需在型钢雌头内放置好芯管，防止型钢插放时雌头内进入硬物或被泥浆灌入硬化固结导致雌头失效。此外，为防止型钢止口在铣槽机工作时被铣削破坏，可采用带防护板芯管组件填充雌头圆筒内（图 11）。

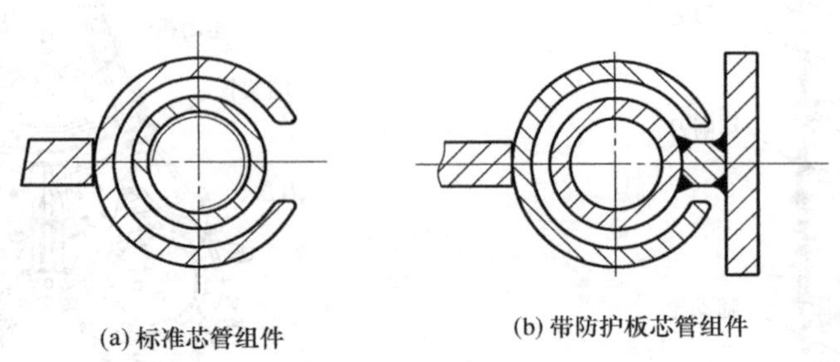
(a) 标准芯管组件　(b) 带防护板芯管组件

图 11　芯管组件构造图

(4) 悬吊组件

搁置吊梁组件由吊钩、搁置可调螺母、搁置槽钢、吊板等组成（图 12)。锁扣型钢组插放完毕后，将型钢固定在导梁上，待槽段内水泥土强度达到要求后，再拆除吊杆及吊梁。

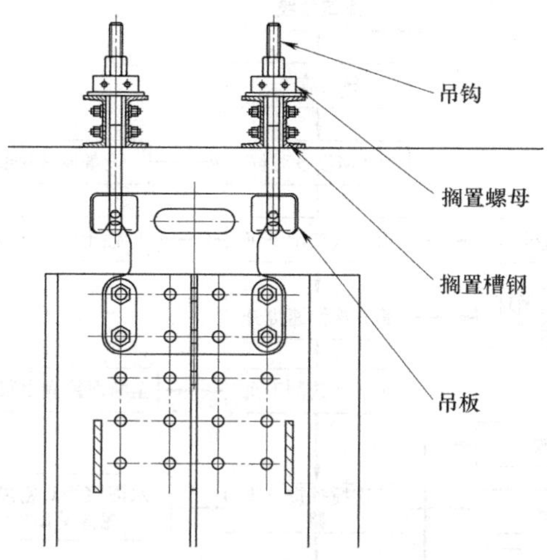

图 12　搁置吊梁组件示意图

(5) 首根锁扣型钢斜撑调整固定装置

水泥土连续钢墙首根锁扣型钢的调整固定装置见图 13，包括转轴固定底座、转轴、斜撑杆、首根型钢专用顶节段，通过首根锁口型钢专用顶节段对首根型钢的垂直度进行调整，并予以固定。

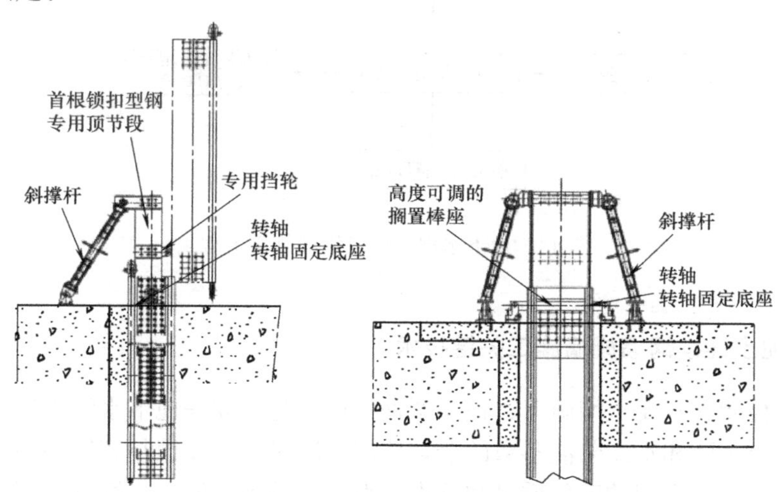

图 13　首根锁扣型钢斜撑调整固定装置

3　地下水泥土连续钢墙施工要点

3.1　地下水泥土连续钢墙成墙施工流程

通过现场工艺试验结合室内试验，对成墙泥浆参数控制、水泥土墙成墙工艺、锁扣型钢插放控制等核心关键技术进行研究总结，形成一套地下水泥土连续钢墙施工技术，其施工流程见图 14。

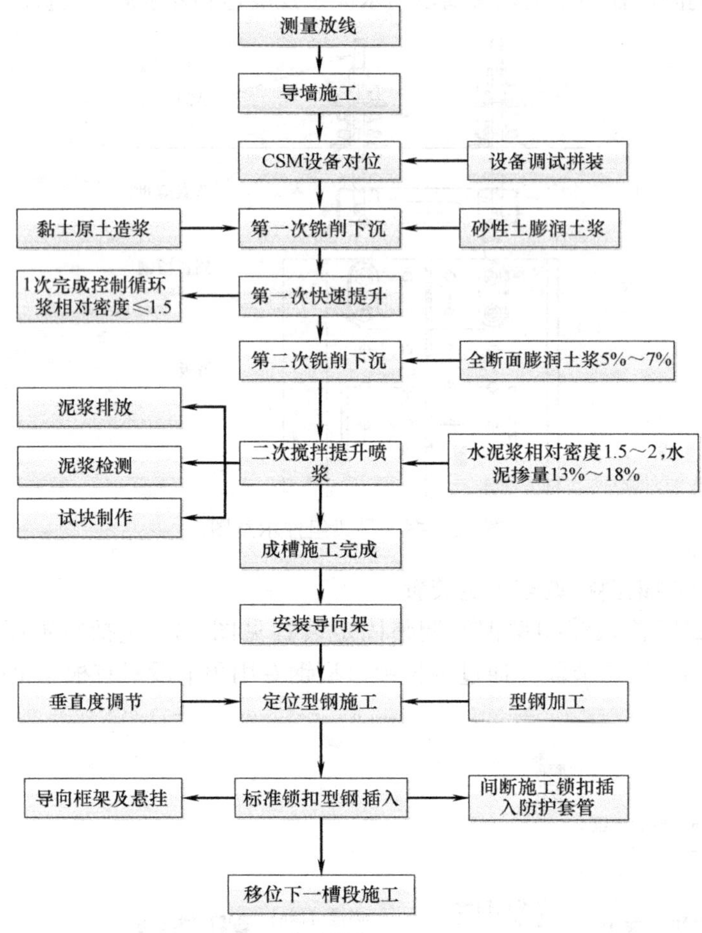

图 14 地下水泥土连续钢墙施工流程

3.2 地下水泥土连续钢墙成墙施工关键技术

浆液参数控制、水泥土墙施工、锁扣型钢的连接与插放是地下水泥土连续钢墙施工关键技术。膨润土浆液和水泥浆液参数的合理控制可以保证后续锁扣型钢的顺利插入。水泥土墙成墙质量、锁扣型钢的安装质量和垂直度直接关系到水泥土连续钢墙围护的止水效果及承载能力。

1. 新拌制浆液参数控制

前期准备需要进行新鲜泥浆拌制，新拌制浆液包括膨润土浆液和水泥浆液。膨胀水化的时间对膨润土泥浆性能存在影响，为充分发挥膨润土泥浆的作用，施工前需对膨润土浆液进行提前搅拌发酵 24h，发酵后膨润土浆液相对密度宜控制在 1.02～1.04，黏度宜控制在 30～32s，膨润土浆液指标见表 3。水泥浆液拌制宜控制水灰比 1.5～2.0，对应相对密度 1.35～1.28，水泥浆液具体指标见表 4。

膨润土浆液指标控制 **表 3**

项目	指标范围	
	黏性土地层	粉、砂性土地层
膨润土掺量(%)	3	5～7
漏斗黏度(s)	30～32	30～32
相对密度	1.02～1.04	1.02～1.04
pH 值	8～10	8～10

水泥浆液指标控制 **表 4**

项目	指标范围	项目	指标范围
相对密度	1.28～1.35	黏度(s)	20～30
水灰比	1.5～2.0	水泥掺量(%)	13～18

2. 水泥土墙成墙施工控制要点

1）水泥土墙施工顺序可采用顺槽式，相邻两幅之间的施工间隔时间不宜过长，二期墙体的施工应在一期墙体终凝之前完成。成槽单幅幅宽宜为 2.8m，槽段搭接宽度宜控制在 200～300mm。

2）地下水泥土连续钢墙成墙施工采用"两铣三喷（两次铣槽三次喷浆）"成墙模式，并采用"双浆液模式"下成墙及泥浆参数控制方法，保证水泥土墙成墙均匀性及锁扣型钢自重作用下的插入。

水泥土连续钢墙两铣三喷成墙及双浆液模式泥浆参数控制方法：①第 1 铣对于黏性土区域采用喷水原土造浆，下沉进尺搅拌速度 150～250mm/min；对于砂性土开采至槽底区域，为保证成槽后泥浆的均匀及砂粒的悬浮，铣削下沉同时注入 5%～7%的新鲜膨润土泥浆，下沉进尺搅拌速度控制 100～200mm/min。②第 1 次铣削到底后进行提升，考虑施工功效，第 1 次提升采取快速提斗带浆搅拌提升，上提速度控制在 5～6m/min。③第 2 次铣槽自地面至槽段底部全断面喷射注入 5%～7%新鲜膨润土浆（正常喷浆），下沉进尺搅拌速度 150～350mm/min。④第 2 次铣槽至底部后开始提升搅拌喷射水泥浆，提升成墙搅拌时，水泥浆液流量宜控制在 250～400L/min，提升速度应与流量相匹配。

3）锁扣型钢插入与连接控制要点

(1) 锁扣型钢宜在水泥土墙成墙搅拌完成 2h 内插入，插入前应检查其平整度、套箍、端头板和接头质量。

(2) 锁扣型钢的插入应采用牢固的定位导向架，在插入过程中应采取措施保证锁扣型钢垂直度和防止滑落。锁扣型钢插入到位后应用悬挂构件控制锁扣型钢顶标高，并采用高强度螺栓与已插好的锁扣型钢牢固连接。

(3) 高强度螺栓的接头应从螺栓群中间顺序向外侧进行紧固，螺栓群紧固顺序为先翼板后腹板，应由内向外顺序进行。

4 试验情况介绍

4.1 试验场地及地质情况

为研究地下水泥土连续钢墙现场实际施工工艺及效果，结合在建机场联络线上海浦东机场站项目，在机场联络线上海浦东机场站Ⅲ区临近封堵墙位置 30m 范围槽段内，先后进行 6 组地下水泥土连续钢墙现场工艺试验，成槽深度从 50～75m，试验场地布置见图 15。

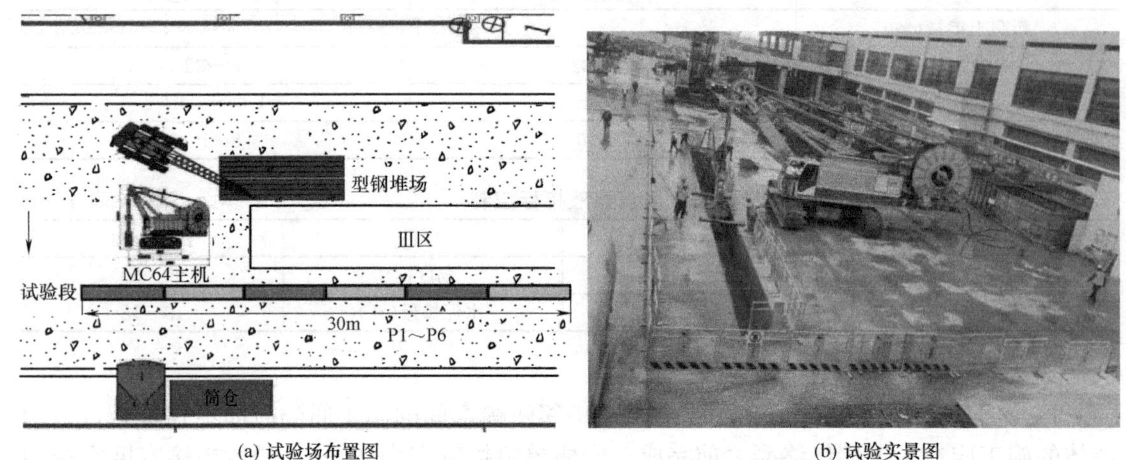

(a) 试验场布置图　　(b) 试验实景图

图 15　试验场地布置

本工程最大钻探深度为 85m。本工程场地临近东海，主要为软土及砂性土层，地表以下 40m 至钻探底标高近 45m 范围（未见底）都为⑦$_2$ 层砂性土层，且含承压水。试验点位地质剖面见图 16。

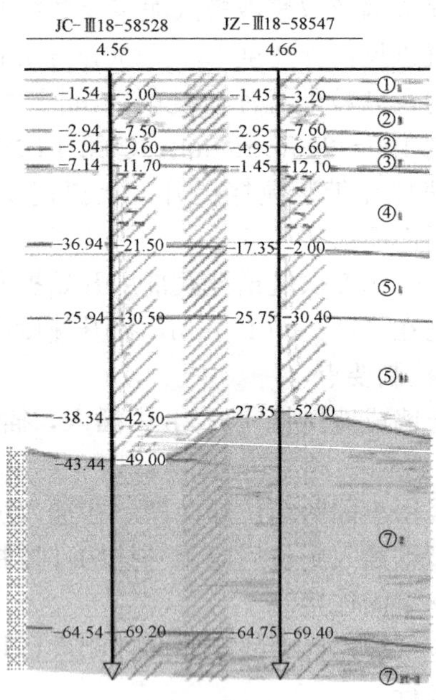

图 16　试验点位地质剖面图

4.2　试验参数

首先依据工程经验及水泥浆液配比小样室内试验，初步确定现场水泥浆液配比。然后进行水泥土连续钢墙试验，根据现场试验反馈情况再不断调整相应参数，试验主要控制参数指标为：水、水灰比、膨润土掺量等，现场试验通过调整这几个重要参数指标从而得出最优参数组合。6 组试验参数如表 5 所示。

试验参数调节控制表 **表 5**

参数项	第 1 次试验（G1）	第 2 次试验（G2）	第 3 次试验（G3）	第 4 次试验（G4）	第 5 次试验（G5）	第 6 次试验（G6）
膨润土掺量(%)	5	5	5	5	7	5
膨润土用量(t)	18.9	18.9	18.9	15.1	15.4	8.4
膨润土喷浆量(m^3)	378	378	567	180	220	170
水灰比	1.0	1.0	1.0	1.0	1.0	1.5
水泥掺量(%)	18	18	15	18	15	11
水泥用量(t)	68	68	56.7	54.43	58.968	33.14
每米泥浆量(L)	1451.52	1451.52	1209.60	1451.20	1209.60	1209.60
成槽深度(m)	75	75	75	50	65	50

4.3 试验效果

G1 成槽深度 75m，采用 1 次铣槽 2 次喷浆的成槽模式，最终成槽槽段泥浆相对密度为 1.60，型钢自重作用下仅插入 26m。在 G1 成槽基础上，原位进行 G2 铣槽搅拌，型钢累计插入 3.5 根（约 46m）。G3 成槽深度 75m，采用 2 次铣槽 4 次喷浆的成槽模式，最终成槽槽段泥浆相对密度为 1.35，型钢自重作用可插入 50m。

G4～G6 成墙深度分别为 65m、65m、50m。G4 试验型钢插入 36m，G5 试验型钢插入 48m，G6 试验型钢插入 48m。试验效果最好的是 G5 及 G6，G5 试验中型钢达到了 48m 自重下放的效果并横向连续下放 3 根，实现了锁扣连续连接。

结合本次试验锁扣型钢插入深度的试验效果，对成槽后的泥浆水泥掺量、水灰比、水泥浆相对密度、膨润土泥浆掺量进行对比，得到槽段泥浆最优参数组合见表 6。

槽段泥浆最优参数组合 **表 6**

项目	指标范围	项目	指标范围
相对密度	1.28～1.35	水泥掺量(%)	13～18
水灰比	1.5～2.0	膨润土掺量(%)	5～7

5 总结与展望

本文总结了地下水泥土连续钢墙设计计算、配套机具设备、施工工艺等方面的关键技术。为地下水泥土连续钢墙推广应用提供了一定的理论基础。同时通过机场联络线上海浦东机场站地下水泥土连续钢墙的工艺试验，检验了地下水泥土连续钢墙的施工工艺流程及施工效果，可为今后类似工程施工提供参考。

地下水泥土连续钢墙在闹市区复杂环境下施工优势明显，适用于地下车站、地下车库、地下道路等地下工程的基坑围护结构。尤其在施工场地狭小、净空受限等特殊复杂环境下，该工法安装方便，材料成本低，经济性较高。

地下水泥土连续钢墙施工过程中废弃浆液少，施工过程对环境影响较小，符合绿色施工发展的大趋势。随着对地下水泥土连续钢墙的深入研究，未来可以考虑内插锁扣型钢的回收，以进一步降低成本。

参考文献

[1] 李吉勇，李耀良，罗云峰，等. 等厚水泥土地下连续钢墙结构设计及受力特性研究 [J]. 建筑施工，2021 (12)：2618-2622.

[2] 李耀良，李吉勇，罗云峰，等. 厚水泥土地下连续钢墙配套装备研究 [J]. 建筑施工，2021 (12)：2623-2626.

[3] 赵海丰，大华，贾静，等. NS-box 系统在地下基坑支护中的适用性研究 [J]. 人民长江，2015 (14)：61-64.

[4] 王卫东，邸国恩. TRD 工法等厚度水泥土搅拌墙技术与工程实践 [J]. 岩土工程学报，2012，34 (S1)：628-633.

[5] 王卫东，邸国恩，王向军. TRD 工法构建的等厚度型钢水泥土搅拌墙支护工程实践 [J]. 建筑结构，2012，42 (5)：168-171.

[6] 唐业清，李启民，崔江余. 基坑工程事故分析与处理 [M]. 北京：中国建筑工业出版社，1999.

[7] 叶为民，万敏，陈宝，等. 深基坑承压含水层降水对地面沉降的影响 [J]. 地下空间与工程学报，2009，5 (S2)：1799-1805.

[8] 龚士良. 上海地下水流场变化及对地面沉降发展的影响 [J]. 水资源与水工程学报，2009，20 (3)：1-6.

七圆环内撑深基坑岛盆结合开挖设计与实践

缪应璟[1]，胡贺祥[1]，张廷[1]，翁其平[2]，刘若彪[2]

（1. 中国建筑一局（集团）有限公司，北京 100161；2. 华东建筑设计研究院有限公司上海地下空间与工程设计研究院，上海 200002）

摘　要：对复杂环境下超大深基坑而言，土方量巨大，在基坑变形可控的前提下，如何选择科学合理的开挖方案、提高出土效率是基坑施工筹划的重中之重。昆明交通枢纽基坑支护工程规模极大，以地下连续墙＋三道七圆环内支撑作为支护，耦合受力程度高，土方开挖与内支撑施作相互影响。本文详细介绍了深基坑采用的盆式与岛式结合的土方开挖方案，以及相应的内支撑施工步序，分析讨论了该方案的总体设计、关键技术对策和工况流程，其中包括土方与支撑施工的分区、顺序以及土方运输的组织方式。通过分析基坑出土效率和监测数据，对本项目采取的岛盆结合施工方案进行评价，为多圆环超大型深基坑土方与支撑的施工提供思路。

关键词：超大深基坑；土方开挖；岛盆结合；多圆环

Design and Practice of Island-basin Combined Excavation Scheme for Deep Foundation Pit Supported by Seven Rings

Miao Yingjing[1], Hu Hexiang[1], Zhang Ting[1], Weng Qiping[2], Liu Ruobiao[2]

(1. China Construction First Bureau (Group) Co., Ltd., Beijing 100161, China;
2. Shanghai Underground Space Engineering Design & Research Institute, East China Architecture Design & Research Institute Co., Ltd., Shanghai 200002, China)

Abstract: For super-large deep foundation pit in complex environment, the amount of earthwork is huge. Under the premise that the deformation of foundation pit is controllable, how to choose a scientific and reasonable excavation scheme and improve the excavation efficiency is the top priority of foundation pit construction planning. The foundation pit support project of Kunming transportation hub is very large in scale, with diaphragm wall+three-seven-ring internal support as the support, which has a high degree of coupling stress, and the earthwork excavation and internal support affect each other. This paper introduces in detail the earthwork excavation scheme combining basin and island for deep foundation pit, and the corresponding construction sequence of internal support, and analyzes and discusses the overall design, key

基金项目：中国建筑一局（集团）有限公司科技研发课题（CSCEC1B-2021-33）。

作者简介：缪应璟，助理工程师，E-mail：miao-yingjing@outlook.com。

通讯作者：胡贺祥，硕士，注册土木工程师（岩土），高级工程师，E-mail：huhexiang@cscec.com。

technical countermeasures and working flow of this scheme, including the division and sequence of earthwork and support construction and the organization mode of earthwork transportation. By analyzing the excavation efficiency and monitoring data of the foundation pit, the construction scheme of combining island with basin adopted in this project is evaluated, which provides ideas for the construction of earthwork and support of multi-ring super-large deep foundation pit.

Key words: Super deep foundation pit; Earth excavation; Island basin combination; Multiple rings

0 引言

城市地下工程的发展，导致深基坑向大深度、大面积方向发展成为必然趋势[1-3]，同时城市中基坑周边环境复杂，对于基坑变凝土内支撑的基坑，如何快速安全进行土方施工，为内支撑施工提供作业面，是目前基坑施工的难点。

对于软土地区超大面积深基坑，如采用传统盆式开挖方式，虽然土方初期开挖方量较大，但容易受上层支撑影响，后期出土效率低[6]，同时难以快速对围护体系形成有效支撑，基坑暴露时间过长，容易导致基坑变形过大[7]。采用传统岛式开挖方式，受支撑布置影响较大，难以实现。昆明市交通枢纽项目基坑面积为 5.68 万 m^2，大部分区域基坑深度为 17.5m，基于基坑安全、出土效率等多种因素考虑，本项目采用岛盆结合的土方开挖方案，总体选择盆式开挖，根据内支撑布置在大面积无支撑空间的细分区域采用岛式开挖。此方法实现了快速出土，在较短时间内完成基坑周边土方开挖及支撑系统施工，同时有效控制了基坑变形。

1 工程概况

昆明市综合交通国际枢纽建设项目位于昆明市区核心地段，是云南省首个 TOD 国际枢纽城市综合体，其基坑造价 4.5 亿元。基坑周边环境非常复杂，紧邻两条运营的地铁线路和医院塔楼，与地铁车站共用地下连续墙（简称地连墙），旁边存在高于场地的河道；地层中存在多层泥炭质土，土性较淤泥更差。

基坑工程规模极大，外廓异形，周长 1084m，面积 5.68 万 m^2，土方总量达到 112 万 m^3，采用地下连续墙＋三道七圆环内支撑支护形式，其内支撑的混凝土用量相当于 8 万 m^2 住宅的用量，内支撑钢筋用量相当于 15 万 m^2 住宅的用量，是世界上环数最多的整体耦合受力的基坑内支撑工程。

项目用地基坑南侧为地铁 6 号线的东郊路站及其附属设施、盾构区间隧道，区间隧道外径约 6.2m。左线隧道埋深约 20m，距离基坑围护结构最近处约 20m；右线隧道埋深约 12m，距离基坑围护结构最近处约 18m。东侧为 4 号线菊花村站及其附属设施、已建清水河改造工程，4 号线菊花村站为地下两层岛式站，车站主体结构与基坑东侧围护结构的水平距离，最近处约 54m。车站 A 号出入口与基坑围护结构的水平距离最近处约为 11.4m。北侧为金汁河，距离基坑边线约 35m，西侧为云南省交通医院和多栋多层老旧居民楼，云南省交通中心医院距离西侧基坑围护结构最近处约 12.9m，居民楼距离西侧基坑围护结构最近处约 12.5m，如图 1 所示。

项目场地处于昆明断陷盆地北东部的冲湖积平原与冲湖积台地的过渡地段，属湖相沉积盆地地貌，地势开阔。表部为第四系人工堆积层（Q_4^{ml}），浅部为第四系全新统冲洪积层（Q_4^{al+pl}），下部为第四系上更新统冲湖积层（Q_3^{al+l}），岩性为黏性土、粉土、圆砾等，局部存在承载力差的泥炭质土。场地地层受地质历史中构造、河流剥蚀等影响局部地段起伏稍大，土层参数见表 1。

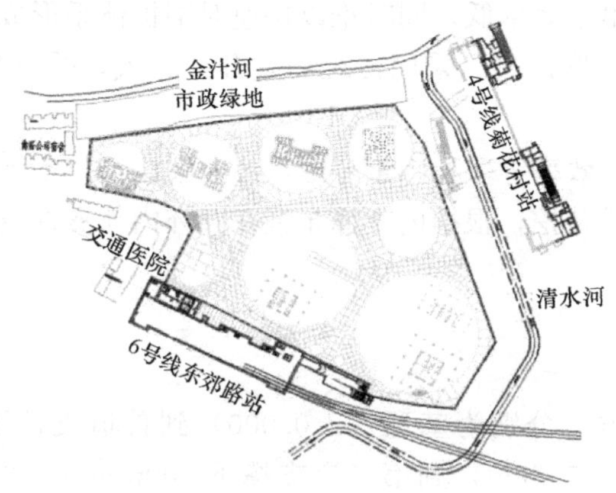

图 1 基坑平面及周围环境布置

土层参数表 表 1

编号	岩土名称	质量密度 ρ (g/cm³)	内摩擦角 φ_q(°)(快剪)	黏聚力 c_q (kPa)(快剪)	内摩擦角 φ_q(°)(固快)	黏聚力 c_c (kPa)固快	承载力特征值 f_{ak}(kPa)
①	杂填土	1.76	12	15	—	—	—
②	粉质黏土	1.94	10	26	13.5	32	130
③	泥炭质土	1.26	4	16	10	24	60
④	粉土	2.02	14	15	17	16	140
④$_1$	圆砾	2.1	—	—	28	7	190
④$_2$	粉质黏土	1.9	9	23	13	30	130
④$_3$	泥炭质土	1.57	4	18	10	22	80
⑤	粉土	2.01	16	15	20	17	180
⑤$_1$	黏土	1.92	8.7	23	15	30	160

2 方案选型

本工程属超大面积深基坑工程，其特点如下：

（1）土方开挖量大、工期短。本基坑占地面积 5.68 万 m²，总土方开挖量约为 110 万 m³，本工程基坑整体开挖深度平均为 19.5m，通常超长臂挖掘机的挖土深度只能达到 13m 左右。

（2）支撑面积大，支撑净距小，支撑下部土方开挖困难。内支撑面积占基坑总面积的约 60%，支撑下土方开挖量大。第一道与第二道水平支撑间净距为 4.0m、第二道与第三道水平支撑间净距为 3.95m，第三道水平支撑距基坑底部高度为 2.9m，在同层开挖方式下，高度较小不能满足装车作业要求。

（3）基坑周边有两条地铁线（地铁 6 号线和地铁 4 号线），西南侧和西侧为交通医院、居民楼，距离基坑边缘较近，基坑变形控制要求高。

由于基坑面积极大，如采用传统盆式开挖方式，虽然土方初期开挖方量较大，但容易受上层支撑影响，后期出土效率低，同时难以快速对围护体系形成有效支撑，基坑暴露时间过长，容易导致基坑变形过大。采用传统岛式开挖方式，受支撑布置影响较大，难以实现。

基于基坑安全、出土效率等多种因素考虑，经方案比选，本项目采用岛盆结合的土方开挖方案，总体选择盆式开挖，根据内支撑布置在圆环内无支撑空间的局部区域采用岛式开挖。

2.1 方案设计

本工程存在 4 层土方，分别为基顶（±0.000）到首道支撑下 100mm（－5.55m），第一道支撑下 100mm（－5.55m）到第二道支撑下 100mm（－9.55m），第二道支撑下 100mm（－9.55m）到第三道支撑下 100mm（－14.4m）以及第三道支撑下 100mm（－14.4m）到基底（－17.5m）。

首层土方采用先开挖基坑中部位置土方，进行基坑中部范围内对撑以及环撑的施工，随后对撑区域边缘土方对称挖土，边缘土方对撑挖除后，同时在已施工中部支撑两端对称施工混凝土支撑，尽快形成对撑、角撑。之后采用岛式挖土方式开挖圆环支撑区域土方。

其余层土方采用先进行环撑内工作面开挖，将环撑内区域靠近环撑 15m 长、4m 宽范围土方进行开挖，完成后在基坑中部区域由小型挖土机进入各环撑内挖出各支撑梁下方土方并倒运至各环撑内，再由挖机将各环内弃土装车由 1 号栈桥驶出，开挖与支撑施工的区域顺序同首层一致。

2.2 工况流程

基坑施工流程如下所述（图 2）：

（1）在开始土方开挖前 2～3 周进行基坑降水，坑内水位降至开挖底面下 0.8～1m，以加快土体疏干，便于开挖期间坑内施工人员作业和加快土方挖运。

（2）基坑大面采用盆式开挖，基坑边土方留置，中部区域内支撑位置土方开挖至首道支撑下 100mm，施工该区域首道内支撑及封板。

（3）分区分块对称进行边缘区域土方开挖，然后同时在已施工中部支撑两端对称施工支撑。

（4）对于环撑内的土方，采用岛式开挖的方式施工。

（5）待首道支撑完成，强度达到 80%后，开始第二层土方开挖，开挖前进行降水。

（6）对第二层环撑内区域靠近环撑范围土方进行开挖，提供挖机作业面。

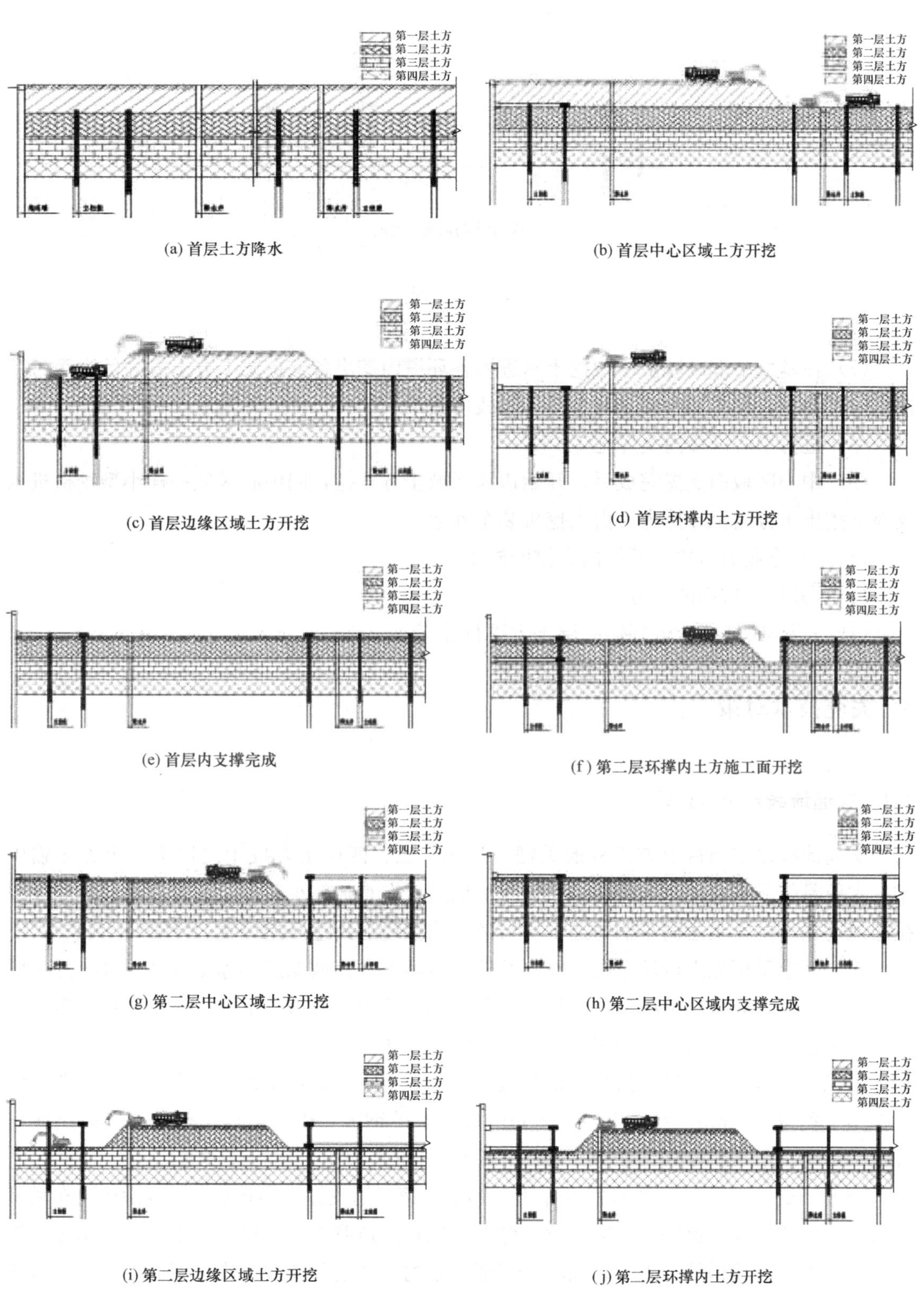

(a) 首层土方降水

(b) 首层中心区域土方开挖

(c) 首层边缘区域土方开挖

(d) 首层环撑内土方开挖

(e) 首层内支撑完成

(f) 第二层环撑内土方施工面开挖

(g) 第二层中心区域土方开挖

(h) 第二层中心区域内支撑完成

(i) 第二层边缘区域土方开挖

(j) 第二层环撑内土方开挖

图 2　基坑施工工况图（一）

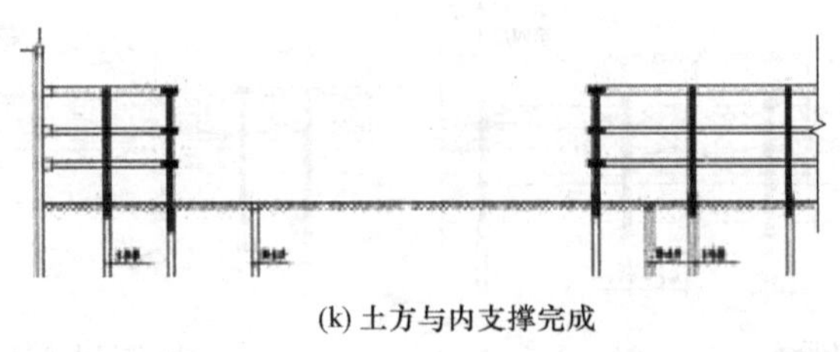

(k) 土方与内支撑完成

图 2　基坑施工工况图（二）

（7）在基坑中部区域由小型挖土机进入各环撑内挖出各支撑梁下方土方并倒运至各环撑内，再由挖机将各环内弃土装车由 1 号栈桥驶出。

（8）进行中心区域内支撑施工。

（9）中心区域内支撑完成后，开始边缘区域土方开挖，同中心区域一样小型挖机进入支撑下挖出土方运至环撑内，由大挖机装车外运。

（10）有作业面后快速开始内支撑的施工。

（11）开挖环撑内的土方。

（12）第三、四层土方同第二层土方进行施工。

3　关键技术对策

3.1　交通流线及土方运输

交通流线是本项目土方工程的关键，第二、三、四层土方位于支撑下，土方运输困难，主要是依靠在直径较大的环中设置下坑坡道，在直径较小环中土方通过各环之间的连接通道运输，挖机及运输车辆通过下坑坡道及连接通道到达开挖位置。

土方开挖采用先进行环撑内工作面开挖，将环撑内区域靠近环撑 15m 长、4m 宽范围土方进行开挖，完成后由小型挖土机进入各环撑内挖出各支撑梁下方土方并倒运至各环撑内，再由挖机将各环内弃土装车由 1 号栈桥驶出（图 3）。

第二、三道支撑上没有封板，挖掘机械在支撑上行驶，需要采用土方将行驶道路上的支撑用土覆盖 400mm，然后再铺设 20mm 厚以上的钢板。土方运输车行驶道路采用砖渣铺设 6m 宽、0.5m 厚的车辆行驶道路，上铺 20mm 厚以上的钢板以供通行。

土方开挖过程中，1～4 号栈桥作为车辆下至第一道支撑的通道；5 号栈桥作为车辆下至第二、三道支撑的道路，车辆通过支撑上车辆行驶道路自第二道支撑下部行驶至第三道支撑上，由 5 号栈桥外运土方，同时为保证场地内交通通行流畅，在 2 号住宅楼、4 号住宅楼及 B1 塔楼环撑区域内设置 3 条土坡道按 1∶7.5 放坡，上铺设砖渣宽 6m、厚 0.5m，两侧 1∶1 放坡（图 4）。

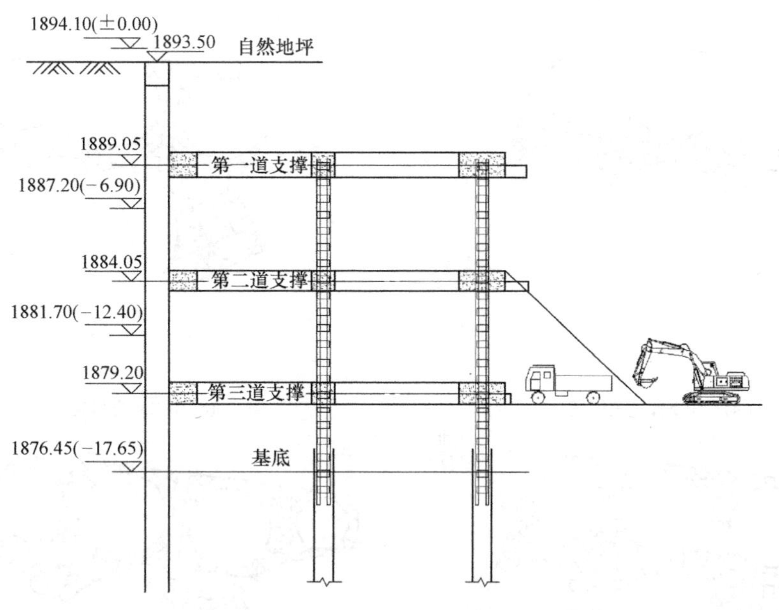

图 3　第三步土方开挖剖面图

3.2　开挖与支撑施工顺序及分区

开挖顺序（图 5）影响支撑施工顺序，影响基坑变形。

土方开挖施工顺序按照先施工对撑，再由对撑向外扩展的形式进行，在靠近地连墙周边预留反压土顶部宽 5m，底部采用 1∶0.33 放坡，采用跳仓开挖，分段宽度不大于 40m（上口宽度），其中邻近交通医院、6 号线地铁车站及区间隧道等风险较大区域，分段宽度不大于 30m（上口宽度）。开挖后，与地连墙相对垂直的垫层立即铺设 300mm 厚快硬、早强混凝土垫层，与内侧已完成支撑整体连接（已形成内支撑要做 200mm 头部断面）。该部位支撑梁快速组织施工，在 4d 内形成支撑，然后再开始开挖两侧的反压土。

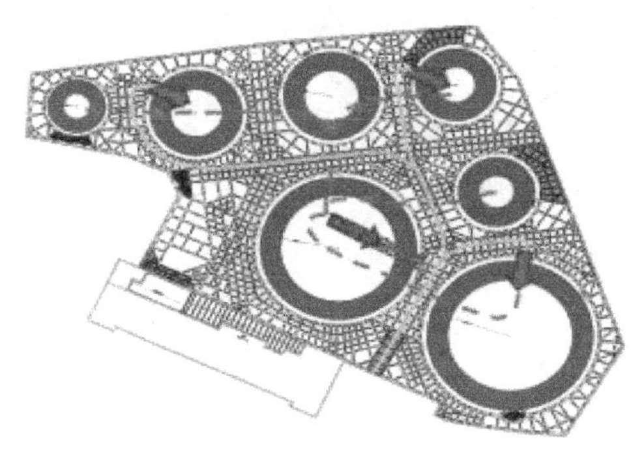

图 4　第三步土方车辆行走路线图

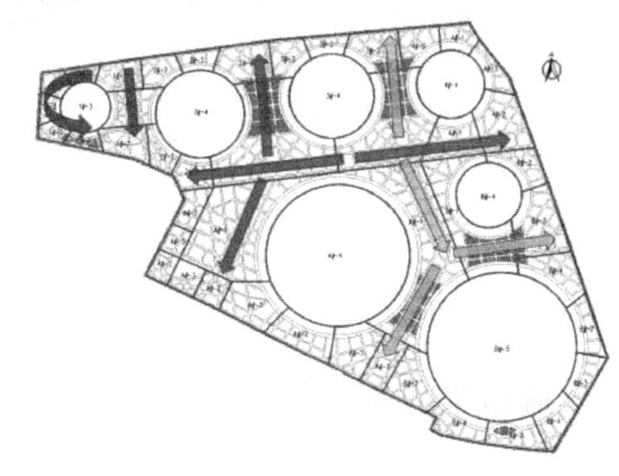

图 5　第三步土方开挖顺序图

支撑施工顺序如图 6 所示。

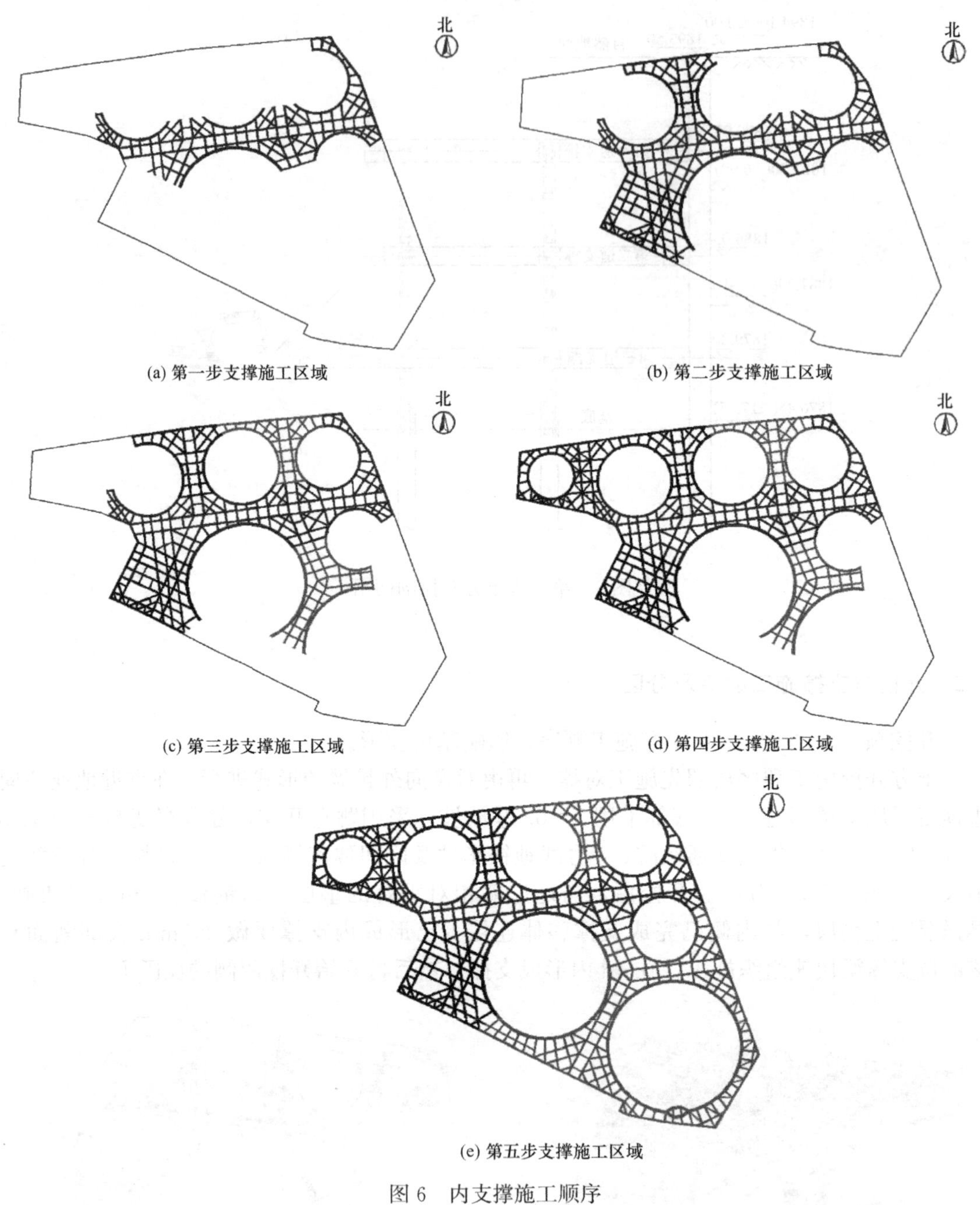

(a) 第一步支撑施工区域　(b) 第二步支撑施工区域

(c) 第三步支撑施工区域　(d) 第四步支撑施工区域

(e) 第五步支撑施工区域

图 6　内支撑施工顺序

4　实施效果评价

4.1　出土效率分析

采用该方法能在保证基坑变形可控的前提下，快速进行土方开挖工作，整个基坑开挖过程从2020年4月份开始至2021年3月份结束，历时363d完成了112万m^3土体开挖以及三道内支撑的施工，全年单日平均出土3000m^3。

开挖土体方量详见图7。从图7中能看出，单月最高出土量达14.9万m^3，平均单日出土5000m^3，由于降雨以及交通管制等多种情况影响，实际高峰期单日出土量最高为9000m^3。图7中有4个月月出土量位于80000m^3以下，其中2020年7月、2020年9月、2021年1月是由于基坑设计要求，每层土挖完需要等相应支撑形成，且强度达到80%才能进行下层土方施工，因此土方量较少；2021年2月是由于春节项目暂停施工导致方量较少。

经实践对于多圆环支撑的超大深基坑，此方式出土效率较高，满足施工要求。

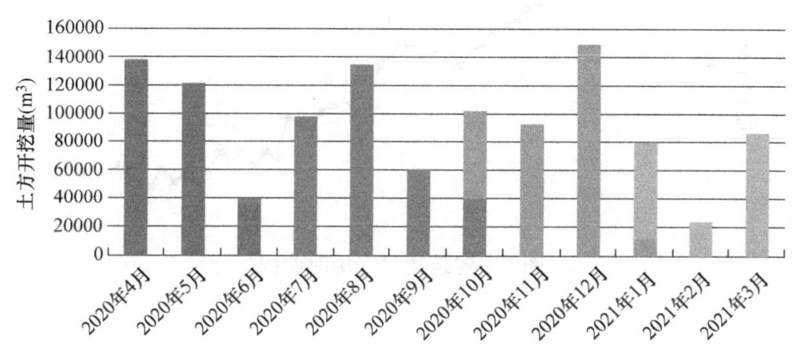

图7 土方开挖统计图

4.2 监测数据分析

为保证基坑安全，对施工总过程中的基坑及周边环境进行监测，监测结果表明，基坑总体变形不大，周围建筑未产生较大位移，变形均位于安全范围内。图8为从土方开挖前到土方开挖至−17.5m，捡底完成，北侧与东侧基坑中部墙顶观测点水平位移图。从图8中可以看出在土方开挖至第三道支撑位置，土方最大位移不超过70mm。首层土方开挖阶段，土体水平位移为32mm，占最大变形的40%以上。这说明对于软土地区同时首道支

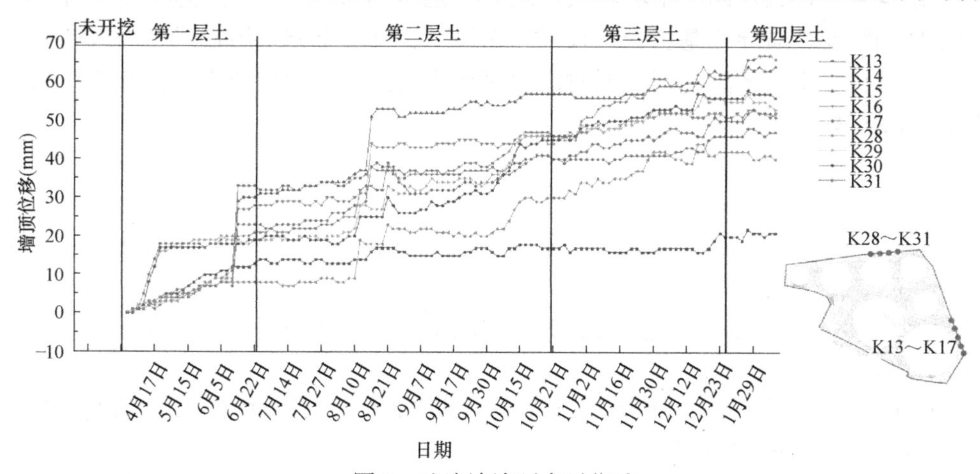

图8 地连墙墙顶水平位移

撑距离基坑顶较远的情况，盆式开挖时变形较大，且此变形为悬臂变形，基坑为变形最大位置，对于周围建筑物影响较大，此阶段应特别注意基坑顶位移，如必要应采取加固措施。

图 9 为从基坑开挖前至基坑土方工程完成过程中，位于基坑西侧的医院距离基坑最近的沉降观测点 D7 的沉降值变化图。从图 9 中可以看出，对该点影响最大的是首道土方开挖时（首道土方开挖完成，沉降量为 2.1mm，占总变化量的 50%）。

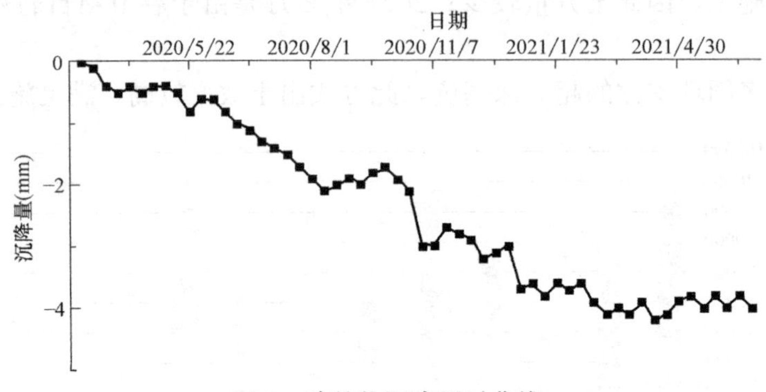

图 9　建筑物沉降历时曲线

5　结语

昆明交通枢纽基坑工程是开挖面积为 5.68 万 m^2 的超大面积深基坑工程，采用地下连续墙+3 道七圆环内支撑支护形式，此案例根据基坑及支护的特点，采用盆式与岛式结合的土方开挖方式，同时考虑为内支撑提供施工面，快速形成约束，减少基坑变形。此方法不仅加快了基坑施工进度而且节省了造价，在此项目得到了成功的实施，363d 完成 112 万 m^3 土体开挖与三道内支撑施工工作，高峰期日出土 9000m^3，并快速完成内支撑。监测数据表明，基坑施工工程中基坑安全可控，对周围环境影响较小。但从监测数据中看出首层土方采用传统的盆式开挖方式，不利于基坑变形控制，分析为首层支撑距离基坑顶较远，围护结构悬臂过长，同时基坑较大，土方开挖时间过长，虽然基坑周边存在反压土，但由于土体的蠕变性质导致基坑变形较大。在第二、三层土方采用盆式与岛式结合方式进行开挖后，减少了土体暴露时间，同时能快速形成支撑，对围护结构进行有效约束，因此该阶段总体变形较小。

参考文献

[1] 王卫东，吴江斌，黄绍铭. 上海地区建筑基坑工程的新进展与特点 [J]. 地下空间与工程学报，2005，1 (4)：547-553.

[2] 彭有宝，马庆讯，王鑫. 北京地区典型支护条件下深基坑工程变形特性及机理分析 [J]. 工程勘察，2018，46 (9)：17-23.

[3] 李韬，刘波，褚伟洪，等. 上海软土地区超深大基坑水平支撑受力特性的实测分析和控制 [J]. 工程勘察，2018，46 (1)：19-26.

[4] 周予启，刘卫未. 软土地区超大深基坑中心岛支护方案设计与施工 [J]. 施工技术，2011，40

(10)：52-58.
[5] 邸国恩，王卫东.“中心岛顺作、周边环板逆作”的设计方法在单体 50000m² 深基坑工程中的实践 [J]. 岩土工程学报，2006，28 (S1)：1633-1637.
[6] 金永涛. 软土地区超大深基坑中心岛设计与实践 [J]. 工程勘察，2020，11：30-34.
[7] 杨晨，孙九春. 上海铁路南站南广场基坑施工技术 [J]. 中国市政工程，2007 (5)：68-69.

高填方路基大直径钢波纹管涵填筑施工技术的改进

郜新军[1]，包建新[1]，侯思强[1,3]，殷继虎[1]，周同和[1,2]

（1. 郑州大学土木工程学院，河南 郑州 450001；2. 黄淮学院，河南 驻马店 463000；
3. 河南省城乡规划设计研究总院股份有限公司，河南 郑州 450044）

摘　要：本文针对高填方路堤下大跨钢波纹管涵按传统的管涵两侧采用砂土或碎石回填施工工艺所导致的管涵变形过大问题，基于管道压缩变形公式提出了采用水泥土压实技术替换部分或全部管涵两侧及下方路基填筑新技术，采用数值模拟分析了新技术方法施工过程中管涵的受力变形特征及竖向土压力分布规律，对黄土-水泥填筑材料的设计配比、填筑范围进行优化，并与实测结果进行比较。结果表明：相较于传统施工工艺，新的施工工艺能够有效地减小管涵变形，但对管涵顶部竖向土压力影响较小；研究结果为类似钢波纹管涵的设计和施工提供参考。

关键词：高填方路基；钢波纹管；填筑施工；设计优化；变形分析

Improvement of Filling Construction Technology of Large Diameter Steel Corrugated Pipe Culvert on High Fill Subgrade

Gao Xinjun[1], Bao Jianxin[1], Hou Siqiang[1,3], Yin Jihu[1], Zhou Tonghe[1,2]

(1. College of Civil Engineering, Zhengzhou University, Zhengzhou Henan, 450001, China;
2. Huanghuai University, Zhumadian Henan, 463000, China; 3. Henan Urban Planning Institute
Corporation, Zhengzhou Henan, 450044, China)

Abstract: In this paper, a new construction technology based on settlement control is proposed to solve the problem of excessive deformation of large caved steel corrugated pipe culverts under high fill embankment caused by the traditional backfilling construction technology of sand or gravel on both sides of the pipe culverts. And the numerical simulation, field test and finite element analysis method of combining the parameters, to study the technology in the construction stage of stress deformation characteristics and the vertical earth pressure distribution, the results show that compared with the traditional construction technology, the new construction technology can effectively reduce the deformation of pipe culvert, but little impact on the vertical earth pressure pipe culvert top; The parameters are optimized, and the results provide a reference for the subsequent design and construction of similar steel corrugated culverts.

Key words: High fill subgrade; Steel bellows; Filling construction; Design optimization; Deformation analysis

0　引言

随着公路的大量修建，不可避免要穿越沟壑交错、丘陵起伏的地区，高填方工程不可避免。高填方工程建设规模的增大，使横穿高填方下的埋设管涵数量日益增多，管涵结构形式也不断涌现；其中，钢波纹管涵作为一种装配式结构，具有造价低、工期短、工厂集约化生产、低碳环保等优点。因此，在高填方段公路工程中得到了广泛的应用[1-5]。

随着钢波纹管涵得到越来越多的运用，国内外学者也对其进行了一系列研究，如朱旭阳[6] 基于实际管涵工程建立有限元模型，对比分析了模型中管涵顶部土压力模拟结果和几种常规的管道土压力公式计算结果。魏瑞[7] 考虑了钢波纹管涵的波纹对其惯性矩的影响，将其引入到 Spangle 模型中，得到管涵的竖向变形公式。Duncan[8-12] 提出同时考虑弯曲和轴力的土-结构相互作用的 SCI 法，利用有限元软件模拟涵洞两侧土体填筑过程和在活载作用下的管涵力学性能，并确定了最小覆土高度，最后利用有限元模拟结果计算得出的图表与公式来指导管波纹管涵设计。Yeau K Y 等[13] 对多个还在运营中的钢波纹管涵分别进行现场试验及有限元模型计算，以探究多种因素对钢波纹管涵受力变形影响。Michael G Katona[14] 利用有限元软件建立了模拟线弹性土体模型、M-C 土体模型和 DS 模型下钢筋混凝土管涵，钢波纹管涵和 HDPE 波纹管涵有限元模型，且与现场试验数据进行了对比，得到了不同土体本构模型对管涵受力变形结果的影响。Wadi[15] 等利用三维有限元数值模拟方法，对极端荷载作用下一直径为 6.1m 的钢波纹管涵的力学性能进行了研究，并形成了一定的规范和技术标准。施绪[16] 基于某一实际管涵工程开展现场试验和有限元分析研究管涵在回填施工过程中的受力变形规律，结果表明：管涵楔形部位填充橡胶混凝土相较于普通混凝土能够改善管涵受力变形。但由以上研究结果可知，由于其国内外相应的技术规范与技术指标差异过大，在实际工程中很难判定使用哪种规范来指导施工。

在我国钢波纹管涵工程现场施工中，大部分仍然采用传统的管涵两侧砂土或碎石回填的施工工艺，该施工工艺主要存在两点问题：土体侧向刚度不大和两侧填土不易密实，无法抵抗管涵过大的侧向压力，从而导致管涵变形过大及局部应力集中，引起管涵结构破坏及路基的不均匀沉降，具有很大的缺点及隐患（图 1）。所以有必要提出钢波纹管涵变形控制施工方法，并研究其受力特性。

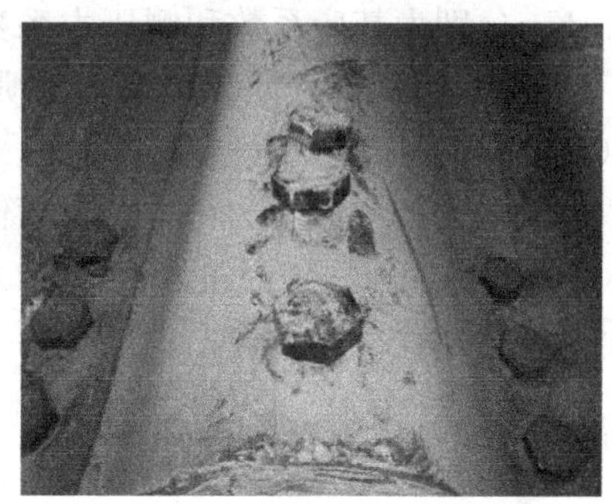

图 1　管涵收敛变形大导致连接螺栓破坏

1　钢波纹管涵施工变形控制技术

1.1　管涵变形分析

管涵在周围土体作用下受力如图 2 所示，在覆土荷载作用下产生竖向压缩变形并且开

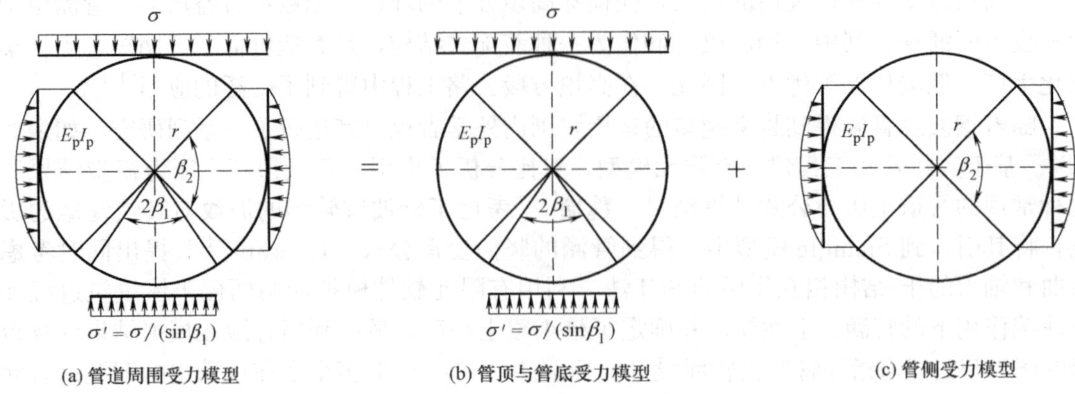

图 2　管涵在土体作用下的计算模型

始逐渐挤压两侧土体，此时侧向土体由于管侧变形而反作用于管涵两侧产生弹性抗力以限制其继续向管涵两侧变形。随着管涵覆土深度的增加，管土变形协调发展，进而影响管周土压力分布，当柔性管管顶竖向压缩变形大于管两侧土体的压缩变形时，通过土拱效应将管顶上方土体重量逐渐向管两侧土体转移，最终导致管顶竖向土压力小于管顶上方土柱自重。由以上分析可知，柔性管管道与土体的相互变形会对管顶竖向土压力起到一定的削弱效果，但是管道压缩变形也不能超过其最大容许值。在管涵覆土的荷载压力作用下，影响受弯构件的变形因素主要是弯曲变形，对管侧、管顶及底部压力作用下的弯曲变形使用结构力学方法进行计算并叠加，可以得到管涵的压缩变形 Δp 如下：

$$\Delta p=\frac{2K_{\mathrm{d}}q_{\mathrm{v}}r_0^4}{E_{\mathrm{p}}I_{\mathrm{p}}+K_{\mathrm{c}}er_0^4} \tag{1}$$

式中，K_{d}、K_{c} 分别为基床系数和侧压力系数；q_{v} 为管顶垂直土压力；r_0 为管道结构的平均半径；E_{p}、I_{p} 分别为管涵弹性模量和惯性矩；e 为管侧填土的弹性抗力系数。

从式（1）可知对于传统管涵施工而言，由于管侧填土刚度不大及压实度难以满足规范要求导致管侧填土的弹性抗力系数 e 及管侧填土侧压力系数 K_{c} 过小，最终致使管涵压缩变形过大。因此提高管侧填土的弹性抗力系数 e 及管侧填土侧压力系数 K_{c}，可在一定程度上减小管涵变形。

1.2　管涵高填方路基填筑施工技术的改进

1. 管涵侧面填土处理

基于上节对钢波纹管涵变形影响因素的分析可知，如果在管涵两侧一定高度内填充水泥土代替普通填土或砂土，从而提高管侧填土的弹性抗力系数 e 及管侧填土侧压力系数 K_{c}，进而减小管涵变形。钢波纹管涵填筑结构示意图见图 3。

在该构造施工中关键是分层台阶式 8%水泥土层的填筑，即在基槽底部垫层材料上堆成回填一对分层台阶式、密实的水泥土层，其中该水泥土层所使用的材料为水泥含量 8%的水泥土。每层台阶高度均为 20cm，规定每层台阶压实度均不小于 96%，由于使用材料为 8%的水泥土本身容易密实且强度高所以比传统回填材料更加容易达到压实度要求。而分层台阶式水泥土层加固区的回填高度视实际工程状况与设计要求而定。

2. 管涵中线以下两侧及底部填土处理

管涵底部两侧填土一般设置为砂土或级配砂石，但由于所处位置位于压实施工的死角，往往无法满足压实度要求，对管涵变形产生不利影响。提出了一种涵底两侧填土施工方法，见图 4。

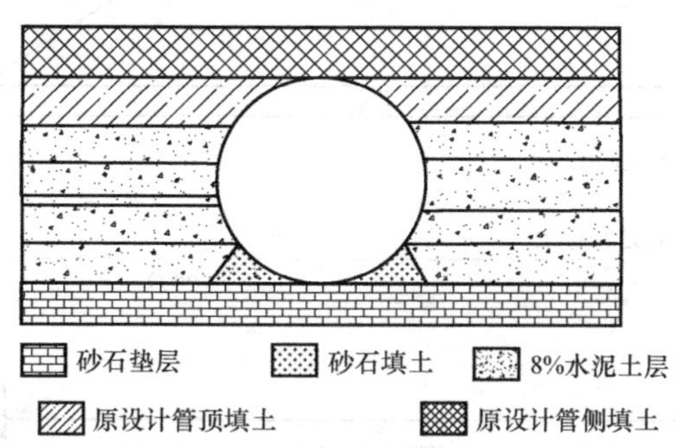

图 3　基于变形控制的钢波纹管涵填筑结构示意

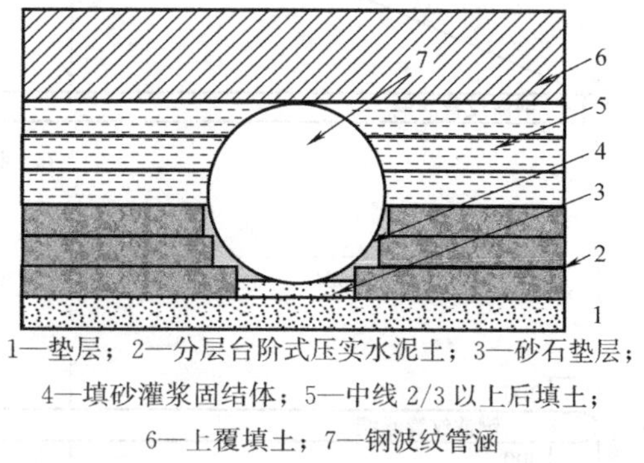

1—垫层；2—分层台阶式压实水泥土；3—砂石垫层；4—填砂灌浆固结体；5—中线 2/3 以上后填土；6—上覆填土；7—钢波纹管涵

图 4　涵底两侧填土施工技术原理与步骤示意图

2　管涵路基填筑过程模拟分析及优化

以国道 310 洛三界至三门峡西段南移新建工程钢波纹管涵工程施工为对象，构想了三种不同填筑方法，对其施工过程进行模拟，通过比较分析进行优化。

2.1　工程概况

国道 310 洛三界至三门峡西段南移新建工程桩号 ZK66＋490.0 钢波纹管涵工程，管径 3m，管材采用 Q345 钢板，波距 230mm，波高 64mm，壁厚 6mm。管涵顶部以上填土路基高度 17.74m，钢波纹管涵断面形状及尺寸如图 5 所示。原设计（方法一）为管涵直径范围内采用砂土回填，管顶至路面设计标高范围内采用碎石加场地周围黄土混合回填。方法二和方法三分别为采用本文方法的水泥土层加固区高度为管底至 2/3 管涵直径及管涵直径范围内全部加固的施工工况，并与传统填筑施工设计进行对比（表 1）。

三种填筑施工方法　　表 1

序号	填筑施工设计	填筑材料与填筑范围
方法一	原设计	管涵两侧范围砂土回填，管顶至路面采用碎石加场地周围黄土混合回填
方法二	新设计(图 3)	管涵两侧 2/3 管径范围 8%水泥土回填，其余同方法一
方法三	比选设计(图 2)	管涵两侧全部范围 8%水泥土回填，其余同方法一

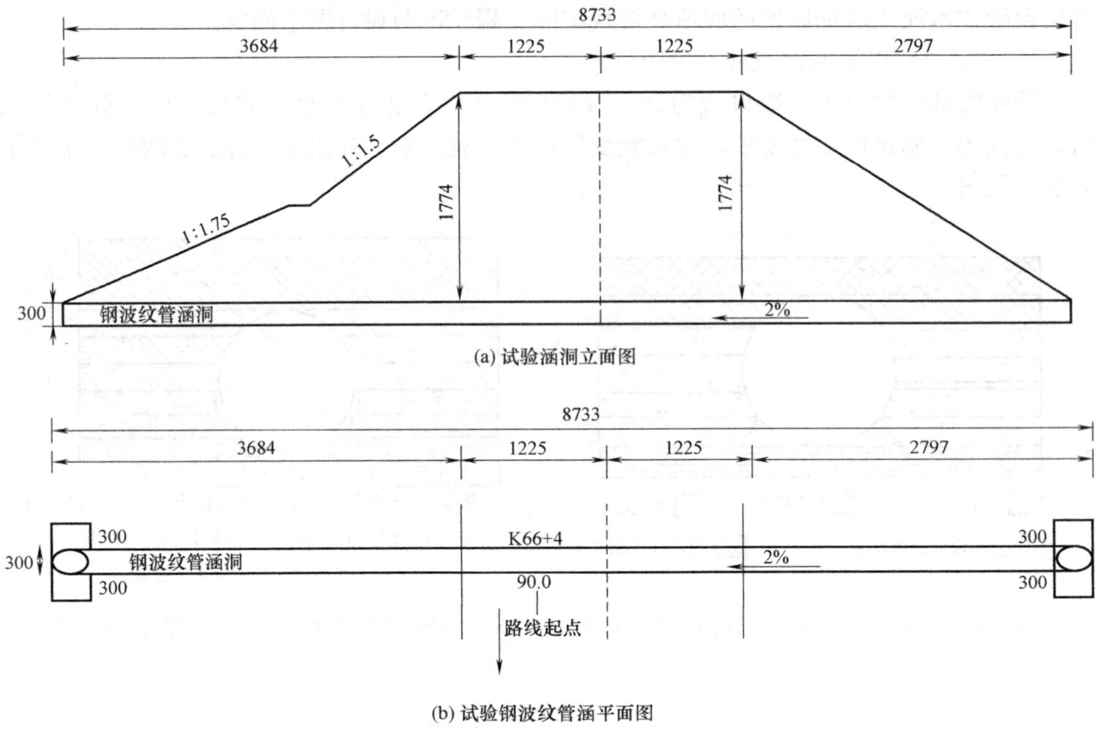

图 5　钢波纹管涵结构图（单位：cm）

2.2　数值模型的建立

由于将钢波纹管涵简化为二维平面应变问题，不能体现出钢波纹管涵的波纹优势，故本文采用空间三维模型对钢波纹管涵进行数值建模。考虑到钢波纹管涵真实变形情况，沿管涵轴线方向选取 5 倍波距即 1.15m 作为计算长度，管涵两侧方向考虑到实际工况与管径大小选取 20m 作为计算长度，管涵竖直方向考虑现场地质条件与填土高度选取地基土高度为 10m（其中有 0.6m 厚的管涵范围内的砂石垫层），填土高度从管涵底部至路面设计标高为 20.4m，竖直方向长度取 31m。实际钢波纹管涵工程使用的是 Q345 型钢板，管涵周围土体刚度远小于 Q345 型钢板刚度，一般认为在填土过程中很难出现塑性破坏的情况，因此 Q345 型钢板的管涵本构模型使用的是线弹性模型。对地基土体与回填土体均采用理想弹塑性的 M-C 屈服准则进行模拟，能够较好地反映出土体非线性的力学特点。钢波纹管涵、地基土体、基础垫层、管涵范围回填土体和管涵顶部回填土体的物理参数如表 2 所示。基本数值模型见图 6。

材料物理参数　　**表 2**

材料	弹性模量 E(MPa)	泊松比 ν	重度 γ(kN/m^3)	黏聚力 c(kPa)	内摩擦角 φ(°)
钢波纹管涵	210000	0.3	78.5	—	—
地基土	30	0.35	18	27	18
砂土	50	0.3	17	—	30
8%水泥土	310	0.3	20	70	25
回填土体	35	0.35	21.5	15	25

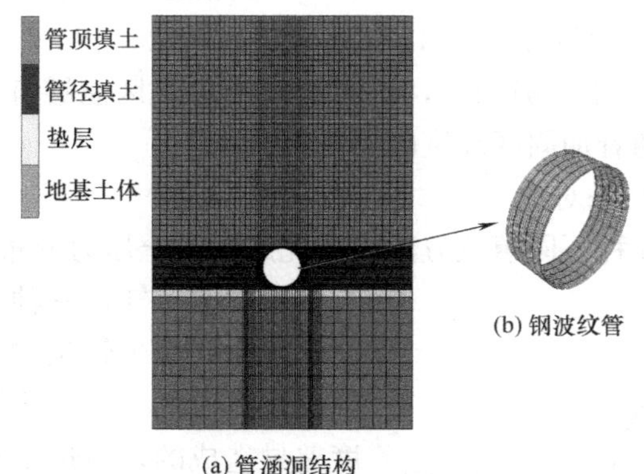

图 6　钢纹管涵洞有限元数值模型单元划分

2.3　计算结果分析

1. 管涵变形结果对比

表 3 为填土完成时 3 种不同方法工况下的管顶（测点 1）竖向相对变形和管腰（测点 3）水平相对变形。

不同工况下管顶竖向相对变形和管腰水平相对变形　　　　表 3

工况	管顶(测点 1)竖向相对变形(mm)	管腰(测点 3)水平相对变形(mm)
1	39.56	14.63
2	25.65	6.58
3	22.59	5.65

图 7 分别为 3 种不同方法工况下各测试点竖向和水平相对变形与填土高度关系图。

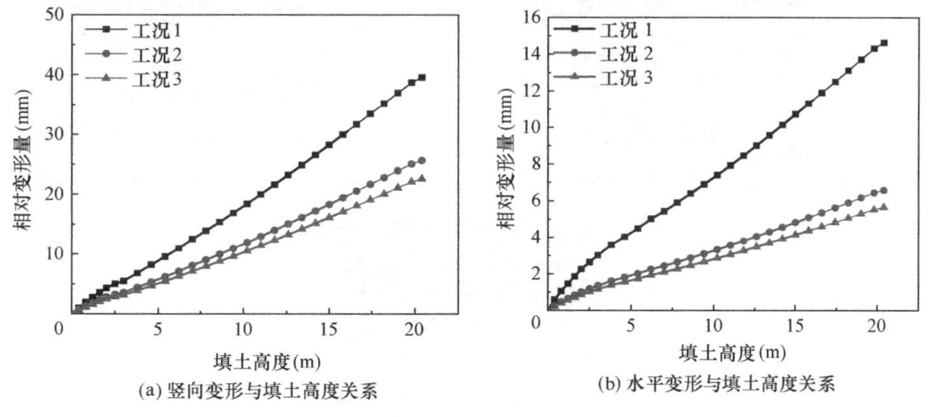

图 7　各测点竖向和水平相对变形与填土高度关系

由表 3 和图 7 可知，3 种不同填筑工况下，管涵竖向与水平变形规律相似，且随着管涵覆土高度的增加而呈现近似线性增加趋势，说明管涵整体受力性能在覆土荷载作用下表现较好。当填土高度达到路面设计标高时，填筑工况 1、填筑工况 2 和填筑工况 3 的竖向变形值分别为 39.56mm、25.65mm 和 22.59mm，相对填筑方法一竖向变形分别减少了 35.1%和 42.9%，水平变形值分别为 14.63mm、6.58mm 和 5.65mm，相对填筑方法一水平变形分别减少了 55.0%和 61.4%，说明水泥土填筑区能够有效减小管涵变形，同时其减小管涵变形的能力随着加固区高度的增加逐步减弱。

2. 管涵竖向土压力结果对比

图 8 和图 9 分别为 3 种不同填筑方法填土完成时的土压力分布图及竖向位移云图。

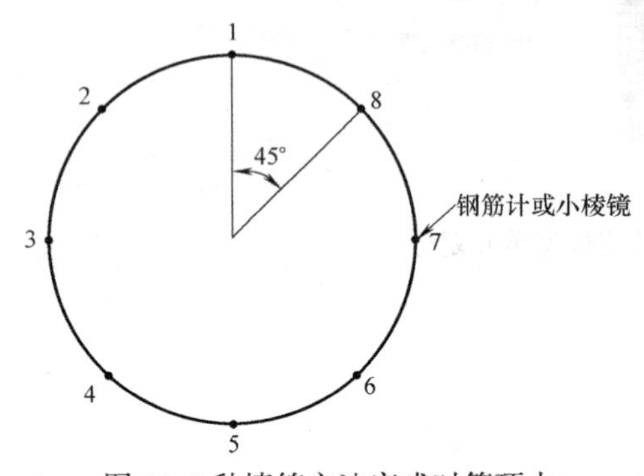

图 8　3 种填筑方法完成时管顶水平面内的土压力分布图

由图 8 可知，三种不同填筑方法的管顶竖向土压力均呈现管顶中心处土压力小，管边缘处土压力大的“V”形分布，这是由于土-钢刚度差异造成的，通过土拱作用将管顶上方土体重量逐渐向两侧土体转移。方法一下沿管涵水平方向上各点竖向土压力均要小于方法二与方法三，但总体而言，其增加幅度较小可以忽略不计，这说明增大管涵两侧土体刚度对管涵顶部竖向土压力影响不大。

由图 9 可知，3 种不同方法填土完成时管顶土体竖向位移由于管侧土体强度不同导致其大小不一致，方法一位移最大，方法二其次，方法三最小，但观察云图可知三者管顶土体同一高度水平面上位移变化趋势相同。3 种填筑工况下管顶土体虽然竖向位移不一致，但是其管边缘处与管中心处竖向位移差却几乎一致，从土压力理论看，管顶竖向附加土压力

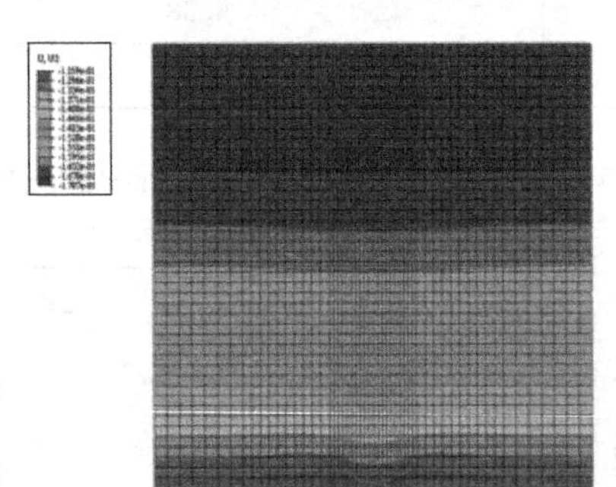

(a) 方法一填土完成时管顶土体竖向位移云图

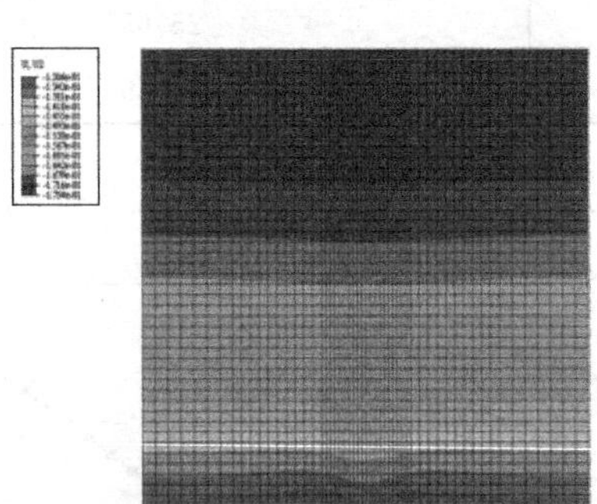

(b) 方法二填土完成时管顶土体竖向位移云图

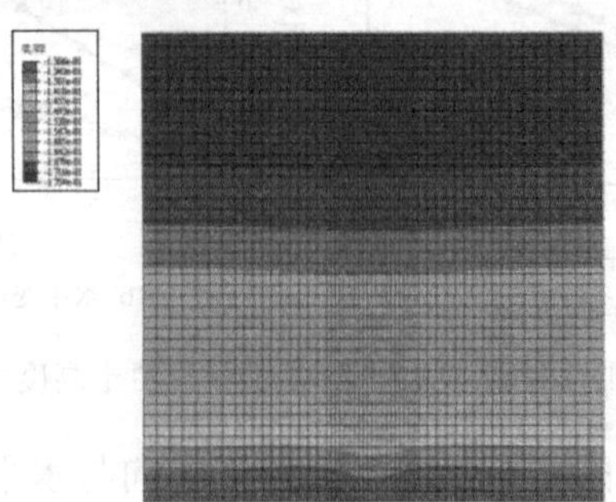

(c) 方法三填土完成时管顶土体竖向位移云图

图 9　3 种不同方法填土完成时管顶土体竖向位移云图

正是由于土体不均匀沉降所产生的位移差导致。从管道压缩变形公式可知方法二和方法三相对方法一管侧填土弹性抗力系数及管侧填土侧压力系数增加致使其管顶变形减小，但管侧土体变形也由于管侧填土强度增加而导致其沉降减小，故 3 种工况管边缘处与管中心处土体竖向位移之差几乎一致，这也就导致了其管顶竖向土压力几乎没有改变。

3. 管涵最大等效应力结果对比

图 10 为 3 种不同方法填筑完成时的钢波纹管涵等效应力云图。

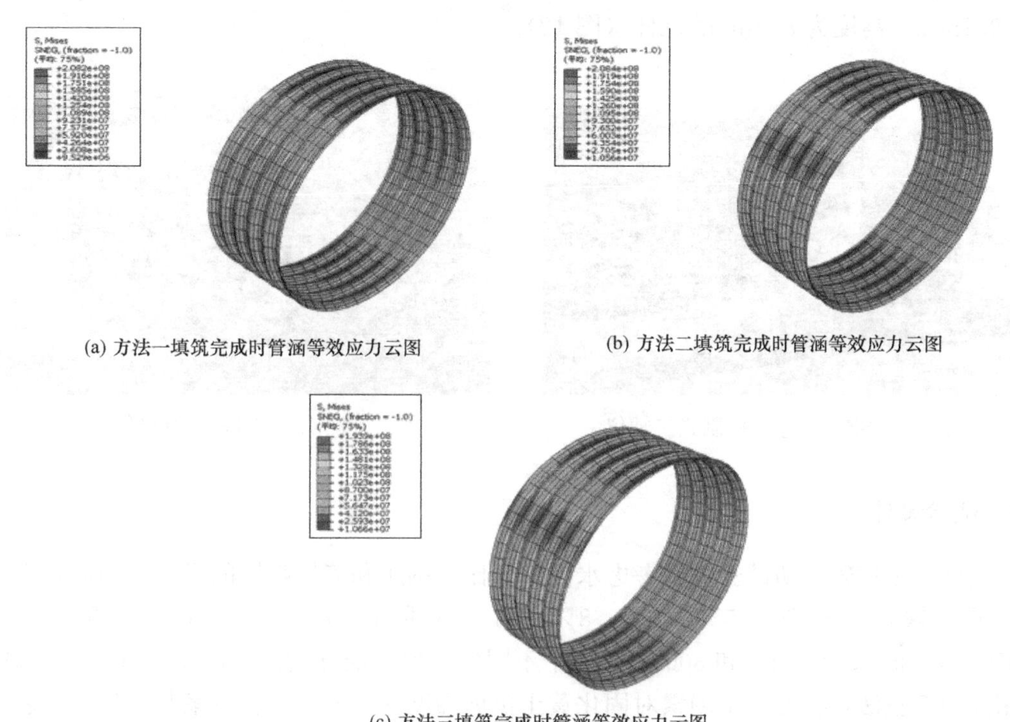

(a) 方法一填筑完成时管涵等效应力云图

(b) 方法二填筑完成时管涵等效应力云图

(c) 方法三填筑完成时管涵等效应力云图

图 10　3 种不同方法填筑完成时钢波纹管涵等效应力云图

由图 10 可知，方法一和方法二最大等效应力均位于管涵顶部，而方法三最大等效应力位于管涵上部 45°附近，最大等效应力分别为 208.4MPa、208.2MPa 和 193.9MPa，等效应力几乎一致，这说明当水泥土没有覆盖管涵时，管涵最大等效应力出现在管顶处；当水泥土覆盖管涵时，管涵最大等效应力由管顶处转移至管涵上部 45°附近，但总体来说管侧填土刚度对管涵最大等效应力影响不大。

3　填筑用水泥固化黄土配比试验研究

3.1　试验概况

本文试验研究所选用的土样为在项目所在地取样的黄土，水泥为型号 P·O42.5 的低碱普通硅酸盐水泥；采用的仪器为南京土壤仪器厂有限公司设计生产的 TSZ-6 型应变控制式三轴仪，TSZ-6 型应变控制式三轴仪用于测定的最大周围压力为 2.0MPa，圆柱形试样直径为 39.1mm、61.8mm、101mm，试样对应的高度分别为 80mm、100mm、150mm。试验仪器由主机、周围压力系统、孔隙水压力系统及反压力系统组成，其中主机部分包括压力室、轴向加压系统等，各系统之间用管路和各种阀门开关连接，如图 11 所示。

本文根据《土工试验方法标准》GB/T 50123—2019 来制备试样并进行三轴试验，制作试样时，试验用土已经经过除杂、风干、碾散和过筛，对于扰动土采用击样法制备直径为 39.1mm，高度为 80mm 的试样（图 12）。

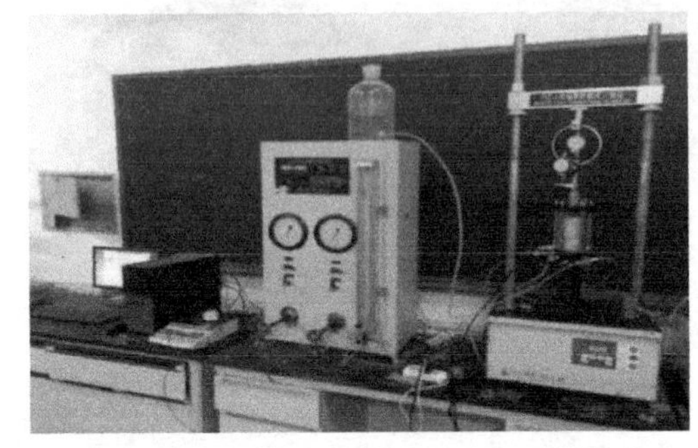

图 11　TSZ-6 型应变控制式三轴仪

图 12　制备好的试样图

3.2　试验设计

固化黄土三轴剪切试验主要考虑水泥掺入比、围压和养护龄期的影响。因此，本文针对水泥的掺入比分别为 5%、7%、8%、11%（质量分数）；4 个不同的围压分别为 50kPa、100kPa、200kPa 和 300kPa；3 个不同的养护龄期分别为 7d、14d 和 28d 的试样，采用控制变量法，研究单个因素对固化黄土抗剪强度的影响。试验方案与工作量见表 4。

试验方案与工作量　　**表 4**

试验项目	试样数量	小计
围压对固化黄土抗剪强度的影响	4(围压数量)×2(掺量指标)×2(龄期)×3(平行试样)	48 个
水泥掺入比对固化黄土抗剪强度的影响	4(掺量指标)×2(围压数量)×1(龄期)×3(平行试样)	24 个
龄期对固化黄土抗剪强度的影响	3(龄期)×3(围压数量)×2(掺量指标)×3(平行试样)	54 个
共计		126 个

3.3　水泥固化黄土的三轴试验结果与分析

1. 围压对固化黄土抗剪强度的影响

为探究围压对固化黄土抗剪强度的影响，在试验中，将试样依次在 50kPa、100kPa、200kPa 和 300kPa 下进行剪切，主应力差与轴向应变的关系曲线如图 13 所示。

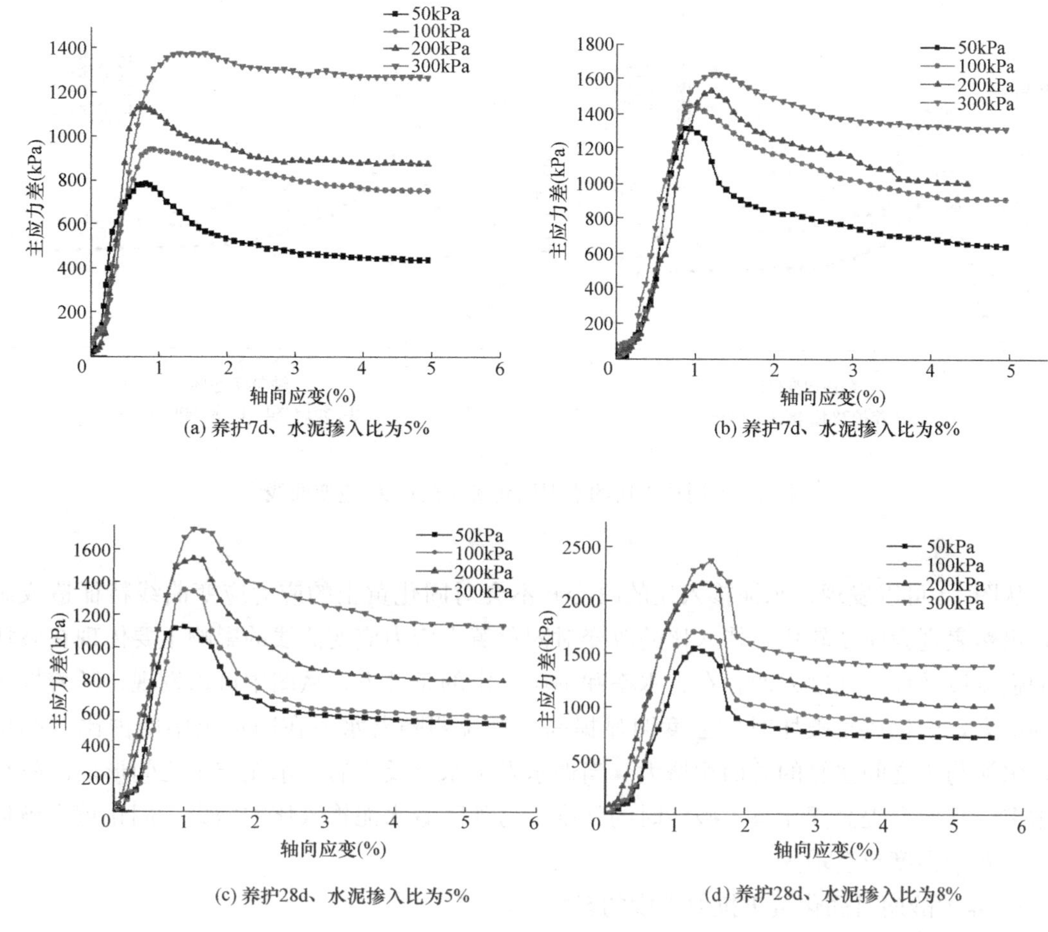

图 13　不同围压下水泥固化黄土的应力-应变曲线

从图 13 可以看出，曲线的整体趋势都是先上升达到峰值后急剧下降，然后逐渐平稳。试样破坏大致分为三个阶段，即弹性变形阶段、弹塑性变形阶段和软化阶段，在初始变形阶段，曲线近似于直线，这时土体类似于线弹性材料，围压越大，曲线的斜率越大，说明试样的弹性模量越大。随着压缩的进行，在轴向应变为 1%～2%的过程中，土体开始出现塑性变形，表明土体进入屈服阶段，此时土体的变形包括可恢复的弹性变形和不可恢复的塑性变形。当主应力差达到峰值时，土体完全破坏，随后土体的强度开始下降，最后会达到相对稳定的残余强度。在干密度和含水率一定、试样养护龄期、水泥掺入比相同的情况下，试样的周围压力越大，曲线的峰值就越大，试样在破坏时的抗剪强度就越大。在破坏点之后大围压的曲线也都在小围压之上，围压越大，试样周围所受约束就越大、试样的残余强度就越大，抗剪能力越强。

2. 水泥掺入比对固化黄土抗剪强度的影响

为探究水泥掺入比对固化黄土抗剪强度的影响，在试验中，将试样在一定的围压（100kPa、200kPa）下进行剪切，主应力差与轴向应变的关系曲线如图 14 所示。

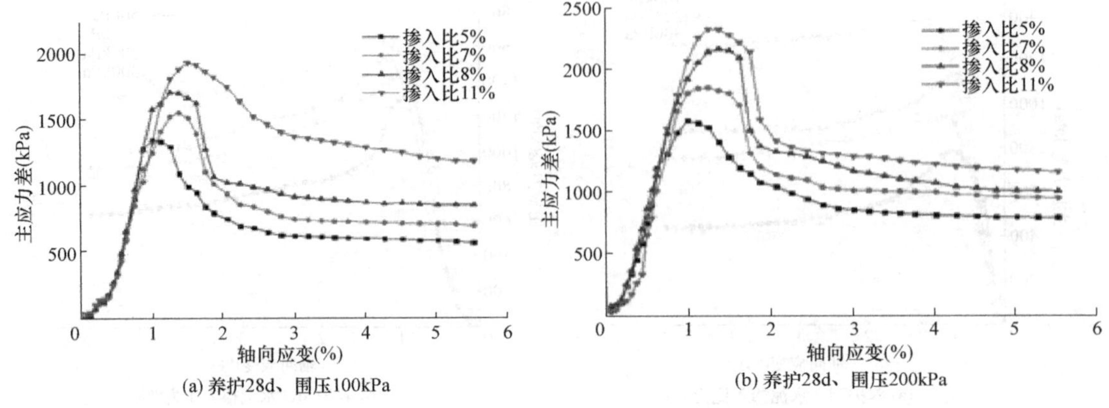

图 14　不同掺入比的水泥固化黄土的应力-应变曲线

从图 14 可以发现，水泥掺入比的改变并不会对固化黄土的应力应变曲线特征造成影响，仍然表现为应变软化。掺入比的改变对固化黄土应力应变曲线的影响主要体现在破坏时的强度以及残余强度方面，在含水率和围压一定的条件下，从图中可以发现，随着掺入比的增大，固化黄土破坏时的强度明显提高，这说明随着水泥在固化土中所占比例的增加，水泥与土之间接触的总面积增大。当遇水发生水化反应后，水泥与土之间形成的胶结物增多，从而会提高固化黄土破坏时的强度。另外随着水泥掺入比的增大，固化黄土破坏以后的残余强度也会增大。

3. 养护龄期对固化黄土抗剪强度的影响

为探究养护龄期对固化黄土抗剪强度的影响，试验中在一定掺入比、一定的围压下，将试样分别养护至 7d、14d 和 28d 后进行试验，主应力差与轴向应变的关系如图 15 所示。

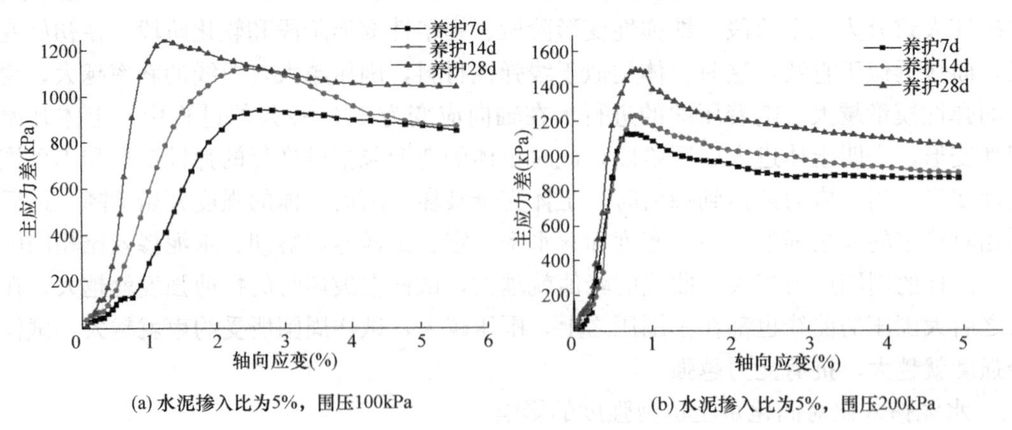

图 15　不同养护龄期水泥固化黄土的应力-应变曲线（一）

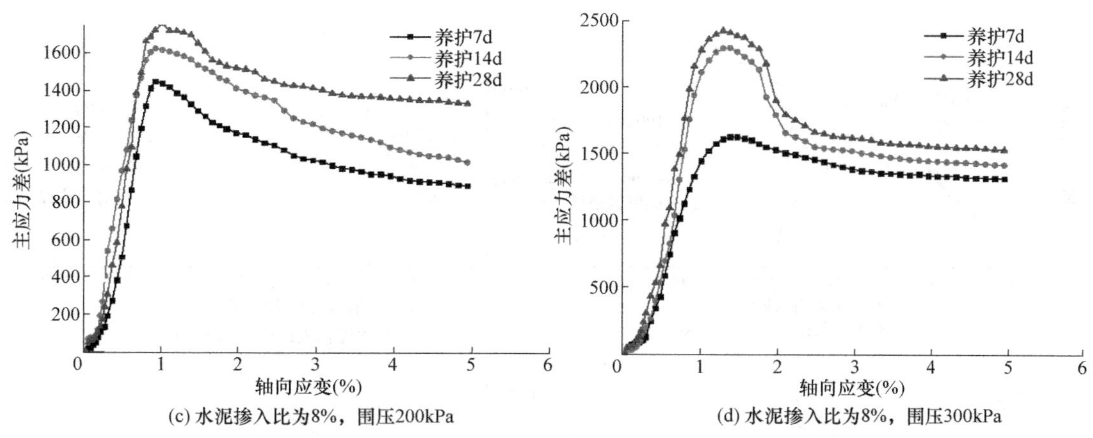

图 15　不同养护龄期水泥固化黄土的应力-应变曲线（二）

从图 15 中可以看出，养护龄期并不会改变固化黄土在整个剪切过程中的应力应变曲线特征，各曲线都是在达到峰值后开始下降并趋于稳定，龄期对固化黄土力学特性的影响表现在破坏时的强度和残余强度方面，养护时间越长固化黄土在破坏时的强度就越高，在破坏后的残余强度也越高，这说明水泥与水发生水化反应后生成的胶结物会随着时间的增加胶结得更牢固。

3.4　水泥固化黄土抗剪强度参数分析

1. 龄期对水泥固化黄土抗剪强度参数的影响分析

从图 16 可以看出，在水泥掺入比一定的条件下，试样养护的龄期越长，黏聚力和有效内摩擦角就越大，其抗剪强度就越大。水泥掺入比为 5%、8%的两组试验在三个养护龄期下，从黏聚力来分析，水泥掺入比为 5%时，养护 7d 后试样的黏聚力为 254.5kPa，养护 14d 后试样的黏聚力为 291.43kPa，增长幅度为 14.5%，养护 28d 后试样的黏聚力为 348.59kPa，增长幅度为 19.6%。水泥掺入比为 8%时，养护 7d 后试样的黏聚力为 328.28kPa，养护 14d 后试样的黏聚力为 374.48kPa，增长幅度为 14%，养护 28d 后试样的黏聚力为 401.8kPa，增长幅度为 7%。从内摩擦角的变化来分析水泥含量为 5%和 8%的两组试样，其养护龄期越长，试样的有效内摩擦角就越大，但变化并不如黏聚力明显。

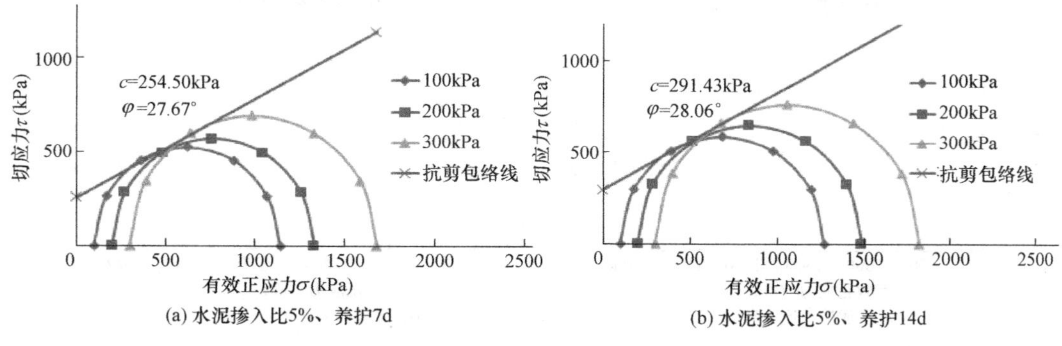

图 16　不同养护龄期下的摩尔圆（一）

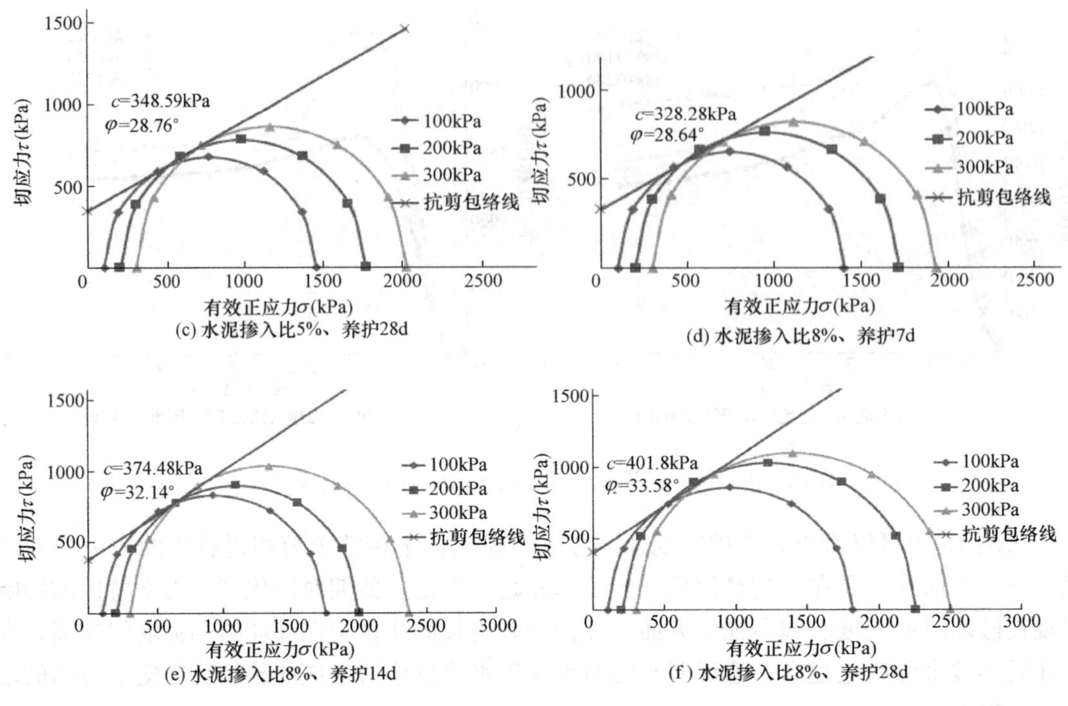

图 16　不同养护龄期下的摩尔圆（二）

2. 水泥掺入比对抗剪强度参数的影响分析

水泥掺入比分别为 5%、7%、8%、11%的一组试样在养护 28d 后进行试验，结果如图 17 所示。

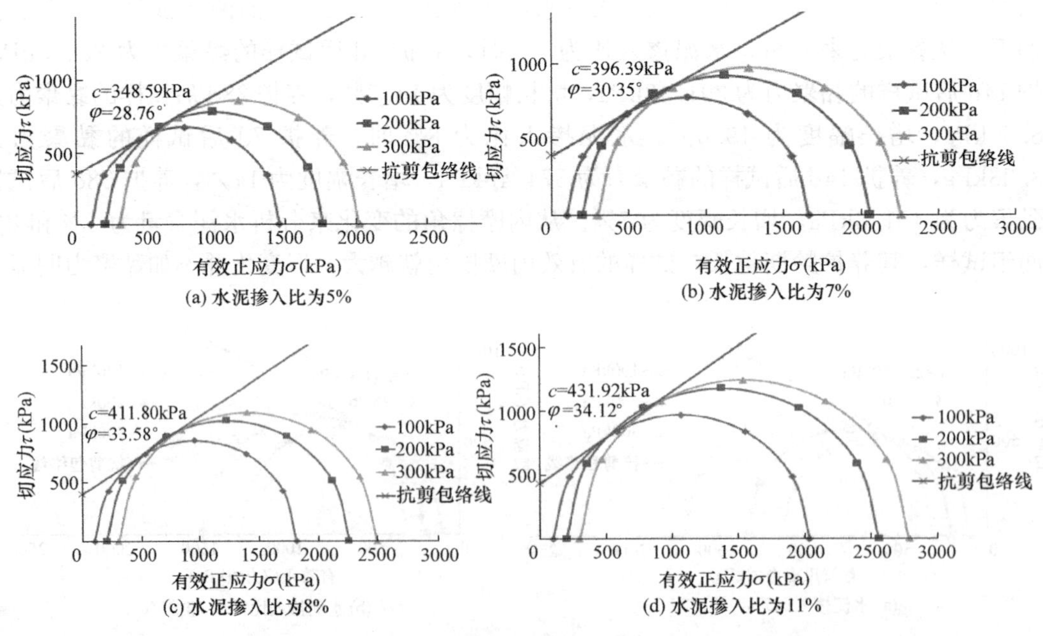

图 17　不同掺入比下的摩尔圆

从图 17 中可以看出，在养护龄期相同时，随着水泥掺入比的增大，试样的黏聚力和有效内摩擦角有显著的增加，其抗剪强度就越大。从黏聚力来分析，在水泥掺入比为 5% 时，试样的黏聚力为 348.59kPa；在水泥掺入比为 7%时，试样的黏聚力为 396.39kPa，增长幅度为 13.7%；在水泥掺入比为 8%时，试样的黏聚力为 411.92kPa，增长幅度为 4%；在水泥掺入比为 11%时，试样的黏聚力为 431.92kPa，增长幅度为 4.9%。由此可知，在水泥掺入比为 7%时，试样的黏聚力增长幅度最大。在水泥掺入比为 5%时，试样的内摩擦角为 28.76°；在水泥掺入比为 7%时，试样的内摩擦角为 30.35°；在水泥的掺入比为 8%时，试样的内摩擦角为 33.58°；在水泥的掺入比为 11%时，试样的内摩擦角为 34.12°。由此可见，试样的有效内摩擦角随着水泥掺入比的增加而增大。

4　工程施工变形监测情况

4.1　测点及测试元件布设

工程施工采用方法二，用 8%水泥掺入比回填。对其进行现场实测试验，选取关键测试截面，布设应变与变形测点和土压力测点（图 18），对不同填土高度下管涵受力变形及管顶土压力规律进行监测分析。

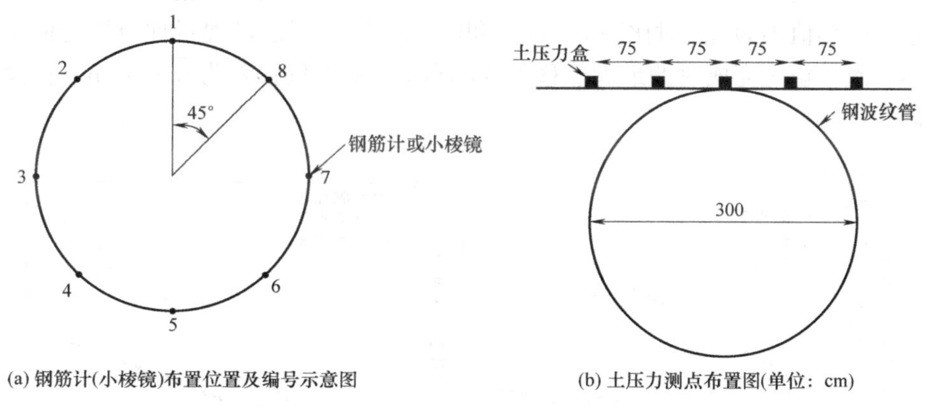

(a) 钢筋计(小棱镜)布置位置及编号示意图　　(b) 土压力测点布置图(单位：cm)

图 18　测点布设图

4.2　管涵竖向变形

各测点竖向变形如图 19 所示。在不同高度填土作用下，管涵各测点竖向变形基本都呈现近似线性增加趋势。竖向变形从测点 4、测点 3、测点 2 和测点 1 依次增大，其中测点 4 变形量为 7.85mm，测点 1 变形量为 28.90mm。各测点竖向位移没有出现明显的减缓和急剧增加趋势，说明管涵仍处于弹性状态即未进入屈服状态。对比图 19（a）和图 19（b），可以发现对称位置处的竖向变形规律基本一致，填土完成时的最大位移差为测点 2，最大位移差为 1.05mm，这是因为现场试验很难实现严格的两侧对称回填和测量误差所导致的，但对整体的竖向变形结果影响不大。

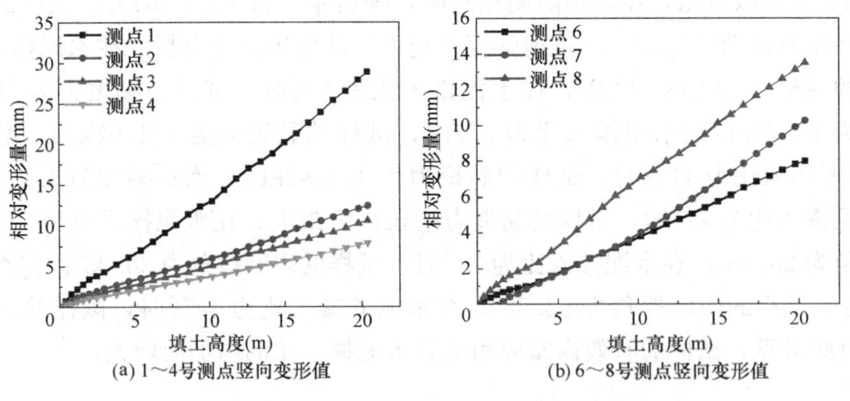

(a) 1～4号测点竖向变形值　(b) 6～8号测点竖向变形值

图 19　管涵各测点竖向相对变形与填土高度关系

4.3　管涵水平变形

各测点水平变形如图 20 所示。在填土荷载作用下，管涵水平变形表现为外凸的形式，各测点（除测点 1 外）随着填土高度增加，逐渐向管涵左侧产生水平位移，表现为近似线性增长趋势。在填土完成时，测点 2、测点 3 和测点 4 最大水平变形分别为 5.79mm、7.20mm 和 3.54mm。而管顶测点 1 没有明显的变化规律，在填土过程中时而左移，时而右移，最终水平变形值为 1.57mm，这主要是由于现场很难实现严格的对称回填所致，导致最终水平变形值不为 0。对比图 20（a）和图 20（b），可以发现对称位置处的水平变形规律基本一致，填土完成时的最大位移差为测点 3，最大位移差为 0.62mm，在设计允许范围值内。

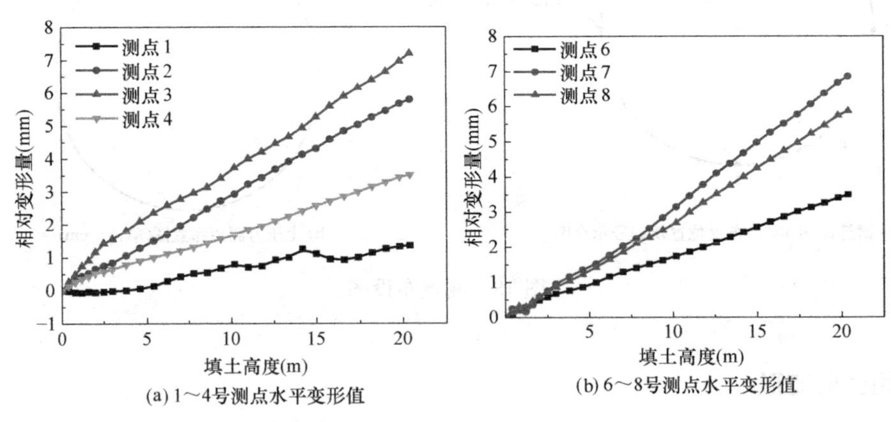

(a) 1～4号测点水平变形值　(b) 6～8号测点水平变形值

图 20　管涵各测点水平相对变形与填土高度关系

4.4　管涵顶部竖向土压力

选取 5 个管顶填土高度（4m、8m、12m、16m 和 17.4m）进行土压力分析，土压力计算公式为：

$$P = K(F_i - F_0) \tag{2}$$

式中，K 为标定系数；F_i 和 F_0 分别为各工况下读数及初始读数。图 21 为选定填土高度沿管径水平方向的土压力分布图。

从管涵的填土高度来看，随着填土高度的增加，管径水平方向上各测点竖向土压力也随之增大。从同一特征填土高度来看，管径水平范围内各测点竖向土压力并不是均匀分布，管涵边缘处土压力明显大于管涵中心处土压力，且随着填土高度的增加，这种现象也越发明显。当填土至管顶高度17.4m时，管顶中心处土压力为329.9kPa，管左右侧分别为412.9kPa和420.3kPa，这说明在土体竖向荷载作用下，管涵能够与周围土体逐步变形协调，产生荷载重分布形成土拱效应，将管顶土压力由管中心向管边缘处转移，利于结构受力。

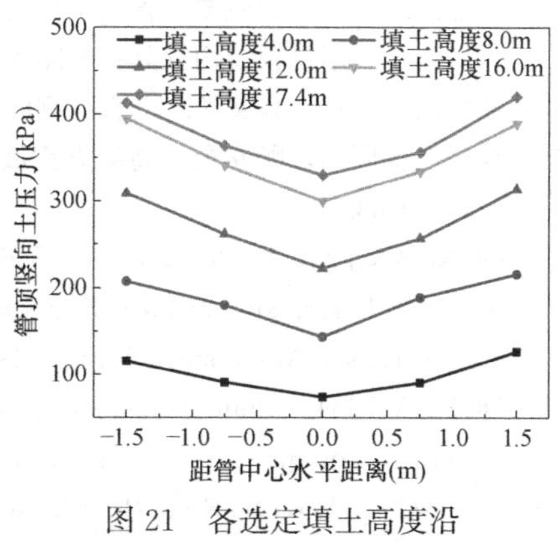

图21　各选定填土高度沿管径水平方向土压力分布

5　结论与建议

（1）基于管道压缩变形公式，提出一种采用在管涵两侧填充水泥土代替普通填土或砂土的填筑技术与施工工艺，其中水泥土填筑区高度可根据实际工程状况与设计要求通过计算确定。

（2）提出的改进填筑施工方法二和方法三相对传统施工方法，模拟条件下的最大竖向变形分别减少35.1%和42.9%，最大水平变形分别减少了55.0%和61.4%。随水泥土填筑区高度的增加，水泥土对管涵变形的影响逐步减弱，综合考虑工程经济性和施工效果，选定方法二作为实际施工填筑方案。

（3）工程条件下，随着上覆填土高度的增加，管涵竖向与水平变形呈现近似线性增加的趋势，且未出现明显的缓和趋势，管顶（测点1）处竖向变形最大，为28.90mm，管腰（测点3）处水平变形最大，为7.20mm。与模拟计算的25.65mm和6.58mm较为接近，整体变形满足设计限值±1%d的要求。

（4）管顶竖向土压力随填土高度的增加而增加，呈现管中心处土压力小，管边缘处土压力大的“V”形分布规律，且二者之间差值随填土高度的增加而增大。

（5）水泥固化黄土的抗剪强度随水泥含量的增加而增大，其有效内摩擦角随水泥含量的增加而增加，黏聚力在水泥掺入比为8%时增长幅度最大，为13.7%，因此在设计中采用8%的掺入量是合理的，也是最经济的。

（6）以上方法的改进，为类似高填方路基钢波纹管涵的设计和施工提供了参考，建议进一步推广应用。

参考文献

[1]　温庆杰. 钢筋混凝土圆管涵受力性能的试验及理论研究［D］. 长沙：湖南大学，2004.

[2]　MOORE R G，BEDELL P R，MOORE I D. Investigation and assessment of long-span corrugated steel plate culvert［J］. Journal of Performance of Constructed Facilities，1995，9（2）：85-102.

[3]　李祝龙. 公路钢波纹管涵洞设计与施工技术研究［D］. 西安：长安大学，2005.

[4] 柏春红. 大直径钢质波纹管力学性能研究 [D]. 西安：西安工业大学，2009.

[5] 陈昌伟. 波形钢板结构及其在公路工程中的应用 [J]. 公路，2000 (7)：48-54.

[6] 朱旭阳. 何欢，高文学. 大直径钢波纹管管顶土压力分析 [J]. 中外公路. 2015，35 (4)：39-43.

[7] 魏瑞，曹周阳，顾安全. 高填方钢波纹管涵垂直土压力计算 [J]. 交通运输工程学报，2018，18 (3)：74-83.

[8] DUNCAN J M，DUNCAN J M. Soil-culvert interaction method for design of metal culverts，Transportation Design studies for a 35-ft span aluminum culvert for greenbrier county，West Virginia，Report to Kaiser Aluminum，July 8，1975a.

[9] DUNCAN JM. Finite element analysis of buried flexible metal culvert structures，Laurits Bjerrum Memorial Volume，Preliminary Draft，March，1975b.

[10] DUNCAN JM，BYRNE P，WONG K S，MABRY P. Strength，stress-strain and bulk modulus parameters for finite element analysis of stresses and movements in soil masses，University of California，College of Engineering，Berkeley，California，Report No. UCB/GT/80-01，August，1980.

[11] DUNCAN J M，JEYAPALAN J K. Deflection of flexible culverts due to backfillcompaction，Transportation Research Record 878，TRB，National Research Council，Washington，D. C.，1982，pp. 10-16.

[12] DUNCAN J M，SEED R B，DRAWSKY R H. Design of corrugated metal box culverts，Transportation Research Record 1008，TRB，National Research Council，Washington，D. C.，1985，pp. 33-41.

[13] YEAU K Y，SEZEN H，FOX P J. Simulation of behavior of in-service metal culverts [J]. Journal of Pipeline Systems Engineering & Practice，2014，5 (2)：04013016.

[14] KATONA M G. Influence of soil models on performance of buried culverts [C] // Transportation Research Board 94th Annual Meeting，2015.

[15] WADI A，PETTERSSON L，KAROUMI R. FEM simulation of a full-scale loading-to-failure test of a corrugated steel culvert [J]. Steel & Composite Structures，2018，27 (2)：217-227.

[16] 施绪. 回填施工对覆土钢波纹管涵受力性能影响分析 [D]. 北京：北京交通大学，2019.

旋挖植桩在工程中应用研究

毛由田，李志高，章乐远
（建华建材集团，江苏 镇江 212000）

摘　要：旋挖植桩是一种新型预制桩沉桩工艺，本文通过对旋挖植桩在不同地质条件下的应用研究，得出了旋挖植桩单桩竖向承载力计算公式，并在大量工程案例中进行验证，为设计人员在初步设计时估算单桩竖向承载力提供了依据。旋挖植桩可以解决复杂地质条件下预制桩难以沉桩等疑难问题，与传统旋挖灌注桩相比，具有施工速度快、质量可控、性价比高等优点，有广阔的应用前景。
关键词：旋挖植桩；预制桩；单桩竖向承载力

Engineering Application of Rotary Digging Pile Planting Method

Mao Youtian，Li Zhigao，Zhang Leyuan
(Jianhua Construction Materials Group，Zhenjiang Jiangsu 212000，China)

Abstract: Rotary digging pile planting method is a new type of precast pile driving technology. Through the application research under different geological conditions，the calculation formula of vertical bearing capacity of single pile was obtained，which was verified in a large number of engineering cases，and provides a basis for designers to estimate the vertical bearing capacity in preliminary design. Rotary digging pile planting method can solve many difficult problems of precast pile's application under complex geological conditions，with the advantages of rapid construction speed，controllable quality and high performance-price ratio compared with traditonal rotary bored pile，its broad application prospect is foreseeable.
Key words: Rotary digging pile planting method；Precast pile；Vertical bearing capacity of single pile

0　引言

预制桩具有工厂标准化生产、质量可控、造价低廉、性价比高、施工迅速、低碳节能以及对环境无污染等优点，在工程建设中得到广泛的应用。但是，预制桩也有其局限性，主要表现为：当遇到较厚的密实砂层、砾石、卵石层时沉桩较为困难，难以穿透这样的硬层；当上部结构荷载大、对沉降敏感而需要桩端进入中风化、微风化基岩一定深度时，预制桩难以进入设计深度；打入法、静压法施工的预制桩属于挤土桩，在深厚饱和软土、超

作者简介：毛由田，教授级高工，建华建材集团北京技术研究院执行院长，E-mail：2435556449@qq.com。

固结硬黏土等一些特殊土或邻近建筑物、管线的地区等，预制桩施工产生的挤土效应会影响相邻桩基和相邻建筑物的安全。因此，限制了预制桩在一些地区和工程项目中的推广使用。

综上所述，需要一种既能像旋挖灌注桩一样适应地层能力强、无挤土效应，又能发挥预制桩质量可控、承载力高等优点的施工工法。

1 旋挖植桩

旋挖植桩就是利用旋挖钻机预先成孔，在孔内灌注水泥砂浆或细石混凝土，然后将预制桩打入、压入或振入的施工方法。旋挖植桩主要适用于人工填土、黏性土、粉土、碎石类土、强风化、中风化基岩等地层。

1.1 旋挖植桩的构造

旋挖植桩一般都选择较硬岩（土）层为桩端持力层，为端承桩或摩擦端承桩，为了更好地发挥桩端承载力，常采用等芯桩或长芯桩，如图1所示。同时为了方便植入预制桩，旋挖成孔的直径宜大于芯桩外径100～300mm。

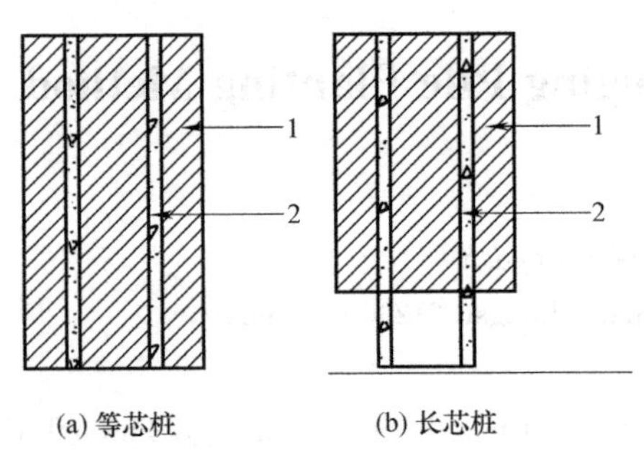

1—细石混凝土或水泥砂浆；2—预制桩

图1 旋挖植桩构造示意图

旋挖植桩芯桩的选型，可根据单桩承载力要求、地质条件等，通过多方案技术经济比较后确定，可选用PHC、PRC、PHS、SC及UHC等预制桩。

外芯可根据实际情况选用水泥砂浆或细石混凝土，水泥砂浆强度等级不得小于M15，细石混凝土强度等级不得小于C20。

1.2 施工工艺（图2）

(1) 定位

工程开工前，根据轴线及桩位布置情况，在场地内建立测量控制网，测放各桩位中心点。

(2) 成孔

钻机成孔前，先人工埋设护筒，护筒直径比成孔直径大200mm，护筒长度一般为0.5～0.8m。当地下水位较高，含有较厚的砂土、砂卵石时，可采用泥浆护壁。钻机成孔过程中应保持机身和钻杆垂直，要用2台经纬仪呈90°观测，垂直度偏差≤0.5%。

(3) 清孔

当钻进至设计标高时，停止钻进并提出钻头进行清孔。当干作业施工时，应放入取土器，将孔内残土取尽，保持孔底干净。当湿作业施工时，应放入掏渣筒并静停30min后将悬浮在泥浆中的土渣捞出，30min后再测量孔底沉渣，当孔底沉渣大于50mm时，需进行第二次清孔。

（4）灌注混凝土

混凝土一般采用商品混凝土，坍落度控制在 180～220mm，强度等级≥C20，湿作业时应采用水下混凝土配合比。采用导管灌注，导管应放入孔底，灌注时缓慢提升。

（5）植入管桩

混凝土灌注完毕后，在其初凝前可采用静压、锤击或振动植入预制桩，静压法施工时，终压值取单桩极限承载力标准值的 0.75～0.85 倍；锤击法施工时，最终贯入度控制为 40～60mm/10 击。

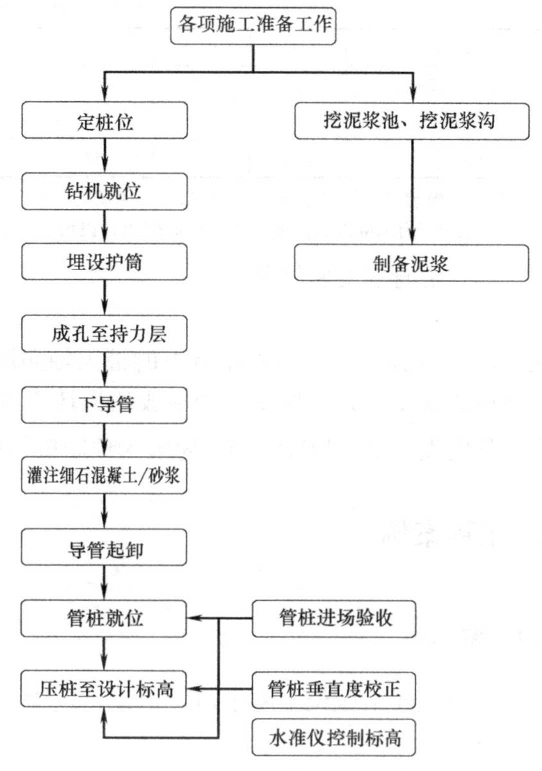

图 2　旋挖植桩施工工艺流程图

1.3　旋挖植桩竖向承载力计算

旋挖植桩单桩竖向承载力应通过现场载荷试验确定。初步设计时，旋挖植桩单桩极限竖向承载力标准值可按下式计算。

（1）当旋挖植桩为摩擦端承桩或端承摩擦桩时

等芯桩：

$$Q_{uk}=u\sum q_{sik}l_i+q_{pk}A_p \tag{1}$$

长芯桩：

$$Q_{uk}=u\sum q_{sik}l_i+u_c\sum q_{sjk}l_j+q_{pk}A_p \tag{2}$$

式中，Q_{uk} 为单桩竖向承载力标准值（kPa）；u、u_c 分别为旋挖引孔植桩的外芯桩身周长和芯桩周长（m）；l_i、l_j 分别为复合段第 i 层土厚度和非复合段第 j 土层厚度（m）；q_{sik} 为第 i 土层极限侧阻力标准值（kPa），宜按现场试验或地区经验取值，无试验资料和地区经验时，宜按《建筑桩基技术规范》JGJ 94—2008[1] 给出的灌注桩极限侧阻力标准值表中区间值的高值选用；q_{sjk} 为第 j 土层极限侧阻力标准值（kPa），宜按现场试验或地区经验取值，无试验资料和地区经验时，宜按《建筑桩基技术规范》JGJ 94—2008 给出的预制桩极限侧阻力标准值表选用；q_{pk} 为桩端极限阻力标准值（kPa），宜按现场试验或地区经验取值，无试验资料和地区经验时，宜按《建筑桩基技术规范》JGJ 94—2008 给出的预制桩桩端极限阻力标准值表选用；A_p 为旋挖植桩预制桩全截面面积（m^2）。

（2）当旋挖植桩为嵌岩桩时

$$Q_{uk}=u\sum q_{sik}l_i+\delta_r f_{rk}A_p \tag{3}$$

式中，f_{rk} 为岩石饱和单轴抗压强度标准值（kPa），黏土岩、泥岩、泥质砂岩等取天然湿度单轴抗压强度标准值；δ_r 为嵌岩端侧阻和端阻综合系数，与嵌岩深径比、岩石软硬程度和成桩工艺有关，可按表 1 采用。

嵌岩段侧阻和端阻综合系数　　表 1

嵌岩深径比 h_r/d	0	0.5	1.0	1.5	2.0	2.5	3.0	4.0	5.0
极软岩、软岩	0.7	0.96	1.15	1.28	1.42	1.55	1.62	1.77	1.88
硬质岩	0.6	0.9	1.05	1.15	1.25	1.35	1.42	—	—
坚硬岩	0.5	0.8	0.96	1.02	1.08	1.14	1.20	—	—

注：1. 极软岩、软岩是指 $f_{rk}\leqslant$15MPa，硬质岩是指 15MPa$\leqslant f_{rk}\leqslant$30MPa，坚硬岩是指 $f_{rk}\geqslant$30MPa；

2. h_r 为芯桩嵌岩深度，当岩面倾斜时，以坡下方嵌岩深度为准，当 h_r/d 为非表列值时，δ_r 可内插取值。

（3）桩身强度验算公式

$$N\leqslant\psi f_c A_p^c \tag{4}$$

式中，N 为荷载效应基本组合下的桩顶轴向压力设计值（kN）；ψ 为工作条件系数，根据预制桩的施工工艺对桩身可能造成的损坏程度确定，可取 0.85～0.90；f_c 为混凝土轴心抗压强度设计值（kPa）；A_p^c 为植入预制桩横截面净面积（m^2）。

2　工程案例

2.1　案例一

广西某建工城位于南宁市，拟建建筑物为 25～30 层的高层住宅，框剪结构。地层自上而下为：

①层主要为人工填土，部分地区有淤泥或淤泥质土，含有大量碎石或块石，厚度 0～8.0m；②层为夹有碎石的 Q_3 黏土 2.0～8.4m；下覆基岩为强风化泥质砂岩、中风化泥质砂岩和中风化砾岩，基岩埋深一般 8.0～12.0m，泥质砂岩为极软岩、砾岩为较软岩。详见图 3。

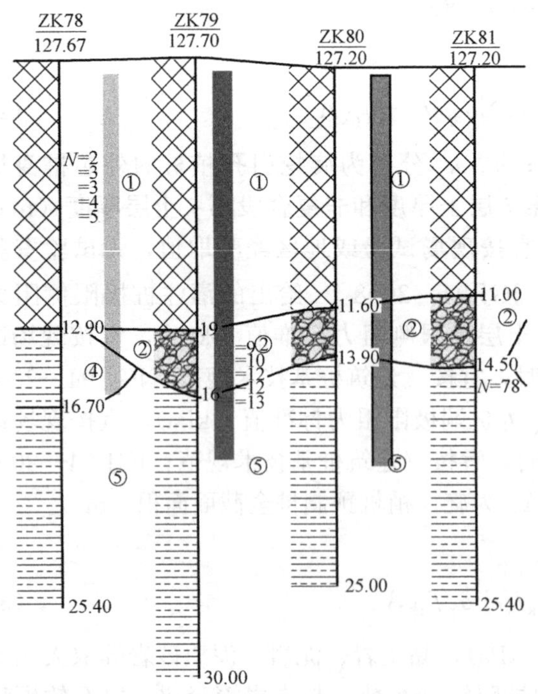

图 3　2-2 工程地质剖面图

该项目位于市区不能采用锤击法施工，静压沉桩难度较大，主要原因有：（1）上部填土和坡积粉质黏土中含有大量的碎石和块石，沉桩较困难；（2）持力层选择方面，泥岩砂岩为极软岩，强度较低，天然抗压强度为 2.0～3.0MPa，易软化，承载力较低；下部砾岩为较软岩，天然抗压强度一般大于 5.0MPa，桩端进入中风化砾岩（2～3）d 即可发挥预制桩承载力高的优势，但穿透上层泥质砂岩难度较大。

根据场地地质条件，结合上部荷载大的特点，对高层建筑物基础采用旋挖植桩，孔径为 600mm，植入 UHC 500AB130（C105），桩长 23m，以进入中风化砾岩 $2d$ 为准，外裹体为 C25 细石混凝土，计算得到的单桩竖向承载力特征值为 3500kN；其他辅助建筑物基础采用静压沉桩，以强风化泥质砂岩为持力层，单桩竖向承载力特征值为 2000kN。工程施工前进行试桩，试桩资料见表 2。

试桩资料一览表　　表 2

工法	桩号（号）	规格	强度等级	桩长（m）	持力层	最大加载（kN）	承载力特征值（kN）
静压管桩	533	PHC500AB125	C80	16	强风化泥质砂岩	4000	2000
	610					4000	2000
	654					4000	2000
	670					4000	2000
	867					4000	2000
	965					4000	2000
灌注桩	34	直径 600mm	C30	23	中风化砾岩	4000	2000
	45					4000	1800
旋挖植桩	X1	M600＋UHC500AB125	C105	23	中风化砾岩	8000	4000
	X2					8000	4000
	X3		C125			10000	5000

由试桩结果可知，旋挖植桩能较好解决在杂填土（含建筑垃圾和块石）、碎石土、中风化基岩中预制桩的沉桩问题，其实测单桩承载力大于公式计算值；当桩端有较硬持力层（中风化砾岩）时，单桩竖向极限承载力均由桩身强度控制，如 X3 号试桩，植入 C125 超高强管桩，单桩承载力特征值可达到 5000kN。这说明旋挖植桩能充分发挥预制桩自身强度高的特点，提高了旋挖植桩的性价比，见表 3。

各类型桩经济分析一览表　　表 3

桩型	静压管桩	旋挖灌注桩	旋挖植桩
造价(元/kN)	1.65	4.36	1.37

试桩的荷载-沉降曲线见图 4。

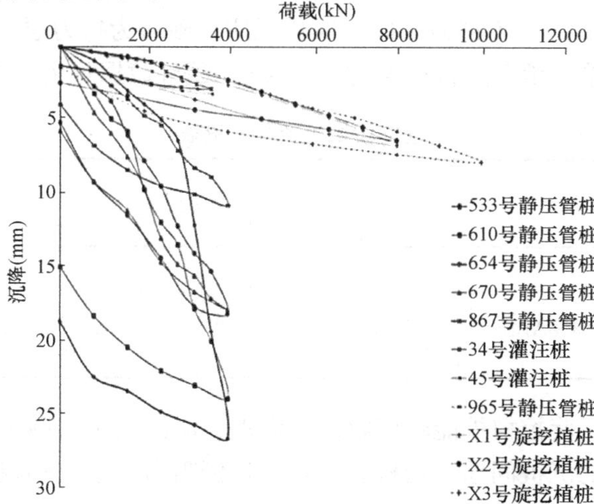

图 4　试桩荷载-沉降曲线图

2.2 案例二

杭州仓前车辆段位于机场轨道快线仓前站。拟建场地为冲湖积平原地貌，主要地层为上部素填土、第四系冲洪积及冲海积地层，下伏基岩为白垩系下统朝川组（K_{1c}）含砾砂岩。地层自上而下为（图 5）：

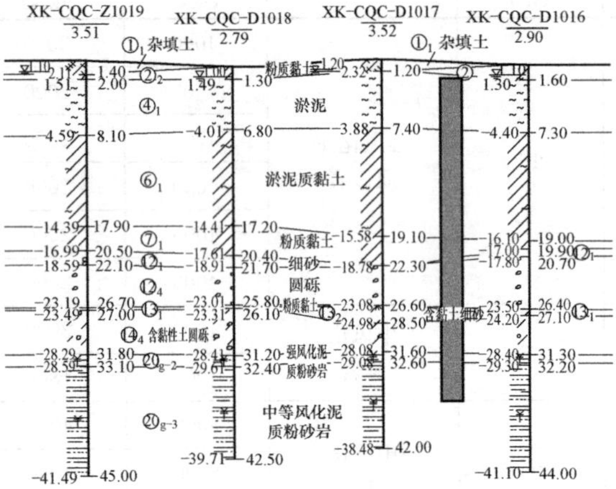

图 5　11-11 工程地质剖面图

①$_1$ 层杂填土：杂色，主要由碎石混少量岩渣回填而成，土质不甚均一；②$_2$ 层粉土：灰色，稍密，很湿，与粉质黏土呈互层状；④$_1$ 层淤泥：灰色，流塑，饱和，含较多腐殖质和半碳化植物碎屑；⑥$_1$ 层淤泥质黏土：灰色，底部褐灰色，流塑，饱和，见少量有机质斑点和条纹，底部呈絮状，见少量贝壳碎屑，局部呈淤泥质粉质黏土状；⑫$_1$ 层细砂：黄绿色为主，局部灰绿色或灰黄色，中密，局部密实状，局部夹少量中砂；⑫$_4$ 层圆砾：黄绿色为主，局部灰蓝色，中密，饱和，砾石多呈次圆状，粒径一般 0.2～5cm，由中砂和少量黏性土充填；⑭$_4$ 层圆砾：灰黄色为主，中密—密实，饱和，砾石多呈次圆状，粒径一般 0.5～15cm，由黏性土充填；⑳$_{a-2}$ 层强风化泥质粉砂岩：紫红色，厚层状构造，风化强烈，原岩结构大部分破坏，呈黏性土状，遇水易软化；⑳$_{a-3}$ 层中等风化泥质粉砂岩：紫红色，巨厚层状，钙泥质胶结，节理裂隙不发育，岩芯呈柱状，RQD＝90％～100％。天然单轴抗压强度平均值为 5.20MPa，饱和单轴抗压强度平均值为 3.70MPa，属极软岩，岩体较完整，岩体基本质量等级为Ⅴ级。详见图 5。

原设计方案采用桩径为 1000mm 的旋挖灌注桩，以中风化泥质粉砂岩作为桩端持力层，桩长 45m，单桩承载力特征值 5000kN。考虑到造价较高，优化为旋挖植桩，采用 M1000＋UHC 800 AB 130（C105），以中风化泥质粉砂岩为持力层，桩长 40m，3 节桩现场焊接。计算得到的单桩承载力特征值为 6000kN。试桩数据见表 4 和图 6。

仓前段试桩资料一览表　　**表 4**

工法	桩号	规格	强度	桩长（m）	持力层	最大加荷（kN）	承载力特征值（kN）
旋挖植桩	1	M1000＋UHC800AB130	C105	40	中风化泥质砂岩	12000	＞6000
	4		C105	40		14730	7500
	8		C105	40		15000	7500

由试桩结果可知，旋挖植桩能较好解决在淤泥、淤泥质土、砂土、圆砾、中风化基岩等地质条件下预制桩的沉桩问题，当桩长较长、桩侧阻力大于桩端阻力时，旋挖植桩的单桩竖向极限承载力仍由桩身强度控制。

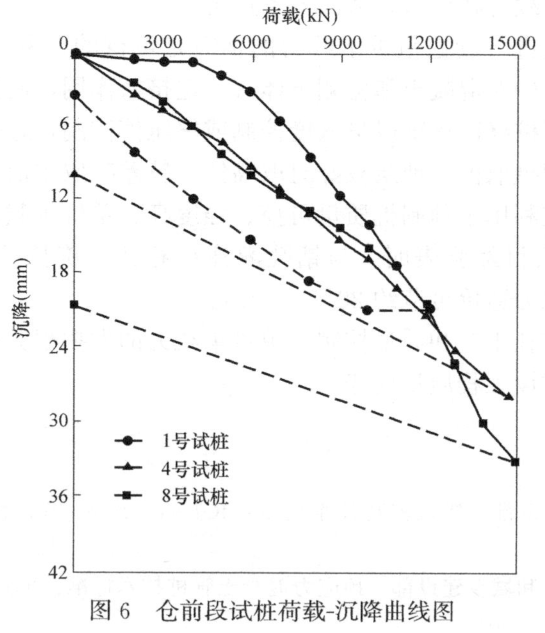

图 6　仓前段试桩荷载-沉降曲线图

2.3　案例统计

此外通过搜集全国各地大量的工程试验和工程案例进行统计分析，如图 7 所示，发现旋挖植桩单桩承载力的实际检测值均高于理论计算值，一般介于 1.2～1.5 倍之间。因此初步设计时，采用上述公式估算旋挖植桩的单桩极限承载力标准值是可行的，实际工程中使用是安全的。

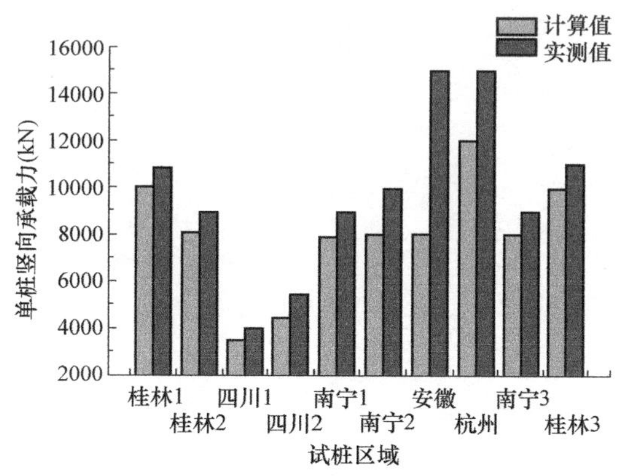

图 7　旋挖植桩计算值与实测值对比图

3　小结

（1）旋挖植桩工法较好地解决了复杂地质条件下预制桩的施工等工程应用问题，大大拓宽了预制桩的应用范围。与灌注桩方案相比，可根据地质条件和上部荷载特征选取内芯桩，以桩身强度控制承载力特征值，从而节省造价。

（2）使用本文公式进行旋挖植桩承载力的估算是可行的。考虑到植桩工艺本身的特性，即预制桩植入过程中对混凝土和桩侧土体有一定挤密作用，旋挖植桩的侧阻可按灌注桩高值选取；预制桩沉桩终锤标准以贯入度控制或终压值控制，且桩底无沉渣，则旋挖植桩的桩端阻力可按预制桩取值，地层较好时取高值，较差时取中值。

（3）由于旋挖植桩利用了预制桩质量可控、强度高、单桩承载力大的优势，其综合性价比优异。大量工程项目经验表明，与钻孔灌注桩相比，旋挖植桩基础总造价可节约10%～40%，单位承载力造价可节约20%～60%。

（4）旋挖植桩的成孔工艺和质量控制对单桩承载力的发挥很关键，质量控制到位时该工法必然具有更大的建设工程质量优势。

参考文献

[1] 中华人民共和国建设部. 建筑桩基技术规范：JGJ 94—2008 [S]. 北京：中国建筑工业出版社，2008.

[2] 中华人民共和国住房和城乡建设部. 预应力混凝土管桩技术标准：JGJ/T 406—2017 [S]. 北京：中国建筑工业出版社，2017.

[3] 广西壮族自治区住房和城乡建设厅. 旋挖钻孔灌注桩施工技术规程：DBJ/T 45—007—2015 [S]. 北京：中国计划出版社，2015.

中心岛法在软土地区超大面积基坑工程中的应用

赵玲[1,2]
(1. 华东建筑设计研究院有限公司上海地下空间与工程设计研究院，上海 200002；
2. 上海基坑工程环境安全控制工程技术研究中心，上海 200002)

摘　要：连云港某大型住宅小区基坑面积约 72150m²，开挖深度 5.4～6.3m，为超大面积基坑。场地存在深厚的流塑软土，且周边存在一定的环境保护要求。结合基坑工程的规模、工程地质条件和环境条件，采用中心岛法实施方案。基坑周边采用双轴水泥土搅拌桩内插型钢作为围护体，中部开挖到基底并浇筑底板后，支设斜抛撑再开挖周边土方。中心岛区域面积约占基坑总面积的 65%，大幅加快了施工工期，取得了良好的技术经济效果。

关键词：超大面积基坑；软土；中心岛法

Application of Island Excavation Method in Super-Large foundation Pit in Soft Soil Area

Zhao Ling[1,2]
(1. Shanghai Underground Space Engineering Design & Research Institute, East China Architecture Design & Research Institute Co., Ltd., Shanghai 200002, China; 2. Shanghai Engineering Research Center of Safety Control for Facilities Adjacent to Deep Excavations, Shanghai 200002, China)

Abstract: The foundation pit of a large residential community in Lianyungang had an area of about 72150m² and an excavation depth of 5.4～6.3m. It was a super large foundation pit. Soft soil at the construction site was quite thick, and there were certain environmental protection requirements around. Considering the scale of foundation pit, geological conditions and environmental conditions, the central island method was adopted. Around the foundation pit, the double shaft cement soil mixing pile with inserted H steel was used as retaining wall. After the middle part was excavated to the base and the bottom plate was poured, the inclined steel support was erected and the surrounding earthwork was excavated. The central island area accounted for about 65% of the total area of the foundation pit, greatly speeding up the construction period and achieving good technical and economic results.

Key words: Super-large deep excavation; Soft soil; Island excavation method

0　引言

地下空间开发产生大量深基坑工程，大型居住小区为满足停车需求常常采用成片连通

作者简介：赵玲，女，工程师，主要从事基坑支护设计，Email：873335358@qq.com。

设置地下室的方式，导致挖深一般但面积超大的基坑频频出现。这些基坑支护方案选型将直接关系到基坑的安全性、施工便捷度、工期合理化、造价经济性，因此选择合理的支护形式至关重要。

在软土地区，对于挖深小于 7m 的超大面积基坑工程，常规的基坑支护类型主要包括土钉墙、水泥土重力式围护墙、围护桩结合锚杆或支撑体系，其中土钉墙方案主要受限于地下室结构距红线存在的施工空间是否充足，水泥土重力式围护墙方案因围护体变形较大局限于环境宽松场地，而锚杆体系依赖土体本身的强度来提供锚固力而不适用于软弱土地区，传统内支撑体系在大面积基坑工程中存在杆件长、支撑量大、土方开挖较困难且造价高等问题[1]。中心岛结合斜撑方案在此类基坑中具有相对明显优势，其占地面积小，无需设置锚杆或大面积水平支撑体系，在基坑开挖初期可大面积开挖中部土方；且后期竖向斜撑拆除较其他形式的内支撑更便利，可以大大提高施工便利性及进度、节约工程造价[2-5]。

本文以连云港市某大型住宅小区项目基坑工程为背景，项目处于滨海软土地区、地下室外边线退红线范围紧张、项目工期及经济性要求高，从安全、造价、施工工艺以及工期进度等角度综合考量，探讨软土地区大型住宅大面积基坑采用中心岛法的设计与实践，从而可为类似基坑工程实施提供参考。

1 工程概况

1.1 基坑工程概况

拟建工程位于连云港市连云区阋海路东南侧，公营庄路西南侧，瀚海路近北侧，连云港市海州湾小学东侧。地上建筑为 23 幢高层住宅，项目整体设置一层地下室，基础以预制方桩+独立承台的基础形式为主。本工程基坑基本呈 L 形，东西走向长约 285m，南北走向约 365m，总面积约 72150m^2，基坑周边延长约 1265m，开挖深度为 5.4～6.3m。

1.2 环境条件

基坑东侧为自然放坡形式的西墅河，与基坑距离约 14m，该侧红线距离基坑约为 4.1m。基坑南侧为瀚海路，距离本基坑约 22m，位于本工程 3 倍开挖深度范围之外，红线距离基坑约为 13.6m。基坑西侧现状为连云港市海州湾小学与国际篮球俱乐部，连云港市海州湾小学距离本基坑约 18.7m，国际篮球俱乐部距离本基坑约为 42.9m，红线距离基坑为 5.8～7.3m。基坑北侧为空地，红线距离基坑约为 50m。基坑平面及周边环境如图 1 所示。

1.3 工程地质及水文地质概况

拟建场地地貌单元属海积平原，地形较为平坦，场地原为荒地，场地分布有沟渠，局部地势较低处为水塘，勘察期间沟渠及水塘已回填。本次基坑涉及的土层主要为①层素填土、②层黏土、③层淤泥等，其中淤泥层厚度 5.4～12.4m，为流塑状态，强度很低，各土层岩土设计参数详见表 1。根据基坑的实际开挖深度以及土质分布状况，基坑开挖面位于③层淤泥层中。

场区内土层多为弱透水层，但上部填土为强透水层，场地地下水以第四系松散层中的潜水为主，勘察期间测得地下水稳定水位埋深为 0.1～1.65m，受大气及降雨影响，水位变化幅度为 0.5m 左右。

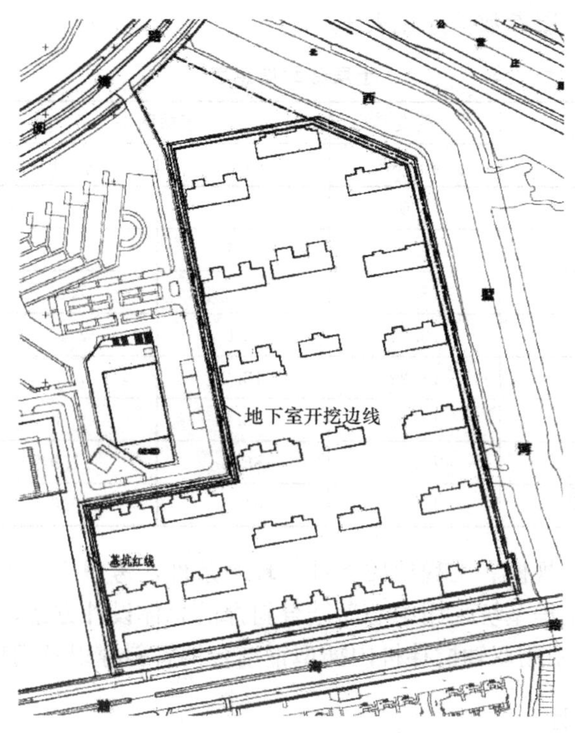

图 1　基坑平面及周边环境

2　基坑支护设计

2.1　总体方案选型

本工程为面积超大、深度一般基坑，基坑开挖深度范围内以素填土、黏土与淤泥为主，基底落在软弱的③层淤泥层中，加之上部土层为强透水层，故基坑对围护的止水及降水的要求较高。基坑平面形状总体较规则，西侧与东侧可用场地有限，设计时应控制围护体的变形及沉降，确保基坑西侧设施的安全和正常使用。

软土地区超大面积浅基坑工程的设计施工通常采用顺作法，顺作法设计常采用水泥土重力式围护墙、围护体结合锚杆系统或者内支撑系统。本场地基坑开挖范围以流塑—软塑的软弱土体为主，若采用水泥土重力式围护墙方案，围护体变形过大、经初步试算难以满足稳定性要求且变形大对环境保护不利；若采用锚杆支护系统，因浅部可提供锚固段的黏土强度指标很低，锚固效果差，因此常规锚杆不适用于本项目；此外，本项目为超大面积基坑，传统的水平内支撑体系则在带来支撑杆件过长、传力不佳的同时，还存在工程造价高昂问题，也不宜采用。

中心岛结合斜撑方案在本项目基坑中具有相对明显优势，对软弱土层也能起到较好的围护作用，不仅可以节约造价，还可以大幅提高中部主体结构的施工进度。采用这种支护方式，在基坑开挖初期，中部土方可采用大开挖施工，不涉及支撑架设和交叉施工等问题，挖土条件较好，施工方便；开挖后期，竖向斜撑拆除较其他形式的内支撑要快，可以明显加快施工进度。土层参数信息见表 1。

土层参数信息表 **表 1**

层号	土层名称	重度	直剪固快		状态
		γ(kN/m^3)	c(kPa)	φ(°)	
①	素填土	(18.00)	7.0	2.5	松散
②	杂填土	(19.00)	8.5	3.5	松散
③	黏土	18.00	23.1	7.8	软—可塑
④	淤泥	16.01	7.1	2.2	流塑
⑤	黏土	18.22	16.2	7.5	可塑—硬塑
⑥	黏土	19.06	53.2	9.3	可塑—硬塑
⑦	黏土	19.31	56.3	11.9	可塑
⑧	含砂粉质黏土	19.80	61.5	19.6	可塑—硬塑

综合本基坑工程的规模、工程地质条件、环境条件，考虑施工用地要求，并与业主参与各方充分沟通，本工程基坑采用中心岛结合斜撑的总体设计方案，土方开挖采用“盆式开挖法”，基坑围护体系用双轴搅拌桩内插型钢结合钢管斜撑以及角撑。

2.2 周边围护结构设计

基坑周边围护采用 ϕ700@500 双轴搅拌桩内插 H488×300×11×18 型钢形式。根据开挖深度和周边环境情况，通过调整围护桩桩径、桩长进行针对性设计，普遍区域型钢插一跳一，西侧邻近建筑物区域插二跳一。双轴水泥土搅拌桩内插型钢其特点主要表现为止水好，构造简单，型钢插入深度小于搅拌桩深度，施工进度块，型钢可回收重复使用，成本较低等。其中水泥土不但起到止水抗渗的作用，并且与型钢一起共同作用抵抗墙体变形。

施工时，沿基坑一周先施工双轴搅拌桩内插型钢，整个场地表层卸土 1～1.5m，坡比为 1∶1.5，预留 5m 宽一级平台至桩顶。边坡用钢筋网喷射混凝土护面，然后现浇压顶梁和混凝土角撑，其围护结构剖面如图 2 所示。

2.3 中心岛开挖设计

等压顶梁及角撑达到设计强度要求后，进行设计留土范围外的土方开挖即盆式开挖。拟建工程因基坑开挖面位于流塑土层，故坑内设计二级放坡，上级坡率采用 1∶2，下级坡受制于软弱土层影响坡率采用 1∶5，边坡应分层开挖并施工 100mm 厚喷射钢筋网混凝土护面。基坑中间挖到基底标高后，施工基础底板形成“中心岛”。中心岛平面开挖如图 3 所示。等底板和牛腿达设计强度的 80%之后，施工 ϕ609×16 钢管斜撑，然后采用“跳挖”的方法，分段挖除斜撑下方的土方，分段长度根据后浇带控制在 20m 左右，挖到基底标高后 24h 内浇筑垫层。

本工程中心岛区域面积约占基坑总面积的 65%，在土方开挖阶段完全开敞，可大幅加快挖土进度，最大程度缩短该区域主体结构的施工工期。

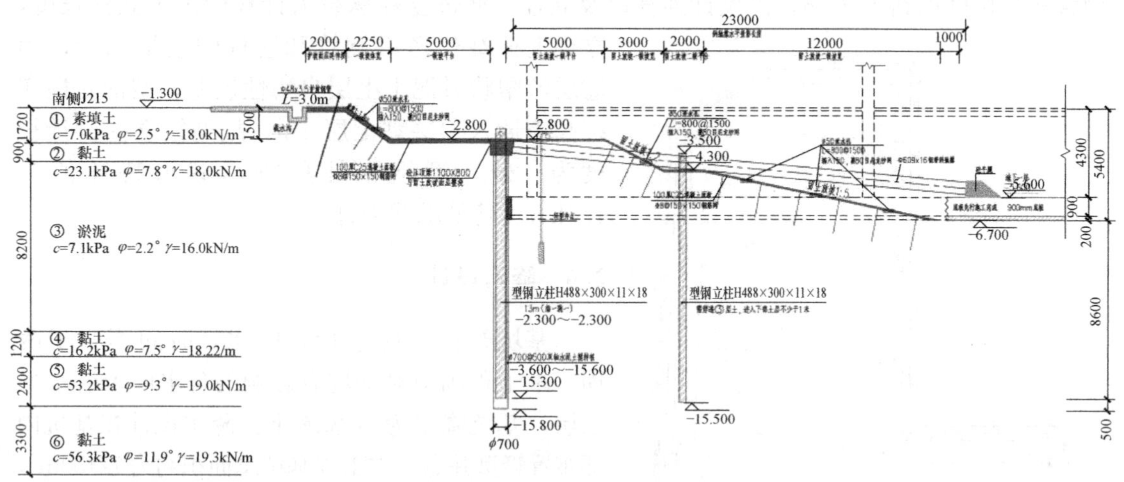

图 2　典型支护剖面图

2.4　支撑体系设计

本工程地下室为框架结构，结合围护结构计算和周边环境保护要求，竖向设置一道 ϕ609×16 钢管斜撑，基坑阴角位置增设钢管角撑，支撑平面如图 4 所示。钢管支撑一端通过钢筋混凝土牛腿与基础底板相连，另一端与压顶梁连接并采用可施加预应力的活络头子，钢支撑每根钢管施加 500kN 预应力，分为 250kN、250kN 两级施加。将钢支撑支设于中心岛区域的结构上，大幅减少了临时支撑的使用，且钢支撑可重复利用，技术经济效果良好。

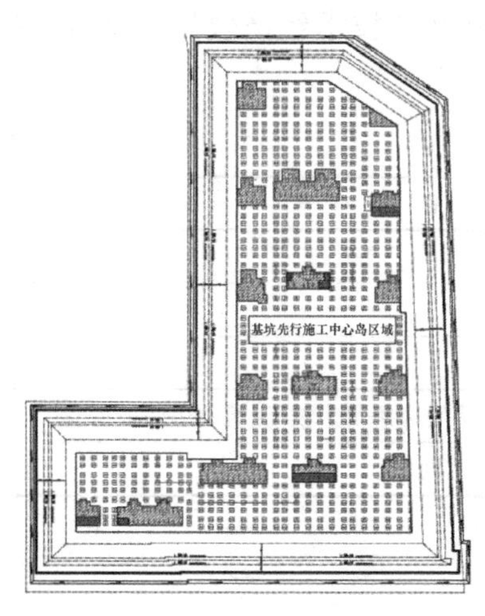

图 3　中心岛平面开挖图

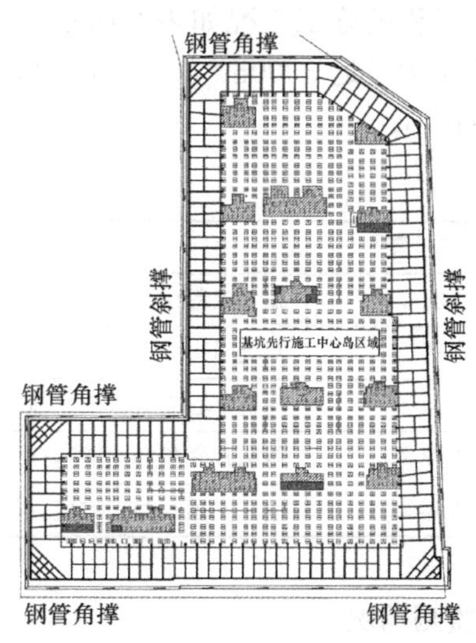

图 4　支撑结合中心岛平面布置图

2.5 竖向支承设计

本工程因坑边留土坡率为1:2和1:5，大于常规设计留土比例，加上平台宽度导致钢管斜撑长度达到了22m，需设计连杆以及立柱。通过立柱承载力计算确定了立柱长度，立柱上荷载仅考虑钢管和连杆的重量4.5t，因③层流塑状淤泥土土层自稳性极差，型钢立柱底标高需插入④层黏土层1m，故型钢立柱设计长度为12m，型钢立柱单桩承载力特征值为195kN，满足承载力计算。

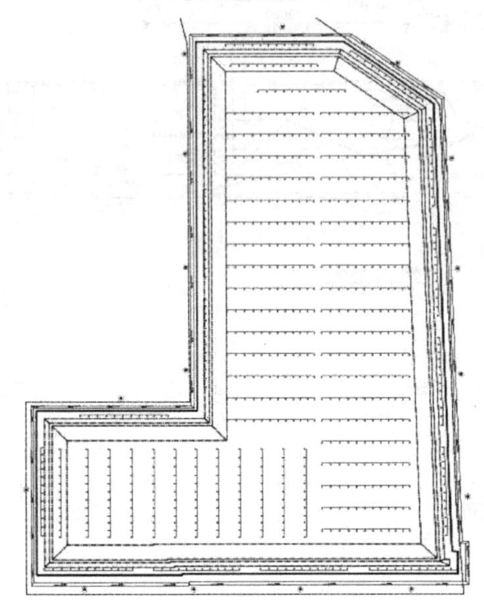

图5 轻型井点平面布置图

2.6 降水设计

基坑开挖前应进行预降水，时间不少于两周。本工程场地对基坑有影响的含水层为潜水含水层，基坑降水为潜水疏干。降水设计在基坑内部布置轻型井点，本工程基坑总面积约为72150m^2，按照每15m布设1套轻型井点共布置64套轻型井点，井点管深6m。同时在基坑外设置16口水位观测井，在坑内降水过程中观测坑外水位，检测止水帷幕的封闭性，防止降水对坑外环境产生不良影响。轻型井点平面布置如图5所示。

3 工程实施情况

3.1 工程实施情况

本工程的施工工况如表2所示。由于基坑中部开敞面积大，大大加快了土方运挖，每日土方挖运量近8000m^3。实践证明，本方案取得了良好的技术经济效果。基坑开挖实景图详见图6。

基坑挖土实施进程表 **表2**

施工步骤	施工内容
步骤0	施工工程桩、围护体、坑内加固等
步骤1	基坑周边放坡留土，内部盆式开挖至基底
步骤2	浇筑中心岛底板及牛腿，设置钢管斜撑
步骤3	待基础底板和牛腿达到设计强度的80%后，挖除周边预留土坡，浇筑周边底板
步骤4	地下室顶板施工完成，拆除钢管斜撑，地下室周边回填

3.2 监测情况

基坑开挖前，在基坑坡顶设置位移监测点并设置深层测斜点，典型的土体侧向位移曲

(a) 施工角撑施工实景

(b) 结构出±0.00阶段实景

图 6　基坑开挖现场实景

线如图 7 所示。监测数据表明，基坑实施期间，围护变形＜20mm。基坑止水效果良好，坑内降水没有引起坑外地下水位下降。基坑位移均未超过规范预警值，实现了对周边环境的有效保护。

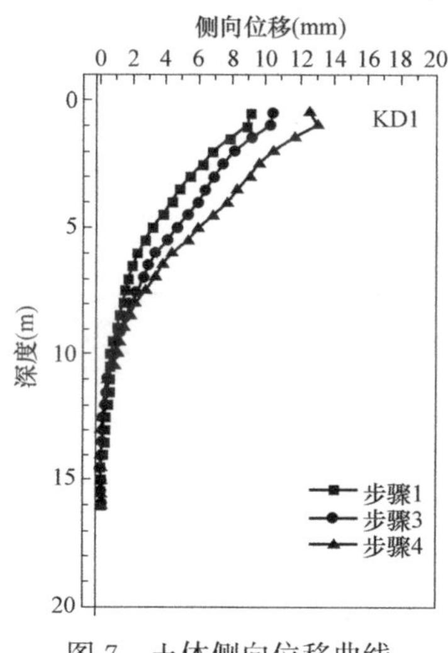

图 7　土体侧向位移曲线

4　结语

连云港某大型住宅小区基坑面积约 72150m^2，开挖深度 5.4～6.3m，为超大面积基坑。场地存在深厚的流塑软土，且周边存在一定的环境保护要求。结合基坑工程的规模、工程地质条件和环境条件，采用中心岛法实施方案。基坑周边采用双轴水泥土搅拌桩内插型钢作为围护体，中部开挖到基底并浇筑底板后，支设斜抛撑再开挖周边土方。由于中心岛区域面积约占基坑总面积的 65%，日土方挖运量近 8000m^3，大幅加快了施工工期，取得了良好的技术经济效果。本项目的设计和施工可为软土地区类似超大面积基坑的设计和施工提供借鉴。

参考文献

[1] 刘国彬，王卫东. 基坑工程手册 [M]. 2版. 北京：中国建筑工业出版社，2009.

[2] 徐德馨，唐传政，彭汉发，等. "中心岛法"斜支撑基坑开挖坡比对周边环境的影响 [J]. 工业建筑，2009，39 (S1)：701-704.

[3] 邸国恩，王卫东. "中心岛顺作、周边环板逆作"的设计方法在单体 50000m² 深基坑工程中的实践 [J]. 岩土工程学报，2006，28 (S1)：1633-1637.

[4] 徐中华，张佶，王卫东. 软土地区超大面积深基坑中心岛法设计与实践 [J]. 建筑科学，2016，32 (S2)：282-287.

[5] 黄茂松，王卫东，郑刚. 软土地下工程与深基坑研究进展 [J]. 土木工程学报，2012，45 (6)：146-161.

浅谈南通创新区某基坑围护结构设计与应用

周海飞
（南通市中央创新区科创产业发展有限公司，江苏 南通 226000）

摘　要： 依托南通创新区金融启动区基坑工程，采用理论分析、数值模拟和现场试验对该基坑的围护结构设计和施工工艺进行了研究。施工监测结果表明，基坑在施工过程中支撑结构的变形较小，满足了相关标准。研究成果为相似的基坑工程提供经验借鉴。
关键词： 基坑；围护结构；地铁

Design and Application of a Foundation Pit Retaining Structure in Nantong Innovation Zone

Zhou Haifei
(Central Innovation Zone Science and Innovation Industry Development Co., Ltd., Nantong JiangSu 226000, China)

Abstract: Based on the foundation pit project of the financial start-up area of Nantong Innovation Zone, the design and construction technology of the retaining structure of the foundation pit are studied by theoretical analysis, numerical simulation and field tests. The construction monitoring results show that the deformation of the supporting structure is small during the construction of the foundation pit, which meets the relevant standards. The research results provide experience for similar foundation pit projects.
Key words: Foundation pit; Enclosure structure; Metro

0　引言

基坑工程属于危险性较大的地下大规模开挖工程，无论是国家层面还是省市层面，均发布了相应的安全规定文件。随着国家建设速度加快，基坑项目数量快速增加、深度越来越深、风险越来越大，屡有基坑安全事故见于报端[1-6]。从另外一方面，基坑围护结构为临时结构，地下室完成后往往就完成其历史使命，其造价宜尽量降低。安全性与经济性如何协调，针对不同基坑工程需要进行针对性的施工设计优化。本文将谈谈南通创新区金融商务中心启动区（下称：项目）基坑实施过程针对两者的考虑，特别是基坑实施过程中针对邻近已完地铁工程的变形控制及保护。研究内容可为相关基坑工程提供参考意义和指导价值。

作者简介：周海飞，男，工程师，E-mail：576071808@qq.com。

1 项目概况

工程位于文新路南、新开路西、湖东路东、B大道北。本项目基坑距离车站主体结构最近约21m，与附属结构最近约13m，地下室与地铁出入口连通，距离隧道最近约25m，位于地铁保护区范围内。拟建建筑物包括1幢28层建筑物、1幢23层建筑物、1幢18层建筑物、多幢多层建筑物及一座整体2层地下车库。

基坑总开挖面积约43800m^2，开挖深度10.85～15.30m，综合考虑对已完地铁工程的影响，本工程基坑安全等级为一级（图1）。

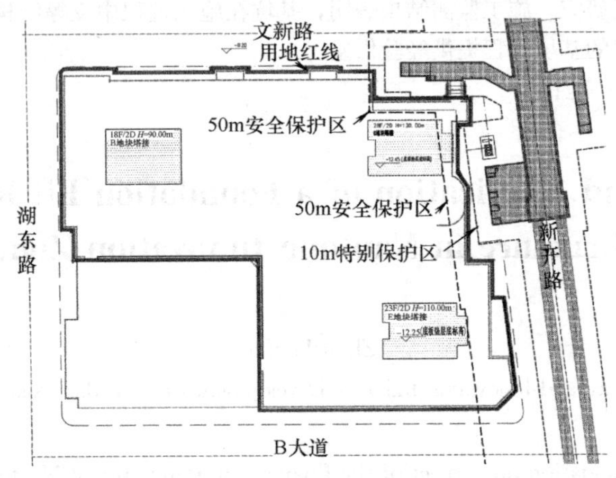

图1 项目平面图

2 土质概况

拟建场地主要为空地，地形地势略有起伏。下卧土层主要为砂性土，详述如下（图2）：

①层杂填土，结构松散，不均匀。

②层砂质粉土，灰色，很湿，稍密，含锈斑，层理清晰；N=7～8击。

③层粉砂夹砂质粉土，灰色，稍密—中密，饱和，层理清晰，局部夹粉质黏土薄层；N=12～19击。

④层砂质粉土夹粉砂，灰色，稍密—中密，很湿，层理清晰，夹粉质黏土薄层；N=11～17击。

⑤层粉砂，灰色，中密，局部密实，饱和；N=24～33击。

⑥层粉质黏土，灰色，软塑，层理清晰，稍有光泽，干强度中等；N=5～7击。

⑦层粉砂夹砂质粉土，灰色，稍密—中密，饱和，层理清晰；N=14～22击。

⑧$_1$层粉质黏土：灰色，软塑，层理清晰，稍有光泽，干强度中等，韧性中等；N=5～8击。

3 基坑分区

基坑面积 4.38 万 m^2，开挖深度超过 10m，距离已建地铁车站及区间隧道较近，一次性开挖风险较大。从另一方面讲，拟建建筑物高度较大，单体进度往往影响整个项目工期，因此应考虑加快工期主线路节点的施工，即尽快开挖三幢超高层主楼。为了减少基坑开挖对地铁的影响，临地铁侧进行分区，临地铁侧分区面积原则上不超过 $2000m^2$，考虑避免主楼切割施工，主楼区域分区约 $3000m^2$。经与地铁公司沟通，并作了各方案对比，最终形成如下分区方案：

通过上述分区，采用“A→B→C”施工顺序，可减少地铁侧基坑暴露边长，且塔楼所在分区可优先施工，有利于压缩工期（图 3）。

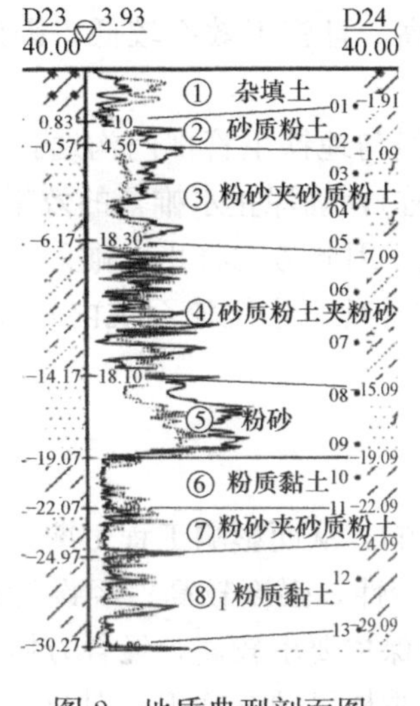

图 2 地质典型剖面图

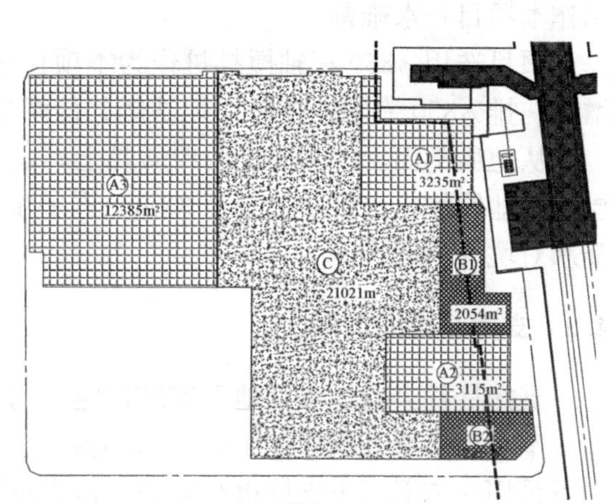

图 3 基坑分区

4 围护方案设计

4.1 围护结构选择

一般来说，南通地区该规模的基坑可采用 PCMW 工法（三轴搅拌桩内插 PC 管桩）、钻孔灌注桩、地下连续墙等围护形式。

经基坑围护设计计算，该基坑深度近 11m，若采用一道支撑，PCMW 工法所插常规管桩强度不满足要求；若采用两道支撑，则造价及工期均受到较大影响，故不考虑采用该工艺。

地下连续墙虽然整体刚度较大，但造价相对较高（表 1）；若考虑用作地下室外墙，虽然可以节省一定造价，但存在较大的渗水风险，尤其是地下室深度范围内均为含水率较高的砂性土，更是增加了风险。因此最终选用钻孔灌注桩作为基坑围护结构。

每延米围护结构造价 **表 1**

围护形式	每延米造价(元)
地下连续墙	76965
钻孔灌注桩＋三轴搅拌桩	34116

4.2 止水帷幕选择

地下水位的下降将引起土体固结压缩，从而影响周边保护对象。基坑东侧地铁车站及隧道对变形要求极高（一般要求其变形及沉降不超过 10mm）；其他三侧为新建市政道路，下有多条管线，对变形要求较高。因此需要合理设置止水帷幕，最大限度降低坑外地下水的流失。

止水帷幕通常可采用三轴搅拌桩、TRD、CSM 等工艺，三轴搅拌桩在南通地区已较为常见，根据其他项目经验，三轴搅拌桩的止水效果可满足本项目基坑的要求；TRD 与 CSM 类似，所形成的止水帷幕整体性更好，但造价较高，且施工效率较低，因此不考虑用作本项目止水帷幕。

项目选用 ϕ850 三轴搅拌桩作为本项目止水帷幕。经与地铁主管部门沟通，在地铁侧增加一排 ϕ850 三轴搅拌桩（地铁侧共计两排三轴搅拌桩），确保止水帷幕的效果。

从地质剖面看，⑥层土为粉质黏土，具有弱透水性，因此考虑将止水帷幕有效伸至该层土（地铁侧止水帷幕加长至 38m，进一步减少该侧坑外地下水绕流至坑内），减少坑内降水对坑外的影响。

4.3 支撑系统的选择

支撑杆件会对挖土及地下室结构施工均产生较大影响，从而影响工程工期。

本工程基坑开挖深度 10.85m，开挖范围内土质为砂性，强度较高；经设计计算，竖向可采用一道混凝土支撑进行支护。但靠近地铁区域因保护要求较高，经各方协调，最终采用两道混凝土支撑，如图 4 和图 5 所示。可见，三幢主楼可独立施工，对总工期较为有利。上述支撑方案做到了经济性、安全性、便利性等要求。

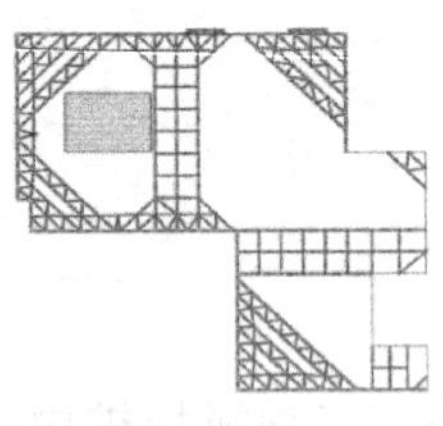

图 4　一道支撑

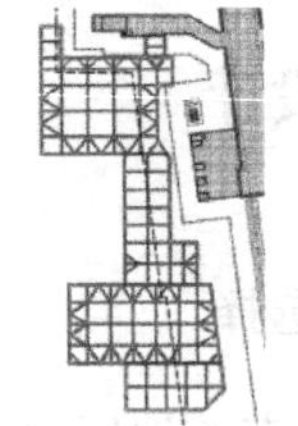

图 5　两道支撑

4.4 邻近地块优化方案

本工程基坑西南侧地块由某银行开发，且与本项目开发时期接近。为此，与该甲方进行沟通，双方地块同步开挖，从而优化双方之间的围护结构，节省围护结构造价超过 500 万元、支撑系统可节约上百万元，做到互惠互利。但共同开挖后基坑面积超过 5 万 m^2（除地铁侧分区），同步开挖难度极大，这就给支撑系统提出了较大的挑战。设计提出采用钢斜抛撑的方案，该做法在南通地区不多见，但上海地区应用较多、具有多个成功案例。经多轮专家论证并通过地铁公司安全评价，最终选用了该方案，如图 6 所示。

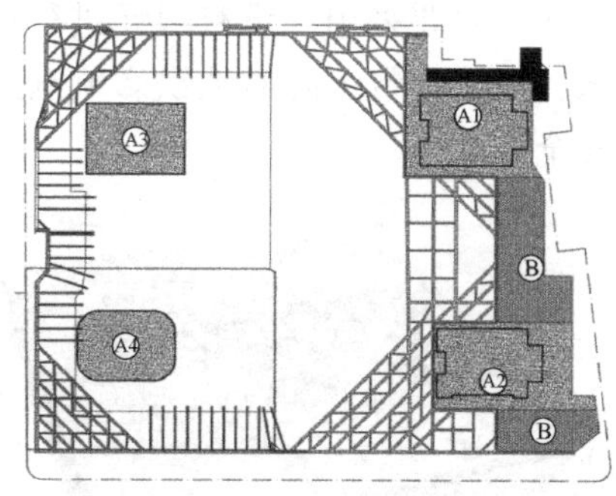

图 6 优化后支撑

优化后的支撑方案，除了造价有较大的节省外，施工方便性也有较大增加：

（1）A3 塔楼可在混凝土角撑形成后局部开挖，无需形成整体水平支撑；

（2）采用盆式开挖的方式，即首先放坡开挖包含塔楼区域内的土方，土方开挖量相对于优化前大大减小，可加快塔楼底板形成，经估算可提前一个月完成塔楼底板施工，总工期也同样得到优化。

5 基坑开挖工况

基坑开挖工序可详述如下：

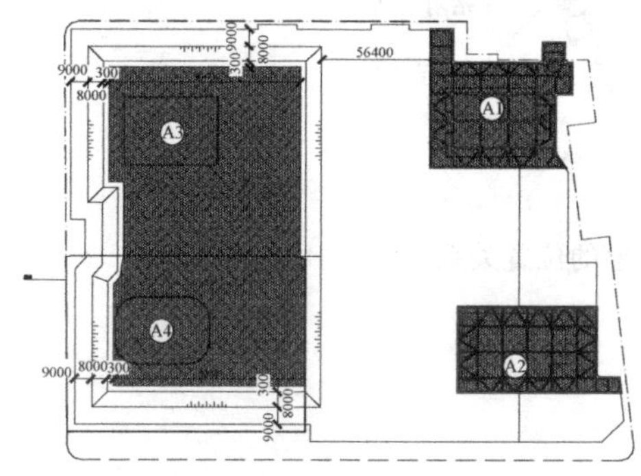

图 7 Ⅰ序开挖：开挖 A1、A2、A3、A4

（1）开挖 A1、A2、A3、A4 区域，其中 A3、A4 区域采用盆式开挖，坑边留土，如图 7 所示；

（2）待 A1、A2 区域回筑至±0.000，开挖 B1、B2 区域；待 A3、A4 区域浇筑底板且角撑、斜抛撑施工完毕后，开挖坑边留土，如图 8 所示；

（3）待 B1、B2 区域回筑至±0.000，开挖 C 区域，如图 9 所示。

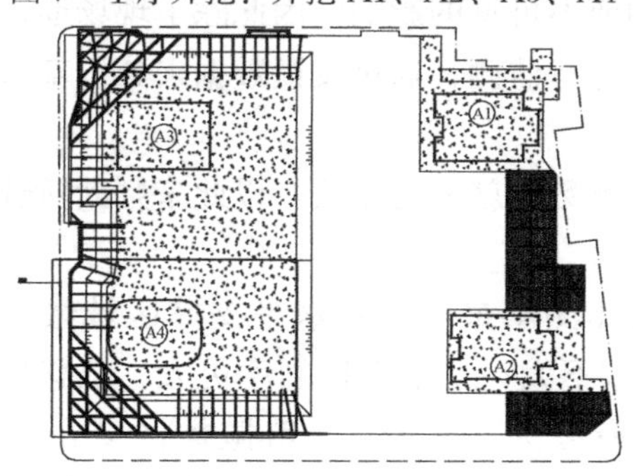

图 8 Ⅱ序开挖：开挖 A1、A2、A3、A4

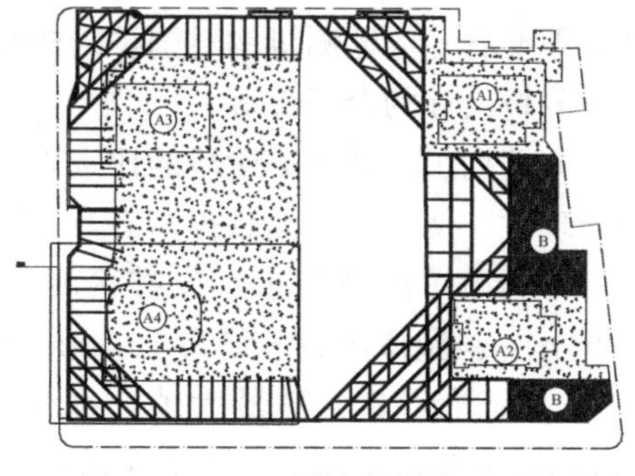

图 9 B1、B2 回填后开挖 C 区域

6 基坑工程安全评估

除委托设计院进行基坑方案设计外，还委托了第三方地铁安全评估单位对基坑安全进

行评估，主要采用三维有限元进行评估（图 10～图 12）。通过计算模型分析，基坑开挖、降水、桩基拖带沉降对地铁影响满足相关控制标准，进一步验证了基坑围护结构设计方案的安全性。

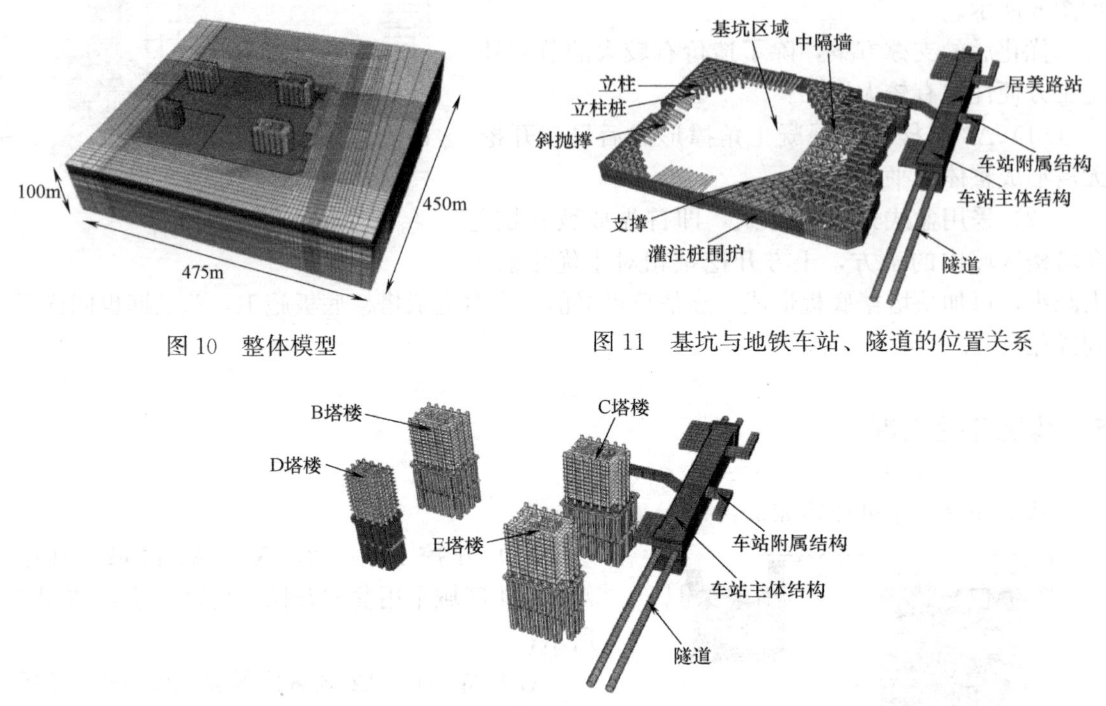

图 10　整体模型

图 11　基坑与地铁车站、隧道的位置关系

图 12　塔楼与地铁车站、隧道的位置关系

7　基坑监测数据

基坑工程实施过程会对周边环境等引起可见的或不可见的影响，因此除了现场巡视观测外，需要有专业监测机构对围护结构及保护对象进行监测，通过反馈数据来分析基坑状态、反分析设计的合理性等。

上文罗列了多处方案阶段的比选内容，基坑监测数据就尤为重要，以此来判断所选方案的合理性。从实际监测数据来看，主要如下：

（1）斜抛撑区域与水平支撑区域对比：①桩体测斜最大值：水平支撑区域最终为 11.12mm、斜抛撑区域最终为 12.48mm，两者相差不大，水平支撑刚度更大、位移控制更好；②桩顶水平位移最大值：水平支撑区域最终为 8.70mm、斜抛撑区域最终为 8.20mm，两者相差不大，斜抛撑区域桩顶位移反而更小，经分析，因斜抛撑下方围护桩位移更大，导致了围护桩在支撑上方部分有轻微后仰，围护桩桩顶位移有所减小；可见方案所采用两种支撑形式均满足规范要求。

（2）地铁区域监测数据。①轨道沉降最大值 1.7mm，大多数测点沉降值均小于 1mm；②净距收敛最大值 2.3mm，大多数测点收敛值均小于 1mm；③隧道水平位移最大 1.5mm，半数测点水平位移值小于 1mm；可见本项目基坑方案的确定是合理的。

8 结语

基坑工程不同于普通结构工程，其实施需综合考虑各方面因素，充分利用有利条件，在保证安全的基础上可使造价大大节省、工期更加优化。

参考文献

[1] 周长标，乔丽平. 填海区某深厚软土浅基坑事故分析及处理 [J]. 岩土工程技术，2022，36 (6)：452-455.

[2] 刘晓敏，周世昊，刘渊博，等. 富水软土基坑安全事故应急管理研究 [J]. 建筑安全，2022，37 (5)：8-11.

[3] 王德旻. 基坑变形监测与事故原因分析 [J]. 建材技术与应用，2021 (4)：36-38.

[4] 卢勇. 某基坑变形研究及事故处理 [D]. 绵阳：西南科技大学，2021.

[5] 廖克武，余炜. 软土地区深基坑风险因素分析与预防措施建议 [J]. 科技通报，2021，37 (4)：88-93.

[6] 张红喜，胡爱勇，唐科学，等. 某基坑围护变形过大事故原因分析及应急抢险处理 [J]. 施工技术，2020，49 (19)：40-43.

冻融循环影响下白砂岩力学特性研究

姚劲松[1]，崔翔[1]，张春阳[2]，张宇超[2,3]
（1. 长江勘测规划设计研究有限责任公司，湖北 武汉 430014；
2. 武汉理工大学 资源与环境工程学院，湖北 武汉，430070；
3. 北方爆破科技有限公司，北京 100089）

摘　要：岩石作为一种工程建筑材料，在寒区不可避免会遭受冻融损伤，因此，开展冻融作用下岩石力学特性研究，对工程岩体安全具有重要意义。首先进行不同次数的白砂岩冻融循环试验，并在单轴压缩试验中记录试样的破坏形态，试验结果表明：随冻融循环次数增加，典型白砂岩破坏面形态由单面破坏逐渐转变为“X”形剪切破坏；此外，砂岩相关力学特性也变化明显，其中峰值强度及弹性模量随冻融循环次数增加而减小。

关键词：冻融试验；白砂岩；单轴压缩试验；破坏面形态；力学特性

Study on Mechanical Properties of White Sandstone under the Influence of Freeze-thaw Cycle

Yao Jinsong[1], Cui Xiang[1], Zhang Chunyang[2], Zhang Yuchao[2,3]
(1. Department of Municipal Engineering and Transportation, Changjiang Institute of Survey, Planning, Design and Research, Wuhan Hubei 430014, China; 2. School of Resources and Environmental Engineering, Wuhan University of Technology, Wuhan Hubei 430070, China; 3. North Blasting Technology Co., Ltd., Beijing 100089, China)

Abstract: As an engineering building material, rock will inevitably be subjected to freeze-thaw damage in cold regions, therefore, the study of rock mechanical properties under freeze-thaw cycles is of great significance to the safety of engineering rock masses. Firstly, the freeze-thaw cycle tests of white sandstone are carried out for different times, and the failure mode of the sample is recorded in the uniaxial compression test. The test results show that the failure surface shape of typical white sandstone gradually changes from single-sided failure to "X" shear failure with the increase of freeze-thaw cycles. In addition, the mechanical properties of sandstone also change obviously, in which the peak strength and elastic modulus decrease with the increase of freeze-thaw cycles.

Key words: Freeze-thaw test; White sandstone; Uniaxial compression test; Shape of failure surface; Mechanical properties

0　引言

自然界岩石赋存环境复杂多样，尤其在寒区季节、昼夜温差大，岩石面临着冻融作用的影响，在反复的冻融循环中极易出现物理风化，进而导致其力学性能不断劣化，因此通过冻融试验研究砂岩在冻融循环中损伤劣化规律及力学特性变化，对于建筑工程及岩土工程安全具有重要意义。

近年来，国内外众多学者通过理论及试验相结合对冻融岩石的力学特性进行大量研究，取得丰富成果。Nicholson H 等[1] 对 10 种岩石进行了冻融循环试验；赵卫东[2] 发现水分及软弱结构面的发育程度对冻融损伤具有积极作用；Ruiz V G[3] 基于 CT 扫描技术研究白云岩内部细观裂隙的演化，发现在 12 次循环过后裂隙贯穿致使试样破坏；陈天城和魏炳乾[4] 分析了岩石裂隙扩展与冻融作用的关系，得出冻融损伤主要来源于风化作用；Mutlutük M 等[5] 发现岩石完整性会随冻融循环频率增加而降低，同时建立衰减模型并通过试验验证了其有效性；徐光苗等[6] 归纳了两种基本损伤模式，并对力学参数与冻融循环次数的关系进行了拟合；张继周等[7] 认为冻融损伤劣化不仅与岩石本身岩性有关，还受环境影响，如酸性越强其强度劣化越明显；吴刚等[8] 发现饱水岩石损伤劣化明显大于干燥组；方云等[9] 对云冈石窟砂岩进行不同程度饱水条件下的冻融试验，得到其冻融破坏特征及微观结构演化；谌彪[10] 通过冻融试验分析了花岗岩力学特性变化规律，建立了损伤演化方程。

本文以工程常见的白砂岩为研究对象，开展冻融作用下岩石力学特性研究，采用控制变量法，在进行不同次数的冻融循环试验的条件下，通过单轴压缩试验记录试样的破坏形态，得到了白砂岩破坏面形态演变规律及其峰值强度、弹性模量对冻融循环次数的相应规律，对工程岩体安全具有重要意义。

1 岩石冻融损伤因素分析

岩石冻融损伤程度的因素复杂多样，通过查阅众多文献，简单归纳为如下 5 个因素：

（1）岩性。岩石内部矿物颗粒空间排列越致密，节理发育程度越低，胶结物强度越高，在冻融试验中受到损伤越小。

（2）岩石的孔隙率和含水率。孔隙率和含水率是影响其冻融特性的主要因素，一般来说内部孔隙越大，饱水后含水率越高，在冻胀力作用下损伤越严重；孔隙度小，含水率低的岩石则受影响较小[11]。对于岩性相似，冻融前损伤相同的岩石，初始饱水状态对其冻融损伤劣化程度起着决定性作用。

（3）冻融循环次数。对于同一种岩石，经历冻融循环次数越多，冻融损伤越严重，这表明了岩石在冻融试验中的耐久性。

（4）冻融温度范围。冻结温度与融解温度差距越大，岩石在冻融试验中的劣化程度越强烈，因此实际岩土工程中严寒地区受冻融影响一般比季冻区要严重。

（5）应力状态。自然界岩石的赋存环境非常复杂，其周围应力场、温度场、流体场互相耦合[13]，冻融损伤与应力状态关系复杂，目前难有统一认识。

2 试样制备、试验方法及方案

2.1 试样制备

试验中所选用的岩石为细粒白砂岩，其主要成分为石英、黏土、针铁矿，粒径为 0～0.5mm，其颗粒较大，结构疏松，吸水性好。依据《工程岩体试验方法标准》GB/T 50266—2013，对岩石进行加工并制成直径 50mm，高度 100mm 圆柱形试件，试件根据试验要求规范进行打磨，确保其表面平整程度达到标准。为确保试验结果的可靠性，对加工好的试样进行筛选：首先剔除表面有明显缺陷的试样，然后进行超声波测试并剔除纵波波速差异较大的试样。

2.2 试验方法及方案

（1）将砂岩试样放入干燥箱中进行脱水，设置温度为 100～130℃。

（2）对砂岩试样进行超声波测速，剔除波速差异较大的试样，依据冻融循环次数进行分组，波速相近的试样为一组，共分为 A、B、C、D、E 5 组，每组 5 个试样。

（3）将已编号分组的试样放入真空饱水机中进行饱水。首先 4h 干抽，待压力表读数至 0.1MPa 时进行湿抽，时长 1h，随后静停待其饱水完成。

（4）饱水后将 A～E 这 5 组试样放入冻融循环机内分别进行 0 次、10 次、20 次、30 次、40 次冻融循环试验，冻结温度－20℃，冻结时长 4h，融解温度 20℃，融解时长 4h，并记录 E 组试样表观形貌变化。

（5）待冻融试验完成后，剔除掉表面损伤劣化严重的试样，通过 TWT 通用万能试验机对其余试样进行单轴压缩试验，加载速率为 $10^{-4}s^{-1}$，拍照记录破坏后的砂岩状态。

3 试验结果与分析

3.1 砂岩冻胀损伤

典型砂岩试样冻融后表面形态如图 1 所示，在图 1（a）中，当冻融循环进行到 30 次左右时，砂岩表面开始出现较明显的变化。左侧试样中部出现一条明显的浅长裂纹，其长度约为 50mm，右侧试样中部也有较短裂纹出现，长度约为 20mm。当冻融循环次数达到 40 次时，如图 1（b）所示，左侧试样表面已有两条明显裂纹，试样表现出明显的冻胀破坏，并且试样底部也出现砂粒剥落现象，砂粒间的黏聚力明显下降；右侧试样顶部出现了冻胀脱落，试样侧面也形成一条宽度约为 3mm 的裂隙，试样表面砂粒间的粘结迅速减弱，用手轻触即有掉落现象，说明砂岩在冻融作用下力学特性的劣化非常严重。

以上试验结果说明：在冻融循环作用下，相对于其他岩石来说白砂岩更容易发生损伤，这主要是由于白砂岩颗粒粗，孔隙率非常大，导致其饱和后的含水率偏大，在冻结后产生的冻胀力作用更为显著，因此，白砂岩的损伤相比其他致密岩石更为严重。

对经历不同冻融循环次数的白砂岩试件进行单轴压缩试验，试验后对各组砂岩试样典型破坏形态进行拍照记录，如图 2 所示。通过分析不同冻融次数下白砂岩的破坏特征，进而研究该类白砂岩宏观破坏面特征随冻融循环次数的主要变化规律。

从图 2 中可以看出冻融循环次数对于白砂岩破坏后的形态有着显著的影响，整体上来看，随着冻融次数由 0 次逐渐增加至 40 次时，白砂岩破坏后冻融损伤导致其内部及表面的裂纹逐渐增多，破坏程度逐渐加深。在冻融循环次数较少（0 次和 10 次）时，试样破坏产生的裂隙较少，主要由一条主斜裂隙贯穿试样，破坏形式表现为沿着一个剪切面发生滑动破坏。当冻融循环次数增加至 20 次和 30 次时，试样发生破坏时其宏观裂隙增加，且裂隙扩展程度远大于 0 次和 10 次，由主裂纹倾斜贯穿试样，同时也存在较为明显的次生破坏面；当冻融循环次数达到 40 次，典型的试样破坏程度最为严重，裂隙整体上呈“X”形贯穿试样，同时有部分碎块已剥离掉落，导致白砂岩破坏结构不完整。

(a) 冻融循环30次

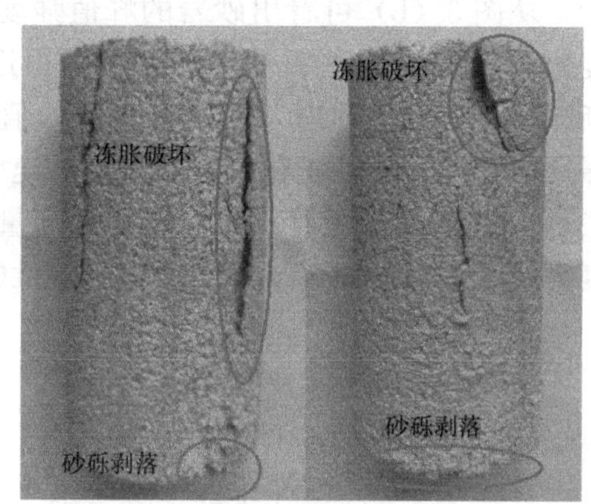

(b) 冻融循环40次

图 1　冻融循环下白砂岩表面损伤特征

3.2　宏观破坏特征演化

由此可见，冻融循环作用对于白砂岩破坏形态影响显著，尤其在冻融循环次数到达 20 次后，在冻胀作用下白砂岩内部微裂纹发育显著，导致其承载能力变弱，在外部荷载作用下更加容易进一步扩展形成宏观破裂面，给寒区白砂岩体的稳定性构成了安全挑战。

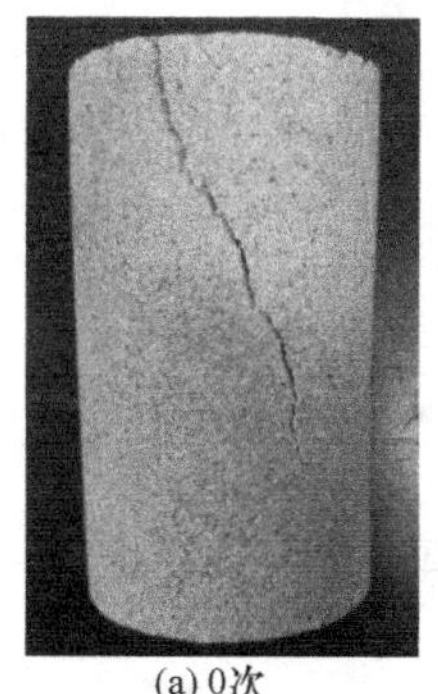

(a) 0次

(b) 10次

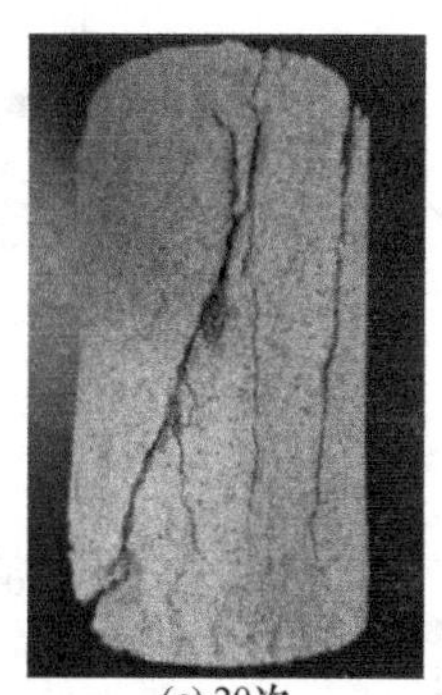

(c) 20次

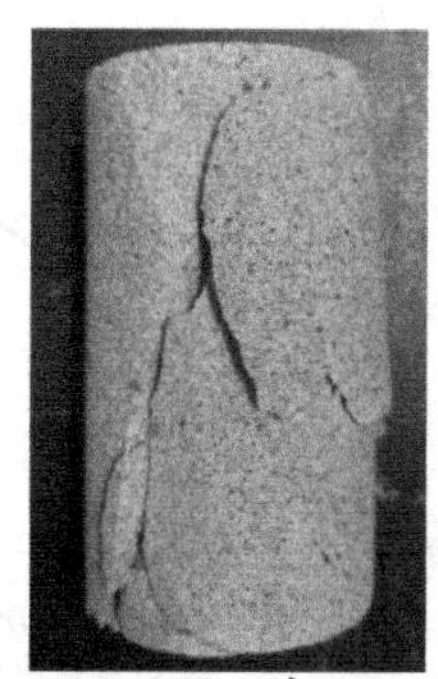

(d) 30次

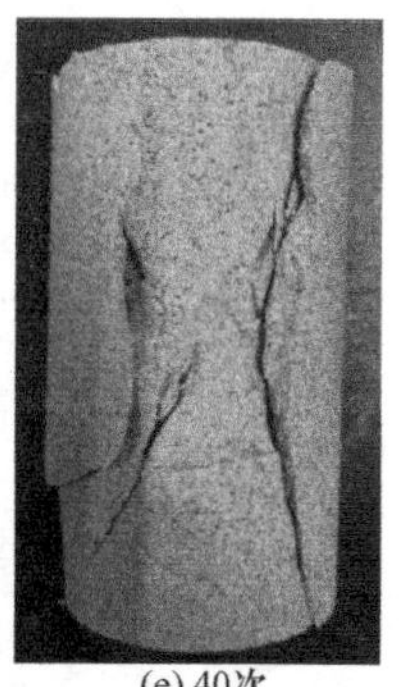

(e) 40次

图 2　不同冻融循环次数下典型白砂岩单轴压缩破坏面差异

3.3 白砂岩力学特性差异

对经历不同冻融循环次数的白砂岩试样进行单轴压缩试验，所测数据经分析处理后得到典型的应力-应变曲线如图 3（a）所示，其力学参数变化如图 3（b）～图 3（d）所示，由图可以看出：

（1）在冻融循环试验前后，白砂岩试样的应力应变曲线形态上大体相似，都完整的经历过裂隙压密、弹性变形、裂隙扩展和破坏失稳四个阶段。当冻融循环次数较小时（0 次和 10 次），其曲线在弹性变形阶段更加陡峭、平滑，当冻融循环次数逐渐增加时，曲线在弹性阶段越发平缓，且出现波动现象，这是由于砂岩在冻融作用下内部裂隙发育程度更高，受到压力时更容易发生塌陷致使应力陡然跌落。

（2）从图 3（b）可看出砂岩的峰值强度随着冻融循环次数的增加而减小，但并不是线性变化，前 20 次冻融试验中强度下降很迅速，下降比例约为 47.7%，后 20 次下降速度逐渐减缓，下降比例约为 37.9%。而峰值应变的变化规律与峰值强度相反，其大小与冻融循环次数呈非线性正相关关系，增长速度也逐渐减缓。

（3）由图 3（d）可看出，静态弹性模量整体上随冻融次数增大而减小，规律性与峰值强度大体相似，但由于试样本身力学特性的差异，其曲线在下降过程中出现反弹。

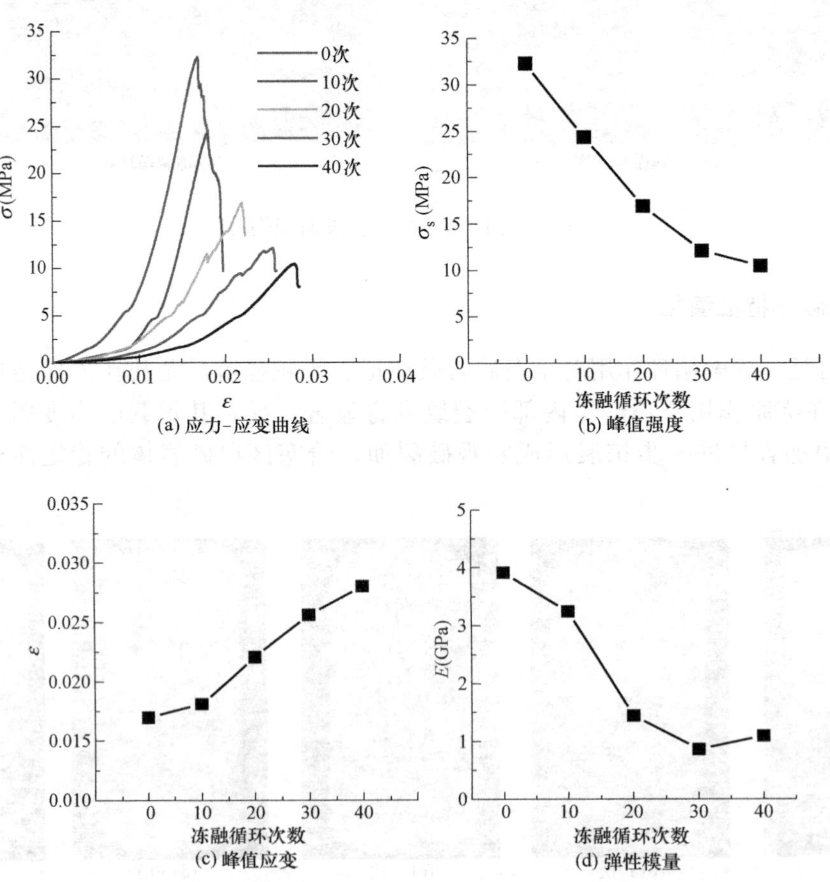

图 3　不同冻融循环次数下白砂岩力学参数差异

3.4 冻融系数

在经过冻融试验之后，岩石的损伤劣化程度可以通过冻融系数来表示，其公式为：

$$K_f = \frac{\overline{R}_f}{R_S} \tag{1}$$

式中，K_f 为岩石的冻融系数；$\overline{R}_f$ 为冻融损伤后平均峰值应力；R_S 为常温下平均峰值应力。

由公式（1）可知，随着冻融循环次数的增加，必定导致白砂岩的平均峰值强度降低，从而引起冻融系数 K_f 的迅速降低。通过上述公式，计算出不同冻融循环次数后白砂岩的冻融系数如表1所示。可见，在初期冻融系数降低幅度最大，冻融循环20次以后，降低幅度明显变缓，尤其是30～40次冻融循环，降低仅0.06，这估计是由于此时白砂岩的平均强度已经损失较大，另一方面白砂岩在多次冻融循环后，形成了诸多贯通裂纹，并延伸到试样表面，导致试样冻结过程中出现较多水的溢出，影响了冻结效果。

不同冻融循环次数下白砂岩冻融系数 **表1**

冻融循环次数	0	10	20	30	40
冻融系数 K_f	1.00	0.75	0.52	0.38	0.32

4 结论

通过对饱水白砂岩试样进行不同次数的冻融循环试验，得到如下结论：

（1）由于天然内部缺陷，以及组成结构颗粒较大，在冻融循环作用下白砂岩更容易发生损伤劣化，多次冻融后生成明显的宏观裂纹。

（2）白砂岩破坏程度及破坏后宏观形态与冻融循环次数密切相关。冻融循环次数越多，破裂程度越严重，破坏裂隙越多，且逐步主要由单面截切破坏转为“X”形剪切破坏。

（3）单轴压缩试验中白砂岩的峰值强度和弹性模量随冻融循环次数的增加而减小，峰值应变变化则与之相反。

（4）冻融试验中可以用冻融系数表示岩石劣化损伤程度，本次冻融试验结束时，砂岩最终冻融系数已降为0.32，表明白砂岩抗冻性能很差，在寒区白砂岩容易出现冻融循环灾害。

参考文献

[1] NICHOLSON H, DAWN T, NICHOLSON F. Physical deterioration of sedimentary rocks subjected to experimental freezing-thawing weathering [J]. Earth Surface Processes and Landforms, 2000, 25 (12): 1295-1308.

[2] 赵卫东，后藤龙彦，杜文斌. 冻结融解条件下抛石材料劣化机理研究［J］. 岩土工程学报，2002（5）：663-666.

[3] RUIZ V G, REY R A, CLORIO C, et al. Characterization by computed X-ray tomography of the

evolution of the pore structure of a dolomite rock during freeze-thaw cyclic tests [J]. Phys. Chem. Earth, 1999, 7 (24): 633-637.
[4] 陈天城，魏炳乾．冻结融解作用对岩石边坡稳定的影响 [J]．西北水力发电，2003 (3)：5-7+21.
[5] MUTLUTÜK M, ALTINDAG R, TÜRK G. A decay function model for the integrity loss of rock when subjected to recurrent cycles of freezing-thawing and heating-cooling [J]. International Journal of Rock Mechanics and Mining Science, 2004, 41 (2): 237-244.
[6] 徐光苗，刘泉声．岩石冻融破坏机理分析及冻融力学试验研究 [J]．岩石力学与工程学报，2005 (17)：3076-3082.
[7] 张继周，缪林昌，杨振峰．冻融条件下岩石损伤劣化机制和力学特性研究 [J]．岩石力学与工程学报，2008 (8)：1688-1694.
[8] 吴刚，何国梁，张磊，等．大理岩循环冻融试验研究 [J]．岩石力学与工程学报，2006 (S1)：2930-2938.
[9] 方云，乔梁，陈星，等．云冈石窟砂岩循环冻融试验研究 [J]．岩土力学，2014，35 (9)：2433-2442.
[10] 谌彪．冻融循环作用下花岗岩损伤特性的试验研究 [D]．武汉：武汉理工大学，2020.
[11] YAMABE T, NEAUPANE K M. Determination of some thermos-mechanical properties of Sirahama sandstone under subzero temperature condition [J]. International Journal of Rock Mechanics and Mining Sciences, 2001, 38 (7): 1029-1034.
[12] 王俐，杨春和．不同初始饱水状态红砂岩冻融损伤差异性研究 [J]．岩土力学，2006，27 (10)：1772-1776.
[13] 张先军，林传年，张俊兵．昆仑山隧道围岩冻融状况数值分析 [J]．岩石力学与工程学报，2003，22 (S2)：2643-2646.
[14] 马静嵘，杨更社．软岩冻融损伤的水-热-力耦合研究初探 [J]．岩石力学与工程学报，2004，23 (S1)：4373-4377.
[15] 徐光苗．寒区岩体低温、冻融损伤力学特性及多场耦合研究 [D]．武汉：中国科学院武汉岩土力学研究所，2006.

静钻根植桩在温州深厚软土地区的应用

陈洪雨[1]，张日红[1]，方伟定[2]，舒佳明[1]

（1. 宁波中淳高科股份有限公司，浙江 宁波 315199；2. 浙江省电力设计院，浙江 杭州 310012）

摘　要：我国温州地区不少地方上部软土层厚达 30～50m，而下部多存在多层的砂层或卵（砾）石层，桩基施工采用锤击或静压预制桩挤土效应明显，采用钻孔灌注桩泥浆排放量大、桩身质量管控要求高。近年来静钻根植桩在沿海深厚软土地区已开始大量工程应用，能够消除传统预制桩施工方法带来的挤土效应，大幅度减少泥浆排放。通过桩端扩底和注浆，有效提高了桩端、桩侧阻力，尤其是在深厚软土地区桩端为砂层或卵（砾）石的条件下，桩端承载力提高幅度显著，并能够穿越卵石层等夹层。温州地区是我国典型的深厚沉积软土地区，静钻根植桩在该地区项目应用中充分体现了技术优势，施工质量稳定可靠，具有良好的适用性。

关键词：静钻根植桩；深厚软土；夹层地质；竹节桩；扩底；注浆

Application of Pre-bored Precast Concrete Piles with Enlarged Base in Coastal Deep Soft Soil Area of Wen Zhou

Chen Hongyu[1], Zhang Rihong[1], Fang Weiding[2], Shu Jiaming[1]

(1. Ningbo ZhongChun High tech Co., Ltd., Ningbo Zhejiang 315199, China;

2. Zhejiang Electric Power Design Institute, Hangzhou Zhejiang 310012, China)

Abstract: The geology of many areas in WenZhou is that the upper soft soil layer is 30～50 meters thick, and there are multiple layers of sand or gravel layers in the lower part. The compaction effect of prefabricated piles by hammer or static pressing-in method is obvious. Mud discharge of bored piles with cast-in-site concrete is large, and the quality control of pile body is difficult. The construction method of pre-bored precast concrete piles with enlarged base has been widely used in coastal areas recently, which can eliminate soil compacting effect caused by traditional precast pile driving techniques, and the mud pollution largely be reduced in its construction process. It effectively improves friction and tip resistance by grouting and enlarging base. Especially in the deep soft soil area, it can improve pile bearing capacity and pass through the gravel interlayer, when the geology of the pile end is sand or gravel. The application of this technology in Wenzhou was introduced in this paper. The result fully reflects the technical advantages such as stable and reliable construction quality, good applicability.

Key words: Pre-bored precaste cnocrete piles; Deep soft soil; The inter-bedded strata; PHDC; Nodular pile enlarged-base; Grouting

---

作者简介：陈洪雨，高级工程师，E-mail：chenhy@zcone. com. cn。

0 引言

我国东南沿海地区不少地方上部软土层厚达 30～50m，而下部多存在多层的砂层或卵（砾）石层。温州地区位于浙江的东南部，面临东海，区内河网纵横，大部分地区的浅层土是比较典型的近海沉积形成，称为温州软土。

温州软土的特性是：含水率高，最高含水率可达到 84%；孔隙比大，最大可达到 2.26；液性指数大，最高可达 3.23，高压缩性和低强度。

温州平原地区深厚软土层下方存在三层卵石层，第一卵石层仅见于局部山前平原；第二卵石层主见于山前平原，厚度不大；第三卵石层全局性分布，层位稳定，厚度大[1]。部分地区还存在砂层。

目前在温州软土地区常用的桩型主要有预制桩和钻孔灌注桩，预制桩主要有锤击和静压两种传统沉桩方法，挤土效应明显。锤击法施工会产生噪声及油烟污染，对周边环境造成较大影响。钻孔灌注桩由于现场浇筑混凝土，施工质量波动相对较大，且泥浆排放已经成为社会问题，同时其资源消耗大，与低碳节能的发展趋势相违背。

静钻根植桩是一种植入式预制桩施工工艺，该桩型避免了传统预制桩的挤土效应，沉桩过程对预制桩没有损伤，也避免了钻孔灌注桩桩周泥皮和桩端沉渣问题，施工质量稳定可靠。由于采用钻孔植入预制桩施工方法，能够穿透卵石层夹层等，提高了软土地基中预制桩的抗压、抗拔、抗水平承载力。静钻根植桩结合了钻孔灌注桩施工与预制桩的优点，目前该桩型已成为埋入式桩的主流桩型，具有广阔的发展前景和空间。

静钻根植桩在宁波、上海、杭州等区域进行了大量的工程应用，在温州深厚软土区域部分项目也进行了工程应用。本文对温州某教学楼工程和某电厂的应用情况进行介绍，为后续静钻根植桩在温州及我国沿海地区深厚软土区域的设计施工提供数据和经验。

1 工艺介绍

静钻根植桩（以下简称根植桩），是用钻机钻孔后在桩端部进行扩孔，并全桩长注入水泥浆与原有土体搅拌成水泥土，将预制桩插入水泥土后通过水泥浆液硬化，使桩与土体形成一体，制成由预制桩身、水泥土和土体共同承载的桩基础，详见图 1。

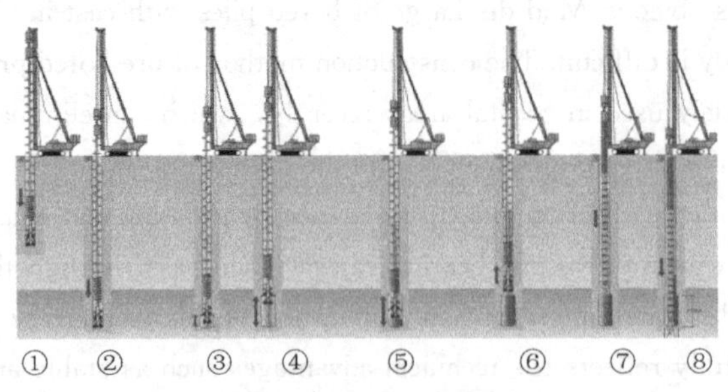

图 1 静钻根植桩主要施工流程

静钻根植桩结合了钻孔灌注桩、深层搅拌桩、扩底桩、预制桩等技术的优点，是预制桩植入式沉桩施工技术。图 1 为该工法的主要施工流程。①钻机定位，钻头钻进；②钻头钻进，对孔体进行修整及护壁；③、④钻孔至持力层后，打开扩大翼进行扩孔；⑤注入桩端水泥浆并进行搅拌；⑥收拢扩大翼提升钻杆，同时注入桩身水泥浆搅拌；⑦、⑧利用自重将桩植入钻孔内、将桩植入桩端扩底部。

静钻根植桩施工主要步骤可以概括为钻孔、扩底、注浆、植桩 4 个部分，通过施工管理装置对施工数据进行采集，使得施工全过程可视可控，施工质量得到了极大的保证。

静钻根植桩施工设备包括步履式（履带式）桩架、具备扩底功能的专用钻机及注浆系统和沉桩设备。施工设备应配备相关记录仪器，对钻孔深度、钻孔速度、钻机电流、扩底尺寸及注浆等进行监控并存储数据。目前在上海、浙江、福建、湖南等地均有经验丰富的设备生产厂家，施工设备都具备每天施工静钻根植桩 300～350m 的施工能力。

静钻根植桩采用的预制桩根据桩基受力特性采用了多种预制桩型的组合。承受抗压荷载时，通常上部桩节采用 PHC 管桩；而承受较大水平荷载或抗拔荷载时，上节桩或上部桩节可采用桩身抗弯及抗拉性能高于 PHC 管桩的复合配筋预制桩（代号为 PRHC）。最下部进入桩端扩底部的桩节，为确保预制桩与扩底部注入水泥浆的可靠结合，在较大端阻作用下不发生预制桩与桩端水泥浆界面剪切破坏，需采用桩身带有 50～75mm 竹节状凸起的竹节桩（代号为 PHDC）。

静钻根植桩的竖向抗压承载力，根据浙江省工程建设标准《静钻根植桩基础技术规程》DB33/T 1134—2017[2]（简称《规程》）可采用下式计算：

$$Q_{uk}=Q_{sk}+Q_{pk}=\sum u_i q_{sik} l_i+q_{pk}A_p$$

式中，Q_{uk} 为单桩竖向抗压极限承载力标准值；Q_{sk}、Q_{pk} 为单桩总极限侧阻力、总极限端阻力标准值；q_{sik} 为桩侧第 i 层土的极限侧阻力标准值，可按预制桩极限侧阻力标准值取值；q_{pk} 为极限端阻力标准值，可按照预制桩极限端阻力标准值的 0.45～0.6 取值；u_i 为周长（竹节桩按节外径取值，其他类型桩按桩身外径取值）；l_i 为桩周第 i 层土的厚度；A_p 为桩端扩底部投影面积。

根据大量试验资料，采用 PHC 管桩或 PRHC 桩时，侧阻力破坏主要会发生在水泥土和钻孔孔壁之间，但考虑到水泥土施工质量的波动及 PHC 管桩和 PRHC 桩桩身外表面较光滑的特征，不计入水泥土层对承载力的作用，采用预制桩外径计算侧阻力。而 PHDC 桩由于桩身截面特点，侧阻力破坏发生在竹节外侧的水泥土或水泥土和钻孔孔壁土之间，因此在上述承载力计算公式中，PHDC 桩身周长取值按桩节外径计算。该承载力计算方法已经在数百项工程中得到了验证，可靠性好。

2　温州某教学楼的工程应用

2.1　工程背景

温州市某教学楼工程位于温州高教园区，由 8 栋多层建筑组成，主要用于满足外籍教师及学生教学、交流、生活等需求。

该工程重要性等级为二级，场地等级为二级，地基等级为二级。

该项目采用 650 型（按使用预制桩的最大外径，竹节桩为竹节外径）和 800 型静钻根植桩，有效桩长 64m，其中 650 型根植桩 297 根，800 型根植桩 147 根，共计 444 根。

2.2　地质情况简介

该工程建设场地地形平坦，项目建设区上部有较厚淤积软土，根据该工程的《岩土工程勘察报告》，勘察区域各岩土层参数见表 1。

温州某教学楼各土层参数表 **表 1**

层号	地层名称	层厚（m）	预制桩的侧阻力特征值 q_{sia}（kPa）	预制桩的端阻力特征值 q_{pa}（kPa）
①$_2$	黏土	0.20～1.40	11	
②$_1$	淤泥	9.70～13.10	5	
②$_2$	淤泥	8.10～11.20	8	
③$_1$	淤泥质黏土	3.30～8.40	11	
③$_3$	卵石	2.70～6.80	40	3000
③$_{3a}$	黏土	0.00～3.70	22	
③$_{3b}$	含砾粉质黏土	0.00～1.50	26	
④$_1$	黏土	0.90～6.60	24	700
④$_2$	黏土	2.90～11.00	22	500
⑤$_1$	黏土	2.70～9.80	26	800
⑤$_2$	黏土	5.00～11.60	23	600
⑥$_1$	黏土	1.80～5.60	28	900
⑥$_2$	粉质黏土	3.00～9.10	25	700
⑥$_3$	中砂	0.70～7.30	34	1800
⑦$_1$	黏土	6.20～14.10	30	1100

2.3 设计情况简介

1. 设计试桩

根据《建筑基桩检测技术规范》JGJ 106—2014[3] 的要求，进行设计试桩，为后续的结构设计和施工提供参考依据。先进行了 6 根设计试桩的设计，从降低成本的思路考虑，进行了第一组试桩施工，桩长 27～30m，持力层为③$_3$ 卵石层，试桩目的是验证该持力层是否能够作为本工程的持力层，如果该层不适宜作为持力层，则采用静钻根植桩施工方法是否可以将该层穿过，以下面中砂层作为持力层。从试桩结果看，桩基竖向抗压承载力情况有一定离散性，分析原因如下：

（1）③$_3$ 卵石层为温州区域三层卵石层的第二层卵石层，该层卵石厚度仅为 2.7m，中间还夹有 1.5m 厚的软黏土层，施工工程中部分设计试桩的桩端穿过了卵石层。

（2）持力层中黏土夹层的厚度与竖向抗压极限承载力存在着负相关性，黏土夹层厚度变大，极限承载力相应变小。

（3）③$_3$ 卵石层分布极不均匀，土质情况复杂，部分位置夹厚度不均的黏土层和含砾粉质黏土，含泥量大。③$_3$ 卵石层情况见图 2。

（4）卵石层以下分布黏土层的桩端承载力小于卵石层桩端承载力的 1/3，判断为软弱下卧层，软弱下卧层对于静钻根植桩的承载力和沉降都产生了较大的影响。

在淤积软土地区静钻根桩竹节桩适用性研究[4] 文献中，对该项目的第一次设计试桩情况做了详尽的分析。

由于持力层地质条件的复杂性，造成第一次设计试桩的承载力离散性较大。但本次试桩对采用静钻根植桩的沉桩可行性进行了探索，对能否穿越③$_3$ 卵石层的可行性进行了验证，试桩证明静钻根植桩施工方法穿越③$_3$ 层卵石层比较顺利，能够较好地到达下部更深土层。

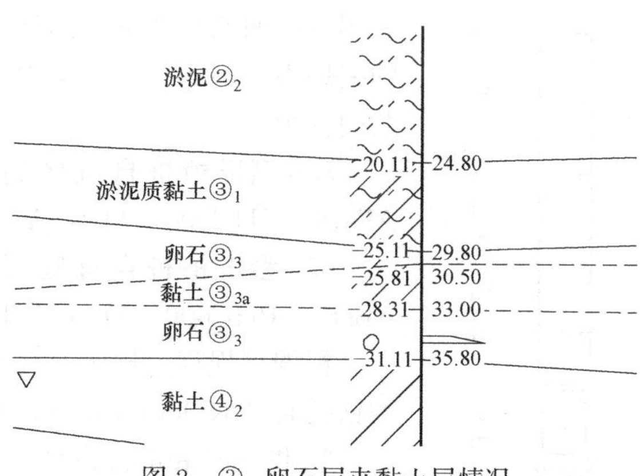

图 2　③$_3$ 卵石层夹黏土层情况

根据第一次试桩结果，确认③$_3$ 卵石层不宜作为本工程的持力层。经过论证，选择⑥$_3$ 中砂层作为桩基持力层，穿过比较复杂的③$_3$ 卵石层，进行了第二组合计 7 根设计试桩，其中 650 型根植桩 3 根、800 型根植桩 4 根。经过试桩施工和单桩承载力性能检测，第二组试桩完全符合预期要求，650 型桩单桩承载力特征值大于 3300kN，800 型桩单桩承载力特征值大于 4300kN，试桩结果见表 2、表 3。

第二组试桩 *Q-s* 曲线结果汇总　　表 2

桩号	桩长(m)	桩径(mm)	*Q-s* 曲线	
			Q_u(kN)	s(mm)
S3	69	650	6600	34.92
S4	69	800	8610	33.33
S5	68	800	8610	26.10
S6	67	800	8641	25.78
S7	68	650	6600	34.82
S8	69	800	9430	36.59
S9	68	650	7041	40.00

第二组试桩承载力试验结果汇总　　表 3

桩号	Q_u(kN)	安全系数	R_a(kN)	s(mm)
S3	6600	2.0	3300	8.47
S4	8610	2.0	4305	9.81
S5	8610	2.0	4305	9.94
S6	8641	2.0	4320	3.17
S7	6600	2.0	3300	6.34
S8	9430	2.0	4715	12.40
S9	7041	2.0	3520	8.11

2. 桩型选择

根据两次试桩结果，最终确认本工程桩基持力层为⑥$_3$ 中砂层，650 型单桩承载力特征值为 3300kN，800 型单桩承载力特征值为 4300kN，桩长 64m。

结合竖向荷载传递规律，根植桩桩型设计通常在上部采用等截面的 PHC 桩，在下部

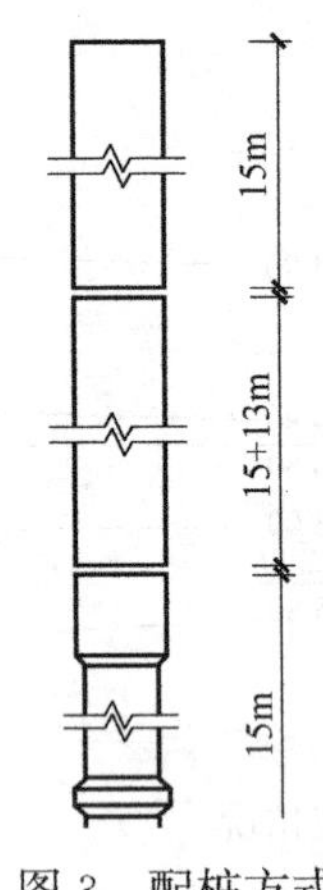

图 3 配桩方式

采用变截面的竹节桩（PHDC），竹节桩的使用，增强了桩身与水泥土的握裹力，削弱了应力集中现象，使得桩身和桩端扩大部分形成整体，共同受力。

800 型根植桩自桩底到桩顶的配桩方式：PHDC800-600（110）AB-15＋PHC800（110）A-12，12，12，13。

650 型根植桩自桩底到桩顶的配桩方式：PHDC650-500（110）AB-15＋PHC600（110）A-12，12，12，13。详见图 3 配置方式。

根据《规程》规定钻孔直径比桩直径大 50～150mm，本工程 800 型钻孔直径取 900mm，650 型钻孔直径取 750mm。

3. 桩端扩底部位设计

本工程桩端持力层为中砂层，采用扩底工艺，能够有效提高桩端承载力。钻机钻头部位有可扩展的翼缘，该翼缘在液压系统的控制下可进行扩大，通过钻机钻杆的旋转及移动，形成桩端扩底部位。

根据《规程》规定扩底直径不大于钻孔直径的 1.6 倍，扩底高度不小于钻孔直径的 3 倍。本工程扩底直径取 1.5 倍的钻孔直径，800 型桩扩底直径取 1350mm，扩底高度 2700mm。650 型桩扩底直径取 1125mm，扩底高度 2250mm。详见图 4 扩底设计。

4. 水泥浆用量

扩底操作完成后注入桩端水泥浆和桩周水泥浆，水泥浆用量参照《规程》相关条款进行计算，桩端水泥浆注入量为扩底部分体积。桩端水泥浆水灰比为 0.6，注入量为 $1m^3$ 水泥浆的水泥用量为 1090kg。800 型桩扩底部位体积为 $3.86m^3$，即为桩端水泥浆的体积，桩端扩大部位水泥用量为 4207 kg。

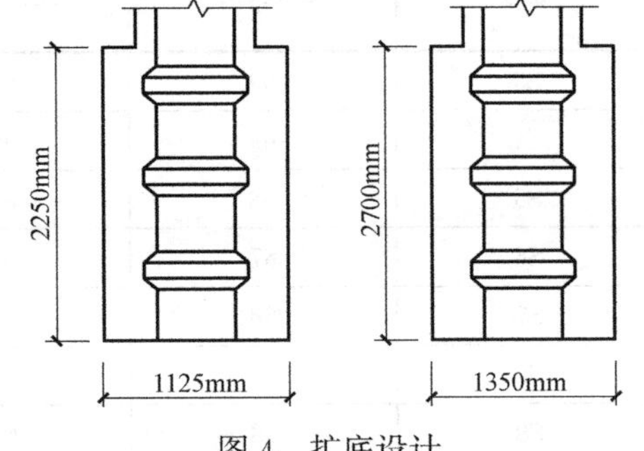

图 4 扩底设计

桩端水泥浆注入完成后注入桩周水泥浆，桩周水泥浆注入量：（钻孔体积－扩底部分体积－桩身体积）×30%。桩周水泥浆的水灰比为 1.0，注入量为 $1m^3$ 水泥浆的原材料用量水泥为 760kg。

800 型桩周水泥浆注入体积为 $7.25m^3$，桩周水泥用量为 760×7.25＝5510kg。

本项目 800 型根植桩的桩端及桩周的合计注浆水泥用量为 9717kg，650 型根植桩的桩端及桩周的合计注浆水泥用量为 6259kg。

2.4 实践经验总结

在温州这种深厚软土层地区施工静钻根植桩如何保证施工质量和持力层的确认是非常重要的，经过施工中不断的改进和完善，总结经验包括如下：

1. 桩端扩底质量

桩端扩底质量直接关系到桩基承载力，在施工过程中通过采取以下措施进行控制。

（1）静钻根植桩扩底依靠液压系统控制桩端部位扩大翼实现扩底的操作。必须严格按照设备保养要求对设备进行维护和保养。

（2）每次钻孔前，打开扩大翼进行检查，包括正常打开收拢情况及扩底尺寸，并进行拍照留证。

（3）在扩底操作过程中，通过自动化仪表进行实时监控，通过液压系统的压力和流量对扩大翼打开的情况进行操控。

2. 水泥浆质量控制

水泥浆质量是确保静钻根植桩质量的重要因素，在施工过程中主要从以下几个方面进行控制。

（1）水泥浆制作过程中保证水泥掺入量满足要求，采用比重计对水泥浆的相对密度进行检测，桩端水泥浆相对密度不应低于 1.7，桩周水泥浆相对密度不应低于 1.5，保证水泥浆液的浓度。

（2）桩端水泥浆注入时，保持钻头部位出浆口位于孔底注入设计用量的 1/3，例如 800 型桩水泥浆总共为 3.86m^3，先注入 1.16m^3 的水泥浆，然后在扩底部位范围内注入另外 2/3 的水泥浆即 2.7m^3，目的在于保证扩底部位强度，保证承载力的良好发挥。

（3）桩周水泥浆注入时，沿桩身长度每注入 15 m 高度水泥浆后，进行一次复搅的操作，保证桩周水泥浆的均匀性。

3. 持力层控制

本工程桩端持力层为中砂层，为了判断是否进入持力层以及进入持力层的深度，采取的措施主要包括：

（1）参照地质报告中持力层的位置，初步判断持力层的顶面标高，在钻机钻头接近附近后，注意观测钻机的变化。

（2）钻机钻头进入持力层后，钻孔进尺速度明显下降，在中砂为持力层的情况下，桩机及钻杆会有轻微振动，该措施比较直观可靠，可作为是否进入持力层的主要手段。

（3）钻机电流在进入持力层后维持在较大幅值，对电流进行积分处理后，根据积分电流曲线形态判定是否进入持力层。

（4）钻杆拔出后，钻头部位会根据持力层地质情况的不同，带出部分钻头部位的土样，可作为是否进入持力层的辅助判断方式。

3 温州某电厂的工程应用

3.1 工程背景

某电厂工程是在拆除一期 2 台 135MW 机组基础上，建设 2×660MW 超临界燃煤发电机组，同步实施脱硫、脱硝装置。本期一号机的汽机房、锅炉房位于拆除的一期主厂房场地上。

一期主厂房采用的锤击施工预制方桩，由于旧方桩施工过于密集，进行拔桩施工难度大，工期长，投入高。因此项目部分存在旧桩区域采用了在旧桩与旧桩之间的间隙进行桩基础的施工，导致本项目桩基施工难度非常大。

采用打入桩方案，挤土效应非常复杂，会对正在邻近区域使用的厂房及发电机组有较大影响。在打入施工过程中碰到原有桩基础会造成桩偏位、折断等质量事故，施工质量无法保证，且桩在折断的瞬间，快速下沉，桩锤会跟着高速下落，存在一定的安全隐患。采用钻孔灌注桩碰到旧方桩需要重新定位避开旧方桩，则桩孔需要进行回填处理，在回填桩孔附近钻孔成孔难度大，钻杆会向旧桩孔倾斜，且存在塌孔的隐患，施工进度和质量无法保证。

根据本工程的实际情况结合静钻根植桩的施工工艺，最终选择静钻根植桩作为本工程的基础桩，采用静钻根植桩碰上旧方桩可及时调整位置，并可通过注浆与孔内土体进行搅拌回填所成孔，使得钻孔部分土体强度得到恢复，便于调整桩孔位置。静钻根植桩比钻孔灌注桩具有更大的灵活性，将损失降到最低。

3.2 地质情况简介

根据该工程的《岩土工程勘察报告》，厂址区域各岩土层参数见表4。

各土层参数表 **表4**

层号	地层名称	层厚	预制桩的极限侧阻力标准值	预制桩的极限端阻力标准值
		m	q_{sik}(kPa)	q_{pk}(kPa)
①	黏土	0.5	60	—
②$_1$	淤泥	14.8	14	—
②$_2$	淤泥	12.9	18	—
③$_1$	淤泥质粉质黏土	1.6	22	—
③$_2$	粉细砂	2.8	40	—
③$_3$	粉质黏土	8.3	30	—
④$_1$	粉土	2.6	40	2500
④$_2$	粉质黏土	1.3	40	—
④$_3$	粉土	2.5	40	—
⑤$_1$	砾(卵)石	2.4	200	10000
⑥$_1$	粉质黏土	3.4	50	—
⑥$_2$	粉质黏土	3.6	60	3000
⑥$_3$	粉土	3.1	40	—
⑦	砾(卵)石	5	200	11500

3.3 设计情况简介

(1) 桩型选择

本工程主厂房、锅炉房、烟囱和集控楼的上部结构荷载大，主要采用800型根植桩，桩基持力层为⑦层砾（卵）石，单桩承载力特征值为5500kN，桩长55～60m。其他部位采用650型根植桩，总桩数为1802根。

根据受力特点上部采用复合配筋先张法预应力混凝土管桩（PRHC），其配置的非预应力钢筋大幅度增加了桩的抗弯性能。PRHC800（130）Ⅰ复合配筋桩的桩身极限弯矩为1196kN·m，比常用的相同直径PHC800（130）AB管桩的桩身极限弯矩811kN·m提高了47%，大幅度提高了预制桩桩身的抗水平荷载的承载性能。

本项目 800 型根植桩以 58m 桩长为例，自桩底到桩顶的配桩方式：PHDC800-600（130）AB-15＋PHC800（130）AB-15，13＋PRHC800（130）I-15。详见图 5。

（2）桩端扩底部位设计

本工程桩端持力层为砾（卵）石，采用扩底工艺，能够有效提高桩端承载力。以直径为 800mm 桩为例，本工程扩底直径要求不小于 1.2 倍的钻孔直径即 1080mm，扩底高度不小于 2700mm。详见图 6。

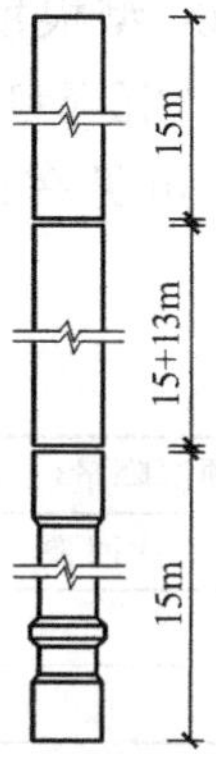

图 5　800 型根植桩组合示意图

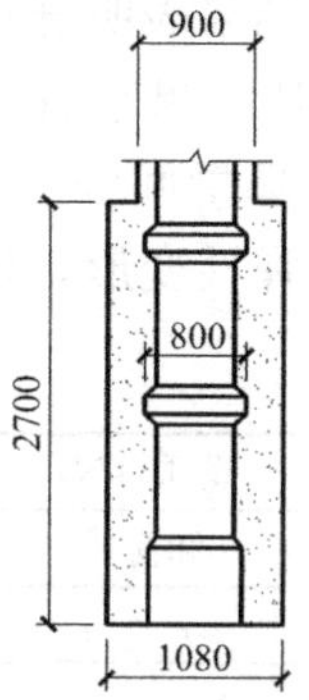

图 6　扩底部位示意图

3.4　碰到旧方桩等障碍的处理措施

本项目部分区域场地由于存在原厂房构筑物基础的旧方桩，常规的钻孔灌注桩和管桩无法顺利施工，采用静钻根植桩则能有效解决。具体处理措施如下：

（1）桩机正式施工前，首先由钻机在桩位处向下试钻，并注意观察钻机的状态。如距离地表较浅处发现桩位处存在旧方桩，则确认偏移方向及偏移距离后，在新的桩位处施工。

（2）在钻孔至接近方桩桩底深度时碰到方桩，可充分发挥施工设备优势，利用钻机强大的扭矩继续钻进。依靠钻头反复不停地摩擦，破碎局部桩身混凝土，在不改变钻孔位置并且不影响钻孔垂直度的同时完成钻孔过程。

若钻孔过程不能完全磨碎方桩混凝土，会造成钻头部位向方桩相反方向轻微倾斜，钻孔垂直度发生偏差，在这种情况下，通过修孔过程对钻孔垂直度进行调整，采用经纬仪进行监控，使其满足要求。当实际钻孔直径略大于设计钻孔直径时，根据实际钻孔直径计算注浆量，通过增加注浆量的方法对增大部分的孔体进行处理。

在这种情况下，钻头磨损较大，可根据施工经验，每施工 2、3 根桩对钻头进行修补，另外桩位可能有微量偏差，桩基础承载力及桩身完整性能够满足要求，设计单位根据偏位情况采取相应技术措施。

（3）当钻孔深度达到方桩桩身中部位置时碰到方桩，导致不能继续钻进，可发挥静钻根植的施工工艺特点，在此处拔出钻杆，同时在钻孔中注入水泥浆埋孔。待此钻孔的水泥土达到该区域原状土强度后，按照设计单位确认过的偏移方向和偏移距离重新钻孔。

本工程共计 350 根桩在不同深度碰到旧方桩，根据碰到旧方桩位置的不同采取相应的处理方案，实践证明通过上述技术措施，处理方便高效，将处理成本降到最低，达到预期效果。

3.5 工程验收情况简介

（1）竖向抗压静载试验

本项目竖向抗压静载试验由浙江大学土木工程测试中心负责实施。静载试验采用井字架堆载混凝土块的反力作为荷载。本项目前期设计试桩及工程桩共进行了 24 根静钻根植桩的静载试验，结果表明静钻根植桩的承载性能离散性较小。800 型根植桩的典型静载试验结果见表 5。从结果来看，在极限荷载为 11000kN 时桩顶累计沉降量为 25.07mm，完全卸载后桩顶沉降量回弹 6.82mm，残余沉降量为 18.25mm。可见在最大加载条件下，桩顶部分变形是弹性变形，桩尚未达到极限状态。

桩基静载试验荷载与沉降数据表 **表 5**

荷重(kN)			桩顶沉降量(mm)		
加载	卸荷	累计	本次沉降	本次回弹	累计沉降
0		0	0		0
2200		2200	1.55		1.55
1100		3300	0.91		2.46
1100		4400	1.60		4.06
1100		5500	2.13		6.19
1100		6600	2.65		8.84
1100		7700	2.78		11.62
1100		8800	3.70		15.32
1100		9900	4.04		19.36
1100		11000	5.71		25.07
	2200	8800		0.61	24.46
	2200	6600		0.90	23.56
	2200	4400		1.27	22.29
	2200	2200		1.71	20.58
	2200	0		2.33	18.25

（2）沉降观测情况

静钻根植桩基础验收后，在上部荷载逐步加载过程中，对主要的建（构）筑物进行了沉降观测，在主要荷载全部加载完成后，测试结果见表 6。

沉降观测汇总表 **表 6**

序号	建(构)筑物名称	最大沉降量(mm)	最小沉降量(mm)
1	烟囱	17.61	16.5
2	8 号锅炉房	21.83	10.17
3	脱硫工艺楼	17.53	13.08
4	侧煤仓	18.77	7.42
5	集控楼	14.37	4.41
6	7 号锅炉房	7.28	4.04

从表6可知，建（构）筑物沉降数值较小，且沉降相对均匀。现以烟囱部位做简要说明，烟囱在施工到9m高度开始进行沉降观测，共设置4个观测点均匀布置在烟囱底部的周围，至烟囱封顶共进行了8次沉降观测，详细情况见表7。

烟囱沉降观测表 **表7**

次数	建筑物高度(m)	沉降情况	观测点编号			
			YC1(mm)	YC2(mm)	YC3(mm)	YC4(mm)
1	9	本次	0	0	0	0
		累计	0	0	0	0
2	15	本次	0.09	0.18	0.99	0.73
		累计	0.09	0.18	0.99	0.73
3	50	本次	0.77	0.75	0.84	0.71
		累计	0.86	0.93	1.83	1.44
4	79.5	本次	5.9	6.06	6.37	6.7
		累计	6.76	6.99	8.2	8.14
5	198	本次	5.54	5.71	5.3	5.56
		累计	12.3	12.7	13.5	13.7
6	210	本次	1.37	1.4	1.31	1.35
		累计	13.67	14.1	14.81	15.05
7	225	本次	0.73	0.95	0.31	0.69
		累计	14.4	15.05	15.12	15.74
8	235	本次	0.38	0.36	0.16	0
		累计	14.78	15.41	15.28	15.74

从表7数据分析可知，4个观测点的沉降数值比较接近，且在全部荷载加载完成后，沉降数值趋近稳定，总沉降量较小。项目完成已经过去5年，5年来各构筑物沉降量远低于该项目前期工程采用管桩及灌注桩的同类型构筑物的同期沉降量。

4 结论

（1）在温州深厚软土地区且存在砂层或卵（砾）石层复杂地质区域，静钻根植桩因其工艺特点而具有良好的适用性。通过桩端扩底和注浆，有效提高了桩端、桩侧阻力。

（2）静钻根植桩质量可靠度高，当选择温州第二卵石层作为持力层时，持力层厚度应满足规范要求。

（3）在有旧方桩等地下障碍的复杂地质区域，静钻根植桩具有良好的适用性。

（4）静钻根植桩质量可靠度高，构筑物的累计沉降量和差异沉降量均较小。

（5）静钻根植桩与灌注桩相比，由于其泥浆排放量少、施工的高效性及采用施工质量全过程管理，在温州等沿海软土地区具有广阔的应用前景。

参考文献

[1] 陈岳林. 温州软土地基桩基变形性状研究 [D]. 杭州：浙江大学，2005.

[2] 浙江省住房和城乡建设厅. 静钻根植桩基础技术规程：DB33/T 1134—2017 [S]. 北京：中国计划出版社，2017.

[3] 中华人民共和国住房和城乡建设部. 建筑基桩检测技术规范：JGJ 106—2014 [S] 北京：中国建筑工业出版社，2014.

[4] 李鹏，裘国荣，庄千收. 淤积软土地区静钻根植竹节桩适用性研究 [J]. 施工技术，2020，49 (7)：13-16.

基坑大跨度钢管支撑结构的设计研究

吴申申，张菊连
（上海宏信建设发展有限公司，上海 201806）

摘　要：针对岩土专业采用一阶弹性分析方法不考虑跨度对钢支撑承载力影响的问题，提出了采用《钢结构设计标准》GB 50017 中的二阶 P-Δ 弹性分析方法来研究基坑大跨度钢管支撑结构的稳定计算，通过案例对比探讨了支撑跨度、八字撑等因素对整体大跨度钢管支撑的受力影响，从而反映了钢管支撑能够承载的轴压力上限值，可为基坑大跨度钢管支撑的设计应用提供参考。同时还采用 Abaqus 计算带有活络头的钢管支撑的力学性能，对比分析了活络头对钢支撑整体承载性能的影响；从计算结果看出活络头会产生平面外的失稳现象，建议加强改进活络头平面外的刚度，避免造成安全隐患。

关键词：大跨度；钢管支撑；二阶弹性分析；活络头

Research on Design of Large-span Steel Pipe Support Structure for Foundation Pit

Wu Shenshen，Zhang Julian

（Shanghai Horizon Construction Development，Shanghai 201806，China）

Abstract: In view of the problem that the first-order elastic analysis method is adopted in geotechnical engineering，the influence of span on the bearing capacity of steel brace is not considered，the second-order P-Δ elastic analysis method is used to study the stability calculation of large-span steel pipe support structure of foundation pit. Through case comparison，the influence of support span，splay brace on the large-span steel pipe support is discussed，so as to reflect the upper limit value of axial pressure that the steel pipe support can bear，which can provide reference for the design and application of large-span steel pipe support of foundation pit. At the same time，ABAQUS is used to calculate the mechanical properties of the steel pipe support with flexible head，and the influence of the flexible head on the overall bearing capacity of the steel pipe support is compared and analyzed; From the calculation results，it can be seen that the active node will produce out of plane instability. It is suggested that the stiffness outside the plane of the flexible head should be improved to avoid potential safety hazard.

Key words: Large-span; Steel pipe support; Second-order elastic analysis; Flexible head

---

作者简介：吴申申（1987—），男，浙江宁波人，硕士，一级注册结构工程师，主要从事钢结构方面的研究。E-mail：wushenshen@fehorizon.com。

0 引言

城市地下空间发展的大趋势是大挖深、大空间。目前基坑支护支撑的特点是：混凝土支撑整体刚度大、变形小，但是混凝土造价高，一次性材料，混凝土需要养护；传统钢支撑材料受结构稳定影响，承载力不高，支撑间距小，跨度小；大跨度钢支撑能够结合混凝土支撑和传统钢支撑的优点，实现大刚度的结构。

对于大跨度钢管支撑结构，由于其截面大、承载力高、安装拆除便捷等特点，被广泛应用于深基坑当中。对于基坑钢支撑的设计方法，目前岩土工程师参考《建筑基坑支护技术规程》JGJ 120—2012[1] 中对钢支撑设计的规定，该规程中提出了钢支撑的承载力计算应考虑施工偏心误差的影响，偏心距取值不宜小于支撑计算长度的 1/1000，且不宜小于 40mm。但是该方法仅考虑跨度因素导致的施工误差，而忽略了钢支撑水平支撑体系和竖向支撑体系对整体结构承载力的影响，从而导致对基坑钢支撑承载力计算不准确。本文采用《钢结构设计标准》GB 50017—2017 中的二阶 P-Δ 弹性分析方法，同时结合有限元软件 SAP2000 来考虑竖向立柱体系、钢支撑水平布置形式等因素的影响，从而全面了解大跨度钢管支撑的稳定计算问题。

同时，钢管支撑实际能够发挥的承载力也与其活络头的设计密不可分。很多专家学者对基坑事故进行了分析，认为这些基坑事故和活络头有着密切关联。杨学林[2] 对多个基坑事故进行了对比分析，指出基坑钢支撑体系的一个关键因素就是连接节点的质量问题，尤其是活络头。李宏伟等[3] 通过分析某次基坑事故指出钢支撑体系的缺陷对基坑安全产生巨大影响。可见活络头是基坑钢管支撑的一个弱点，它并不能满足与钢管支撑等强度、等刚度的连接要求，需要对活络头进行深入研究。

因此，笔者对大跨钢管支撑整体的设计方法以及带有活络头的钢管支撑分别进行了研究。

1 二阶弹性分析方法的应用

1.1 分析方法简介

《钢结构设计标准》GB 50017—2017[4] 指出结构内力分析可采用一阶弹性分析、二阶 P-Δ 弹性分析或直接分析，以整体受压或受拉为主的大跨度钢结构的稳定性分析应采用二阶 P-Δ 弹性分析或直接分析。显然，以整体受压的基坑大跨度钢管支撑结构应采用二阶 P-Δ 弹性分析或直接分析，而采用一阶弹性分析方法容易造成支撑轴向承载力估算过高，没有足够的安全储备。

二阶 P-Δ 弹性分析方法采用最低阶模态来模拟整体结构的安装误差。当结构涉及多方向外力作用时，理论上每一种荷载分布形式都会对应一种[5]。而对于基坑大跨度钢管支撑结构，只需要考虑施工过程中的土压力，因此最低阶模态只有唯一性。关于几何缺陷的最大值 Δ 按照《空间网格结构技术规程》JGJ 7—2010 规定，取结构跨度的 1/300。

1.2 案例分析

常规的基坑支撑包含有角撑和对撑，而对撑往往采用带有八字撑的结构形式。为了研究不同跨度对钢管对撑的受力影响，分别建立了 2 种不同的模型，钢支撑跨度分别为 50m 和 100m，钢支撑截面采用 ϕ609×16，立柱间距考虑 10m（图 1）。

采用 SAP2000 对钢管对撑进行二阶 P-Δ 弹性分析，考虑轴力作用下所产生的二阶弯矩值，具体见图 2。

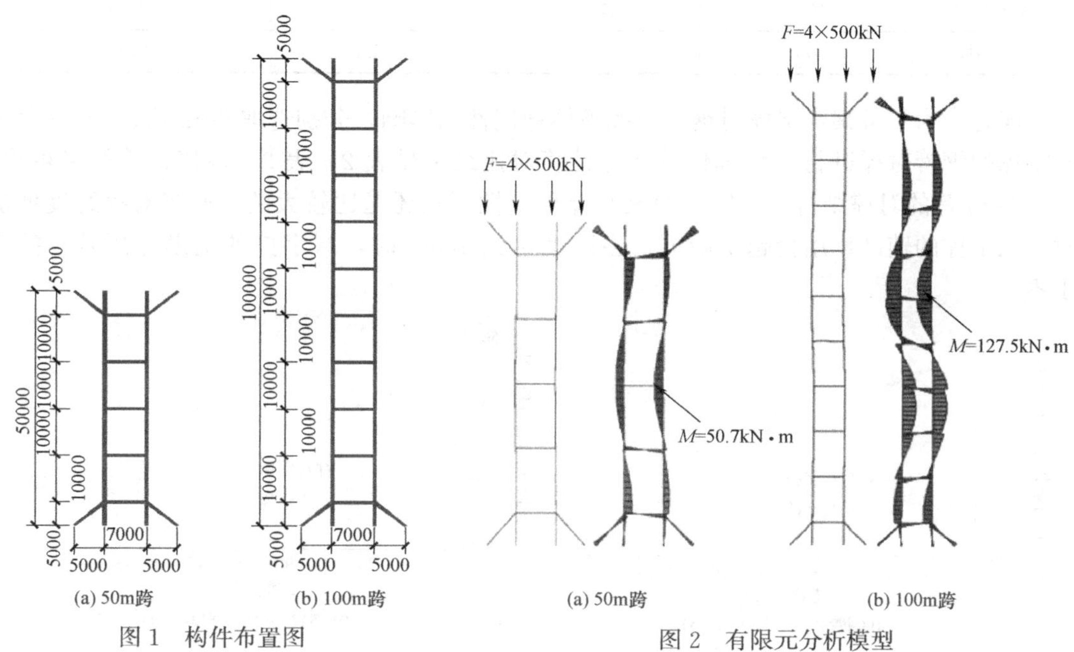

图 1 构件布置图　　图 2 有限元分析模型

通过计算分析得到的二阶弯矩，再根据《钢结构设计标准》GB 50017—2017 中对于钢管截面构件的稳定计算方法［式（1）、式（2）］，即可求得钢管支撑的稳定应力。值得说明的是，当采用二阶弹性分析时，构件的计算长度系数可直接取 1，即计算长度取立柱间的距离。

$$\frac{N}{\varphi A f}+\frac{\beta M}{\gamma_{\mathrm{m}} W\left(1-0.8\frac{N}{N'_{\mathrm{Ex}}}\right) f}\leqslant 1.0 \tag{1}$$

$$M=\sqrt{M_x^2+M_y^2} \tag{2}$$

式中，φ 为受压构件的稳定系数；M_x，M_y 分别为竖向平面内的弯矩和水平平面内的弯矩。

如表 1 所示，100m 跨的钢管对撑水平平面外的弯矩要远大于 50m 跨的钢管对撑，因此计算得到的稳定应力也要高。

不同跨度钢管支撑计算结果统计表　　表 1

名称	N(kN)	M_x(kN·m)	M_y(kN·m)	稳定应力(MPa)
50m 跨	1000	27.02	50.7	65.71
100m 跨	1000	27.02	127.5	87.70

50m 跨度钢管支撑计算结果统计表 **表 2**

名称	N(kN)	M_x(kN·m)	M_y(kN·m)	稳定应力(MPa)
有八字撑	1000	27.02	50.7	65.71
无八字撑	1000	27.02	83	74.71

100m 跨度钢管支撑计算结果统计表 **表 3**

名称	N(kN)	M_x(kN·m)	M_y(kN·m)	稳定应力(MPa)
有八字撑	1000	27.02	127.5	87.70
无八字撑	1000	27.02	135.2	90.00

同时，为了考察八字撑对钢管对撑整体稳定性的影响，分别选取 50m 跨、100m 跨无八字撑的钢管对撑进行二阶弹性分析，计算对比结果见表 2、表 3。根据计算结果可得，对于 50m 跨的对撑结构，八字撑对其整体稳定性影响还是比较大的，而当对撑跨度增加时，八字撑的辅助作用会越来越弱，当跨度达到 100m 时，八字撑的辅助作用基本接近于零。

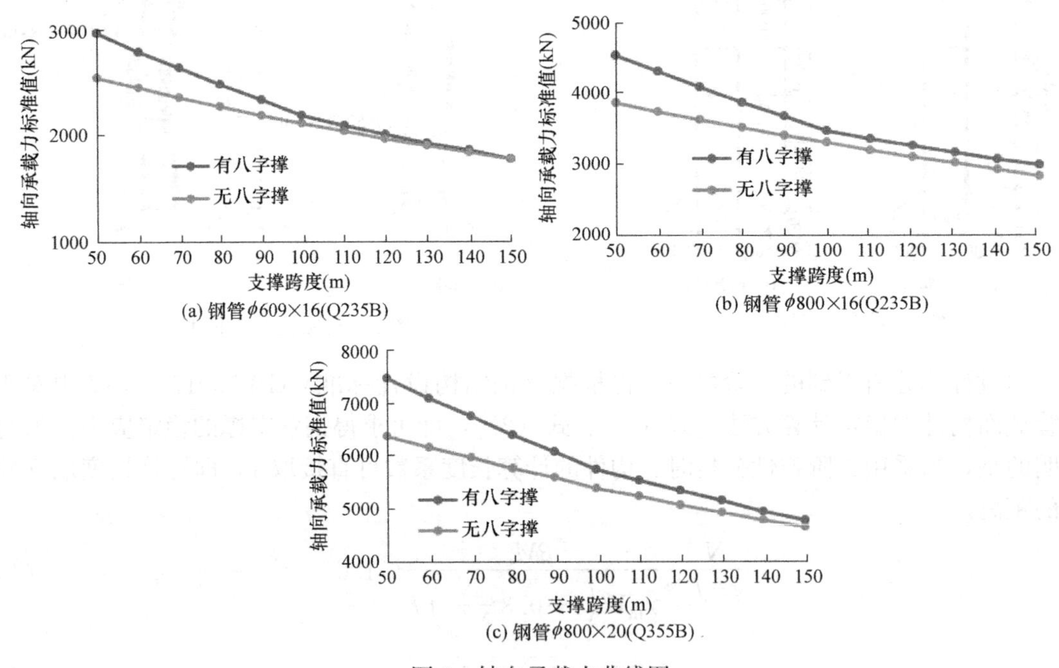

图 3　轴向承载力曲线图

有八字撑轴向承载力比值 **表 4**

跨度(m)	钢管截面		
	ϕ609×16	ϕ800×16	ϕ800×20
50	100%	100%	100%
60	94%	95%	95%
70	89%	90%	90%
80	84%	85%	85%

续表

跨度(m)	钢管截面		
	ϕ609×16	ϕ800×16	ϕ800×20
90	79%	81%	81%
100	74%	76%	77%
110	70%	74%	74%
120	68%	72%	71%
130	65%	70%	69%
140	63%	68%	66%
150	60%	66%	64%

注：表中数值均为不同跨度计算的轴向承载力与对应截面 50m 跨的承载力比值。

无八字撑轴向承载力比值　　表 5

跨度(m)	钢管截面		
	ϕ609×16	ϕ800×16	ϕ800×20
50	100%	100%	100%
60	96%	97%	97%
70	93%	94%	94%
80	89%	91%	91%
90	86%	88%	88%
100	83%	86%	85%
110	80%	83%	82%
120	77%	81%	80%
130	75%	78%	77%
140	72%	76%	75%
150	70%	74%	73%

注：表中数值均为不同跨度计算的轴向承载力与对应截面 50m 跨的承载力比值。

选取基坑中常用的钢管支撑 ϕ609×16（Q235B）、ϕ800×16（Q235B）、ϕ800×20（Q355B），跨度考虑从 50～150m，采用二阶弹性分析方法分别计算其在有八字撑和无八字撑作用下的钢管支撑最大轴向承载力标准值，具体结果如图 3 所示；同时计算了不同跨度的钢支撑轴向承载力变化值，见表 4、表 5。

从表 4、表 5 可以看出，随着对撑跨度的增加，钢管支撑的轴向承载力不断下降。原因在于常规的钢管支撑结构形式属于平面框架结构，该结构形式本身平面外刚度就比较低，当跨度增加时，该缺点就会被放大。二阶弹性方法能够比较好地进行大跨度钢管支撑的稳定分析，同时八字撑在一定程度上提高了钢管支撑的稳定性。

2　活络头对钢管支撑承载力影响

2.1　活络头简介

基坑中的钢管支撑结构为了能够施加预应力，往往会在钢支撑端部设计一个活络头用

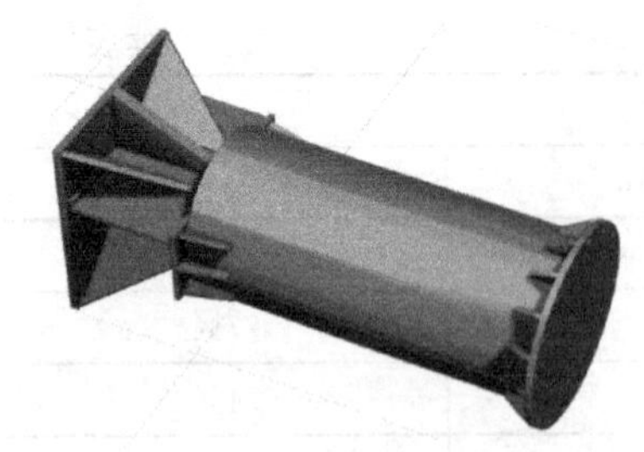

图 4　双拼槽钢式活络头

于放置千斤顶。有一种常见的活络头叫作双拼槽钢式活络头，例如，ϕ609×16 钢支撑活络头通常采用［28a 槽钢，因其加工方便、操作简单而被广泛使用[6]，见图 4。在使用活络头的过程中，通常将两个千斤顶分别搁置在活动端两侧，然后通过油压使得千斤顶顶伸固定端，最后加载完成后，通过楔形块塞入缝隙从而锁定活络头。

本文将活络头与钢管支撑组合成一个整体构件，对其进行受力分析，包含轴压验算和双向压弯验算。其中活络头固定端长度为 1.315m，同时考虑活络头拉伸长度为 0.1m，空隙处设置钢楔。

2.2　轴压验算

分别选取一根 ϕ609×16 钢管和一根带有活络头的钢管进行中心轴压下的受力比较。采用 ABAQUS 建立分析模型，单元采用 C3D8R 线性减缩积分。钢材屈服强度为 235MPa，弹性模量为 206GPa，泊松比为 0.3，摩擦系数为 0.15，分析模型见图 5。

对钢管支撑底部约束 3 个方向位移（U_x，U_y，U_z），以及约束转角（ROT_z）；顶部约束 2 个方向位移（U_x，U_y）；在顶部轴心位置施加轴心力。

结构模型考虑材料非线性和几何非线性，同时考虑构件的初始缺陷，采用 ABAQUS 的非线性屈曲分析方法进行计算对比。最终构件失稳的应力状态见图 6。

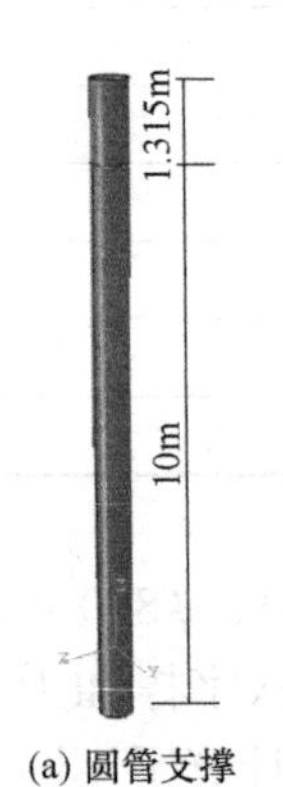

(a) 圆管支撑

(b) 带活络头的圆管支撑

图 5　钢管支撑有限元模型

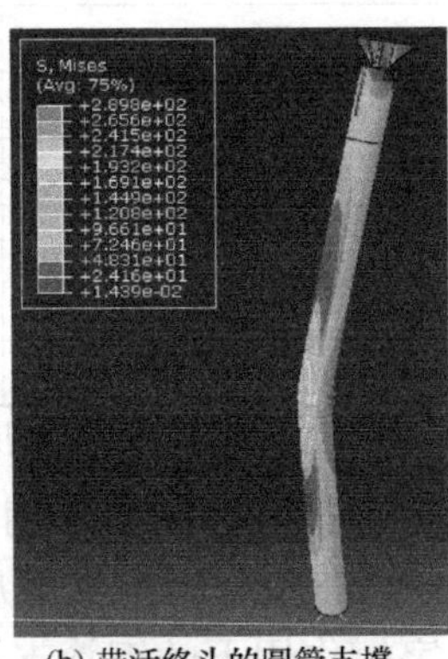

(a) 圆管支撑

(b) 带活络头的圆管支撑

图 6　钢管支撑失稳应力图

从图 7 可以看出，两者最终失稳模式都是钢管压屈，且轴向承载力相同。但是带有活络头钢管刚度起初与普通钢支撑的刚度相同，而后逐渐地降低，变形不断增大。这是由于其前期受力状态主要是钢楔与钢管中肋板的挤压过程，因此变形较大。

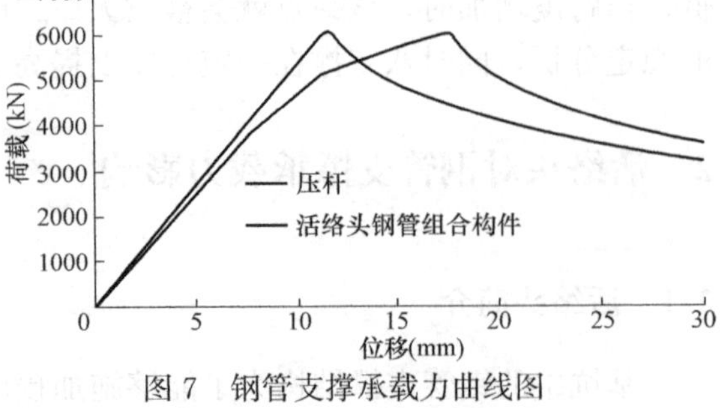

图 7　钢管支撑承载力曲线图

2.3　双向压弯验算

构件的双向压弯稳定求解方法可简化为单向压弯稳定问题来计算。在 ABAQUS

中可通过施加偏心轴向荷载的方式来等效为轴力和弯矩。假定与槽钢短边方向平行的轴作为 X 轴，即 M_x 为面内弯矩，M_y 为面外弯矩。分别考虑轴力在 X、Y 方向偏移量为 5mm，10mm，15mm，20mm，25mm，30mm，35mm，40mm，从而求解每一种工况下的构件极值解，具体荷载加载位置见图 8。

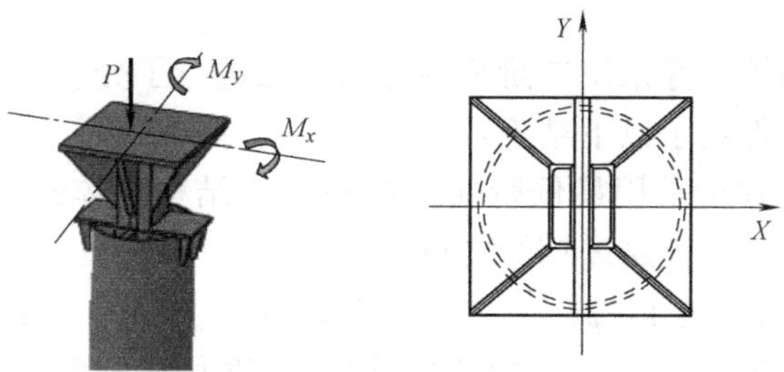

图 8　荷载加载位置示意图

同样采用 ABAQUS 进行非线性屈曲分析，结果表明：当轴力沿着 Y 方向偏心时，钢管支撑的失稳状态均为钢管压弯失稳；而当轴力沿着 X 方向偏心时，钢管支撑的失稳状态则大多数为活络头双拼槽钢的压弯失稳，见图 9。

将每种工况下计算得到的极值点的轴力、弯矩值按照稳定公式进行归一化处理，最终得到的承载力值见图 10。从图 10 可以看出，带有活络头的钢管支撑其面内的压弯承载力是满足规范要求的，而面外的压弯承载力是无法满足规范要求，需要对该活络头的面外刚度进行加强，或者应提高安装精度，防止产生活络头面外较大的偏心距。

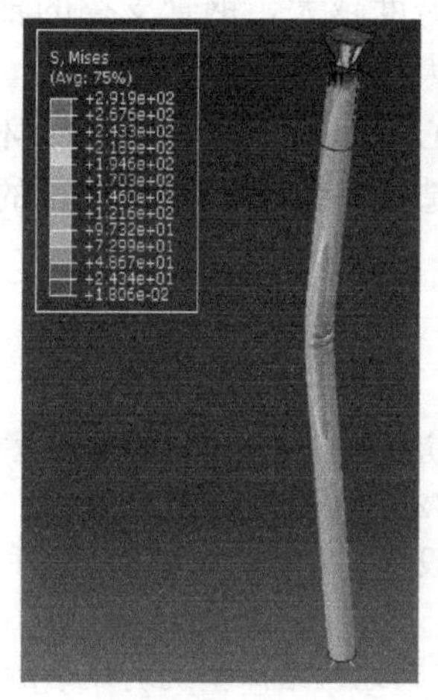

(a) 面内失稳应力状态　(b) 面外失稳应力状态

图 9　钢管支撑压弯失稳应力图

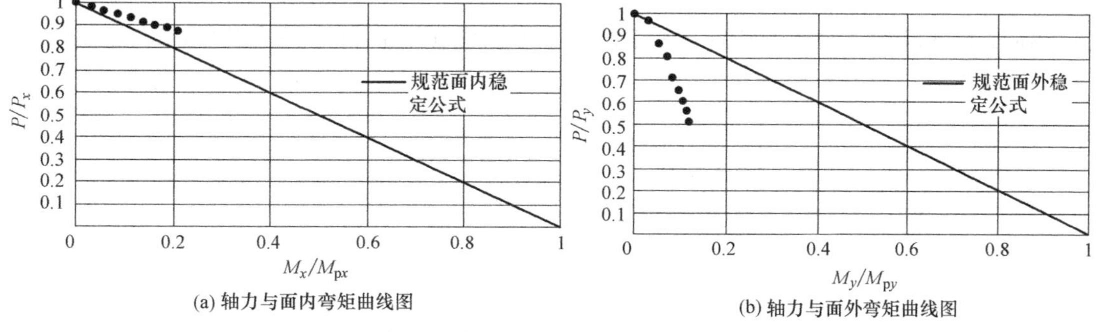

(a) 轴力与面内弯矩曲线图　(b) 轴力与面外弯矩曲线图

图 10　双向压弯构件稳定承载力计算结果对比

钢管支撑的活络头直接承载围护结构传递过来的土压力，从有限元分析结果来看，如果作用力中心与轴心重合，或者偏离轴心沿槽钢高度方向时，钢管支撑的承载力能够满足要求，可按等强考虑；若作用力中心偏离轴心沿槽钢宽度方向时，钢管支撑的承载力并不能按等强设计，反而易产生平面外的失稳现象，因此应加强改进活络头平面外的刚度。

3 结语

本文通过对基坑钢管支撑采用二阶弹性分析方法进行了分析，同时计算带有活络头的钢管支撑的力学性能，得出了以下结论：

（1）二阶弹性分析方法采用最低阶屈曲模态作为结构整体缺陷的模式来施加轴向荷载，该方法可有效用于基坑大跨度钢管支撑设计中。

（2）带八字撑的钢管支撑 $\phi 609\times 16$（Q235B）、$\phi 800\times 16$（Q235B）、$\phi 800\times 20$（Q355B），当基坑跨度在 50～150m 之间时，轴向承载力最大下降到原来的 60%左右；不带八字撑的钢管支撑的轴向承载力最大下降到原来的 70%左右。

（3）总体而言，跨度越大，钢管支撑的轴向承载力越低；八字撑对整体结构稳定的有利作用随着跨度的增大而逐渐降低。

（4）活络头在中心轴压作用下，整体破坏模式为钢管屈曲，符合设计要求；但是在偏压荷载作用下，容易造成活络头平面外失稳的情况，不满足与钢管支撑等强度、等刚度的连接要求。

参考文献

[1] 中华人民共和国住房和城乡建设部. 建筑基坑支护技术规程：JGJ 120—2012 [S]. 北京：中国建筑工业出版社，2012.

[2] 杨学林. 基坑工程设计、施工和监测中应关注的若干问题 [J]. 岩石力学与工程学报，2012，31 (11)：2327-2333.

[3] 李宏伟，王国欣. 某地铁站深基坑坍塌事故原因分析与建议 [J]. 施工技术，2010，39 (3)：56-58.

[4] 中华人民共和国住房和城乡建设部. 钢结构设计标准：GB 50017—2017 [S]. 北京：中国建筑工业出版社，2017.

[5] 杨律磊，王慧，张谨，等. 钢结构直接分析法在设计软件中的应用 [J]. 建筑结构，2019，49 (1)：36-42.

[6] 孙九春，白廷辉. 地铁基坑钢支撑系统活络头承载力研究 [J]. 施工技术，2020，49 (2)：119-125.

二、施工设备

深长 HDPE 膜复合垂直防渗屏障的施工技术开发与工程应用

赵铭[2]，刘宜昭[1]，刘松玉[1]，张文伟[2]，杜延军[1]，周万里[3]，范日东[4]，陈泽[2]
（1. 东南大学岩土工程研究所，江苏 南京 210096；
2. 江苏圣泰环境科技股份有限公司，江苏 南京 210007；
3. 盐城新宇辉丰环保科技有限公司，江苏 盐城 224145；4. 东华大学，上海 201620）

摘　要：本文介绍了大深度高密度聚乙烯（HDPE）膜复合垂直防渗墙的施工工艺，包括研发的新型HDPE 膜幅间拼接锁扣和 HDPE 膜复合垂直防渗墙施工装备，建立了 HDPE 膜复合垂直防渗墙施工、完整性检测与防渗检测技术体系，并以盐城某公司危险废弃物安全填埋场垂直防渗项目为例，验证其可行性。该工艺具有施工效率高、施工深度大和施工质量好等优点。

关键词：HDPE；防渗墙；深长；施工技术

Key Technology and Engineering Application of HDPE Geomembrane Composite Vertical Barrier with Large Depth

Zhao Ming[2], Liu Yizhao[1], Liu Songyu[1], Zhang Wenwei[2], Du Yanjun[1],
Zhou Wangli[3], Fan Ridong[4], Chen Ze[2]
(1. Institute of Geotechnical Engineering, Southeast University, Nanjing Jiangsu 210096, China;
2. Jiangsu Sentay Environmental Science and Technology Co., Ltd., Nanjing Jiangsu 210007, China;
3. Yan Cheng New Universe Hui Feng Environmental Technology Co., Ltd., Yancheng 224145;
4. Donghua University, Shanghai 201620, China)

Abstract: The construction technology of HDPE geomembrane composite vertical barrier with large depth is introduced, including the novel HDPE membrane splicing locking and construction equipment. The technology system of HDPE geomembrane composite vertical barrier construction, integrity detection and anti-seepage monitor is established, and its feasibility is verified by taking a vertical seepage control project of hazardous waste landfill in Yancheng as an example. The construction technology has the advantages of high efficiency, large effective depth and good quality.

Key words: HDPE; Barrier; Large depth; Construction

0 引言

HDPE 膜复合垂直防渗墙是通过 HDPE 膜与土-膨润土、水泥土、水泥-膨润土等回填材料联合使用的垂直防渗技术，具有极佳的防渗性、化学相容性和耐久性。该技术于20世纪末开始在欧美发达国家应用于危废填埋场、化工行业污染场地等具有高防渗需求的场地[1]。而目前，HDPE膜复合垂直防渗墙在我国尚未得到充分工程应用，主要原因包括土工膜铺设深度有限（通常<15m）、土工膜铺设垂直度控制精度严格，施工效率受限以及土工膜幅间搭接构件密封性能要求高等，如表1所示。

HDPE膜复合垂直防渗墙工程案例 **表1**

场地类型/工程目的	施工方法	深度(m)	搭接工艺	回填材料	参考文献
土坝防渗	泥浆护壁沟槽法	9	Geolock锁扣	水泥-膨润土浆料	[4]
危险废弃物填埋	振动梁法	10	锁扣	黏性/水泥浆料	[5]
土坝防渗	泥浆护壁沟槽法	15	锁扣	砂土	[6]
石油废弃物填埋	泥浆护壁沟槽法	4.5	锁扣	砂土	[7]
危险废弃物填埋	泥浆护壁沟槽法	14	锁扣	砂土	[7]
污染钻井废弃物填埋	挖沟放置法	3	焊接型锁扣	原位土	[8]
尾矿区	泥浆护壁沟槽法	18	水膨型止水锁扣	土-膨润土	[9]
化学废弃物填埋	振动梁法	7	30cm重叠	水泥-膨润土浆料	[10]
淤泥真空预压	泥浆护壁沟槽法	15	2m重叠	土-膨润土	[11]

HDPE膜间搭接效果，即膜与锁扣焊接效果及锁扣自身的密封效果，是控制HDPE膜复合垂直防渗墙整体防渗性能的关键。具有良好膜片搭接的HDPE膜复合垂直防渗墙防渗性能仅为0.006～0.2g/(m^2·d)，较有搭接缺陷的垂直防渗墙可提升165～5500倍[2]。然而，现阶段工程施工实践表明，传统的水膨型止水锁扣、灌浆型锁扣无法保证垂直防渗墙较深部的密封效果。水膨型止水锁扣有以下缺点：(1) 为柔性材料，且遇水即迅速膨胀（5倍以上），两幅HDPE膜的连接锁件插接处的下段都处于有水极困难，且垂直度难以控制，并产生黏滞作用，造成锁扣搭接施工效率低；(2) 通过固定活动构件安插止水条过程中，构件端口常对止水条产生切割，导致止水条断裂后其上部膨胀挤压，而其下部自由掉落，导致垂直防渗墙底部形成虚密封结构。对于灌浆型锁扣，灌浆过程中由于锁扣内部空腔排气效果受限，导致灌浆缺填、虚填，密封性能无法保证。因此，迫切需要研发出新型HDPE膜片间锁扣，确保较大深度施工过程中，锁扣内部空腔得到均匀填充、密封，同时易于施工。

HDPE膜复合垂直防渗墙的施工方法如下：挖沟放置法、振动插入法、泥浆护壁沟槽法、分段式沟槽框架法和振动梁法[3]。目前，各施工方法垂直铺设HDPE膜的施工效率较低（<50m^2/d），且随铺设深度增大而进一步降低；现有HDPE膜水平展开或依托框架吊装下放的铺设方式也限制了HDPE膜有效深度。

综上，为了克服目前HDPE膜复合垂直防渗墙技术的如下缺点：(1) HDPE膜垂直铺设的施工效率低，垂直度控制、膜片间搭接、分段施工沟槽密封等关键施工工艺尚不成熟；(2) HDPE膜垂直铺设深度有限（<15m）；(3) 施工流程、施工质量控制、工程效果评估技术体系尚未建立，本文介绍了新研发的施工装备与HDPE膜间锁扣，并总结了大深度HDPE膜复合垂直防渗墙的施工工艺（表1）；并以盐城某公司危险废弃物安全填埋场的大深度HDPE膜复合垂直防渗墙施工为例，详细介绍此种大深度HDPE膜施工技

术，验证其可行性。

1　深长 HDPE 膜复合垂直防渗墙施工技术研究

1.1　HDPE 膜间锁扣研发

为克服传统 HDPE 膜间锁扣施工缺陷，以 E 形锁扣结构形式为基础，研发出新型自带止水条管体咬合顺畅插装的矩形密封锁扣。

图 1 给出新型膜间锁扣结构示意图。对比传统锁扣结构（图 2 和图 3），矩形密封锁扣采用一对开口框形连接件构成矩形密封锁扣，平衡了锁扣间接触面积与拼接阻力；两片连接件互为定位导轨，避免拼接过程出现错位锁固；膨胀止水条嵌固于正中的圆形空腔，使之兼具充填锁扣空隙与阻断污染物绕流路径。

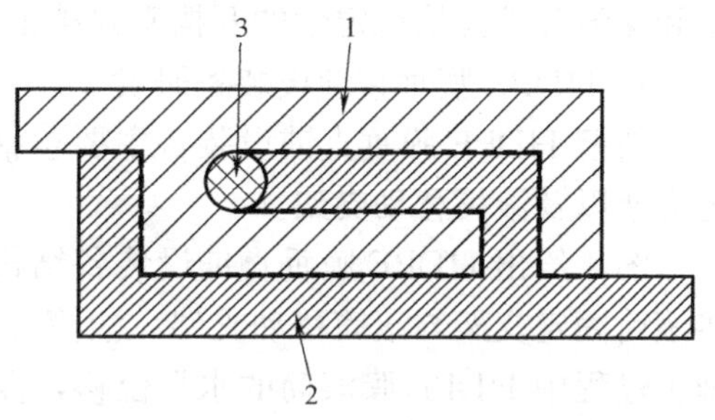

1—第一锁扣；2—第二锁扣；3—水膨型止水条

图 1　矩形密封锁扣结构示意图

第一锁扣包括第一连接件和第二连接件，第一连接件和第二连接件均为 L 形件，第一连接件尺寸大于第二连接件尺寸，第二连接件的短边上远离长边的一端固定于第一连接件的长边上，第二连接件的长边与第一连接件的短边相对，第二连接件的短边上具有第一凹槽。第二锁扣包括第三连接件和第四连接件，第三连接件和第四连接件均为 L 形件，第三连接件的尺寸大于第四连接件的尺寸，第四连接件的短边上远离长边的一端固定于第三连接件的长边上，第四连接件的长边与第三连接件的短边相对，第四连接件的长边上远离短边的一端具有第二凹槽。第四连接件的长边能够伸入第一连接件和第二连接件的长边之间，第二连接件的长边能够伸入第三连接件和第四连接件的长边之间，第二连接件的短边能够伸入第二凹槽到第三连接件短边之间，第四连接件的短边能够伸入第二连接件的长边上远离短边的一端和第一连接件的短边之间；膨胀止水条插入第一凹槽和第二凹槽之间；第一连接件和第三连接件的长边上远离短边的一侧分别固定于两个相邻的 HDPE 膜的相对面上。

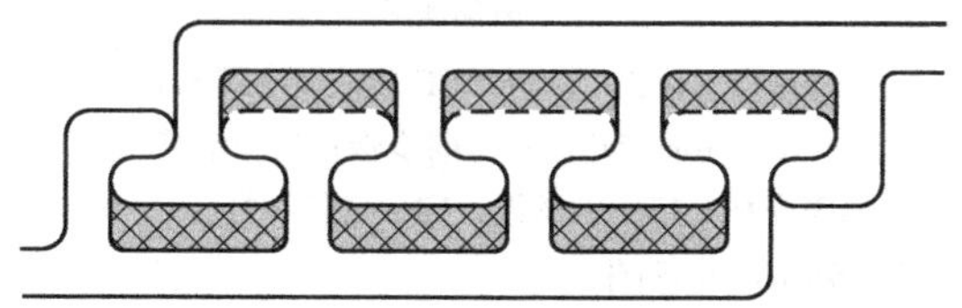
图 2　典型 E 形锁扣锁扣

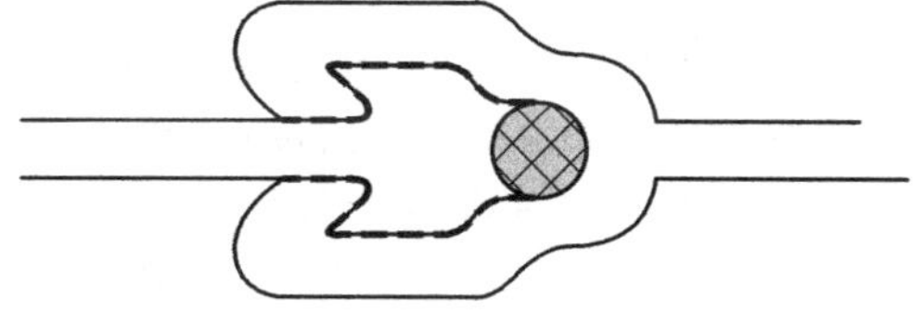
图 3　典型对插型锁扣

水膨型止水条插入第一凹槽和所述第二凹槽之间。第一连接件和第三连接件的长边上远离短边的一侧分别固定于两个相邻的 HDPE 膜的相对面上。第一凹槽和第二凹槽均为半圆形凹槽。膨胀止水条的横截面为圆形。第一锁扣和第二锁扣的材质均为 HDPE 材质。第一连接件和第三连接件尺寸相同，第二连接件的短边和所述第四连接件的短边尺寸相同。

1.2　HDPE 膜铺设施工装备研发

为满足垂直防渗墙深度大于 15m 时 HDPE 膜垂直铺设连续完整及高效施工效率，须采用挖沟放置法施工 HDPE 膜复合垂直防渗墙。一方面，现有 HDPE 膜水平展开或依托框架吊装下放方式的铺设限制了 HDPE 膜有效深度。另一方面，HDPE 膜铺设施工过程中开挖沟槽处于临空状态，尽管采用膨润土泥浆护壁，但由于开挖沟槽两侧施工装备荷载作用，依然存在侧壁坍塌风险。针对上述施工技术不足，分别研发 HDPE 膜垂直铺设装备和保障开挖沟槽稳定性的开槽密封挡土系统。

1. HDPE 膜垂直铺设装备研发

新型 HDPE 膜垂直铺设装备主要包括底座支架、HDPE 膜滚筒机构、气缸、滚筒固定支架以及滚筒移动支架。

图 4 给出 HDPE 膜垂直铺设装备结构示意图。气缸固定于底座支架，其两端分别连接滚筒固定支架与滚筒移动支架。滚筒移动支架通过气缸推动，可沿滑轨产生滑动，控制施工过程中 HDPE 膜滚筒的水平位移，保障 HDPE 膜铺设垂直度，并使 HDPE 膜铺设于开挖沟槽中部，实现两侧回填材料保护 HDPE 膜免遭刺破。滑轨按对称方式分别设置于底座支架两侧。移动支架上相对固定有滚筒支撑架，滚筒支撑架之间设有滚筒机构，滚筒机构中心连接有传动轴。传动轴由电机驱动，并通过端部带轮与同步带控制 HDPE 膜滚筒机构匀速滚动。

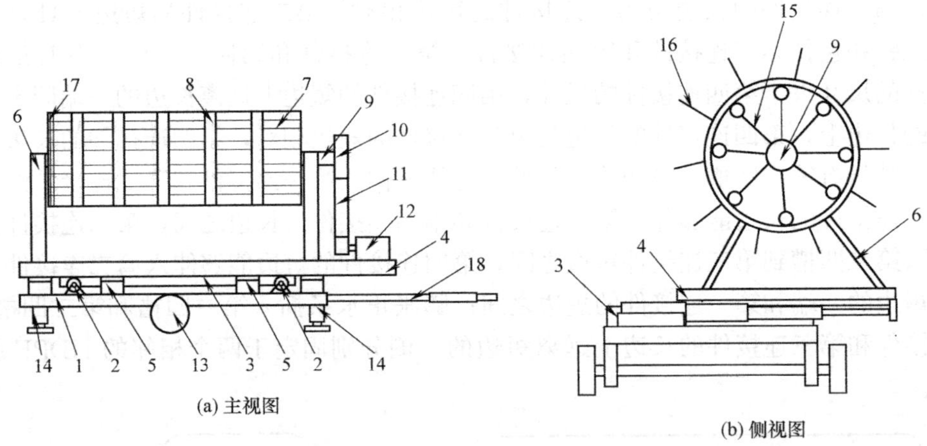

(a) 主视图

(b) 侧视图

1—底座支架；2—气缸；3—滚筒固定支架；4—滚筒移动支架；5—滑轨；6—HDPE 膜滚筒支撑架；7—滚筒横向加强筋；8—滚筒纵向加强筋；9—滚筒传动轴；10—端部带轮；11—同步带；12—滚筒电机；13—车轮；14—支撑气缸；15—连接筋；16—挡膜支柱；17—钢丝绳；18—延长拉杆

图 4　HDPE 膜垂直铺设装备结构示意图

滚筒机构包括横向加强筋和纵向加强筋，交错分布形成筒状结构横向加强筋的两端部，分别通过连接筋与传动轴的两端部固定连接，保证了滚筒机构的结构强度和稳定性。滚筒机构的端部外侧环向设多个挡膜支柱，用于阻止 HDPE 膜垂直铺设时因摩擦力产生水平位移或倾斜。滚筒机构远离电机一侧有缠绕多圈的钢丝绳，便于铺设作业后将滚筒上 HDPE 膜反向转出，提高施工效率。

底座支架的四角位置分别设有支撑气缸，用于消除施工过程中机械振动产生的位移，确保铺设施工过程装备稳定性。底座支架中心位置设一对车轮，底座支架一端固定连接有带通孔的延长拉杆，便于装备转运。

施工过程中，HDPE 膜卷装于滚筒机构，通过气缸带动滑轨上滚筒机构控制 HDPE 膜铺设落点，以电机驱动滚筒转动实现垂直铺设。一幅 HDPE 膜铺设完成后，通过钢丝绳将滚筒机构反向转动抽出多余 HDPE 膜。相较于现有铺设装备，新型 HDPE 膜铺设装备具有以下技术优势：（1）通过水平滚筒向下垂直铺设 HDPE 膜，增大 HDPE 膜连续铺设深度；（2）通过滑轨平移，有效控制铺设过程中 HDPE 膜垂直度及其在开挖沟槽中的铺设落点；（3）可连续观测铺设过程中 HDPE 膜完整性。

2. 开挖沟槽密封挡土系统研发

HDPE 膜垂直铺设作业过程中，开挖沟槽侧壁潜在坍塌或位移主要原因在于 HDPE 膜铺设完成后若进行回填施工将阻碍邻幅 HDPE 膜铺设，使得施工阶段整个槽段始终处于临空状态。为此，提出密封挡土系统，对开挖沟槽起支护作用，避免已铺设槽段回填施工干扰邻幅铺设作业，并兼具对 HDPE 膜顶部锚固的功能。

开挖沟槽密封挡土系统包括至少两组挡土装置，挡土装置主要包括箱体框架、连接凸块、连接凹槽、顶出装置和顶板结构，结构示意图如图 5、图 6 所示。箱体框架的两端分别固定连接凸块及与之适配的连接凹槽，以确保牢固连接。箱体框架内设有多个顶出装置，顶出装置延伸的外部固定设有顶板结构。两组挡土装置相对设置且均放置在开挖沟槽内，并可沿开挖沟槽深度和宽度方向无限延伸连接，两组挡土装置之间预留土工膜铺设作业空间，如图 7 所示。

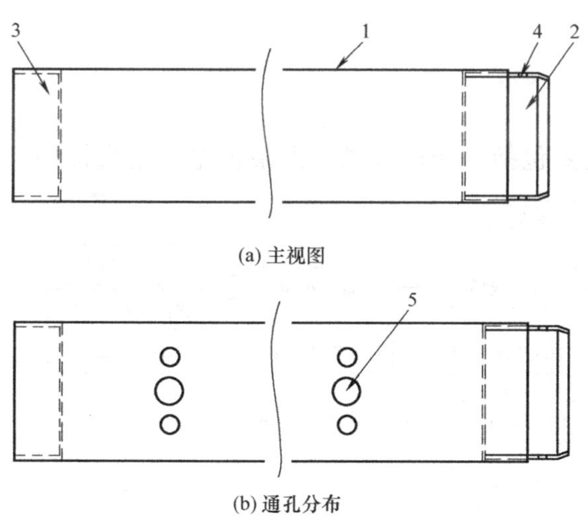

1—箱体框架；2—连接凸块；3—连接凹槽；4—插销孔；5—通孔

图 5 新型挡土装置结构示意图

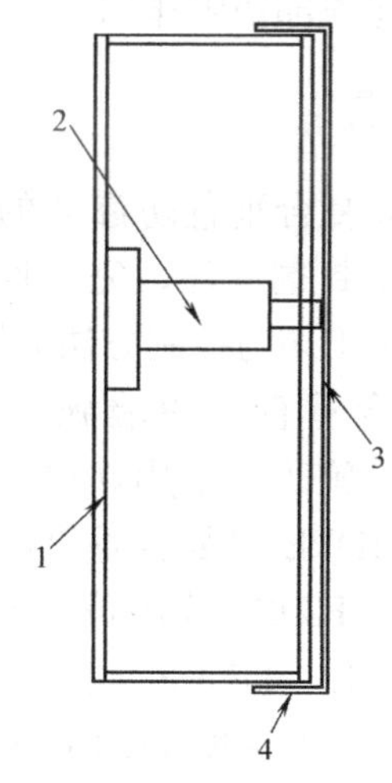

1—箱体框架；2—顶出装置；3—平板结构；4—折边结构

图 6 新型挡土装置中顶出装置安装结构示意图

箱体框架呈方形结构，尺寸按开挖沟槽深度和宽度确定；长度和宽度可分别取为 5000～10000mm 和 500～1000mm。连接凸块的端部呈倒锥形结构，锥形角度为 60°～80°。为便于最底部的箱体框架可快速插入地层，其端部锥形角度可取 60°。连接凸块内贯穿设有插销孔；由此，连接凸块与连接凹槽可通过插销孔内所安装的插销进行固定连接，

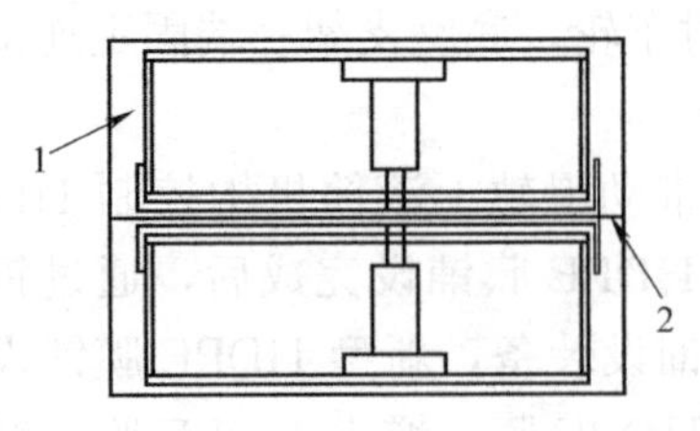

1—开挖沟槽；2—HDPE 膜

图 7　密封挡土系统施工工作示意图

从而实现多节箱体框架之间的衔接，形成一个纵向的密封挡土系统。顶出装置的一侧固定于箱体框架的内壁上；另一侧的伸缩杆穿过通孔延伸至箱体框架外侧，并与顶板结构固定连接。顶出装置有两方面作用：（1）实现对顶板结构的伸缩调节，确保固定 HDPE 膜；（2）顶出装置产生推力平衡开挖沟槽侧壁主动土压力，实现挡土功能，防止塌方。顶出装置可采用液压油缸顶出结构、气缸顶出结构或机械齿传动顶出机构中的一种或多种的结合。为确保 HDPE 膜完整性，顶出装置的动力限值为 $1000kN/m^2$，且多个顶出装置应等间距布置。

顶出装置中，顶板结构包括平板结构和折边结构；其中，平板结构与伸缩杆连接，平板结构的两侧分别设有折边结构。平板结构与箱体框架的方形截面结构尺寸相匹配。为有效防止被密封膨润土浆液进入箱体内部，折边结构的长度略大于顶出装置的顶出行程距离，且折边结构端部与箱体框架侧部之间设有弹性塑料板，可在满足行程要求的同时有效进行密封。

开挖沟槽密封挡土系统的工作流程按如下步骤进行：（1）确定开挖沟槽的深度和宽度；（2）根据开挖沟槽尺寸，选取适合规格的箱体框架数量和规格，并进行合理布局；（3）对拟铺设槽段两侧安装挡土装置，随后可同步在已铺设槽段开始回填施工；（4）在两组箱体框架之间垂直下放 HDPE 膜；（5）启动各个箱体框架内的顶部装置，使之压紧 HDPE 膜，起顶部锚固作用。

1.3　施工工艺

HDPE 膜复合垂直防渗墙的施工工艺主要包括：开挖成槽、泥浆护壁、垂直铺膜、膜体连接、密封剂灌注、完整性检测、回填成墙，施工工艺与控制方法如图 8 所示。HDPE 膜复合垂直防渗墙施工的核心是 HDPE 膜铺设施工。采用新研发的 HDPE 膜间锁扣、HDPE 膜复合垂直防渗墙施工装备，可实现 HDPE 膜限位、连续稳定铺设、分段施工，HDPE 膜铺设效率达 $320m^2/d$，保障大深度 HDPE 膜复合垂直防渗墙的施工。

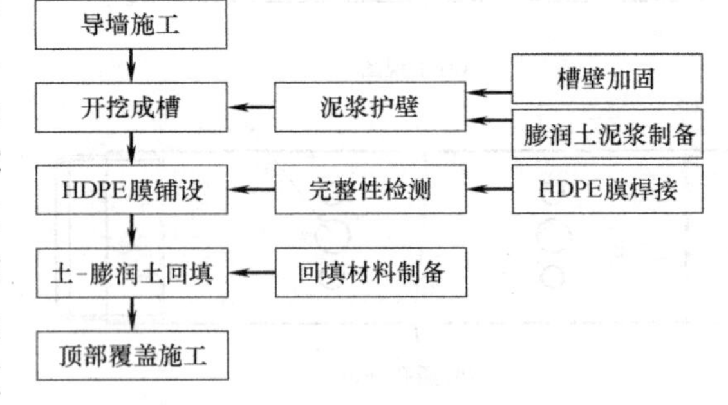

图 8　HDPE 膜复合垂直防渗墙施工工艺与控制方法

1. HDPE 膜垂直铺设

为确保大深度 HDPE 膜垂直度、完整性和铺设施工效率，采用研发的新型垂直铺设装备进行 HDPE 膜垂直铺设，并采用密封挡土系统作为开挖沟槽临时支撑。新型 HDPE 膜垂直铺设示意图如图 9 所示。单幅 HDPE 膜垂直铺设施工步骤如下：

（1）完成单幅 HDPE 膜焊接及完整性检测，安装于铺设装备；

（2）铺设装备定位，向开挖沟槽内泵送膨润土浆液，用于泥浆护壁；

（3）向 HDPE 膜垂直铺设段的开挖沟槽内安装密封挡土系统；

（4）铺设装备的 HDPE 膜电机滚筒水平定位，使 HDPE 膜临空位于开挖沟槽中部；

（5）进行 HDPE 膜幅间的锁扣搭接，安装止水条；

（6）垂直铺设 HDPE 膜至设计底标高，并同步进行邻幅膜段的回填施工；

（7）铺设过程中观测止水条的长度变化，确保止水条的插入速度与锁扣膜片的铺设速率一致；

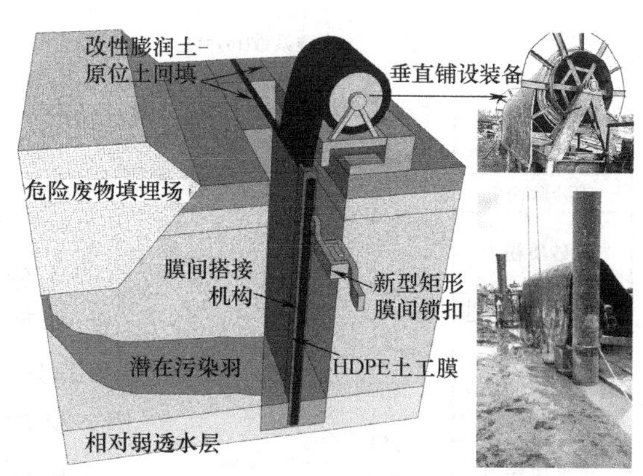

图 9　HDPE 膜垂直铺设示意图

（8）该幅 HDPE 膜铺设完成后，通过密封挡土系统的箱体框架锚固 HDPE 膜顶部，使之稳定不产生向下位移。

2. 膜侧回填施工

铺设施工完成后，安排连接锁的检测和膜的完整性检测，随即通过土-膨润土及固化剂回填置换出槽内泥浆，避免开挖沟槽塌方，完成该段 HDPE 膜复合垂直防渗墙。

2　工程应用

2.1　基本概况

盐城某公司危险废弃物安全填埋场的设计库容为 28 万 m^3，危险废弃物填埋量为 1.8 万 t/a，是盐城区域内环保基础设施，地处大丰海洋经济综合开发区，距大丰城区约 50km，北部距珍禽自然保护区试验区南界 17km、核心区 50km，南部距麋鹿自然保护区北界约 22km。

填埋场地块呈不规则四边形，长约 185m，宽最小约 75m，最大约 183m。填埋场既有水平防渗系统采用 2.0mm 和 1.5mm 厚度的 HDPE 膜为水平防渗层的主、次衬里防渗材料；既有垂直防渗墙采用三轴深层搅法施工水泥土垂直防渗墙，掺量为 25%。但由于该填埋场的建设区域属于软土区，且地下水位高，不符合《危险废物填埋污染控制标准》GB 18598—2019 中填埋场的选址要求，江苏省环保厅提出："在现有的防渗墙外围增设质量可靠的垂直防渗墙，形成双垂直防渗结构"的整改意见，保障填埋场安全使用。

2.2　工程地质条件

场地土层分布及其渗透系数参数见图 10。场地内地下水类型主要是孔隙潜水，主要赋存于⑨粉质黏土及以上土层中，区域附近地表水系较发育，以河流及人工沟渠为主。地下潜水位埋深在现状地表下 0.3～0.7m；钻孔内所取水样的水质分析显示，场地地下水化学类型为 SO_4-HCO_3-Cl-Na-Ca-Mg 型，pH 值 6.80；场地地下水未受污染，附近亦无污染源存在。

2.3 HDPE膜复合垂直防渗墙设计

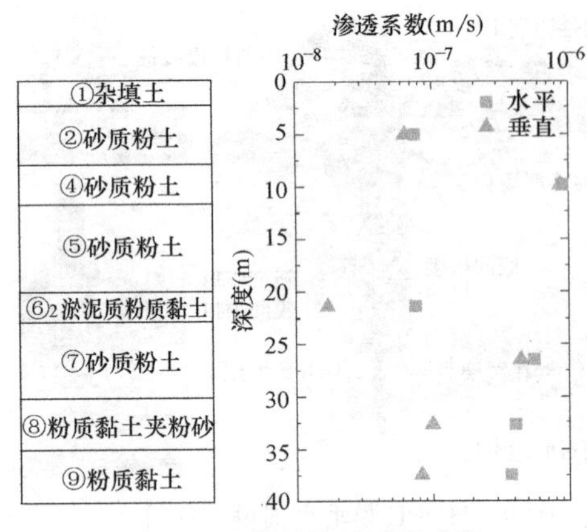

图10 土层的渗透系数参数

1. HDPE膜复合垂直防渗墙深度设计

根据岩土工程勘察资料，场地主要为砂性土分布区域，在地表向下40m勘探深度范围内，主要揭露土层为砂质粉土层、淤泥质粉质黏土层以及下部的粉质黏土。其中②层砂质粉土总体渗透性较高，局部位置由于黏性土含量较高因而渗透性较低；④层砂质粉土及⑤层砂质粉土渗透性较高；⑥$_2$层淤泥质粉质黏土层渗透性较低，是较为理想的垂直防渗墙隔水层，但该层层厚变化较大，局部位置较薄或相变为软塑状粉质黏土，若选择该层作为隔水层将有可能发生局部渗漏；⑦层砂质粉土渗透性相对较高；⑧层粉质黏土夹粉砂及⑨层粉质黏土渗透性相对较低，设计作为隔水层，其中⑧层层厚3.8～7.8 m，局部厚度不能满足设计要求，在必要时可与⑨层联合作为垂直防渗墙工程隔水层进行选用。

对垂直防渗墙进入隔水层深度进行渗流数值计算，基于渗透系数最大的地层厚度最大的原则，确定了产生最大渗流量的地层分布。模拟结果证明，当HDPE膜复合垂直防渗墙插入⑧层内1m（进入隔水层深11m）时，单位进入隔水层深度导致渗流量减少量最大，即绕流防渗效率最好。因此，HDPE膜复合垂直防渗墙采用围封形式设计，全长约684.3m，最大埋深约33.0m，平均埋深31.8m。

2. 施工材料

HDPE膜复合垂直防渗墙施工的主要材料包括高密度聚乙烯土工膜（HDPE膜）、HDPE膜间锁扣、商用膨润土、开挖后原位土，以及开挖成槽施工阶段导墙施工所需水泥等。

（1）HDPE膜：选用3.00mm厚的光面HDPE膜。此外，采用1.50mm厚的光面HDPE膜，通过与3.00mm厚的光面HDPE膜焊接，用于覆土固定，形成顶部覆盖层。HDPE膜必须选用TR400原生PE树脂材料制造而成，性能指标均应符合《垃圾填埋场用高密度聚乙烯土工膜》CJ/T 234—2006的相关规定。

（2）HDPE膜间锁扣：采用研发的新型锁扣，密封材料可选用水膨型止水条或膨润土浆液等密封灌浆。

（3）商用膨润土：采用较为常见和经济的商用钙基膨润土材料。

2.4 HDPE膜复合垂直防渗墙施工

1. 开挖成槽施工

（1）导墙施工

成槽施工前在拟开挖沟槽两侧修筑导墙。本项目中导墙采用矩形断面形式的现浇C20的钢筋混凝土结构，导墙内侧间距为650mm，高度为1.0 m。

（2）护壁泥浆配制

HDPE 膜复合垂直防渗墙施工过程中不间断地向开挖沟槽中供给膨润土泥浆进行泥浆护壁，确保槽壁稳定。施工过程中膨润土泥浆制备原料包括高黏钠基膨润土、自来水、碳酸钠（Na_2CO_3）和羧甲基纤维素钠（CMC）。其中，碳酸钠作为分散剂，羧甲基纤维素钠作为增黏剂。

（3）成槽施工

HDPE 膜复合垂直防渗墙的开挖成槽施工采用液压抓斗“全抓法”抓挖成槽工艺施工。开挖过程中同步向沟槽内泵送膨润土浆液，控制槽内膨润土泥浆液面在导墙下 20 cm，并高出地下水位 50 cm，防止槽壁坍塌。同时，采用清底换浆施工以确保垂直防渗墙有效地进入隔水层，清底后槽底沉渣不得厚于 100mm。

2. HDPE 膜铺设施工

（1）HDPE 膜焊接

HDPE 膜焊接作业包括：①3.00mm 厚的 HDPE 膜片间焊接；②3.00mm 厚的 HDPE 膜片与 1.50mm 厚的 HDPE 膜焊接，形成顶部锚固段；③3.00mm 厚的 HDPE 膜片与膜间锁扣焊接。焊接前对 HDPE 膜片、膜间锁扣及其焊缝连接部分进行目测检查，以确保没有变形、划痕、疆块及其他破损。施工过程中，HDPE 焊接采用两种方法：①拼接接缝采用双缝热熔焊接；②局部修补采用单缝挤压焊接。

（2）HDPE 膜焊缝质量检测

分别通过气压检测、电火花检测，查明双缝热熔焊接、单缝挤压焊接的完整性。两种检测方法均为非破坏性检测方法。此外，通过焊缝强度剪切破坏试验，以检测焊缝的强度。检测方法按照《生活垃圾卫生填埋场防渗系统工程技术规范》CJJ 113 的相关规定执行。

（3）HDPE 膜垂直铺设

采用上述大深度 HDPE 膜施工技术在本场地进行 HDPE 膜的垂直铺设，如图 11 所示。

图 11　HDPE 膜垂直铺设施工过程

（4）膜侧回填施工

根据场地地层条件和工艺性试验结果，确定选用原位土拌和膨润土-水泥作为膜侧回填材料。水泥采用 P·O42.5 普通硅酸盐水泥，掺量为 13%（水泥与回填材料干质量比值）；膨润土掺量为 16%（膨润土与回填材料干质量比值）。

膜侧回填施工采用导管注入工艺。为确保底部回填效果，导管总垂直长度为 34m，导管埋入回填材料深度须控制为 2m。回填材料按 HDPE 膜两侧分别注入，每段回填施工历时 4～7h。回填过程中，严格控制导管移动防止其损坏 HDPE 膜，并注意观察挡土装置工作状况及锁扣位置的深度，以免影响下膜位置施工质量。

2.5　HDPE 膜完整性与防渗屏障整体检测

1. HDPE 膜完整性检测

HDPE 膜完整性检测采用缆式电法（Vertical Electric Cable Imaging Method,

VECIM）。该检测方法依据高压电法原理，基于 HDPE 膜的高阻特性，在检测区域内 HDPE 膜两侧分别施加高压直流电压的电信号，同时采用信号采集装置对地表电势进行采集，并通过噪声过滤、标准化等一系列处理后以数字形式在显示端输出。若 HDPE 膜完好，膜上介质的电势分布会比较均匀，而一旦破损则会形成明显异常的电势信号。因此，可以通过检测 HDPE 膜上介质中的电势分布来确定漏洞位置。工程实践表明，通过该检测原理，检测有效范围可达 HDPE 膜进入含水层处至底部隔水层的区间[12]。

本项目中，HDPE 膜复合垂直防渗墙周长 680m，HDPE 膜铺设过程中全流程检测完整性；对工后完整性检测，将检测段分为 8 段，每段 80～160m 不等，为保证效果，每个检测段相互交叉重复检测长度 10～20m。

（1）HDPE 膜铺设过程完整性检测结果

在该危险废物安全填埋场垂直防渗项目 HDPE 膜下放过程中共计检出 16 处异常点，并对检出异常点进行注浆修复。HDPE 膜铺设过程中检测完整性良好与存在渗漏漏洞的典型检测分析成像如图 12 所示。

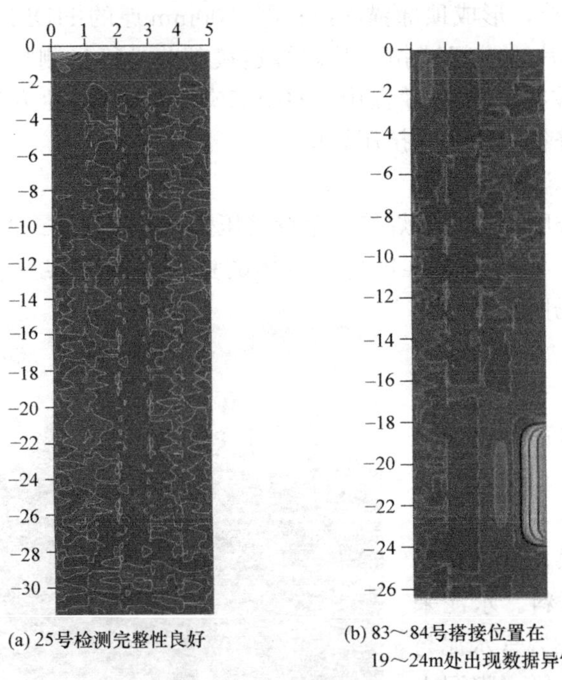

(a) 25号检测完整性良好

(b) 83～84号搭接位置在19～24m处出现数据异常

图 12　HDPE 膜铺设过程完整性检测的典型结果

（2）HDPE 膜铺后整体完整性检测结果

在该危险废物安全填埋场垂直防渗工程 HDPE 工后整体检测出 15 处破损点，判断 HDPE 膜完整性良好。HDPE 膜铺设过程及工后整体存在的异常点主要集中于膜间搭接部位，占异常点总数 84%。施工过程中，铺设深度达到 15～25m 处易出现 HDPE 膜间搭接异常点，需采用注浆进行修补。

2. 整体防渗性能检测

1）检测方案

对位于填埋场北侧、东侧、南侧垂直防渗墙折点关键施工部位处，设置 6 对抽水井和观测井。其中，监测井设置于现有垂直防渗墙轴线内侧约 1.2m，井深 29.3～30.7m，至⑧层粉质黏土夹粉砂层；抽水井设置于现有垂直防渗墙轴线外侧约 1.2m，井深与所对应抽水井一致。地下水监测井布置点位见图 14。

采用抽水试验、地下水示踪试验并结合简易水位统测，通过垂直防渗墙两侧监测孔水位变化以及示踪剂浓度进行防渗效果定性判断。垂直防渗墙具有良好防渗效果时，所检测出的荧光素钠应全部源于抽水过程引起的底部绕流地下水。荧光素钠浓度应与垂直防渗墙所嵌入地层的水文地质参数有关（渗透系数、孔隙率）。根据抽水试验、荧光素钠浓度测试综合评价实际防渗效果，现场检测见图 13。

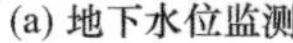

(a) 地下水位监测

(b) 示踪剂投放

图 13　防渗性能检测现场

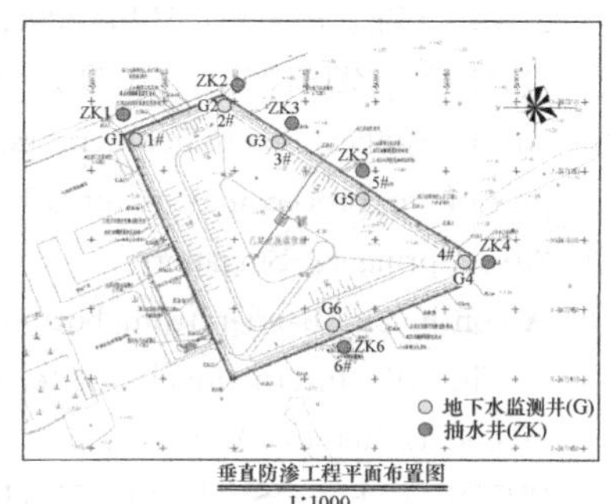

图 14　检测使用地下水监测井布置示意图

考虑当地地下水含盐量高的场地特点，地下水示踪试验宜采用荧光素钠（$C_{20}H_{10}Na_2O_5$，属荧光剂）。荧光素钠具有浓度高、极易溶于水及无毒的特点，能在水中保持稳定，不发生化学反应，不沉淀，不挥发，不被水中悬浮物吸附。本次试验中，以 8μg/mL 作为荧光素钠示踪剂的初始浓度。在抽水井抽水达到稳定阶段后，向墙内监测井中投放荧光素钠示踪剂，按 4～12h 时间间隔连续获取抽水井中地下水样品，4℃温度条件下贮存，并在 24～48h 内测定荧光素钠浓度。地下水中荧光素钠的浓度测定采用紫外分光光度法。

2）检测结果

（1）抽水试验结果

抽水数据显示，场地内潜水渗透系数在 0.3～0.34m/d 之间，30m 前潜水最大出水量在 2.8t/h。抽水过程中对垂直防渗墙内侧监测孔进行水位观察，各组监测井内除自身正常波动外，未发现与外侧监测井有规律性联系。因此，通过测试结果可知垂直防渗墙内外无水力联系，即垂直防渗墙形成完整封闭体，阻隔场地内地下水向外流动。

（2）示踪剂试验结果

测试结果表明，全部 32 个地下水样品均未检测出荧光素钠。测试结果说明，抽水至稳定阶段，投放于垂直防渗墙内侧监测井的荧光素钠未迁移至 HDPE 膜复合垂直防渗墙外侧。

3　结语

（1）研发 HDPE 膜复合垂直防渗墙施工装备，通过可纠偏土工膜垂直铺设装备与密封挡土系统协同作业，实现 HDPE 膜限位、连续稳定铺设、分段施工；

（2）研发新型膜幅间拼接锁扣。采用一对开口框形连接件构成矩形密封锁扣，两片连接件互为定位导轨。膨胀止水条嵌固于正中的圆形空腔，兼具充填锁扣空隙与阻断污染物绕流路径的功能；

（3）采用大深度 HDPE 膜复合垂直防渗墙施工工艺，HDPE 膜铺设效率可提高至

320m^2/d，保障大深度 HDPE 膜铺设施工；

（4）建立了大深度 HDPE 膜复合垂直防渗墙完整性检测流程和评价方法，根据抽水试验原理，提出连续稳定降深抽水-荧光素钠示踪剂检测的完整性评价方法，为垂直防渗墙整体完整性的检验提供技术支撑。

参考文献

[1] 曾兴，詹良通，陈云敏，等. 有机污染物在 HDPE 膜-膨润土复合防污帷幕中的一维扩散解析解［J］. 环境科学学报，2013，33（10）：2786-2794.

[2] On the use of geomembranes in vertical barriers［C］//Proceedings of the Geo-Denver 2000：Advances in Transportation and Geoenvironmental Systems Using Geosynthetics，Denver，Colorado，2000. ASCE：Reston，VA，2000.

[3] QIAN X，ZHENG Z，GUO Z，QI C，LIU L，LIU Y，ZHEN S，DING S，JIN J，WANG Y，GE Y. Applications of geomembrane cutoff walls in remediation of contaminated sites［C］//Proceedings of the Proceedings of the 8th International Congress on Environmental Geotechnics，Hangzhou，2018. Springer：Singapore.

[4] A continuous barrier from bottom to crown in hydraulic earthfield structures［M］//DENHOEDT G. The 4th International Conference on Geotextiles，Geomembranes and Related Products. The Hague. Balkema：A. A. Balkema. 1990：425-429.

[5] BRUNETTE P，SCHMEDNECHT E. Vibrating beam，curtain wall and jet grouting used to form a vertical barrier wall［M］. Polluted and Marginal Land′95. London，England. 1995.

[6] Reach 11 dikes modification：A vertical barrier wall of HDPE geomembrane［M］. Geosynthetics′95 Conference. Nashville，TN. 1995：147-160.

[7] BRUNETTE P T，PIERCE D A H. Recent developments for the containment of lateral migration of petroleum hazardous waste in ground water［M］. Petro-Safe 94. Houston，Tex. 1994：171-182.

[8] HENRY K S，COLLINS C M，RACINE C H. Use of geosynthetics to prevent white phosphorus poisoning of waterfowl in eagle river flats，Alaska［M］. Geosynthetics′95 Conference. Nashville，TN. 1995：483-496.

[9] OWAIDAT L M，DAY S R. Installation of a composite slurry wall to contain mine tailing［M］. The 5th International Conference on Tailings and Mine Waste′ 98. Colorado，USA：A. A. Balkema. 1998：421-429.

[10] WILSON F R，JANSSENS J. Geomembrane cutoff wall installation utilizing a narrow trench technique［M］. The 7th International Conference on Geosynthetics. Nice，French. 2002.

[11] BERTHIER D，RYAN C R，VINCENT P J P. Composite slurry wall and liner-A full scale test［C］//Proceedings of the Geo-Frontiers 2011：Advances in Geotechnical Engineering，Dallas，TX，2011. ASCE：Reston，VA，2011.

[12] 能昌信，孙新宇，徐亚，等. 垂直 HDPE 膜安装过程的电学破损检测方法［J］. 环境工程学报，2018，12（1）：349-355.

SX50 超深双轮铣槽机的设计与施工应用

张尚坤
（上海金泰工程机械有限公司，上海 201805）

摘　要：SX50 双轮铣槽机是超深地下连续墙工程及复杂地层的施工利器，可以满足 200m 槽深的施工要求。其采用了油电混合动力系统、专用履带底盘系统、超深轨链同步系统、微量进给铣削系统、160kN・m 大扭矩铣轮等核心技术，整机稳定性好、施工高效、节能环保；同时采用了独具特色的气举反循环排渣工艺，铣削效率高。SX50 双轮铣槽机在四川狮子坪水电站超深地下连续墙项目中创造了 145m 槽深的全新纪录，是国产双轮铣槽机之光。

关键词：双轮铣；油电混合；专用底盘、超深轨链；大扭矩铣头；气举反循环排渣

Design and Construction Application of SX50 Ultra-deep Double Wheel Trench Cutter Machine

Zhang Shangkun
(Shanghai JinTai Engineering Machinery Co., Ltd., Shanghai 201805, China)

Abstract: SX50 double wheel trench cutter machine is a powerful tool for the construction of ultra-deep diaphragm wall projects and complex stratum, which can achieve the construction requirements of 200 meters deep groove. It has a petrol-electric hybrid system, special track chassis system, ultra-deep rail chain synchronization system, micro feed milling system, 160kN. M-large torque milling wheel and other core technologies, high stability of the whole equipment, efficient construction, energy conservation and environmental protection; At the same time, the unique air lift reverse circulation slag removal process is adopted, which has high milling efficiency. SX50 double wheel trench cutter machine has created a new record of 145m groove depth in the super deep diaphragm wall project of Sichuan Shiziping Hydropower Station, and is the light of domestic double wheel trench cutter machine.

Key words: Double wheel trench cutter; Petrol-electric hybrid system; Special chassis and ultra-deep rail chain; High torque milling wheel; Gas lift reverse circulation slag removal

0　引言

双轮铣槽机是超深基础施工领域内工法最先进、技术复杂程度最高的地下连续墙（简

作者简介：张尚坤，工程师，从事桩工机械整机产品的研发设计及项目管理工作，E-mail：zsk343453811@163.com。

称地连墙）施工设备，具有成槽精度高、质量好、效率高、破岩能力强、适应地质范围广、低振动、对周边环境影响小等特点，主要应用于城市地铁、大桥锚锭、水利水电和高层建筑等深基础工程中防水墙、挡土墙、承重墙的入岩施工，被誉为桩工机械“皇冠上的明珠”。

2011 年上海金泰开始研发国产双轮铣，经过多年的不断研究探索和技术改进，已经形成了独具金泰特色的系列化双轮铣产品。

随着大型水电、水利工程，跨海、跨江大桥以及超深竖井和基坑等工程的不断增多，同时城市地下空间的大力开发和利用已成为城市发展的趋势；双轮铣槽机作为专用的地连墙施工设备，未来有着巨大市场需求。

因此，十年磨剑，金泰公司研制出了具有自主知识产权、创新技术、适用于 200m 超深地连墙工程施工的双轮铣槽机。该设备在四川狮子坪水电站超深地连墙项目中创造了 145m 槽深的全新纪录。

1　SX50 双轮铣主体结构及技术参数

1.1　SX50 双轮铣主体结构

SX50 双轮铣槽机（图 1）是上海金泰在多年专业从事双轮铣槽机研发制造的基础上、广泛吸收国内外先进技术，全新开发的中置式气举反循环排渣工艺基础施工设备。具有施工效率高、成槽质量好、整机稳定性强、成槽精度高、低振动、低噪声等优点。

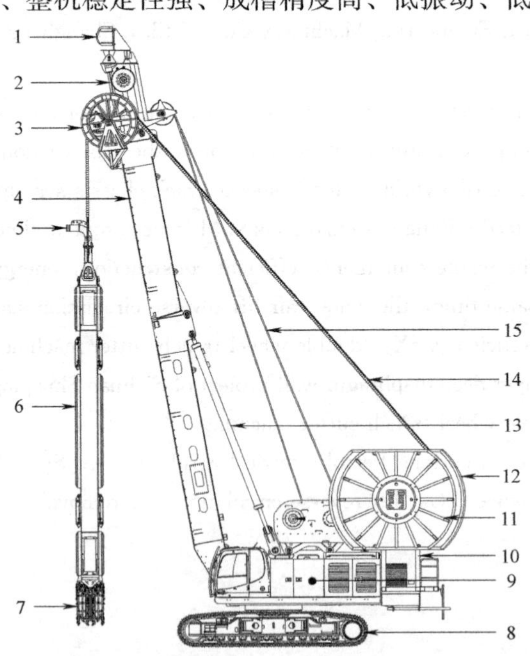

1—渣管卷扬机；2—天车总成；3—轨链导轮；4—桅杆；5—排渣管及弯头；6—双轮铣斗架体；7—铣轮总成；8—履带底盘；9—上底盘；10—液压动力站；11—主卷扬机；12—轨链绞盘；13—起塔油缸；14—油管轨链；15—主卷扬钢丝绳

图 1　SX50 双轮铣主体结构

1.2 SX50 双轮铣主要技术参数

SX50 双轮铣主要技术参数　　表 1

技术参数	参数值	技术参数	参数值
成槽深度(m)	200(max)	泵站型号	YZ200
成槽宽度(mm)	800～1500	泵站功率(kW@rpm)	200@1488
铣轮最大扭矩(kN·m)	2×160	整机高度(m)	21
铣轮转速(rpm)	0～20	整机重量(不含双轮铣)(t)	150
卷扬最大提升力(kN)	800	双轮铣最大重量(t)	50
发动机型号	QSX15	系统压力(MPa)	35
发动机功率(kW@rpm)	380@1800	系统流量(L/min)	2×435+400

2 SX50 双轮铣主要系统部件设计

2.1 油电混合动力系统

SX50 双轮铣槽机采用了油电混合动力系统，施工高效、节能环保。

(1) 柴油机

发动机选用美国原装进口康明斯 QSX15 电控涡轮增压发动机（图 2），国Ⅲ排放标准，节能环保，动力强劲，足够的动力储备满足高原施工、噪声达到国家标准（表 2）。

QSX15 发动机主要技术参数　　表 2

技术参数	参数值
发动机型号	QSX15
额定功率(kW)	380
转速(rpm)	1800
满足排放标准	U. S. EPA Tier 3
	EU Stage ⅢA
	GB 20891—2014 Stage Ⅲ
燃油箱容积(L)	910

(2) 液压动力站

配置金泰自研的 YZ200 型液压动力站（图 3），为双轮铣提供附加动力。采用西门子原装进口 200kW 电机驱动，节能高效、噪声低。

本液压动力站采用封闭式结构，由油箱、泵装置、电磁阀组、油冷组、过滤器组、管路及附件等组成，系统设计先进、合理、美观大方，负荷适应能力强，电机配软启动器，起动平滑、冲击小，安全。

图 2　QSX15 发动机外观

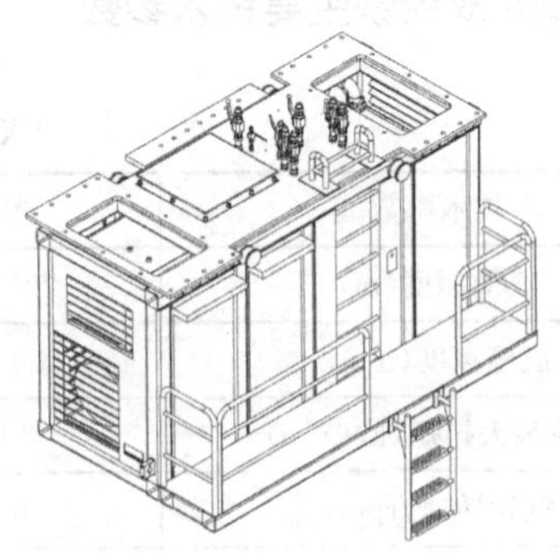

图 3　YZ200 型液压动力站

2.2　双轮铣专用履带底盘

SX50 双轮铣采用专用履带底盘（图 4），重型液压可伸缩式履带，加长可折叠式 H 梁，消除间隙，增大接触比，消除履带翘边问题；动力足、结构强、工作稳定、运输方便。履带底盘主要技术参数见表 3。

履带底盘主要技术参数　　**表 3**

技术参数	参数值	技术参数	参数值
最大回转速度(rpm)	2	履带接地长度(mm)	5300
履带宽度(mm)	3500～5000	行走速度(km/h)	1.5
履带板宽度(mm)	900		

2.3　超深轨链同步系统

SX50 双轮铣槽机配置了超深轨链同步系统，可以满足 200m 地下连续墙槽深施工。

(1) 轨链结构特点

轨链绞盘钢丝绳采用分段对接结构，便于钢丝绳的维护、更换，液压油管采用进口品牌、大通径、多层高强度油管，降低管路损失，提高液压效率及油管使用寿命（图 5）。

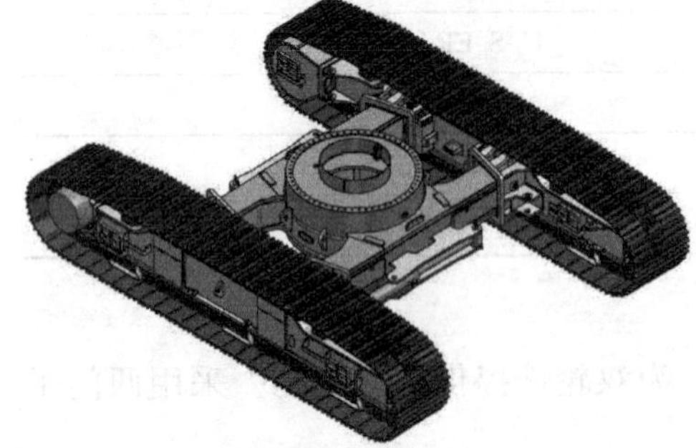

图 4　专用履带底盘

图 5　SX50 双轮铣轨链绞盘外观及结构

(2) 轨链绞盘控制原理

为了适应超深地连墙的施工要求，卷管系统创新式采用内穿钢丝绳轨链导向技术，设计适应标准施工深度 150m，可扩展至 200m 深。采用力士乐双马达减速器驱动绞盘提升和下放，采用先进的电液控制同步技术，保证工作油管、电缆线、气管等与双轮铣工作装置同步提升和下放，同时采用内穿钢丝绳轨链技术大大提高了工作油管的使用寿命（图 6）。

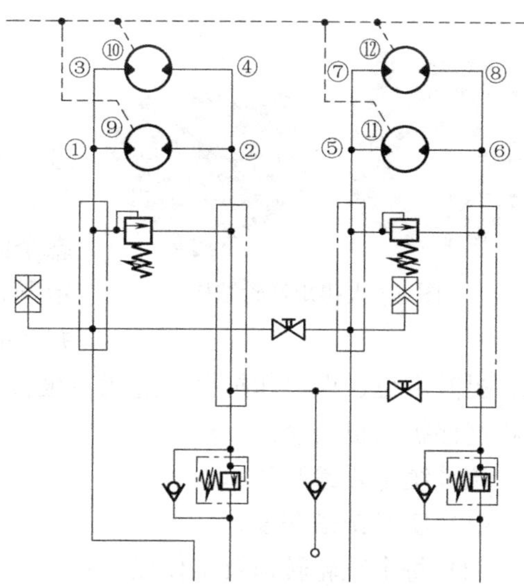

图 6　轨链绞盘控制原理

2.4　微量进给铣削系统

SX50 双轮铣槽机配置了微量进给铣削系统，可以达到毫米级的慢速铣削施工，完全满足硬岩施工时缓慢进给需求。

（1）微量进给机构结构特点

具备专利技术的微量进给机构（图 7），在双轮铣工作时主卷扬机锁定不工作，通过设置在主天车内的浮动液压缸可自动慢速下放双轮铣架体，实现微量进给铣削。

（2）微量进给控制原理

浮动液压缸主要是用来控制双轮铣的微量进尺动作，一般双轮铣施工中切削的都是硬岩地层，铣削速度需要很慢，采用浮动液压缸技术通过电磁比例阀的控制可以控制铣轮的进尺速度精确到 5mm/min 以内（图 8）。

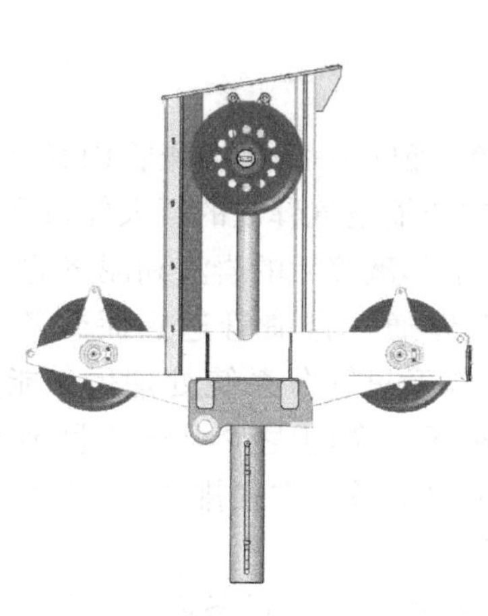
图 7　微量进给机构

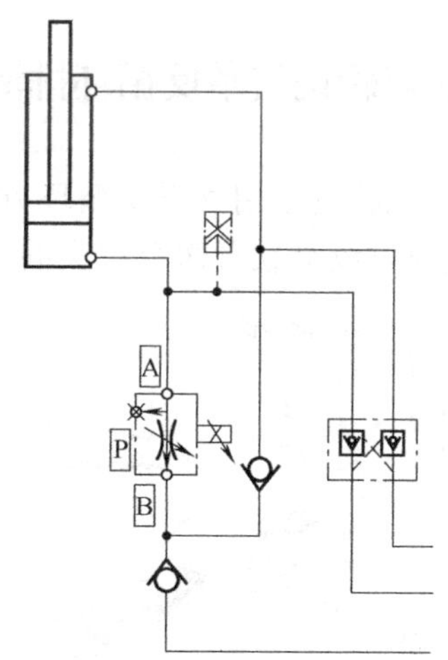

图 8　微量进给控制原理

2.5　160kN · m 大扭矩铣轮

SX50 双轮铣槽机配置了超大扭矩铣轮（图 9），最大扭矩 160kN · m，可满足超硬岩施工。铣头配置可自由活动的摆齿机构，破岩速度快；采用进口轴承及密封，配置压力平衡自适应系统，深水工作可靠性高；同时配置了大扭矩缓冲圈，有效降低减速箱的大负载冲击。施工效率高、破岩能力强、适应地质范围广，是超深地连墙工程的施工利器。

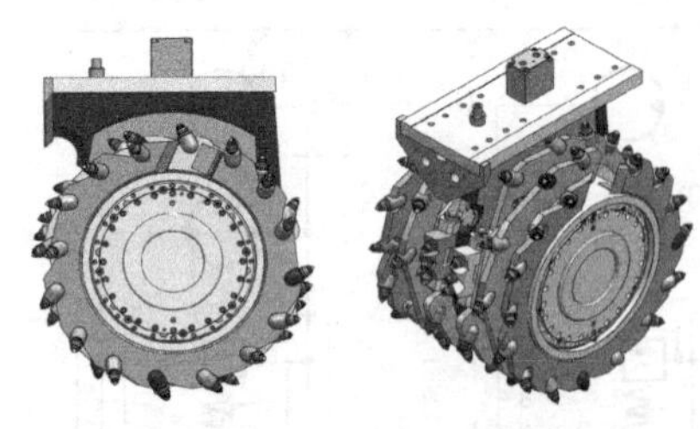

图 9　大扭矩铣轮结构

2.6　SX50 双轮铣电气控制系统

电气系统（图 10）针对双轮铣施工工艺，应用先进的智能控制技术、集成电路技术和 CAN 总线虚拟仪表技术。施工工况实时检测、存储及显示，设备状态全面监控，故障自动诊断报警。驾驶室配置大屏显示器，设备状态参数、成槽曲线、成槽深度自动检测并实时显示；触屏操作，人机交互良好。拥有变幅限位、提升限位、误操作报警、过滤器报警、维修保养提示等各种安全报警和提示信息，最大程度保护人机安全。

该系统主要参数显示：

（1）实时铣槽深度；

（2）每个铣轮转速及工作压力；

（3）铣槽进尺情况；

（4）铣槽垂直度及 X、Y 两个方向的偏斜度；

（5）进给力控制显示；

（6）液压油漏油报警、过载报警。

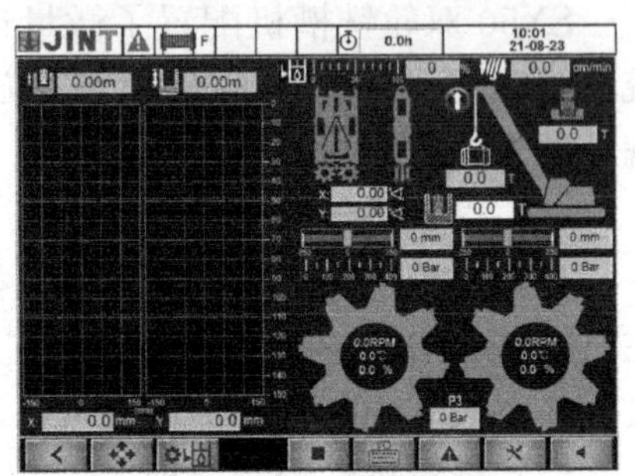

图 10　电气系统控制原理

除上述基本工作参数外，整机工作参数（如发动机参数）也可以监控和记录。整机工作即时状态和故障信息的显示，对现场服务人员及时有效地排查设备故障非常有价值。

3　SX50 双轮铣气举反循环排渣优势

SX50 双轮铣采用气举反循环方式排渣是金泰特色，独具一格。排渣管内径 200mm，压缩空气通过绞盘软管送至铣头混合器位置，排渣管内压缩空气释放的巨大能量产生压力差，抽吸混合器下部破碎后的岩渣和泥浆的混合体，并将气液渣混合体通过排渣管送到泥浆筛分系统（除砂机），混合体经过筛分系统处理后，能分离出渣土和岩屑，剩下干净的泥浆再被送回到槽段内（图 11）。相对于“泵举”方式排渣，“气举”方式排渣有其自身的优势：

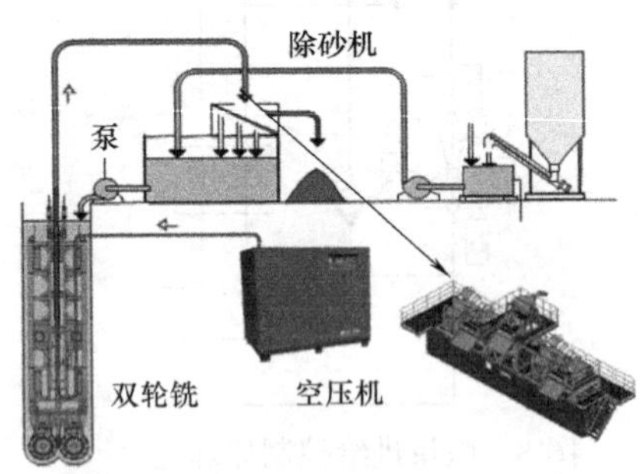

图 11　气举反循环排渣原理图

（1）功率消耗低，配套设备简单。只需配置相应功率的空压机和普通的排渣管、泥浆管，即可实现渣料及泥浆的远程输送；70m 深度槽深消耗功率小于 50kW，约为泵举的 1/3。

（2）维护成本低：气举方式的渣管和浆管均为普通的钢管和胶管，与泵举排渣方式比，没有机械密封件、叶轮磨损等易损易耗品，维护成本几乎为零。

（3）深槽采用气举方式排渣优势更加明显，深度越深，气举效果越好。

（4）吸渣口和排渣管通径大，双排多个吸渣口，且大粒径渣块的通过能力强，卵石地层更加明显，大直径卵石不需要重复破碎，可直接排出。

4　SX50双轮铣槽机施工应用

4.1　工程概况

狮子坪水电站（图12）是杂谷脑河“一库七级”梯级开发的第一级，是杂谷脑河梯级水电站开发的龙头水库水电站，该电站的修建，缓解了当地电力紧张，改善交通闭塞的一系列状况，为当地可持续发展做出巨大贡献。由于挡水建筑物为136m高的砾石土芯墙堆石坝，坝基为深厚覆盖层，采用河床全断面封闭的防渗处理形式，防渗墙底嵌入基岩深度为弱风化岩体1m以上，新建混凝土防渗墙布置在原坝基防渗墙上游侧，两墙净距4.9m、与坝基廊道净距2.75m；新建防渗墙共52幅，厚度为1.2m，最大成槽深度145m（从施工平台算起），成墙面积24600m^2，总长度292.8m。

图12　狮子坪水电站

4.2　地质情况

勘探揭示，坝基廊道处河床覆盖层厚度90～102m，其成因类型和成层结构复杂，厚度变化大，有远源的河流向冲积物，也有近源的崩坡积物。根据成因、物质组成、结构特征，由老到新可分为五层：①含砂漂（块）卵砾石层；②粉质壤土与粉细砂互层；③含砂漂（块）卵砾石层；④碎砾石砂层、粉质壤土层；⑤漂卵砾石层、弱风化岩层。

4.3　施工难点

（1）狮子坪大坝新建防渗墙距坝基廊道较近，对槽孔垂直度控制比较严格，对施工质量要求很高，必须满足2/1000成槽精度。

（2）超深地连墙施工，穿越卵石层、砂砾层，孤石层、弱风化岩层，孤石含量较多，易铣偏，145m超深。

（3）售后保障难度大，狮子坪水电站地处偏远，属西部高原气候区，配件需提前发送。

（4）施工环境恶劣，24h服务保障难度高。

4.4　施工工艺

根据本防渗墙的工程地质、深度、岸坡段墙底嵌入盖板混凝土、坝基廊道附近不得采

图 13　SX50 双轮铣现场施工图

用振动过大的设备，新建防渗墙主要采用金泰 SX50 双轮铣＋金泰 SG 液压抓斗＋金泰 SH 旋挖钻机＋冲击钻机＋金泰旋挖钻机改装组合的设备进行施工（图 13）；施工工艺：先用冲击锤和 SH 旋挖打主眼 1、3、5，再用 SG 抓斗抓至 80m，最后用 SX 铣槽机成槽 145m；防渗墙施工分两期进行，先施工一期槽段，再施工二期槽段。

新建防渗墙一期槽孔和二期槽孔长度均为 6.8m。每个槽孔分为 3 个主孔、2 个副孔，主孔长度 1.2m，副孔长度 1.6m；河床段防渗墙典型槽孔划分见图 14。

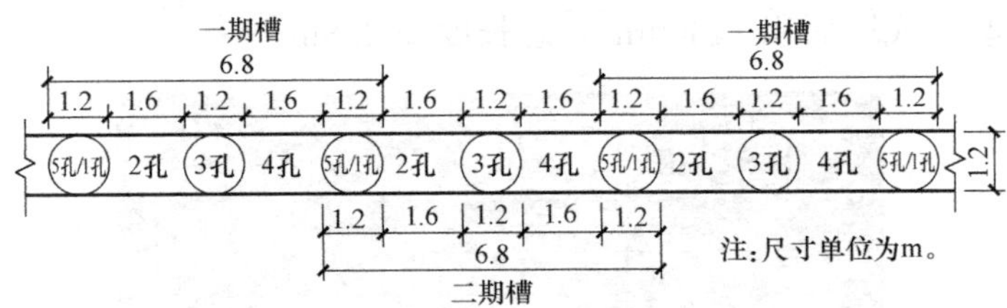

图 14　防渗墙典型槽孔划分示意图

4.5　施工效率

新建防渗墙共 52 幅，厚度为 1.2m，最大成槽深度 145m。截至目前 SX50 双轮铣槽机共完成 12 幅超 100m 的超深槽，其中 145m 超深槽完成 6 幅，平均 8～9d 完成一幅；100m 以上的超深槽完成 6 幅，平均 6～7d 完成一幅。

4.6　成槽质量验证

SX50 双轮铣槽机成槽后，采取超声波检测仪进行检测，严格要求对防渗墙终孔、清孔重要工序实行三检制制度，施工班组负责完成工序的初检，现场值班人员完成工序的复检，质量负责人完成工序的终检，合格后向监理提交检测记录并申请监理验收（图 15）。

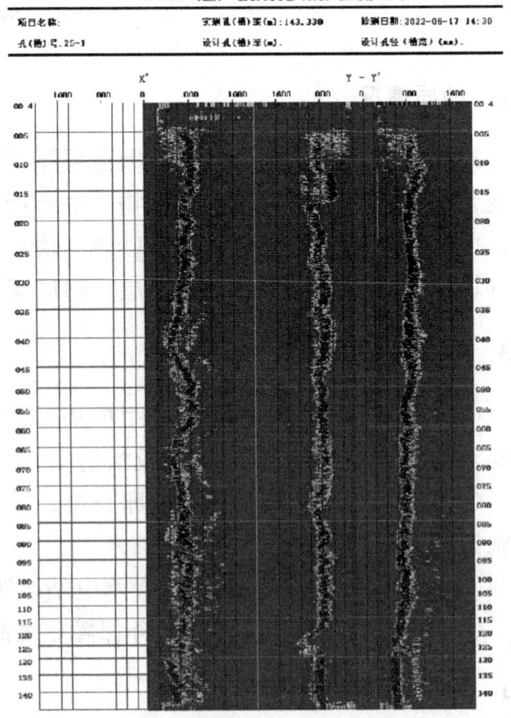

图 15　超声波成槽检测记录

施工过程中，通过先进的电控系统对施工工况实时检测，对设备状态参数、成槽曲线、成槽深度自动检测并实时进行纠偏，严格控制成槽垂直度；最后终检每幅深槽均满足垂直度 2/1000 的施工要求。

5 结语

（1）SX50 双轮铣槽机专为超深地连墙工程施工而设计，采用了油电混合动力系统、专用履带底盘系统、超深轨链同步系统、微量进给铣削系统、160kN·m 大扭矩铣轮等具有自主知识产权的核心技术，同时采用了独具金泰特色的气举反循环排渣工艺，施工效率高，维护保养成本低。

（2）SX50 双轮铣槽机在四川狮子坪水电站超深地连墙项目中表现出色，整机高效、稳定，成墙质量可靠，垂直度均满足 2/1000 的施工要求，同时创造了全新深度的施工记录，是国产双轮铣槽机之光。

参考文献

[1] 杨武厂. 天津地区超深地下连续墙成槽关键技术 [J]. 地下空间与工程学报，2016（12）：291-295.

[2] 黄磊. 下部为岩石的地下连续墙冲抓破岩成槽施工 [J]. 施工技术，2003，32（9）：10-12.

[3] 陈志敏. 双轮铣槽机锥形铣齿在复杂硬岩地层施工中的改进 [J]. 建筑机械化，2016（2）：63-65.

[4] 王力权，于智锋. 液压抓斗和液压双轮铣槽机在防渗墙施工中的联合应用 [J]. 水电与新能源，2014（10）：24-28.

[5] 刘智勇，柴艳飞，智鹏，等. 复杂地质条件下地下连续墙施工关键技术 [J]. 天津建设科技，2016，26（1）：51-53.

[6] 巫环. 双轮铣槽机和冲孔钻机在地下连续墙施工中的联合应用 [J]. 西部探矿工程，2009（5）：191-193.

[7] 李杲杲. 双轮铣槽机在地下连续墙施工的应用 [J]. 中国西部科技，2010，9（8）：17-19.

[8] 齐峰. 致密卵石地层超深地下连续墙成槽技术探讨 [J]. 现代城市轨道交通，2017（6）：42-45.

[9] 罗反苏，潘岸柳，罗努银，等. 上软下硬的复杂地层中地下连续墙成槽施工技术 [J]. 建筑施工，2018，40（6）：827-829.

[10] 雷勇. 嵌岩地下连续墙施工技术应用与探讨 [J]. 铁道建筑技术，2014（2）：60-63+76.

45m超深微扰动四轴搅拌桩施工工艺现场试验

杜策[1,2,3]，李青[4,5]，张振[1,2]，王理想[6]，郁文博[7]

（1. 同济大学 土木工程学院 地下建筑与工程系，上海 200092；2. 同济大学 岩土及地下工程教育部重点实验室，上海 200092；3. 上海渊丰地下工程技术有限公司，上海 201015；4. 华东建筑设计研究院有限公司，上海 200011；5. 上海基坑工程环境安全控制与工程技术研究中心，上海 200011；6. 上海市基础工程集团有限公司，上海 200433；7. 上海工程机械厂有限公司，上海 201901）

摘　要：微扰动四轴搅拌桩（MFP工法）具有施工数字化程度高、桩体均匀性好、环境影响小等特点，可一杆到底施工深度45m的搅拌桩。在上海典型地层上开展了45m超深四轴水泥土搅拌桩现场试验研究。结果表明：（1）数字化施工控制系统能够准确控制和调节关键施工参数，单根桩平均施工时间约160min，工效较加接钻杆的三轴搅拌桩大幅提高；（2）所用的水泥掺量与平均水胶比较小，实测的置换率约为23.9%。试验结果为上海地区及其他省市大于35m深的搅拌桩施工提供了重要的参考和依据。

关键词：微扰动四轴搅拌桩；超深；数字化施工；施工工艺

Field Test on Construction Technology of Minor-disturbance Four-axial Soil Mixing Pile with 45 m Deep

Du Ce[1,2,3], Li Qing[4,5], Zhang zhen[1,2], Wang Lixiang[6], Yu Wenbo[7]

(1. Department of Geotechnical Engineering, College of Civil Engineering, Tongji University, Shanghai 200092, China; 2. Key Laboratory of Geotechnical and Underground Engineering of Ministry of Education, Tongji University, Shanghai 200092, China; 3. Shanghai Yuanfeng Underground Engineering Co., Ltd., Shanghai 201015, China; 4. East China Architecture Design & Research Institute Co., Ltd., Shanghai 200011, China; 5. Shanghai Engineering Research Center of Safety Control for Facilities Adjacent to Deep Excavations, Shanghai 200011, China; 6. Shanghai Foundation Engineering Co., Ltd., Shanghai 200433, China; 7. Shanghai Engineering Machinery Co., Ltd., Shanghai 201901, China)

Abstract: Minor-disturbance four-axial soil mixing pile (MFP construction method) has the characteristics of good pile uniformity, little impact on the surrounding environment, and high degree of digitization. The field test of 45m deep pile was carried out in typical strata of Shanghai. The results show that: (1) the digital construction controlling system can accurately control and adjust the key construction parameters. The average construction time of a single pile is about 160min, and the work efficiency is greatly improved com-

作者简介：杜策，博士研究生，总工程师，高级工程师，E-mail：78127107@qq.com。

pared with the triaxial mixing pile; (2) The amount of cement used and the average water cement ratio are both smaller than usual, and the soil replacement rate is about 23.9%. The test results provide an important reference and basis for the construction of ultra-deep minor-disturbance four-axial soil mixing pile in Shanghai.
Key words: Minor-disturbance four-axial soil mixing pile; Super-deep; Digital construction; Construction technology

0 引言

随着我国的城市化进程，城市地下空间的开发已逐步向深度发展。因此，基坑工程所需要的止水帷幕的加固深度逐渐变深。目前，40m 左右的止水帷幕主要有超深三轴搅拌桩、TRD 工法等厚水泥土墙及 CSM 工法等厚水泥土墙等。超深三轴搅拌桩施工时采用接钻杆的施工方式[1-4]，施工工效比较低，同时不具备数字化施工的能力；TRD[5]、CSM[6] 工法在一些基坑工程项目中取得了良好的效果，但其工效较慢，并且施工造价较高。因此，亟待开发施工质量稳定、配有先进数字化施工控制系统、经济高效的搅拌桩施工设备[7]。

图 1　微扰动四轴搅拌桩机

微扰动四轴搅拌桩，又称 MFP 工法，是一种全新自主研发的自动化程度高的搅拌桩工艺[8]。施工设备（图 1）配备了 2 个大功率变频电机，具备超深成桩的能力。采用特制桩架并配置 49m 钻杆，可以一杆到底实现 45m 成桩，避免了反复接、拆钻杆的程序，提高了工效。设备配置了四根中空的三通道异形钻杆，搅拌过程中每根钻杆均能喷射水泥浆液和空气。一方面，气体的介入可以有效减小土体搅拌时的阻力，辅助 7 层搅拌叶片，可以充分提高土体和水泥浆液的搅拌均匀性；另一方面，压缩空气可以一定程度上加快水泥土碳酸化反应的进程，加速水泥土强度的增长速度。设备配备先进的数字化施工控制系统，能够便捷的控制施工过程中浆液流量、加气量等施工参数，同时详细记录了不同地层中钻杆电流的变化情况，为详细的数据分析提供了可能。

本文开展了上海典型地层上微扰动四轴水泥土搅拌桩现场试验研究，试桩深度 45m。通过数字化施工控制系统的数据分析和现场监测，分析了成桩效果、质量和环境效应。研究成果可为软土地区超深软土加固提供工程指导。

1 设备简介

微扰动四轴搅拌桩在动力系统、桩架系统、搅拌系统、数字化施工控制系统等方面相较于传统搅拌桩设备有显著优势。

1.1 动力系统

动力系统由电机和减速箱组成，设备的主要动力来源于电机的输出功率，充足的动力是深桩施工时的一大保障。将三轴、五轴和微扰动四轴搅拌设备动力参数进行了对比分析，见表1，可以看到微扰动四轴搅拌桩具有更大的电机功率和较高的扭矩。

搅拌桩动力参数对比 **表1**

项目	三轴搅拌桩	五轴搅拌桩	超深三轴搅拌桩	微扰动四轴搅拌桩
钻杆直径(mm)	ϕ850	ϕ850	ϕ850	ϕ850
钻杆中心距(mm)	600	600	600	650
最大钻孔深度(m)	30	40	55	45
钻杆额定转速(r/min)	16.6	15.6	14.2	15.62～46.86
钻杆额定扭矩(kN·m)	34.5	40.5	40.5	48.9
电动机额定功率(kW)	180(90×2)	330(110×3)	180(90×2)	320(160×2)

搅拌桩施工时搅拌次数越多，拌和越为均匀。搅拌次数同搅拌叶片数量和钻杆转速呈正比，同提升速度呈反比。超深三轴搅拌桩钻杆转速较低，为满足搅拌次数要求，不仅需要保证足够的叶片数量，同时钻头下沉和提升速度都不能过快，否则浆液将得不到充分搅拌。微扰动四轴搅拌桩采用了变频电机，下沉阶段慢速施工，控制动力输出平稳，以减少对周边土体的扰动。提升阶段维持较高的转速，确保了搅拌次数，使得浆液和土体搅拌均匀。

1.2 桩架系统

近年来媒体报道了多件桩架倾覆事故，超深搅拌桩桩架的稳定性对施工安全来说至关重要。微扰动四轴搅拌桩采用挂载能力更强、稳定性更高的MFP桩架系统，相较常规桩架体系，其不仅高度较大，在拉拔力、电机功率方面有显著提升（表2）。

桩架系统比较 **表2**

桩架编号	JB170	JB180	MFP
立柱总长(m)	23～53	21～60	50～55
最大拉拔力(kN)	743	623	1200
平均接地比压(MPa)	≤0.1	≤0.1	≤0.1
电动机功率(kW)	45	45	75
桩机总重(t)	≈175	≈195	≈200

MFP工法桩架高度确保能够一杆到底施工45m深桩，同时较大的拉拔力防止埋钻等事故的发生。整机重量确保桩架稳固，同时接地比压与常规搅拌桩设备持平，对场地要求不致过高。

1.3 搅拌系统

（1）搅拌喷射工艺

如图 2 所示，微扰动四轴搅拌桩 4 根钻杆内部均配置 2 根浆液管和 1 根气体管，成桩过程中钻头上可以同时喷射浆液和压缩空气，避免了有些钻杆喷浆、有些钻杆喷气带来的桩身强度平面分布不均匀的问题。同时，由于每根钻杆均有压缩空气的介入，可以充分减小搅拌阻力有助于在较硬的黏土和砂土中的施工，有利于水泥浆液和土体的充分搅拌[9]。

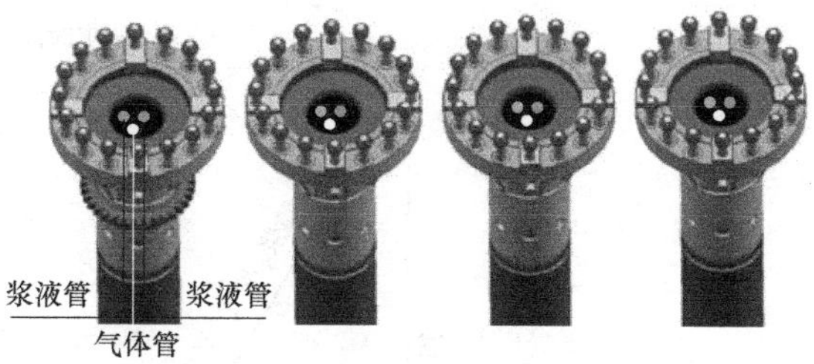

图 2　钻杆内部喷浆（气）管布置

微扰动四轴搅拌桩的钻头上设置了 7 层可变角度的搅拌叶片，单点土体搅拌次数可达 50 次，远超规范建议的 20 次的要求；搅拌钻头上配置了差速叶片，成桩过程中不随钻杆转动，可以有效防止黏土泥球的形成。这样既增加了土体搅拌的次数，也能防止搅拌过程中大的土块的形成，保证了土体与浆液的搅拌均匀性。

（2）上下转换喷浆

微扰动四轴搅拌桩采用上下转换喷浆技术。搅拌钻头上设置了上下两层喷浆口，下沉时开启下喷浆口，喷出的浆液在上部搅拌叶片的作用下和土体充分搅拌；转为提升时，关闭下喷浆口，同时开启上喷浆口，这样上喷浆口喷出的浆液在下层叶片的作用下也能够和土体充分搅拌。

1.4　数字化施工控制系统

微扰动四轴搅拌桩设备配置了数字化施工控制系统，包含定位、控制和监控三个子系统，如图 3 所示，能够控制成桩自动化施工、实时记录施工过程参数、并对成桩过程进行监控和对异常情况进行预警。

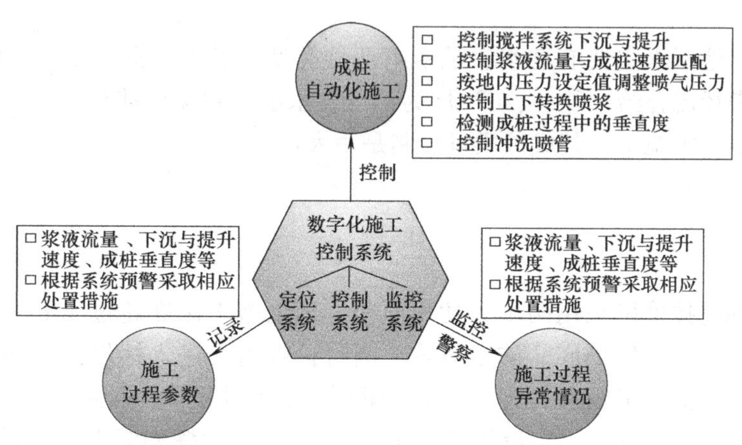

图 3　数字化施工控制系统

试验桩施工前，根据经验预估施工参数，输入数字化施工控制系统，系统控制自动成桩。施工过程中遇到的一般问题，如钻进困难、浆液量不足等异常，系统会自动报警并按照预定程序处理，必要时辅以人工干预。

数字化施工控制系统控制单桩施工，按照图 4 所示过程，分为下沉、桩底施工、提升三个阶段，整体成桩历程曲线呈现“W”形。

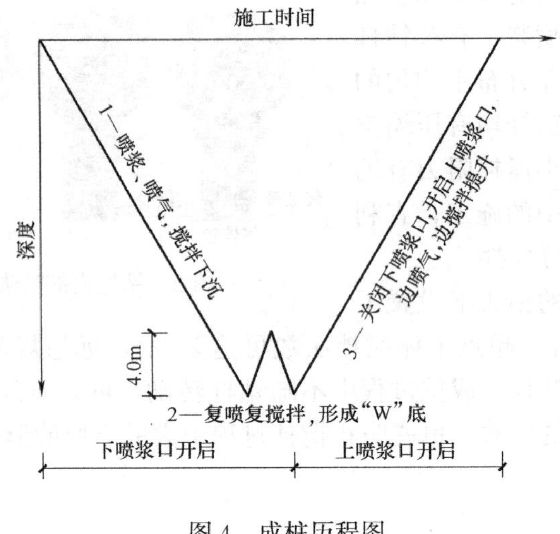

图 4　成桩历程图

2　地质条件

试验场地位于上海市奉贤区。根据地质资料，场地平坦，属于上海地区“滨海平原”地貌类型，浅部分布有软土，地层分布整体较为稳定。

如图 5 所示，浅部地层土质软弱，有浜填土分布，③、④层淤泥质土厚度合计约 13.6m，其含水率大、强度低、具有高压缩性。下部⑤层土强度一般，其中$⑤_{3\text{-}2}$层砂质粉土层强度相对较高，$⑦_f$层为粉砂，标贯击数达到 60 击，具有较高强度和渗透性，物理力学性质较好。

场地涉及的地下水主要有潜水、承压水两种类型。潜水埋深约 1.2～1.5m，主要受大气降水及地表径流补给。$⑤_{3\text{-}2}$、$⑦_f$层为承压含水层。超深搅拌桩在深部粉土、粉砂并伴有承压水的地层中施工，其成桩质量控制是一大难点。

3　试验方案

微扰动四轴搅拌桩机采用两个大功率电机，理论施工深度超过 45m。但在这样一个比较大的深度，采用一杆到底的施工方式，同时桩端需要进入标贯击数 60 击的粉砂层，对多轴搅拌桩施工提出了较大挑战。水泥土搅拌墙施工过程中，遇到粉土、粉砂等渗透性较好的地层，往往需要掺入一定量的膨润土[10,11]。通过发挥膨润土浆的触变性，在砂层中起到护壁作用。不少学者对添加膨润土后搅拌桩的物理力学性质进行了研究[12,13]，但对添加膨润土浆液后设备钻杆电流及浆液量的影响，却研究较少。

为确定膨润土添加对微扰动四轴搅拌桩钻杆电流及浆液流量的影响，选取试验桩 SZ2 在进入粉砂层时添加钻井专用钠基膨润土，如表 3 所示，以对比效果，膨润土在施工前已经水化 24h。

桩长及外加剂参数表 **表 3**

试验桩编号	桩长(m)	外加剂
SZ1	45	无
SZ2	45	桩端 5m 范围添加膨润土 5kg/m³

搅拌桩在实际应用过程中，为优化设计方案，设备可根据地质条件、施工工况等因素进行变掺量施工。本次检验超深搅拌桩变掺量控制，对 SZ2 的水泥掺量根据深度分 3 段控制（表 4）。

水泥掺量表 **表 4**

试验桩编号	桩长(m)	水泥掺量(%)
SZ1	45	13
SZ2	45	0～10m 水泥掺量 6 10～16m 水泥掺量 10 16～45m 水泥掺量 13

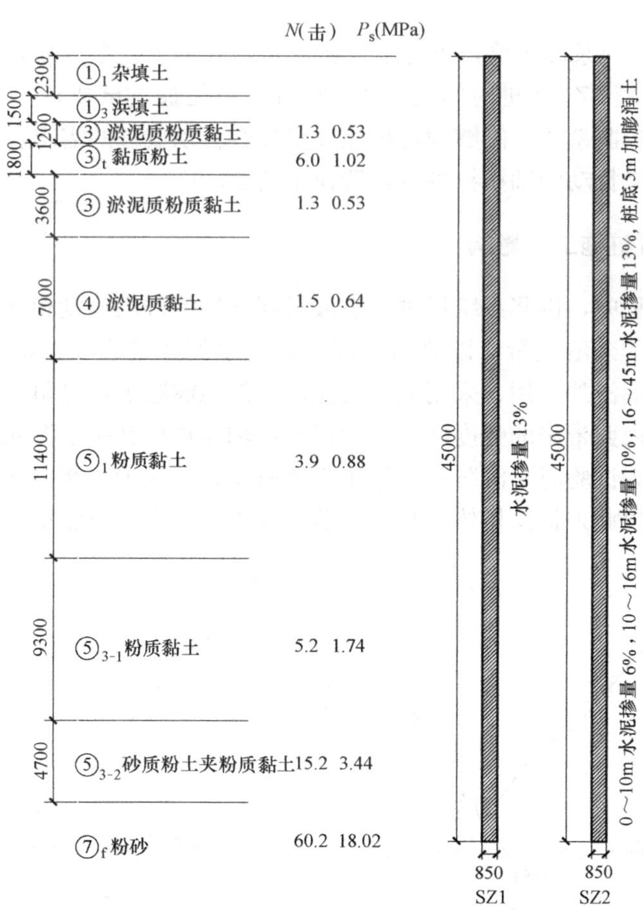

图 5 地层剖面图

试成桩钻头下沉时水胶比为 1.5，下沉速度设定为 0.5m/min；提升时水胶比为 0.8，提升速度设定为 1.0m/min。

4 成桩过程与结果分析

4.1 成桩过程

试验桩桩端进入⑦$_f$ 粉砂层 2.2m，钻头钻进至预定标高后，设备数字化施工控制系统弹出确认桩底的菜单，经过技术人员确认后，钻杆反转提升，开始提升段施工。桩底位置进行复喷复搅，确保成桩质量，整体成桩历程曲线呈现“W”形。

如图 6（a）所示，SZ1 共计耗时 173min。图中曲线斜率代表了成桩过程中钻头下沉或提升的速度大小。试验前设定的下沉速度为 0.5m/min，提升速度为 1.0m/min，所以成桩历程曲线下沉段和提升段斜率差异较为明显，也符合试验初期的设定。图 6（a）中 0～7000s 为下沉阶段，可以看到在深度 30m 位置，曲线斜率变缓，这一区段钻头进尺缓慢。数字化施工控制系统监控到此现象后，自动提高了浆液供给量，很快曲线斜率恢复。

SZ2 在施工前，对浆液供给量进行了重新设定，改进工艺参数后，共计耗时 161min，如图 6（b）所示，较 SZ1 成桩时间缩短了 12min。可见通过试成桩，得到施工工艺参数后输入数字化施工控制系统，能够满足按照设定参数自动成桩的需求。通过对施工过程中单桩置换土测算，微扰动四轴搅拌桩单桩置换土约 23.9%。

4.2 浆液流量对成桩施工的影响

搅拌桩施工过程中，供浆系统提供的浆液量同钻杆的进尺速度相互匹配，下沉速度快时，需要提供较大的浆液流量，以此来保证整桩的水泥掺量均匀。浆液在钻头钻进过程中，还起到减阻和润滑的作用。采用大水胶比，固然能够减少钻进阻力，但同时需要提高水泥掺量，以弥补由此带来的强度降低。微扰动四轴搅拌桩钻头下沉和提升阶段可以分别设置不同的水胶比，试验时下沉阶段采用 1.5 水胶比，并减少喷浆占比，将低水胶比的浆液用在提升阶段，以此来提高桩体质量。试验过程中喷浆占比及流量参数见表 5。

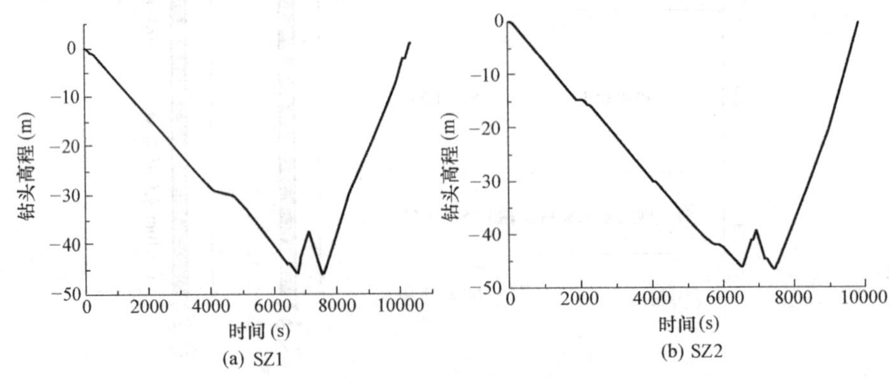

(a) SZ1　(b) SZ2

图 6　成桩历程曲线

施工时下沉喷浆占比及流量参数 **表 5**

编号	桩深(m)	水泥掺量(%)	下沉喷浆占比(%)	理论单杆喷浆流量(L/min)
SZ1	0～30	13	30	32.7
	30～45	13	70	76.2
SZ2	0～10	6	30	15.1
	10～16	10	40	33.5
	16～40	13	50	54.4
	40～45	13	60	65.3

试验桩 SZ1 下沉段喷浆占比 30%，理论单钻杆喷浆流量 32.7L/min。施工至 30m 左右时（⑤$_{3-1}$ 粉质黏土），进尺较为困难，喷浆占比提高至 70%后，顺利施工至底［图 7（a)］。SZ2 更改施工参数，设置了多段不同的喷浆占比，如表 5 所示。浆液的用量不同，实现了单桩在不同深度水泥掺量的控制［图 7（b)］。

通过试验，总结了本地层情况下，浆液所需量同深度的对应关系，如表 6 所示。随着成桩深度的增加，土体强度逐步增大，钻进所需的浆液流量应同步增加。

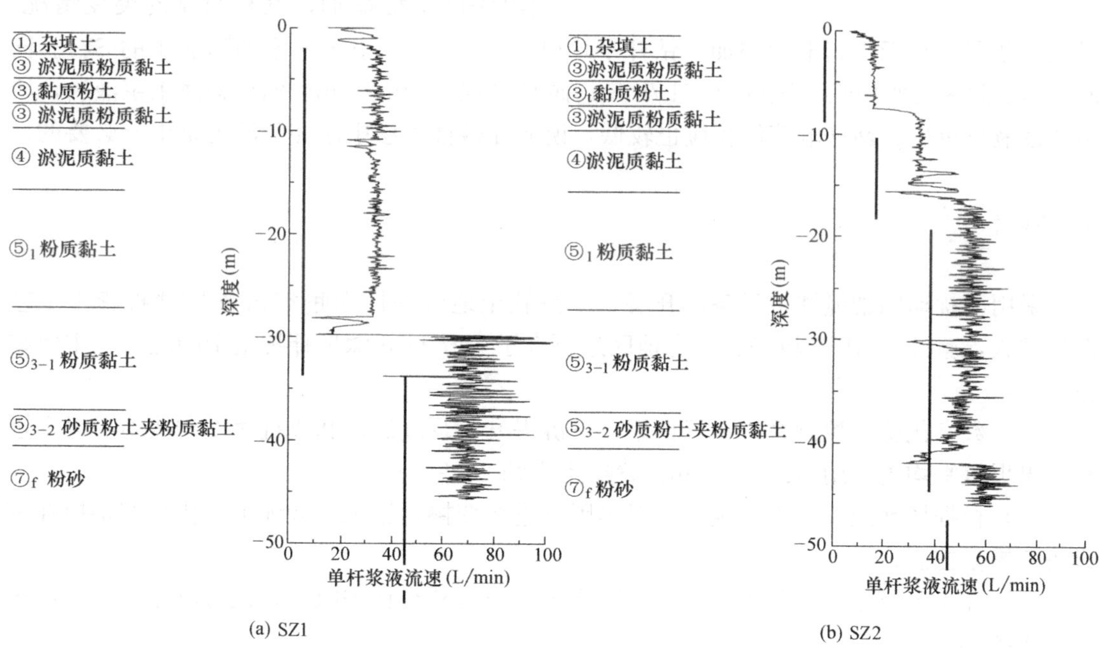

图 7 成桩浆液流速与地层对应关系

浆液用量建议值与成桩深度关系表 **表 6**

地层深度(m)	单杆浆液流量(L/min)
0～25	15～35
25～40	35～65
40～45	60～80

4.3 膨润土对钻进的影响

试验桩桩端进入⑦$_f$ 粉砂层 2.2m，考虑到地层起伏及实际操作的便利性，SZ2 在 40m 位置添加膨润土浆液，浆液已经按照 1∶10 兑水并水化 24h。为避免膨润土浆液中大量的水提高了水泥浆液的水胶比，水泥浆拌制时，扣除了膨润土水化所用的水。浆液的拌制由数字化施工控制系统自动控制，仅需要施工前进行设定。

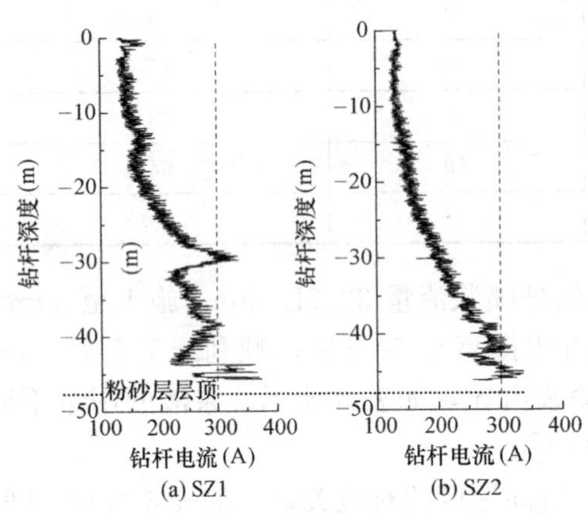

图 8 成桩钻杆电流随深度变化

施工过程电流值变化由系统自动记录，如图 8 所示。SZ1 在 30m 位置由于浆液过少钻杆电流发生突变，浆液量提高后，电流值下降。约 43m 深度进入粉砂层后，钻杆电流激增，超过 300A，此区域平均值达到 319A。SZ2 调整了施工参数后，可以看到钻杆电流值随深度平缓增加，没有明显的突变情况。进入粉砂层时基于膨润土的添加，钻杆平均电流约 300A，小于未添加膨润土的 SZ1。同时，SZ1 此区段所用浆液流量为 75L/min，而 SZ2 仅为 60L/min。添加膨润土浆液后，所需的浆液量更少、钻杆电流值相应也较低，说明在砂性土层中添加膨润土是十分必要的。

5 结语

采用微扰动四轴搅拌桩设备，开展了上海软土地区一杆到底 45m 深搅拌桩施工工艺现场试验，验证了 MFP 设备在上海地区进行大于 40m 的超深搅拌桩施工的能力。主要结论如下：

（1）数字化施工控制系统运行良好，下沉提升、浆液流量和成桩速度均按施工设定进行，单根桩平均施工用时约 160min，置换土率约 23.9%；

（2）根据场地地质条件、施工工况等因素进行变掺量施工，验证了微扰动四轴搅拌桩设备变掺量控制；

（3）在粉砂层施工过程中添加钠基膨润土浆液可减小钻进阻力，设备电流及浆液流量也随之减小。

参考文献

[1] 章兆熊，李星，谢兆良，等. 超深三轴水泥土搅拌桩技术及在深基坑工程中的应用 [J]. 岩土工程学报，2010，32 (S2)：383-386.

[2] 温卫军，张毅民，张仁辉. 硬砂地质超深三轴搅拌桩钻进施工技术 [J]. 地基处理，2021，3 (2)：116-180.

[3] 张培印，王维，程长宏. 超深双轴搅拌桩法在海相沉积软黏土地层中的应用 [J]. 地下工程与隧道，2019，1：13-15.

［4］ 杨学军，姜炜华. 超深三轴搅拌桩止水帷幕关键技术在深基坑中的应用［J］. 施工技术，2018，47（6）：28-30.

［5］ 邸国恩，黄炳德，王卫东. 敏感环境深基坑工程 TRD 工法等厚水泥土搅拌墙设计与实践［J］. 岩土工程学报，2014，36（S1）：25-30.

［6］ 李成巍，梁志荣，魏祥，等. CSM 工法在软土地区深基坑承压水控制中的应用［J］. 岩土工程学报，2019，41（S2）：125-128.

［7］ 王卫东，徐中华. 基坑工程技术新进展与展望［J］. 施工技术，2018，47（6）：53-65.

［8］ 上海市土木工程学会. 微扰动四轴搅拌桩技术标准：T/SSCE 0002—2022［S］. 北京：中国建筑工业出版社，2022.

［9］ Puller M. Deep excavations：a practical manual-2rd edition. Thomas Telford.

［10］ 胡文东，揭光焕，蔡铭辉，等. 双轮铣削搅拌水泥土墙（CSM 工法）在砂、岩复杂地质条件下深基坑中的应用［J］. 地基处理，2021，3（5）：440-446.

［11］ 王卫东，翁其平，陈永才. 56m 深 TRD 工法搅拌墙在深厚承压含水层中的成墙试验研究［J］. 岩土力学，2014，35（11）：3247-3252.

［12］ 王泽东，周盛涛，方文，等. 膨润土改性水泥土力学特性试验研究［J］. 盐酸盐通报，2019，38（10）：3287-3292.

［13］ 黄亮. 水泥-膨润土泥浆垂直防渗墙室内配合比试验研究［D］. 上海：同济大学，2008.

管桩施工工法与装备技术研究新进展

朱建新[1,2,3]，朱振新[2,3]，陈梓林[2,3]，屈乐宏[2,3]

（1. 中南大学高性能复杂制造国家重点实验室，湖南 长沙 410083；
2. 山河智能装备股份有限公司国家级企业技术中心，湖南 长沙 410100；
3. 湖南省岩土施工装备与控制工程技术研究中心，湖南 长沙 410100）

摘　要：管桩特别是高强度预应力管桩由于其工业化生产、承载力高、质量可控可靠的特点，加之其直径越来越大的趋势，应用范围也越来越广。针对不同地质条件和工程应用需求的不同直径管桩的施工工法及装备技术的研究与开发也越来越多，本文重点介绍几种预制管桩施工新工法及装备技术的研发进展，其中包括随钻跟管钻进工法及其钻机、大直径管桩植桩工法及其钻机、引孔静力压桩工法及其装备、劲性搅拌工法及其装备和双动力头预钻植桩工法及其钻机，这些新工法及装备已广泛应用于工程实际。结果表明：与既有的预制管成桩的静压桩以及锤击桩施工工法与装备相比，预制管桩施工新工法与装备不仅能够实现直径超过 1m 的大直径高强度预应力管桩施工，而且能大大提升管桩的地质适应能力、改变桩端持力层到中风化乃至微风化岩层，具有钻孔入岩能力强、成桩效率高、施工环保等技术特点，进一步发挥了高强度预应力管桩质量可靠、高承载能力的优势，拓宽了高强度预应力管桩应用范围。

关键词：预应力管桩；工法；桩工机械；桩基础；高强度

New Progress in Research on Construction Method and Equipment Technology of Pipe Pile

Zhu Jianxin[1,2,3]，Zhu Zhenxin[2,3]，Chen Zilin[2,3]，Qu Lehong[2,3]

（1. State Key Laboratory of High Performance Complex Manufacturing，Central South University，Changsha Hunan 410083，China；2. The National Enterprise R&D Center，Sunward Intelligent Equipment Co.，Ltd.，Changsha Hunan 410100，China；3. Hunan Geotechnical Construction Equipment and Control Engineering Technology Research Center，Changsha Hunan 410100，China）

Abstract: The pipe pile，especially the high-strength prestressed pipe pile，is widely used because of its industrial production，high bearing capacity，controllable and reliable quality，and the trend of larger and larger diameter. There are more and more research and development on construction methods and equipment technology of different diameter pipe piles for different geological conditions and engineering application needs. This paper mainly introduces the research and development progress of several new construction methods and equipment technologies for prefabricated pipe piles，including the drilling while drilling and its drilling rig，the large-diameter pipe pile

基金项目：国家重点研发计划项目（2020YFB2009704）。

作者简介：朱建新，教授，博士生导师，E-mail：zhujx@sunward.cc。

planting method and its drilling rig, the static pile pressing method and its equipment, the rigid mixing method and its equipment, the double dynamic head pre drilling and pile planting method and its drilling rig. These new construction methods and equipment are widely used in engineering practice. The results show that compared with the existing static pressure pile and hammer pile construction methods and equipment for prefabricated pipe piles, the new construction methods and equipment for prefabricated pipe piles, which has the technical characteristics of strong drilling capacity, high pile forming efficiency and environmental protection, can not only realize the construction of large-diameter and high-strength prestressed pipe piles with a diameter of more than 1m, but also greatly improve the geological adaptability of pipe piles, change the bearing layer of pile ends to moderately weathered and even slightly weathered rock stratum, and further gives play to the advantages of reliable quality and high bearing capacity of high-strength prestressed pipe piles. The application range of high-strength prestressed pipe pile is widened.

Key words: Prestressed pipe pile; Construction method; Piling machinery; Pile foundation; High strength

0 前言

预制管桩和灌注桩施工技术是桩基础施工主流技术，然而，现有预制管桩施工以静力压桩和锤击桩为主，遇到硬隔层、厚砂层等复杂地层穿透能力较差，大量的复杂地层无法适应，桩端持力层一般只能达到强风化地层，高强度预应力管桩的高承载能力也得不到充分发挥，并存在严重的挤土现象；而灌注桩施工过程中存在泥浆污染、桩身缩颈、沉渣等问题。

针对上述问题，结合管桩由中小直径向大直径方向发展趋势、工厂化生产质量可控可靠、高强度预应力管桩承载力高的优点，业内不少专家和企业为拓展管桩应用范围，提升管桩地质适应性，发挥大直径高强度预应力管桩高承载力优势，认识到预制管桩施工技术中融合灌注桩施工技术的重要性。日本专家和企业自 20 世纪 60 年代开始研制开发出了埋入式桩系列工法[1-3]，至今共有百余种，按预制桩插入方法可分为中掘工法、预先钻孔法和旋转埋设法，日本高承载力埋入式桩已占预制桩施工方法的 68%以上。国内对该系列工法的研制开发较晚，江苏汤辰机械装备制造有限公司的许俊提出了一种用于预制桩的中掘沉桩施工工法[4]；宁波浙东建材集团有限公司的张日红等对静钻根植桩基础施工流程进行了研究与实践[5]；任连伟等提出了一种基于 PHC 桩的多重高喷扩底桩施工方法[6]，等。随着管桩基础施工工法的深入研究，国内高承载力预制管桩施工工法也在不断增多[7-12]。

山河智能作为以静压桩施工关键装备——液压静力压桩机技术起家的企业，也在管桩施工新工法及其施工装备新技术方面进行了长期大量的研制开发工作，并取得了较好的进展。2007 年，山河智能股份有限公司与广州市建筑科学研究院有限公司共同提出了“中掘排土扩孔钻进、预制管桩振动辅助跟随植桩、桩侧桩底注浆成桩的随钻跟管钻进工法”，并联合中南大学开始了随钻跟管钻机的研发，经过多轮迭代，成功开发了满足工程化应用的大直径预制管桩随钻跟管钻机[13-15]，商业化应用结果表明桩身强度高、承载力达到同等直径钻孔灌注桩 2 倍以上。接着，山河智能又与业内同行一起自主开发了大直径管桩植桩工法及其钻机、引孔静力压桩工法及其装备、劲性搅拌工法及其装备和双动力头预钻植桩工法及其钻机，为管桩施工工法与装备技术的进步发挥了引领性作用。本文将详述这 5

种管桩施工工法及关键装备创新与应用情况。

1 管桩施工新工法与关键装备技术

1.1 随钻跟管钻进工法及其钻机

为了解决传统预制管桩施工方法挤土效应大、地质适应能力差、成桩直径小等问题，开发了扩底钻进—沉桩—排土同步并注浆的复杂地层大直径预制管桩施工方法即边钻进边跟管的随钻跟管施工工法（图 1）及随钻跟管钻机（图 2），随钻跟管施工工法包括管桩定位、正转扩底钻进、反转提钻、压灌混凝土、压注水泥浆成桩 4 个环节，随钻跟管钻机以底盘可伸缩三点式全液压履带桩架为搭载母机，关键部件为扩底钻进＋管桩跟随于一体的大直径预制管随钻跟管钻进工作装置，预制管内部插入螺旋钻杆，钻杆上端穿过激振器及储土箱与动力头相连，钻杆下端连接扩孔钻头。钻机工作原理如下：在动力头驱动螺旋钻杆正转钻进时，扩孔钻头的扩孔翼板打开，在预制管底端旋转掘土成孔，成孔直径略大于预制管外径；钻渣由螺旋钻杆叶片输送，经管孔内排出；钻进过程中预制管靠自重跟随钻头下沉，若预制管遇阻、下桩不顺，则启用激振器振压预制管跟进；经接钻接管至标定深度后，动力头反转收回扩孔翼板，并清渣；随后，桩侧桩底灌注混凝土，激振器振压预制管桩至孔底，抽出钻杆，成桩。无需泥浆护壁、先钻后压、灌注成桩，SWDP120H 型随钻跟管钻机最大成桩直径 1.2m，最大成桩深度 60m，其主要技术参数如表 1 所示。

该工法与装备针对预制管桩跟管驱动、桩底沉渣、入岩扩孔等难题，攻克了辅助沉桩及控桩、大尺度变径扩孔钻头及硬岩扩孔钻进等关键技术，开发了液压随钻跟管驱动装置与入岩扩孔钻具。首次实现扩底钻进—沉桩—排土同步进行的复杂地层大直径预制管桩施工工法，避免了泥浆护壁带来的污染及钻（冲）孔灌注桩成桩质量难以保证等问题，施工稳定、高效，桩端持力层可达中风化甚至微风化岩层，极大限度地发挥了高强度预应力管桩的高承载能力。

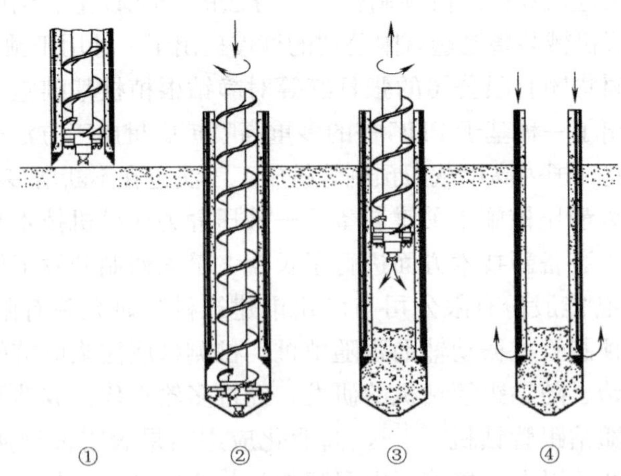

①管桩定位；②正转扩底钻进；③ 反转提钻、压灌混凝土；④压注水泥浆、成桩

图 1 随钻跟管施工工法

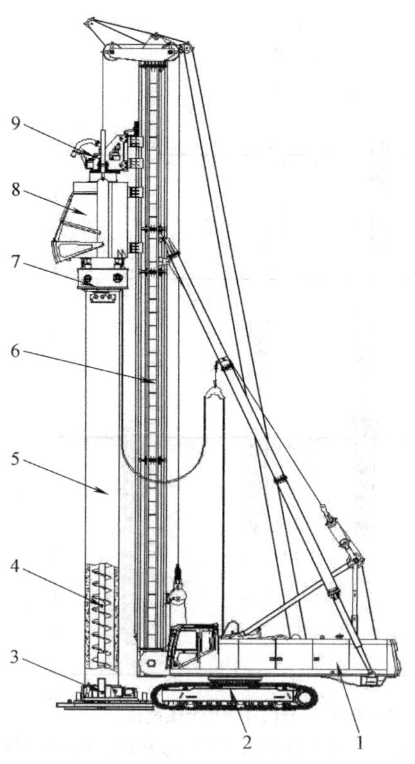

1—上车；2—履带行走机构；3—控桩器；4—中空螺旋钻杆+扩孔钻具；
5—预制管桩；6—立柱；7—激振器；8—排土箱；9—动力头

图 2　随钻跟管钻机

SWDP120H 型随钻跟管钻机技术参数　　表 1

参数名称	参数值
最大成桩直径(m)	1.2
最大成桩深度(m)	60
容许单桩长度(m)	16
发动机额定功率(kW)及转速(r/min)	298/2000
动力头额定转矩(kN·m)及转速(r/min)	280/8～28
激振器最大激振力(kN)	1000
控桩器最大拔桩力(kN)	1000
主卷扬最大提拔力(kN)及最大加压力(kN)	686/280
副卷扬最大提拔力(kN)	78
底盘履带宽度(mm)及履带伸缩宽度(mm)	900/3300～4800
底盘长度(mm)	6120
整机重量(不含钻具)(t)	112

1.2　大直径管桩植桩工法及其钻机

在随钻跟管钻进工法及其钻机基础上，进一步开发了大直径管桩植桩工法及其钻机，其施工工法和钻机结构示意图分别如图 3 和图 4 所示。相比随钻跟管钻机，大直径管桩植桩钻机利用立柱上钻杆库，通过上车转动完成钻杆在钻杆库和动力头工位的转换。可植入管桩最大直径为 1.2m，一次钻孔深度达到 35m，最长单节桩植入长度达到

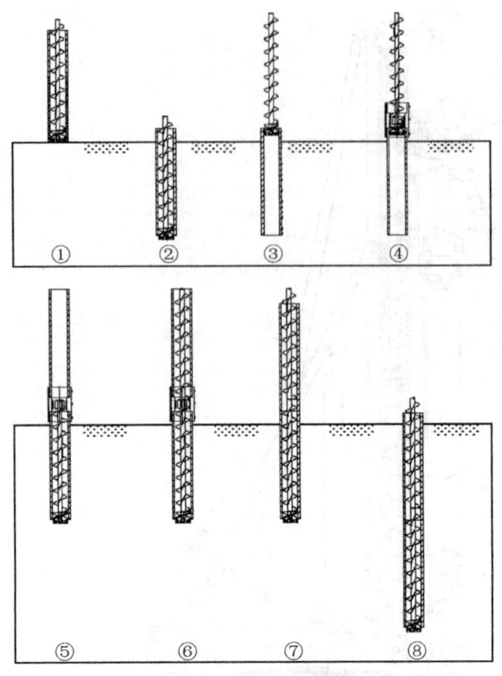

①履带起重机吊入1号管桩，1号钻杆与动力头就位；
②钻进至预定深度； ③动力头反转，提升1号钻杆钻头露出1号管桩；
④2号钻杆与钻头连接； ⑤2号钻杆下放置桩孔底部，吊入2号管桩；
⑥1号钻杆与2号钻杆对接； ⑦2号管桩下放，与1号管桩组对焊接；
⑧钻进至标深

图 3　大直径管桩植桩施工工法

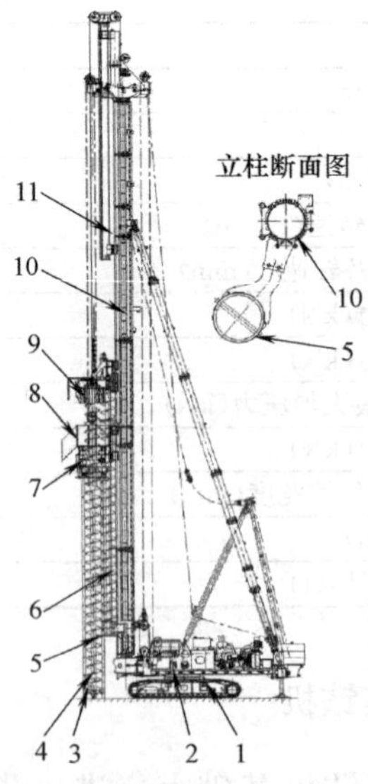

1—上车；2—履带行走机构；3—预制管桩；4—中空螺旋钻杆+扩孔钻头；
5—钻杆库；6—中空螺旋钻杆；7—激振器；8—排土箱；9—动力头；
10—立柱；11—升降立柱

图 4　大直径植桩钻机

18m，SWPD280 大直径植桩钻机主要技术参数如表 2 所示。

SWPD280 大直径植桩钻机技术参数 **表 2**

参数名称		参数值
发动机	额定功率(kW)	242
	额定转速(rpm)	2100
内侧动力头	扭矩(kN·m)	280
	转速(rpm)	4～15
激振器	激振力(kN)	998
	频率(Hz)	30
	振幅(mm)	6
最大钻孔直径(mm)		1200
主卷扬最大单绳拉力(kN)		147
副卷扬最大单绳拉力(kN)		118
吊物卷扬单绳拉力(kN)		98
立桅卷扬单绳拉力(kN)		147
载人吊篮卷扬单绳拉力(kN)		10
桩架立柱长度(mm)		21～33
履带底盘	履带最大展宽(mm)	5180
	履带收缩宽度(mm)	3480
	行走速度(km/h)	0.6～1
整机最大行走重量(t)		158

该装备在保持随钻跟管钻机优势的同时，解决了大直径预制管桩接杆难题，无需吊车辅助实现钻杆接长，无需作业人员高空作业插销，显著提高大直径管桩植桩施工效率，减小施工安全隐患，且整机占用场地小。

1.3 引孔静力压桩工法及其装备

在静力压桩机的原创发明基础上[16,17]，针对硬隔层或厚砂层等复杂地层预制桩穿透能力差、桩身易开裂等问题，开发了引孔静力压桩工法（图 5），即将动力头驱动的钻杆、钻头从管桩内孔中穿过并实施超前钻孔、引孔以及压桩，其桩机结构示意图如图 6 所示。静力压桩机无法将桩压入时，液压动力头驱动插入管桩中的螺旋杆旋转，同时螺旋杆在卷扬加压下钻孔取土，钻渣随着螺旋钻杆叶片排出。当引孔深度达到可压入或者是穿透硬隔层、厚砂层时，加压卷扬带动螺旋钻杆升至预制桩管内，继续静力压桩。按照压桩—引孔排土—压桩作业循环直至预制桩压入标定深度。通过在预制桩贯入面前方钻进取土，降低了挤土效应，拓宽了管桩与静力压桩机适用范围。ZYJ1260BK 引孔式静力压桩机最大压桩力 12600kN，最大引孔深度 40m，动力头最大扭矩 200kN·m，适用于直径为 600～1000mm 预制桩施工，主要技术参数如表 3 所示。

该装备采用了快压常压自动切换控制回路及技术、引孔与压桩协同控制技术等，有效提高了施工效率。

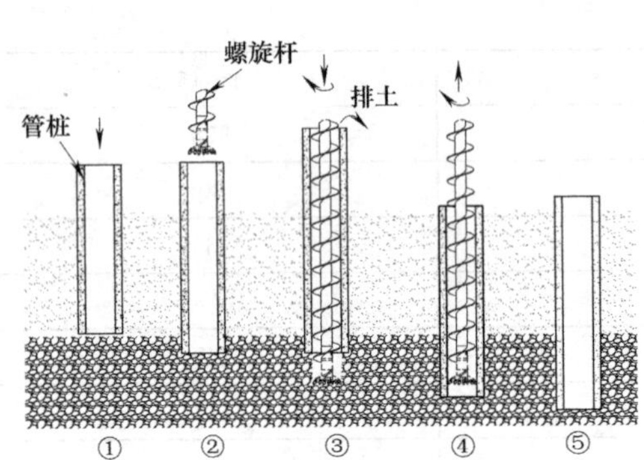

① 静力压桩；② 无法压入时放入钻杆；③ 钻孔排土；
④ 先提钻杆后压桩；⑤ 成桩

图 5　引孔静力压桩施工工法

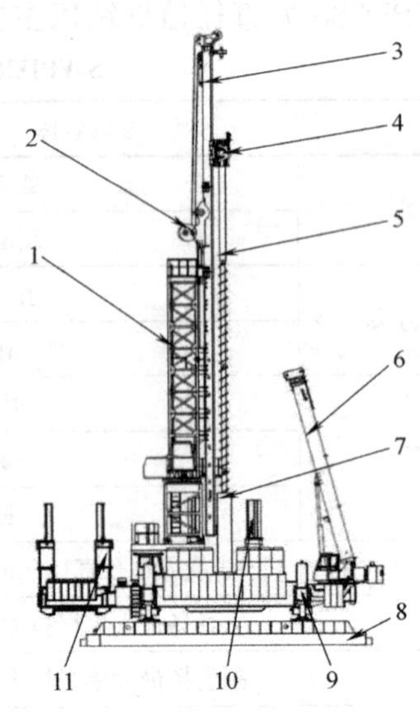

1—桁架；2—主卷扬；3—钻桅；4—动力头；5—钻杆；
6—起重机；7—预制管桩；8—长船；9—支腿；
10—压桩油缸；11—边桩器

图 6　引孔静力压桩机

ZYJ1260BK 引孔式静力压桩机技术参数　　**表 3**

参数名称	参数值
最大压桩力(kN)	12600
引孔深度(m)	40
额定功率(kW)	235
额定压力(MPa)	25
动力头转矩(kN·m)及转速(r/min)	200/7～28
动力头行程(m)	24.5
加压力(kN)	219
主卷扬提拔力(kN)	185
起重机	Q235(伸缩臂)
最大直径(mm)	1000
增程油缸行程(m)	4.5
整机重量(不含配重)(t)	382

1.4　劲性搅拌工法及其装备

在沿海或填海地区软弱地质中，单纯使用预制桩，承载力很低，劲性水泥土搅拌加固地基后方可使用预制桩，据此开发了劲性搅拌桩工法（图 7），包括钻头定位、正转钻进与喷灰搅拌、反转提钻与喷灰搅拌、锤击或静压沉桩、成桩 5 个环节，与之相关装备结构如图 8 所示。装备工作原理如下：钻进过程中，电动动力头驱动搅拌钻头正转，主卷扬下压动力头，驱动钻头钻进，钻头底部喷灰；钻进至标定深度后，动力头反转提钻，搅拌钻头继续旋转搅拌至钻头出土，停止喷灰，搅拌桩机移位；锤击或静压沉桩，直至规定深度成桩。该装备使地基得到有效加固，承载力大大提高，降低工程造价。SWJ25 智能化劲性搅拌桩机主要技术参数如表 4 所示。

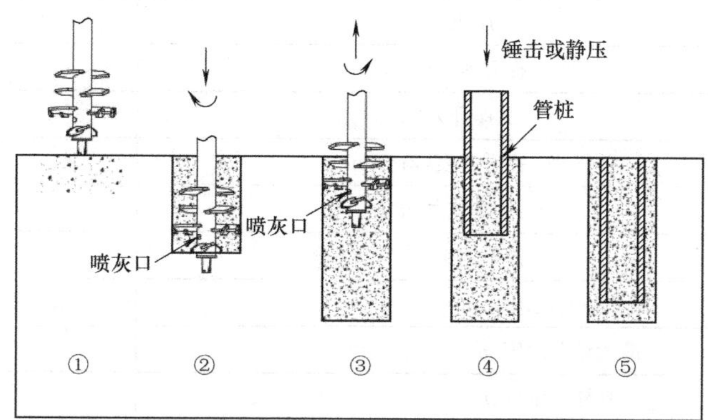

① 钻头定位；② 正转钻进、喷灰搅拌；③ 反转提钻、喷灰搅拌；
④ 锤击或静压沉桩；⑤ 成桩

图 7　劲性搅拌桩施工工法

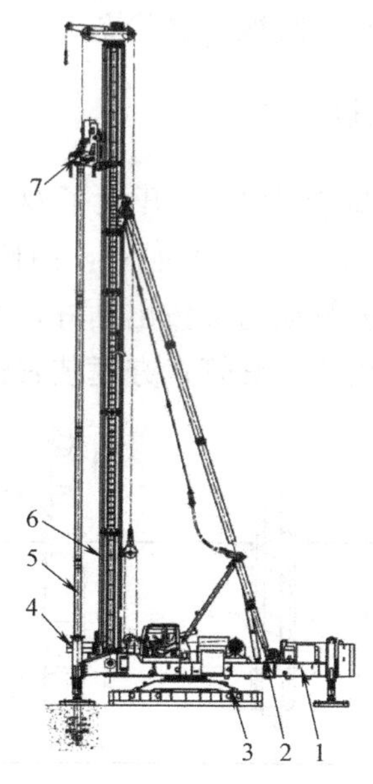

1— 上车；2— 斜撑；3— 下车步履行走机构；4— 保持架；
5— 圆钻杆+搅拌钻头；6— 立柱；7— 电动动力头

图 8　劲性搅拌桩机

SWJ25 智能化劲性搅拌桩机技术参数　　**表 4**

参数名称		参数值
动力头	电机额定功率(kW)	150
	转速(rpm)	10～28
	扭矩(kN·m)	220

续表

参数名称		参数值
主卷扬	提升力(kN)	360
	加压力(kN)	200
	提升速度(m/min)	6
吊物卷扬	提升力(kN)	20
	提升速度(m/min)	18
立桅卷扬	提升力(kN)	1000
	提升速度(m/min)	35
最大钻孔直径(mm)		1200
最大钻孔深度(m)		25
立柱长度(m)		31
整机重量(t)		119

该装备采用电动动力头及过载大扭矩技术、装配式钻桅导轨技术和施工数据监控技术，受地层阻力影响很小，搅拌喷灰稳定；动力头拆装简便，转场效率高；可以实时监控钻头喷灰量及钻孔深度，也可以操作与监视机器状态。

1.5 双动力头预钻植桩工法及其钻机

在双动力头强力多功能钻机基础上[18,19]，开发了双动力头预钻植桩工法及其钻机，示意图分别如图 9 和图 10 所示。钻机工作原理如下：内侧动力头与外侧动力头分别驱动钻杆与套管钻进，钻至预定深度时内侧动力头拔出钻杆，对桩侧补充水泥浆；履带起重机吊入预制桩植入套管内，外侧动力头拔出套管；夯锤装置锤击桩头，使桩前端达到预定深

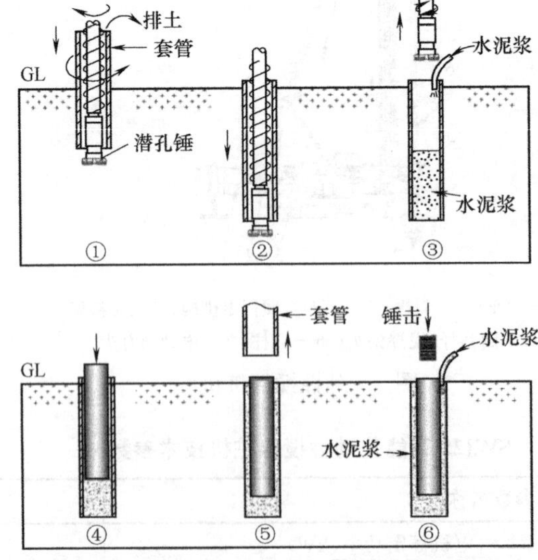

①套管及螺旋钻钻孔；②排土及钻孔结束；③水泥浆和泥浆搅拌之后拔出钻杆；
④插入预制桩；⑤桩压入状态下注入水泥浆并拔出套管；⑥锤击之后追加注入水泥浆

图 9 双动力头预钻植桩施工工法

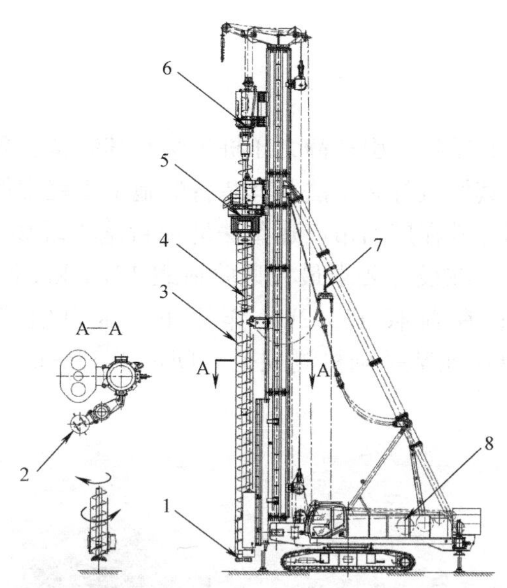

1—全液压履带桩架；2—内侧动力头；3—外侧动力头；4—钻杆；
5—套管；6—夯锤机构；7—钻头或潜孔锤；8—气路/注浆系统

图 10　双动力头预钻植桩钻机

度。对岩石等复杂地层，可将螺旋钻杆钻头更换为气动潜孔锤进行入岩钻进。SWSD4630S 双动力头强力多功能钻机主要技术参数如表 5 所示。

SWSD4630S 双动力头强力多功能钻机技术参数　　**表 5**

参数名称		参数值
发动机	额定功率(kW)	242
	额定转数(rpm)	2100
内侧动力头	扭矩(kN·m)	294
	转速(rpm)	6～17
外侧动力头	扭矩(kN·m)	450
	转速(rpm)	3.7～10
主卷扬最大单绳拉力(kN)		147
副卷扬最大单绳拉力(kN)		118
吊物卷扬单绳拉力(kN)		108
立桅卷扬单绳拉力(kN)		147
载人吊篮卷扬单绳拉力(kN)		10
桩架立柱长度(mm)		27～43
履带底盘	履带展宽(mm)	6400
	行走速度(km/h)	0.3～0.5
整机最大行走重量(t)		268

该装备可一次连续钻进成孔，成桩效率高，施工过程中套管跟进，无需使用泥浆护壁，作业现场整洁有序，可适用于极软、极硬、岩溶等多种复杂地层施工。

2 工程实例

随钻跟管钻进工法及其钻机、引孔静力压桩工法及其装备、劲性搅拌工法及其装备和双动力头预钻植桩工法及其钻机等新工法及其装备的施工工程案例如表 6 所示。以随钻跟管钻进工法及其钻机为例，其在广州市广建鱼珠湾项目施工现场如图 11 所示，单桩竖向抗压静载试验报告结论为：在设计要求最大试验荷载 16720kN 作用下，压力值稳定，桩顶总沉降量为 17.6mm；在荷载 18392kN 作用下，压力值稳定，桩顶总沉降量为 19.68mm；沉降量在《建筑地基基础检测规范》DBJ/T 15—60—2019 第 14.4.2 条允许范围内，满足设计要求。

图 11 随钻跟管施工工法及其钻机在广州市广建鱼珠湾项目应用

管桩施工新工法与关键装备施工工程案例 表 6

序号	工法及装备	项目名称	施工地质	施工情况
1	随钻跟管施工工法及其钻机	广州市广建鱼珠湾项目	0～10m 土、砂层 10～16m 强风化灰岩，12～17m 中风化灰岩，入微风化砂岩 0.5m	桩径 1m，桩深 19～20m。充分发挥 PHC 管桩承载能力高的优势，1m 管桩与 1.5m 灌注桩的竖向承载力相当，相比同直径钻孔灌注桩综合节约工程造价约 10％
2	引孔静力压桩施工工法及其桩机	郑济铁路濮阳段	0～18m 黏土层，18～35m 密实砂层	PHC 桩，桩径 1m，桩长 32m。相比钻孔灌注桩，施工速度快，压桩完成后可以快速进行承台施工，一个承台施工周期节约 25d，无泥浆污染、环保效率高
3	劲性搅拌施工工法及其桩机	江苏南通如皋市亚太森博项目	0～5m 杂填土层，5～10m 砂层，10～20m 粉质黏土层	搅拌孔径 1.1m，孔深 20m。同等承载能力情况下，相比静压桩降低成本 20％，施工全程质量可控
4	双动力头预钻植桩施工工法及其钻机	韩国仁川机场项目	海边回填地层，淤泥、黏土、砂砾	桩径 0.5m，桩深 41m。桩架立柱高达 48m，施工稳定性和可靠性高，植桩效率高

3 结论

（1）基于埋入桩的设计思想，山河智能开发了随钻跟管钻进工法及其钻机等大直径预制管成桩施工新工法及其关键装备，突破了静压、锤击成桩的预制管成桩局限性，是预制管桩基础施工工法与装备上的重大创新。

（2）随钻跟管钻机、大直径植桩机、双动力头预钻植桩钻机、引孔静力压桩机克服了跟管困难、大尺度变径扩孔钻头不可靠、扩孔翼板磨损大等不足，具有硬隔层穿透、入岩快、无污染、施工效率高等优越性；劲性搅拌桩机克服了卡钻、喷灰、转场等难题，具有高效加固地基和提高预制桩承载力等优势。

（3）随钻跟管钻进工法及其钻机等已经在高铁、建筑和机场等重大基础工程中得到应用，在降低工程造价、环保和高效施工等方面发挥了非常重要的作用，提高了我国桩工机械整体水平。

参考文献

[1] 侯宝隆. 介绍几种日本埋入式桩工法 [J]. 工业建筑，2003 (4)：90-91.

[2] 沈保汉. 桩基础施工技术讲座 第十六讲中掘工法和旋转埋设法埋入式桩 [J]. 施工技术，2001 (8)：43-45.

[3] 沈保汉. 桩基础施工技术讲座 第十五讲预先钻孔法埋入式桩 [J]. 施工技术，2001 (7)：43-45.

[4] 许俊. 中掘沉桩施工方法：ZL 201310014406.0 [P]. 2013-01-15.

[5] 张日红，吴磊磊，孔清华，等. 静钻跟植桩基础研究与实践 [J]. 岩土工程学报，2013，35 (S2)：1200-1203.

[6] 任连伟，刘希亮，李建委，等. 一种基于 PHC 桩的多重高喷扩底桩施工方法：ZL 201010533421.2 [P]. 2010-11-05.

[7] 郭传新. 建国 70 年桩工机械回顾与展望（上）[J]. 建筑机械，2019 (12)：6-13.

[8] 郭传新. 建国 70 年桩工机械回顾与展望（下）[J]. 建筑机械，2020 (1)：20-26.

[9] 高文生，梅国雄，周同和，等. 基础工程技术创新与发展 [J]. 土木工程学报，2020，53 (6)：97-121.

[10] 徐建华，朱斌，杨东源，等. 一种管桩植桩新型注浆工法探析 [J]. 岩土工程技术，2021，35 (6)：395-399.

[11] 陈智鸿，蓝明亮，陈景镇，等. 滨海地区复杂地质条件下植入法沉桩施工技术 [J]. 施工技术，2022，51 (13)：27-30.

[12] 于好善. 桩基础施工设备及施工工艺探讨 [J]. 工程机械文摘，2016 (1)：72-81.

[13] 何清华，朱建新，吴新荣，等. 一种随钻跟管钻机及随钻跟管桩施工方法：ZL 201210022133.X [P]. 2012-07-11.

[14] 何清华，朱建新，吴晓明，等. 一种预制管桩植入设备：ZL 202022233109.3 [P]. 2020-10-09.

[15] 吴晓明，凡知秀，刘翔. SWDP120H 型随钻跟管钻机 [J]. 工程机械，2022，53 (3)：25-29.

[16] 何清华，朱建新，胡均平，等. 液压静力压桩机：ZL 93110671.0 [P]. 1993-04-21.

[17] 邓曦明，孙昊，史超，等. 一种压桩机：ZL 202122710628.9 [P]. 2021-11-08.

[18] 钱奂云，何清华，朱建新，等. 组合式潜孔锤及其施工方法：ZL 201010298838.5 [P]. 2010-09-30.

[19] 曾素，罗钊，雷建国. 一种桩工机械液压控制系统及桩工机械：ZL 202220919357.X [P]. 2022-04-20.

净空受限条件下接杆式粉喷桩技术研发与应用

章定文[1]，王建业[2]，陈加富[3]，于志龙[4]，马德文[2]，杨泳[1]，杜广印[1]

（1. 东南大学交通学院，江苏 南京 211189；2. 中铁六局集团有限公司，北京 100036；3. 江苏省交通工程建设局，江苏，南京 210004；4. 连宿高速公路项目建设管理办公室，江苏 连云港 222002）

摘　要：低净空接杆粉喷桩是针对净空受限条件下常规粉喷桩无法施工而研发的一种新型搅拌桩施工技术。研发了接杆粉喷桩的施工设备，提出了接杆粉喷桩的施工工艺和技术参数，并采用现场工艺性试验，对比分析了接杆粉喷桩和双向搅拌粉喷桩的成桩质量。测试结果表明，接杆粉喷桩桩身质量比较均匀，成桩质量均满足设计强度要求。考虑接杆粉喷桩接杆施工过程中水泥不可避免有一定损失，因此接杆粉喷桩的水泥用量较双向搅拌粉喷桩增加了 5kg/m 后可以达到相近的桩身质量。

关键词：净空受限；接杆式粉喷桩；施工工艺；成桩质量

Simulation Analysis and Erection Process of Steel Roof for Qingdao Stadium

Zhang Dingwen[1], Wang Jianye[2], Chen Jiafu[3], Yu Zhilong[4], Ma Dewen[2], Yang Yong[1], Du Guangyin[1]

(1. School of Transportation, Southeast University, Nanjing Jiangsu 211189, China;

2. China Railway Sixth Group Co., Ltd., Beijing 100036, China;

3. Jiangsu Communications Engineering Construction Bureau, Nanjing Jiangsu 210004, China;

4. Lian-Su Expressway Project Construction Management Office, Lianyungang Jiangsu 222002, China)

Abstract: Connected rod deep mixing column is a new type of deep mixing column construction technology developed for the conventional deep mixing column can not be constructed under the condition of limited headroom. The construction equipment of the connecting rod deep mixing column is developed, and the construction technology and technical parameters were proposed. The column quality of the connected rod deep mixing column and the two-way mixing deep mixing column was compared and analyzed. The test results show that the column quality of the connected rod deep mixing column is relatively uniform, and the column quality meets the design strength requirements. Considering that there inevitably be some loss of cement during the construction of the connected rod deep mixing column, the cement consumption of the connected rod deep mixing column is 5kg/m higher than that of the two-way mixing deep mixing column, which can achieve similar column quality.

Key words: Limited headroom; Connected rod deep mixing column; Construction technology; Column quality

---

基金项目：国家自然科学基金项目（52078129）。

作者简介：章定文，教授，博士生导师，E-mail：zhang@seu.edu.cn。

0 引言

水泥土双向搅拌桩施工技术有效地突破了常规单向搅拌桩下部桩体质量较差、处理深度受限的技术瓶颈。该技术已在我国公路、铁路、市政、机场等工程领域得到了大量推广使用，不少地方已经全面取代了传统单向搅拌桩[1]。但水泥土搅拌桩的施工中通常面临净空高度受限的工况，例如高压线下、桥涵下部、高架桥下、既有铁路旁等受施工场地高度限制的低净空区域，现有的搅拌桩施工技术无法满足净空受限条件下的施工要求。

近年来，针对低净空工况下的地基加固要求，已有学者和从业人员研发出了低净空工况下的施工装备及施工工艺。如毛忠良等研制出一种能够解决因施工空间的限制导致无法进行全套管灌注桩施工的低净空全回转全套管灌注桩机并在实际工程中进行了应用，结果表明通过低净空全套管灌注桩机已实现苏州桐泾路北延隧道工程 3.6m 极限高度下的隔离灌注桩的施工，且隔离桩施工基本不影响既有高铁桥梁结构的稳定与安全性[2]。富志根等提出了接杆双向搅拌浆喷桩处理技术，对接杆浆喷桩施工全过程的各环节进行了工效分析，并提出了改进措施。通过接杆浆喷桩施工，可在净空高度 7m 内施工双向搅拌浆喷桩，该技术已在既有高铁工程旁、高架桥下路基工程软基处理中得到了成功应用[3]。需要注意的是，接杆浆喷桩施工过程中因接杆停止钻进，浆喷桩施工时间增加，水泥土在接杆期间可能发生凝固，导致接杆后再次启动钻进的困难增加，以及桩身质量难以保证等问题。因此，工程中可利用水泥缓凝剂减缓水泥土的凝固时间，这是一种改善接杆浆喷桩成桩质量的有效途径，目前常用的水泥缓凝剂有磷石膏、烧结烟气脱硫石膏、氟石膏等[4-6]。

根据工程实践经验，对连云港等地区的高含水率软土，粉喷桩处理效果优于浆喷桩[6]，因此，针对高含水率软土有必要研发净空受限工况下的接杆式粉喷桩施工设备及软基处理技术。低净空接杆粉喷桩是针对低净空条件下常规粉喷桩无法施工而研发的一种新型搅拌桩施工技术。本研究结合连宿高速公路徐圩至灌云段软基处理工程，针对净空受限工况下粉喷桩施工的难题，研发了接杆式粉喷桩施工技术与装备，提出了接杆式粉喷桩的施工方法，通过现场工艺性试验确定了接杆式粉喷桩的施工参数，并通过现场试验验证了该技术的有效性。低净空接杆粉喷桩软基处理技术的研发将丰富我国净空受限条件下的软基处理方法，提升我国软基处理施工技术水平。

1 接杆式粉喷桩施工设备研发

1.1 接杆式粉喷桩施工原理

接杆式粉喷桩机主要由动力装置、液压传动装置、自动接杆装置、操作机构、液压履带式底盘等部分组成。接杆式粉喷桩机采用履带，因此在施工现场可快速移动。考虑现场实际施工条件，在钻进过程中可通过桩机钻杆拼接的办法满足设计桩深要求；提升过程中再通过拆卸钻杆的方法完成钻杆的回收，因此可以降低整个桩机设备的高度，如图 1 所示。在钻杆的拆卸与拼接中，为确保水泥粉不外喷，研发组还自主设计了一种止灰阀装置，解决了接杆时土体中钻杆喷粉管道内水泥粉易受高压空气压力喷出的问题。

图 1　接杆式粉喷桩施工设备

针对粉喷桩施工桩长的计量需求，研发组还提出了接杆式粉喷桩施工深度的计算与控制技术，编写施工机械接杆下钻、拆卸提升循环施工过程的自动控制程序，自动计量粉喷桩施工桩长。

1.2　接杆式粉喷桩施工智能控制技术

针对水泥土搅拌桩施工过程中质量控制效果不理想、工后质量检测滞后于施工过程质量控制等局限性，将物联网、信息化的技术应用到接杆式粉喷桩施工监控与信息管理中，研发了接杆式粉喷桩智能化施工操作及监控系统，以提升接杆式粉喷桩的施工智能化水平（图 2）。智能化操作系统包括前台、后台的智能化操作。前台可自动控制下钻、提升速度，内外钻杆转速。后台可自动控制送灰压力、水泥用量等。施工期间，施工管理信息系统可以 24h 保持在线监控，可实现对施工设备的实时监控，上传设备定位、贯入深度、水泥用量、垂直度、电流、下钻速度、提升速度、钻杆转速、储灰罐重量、开始时间、结束时间等数据，建立接杆式粉喷桩的数字化档案，实现施工数据实时无线传输与三维可视化。施工过程出现异常后系统报警，监控中心及时反馈至施工现场，查明原因，及时采取必要的解决措施。

图 2　接杆式粉喷桩智能化施工监控系统

2　接杆式粉喷桩施工工艺

接杆式粉喷桩可采用两种施工方法：自上而下分节钻杆往复喷粉搅拌施工工艺和自下

而上分节钻杆往复喷粉搅拌施工工艺。

2.1 自上而下粉喷搅拌施工

自上而下分节钻杆往复喷粉搅拌施工过程如图3所示。具体步骤为：(1) 接杆粉喷桩机定位，将钻头对准桩位；(2) 打开送粉泵，钻进第一节钻杆，并且在第一节钻杆深度范围内进行往复喷粉搅拌；(3) 完成第一杆钻杆深度范围内喷粉搅拌后，关闭送粉泵，开启止灰阀装置，松开钻杆接头，接入第二节钻杆；(4) 打开送粉泵，关闭止灰阀装置，钻进第二节钻杆，并且在第二节钻杆深度范围内进行往复喷粉搅拌；(5) 重复步骤 (3) (4)，直至完成最后一节钻杆粉喷搅拌施工，达到设计的处理深度；(6) 关闭送粉泵，进行提升搅拌，分别拆除分节钻杆，直至最后一节钻杆提出地面；(7) 完成单根接杆粉喷桩施工。

2.2 自下而上粉喷搅拌施工

自下而上分节钻杆往复喷粉搅拌施工过程如图4所示。具体步骤为：(1) 接杆粉喷桩机定位，将钻头对准桩位；(2) 将第一节钻杆钻入地层，松开钻杆接头，接入第二节钻杆；将第二节钻杆钻入地层，松开钻杆接头，接入第三节钻杆……直至将最后一节钻杆钻入地层，使钻头达到设计的处理深度；(3) 开启送粉泵，在最后一节钻杆深度范围内往复喷粉搅拌；(4) 开启止灰阀装置，松开钻杆接头，拆除最上面一节钻杆；(5) 关闭止灰阀装置，开启送粉泵，在倒数第二节钻杆深度范围内往复喷粉搅拌，……，直至完成第一节钻杆深度范围内的往复喷粉搅拌；(6) 关闭送粉泵，将钻头提出地面，完成该接杆粉喷桩施工。

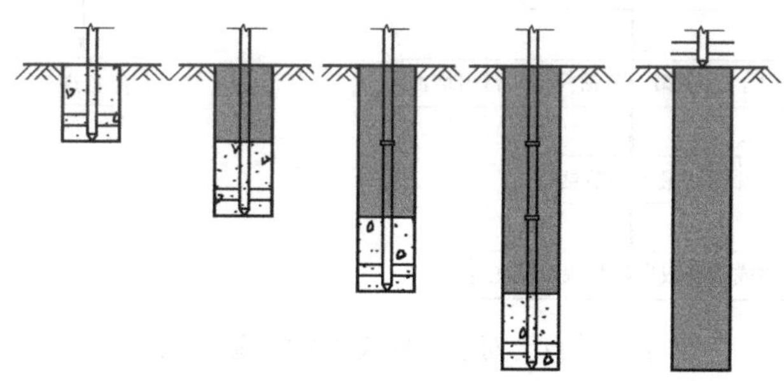

图3 自上而下接杆式粉喷桩施工示意

比较两种方法的施工效率，现场施工中选用了自上而下分节钻杆往复喷粉搅拌施工，具体施工工艺如图5所示。

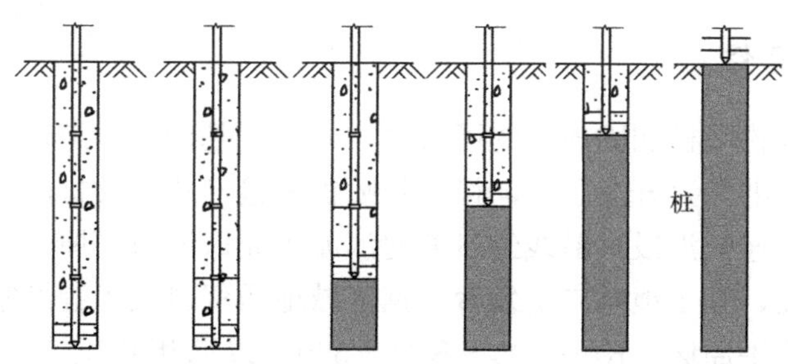

图4 自下而上接杆式粉喷桩施工示意

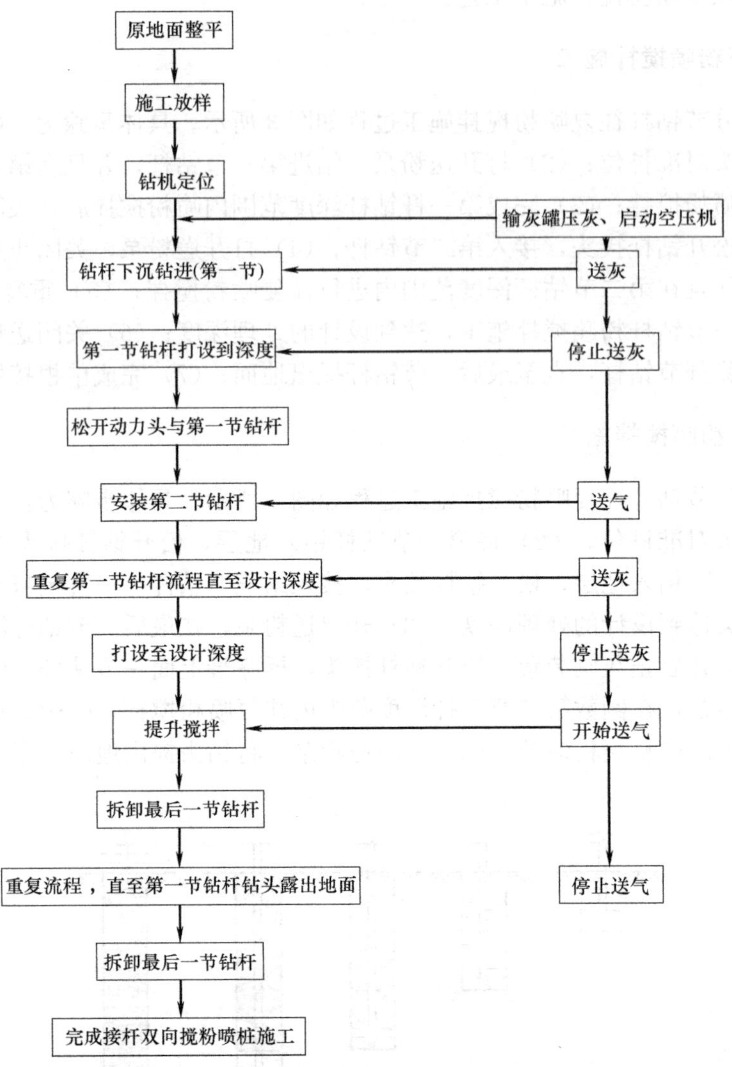

图 5　自上而下接杆式粉喷桩施工工艺

3　接杆式粉喷桩现场工艺性试验

3.1　现场工程地质条件

为了分析接杆式粉喷桩加固地基的可行性，并在此基础上确定现场施工技术参数，在连宿高速公路（连云港段）开展了双向搅拌粉喷桩和接杆式粉喷桩的工艺性对比试验。

连宿高速公路（连云港段）沿线经过苏北滨海平原区滨海平原、沂沭丘陵—平原区冲积平原 2 个地貌单元，软土地基广泛发育。据区域地质资料及工程勘察资料揭示，线路的软土地层在苏北滨海平原区（K0＋000～K34＋500）以海相软土②$_2$ 层淤泥为主，灰色，流塑，切面有光泽，局部含少量粉土、贝壳碎屑及有机质等，局部为淤泥质黏土，干强度、韧性高，属高压缩性地基土，工程性质极差；厚度在 5.50～17.00m；层底埋深为 8.50～19.70m。天然含水率达到 48.6%～86.7%，灵敏度介于 2～5 之间。可以看出，②$_2$ 层的淤泥具有高含水率、高孔隙比、高压缩性和低抗剪强度等不良特点，如不进行处理难以满足高速公路的承载力和变形要求。

3.2 工艺性试验施工参数

工艺性试验参数如下：

(1) 双向搅粉喷桩试桩在 K24＋612～K24＋615 段，3 列，每列 4 根，共 12 根，桩径 0.5m，桩距 1.5m 呈梅花形布置，桩长 13.0m。试桩分 3 组，每组 4 根，水泥掺入量分别为 70kg/m、75kg/m、80kg/m。

(2) 接杆式粉喷桩试桩在 K24＋590～K24＋593 段，3 列，每列 4 根，共 12 根，桩径 0.5m，桩距 1.5m 呈梅花形布置，桩长 13.0m。试桩分 3 组，每组 4 根，水泥掺入量分别为 75kg/m、80kg/m、85kg/m。

通过现场初步试验，确定了如下施工参数：(1) 双向粉喷桩钻进速度：$V \leqslant 1.0$m/min；接杆粉喷桩钻进速度：$V \leqslant 0.8$m/min；(2) 双向粉喷桩提升速度：$V \leqslant 0.8$m/min；接杆粉喷桩提升速度：$V \leqslant 0.8$m/min；(3) 搅拌速度：$V \geqslant 30$r/min；(4) 钻进喷灰管道压力：≥0.5MPa；(5) 复搅提升管道压力：0.1～0.2MPa；(6) 水泥掺量：双向搅粉喷桩施工采用 75kg/m 进行施工，接杆粉喷桩施工采用 80kg/m 进行施工。

施工完成 28d 后，按照江苏省地方标准《公路工程水泥搅拌桩成桩质量检测规程》DB32/T 2283—2012 开展水泥土桩质量检测。主要测试内容包括钻探取芯芯样无侧限抗压强度试验、标准贯入击数等。

3.3 水泥土桩成桩质量

接杆式粉喷桩 28d 现场取芯芯样照片如图 6 所示，桩体外观形状规则，无缩颈和回陷现象，桩体色泽均匀、纹理清晰，取出的芯样整体性很好，搅拌均匀，说明成桩质量较好。

图 6 接杆式粉喷桩芯样照片

接杆式粉喷桩 28d 现场标准贯入击数和芯样无侧限抗压强度实测结果如图 7 所示。测试结果表明，水泥掺入量为 75～85kg/m 时，粉喷桩桩身强度尽管存在一定的离散性，但粉喷桩桩身强度随水泥掺入量的增加而增加现象明显，标准贯入试验击数介于 13～46 之间，无侧限抗压强度介于 2.17～4.55MPa。

双向搅拌粉喷桩 28d 现场标准贯入击数和芯样无侧限抗压强度实测结果如图 8 所示。测试结果表明，水泥掺入量为 75～85kg/m 时，标准贯入试验击数介于 13～47 之间，桩身强度的变化范围为 3.45～4.55MPa。

由于接杆粉喷桩仍然采用一喷四搅的单向搅拌工艺，而双向搅拌粉喷桩采用双向搅拌施工工艺，故双向搅拌粉喷桩的桩身强度略高于接杆粉喷桩。两种工法工艺性试桩的成桩质量均满足设计强度要求（28d 无侧限抗压强度不小于 0.8MPa）。

根据江苏省标准《公路工程水泥搅拌桩成桩质量检测规程》DB32/T 2283—2012，对接杆粉喷桩和双向搅拌粉喷的试桩进行评分，其结果如表1所示。考虑接杆粉喷桩接杆施工过程中水泥不可避免有一定损失，因此接杆粉喷桩的水泥用量较双向搅拌粉喷桩增加了5kg/m。由表1可见，考虑这一因素后，接杆粉喷桩的成桩质量和双向搅拌粉喷桩较为接近。

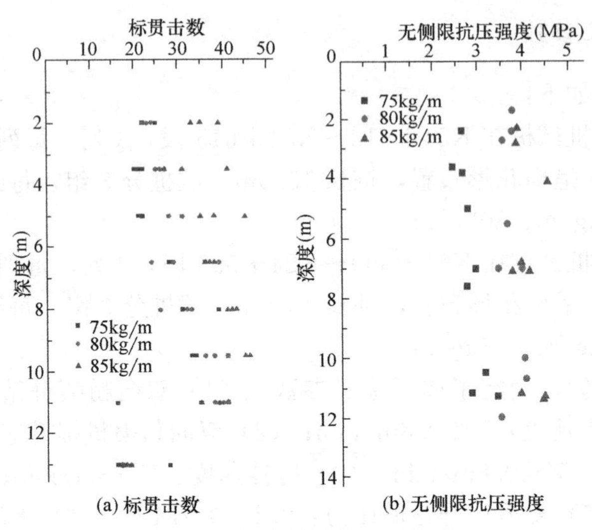

图7　接杆式粉喷桩试桩结果

两种粉喷桩成桩质量对比 　　**表1**

水泥用量(kg/m)	双向搅拌粉喷桩	接杆粉喷桩	备注
70	93.6	—	平均值
75	98.0	95.6	平均值
80	100.0	99.1	平均值
85	—	100.0	平均值

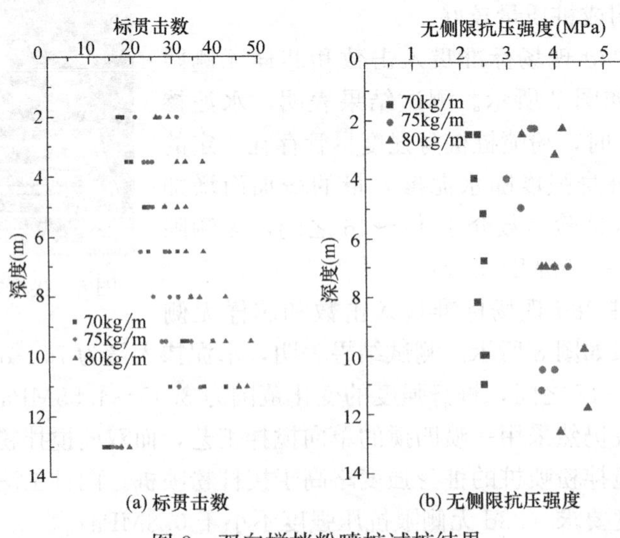

图8　双向搅拌粉喷桩试桩结果

4 结语

（1）低净空接杆粉喷桩是针对净空受限条件下常规粉喷桩无法施工而研发的一种新型搅拌桩施工技术。采用拼接和拆卸钻杆的方法，可以降低整个桩机设备的高度，进而实现净空受限条件下粉喷桩的施工。

（2）接杆式粉喷桩可采用自上而下分节钻杆往复喷粉搅拌施工工艺和自下而上分节钻杆往复喷粉搅拌施工工艺两种施工工艺。考虑施工效率，推荐采用自上而下分节钻杆往复喷粉搅拌施工工艺。

（3）通过试验确定了接杆粉喷桩的现场施工技术参数如下：接杆粉喷桩钻进和提升速度不超过 0.8m/min，搅拌叶片旋转速度不小于 30r/min；钻进喷灰管道压力不小于 0.5MPa；复搅提升管道压力可取 0.1～0.2MPa。

（4）现场工艺性试验结果表明，接杆式粉喷桩桩体色泽均匀、纹理清晰，取出的芯样整体性很好，搅拌均匀，成桩质量均满足设计强度要求。考虑接杆粉喷桩接杆施工过程中水泥不可避免有一定损失，因此接杆粉喷桩的水泥用量较双向搅拌粉喷桩增加了 5kg/m 后可以达到相近的桩身质量。

参考文献

[1] 刘松玉. 新型搅拌桩复合地基理论与技术 [M]. 南京：东南大学出版社，2014.

[2] 毛忠良，时洪斌，陈晓莉. 低净空全套管灌注桩机研制及施工影响分析 [J]. 路基工程，2019 (1)：98-105.

[3] 富志根，时洪斌，毛忠良. 接杆搅拌桩在低净空条件下铁路软土地基加固中的应用研究 [J]. 路基工程，2020 (2)：114-118.

[4] 张瑶. 烧结脱硫石膏改性及制备水泥缓凝剂应用研究 [D]. 西安：西安建筑科技大学，2016.

[5] 胡稳良. 改性磷石膏作为水泥缓凝剂的研究 [D]. 西安：西安建筑科技大学，2019.

[6] 钟煜，曾荣，陶从喜，等. 钛石膏部分替代脱硫石膏用作水泥缓凝剂 [J]. 新世纪水泥导报，2021，27 (2)：9-12.

全套管工法在水源保障工程领域的拓展创新应用

黄志明[1]，曹超[1]，刘富华[2]，王磊[1]
（1. 上海中联重科桩工机械有限公司，上海 200000；2. 昆明捷程桩工有限责任公司，云南 昆明 650000）

摘　要：苏州相城区水源保障工程（西塘河）项目，投建 4 座排量 $5m^3/s$ 的深潜式高压灭藻器，技术实施核心在深潜式高压灭藻器的成井作业（外管直径 3.320m，内管直径 2.228m，有效深度 100m）。本工程采用全套管工法，通过创新施工方法，定制化施工机械装备，成功将直径 3.32m 的灭藻井外管沉放到地下 103m，随后采用水下混凝土封底 3m。此项目大口径、大深度成孔、沉管成井、浇筑水下混凝土等，在同类施工作业中，规模与难度均为国内外首创，填补了全套管成井施工领域的技术空白。

关键词：全套管工法；大口径；大深度；成井施工

Expansion and Innovative Application of Casing Technology In the Field of Water Source Guarantee Engineering

Huang Zhiming[1], Cao Chao [1], Liu Fuhua[2], Wang Lei [1]
(1. Shanghai Zoomlion Pile Machinery Co., Ltd., Shanghai 200000, China;
2. Kunming Jiecheng Pile Engineering Co., Ltd., Kunming Yunnan 650000, China)

Abstract: Suzhou Xiangcheng District water source guarantee project (Xitang river) project has invested in the construction of four deep submersible high-pressure algae killers with a displacement of $5m^3/s$. The core of the technical implementation is the well completion operation of deep submersible high-pressure algae killers. (The outer pipe diameter is 3.320m, the inner pipe diameter is 2.228m, and the effective depth is 100m.). In this project, the full casing process is adopted. Through innovative construction methods and customized construction machinery, the outer pipe of the alginate well with a diameter of 3.32m is successfully sunk to 103m underground, and then the underwater concrete is used to seal the bottom for 3m. In this project, large-diameter and deep hole forming, well sinking, underwater concrete pouring, etc. are the first in similar construction operations at home and abroad in terms of scale and difficulty, filling the technical gap in the field of full casing well completion construction.

Key words: Casing process; Large diameter; Large deep; Well construction

0　引言

近年来，全套管工法在国内基础工程施工领域得到越来越广泛的应用，主要集中在复杂地层及特殊环境条件下的灌注桩、基坑支护中的咬合桩以及无损拔桩和地下障碍物清除施工等基础工程中。随着基建领域的新拓展，施工技术和机械装备的不断提升，全套管工法逐步突破既有的基础工程施工范畴，向其他施工领域延伸并获得创新发展。苏州市相城区水源保障工程就是一项很典型的拓展创新应用案例，该项目深潜式高压灭藻井的成功施工，填补了国内外全套管工法在大口径、大深度成井施工领域的空白。

苏州相城区水源保障工程位于苏州市相城区西塘河河口的琳桥枢纽处，共需建造 4 口深潜式高压灭藻井，目的是消除自然流域的蓝藻危害，保障城区水源环境。原理是采用加压控藻技术破坏蓝藻气囊内伪空泡，使其失去浮力沉入水体，在无光或弱光条件下衰亡，自然消解；同时对水体进行曝气增氧，改善水体环境质量。

该项目 4 口灭藻井间距为 15m，单口井外管直径 3.32m，深度 103m，在井底灌注 3m 厚自密实混凝土进行封底。此前，国内最大全套管机械装备仅能满足直径 3.2m 以内的全套管桩基础等施工，没有 ϕ4m 级别的大口径和大深度的全套管工法施工经验。下文针对苏州相城区水源保障工程项目的 4 口深潜式灭藻井的施工难点、工法应用、设备定制、技术要领等分别进行详细论述。

1 施工难点

项目的施工难点是 4 口深潜式高压灭藻器的成井作业。具体表现在：

（1）ϕ4.0m 和 ϕ3.32m 钢套管都属于全套管工法施工领域的破纪录直径。套管圆度和施工垂直度控制等，均无成功经验借鉴。

（2）大深度沉管施工，ϕ3.32m 钢套管至少要沉放到地下 103m，也是一项破纪录的深度。此前国内最大施工口径是 ϕ3.0m 钢套管，施工深度 98m。

（3）地况存在不利因素，施工场地位于河道，基础软弱，地层以粉砂、砂壤土和粉质黏土为主，对钢套管摩阻力影响大，结合以往施工经验，存在较大抱管风险。

（4）没有既有成熟施工装备，沉管设备、吊装设备、取土设备等主要施工机械都需要结合项目施工技术方案进行定制化开发研制，制造工期很短且存在未知风险。

2 工法应用

2.1 工法选择

项目最终选择全套管分级护壁工法成井作业。施工步骤是利用沉管设备分段下沉Ⅰ级钢套管（ϕ4.0m 管，可重复利用）和Ⅱ级钢套管（ϕ3.32m 管，兼做灭藻井外管），如图 1 所示。

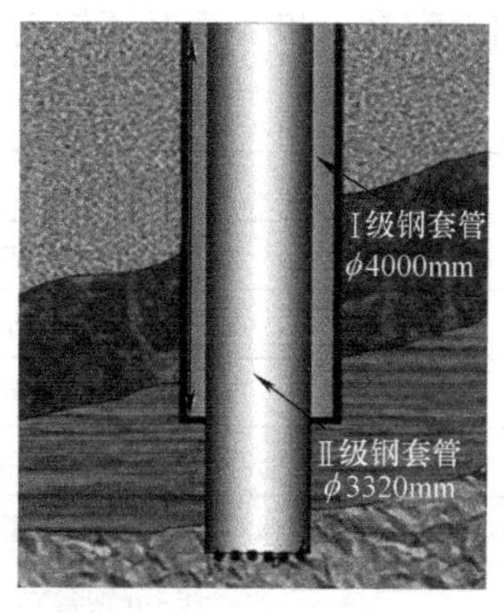

图 1　分级护壁工法示意图

按分级护壁工法实施，首先Ⅰ级钢套管沉放至 40m 深度，然后在Ⅰ级套管内部沉放Ⅱ级钢套管，从而减少Ⅱ级钢套管地表下前 40m 范围的套管摩擦阻力。当Ⅱ级钢套管沉放到设计 103m 标深后，回填Ⅰ、Ⅱ级钢套管之间的空隙，并将Ⅰ级钢套管拔出，供下一成井施工重复使用。

2.2 工艺流程

单口深潜式高压灭藻井外管沉管施工工艺流程如下：

施工准备→井心定位→摆动式全套管钻机对中就位→下压Ⅰ级钢套管→监测垂直度并做纠偏调整→液压抓斗取土、套管钻进→重复作业，Ⅰ级钢套管沉放至标高 40m→全套管钻机换装Ⅱ级钢套管变径夹块→摆动下压Ⅱ级钢套管→监测垂直度并做纠偏调整→旋挖钻机在Ⅱ级钢套管内部取土、套管跟进→重复作业，Ⅱ级钢套管沉放至标深 103m→复测孔深→设置防护罩，回填Ⅰ、Ⅱ级钢套管间隙空间→换装套管钻机Ⅰ级套管变径夹块→起拔Ⅰ级钢套管→反循环清除Ⅱ级钢套管内部孔底沉渣→沉放灌注导管→Ⅱ级钢套管底部混凝土灌注封底→拔出导管→沉管成井作业完成。

3 设备定制

中联重科和昆明捷程桩工为满足该工程项目施工需求，联合开发研制的多款定制化机械设备，是本项目顺利施工的保障。多个产品（表 1）创造了行业首台套记录。具体如下：

（1）全球最大口径摆动式全套管钻机 ZM400H：该钻机可实现最大直径 4m 的钢套管施工，动力强劲，安全可靠。设备主体采用模块化组装结构设计，拆装、运输便捷。本项目主要用于 ϕ4.0m 和 ϕ3.32m 的钢套管摆动下压，达到 103m 的设计深度。

（2）全球最大平行四边形后趴旋挖钻机之一 ZR600H：该旋挖钻机最大钻孔直径 4m，最大钻孔深度达 116m；采用平行四边形变幅结构，工作半径高达 4m，从而实现与摆动式全套管钻机的最佳组合施工。该机在本项目中主要用于 ϕ3.32m 钢套管内取土。

（3）国内最大吨位多功能重载循环履带起重机 ZCC1600HD：该履带起重机最大起重量为 160t，副卷扬单绳拉力达 26t，是国内最大吨位级别集普通吊装功能、副卷扬快放功能、液压抓斗功能于一身的起重机产品。在该项目中主要用于 ZM400H 全套管钻机和钢套管的吊装以及作为 ZJD40 液压抓斗的搭载工作母机。

（4）国内最大直径桩基础液压抓斗 ZJD40：该液压抓斗用于 ϕ4m 钢套管内取土排渣，系统性地解决了传统大口径冲抓斗重量重、惯量大，可靠性差等缺陷。该液压抓斗充分利用地下连续墙液压抓斗原理，抓斗体和抓斗瓣设计为圆形结构，与 ZCC1600HD 多功能起重机组合配套，极大提升了钢套管内部取土的工效。在本项目中主要用于 ϕ4m 钢套管内取土。

主要施工机械及器具 **表 1**

设备名称	数量	主要用途
ZM400H 套管钻机	1	沉放钢套管
ZR600H 旋挖钻机	1	套管内取土
1600HD 履带起重机	1	吊装和取土
ZJD40 液压抓斗	1	套管内取土
ϕ3.32m 钢套管	103m	一次性套管
ϕ4m 钢套管	40m	工具套管

4 技术要领

4.1 施工准备

良好的开端，项目就成功了一半，动工前的准备工作尤为重要。

(1) 场地准备：确定工地范围并清除现场障碍，平整硬化施工场地，根据工程设计图纸制作钢筋混凝土导墙。导墙作为施工机械工作平台，可保障设备的顺利转场就位，施工过程中能够防止地基沉降，保证钢套管垂直精度和施工安全性，如图 2 所示。

图 2 灭藻井施工导墙

(2) 施工演练：全面熟悉施工图纸、资料和相关技术文件，编制施工工艺，并逐级做好技术交底工作。施工机械现场组装、调试之后，组织施工人员对照施工工艺进行演练，充分发掘施工隐藏，并事先加以改善。

4.2 灭藻井中心定位

根据现场已经布设好的测量控制网，通过全站仪（或 GPS 定位仪）对灭藻井中心点位进行放样，并用明显物品做出标记。将摆动式全套管钻机吊放至施工位置，采用十字定心法实现全套管钻机中心点与灭藻井中心点重合，同时进行中心点位复测，如出现过大偏差则起吊进行纠偏处理，保证施工标点准确。摆动式全套管钻机移机采用整体吊装方式。

图 3 液压抓斗Ⅰ级钢套管内部取土作业

4.3 沉放Ⅰ级钢套管（ϕ4.0m 套管）

履带起重机起吊首节Ⅰ级钢套管至摆动式全套管钻机中心，套管钻机抱紧Ⅰ级钢套管并进行摆动和下压操作。当钢套管沉放至地面以下一定深度后，履带起重机配合特制液压抓斗进行套管内部取土作业，如图 3 所示。首节钢套管沉放到位后，吊装第二节钢套管，套管与套管之间采用特制螺栓连接。重复抓斗取土和压管及接管工序，直至Ⅰ级钢套管沉放到设计标深 40m，完成分级护壁工法Ⅰ级钢套管的沉管作业。

4.4 沉放Ⅱ级钢套管（ϕ3.32m 套管）

Ⅰ级钢套管沉放到标深后，采用履带起重机吊移摆动式套管钻机。为保证Ⅱ级钢套管顺利施工，此时要求Ⅰ级钢套管露出地面高度不能高于摆动式套管钻机夹紧装置，需要气割去除与夹紧装置干涉重叠的部分。

图 4　Ⅱ级钢套管内部取土作业

换装摆动式套管钻机夹紧装置 $\phi 3.32$m 套管变径块，使摆动式全套管钻机具备对Ⅱ级钢套管抱管作业的条件。履带起重机起吊首节Ⅱ级钢套管至摆动式全套管钻机中心（首节钢套管底部位置沿圆周安装多把高强度合金刀头）。前 40m Ⅱ级钢套管采用履带起重机配合全套管钻机夹紧装置吊装至相应深度即可，吊装过程中利用全站仪进行钢套管垂直度实时检测，要求垂直精度控制在 2‰ 以内。

Ⅱ级钢套管放置到 40m 深度后，摆动式全套管钻机夹紧钢套管并进行摆动和下压操作，同时采用 ZR600H 旋挖钻机进行套管内的取土作业，如图 4 所示。重复旋挖取土和压管及接管工序，直至Ⅱ级钢套管沉放到设计深度 103m，完成灭藻井外管沉管任务。

4.5　起拔Ⅰ级钢套管

Ⅰ级钢套管起拔作业前，需要对Ⅰ级和Ⅱ级钢套管之间空隙进行碎石回填处理。制作防护罩吊装到Ⅱ级钢套管顶口，将Ⅱ级钢套管进行“封口”处理，如图 5 所示。采用挖掘机进行碎石回填作业，即填充地面下 40m 深度，直径 3.32m 钢套管与直径 4.0m 钢套管的圆周间隙。回填工序结束后，将摆动式套管钻机 $\phi 3.32$m 套管变径块拆除，换装 $\phi 4.0$m 变径块，并利用摆动式全套管钻机配合履带起重机起拔Ⅰ级钢套管，如图 6 所示。拔出的套管放置在规定区域内，供下一口井管施工时重复使用。

图 5　Ⅱ级钢套管“封口”

图 6　起拔Ⅰ级钢套管

4.6　封底成井

复测Ⅱ级钢套管实际孔深，采用旋挖钻机进行孔深达标掘进和首次孔底清渣处理。吊装水下混凝土导管至Ⅱ级钢套管中心，采用反循环进行二次清孔作业。当沉渣厚度满足设计要求后，进行水下混凝土灌注，要求灌注封底达 3m 高度。灌注结束后，将导管拔出并在Ⅱ级钢套管顶口安装防护罩，保证施工人员流动安全性，防止意外跌落事故。至此单个深潜式高压灭藻井外管沉管成井阶段施工作业即告完成。

5 结语

合理运用既有的全套管工法，针对环保领域新的特定工程，定向开发研制了多款填补空白的施工机械装备，并在实际工程施工实践中获得较大成功，是一次具有较高探索价值的综合创新。

目前我国也已进入高质量发展新阶段，体现在基础工程领域，环保绿色、高质量、高效率等元素的重要性越发凸显。相比较而言，全套管工法在上述方面具有较强的优势，值得在工法、施工工艺以及施工装备等方面进行更多的探索与创新。

随着国家基建领域的不断扩展，新的领域及其新的工程项目对施工工法和施工装备提出了新的目标、要求和挑战，同时也为创新提供了极大的拓展空间。本文所述的水源保障工程施工实践，就是全套管工法及其施工装备，由传统基建工程领域向环保工程新领域拓展的一次有益探索实践，并由此取得了多项创新成果。通过这种跨领域的拓展与创新，可以收获新的市场空间以及技术创新空间，在社会效益和经济效益两方面做出必要的贡献。

苏州相城区水源保障工程中的 4 口深潜式灭藻井施工实践表明，基础施工装备正向大型化、多功能化、集成化以及特定施工环境和条件下的定制化等方向发展。施工企业和装备制造企业单独应对，则面临诸多不利因素，较难形成有效突破。而本次工程项目所需的成套施工装备的定向开发，中联重科、昆明捷程桩工以及套管供应商无锡铿博公司三家企业，从一开始就以产业链协同创新的新模式，进行深度融合与合作，从而能够克服无先例参考、未知风险较多、开发周期较短等困难，在较短的时间内高效完成装备开发研制和使用，并获得很大成功。这一成功案例，不仅给各参与方带来了诸多成果，也给行业以产业链协同创新范式进行集成开发带来有益的参考启示。

N-Jet 工法在超深基坑工程中对承压水控制应用研究

聂书博[1,2]，常林越[1,2]，朱士传[3]，王卓衡[3]

（1. 华东建筑设计研究院有限公司上海地下空间与工程设计研究院，上海 200011；2. 上海基坑工程环境安全控制工程技术研究中心，上海 200011；3. 浙江鼎业基础工程有限公司，上海 201601）

摘　要：N-Jet 工法是一种新型的超高压喷射注浆技术，该工艺研发了具有多个可变角度喷嘴的前端喷射注浆装置，相比 RJP 工法和 MJS 工法，N-Jet 工法在喷射成桩直径、成桩深度、喷射流量、适应地层等方面均有显著提升。目前，N-Jet 工法已经在多个深基坑工程项目中得到了应用，作为水平封底隔水帷幕阻断承压水，施工效果好，止水效果佳，可以有效解决地下空间开发所带来的深层地下水控制安全问题。本文系统介绍 N-Jet 工法的工法原理、相关技术参数以及相关工程案例，推动 N-Jet 工法在地下工程中更好的应用，并为相近的工程项目提供有益的参考。

关键词：超高压喷射注浆；N-Jet 工法；水平封底隔水帷幕；承压水控制；深基坑

Study on Application of N-Jet Construction Method for Confined Water Control in Ultra Deep Foundation Pit Engineering

Nie Shubo[1,2], Chang Linyue[1,2], Zhu Shichuan[3], Wang Zhuoheng[3]

(1. Underground Space & Engineering Design Institute, East China Architecture Design & Research Institute Co., Ltd., Shanghai 200002, China; 2. Shanghai Engineering Research Center of Safety Control for Facilities Adjacent to Deep Excavations, Shanghai 200002, China; 3. Zhejiang Dingye Basic Engineering Co., Ltd., Shanghai 201601, China)

Abstract: N-jet method is a new type of ultra-high pressure jet grouting technology, which has developed a front-end jet grouting device with multiple variable angle nozzles. Compared with Rodin Jet Pile Method and Metro Jet System Method, N-jet method has significantly improved the diameter, depth, flow and adaptability to stratum of jet pile formation. At present, the N-jet method has been applied in many deep foundation pit projects. As a horizontal sealing waterproof curtain to block the confined water, the construction effect is positive, and the water stop effect is satisfactory, which can effectively solve the safety problem of deep groundwater control caused by the development of underground space. This paper systematically introduces the working principle, relevant technical parameters and relevant engineering cases of n-jet method, so as to promote the better application of n-jet method in underground engineering, and provide meaningful references for similar engineering projects.

Key words: Ultra-high pressure jet grouting; N-jet method; Horizontal sealing waterproof curtain; Confined water control; Deep foundation pit

0 引言

近年来，根据城市工程建设的需求，地下空间工程不断突破纵向开挖深度，如正在建设中的苏州河深层排水调蓄管道系统工程工作井基坑最大开挖深度已突破 60m。随着地下空间开发越来越深，基坑工程技术难题也越来越多，其中深层地下水控制安全问题尤为突出。为了有效解决地下空间开发所带来的深层地下水控制安全问题，国内引进了超高压喷射注浆技术［RJP 工法（Rodin Jet Pile Method）、MJS 工法（Metro Jet System Method）］，目前已在超深隔水帷幕、超深地下连续墙接缝止水封堵、深层土体加固中得到广泛应用。

受到施工设备能力的限制，RJP 工法和 MJS 工法仍存在一些不足，如最大施工深度小于 60m；成桩直径 2500mm 左右，当施工深度大于 50m 时，施工工效和加固效率显著下降；深层卵石层、圆砾层等复杂地层中施工质量难以保障等。针对上述问题，国内相关单位研发了一种新型的超高压喷射注浆技术 N-Jet 工法，N-Jet 工法目前在上海、北京、宁波等地深大基坑工程中进行了初步应用，效果良好。N-Jet 工法为超深地下工程的地下水控制预处理以及应急抢险等问题，提供了有效的技术支撑，对于保障深大地下空间开发安全具有重大意义。

1 N-JET 工法概述

超高压喷射注浆技术[1]，是一种利用超高压喷射流体（水、水泥浆液、空气）切削土体，使水泥浆液与土体拌和形成大直径水泥土加固体的方法。目前国内工程应用中，超高压喷射注浆技术主要有 MJS 工法、RJP 工法。

对于国内一些地区的深层卵石层、圆砾层等复杂地层，以及埋深超过 70m 的超深地层，RJP 工法和 MJS 工法由于喷射装置和工艺的限制，施工质量难以保障或无法施工。基于工程上的需求，国内相关单位研发了 N-Jet 工法，采用具有多个可变角度喷嘴的前端喷射注浆装置，大幅度提高了喷射流量（图 1）。

N-Jet 工法施工设备总体由喷射注浆系统、辅助系统及数字化施工管理系统组成，其中，喷射注浆系统由主机、钻杆、导流器、前端喷射装置、高压注浆泵以及流量检测仪等组成（图 2）。

前端喷射注浆装置是 N-Jet 工法喷射注浆系统的核心装置，位于钻杆前端，包含多个可变角度的超高压浆液喷嘴和主动空气喷嘴，具有喷射不同角度超高压浆液的功能，可根据地层条件和喷射成桩的直径进行选择，如表 1 所示。

N-Jet 工法的多喷嘴喷浆装备（图 3），如三喷嘴三角形组合喷射、三喷嘴单侧喷射以及七喷嘴单侧喷射等，多个喷嘴喷射出的主动空气包裹着超高压浆液同时切削搅拌土体，可以获得更高的切削能量，喷嘴越多，效率越高，成桩直径越大。

为满足超大直径和超深喷射注浆的施工要求，高压浆泵额定压力不小于 40MPa，额定流量不小于 160L/min；辅助高压泵额定压力不小于 40MPa，额定流量不小于 90L/min，空气压缩机额定压力不应小于 0.7MPa，成桩深度超过 50m 时，额定压力不应小于 1.5MPa，应能稳定输出压力，且流量满足施工要求，不同高压喷射工艺主要技术参数对比见表 2。

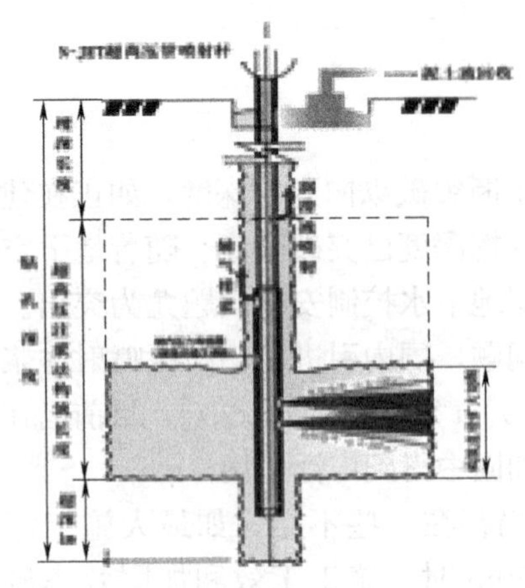

图 1　超高压喷射注浆 N-Jet 工法喷射示意图

图 2　N-Jet 工法主机（左）与 600L/min 高压注浆泵（右）

喷嘴选用与地层关系表　　**表 1**

地层	喷射方式	喷嘴个数建议值(个)
卵石、漂石层	倾斜喷射	2～4
黏性土	水平与倾斜结合喷射	2～7
砂性土、砂土、砾(碎)石层	水平喷射	3～7

图 3　N-Jet 多喷嘴喷浆装置

不同高压喷射工艺主要技术参数对比　　**表 2**

工艺类别		MJS 工法	RJP 工法	N-Jet 工法
水	压力(MPa)	不喷水	20～40	不喷水
	流量(L/min)	不喷水	50～90	不喷水
水泥浆液	压力(MPa)	40	40	40
	流量(L/min)	90～130	160～190	160～600
空气	压力(MPa)	1.0～2.0	≥1.05	0.7～2.2
	空气量(m^3/min)	1～2	3～7	2.0～9.0

N-Jet 工法、MJS 工法、RJP 工法的施工能力对比见表 3。MJS 工法[2] 采用单喷嘴，最大施工桩径 4.2m，最大施工深度 70m，水泥浆液流量最大 130L/min。RJP 工法[3] 采用双喷嘴（1 个喷浆、1 个喷水），超高压水和压缩空气先行切削，超高压水泥浆液和压缩空气接力切削，最大施工桩径 3m，最大施工深度 70m，水泥浆液流量最大 190L/min。相比 RJP 工法和 MJS 工法，N-Jet 工法在喷射成桩直径、成桩深度、喷射流量、适应地

层等方面均有显著提升。N-Jet 工法的水泥浆液流量达 600L/min，最大直径可达 10m，最大施工深度可达 115m，在卵石层中施工效果良好（图 4）。

N-Jet 工法、MJS 工法、RJP 工法设备施工能力对比 **表 3**

对比项目	N-Jet 工法	MJS 工法	RJP 工法
最大桩径(m)	10	4.2	3
最大深度(m)	115	70	70
水泥浆液喷射压力(MPa)	45	40	40
水泥浆液流量(L/min)	600	130	190
水泥浆液喷嘴数量	1～7 喷嘴	单喷嘴	单喷嘴
适用地层	黏性土、砂土、卵石等	黏性土及砂土	黏性土及砂土

图 4　砂卵石层成桩试验（直径 2200mm，咬合桩）

2　水平封底隔水帷幕应用案例

上海地区承压含水层深厚，第一承压含水层⑦层粉砂层埋深约 25～40m，第二承压含水层⑨层砂层埋深约 65～80m，部分区域⑦层和⑨层连通。越来越多的超深基坑开挖面已经接近或进入承压含水层，对于⑦层和⑨层连通的区域，竖向隔水帷幕无法将承压水隔断，此时为减小坑内抽降承压水对坑外保护对象产生的影响，可以采取对坑底土体进行水平封底加固的措施，形成水平封底帷幕。

2.1　上海地铁 14 号线歇浦路站

上海地铁 14 号线歇浦路站为地下 3 层岛式车站，位于浦东大道路与罗山路路口，杨浦大桥下方，标准段开挖深度为 22.43m，端头井处开挖深度为 24.23m，围护结构采用地下连续墙围护结构，地下连续墙深 55m，内支撑采用钢支撑和钢筋混凝土支撑（图 5）。

场地$⑦_2$ 层粉砂与⑨层上海地区第二承压水含水层连通，根据分析，基坑开挖至 22.43m 时覆土压力不满足$⑦_2$ 层粉砂的抗突涌要求，须进行降承压水。采用 2400@1400 N-Jet 工法桩进行封底止水，施工深度 48～52m，位于$⑦_2$ 粉砂地层内，地下连续墙底上部 1m 处（图 6）。

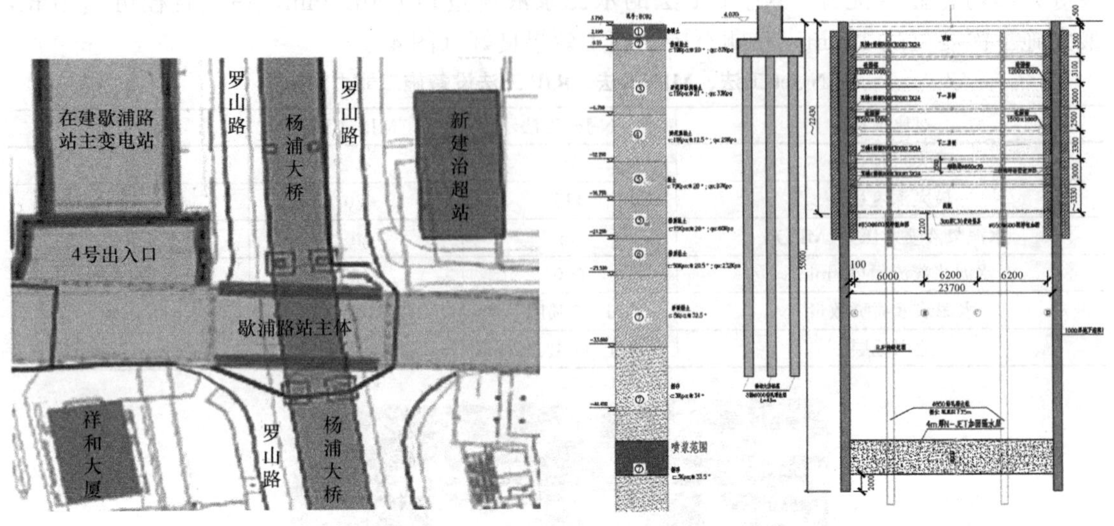

图5　歇浦路站总平图

图6　歇浦路站基坑剖面图

N-Jet工法桩采用双喷嘴喷射，水泥浆压力40MPa，主动空气1.05～1.2MPa，水泥掺量大于40%，水灰比1∶1。工法桩施工完成达到28d强度后，进行取芯试验，为不破坏封底止水效果，取芯仅取1m进行试验，并且取芯孔采用0.5～0.6水灰比的水泥浆填充，取芯试验强度约1.50～1.54MPa。

本工程坑内开启一口降压井，平均单井出水量约4m^3/h，坑外共设置4口⑦层的水位观测井，降压期间实测各观测井最大水位降深为0.11～0.18m（表4）。本项目采用的N-Jet工法桩水平封底效果明显，有效隔断了坑底以下承压水的水平向补给。

降水数据　　**表4**

井号	坑内观测井	北侧坑外观测井	
	YG4	G4	G6
初始水位埋深(m)	5.78	6.05	5.75
稳定水位埋深(m)	22.0	6.26	6.0
总降深(m)	16.22	0.21	0.25

2.2　上海机场联络线工程2号风井

上海机场联络线工程2号风井位于七宝站至华泾站区间，为盾构接收井兼中间风井。2号风井基坑长30.4m，宽25.4m，深30.2m，基坑位于沪杭高铁及铁路李莘联络线之间，环境保护要求高。

基坑采用1.2～1.5m厚地下连续墙围护结构，地下连续墙深64m，竖向共设置8道支撑（图7）。底部采用ϕ3500@2200 N-Jet工法桩进行⑦$_2$粉砂地层的封底加固止水，施工深度57～63m，加固厚度6m，位于地下连续墙底上部1m处。⑦$_2$粉砂层分布较为稳定，密实，中—低压缩性，工程性质较好，渗透系数4.7×10^{-3}cm/s。

N-Jet工法桩水泥掺量45%，采用不小于水泥等级42.5普通硅酸盐水泥，水灰比1∶1，控制成桩垂直度误差不大于1/300，28d无侧限抗压强度不小于1.2MPa，渗透系数

$\leqslant 1\times10^{-7}$cm/s。

现场进行了非原位试桩，直径 3500mm，施工范围埋深 56.8～62.8m，水泥浆浆液压力 40±2MPa，水泥浆浆液流量 220～230L/min，主空气压力 1.05～1.8MPa，主空气流量 3.0～10Nm^3/min。试桩施工完成 28d 后进行钻孔取芯，芯样强度 1.92～2.84MPa（图 8）。

为检验基坑封底的质量，同时在基坑开挖施工时掌握准确的地下水水位信息，降水正式运行前，布置降压备用井和观测井如图 9 所示，Y1～Y2（井深 48m，滤管位置为 32～47m）作为抽水井，坑外 HG1～HG7、HG9～HG10、BG1、GW1～GW4 作为观测井。

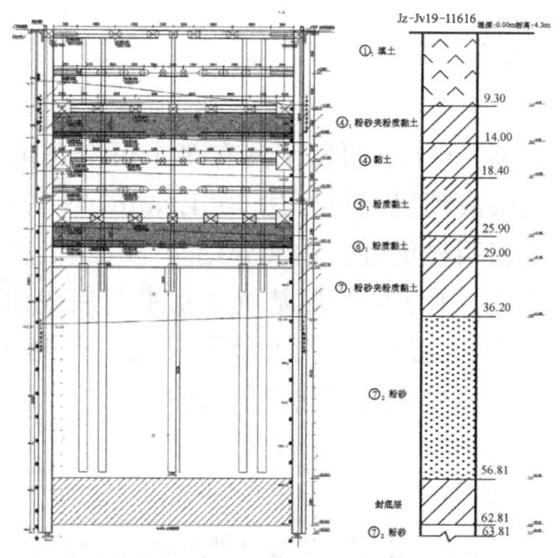

图 7　基坑剖面图

图 8　试桩取芯照片

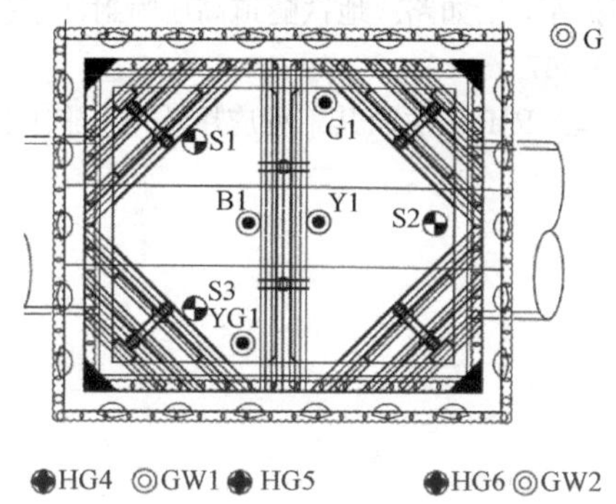

图 9　降水井平面布置图

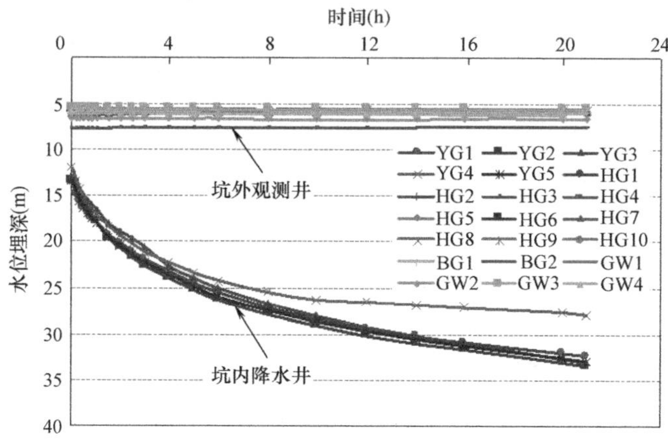

图 10　观测井水位埋深历时曲线图

图 10 为观测井水位埋深历时曲线图，开启 Y-1、Y-2 持续抽水 20h，坑内观测井水位从 13m 分别降至 33m（水位降深 20m），坑外观测井 GW-2 水位随时间变化从 5.63m 降到 5.77m（水位降深 0.14m）。基坑内外观测井水位降沉差较大，N-Jet 工法高压喷射注浆封底隔水帷幕具有优异的止水效果。

3 结语

N-Jet 工法研发了具有多个可变角度喷嘴的前端喷射注浆装置，喷嘴最多可达 7 个，水泥浆液喷射流量可达 600L/min。N-Jet 工法在喷射成桩直径、成桩深度、适应地层等方面均有明显优势。本文介绍了 N-Jet 工法的技术原理、施工设备与关键技术参数，并介绍了 N-Jet 工法用于深基坑中水平封底隔水帷幕的工程案例，实施效果良好。N-Jet 工法可以作为解决地下空间开发面临的深层地下水控制安全问题的有效手段，应进一步推广应用，保障重大工程建设的安全。

参考文献

［1］ 常林越，王卫东，聂书博．超高压喷射注浆施工环境影响实测分析［J］．地下空间与工程学报，2019，15（S2）：759-765.

［2］ 邓指军，王如路．地铁隧道高压喷射注浆技术试验研究［J］．地下空间与工程学报，2015，11（3）：564-567.

［3］ 李星．RJP 工法及其工程应用［J］．施工技术，2018，47（18）：114-118.

环保型秸秆降解排水技术与刚性复合桩的关系

林志军[1]，钟宏南[2]，常雷[3]，李楷兵[4]，李德光[5]，郑梓生[6]

（1. 福建泉成勘察有限公司，福建 泉州 362011；2. 广东博意建筑设计院有限公司，广东 佛山 528312；
3. 深圳厚坤软岩科技有限公司，深圳 518031；4. 北京楷泰建设工程有限公司，北京 102218；
5. 江苏中联路基工程有限公司，江苏 建湖 224700；6. 深圳中凯地基基础工程有限公司，深圳 518101）

摘　要：深厚软基复合地基处理的核心就是水的问题和施工能量的问题，即如何把深厚软基中原位深厚软基或吹填造地中的水快速排出，处理后的深厚软基不再继续排水不再沉降，地基承载力特征值处理后达到≥80kPa 以上，工后沉降值达到≤12cm 以下，工后再植入大直径非挤土刚性复合疏桩与处理后的桩间土有机协同工作，形成稳定的、沉降小的、承载力高达 250～500kPa 的深厚软基刚柔复合厚壳层复合地基。其中真空预压法先采用植物型秸秆降解排水高能量液法代替传统塑料排水板排水技术进行施工，把深厚软基中 60%～70%的自由水及 20%～30%的吸附有机水快速排出形成稳定的的柔性厚壳层，植入的大直径非挤土刚性复合桩具有边沉桩边把施工负能量转化释放为正能量的特点，使桩基施工时与桩间土始终保持应力平衡状态。

关键词：秸秆降解排水；水的问题；能量问题；刚性复合桩；复合地基

Environmental Friendly Straw Degradation Drainage Technology and Rigid Composite Pile Work Together

Lin Zhijun [1]，Zhong Hongnan [2]，Chang Lei [3]，Li Kaibing [4]，Li Deguang [5]，Zheng Zisheng [6]

(1. Fujian Quancheng Survey Co.，Ltd.，Quanzhou Fujian 362011，China；
2. Guangdong Boyi Architectural Design Institute Co.，Ltd.，Foshan Guangdong 528312，China；
3. Shenzhen Houkun Soft Rock Technology Co.，Ltd.，Shenzhen 518031，China；
4. Beijing Kaitai Construction Engineering Co.，Ltd.，Beijing 102218，China；
5. Jiangsu Zhonglian Subgrade Engineering Co.，Ltd.，Jianhu Jiangsu 224700，China；
6. Shenzhen Zhongkai Foundation Engineering Co.，Ltd.，Shenzhen 518101，China)

Abstract：The core of composite foundation treatment of deep soft foundation is the problem of water and construction energy. How to quickly drain the water from the original deep soft foundation or hydraulic reclamation of deep soft foundation? The treated deep soft foundation will no longer continue to drain and no longer settle. After treatment，the characteristic value of foundation bearing capacity reaches ≥ 80kPa，and the post construction settlement value reaches ≤ 12cm，After the construction，the large-diameter non extruding rigid composite sparse piles will be implanted to work organically with the treated soil between piles to form a stable，small settlement，and 250～500kPa high bearing capacity deep soft foundation rigid flexible composite thick shell composite foundation. Among them，the vacuum preloading method first uses the plant type straw degradation drainage high-energy liquid method to replace the traditional plastic drainage board drainage technology for construction, and quickly discharges 60%～70% of the free water and 20%～30% of the adsorbed organic water in the deep soft foundation to form a stable flexible thick shell. The implanted large straight diameter non squeezing rigid composite pile has the characteristics of converting the negative energy of construction into positive energy while sinking the pile, The stress balance between the pile foundation and the soil between piles shall be maintained during the construction.

Key words: Straw degradation drainage; Water problem; Energy problem; Rigid composite pile; Composite foundation

0 引言

目前国内、国外的港口码头堆场、机场路基及货运堆场、石化储油基地、高速公路、高铁路基、核电厂路基、市政道路复合地基的施工，相当部分都在原位深厚软基或吹填造地的深厚软基上建造，特别是在处理5m以上的深厚软基时，往往采用粗暴的抛石碾压法、换填法、直接桩基法施工处理，因深厚软基事先未处理或处理不到位，工后的深厚软基与桩基不匹配不协同，导致复合地基沉降过大、滑移、垮塌的现象频频发生，究其原因就是没把深厚软基中的水及施工能量处理好[3]。

深厚软基复合地基处理的核心就是水的问题和施工能量的问题[2,3]。水的问题就是如何把深厚软基中原位深厚软基或吹填造地中的水抽出，使地基承载力特征值快速从0～20kPa提升到≥80kPa以上，工后沉降值从80cm降到12cm以下，由原位液态流动的深厚软基土，处理后转变为塑态不流动的深厚软基土，工后2年环保植物型秸秆排水板纤维分子链被软基中微生物分解而断链，排水通道失效不再排水，深厚软基不再继续沉降而形成稳定的、沉降小可控的深厚软基柔性厚壳层。施工能量问题就是如何快速在大直径非挤土刚性复合桩植桩时不破坏桩周土，使桩基与桩间土始终保持应力平衡状态，使大直径刚性复合桩在施工中产生的破坏性负能量边施工边转化释放为正能量，进而形成稳定的、承载力高的深厚软基刚性复合桩厚壳层。

1 深厚软基原位淤泥土及吹填造地淤泥土

1.1 深厚软基原位淤泥土

图1 常见的原位深厚软基淤泥土图

常见的原位深厚软基淤泥土如图1所示。

其含水率在60%～100%间，从表面看都属于淤泥，都是软软的，在施工过程时，上层黑黑的、臭臭的、没有结构性的淤泥土必须把它打穿打透，下层黄黄的、软软的，是有结构性的淤泥土，属原位强风化未扰动过的软泥土，可以打穿也可以不打穿，视上部附加荷载大小而定，可作为浅层复合地基持力层使用。

1.2 深厚软基吹填造地淤泥土

新近的疏浚吹填软基土含水率均在200%以上，其地基承载力为0kPa，颗粒以微晶蒙脱石和伊利石为主，蒙脱石颗粒以超细出名，其吸水率极高，软基处理排水困难，如图2所示。

图2 新近疏浚吹填的超软基土图

2 深厚软基土处理不到位或未处理的后果

2.1 深厚软基中水的含量[2,3]

（1）占总水量的60%～70%为自由水；

（2）占总水量的20%～30%为不流动的有机吸附水。

2.2 传统塑料排水板真空预压处理后的深厚软基的效果

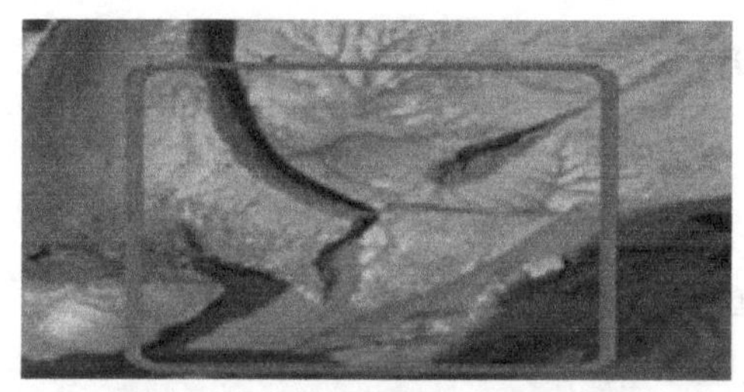
图3 塑料排水板真空预压处理后还在滴水

采用传统的塑料排水板真空预压处理深厚软基只能把占总含水量60%～70%的自由水真空排出，剩余占总含水量20%～30%的有机吸附水排出就十分困难，处理后的深厚软基土仍处于液态流动土状态，开挖后的深厚软基还处滴水状态，此时的地基承载力特征值不超过55kPa、工后沉降值≥60cm，如图3所示。

2.3 原位深厚软基未处理导致的后果

现实中许多软基工程在原位深厚软基未处理时仅通过汇报工作简单的判断后，就拍着脑袋开始桩基施工，殊不知，桩基施工前原位深厚软基必须处理到位才能与桩基匹配协同，真正发挥出桩的承载力，达到工后沉降小、承载力高、稳定的复合地基，稳定的基坑支护。如下是失败的案例[2,3]：

（1）某复合地基搅拌桩施工，除前期的真空预压已处理过外，深层搅拌桩未抽到水泥土芯，验收质量不合格，如图4所示。

（2）某复合地基CFG桩施工，通车后不到6个月，地基下沉40～60cm，如图5所示。

图4 水泥土搅拌桩抽芯质量不合格图

图5 CFG桩施工通车后不到6个月下沉40～60cm

图 6 深厚软基未处理就基坑支护桩基施工

(3) 某工地基坑施工，因基坑深厚软基未处理就桩基支护施工，边开挖边移位，导致 2 亿的损失，如图 6 所示。

(4) 某复合地基桩基施工，深厚软基未处理，施工过程中出现桩基 45°的倾斜破坏（水平推力造成的），如图 7 所示。

(5) 某真空预压施工完后芯的现象，浅层仍为流动性淤泥，处理后的软基，抽芯仍为流泥状，此施工不合格，如图 8 所示。

图 7 深厚软基未处理出现桩基施工 45°的倾斜破坏

图 8 某塑料排水板真空预压后抽芯仍为流泥态

以上失败的案例，均是深厚软基未处理或处理不到位或施工负能量未及时处理到位引起的，所以深厚软基处理应高度重视。

3 如何解决深厚软基处理后仍排水沉降的问题

3.1 传统真空预压塑料排水板

传统真空预压塑料排水板施工，只能把深厚软基中占总含水量 60%～70%的自由水真空排出，剩余占总含水量 20%～30%的有机吸附水排出就十分困难，处理后的深厚软基土仍处于液态流动土状态，开挖 5m 深的软基土还在滴水，工后沉降值≥60cm；因工后留在深厚软基中的塑料排水板 50 年都不降解，排水通道还在排水，导致处理后的深厚软基长期处于沉降状态，塑料排水板板芯如图 9 所示。

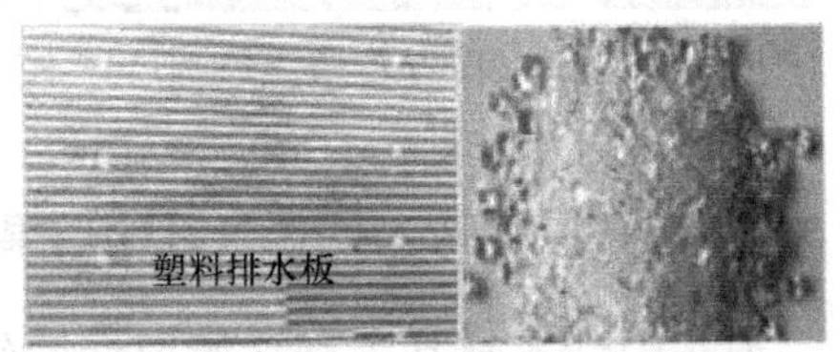

图 9 真空预压塑料排水板板芯图

3.2 环保型真空预压秸秆降解排水板

环保型秸秆降解排水板主要原材料为“农田里废弃的秸秆原材料”，是采用粉碎后小于 1cm 长的秸秆纤维绒、固体热融胶、少量松木锯木纤维等原料拌和热融后挤压成型的植物型秸秆降解排水板，如图 10 所示。

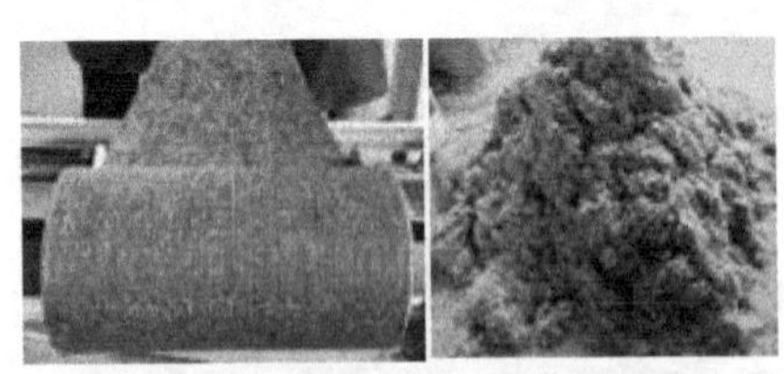
图 10 环保植物型秸秆降解排水板芯

3.3 传统塑料排水板与秸秆降解排水板的比较

(1) 塑料排水板的缺点

深厚软基采用塑料排水板真空预压处理后的软基，因塑料排水板 50 年都不降解，埋在软基内的塑料排水板排水通道还在排水，工后的深厚软基仍处于长期沉降隐患中，再采用水泥土搅拌桩施工，搅拌头、杆易被软基中的塑料排水板缠住，影响成桩质量。据统计全球每年在深厚软基或吹填软基处理时需用到10cm宽、15亿延米长的塑料排水板，生产出这些量的塑料排水板就需消耗掉聚乙烯（PE）和聚丙烯（PP）混合原材料为1.12～1.2万t，因生产1t聚乙烯（PE）原材料，就要从石油开采、石油裂解过程中获得，到生产出塑料排水板产品，整个流程会排放出约9倍的CO_2气体，即为5131～5497万m^3的CO_2气体，如图11所示。

（2）环保植物型秸秆降解排水板的优点

在深厚软基或吹填软基处理上采用低碳环保型秸秆降解排水板产品，在真空预压处理后2年，因地下多种生物菌对秸秆排水板芯纤维分子链分解而断开，使秸秆降解排水板原有排水通道失效，从而彻底解决了深厚软基工后继续排水、继续沉降的隐患，后续再采用水泥土搅拌桩施工，搅拌头易把软基中的秸秆降解排水板剪断保证成桩质量，深厚软基中采用环保植物型秸秆降解排水板每平方米少向大气排放7.33～10.99m^3的CO_2气体。秸秆原材料及板芯产品，如图12所示。

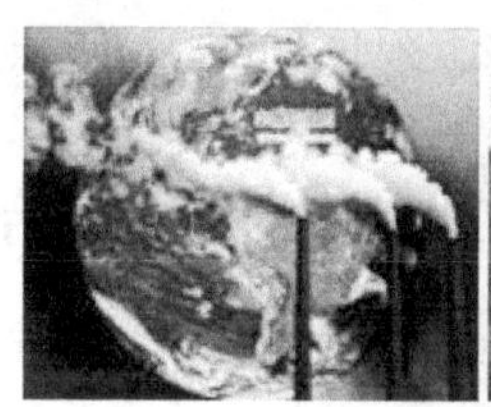

图11 CO_2气体排放到大气污染图

图12 秸秆原材料及板芯产品图

4 环保型秸秆降解排水技术的工程应用

4.1 环保型秸秆降解排水系统的施工原理

低碳环保型秸秆降解排水系统施工原理如图13所示[2,3]。它由两部分组成。第一部分就是常用的排水系统，第二部分为高能量渗透排水系统。（1）浅颜色的排水系统，就是目前常用的真空预压排水系统，只能把深厚软基中60%～70%的自由水排出来；（2）在实际过程中，深厚软基中还有一些吸附水难以排除，那也就是说20%～30%需要通过特殊的高能量渗透排水法才能把它从深厚软基土中排出来，在第一独立施工系统施工接近尾声时，停止其真空系统及真空泵工作，启动第二独立施工系统，加压到1.5MPa把多孔介质高能量液以加压雾状形式通过特制的秸秆排水板输送到深厚软基中，使深厚软基中剩余的占总含水量20%～30%的有机吸附水离子与多孔介质高能量液离子交换，使有机吸附水还原为自由水流动。当真空覆膜下压力降到1.0MPa以下时，再次启动第二独立施工系统，加压到1.5MPa，重复上述工序3～5次后停机1～2d，重启动第一独立施工系统连续真空抽水7d，停机后真空预压逐步卸压卸载，最终形成有一定厚度≥10m以上，沉降值为≤12cm、地基承载力特征值为≥80kPa，十字板剪切强度≥28kPa，由液态土流动转变为塑态土不流动稳定的深厚软基柔性厚壳层，如图14所示[3]。

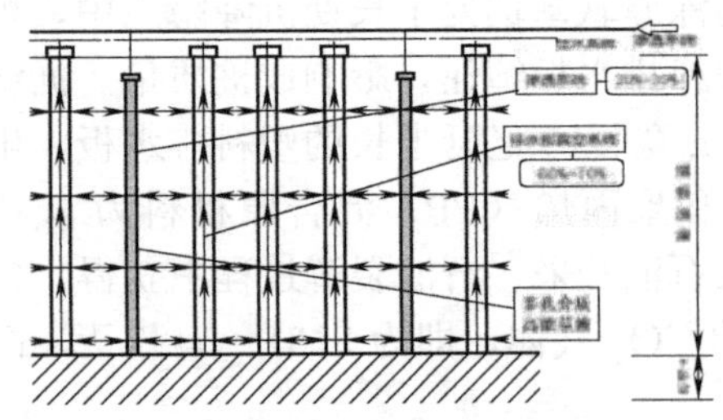

图 13 环保型秸秆降解排水系统的施工原理

图 14 秸秆降解高能量排水系统处理后的现场

图 15 秸秆降解排水板在上海浦东机场应用

4.2 环保型秸秆降解排水板在上海浦东机场应用

2021 年 10 月在上海浦东机场西货区采用低碳环保型秸秆降解排水板处理 15m 厚的深厚软基，工后再植入 ϕ400mm 的预制管桩 20m，形成以刚性体为主、柔性体为辅的刚柔复合厚壳层复合地基，现场如图 15 所示。

5 深厚软基柔性厚壳层地基承载力特征值≥80kPa 时桩间土与刚性复合桩才能有机协同工作

5.1 深厚软基柔性厚壳层地基承载力特征值≥80kPa 的意义

深厚软基或是原位深厚软基或是吹填造地深厚软基，当采用低碳环保型秸秆降解排水技术快速处理深厚软基，使其地基承载力特征值从 0～20kPa 提升到 80kPa 以上，工后沉降值从 80cm 降到 12cm 以下，十字板剪切强度≥28kPa，由原位液态流动的深厚软基土处理后转变为塑态不流动有一定厚度的深厚软基柔性厚壳层时，才能实现植入的大直径复合疏桩与桩周土真正协同工作，是形成承载力高、沉降小的刚柔复合厚壳层复合地基的必要前提条件。

5.2 大直径刚性复合桩的施工

实践证明在深厚软基柔性厚壳层形成后，地基承载力特征值达到 80kPa 以上，工后沉降值达到 12cm 以下时，桩间土的负摩阻力计算系数才会降到 10%以下系数，桩基与桩间土才能始终保持应力平衡状态，才能充分有效发挥出单桩承载力，这也是工后桩间土与刚性复合桩协同工作的机理。当按《复合地基技术规范》GB/T 50783—2012[1] 进行大直径刚性复合桩的设计，当采用改进型大直径水泥土搅拌桩转杆直径≥32cm 单轴正反双向搅拌设备，喷粉压力控制在 1.2～1.5MPa 施工时，才能使水泥土搅拌桩施工时边搅边释放掉多余的破坏性负能量，才能充分发挥出搅和拌的效果，才能使水泥土搅拌桩抽的芯柱上下保持完整性，才能使抽芯柱顶部强度达到 3MPa 以上，抽芯柱底部强度达到 1MPa 以上。当采用非挤土大直径环形刚性复合桩施工时，因外钢护筒长于内钢护筒 50cm，入土时边沉桩边切土，桩端切下的软基土沿着环形内腔向内、向上推动、挤密、排土，形成压缩挤密的“土芯土”柔性柱，使桩与桩间土始终保持应力平衡状态，真正起到桩间土与刚性复合桩协同匹配效果，最终达到整体稳定、承载力高、抗水平推力大、工后沉降小的深厚软基刚柔复合厚壳层复合地基，如图 16 所示[2,3]。

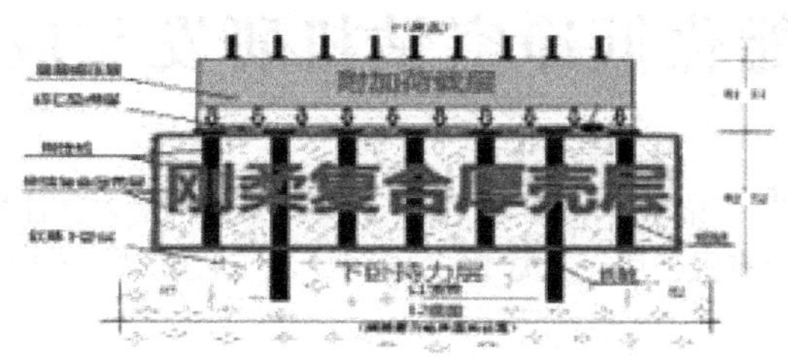

图 16　深厚软基刚柔复合厚壳层复合地基示意图

6　结语

影响深厚软基工后整体沉降过大、滑移、垮塌的主因就是深厚软基中水和能量的问题，具体讲就是深厚软基处理中水的问题以及深厚软基植桩时能量匹配的问题，所以，先要把深厚软基承载力特征值处理到 80kPa 以上，工后沉降值处理到 12cm 以下，形成有一定厚度≥10m 的柔性厚壳层，才能更好匹配协同后期植入的刚性复合桩，才能控制住“复合地基”沉降过大、滑移、垮塌现象的出现，才能真正达到整体稳定、承载力高、地基承载力特征值在 250～500kPa 间、抗水平推力大、工后沉降在 0.4～12cm 间的深厚软基刚柔复合厚壳层复合地基。

参考文献

［1］ 中华人民共和国住房和城乡建设部. 复合地基技术规范：GB/T 50783—2012［S］. 北京. 中国计划出版社，2012.

［2］ 常雷，李德光，袁国清. 秸秆（降解）排水板技术及后桩间土与工程桩的协同应用［M］//工程排水与加固技术及港口工程理论与实践. 北京：中国水利水电出版社. 2020.

［3］ 常雷，李学丰，苏开敏，等. 碳中和、碳达峰中秸秆降解排水技术的应用与刚柔复合厚壳层地基的关系［J］. 地基处理，2022，4（S1）：144-151.

智能化低净空钻机研发与应用

刘青[1]，梁永辉[1]，沈宏辉[1]，郁文博[2]，吴健[2]，陈佳特[2]
（1. 上海申元岩土工程有限公司，上海 200011；2. 海工程机械厂有限公司，上海 201901）

摘　要：基于保护建筑改造托换和地下空间开发的趋势需求，针对有限空间内灌注桩施工困难的问题，本文分享笔者团队研制的一种智能化低净空钻机设备。该设备适应于平面尺寸 2.5m×3.0m，净空 3.5m 以内，进门宽 0.8m 的作业条件，采用全液压传动，行走、作业等全过程可遥控操作，并可进行软土地区直径≤1.0m，桩长≤60m 的灌注桩成孔；通过项目现场试验，验证了该设备的基本功能及施工能力。

关键词：历史保护建筑；低净空钻机；钻孔灌注桩；液压控制；软土地区

Development and application of Intelligent Drilling Rig Under Lower Clearance Space

Liu Qing[1], Liang YongHui[1], Shen HongHui[1], Yu Wenbo[2], Wu Jian[2], Chen Jiate[2]
(1. Shanghai Shenyuan Geotechnical Engineering Co., Ltd., Shanghai 200011, China;
2. Shanghai Engineering Machinery Co., Ltd., Shanghai 201901, China)

Abstract: Based on the increasing demand of underground space development and historical protection buildings reconstruction, and in view of the difficulty of construction of cast-in-situ piles in limited space, this paper shares an intelligent drilling rig equipment under lower clearance space developed by the author's team. The equipment can work under the condition of the plane size within 2.5m×3.0m, the clearance within 3.5m, and the entrance width within 0.8m. It is hydraulically driven, and the whole process of walking and operation can be operated remotely. The cast-in-situ piles are formed with diameter within 1.0m and pile length with 60m in soft soil area; through the field test, the basic functions and construction capabilities of the equipment are verified.

Key words: Historical conservation buildings; Drilling rig under lower clearance space; Cast-in-situ piles; Hydraulically driven; Soft soil area

0 引言

随着城市的不断发展，对既有建筑、历史保护建筑改造托换和地下空间开发的需求也日益迫切。目前既有建筑改造过程普遍存在施工空间狭窄的问题，如净空大多在 4.5m 以

作者简介：刘青，工程师，注册土木（岩土）工程师，E-mail：15001901704@163.com。

内，门洞宽大多在 1.0m 以内，加之灌注桩往往要求直径≥600mm，这就需要对施工设备小型化提出更高的要求。

市场上传统的灌注桩机尺寸较大，如 GPS 系列钻机高度普遍在 10m 以上，底盘不小于 2.4m×4m，旋挖钻机高度也在 10m 以上，底盘 2.3m×5.1m 以上。低净空领域桩基施工设备一直是岩土工程施工的短板。出于项目的需要，国内有单位进行了相关研究，如山河智能开发出小型旋挖钻机（型号：SWDM40）高度在 8.4m；中铁五院和南京路鼎公司就既有高速铁路桥梁低净空条件下灌注桩施工难题，研制了一套低净空全套管灌注桩机，可适用于净空 3.6～4.1m，设备平面尺寸 2.2m×5.5m，并经试验取得了良好效果（毛忠良等，2019）；有单位也分享了高压线下采用冲孔工艺进行的低净空灌注桩施工研究（左敏等，2016）；另外，国内一些单位及个人也发表了低净空灌注桩设备的相关专利，如萧守让（2016）申请了一项旋转位移式低净空钻机，在地下 4.5m 高度限制下，向下钻进深度达到 30m 以上，钻孔直径达到 0.5～2m。钱奂云等（2017）申请了一种低净空双回转钻机，能适应 4.5～5m 高的低净空环境，但是钻孔深度不足。而百米钻及类似改造设备，因其扭矩不足等因素，无法应用于直径≥600mm 的灌注桩。综上，市场上的设备对净空 4.5m 以内、进门宽≤1.0m，直径 600～1000mm、桩长 30m 以上的灌注桩施工，适用性不足。

本文根据有限空间、低净空、狭窄进门、扭矩能力等需求，拟从结构设计、桩基参数、施工工艺流程方面，详细介绍笔者团队及合作单位研发的一款智能化低净空钻机，并介绍相关试验情况，以供相关工程借鉴。

1 低净空小型化灌注桩设备研发

1.1 桩机构造设计

设计要求与原则：（1）极限净空 3.5m 以内、进门宽≤0.8m，直径 800～1000mm、桩长≤60m；（2）带履带，可自行走；（3）节能减排，用电供能；（4）智能化操作。

根据以上要求与原则，设备设计采用液压系统，用电控制，总体分为主机（钻机主体）和后台（液压动力站），主机和后台由液压系统、电气系统连接并控制。

后台设计：如图 1 所示，后台主要为主机提供动力，采用双电机（55kW＋18.5kW）控制，可较好地减少耗电量和功率浪费；集成电器系统及液压控制系统，采用履带底盘，便于移动，主机施工时，可将后台置于室外，仅靠液压管连接主机进行操作即可。

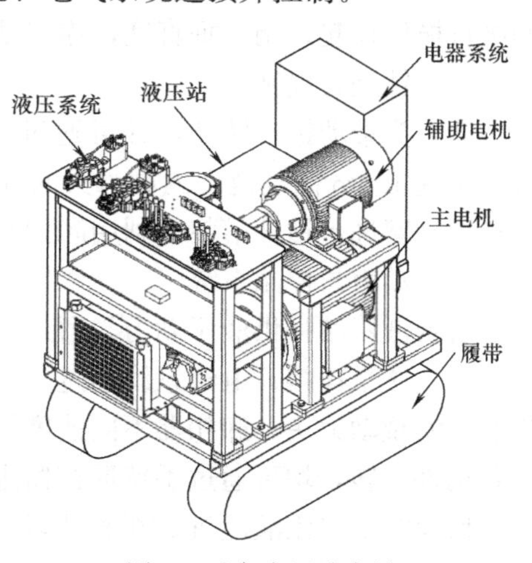

图 1 后台液压动力站

主机设计：

（1）主要构造与工作原理

主机是钻机的工作主体部分，包括支架底盘、主副桅杆、升降油缸、吊臂、动力头、卸扣器、起塔油缸、支腿、履带等（图 2）。主机本体通过液压系统与液压站和电气系统相连，液压站为主机提供液压动力，进行履带行走、动力头旋转、油缸给进的工作。支腿与支架底盘通过插销连接，安装起到设备稳定作用，当施工场地无硬化地面时，可采用拼装底盘，增加设备稳定性。电气系统控制液压系统，带动钻机各工作装置的正常运行。

（2）设备尺寸

主机的工作尺寸为长 2.24m×宽 1.76m×高 3.00m。如图 3 所示，主机极限行走尺寸为长 1.56m×宽 0.73m×高 1.48m。

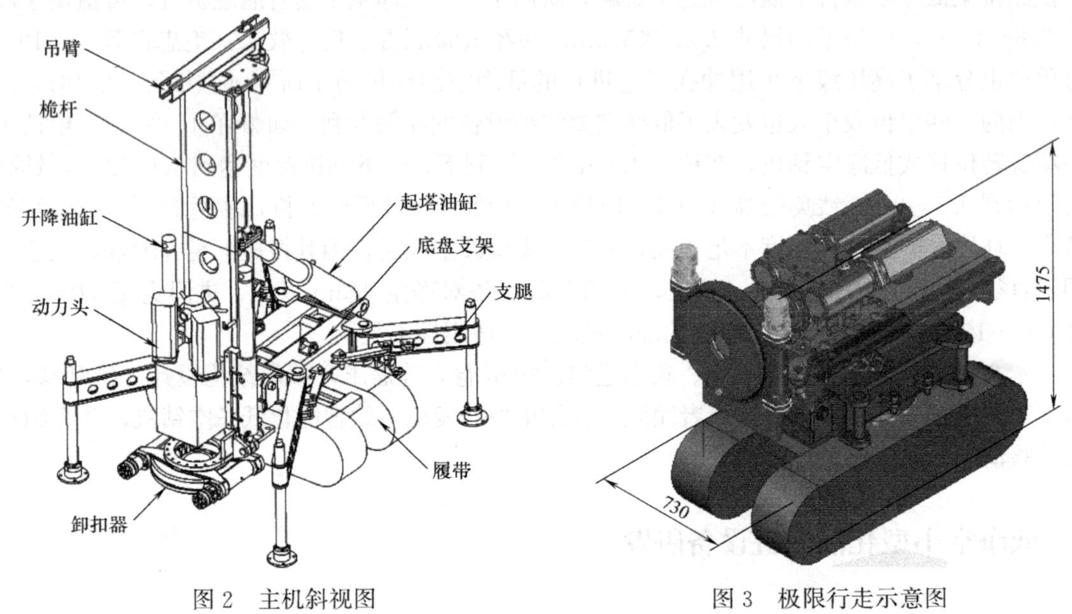

图 2　主机斜视图　　　图 3　极限行走示意图

（3）设备行走与移机

主机配备 73cm 宽履带，行走时副桅杆拆卸，主桅杆倒下放置在底盘上，支腿收起或拆卸，可满足 30°斜坡行走。

主机行走就位前，钻头先行放入待成桩位置（下挖至钻头顶平地面）；主机行走就位后，安装支腿并调整设备水平，安装起塔油缸、副桅杆，连接动力系统后，由起塔油缸分两级将桅杆顶起，调整垂直度，连接钻杆，完成移机并就位。

（4）钻进与提钻

动力头带动钻杆转动，并可通过升降油缸给予钻进压力，升降油缸采用插销接力形式，实现 1.8m 高度范围内动力头的升降控制。钻杆采用 1.0～1.3m 钻杆，拆装钻杆时，可利用吊臂进行钻杆吊装，利用卸扣器转动进行紧固或松懈。

（5）动力与控制系统

后台液压站提供液压动力，通过液压管分别与主机的动力头、升降油缸、起塔油缸、卸扣器、履带连接；电气系统通过一系列电气元件控制液压系统，达到对整套设备的智能控制，实现动力头、卸扣器不同速度的正转、反转，履带行走快慢、转向等，设备从行走到各构件运转，均可通过手持遥控器进行操作。

低净空小型化灌注桩钻机输入功率为 73.5kW，钻孔直径≤1.0m，给进行程≤1.5m，最深钻孔深度为 60m。动力头最大输出转速为 10～170r/min，最大输出扭矩为 7500N·m。

设备施工占地面积为 2.24m×1.76m，净空高度为 3.0m，极限行走尺寸为 1.56m×0.73m，高 1.48m（表 1）。

桩机参数 **表 1**

项目	单位	参数
平面尺寸	长×宽×高(m)	2.24×1.76×3.00
行走尺寸	长×宽×高(m)	1.56×0.73×1.48
电机功率	kW	55+18.5
钻机转速	r/min	10～170
最大扭矩	kN·m	7.5
钻机重量	t	1.8
钻孔直径	mm	≤1000
钻孔深度	m	60
给进行程	mm	≤1500
动力头提升力	kN	112
动力头加压力	kN	36
钻杆直径	mm	Φ89

1.2 施工工艺流程

施工准备阶段：旋转底盘支架→安装支腿→固定支腿→调平→安装起塔油缸、副桅杆→桅杆起立→调整垂直度→安装钻杆。

施工阶段：动力头升至最高加接新钻杆→下钻至油缸给进至最低端→拆除油缸固定销轴后，操作油缸上升至顶端，安装插销→下钻至动力头至最下端→拧卸钻杆→动力头升至油缸最顶端，拆除油缸固定销轴，操作油缸下降至最底端，安装插销→动力头升至最顶端→安装钻杆→钻进。

1.3 适用条件

本设备适应于软黏土、粉土、粉质黏土等土层，对于易塌孔的砂层，因低净空钻孔等环节施工效率较常规低，应注意泥浆相对密度；其智能化行走、可拼装小型化构造，适用于净空≤3.5m，进门宽≤0.8m 的既有建筑、保护建筑、桥涵洞下穿线路、地铁、隧道等有限平面空间、超低净空环境；其强劲的动力，配备稳固的可拼接底盘后，适用于直径不大于 1.0m，桩长 60m 以内灌注桩成孔。

2 现场试成孔施工

2.1 试验场地的选择

上海市黄浦区某保护性综合改造项目，根据设计要求，在保护建筑首层房间内新增两个工作井，其中 1 号工作井开挖深度 16.7m，室内平面尺寸 6.8m×11.7m，净空 4.5m，进门宽 2.1m，围护结构采用低净空钻孔灌注桩＋MJS 工法止水帷幕。围护共有 22 根钻孔灌注桩（图 4），桩径 1.0m，标高－1.65～－35.2m，桩长 33.45m，地面标高－0.8m，成孔深度 34.25m，选取其中 1 根桩开展试桩施工，其地层情况如图 5 所示。

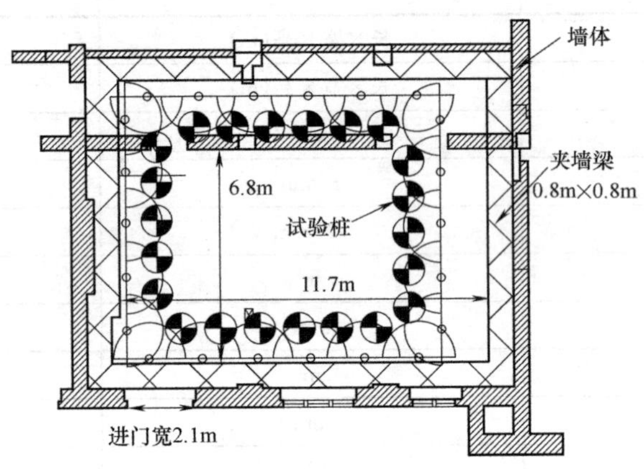

图 4　1 号工作井围护平面布置图

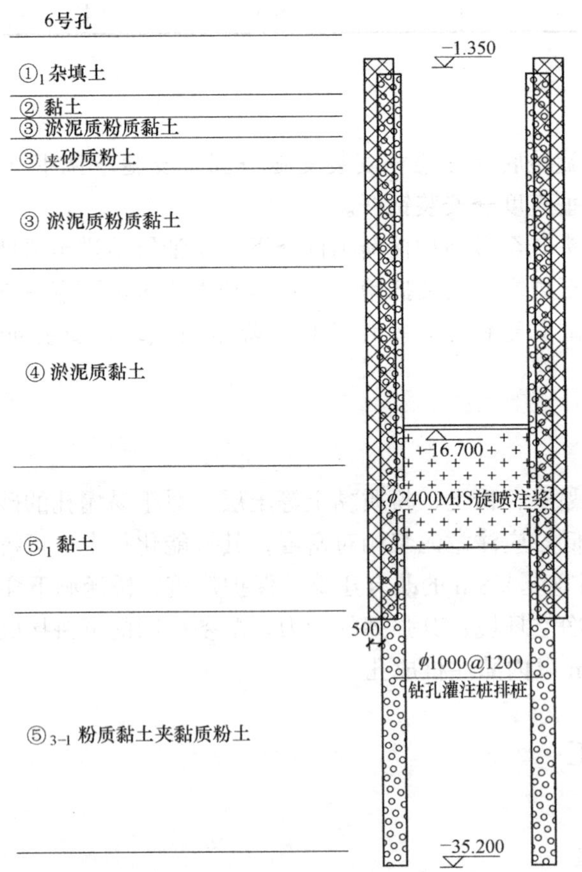

图 5　围护桩地层剖面图

2.2 现场试验目的

为验证设备的可行性和能力，本次试桩选择有限空间、低净空场景，主要有以下目的：

（1）对设备进行调试，发现控制系统、动力系统功能上和操作上的缺陷，并针对性解决。

（2）进行设备实地操作，验证设备对场地的适用性，调试履带行走、转向速度，爬坡能力等，并根据实际情况进行调整。

（3）根据完整流程施工，观察 1.0m 直径、34.25m 孔深情况下，设备的稳定性、工作效率与工作能力等，记录相应施工参数，为后续编写设备操作手册和注意事项提供支撑。并发现设备有待改进的地方，便于后续进行设备改进。

（4）通过监测数据判断该设备施工时对既有建筑的影响程度和范围，通过现场检测评判成桩质量。

2.3 现场试验（图 6）

（1）试桩施工前，连接液压管，通电后后台、主机进行行走、转向均无异常。在室外进行支腿安装，桅杆立起等操作，无异常。动力头、卸扣器档位、运转方向调节正常，升降油缸工作正常。

（2）主机保持副桅杆、起塔油缸拆卸、主桅杆放倒状态，可在 35°左右向下坡道行走，向上行走时履带打滑，需牵引辅助。厂内试验可支持 20°斜坡上下行走。

图 6　现场试成孔试验

（3）场内未硬化，采用钢方结合钢板枕垫后，设备就位，调整桩位、垂直度后开始钻进。钻杆单节长 1.3m，直径 89mm，支腿点焊在钢板上，钻进过程设备较为稳定，在 31m 深度位置（粉土夹层）略有晃动，减慢钻进速度后稳定，成孔泥浆相对密度控制在 1.15～1.20，成孔时间 7h，清孔时间 2h。

2.4 施工监测及检测

（1）施工监测

为了有效防范钻孔灌注桩施工对既有建筑结构本身的危害，对既有建筑进行墙体、柱体位移监测。监测点布置如图 7 所示。

试成孔过程中采用电子水准仪进行监测测量，离试桩位置最近的点 H4、H7，沉降分别是 0.31mm、0.04mm。由此可知，采用该设备进行成孔，在试验工艺参数条件下，对既有建筑影响较小。

（2）施工检测

成孔完成后，对试成孔进行成孔质量检测，检测内容包括孔深、沉渣厚度、垂直度、孔径。根据检测结果可知，该设备成孔质量较好，各参数指标均能满足设计要求（图 8）。

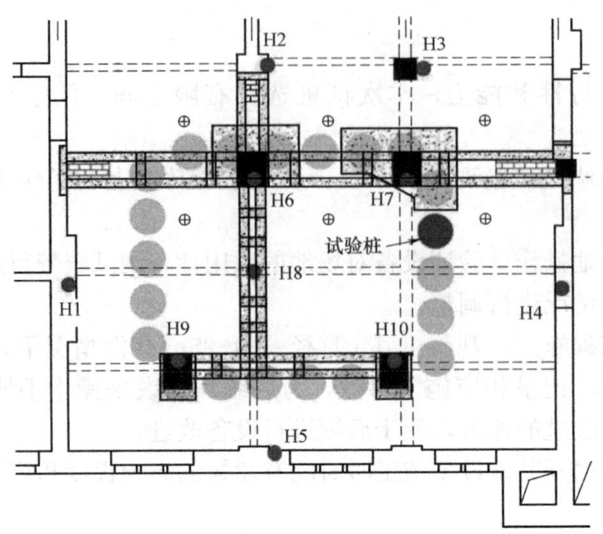

图 7　1 号工作井监测点布置图

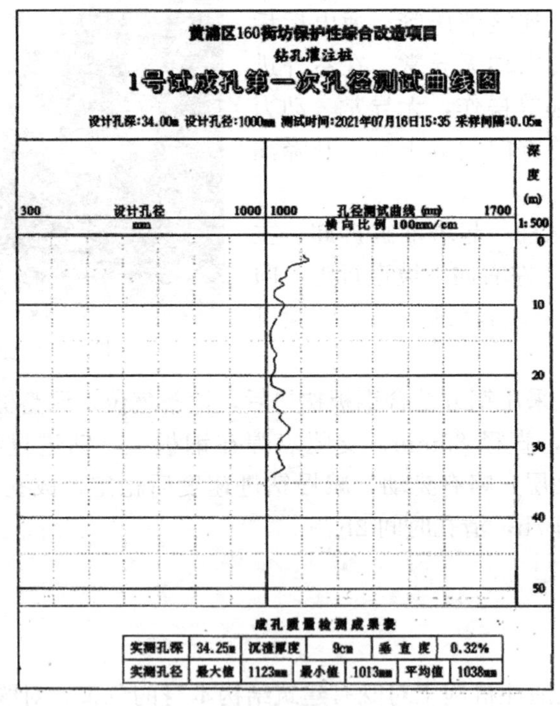

图 8　试成孔成孔检测曲线图

3　结语

本文介绍了笔者团队自主研发的一种智能化低净空钻机设备，适应于平面尺寸 2.5m×3.0m，极限净空 3.5m，进门宽 0.8m 条件作业，采用全液压传动，行走、作业等全过程可遥控操作，可进行软土地区直径≤1.0m，桩长≤60m 的灌注桩成孔。该设备充分契合了既有建筑改造托换和地下空间开发的需求，也可应用于桥涵洞下穿线路、地铁、隧道等有限空间、极限净空条件。通过项目现场试验，以及过程监测与试验检测，验证了该设备的适用性、可行性与工作能力。

在城市更新背景下，既有建筑地基基础托换及地下空间开发，对有限空间内的超低净空桩工设备提出了包括设备尺寸、作业效率的更高要求，不断对设备进行改进，一方面提高设备的工作效率与可靠性，另一方面配置可拼装底盘，以及相应的低净空灌注架，为有限空间、超低净空灌注桩施工形成成孔、灌注流水作业；同时，也将研发信息化施工系统。希望不久的将来，该设备能正式投入使用，为城市更新做出一定的贡献。

参考文献

[1] 陈伟. 地铁车站临近高压线钻孔咬合桩施工技术探析 [J]. 江苏科技信息，2013 (13)：58-61.

[2] 焦映辉，赵应朝. 钻孔灌注桩常见事故原因分析及预防措施 [J]. 施工技术，2011，40 (13)：51-53+68.

[3] 毛忠良，时洪斌，陈晓莉. 低净空全套管灌注桩机研制及施工影响分析 [J]. 路基工程，2019 (1)：98-105.

[4] 钱奂云，朱建新，刘进学，等. 一种低净空双回转钻机：CN207673275U [P]. 2018-07-31.

[5] 王德平，陈晓莉，刘彦文，等. 低净空工况下全套管灌注桩施工装备研发及施工技术创新实践 [J]. 苏州科技大学学报（工程技术版），2020，33 (S1)：60-62.

[6] 萧守让. 旋转位移式低净空钻机：CN107762404A [P]. 2018-03-06.

[7] 左敏，张天冰，段旺. 110kV 高压线下低净空灌注桩施工技术研究 [J]. 山西建筑，2016，42 (29)：69-70.

[8] 张仲帆. 水下钻孔灌注桩施工控制研究 [J]. 公路交通科技（应用技术版），2010，6 (12)：95-96.

江西某工程深厚卵砾地层 TRD 工法减阻措施及埋钻处理

张阳[1]，陆鸿宇[1]，刘永超[1,2,3]，季振华[1]，贺文贤[3]

（1. 天津建城基业集团有限公司，天津 300301；2. 天津市桩基工程技术中心，天津 300301；
3. 天津大学建筑工程学院，天津 300072）

摘　要：TRD 工法在当前基坑支护工程中的应用越来越广泛，但在深厚卵砾地层中的应用案例相对较少。在深厚卵砾地层中施工时，会出现切割阻力加大，设备磨损严重等问题。结合实际工程，对在卵砾地层中采用 TRD 工法施工时遇到的设备磨损问题进行了研究，提出了有效的应对措施；解决了施工中的埋钻问题，为类似的工程提供了经验。

关键词：TRD 工法；卵砾地层；减阻；埋钻

Drag Reduction Measures and Buried Drilling Treatment of TRD in Deep Gravel Formation of a Project in Jiangxi Province

Zhang Yang[1], Lu Hongyu[1], Liu Yongchao[1,2,3], Ji Zhenhua[1], He Wenxian[3]

(1. Tianjin Jiancheng Development Group Co., Ltd., Tianjin 300301, China;

2. Tianjin pile foundation engineering technology center, Tianjin 300301, China;

3. College of Civil Engineering and Architecture, Tianjin University, Tianjin 300072, China)

Abstract: Trench cutting re-mixing deep wall method in foundation pit support engineering is more and more widespread, but the application cases in deep gravel stratum are relatively few. In the construction of deep gravel formation, there will be increased cutting resistance, serious equipment wear and other problems. Combined with the actual project, the problem of equipment wear encountered in the TRD construction method in the gravel stratum was studied, and the effective countermeasures were put forward. It solves the problem of drilling in construction and provides experience for similar projects.

Key words: TRD method; Gravel formation; Resistance reduction; Burying drill

0　引言

TRD 工法全称为渠式切割水泥土连续墙（trench cutting re-mixing deep wall）。TRD 工法将传统的垂直轴螺旋钻杆水平分层搅拌革新为水平轴锯链式切割箱沿墙深垂直整体搅

作者简介：张阳，男，1995 年，助理工程师。主要从事地下工程及岩土工程施工方面的研究。

拌。通过动力箱液压马达驱动锯链式切割箱，持续水平横向挖掘推进，同时在切割箱底部注入切割液或固化液，使其与原位土体强制混合搅拌。把不同粒度构成的地层土进行混合、搅拌，在深度方向形成强度差异很小的水泥土搅拌连续墙体。运用该施工技术形成的地下连续墙通常能够作为独立的围护结构，止水、防渗性能良好。因此，在当前建筑工程施工中 TRD 工法的应用越来越广泛[1-3]。

TRD 工法适用于人工填土、黏性土、淤泥和淤泥质土、粉土、砂土、碎石土等地层，对于复杂地质条件，应通过试验确定其适用性[1]。当 TRD 工法在卵砾地层中施工时，若卵石粒径较大，不仅会造成土体切割阻力大，导致刀具、链条、箱体的较大磨损，也会极大地降低施工效率，增加施工的难度。出现设备磨损严重、施工进度慢等问题，甚至出现埋钻问题[6,7]。

本文结合工程实例，对在卵砾地层中采用 TRD 工法施工遇到的设备磨损问题、埋钻问题进行了研究，以期为类似工程提供参考。

1 应用实例

1.1 工程概况

江西某综合整治工程主支枢纽，位于新建区下游冲积平原地貌区，地势平坦，地势总体西北高、南东低，区内阶地为内叠式阶地，距南昌市约 35km。TRD 水泥土搅拌墙厚度 800mm，深度 47m，总长度约 1.4km。

1.2 工程地质条件

根据工程地质测绘及已进行的钻探揭露，勘探范围内表层主要为素填土（Q^{ml}）、第四系全新统冲积层（$Q_4{}^{al}$）、第四系上更新统冲积层（$Q_3{}^{al}$），下伏基岩为第三系（E）泥质粉砂岩。

整治工程主支枢纽区域内各地层参数如表 1 所示，地质剖面如图 1 所示，勘察时钻取的卵砾石如图 2 所示。

地层划分及参数 **表 1**

地层	土体类别	岩性描述	黏聚力 c (kPa)	内摩擦角 φ(°)	孔隙比 e_0	承载力标准值 f_k(kPa)
第四系全新统冲积层（$Q_4{}^{AL}$）	①填土	黄褐，可塑；稍湿，松散状，主要由黏土组成	11	17	—	—
	②粉质黏土	灰黄色、黄褐色，以软塑—可塑状为主，干强度、韧性中等，切面光滑，土质较细腻，较均匀，主要由粉黏粒组成	23	15	0.833	160
	②$_1$ 细砂	浅黄色，灰黄色，湿—饱和，松散状	5	24	0.654	100
	②$_2$ 中砂	灰褐、灰黄、灰白色，饱和，稍密状，矿物成分主要为石英，砂岩等，次圆状—圆状，磨圆度好，级配好	7	32	0.659	160

续表

地层	土体类别	岩性描述	黏聚力 c (kPa)	内摩擦角 φ(°)	孔隙比 e_0	承载力标准值 f_k(kPa)
第四系全新统冲积层 (Q_4^{AL})	②$_3$ 粗砂	灰黄、浅黄色，稍密—中密，饱和，粒径＞0.5mm的颗粒质量超过总质量的50%，颗粒级配一般，分选性一般	6	34	0.662	180
	②$_4$ 圆砾	黄褐、灰黄色，饱和，稍密—中密状，砾石含量基本大于75%，粒径以2～40mm为主，卵石大者直径5cm。砾石成分主要为石英、硅质岩，多呈次圆状，浑圆状，颗粒级配一般，分选性一般，中粗砂充填	—	38	—	280
第三系泥质粉砂岩 (E)	③$_1$ 强风化泥质粉砂岩	棕红色，原岩结构岩体风化强烈，风化裂隙极发育，岩芯强烈风化呈土柱状、块状，属极软岩	—	—	1.459	320
	③$_2$ 中风化泥质粉砂岩	棕红色，原岩结构清晰，呈层状结构，中一厚层状，风化裂隙较发育，以泥质胶结为主，取芯多呈柱状及短柱状，属软岩，较完整	—	—	1.320	300

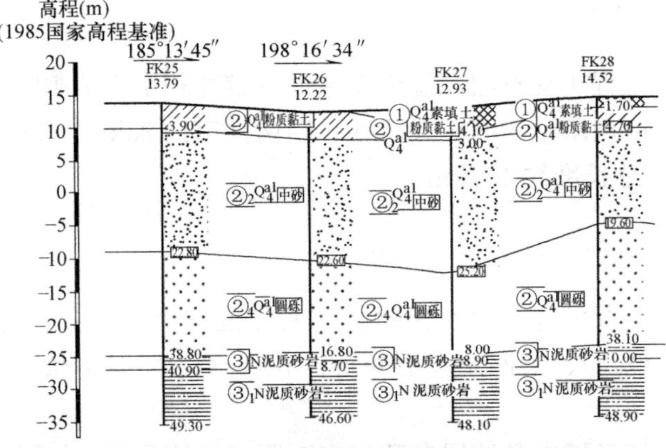

图1 典型地质剖面图

图2 勘察时钻取的卵砾石

1.3 施工方法

根据地勘揭示，TRD施工穿越地层上部20m为砂层，20m以下为圆砾层，墙底位于粉砂岩层。鉴于本工程墙体深度深，防渗要求高，且地层较为特殊，计划采用三步施工法，即先行挖掘、回撤挖掘、固化成墙三步。

第一步：横向前行时注入切割液切割，一定距离后切割终止。

第二步：主机反向回行，即向相反方向移动；移动过程中链状刀具旋转，使切割土进一步混合搅拌，此工况可根据土层性质选择是否再次注入切割液。

第三步：主机正向回位，链状刀具底端注入固化液，使切割土与固化液混合搅拌。

现场进行试成槽试验，对箱节打入情况统计见表 2。经与相邻探孔地勘资料对照，第 1～6 节对应地层为$②_2$中砂，第 7～13 节对应地层为$②_4$圆砾及③泥质粉砂岩。

切割箱在砂层中平均打入速度分别为 0.967m/h、1.024m/h，在卵砾地层中平均打入速度分别为 0.667m/h、0.772m/h。

结果表明，TRD 切割箱在卵砾地层中的打入速度明显低于在砂层中的打入速度，约为其 70%，卵砾地层对 TRD 切割存在较大阻力。

TRD 切割箱打入耗时统计 **表 2**

箱节号	打入深度(m)	第一次试成槽单节打入耗时(h)	第二次试成槽单节打入耗时(h)	添加红黏土后单节打入耗时(h)
1	3.65	3.66	3.76	2.98
2	7.30	3.97	3.42	3.01
3	10.95	3.95	3.54	3.09
4	14.60	3.36	3.64	2.78
5	18.25	3.58	3.55	2.87
6	21.90	4.28	3.48	3.02
7	25.55	5.26	4.6	3.97
8	29.20	5.33	4.41	3.82
9	32.85	5.78	5.35	4.43
10	36.50	5.33	4.02	3.73
11	40.15	5.04	5.02	3.94
12	43.80	5.44	4.5	3.90
13	47.00	5.19	4.6	3.92

2 减阻减磨措施

在试成槽阶段，根据图纸及相关规范要求，综合考虑地层等其他因素，切削液中膨润土掺量为 50kg/m^3，施工约 500m^3 后提钻时发现，现场测量切割刀具、链条、箱体等均出现严重磨损，最大磨损已达 4mm。在施工中如不及时维护切割箱体、刀具及链条等，势必面临埋钻风险，进而严重影响施工工期等要求。

根据试成槽情况分析，针对地层中卵砾石及砂含量高的情况，切削液中需增加膨润土掺入比，以提高浆液中黏粒含量，增大浆液黏度和稠度；悬浮粒径更大的卵砾，减少卵砾在槽底沉积，提高墙体均匀性。同时，膨润土浆液可有效润滑刀具及链条，减小与砂砾之间的摩擦，降低刀具及链条磨损。

试成槽的膨润土掺入比无法满足正常施工，参考工程经验，在切削液中进一步添加红黏土。红黏土属于特殊土，具有独特的工程性质，虽然内摩擦角小，但黏聚力大，无侧限抗压强度可达 200～400kPa，比普通软土高数倍至十数倍，因而具有较高的抗剪强度与承载力，同时其孔隙比较大，但压缩系数却较小，结构连接强度高、塑性高，液限高，可以达到包裹悬浮卵石的效果，有效改善切削液的悬浮能力，使施工推进阻力减小。

添加红黏土后，再次统计打入速度为砂层中 1.236m/h，卵砾地层中 0.908m/h，切割箱打入速度提高约 25%。24h 施工方量从 $300m^3$ 增加至 $400m^3$ 左右，施工速度提高约 33%。添加红黏土措施有效降低了 TRD 切割阻力，提高了施工速度。

本工程施工超过 $20000m^3$ 后，统计结果显示，每施工 $2000m^3$，刀具、链条、箱体等磨损可控制在 1mm 以内，基本满足施工要求。添加红黏土施工前后链条磨损情况如图 3 所示。

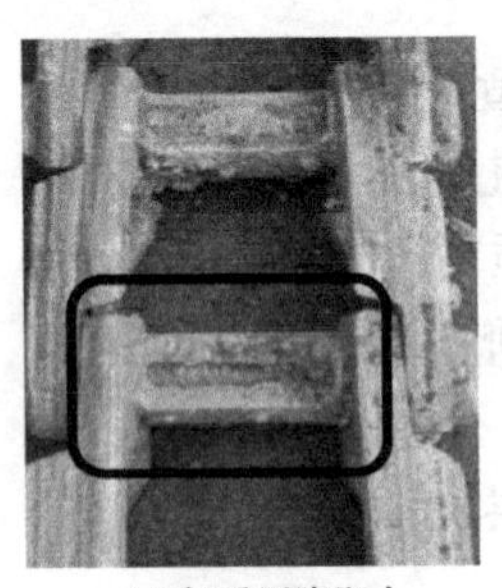
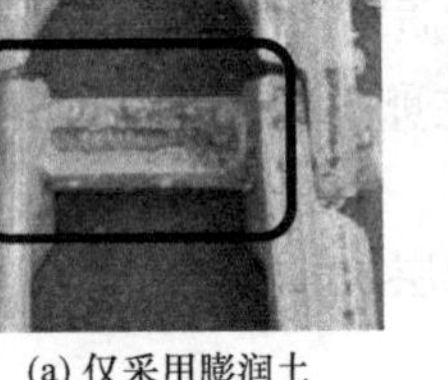

(a) 仅采用膨润土

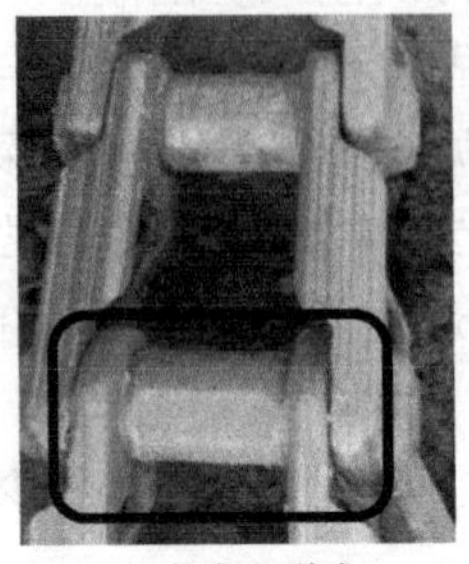

(b) 添加红黏土

图 3　链条不同施工条件下磨损情况

3　埋钻问题

在 TRD 工法机连续施工 $3000m^3$ 后，计划拔钻全面维护刀具、链条、箱体，并彻底纠正箱体垂直度。但由于天气原因，TRD 工法机在养护段停留近 2h，链条无法转动，箱体无法上下移动，发生埋钻事故。

3.1　起拔措施

1. 辅助起拔

埋钻初期，尤其在固化液终凝前，救援应当以快捷省时为主，因此同时使用主机和履带起重机联合起拔切割箱。起拔力达 2600kN 未能拔动，决定采用起拔器起拔。

结合箱体结构和螺栓强度确定允许最大起拔力，考虑箱体间 8 根 10.9 级 M42 高强螺栓连接，该螺栓应力截面积 $1120mm^2$，公称抗拉强度 1000MPa，屈强比值 0.9。为避免螺栓断裂而增加救援难度，强力起拔应保证螺栓处于弹性状态，最大起拔力取螺栓屈服强度的 70%，计算允许最大起拔力为 $1120mm^2 \times 1000MPa \times 0.9 \times 8 \times 70\% \div 1000 = 5644.8kN$。

现场搭设起拔平台（图 4）后，使用起拔器，起拔力达到 6000kN，仍未拔动切割箱。为避免切割箱损坏，不再使用起拔器强行起拔切割箱。

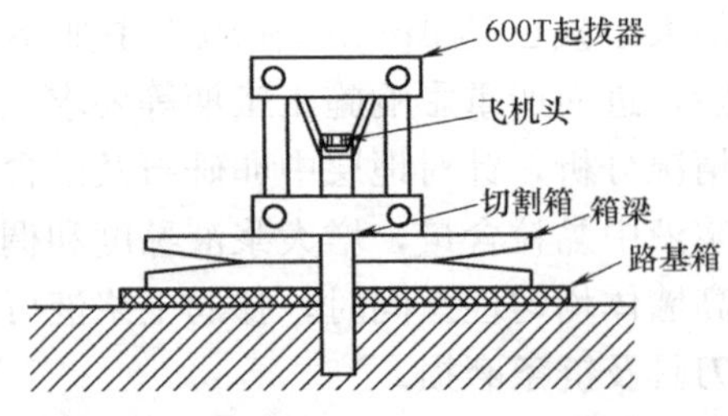

图 4　起拔平台

2. 减阻起拔

为将切割箱与土体有效剥离，使用另一台 TRD 工法机对周围土体进行切割。考虑切割箱体两侧面积较大，两侧各切割 1 刀，再次起拔，起拔力达到 6300kN，未拔出切割箱。

进一步分析，固化液可能发生溢流，造成养护段已经固化，需将箱体与固化浆液分离。切割第 3 刀、第 4 刀后，起拔成功（图 5）。

起拔发现，箱体四周包裹的固化浆液平均厚度达到 20cm，最大厚度达 47cm，切割箱四周浆液已完全固化。由此可见，因养护段长度不足，固化液已经溢流至切割箱远端，造成了切割箱四周包裹浆液（图 6）。

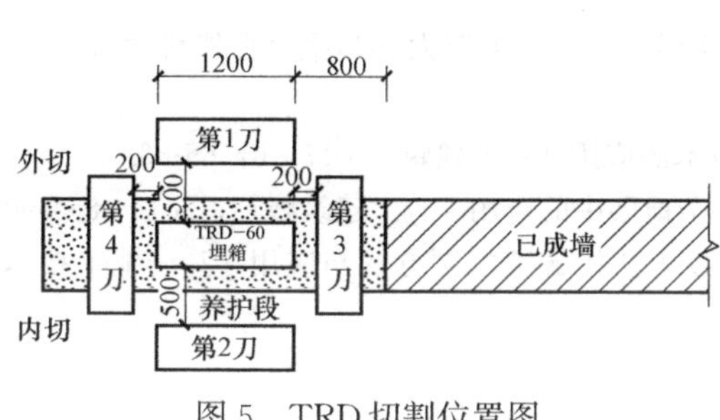

图 5　TRD 切割位置图

图 6　切割箱被固化浆液包裹

3.2　埋钻预防措施

埋钻事故一旦发生，不仅会严重影响工期，增加施工成本，更有可能造成安全事故。预防措施主要包括以下几点：

养护段长度应不小于 5m，切割箱端部与已切割段距离应不小于 3m，与原状土边缘距离应不小于 0.5m。养护段使用的切割液所含膨润土比例不得低于进行切割时的比例，养护段不得注入固化液。

施工中应随时检查刀具、箱体等的磨损情况，链条松紧及磨损情况，刀排及时更换。每施工 2000m^3 应起拔箱体，全面检查刀具、链条、箱体的磨损情况，并彻底纠正箱体垂直度。

TRD 工法机喷浆时，每行进 0.5m 上下提动切割箱不少于 0.5m；养护时，每隔 10min 上下提动切割箱不少于 0.5m。

4　结语

TRD 工法在卵砾地层中施工难度较大，应采取有效措施减少设备磨损，加快施工进度，降低埋钻风险。

（1）TRD 工法在卵砾地层中施工时，可以采取增大切削液中膨润土用量的方式减小切割阻力、降低设备磨损。考虑成本等其他因素影响，也可以采用切削液中添加红黏土的方法，本工程中，添加红黏土可有效减阻、减磨，降低刀具、链条、箱体的损耗。

（2）施工中应随时检查刀具、箱体，链条松紧及磨损情况。应每施工 2000m^3 起拔箱体，全面检查刀具、链条、箱体的磨损情况并彻底纠正箱体垂直度，杜绝埋钻事故。

（3）养护段长度不宜小于 5m，链状刀具端部和原状土体边缘的距离不应小于 0.5m，避免固化液溢流引发埋钻事故。

参考文献

[1] 中华人民共和国住房和城乡建设部. 渠式切割水泥土连续墙技术规程：JGJ/T 303—2013 [S]. 北京：中国建筑工业出版社，2014.

[2] 李刚，刘永超. TRD在硬质土层施工中埋钻处理及分析 [C]//岩土工程施工技术与装备新进展. 北京：中国建筑工业出版社，2018.

[3] 李瑛，邓以亮，胡琦，等. 卵砾地层中 TRD 工法水泥土连续墙施工方法研究 [J]. 施工技术，2018，47 (1)：28-31.

[4] 张国富. 复杂地层中 TRD 工法改进策略及应用 [J]. 佳木斯大学学报（自然科学版），2019，37 (2)：188-191.

[5] 胡德军，王帅. 复杂地层中 TRD 组合施工技术的应用 [J]. 建筑，2017，6：65-66.

[6] 刘涛，褚立强，王建军，等. TRD 工法在复杂地层中的应用 [J]. 建筑施工，2014 (8)：903-904

[7] 褚立强. 深厚砂层及卵砾石层中成槽的 TRD 工法挖掘液配制方法与应用 [J]. 施工技术，2015 (13)：60-63.

渠式切割预制连续墙施工技术研究与优化

李瑛[1]，张连科[2]，谢锡荣[1]，刘兴旺[1]，卢臣涛[1*]，李淳学[3]
（1. 浙江省建筑设计研究院，浙江 杭州 310006；2. 杭州地铁运营有限公司，
浙江 杭州 310000；3. 浙江久豪建设科技有限公司，浙江 杭州 310000）

摘　要：渠式切割预制连续墙（TAD）是在渠式切割水泥土连续墙（TRD）内插入混凝土预制板材，且预制板材间可靠连接，形成集挡土与截水功能于一体的新型钢筋混凝土地下连续墙。作为一种新型地下空间工法，已在多个工程项目得到应用，但在实际施工过程中也发现了一些技术问题。在此背景下，针对预制板材离心和振捣成型生产工艺、预制板材横向及竖向连接节点、墙体垂直度控制等方面进行研究与优化，进一步完善渠式切割预制连续墙的施工技术，拓宽工程应用场景。

关键词：预制地下连续墙；渠式切割；混凝土预制板材；施工技术

Construction Technology Research and Optimization of Trench Cutting Assembled Diaphragm Wall

Li Ying[1], Zhang Lianke[2], Xie Xirong[1], Liu Xingwang[1], Lu Chentao[1], Li Chunxue[3]
(1. Zhejiang Institute of Architectural Design and Research, Hangzhou Zhejiang 310006, China;
2. Hangzhou Metro Operation Co., Ltd., Hangzhou Zhejiang 310000, China;
3. Zhejiang Jiuhao Construction Technology Co., Ltd., Hangzhou Zhejiang 310000, China)

Abstract: Trench cutting Assembled Diaphragm wall (TAD) is a new type of reinforced-concrete diaphragm wall with the function of retaining soil and intercepting water. It is constructed by inserting pre-fabricated reinforced-concrete slabs into Trench cutting Re-mixing Deep wall (TRD) and the prefabricated slabs are reliably connected. As a new type of underground space engineering method, it has been applied in many engineering projects, but some technical problems have been found in the construction process. In this context, studies and optimizes the production of prefabricated plates, the connection of prefabricated plates, and the verticality control of diaphragm wall, further improve the construction technology of Trench cutting Assembled Diaphragm wall gradually matures and continuously expands the application scenarios.

Key words: Prefabricated diaphragm wall; Trench cutting; Prefabricated reinforced-concrete slab; Construction

0　引言

地下连续墙一般是钢筋混凝土现浇地下连续墙，指使用开槽机械在地面以下成槽，吊

作者简介：李瑛，工学博士，正高级工程师，国家注册土木（岩土）工程师，E-mail：liying3104@163.com。
通讯作者：卢臣涛，工学硕士，E-mail：709254472@qq.com。

入钢筋笼后分槽段浇筑混凝土，从而形成的完整钢筋混凝土地下墙体。现浇地下连续墙能发挥挡土、截水和充当结构外墙的作用，目前已经被广泛用于软土地区地铁车站、大型城市综合体等深大基坑工程。

现浇地下连续墙的施工过程中存在不少缺点：(1) 成槽过程需要采用大量泥浆护壁，废弃泥浆排放困难而对环境保护造成压力；(2) 现场施工工序复杂，需要较大施工场地，施工时间长；(3) 成墙施工过程对邻近地基具有一定的扰动；(4) 水下灌注混凝土质量难以控制，容易产生夹泥、堵管甚至断墙现象，存在接缝渗漏水的隐患；(5) 预埋筋位置不易控制，施工不当易造成墙体鼓包、脱开、露筋等病害。

为解决现浇地下连续墙的上述问题，国内外不少专家学者对预制地下连续墙开展了研究[1-3]。上海瑞金医院单建式地下停车库项目[4] 采用常规的泥浆护壁成槽，然后插入预制构件，并在构件接头处浇筑混凝土将其连接成为一个完整的墙体，单一预制墙幅尺寸为12m×0.6m×3.0m。桃浦科技智慧城地下综合管廊项目[5] 将预制地下连续墙工艺与顶板叠合工艺相集成，对导墙施工、成槽质量控制、吊装安全控制等方面的施工工艺进行创新，单一预制墙幅尺寸为12.2m×0.59m×5.95m。相比现浇地下连续墙，预制地下连续墙具有施工质量好、效率高、对环境影响小等优点，但是仍然存在不少弊端，如：(1) 墙缝渗漏水仍较严重；(2) 墙体形式单一，无法满足所有工程；(3) 预制构件的施工质量和垂直度控制要求较高；(4) 墙体接头处理较为复杂，施工不当易影响支护或主体结构正常使用；(5) 难以根除因泥浆护壁施工不当导致的槽壁坍塌、墙面外鼓等问题。

在此背景下，渠式切割预制连续墙应运而生[6]，即在渠式切割水泥土连续墙 (TRD) 内插入钢筋混凝土预制板材，通过预制板材之间的可靠连接，形成集挡土与截水功能于一体的新型钢筋混凝土地下连续墙，简称 TAD 墙 (Trench Assembled Dia phragm Wall)。渠式切割预制连续墙成墙施工环境影响小、施工高效、墙体性能好、节地，且可作为竖向承重构件，在一定条件下兼作地下结构外墙。

目前已在地铁设施保护、既有地下室改扩建、地下室基坑建设、综合管廊建设和遗址防渗等工程中得到了广泛应用[7]。

相较于传统现浇地下连续墙和预制地下连续墙，渠式切割预制连续墙规避或消除了前者的一些弊端，但在实际施工中仍存在一些问题，归结起来有三点：(1) 预制板材生产工艺受限，大截面尺寸板材成型难，板材重量大，施工效率低；(2) 相邻板材节点连接工艺不成熟，接头可靠度低；(3) 墙体垂直度控制差，无可靠措施精准定位。笔者团队在渠式切割预制连续墙方面有深入的研究，以主编单位形成了《渠式切割装配式地下连续墙技术规程》T/ZS 0029—2019 (简称《规范》) 以规范渠式切割预制连续墙的设计和施工，同时基于产学研模式，不断改进、优化施工技术。本文拟在上述问题背景下，进一步完善渠式切割预制连续墙施工技术，以拓宽工程应用场景。

1 预制板材生产工艺优化

混凝土预制板材通常是在工厂采用离心法工艺制作，板材截面形式如图 1 (a) 所示。但随着构件长宽比及截面尺寸的增加，离心成型技术存在以下技术难点：(1) 对生产模具的要求变高，脱模难度加大；(2) 矩形钢筋笼骨架如采用人工绑扎，效率低且质量无法得到保证；(3) 离心中孔尺寸受限，预制板材混凝土填充率高，常常导致无法合模或爆模；(4) 生产过程中易造成板材表面纵裂及内部结构缺陷。

为克服大截面预制板材离心成型难题，研发自平衡离心模具及钢筋笼骨架自动滚焊设备，引入新型泵送布料工艺及自动温控系统，在非对称板材模具设计、钢筋笼骨架成型技术、泵送工艺和养护工艺等方面进行了优化，实现了大截面预制板材产量化。

因采用离心工艺制作的预制板材存在中心孔单一、重量大等问题，工程应用受到限制，故通过改进模具结构，研发板材成型工艺，形成了预制板材振捣成型技术，板材截面形式如图 1 (b) 所示。预制板材振捣成型技术克服了传统离心工艺公槽和母槽无法脱模及快速组装的难题，解决了预制板材中心孔单一，无法多孔化的问题，实现了预制板材轻量化，提高了材料运输和构件吊装施工的效率。在相同抗弯刚度、截面尺寸的条件下，振捣成型预制板材可比离心成型预制板材重量减小约 25%。

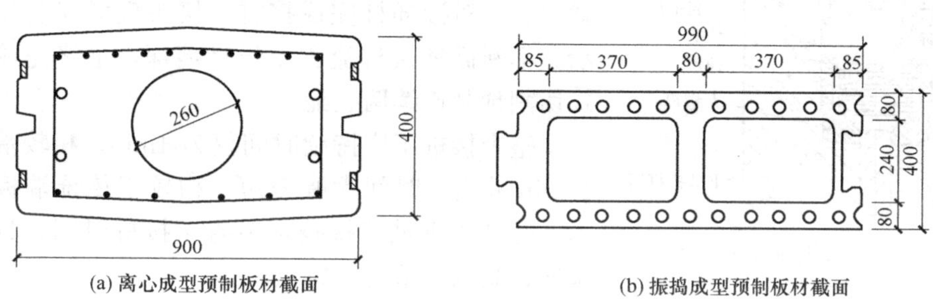

(a) 离心成型预制板材截面　　(b) 振捣成型预制板材截面

图 1　预制板材横截面形式 (单位：mm)

2　预制板材连接节点优化

2.1　横向连接技术

预制板材横向接头连接起初采用滑槽拼接方式，接头可靠度取决于相邻板材间的摩擦力，易因板材错台渗漏水。通过在预制板材两侧分别设置凸榫和凹榫，采用榫卯插销的连接形式进行组合装配，提高了施工效率，相邻板材接头连接形式如图 2 所示。因榫头在实际生产和运输过程中易受到磕碰而出现破损、掉块等现象，从而影响接头止水、连接可靠性，故进一步研制了外套钢板的榫卯结构接头。外套钢板的榫卯结构接头即在预制板材榫头外侧箍套通长止水钢板，通过对相邻板材接头间的预留孔进行压力注浆，形成高效止水的复合接头，在提高接头强度的同时，保证了接头的可靠性。

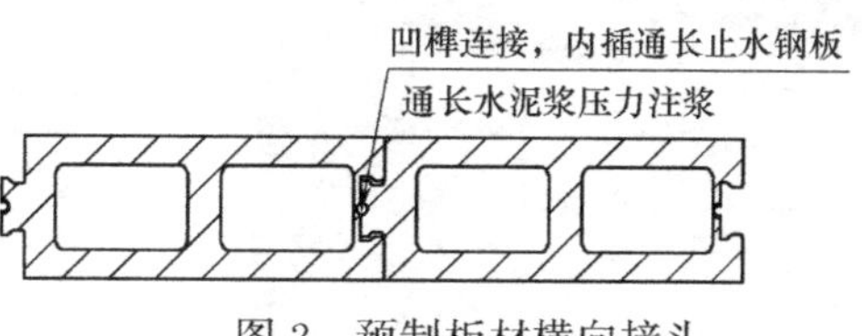

图 2　预制板材横向接头

2.2　竖向连接技术

预制板材竖向连接形式起初以端板焊接为主，但采用端板焊在实际施工期间存在一系列问题，主要有：(1) 对称焊接，工作量大、作业时间长；(2) 雨天焊接难；(3) 端板易腐蚀；（4）端板与预应力钢棒易拉断；（5）端板在高温、高湿度环境下焊接，钢棒墩头易受热脆断。

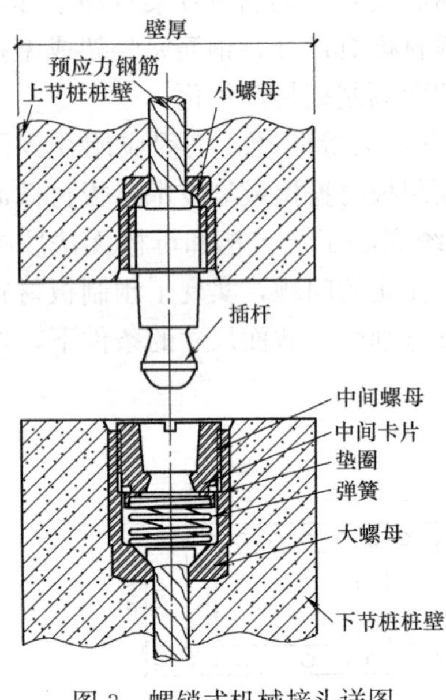

图 3　螺锁式机械接头详图

为解决上述问题，形成了螺锁式机械连接技术以实现预制板材的竖向可靠连接，连接接头如图 3 所示。该技术无需通过端板焊，采用机械连接形式即可实现快速接桩。

竖向预制板材接桩前，首先进行预制板材螺锁式机械接头安装，再通过履带起重机将第一节板材缓慢插入渠式切割水泥土连续墙，并将板材端部固定在定位导向架下端，然后起吊第二节预制板材至定位导向架口部，缓慢下放第二节板材，直至上下节板材对孔就位后，对接插杆完成接桩，接头现场安装如图 4 所示。不断循环接桩流程至设计墙深，最终完成单幅渠式切割预制连续墙装配。

整个接桩工序持续时间仅为 4min，相较端板焊接 40min 的施工时间大幅缩短。相较于传统端板焊接技术，螺锁式机械连接技术节省了接桩时间，具有施工快速、高效、节材的特点。

3　墙体垂直度控制

预制板材在植入渠式切割水泥土连续墙的施工过程中，通常采用经纬仪校正垂直度。如板材垂直度不满足设计要求，先采用吊机拉起微调，重新对准孔位，直至板材稳定且满足垂直度控制要求。调整过程不仅耗费人力、物力，而且影响施工效率。为实现预制板材垂直定位的精准控制，研制了渠式切割预制连续墙定位导向架装置，如图 5 所示。

图 4　螺锁式机械连接现场安装

图 5　定位导向架装置

定位导向架装置包括移动机构、垂直度控制机构和防倾斜机构。移动机构由轨道和轨道车组成；垂直度控制机构包含方钢架和水平千斤顶，方钢架上装有两个水平千斤顶并置于轨道车上，水平千斤顶的伸缩部通过设置万向连接件以控制预制板材的垂直度；防倾斜机构包括连接短柱、钢缆绳和卷扬机，连接短柱固定在两侧轨道上，且均设有钢缆扣，卷扬机设置在两侧轨道的末端，其中，钢缆绳的一端固定在卷扬机上，另一端穿过连接短柱上钢缆扣，与施工后的预制板材连接。该装置可将预制板材插入垂直度控制在 0.3% 以内。

定位导向架虽有效控制了预制板材垂直度，但仍依靠板材自重植入水泥土连续墙，施工效率有待提高。在此基础上，研制了新型自动化插板机，如图 6 所示。自动化插板机施工灵活、便捷，横向移动行程 1.2m，结合定位导向架施工，确保预制板材垂直度的同时，又能防止植入期间板材倾斜或产生侧向位移的问题。

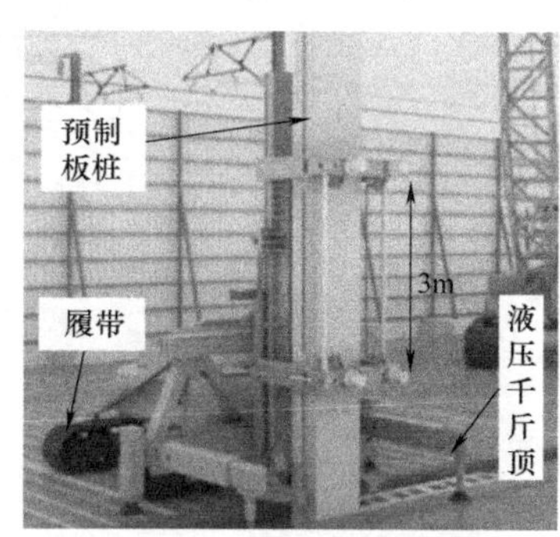

图 6　新型自动化插板机

《规范》通过规定渠式切割预制连续墙的成墙技术指标以进一步控制墙体垂直度和成墙质量，技术指标如表 1 和表 2 所示。新型自动化插板机和定位导向架的组合应用，可满足静压、纠偏和精准控制的施工要求。

渠式切割水泥土连续墙质量标准　　**表 1**

序号	检查项目	允许偏差或允许值	
		基坑围护墙	两墙合一
1	墙顶标高(mm)	±50	±30
2	墙垂直度(%)	0 5	0 3
3	墙中心线位置(mm)	±25	
4	墙宽(mm)	±30	

预制连续墙允许偏差　　**表 2**

序号	检查项目	允许偏差或允许值	
		基坑围护墙	两墙合一
1	板材顶标高(mm)	±50	±30
2	板材平面位置(mm)	50 (平行地下结构边线方向) 10 (垂直地下结构边线方向)	
3	板材垂直度(%)	0.4	
4	形心转角(°)	3	

4　信息化施工

渠式切割预制连续墙的施工工艺流程如图 7 所示。其中水泥土墙成槽施工、预制板材定位、垂直度控制及接桩施工等工艺要求较高，故采用 BIM 技术实现模型可视化，并结合服务器、云计算等互联网技术智能数控系统，建立了渠式切割预制连续墙信息化施工系统，如图 8 所示。通过分析施工工况及监测数据，对渠式切割预制连续墙施工期间可能引发的基坑和周边环境的安全风险进行识别，提高了施工管控效率。基于信息化平台，项目参建各方可以实时查看施工数据、监测报表、数据图形和预警报告等信息。

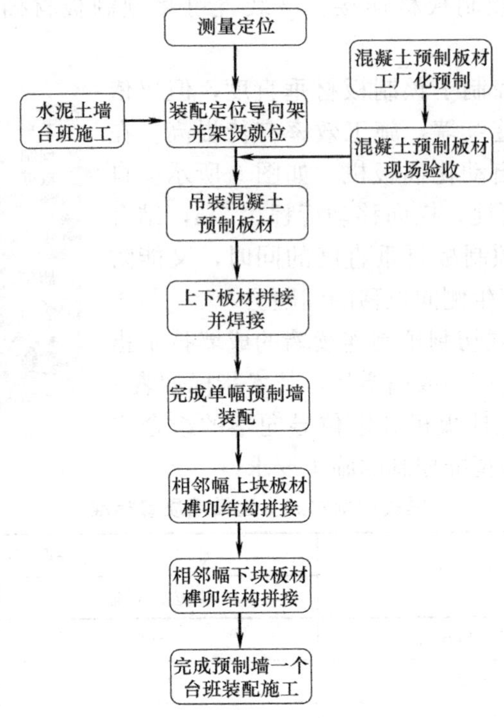

图 7　渠式切割预制连续墙施工工艺流程

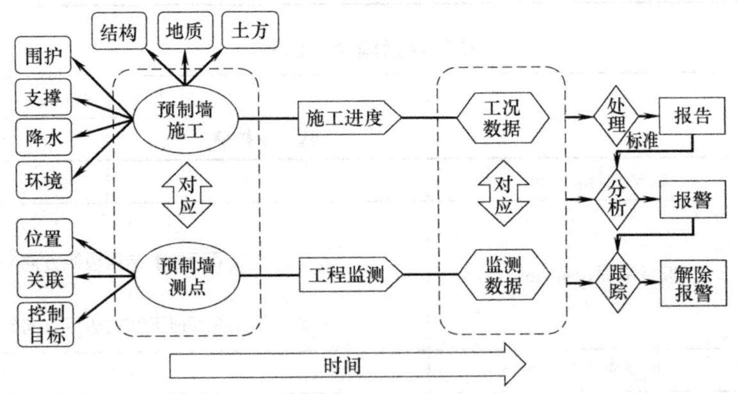

图 8　TAD 信息化施工系统数据关系图

采用 BIM 轻量化模型关联数据，实现风险早期预警及管控。即通过线下记录、线上统计、统一计算的手段，识别高风险构件，继而推送通知，重点关注，及时采取措施。

（1）现场施工管理

预制板材在预制件厂中进行生产制造，运输到现场，吊装安装施工使用。系统对各个工程进度进行跟踪与记录，留存相应的影像资料，确保预制板材的成桩质量，做到施工信息实时查询。

（2）系统记录

根据现场施工完成情况，在可视化系统中及时进行工况记录，以供查看。

（3）监测预警

采用自动化监测手段，根据系统规则和监测数据结果，系统自动识别高风险问题并显示提醒，及时反馈于施工过程。

5 结语

渠式切割预制连续墙作为一种新型地下空间工法，在其应用过程中仍然存在一些技术难点。本研究在预制板材生产工艺、预制板材连接节点和墙体垂直度控制等方面进行了优化，具体如下：

（1）解决了预制板材离心成型工艺中因长宽比及截面尺寸增加产生的技术难题，同时提出振捣成型技术，使得预制板材更轻量化，便于吊装。

（2）利用榫卯结构进行预制板材横向连接，增强了预制墙体的防水性；研发了螺锁式机械连接技术应用于预制板材竖向连接，提高了预制墙体的整体性，节省了施工时间。

（3）制作了定位导向架装置，配合新型自动化插板机施工，实现了对预制板材定位及垂直度的精准控制；同时对施工质量建立了控制标准。

（4）建立了信息化施工系统，实现了施工过程中监测数据、预警报告等信息实时查看，为工程参与方提供及时的风险预判，提高了施工效率。

随着施工技术的改进优化和不断成熟，渠式切割预制连续墙必将应用于越来越多的工程场景。

参考文献

[1] 王琼. 预制地下连续墙在高层建筑中的应用 [J]. 施工技术，2000（1）：43-42.

[2] 李子安，孙宝利，赵锡明. 深基坑地下连续墙预制混凝土接头浅析 [J]. 施工技术，2011，40（S1）：127-129.

[3] 银霞，袁昌，李栋伟，等. 新型预制地下连续墙接头力学与抗渗性能研究 [J]. 施工技术，2021，50（9）：99-102.

[4] 王卫东，邸国恩，黄绍铭. 预制地下连续墙技术的研究与应用 [J]. 地下空间与工程学报，2005，1（4）：569-573.

[5] 葛欣铭. 预制地下连续墙技术在地下综合管廊工程中的应用 [J]. 建筑施工，2018，40（8）：1304-1307.

[6] 刘兴旺，潘黎芳，李瑛，等. 渠式切割装配式地下连续墙设计与施工技术 [J]. 地基处理，2019，1（3）：53-57.

[7] 李瑛，李淳学，马永华，等. 德寿宫遗址展示工程永久防渗墙的研究与应用 [J]. 地基处理，2022，4（1）：58-64.

大直径振动沉管碎石桩工艺与装备创新研发

刘玉霞[1]，郁文博[2]，胡甲磊[3]，段国平[4]
（上海工程机械厂有限公司，上海 201901）

摘　要：陆上大直径振动沉管碎石桩加固软弱黏土地基首次在国内得到应用，传统施工工艺和施工装备无法满足施工效率、施工质量、施工安全的要求，本文介绍了新的施工工艺与装备，阐述了桩管加气系统、数字化施工管理系统、新桩管结构、施工安全与防护措施等，并结合工程应用，为桩径 1m，桩深 25m 以上的陆上振动沉管碎石桩工程提供有价值的参考经验。

关键词：振动沉管碎石桩；大直径；施工装备

Technical Innovation on Technology and Equipment Forlarge-diameter Vibrating Immersed Tube Gravel Piles

Liu Yuxia [1]，Yu Wenbo[2]，Hu Jialei[3]，Duan Guoping[4]
(Shanghai Engineering Machinery Co.，Ltd.，Shanghai 201901)

Abstract: Large-diameter vibrating immersed tube gravel piles on land have been used in China for the first time to strengthen soft clay foundations，traditional construction technology and construction equipment can not meet the requirements of construction efficiency，construction quality and construction safety. This paper introduces the new construction technology and equipment，and expounds the pile-pipe aeration system，digital construction management system，new pile-pipe structure，construction safety，safeguards，and etc.，by combining with engineering applications，so as to provide valuable experience for land vibrating immersed tube gravel pile with pile diameter of 1 meter and pile depth of 25 meters.

Key words: Vibrating immersed tube gravel piles；Large-diameter；Construction equipment

0　引言

碎石桩最早于 1835 年在法国应用，我国于 1977 年开始应用。碎石桩地基处理适用于挤密处理松散砂土、粉土、粉质黏土、素填土、杂填土地基，以及用于处理可液化地基。对于饱和软弱黏性土地基，如对变形控制不严格，可采用碎石桩置换处理。由于软黏土含水率高、透水性差，碎石桩很难发挥挤密效用，其主要作用是通过置换与黏性土形成复合地基，同时形成排水通道加速软土的排水固结。

陆上大直径振动沉管碎石桩施工装备是采用大型全液压步履桩架搭载大功率振动锤将

大直径封底钢管振沉至设计深度，并通过加料装置将碎石灌入钢管内，然后振动拔出桩管，最终形成深大直径的、由碎石构成的密实桩体。

传统陆上碎石桩所用桩管直径较小，一般不超过 ϕ600mm，桩管长度在 15m 以内，配套的施工装备为小型设备，且缺少数字化施工控制技术，施工质量很难保证。随着工程发展的需求，目前陆上碎石桩沉管直径已达 800～1000mm，最大可达 1200mm，桩长可达 35m。

随着桩径和桩深的增加，碎石钢管的下沉阻力更大，小型设备无法满足要求，需要选用大型施工设备，设备的可靠性和安全性要求也更高。另外随着桩深的增加，地内压力也同步增大，造成石料无法靠自身重量正常下落，桩底部无石料。如何确保振动沉管碎石桩的施工效率、施工质量、施工安全，本文结合某大型陆上沉管碎石桩项目，研究总结大直径沉管碎石桩施工工艺和装备中的新技术，助力国内沉管碎石桩施工装备的进一步发展。

1 振动沉管碎石桩施工工艺

1.1 施工工艺

传统振动沉管碎石桩施工工艺，如图 1 所示，通过振动锤将封底钢管下沉到桩底标高后，往管内灌入石料，充盈系数一般为 1.2，加注完成后通过振动锤振动提升钢管，钢管底部的排石活瓣自重打开，石料留在桩内，形成碎石桩。

某大型陆上振动沉管碎石桩施工项目前期试桩阶段采用此方法进行施工，出现深度在 16m 左右钢管底部活瓣才能打开，开始排石，导致桩底没有石料，如图 2 所示，图中 1 号曲线对应钢管内石料高度，2 号曲线对应钢管入土深度。两根曲线的拐角不同时出现，2 号曲线的拐角早，说明钢管在提升时石料未下落，桩底无石料。

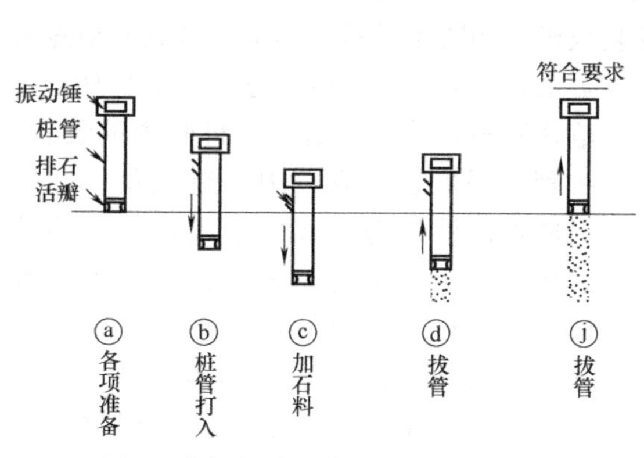

图 1 常规振动沉管碎石桩施工工艺

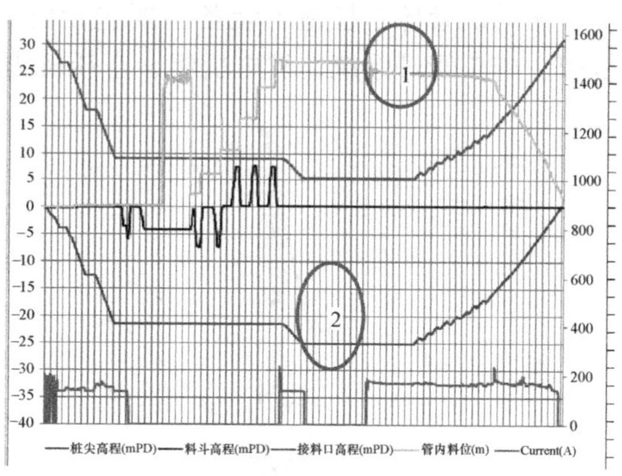

图 2 振动碎石桩成桩曲线图

新振动沉管碎石桩施工工艺与常规碎石桩工艺相比，增加了往钢管内加入压缩空气的环节，并使用数字化施工控制技术，对桩身充盈系数进行全过程监控，具体加气施工工艺流程如图 3 所示，其中施工参数，通过前期试成桩试验取得。为保证成桩质量与施工效率，关键工艺参数控制如表 1 所示，其中充盈系数、加气压力及拔桩速度参数通过前期试成桩试验确定合适的数值[1]。

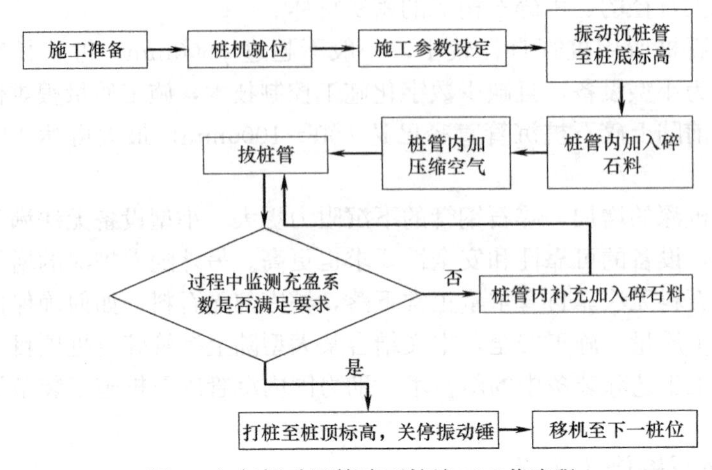

图 3　加气振动沉管碎石桩施工工艺流程

关键工艺参数　　**表 1**

参数	垂直度（%）	桩位水平偏差（mm）	充盈系数	加气压力（MPa）	拔桩速度（m/min）
数值	1	30	1.2	0.4～0.6	2～3

2　大直径振动沉管碎石桩施工装备创新研发

2.1　振动沉管碎石桩施工装配组成

振动沉管碎石桩施工装备主要包括电驱振动锤、提料斗、桩管（含进料口、桩尖）、桩架、施工管理系统、发电机组、空压机组及装载机，如图 4 所示。其中，电驱振动锤为振动沉、拔桩管设备；提升料斗为竖直输送碎石，并将碎石送入桩管内的装置；桩管为圆形长钢管，用于造孔及引导碎石成桩；桩架为全液压步履式自行移动式桩架，用于吊锤、吊提料斗及为二者的上、下移动提供导向；数字化施工管理系统为施工数据采集和监控系统，可实现自动化施工、隐蔽工程可视化及打桩机群的管理；发电机组为整机供电，空压机组用于制备压缩空气，二者均置于桩架平台尾部，跟随装备一起移动，缩短了施工准备的时间，提高施工效率。

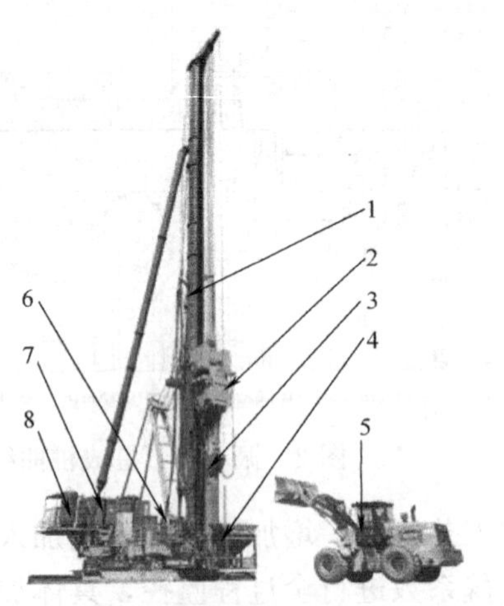

1—桩架；2—电驱振动锤；3—桩管；4—提升料斗；5—装载机；6—施工管理系统；7—发电机组；8—空压机组

图 4　振动沉管碎石桩装备总成

振动沉管碎石桩装备选型如表 2 所示，设备选型依据如下：

振动沉管碎石桩设备配置表 **表 2**

桩深（m）	桩径（m）	桩管长（m）	振动锤功率（kW）	桩架型号（立柱高度）	提料斗容积（m^3）
30	0.8	40	300	JB170	3
	0.8		400		
	1		500	JB180	
35～40	0.8	47	400	JB180	
	1		500	JB220	

根据地质情况选择不同功率的振动锤，所选振动锤需满足激振力大于桩管与土的动侧摩阻力、振动系统的工作振幅大于振沉到要求深度所需的最小振幅、振动系统的总质量大于桩管动端阻力三个基本条件。

根据振动锤功率选择合适的发电机组，一般为选择功率是振动锤的 2 倍；根据桩深设计相应的桩管长度，同时根据选定的振动锤和桩管的高度、重量、起拔力、接地比压选择合适的步履桩架。

为了更好地满足新的加气施工工艺要求，同时确保设备能安全可靠的使用，需要对部分装备进行改造或全新设计。

2.2 桩管加气系统研发

某大型陆上沉管碎石桩项目大部分区域土层主要为淤泥、淤泥质粉质黏土、淤泥质黏土、淤泥质黏土，以上土层土均为流塑状的高含水率、高压缩性、中—高灵敏的软弱黏性土层。根据前期试桩试验，存在桩管提出地面后，管内还留有石料，桩的填料量不能达到设计要求的问题；经分析为施工时淤泥质粉质黏土在桩管的振动、挤密作用下产生了很大的超孔隙水压力，活瓣桩尖无法打开，桩管内碎石无法及时排出[2]；后通过试验对比分析气压平衡法和水压平衡法平衡超孔隙水压力的效果，水压平衡法存在水排出地面造成地面泥泞，给施工带来不便的缺点；气压平衡法不仅能够平衡超孔隙水压力，且不影响后续施工，故采用气压平衡法解决这一问题，并完善施工装备，形成了桩管加气系统，如图 5 所示。

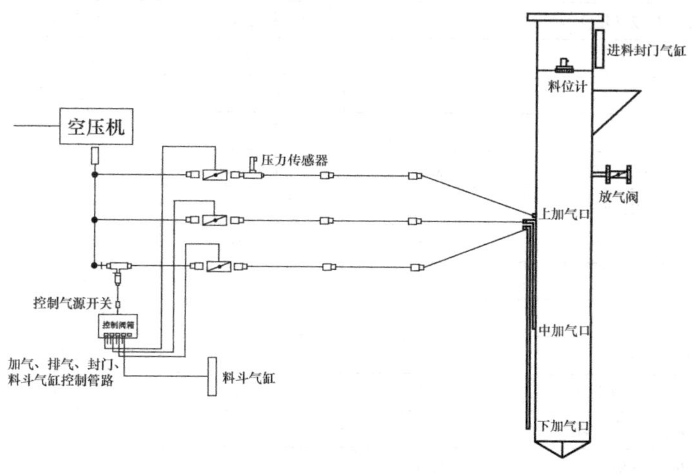

图 5　桩管加气系统

桩管加气系统由空气压缩机、气阀、气压传感器、桩管加气口、放气阀及管路组成。进气压力控制在0.4～0.6MPa；进气管路上装有蝶阀与压力传感器，控制气路的通断，确保管内压力满足要求；桩管上设有上部、中部、下部三个加气口，进料口处设有放气阀，在打开进料门前，需通过放气阀泄压；各阀与气缸开关的气源由空压机提供，并集中设置在控制阀箱。桩管内加入碎石料完成后，关闭桩管进料舱门，桩管内部形成气密空间，当压缩空气进入桩管后，能够形成“气塞”，克服孔隙水压力，推动碎石打开桩尖活瓣，顺利成桩。二次加料时，先通过放气阀泄压，桩管内压力下降后，打开进料舱门便可加料。

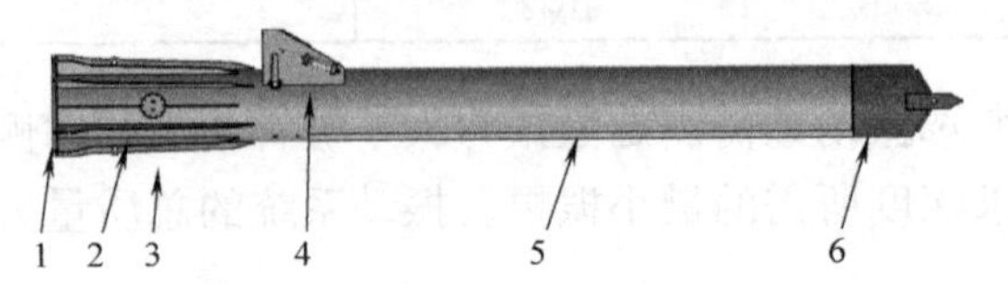

1—法兰；2—观察口；3—加强筋板；4—进料口；5—管身；6—桩尖

图6 桩管结构

2.3 新桩管结构研发

桩管结构件如图6所示，桩管主体结构为钢管，桩管外径与碎石桩径相同为1m直径，桩管总长由充盈系数换算确定。桩管通过顶部法兰与锤用螺栓连接；桩管内部靠上部位设有料位计安装座；进料口安装密封活门，活门采用气动缸控制开启与关闭，门上安装密封垫，确保管内能达到设定压力要求。当压缩空气进入桩管后，能够将桩尖活瓣打开，确保能及时排出石料。目前，桩尖有单瓣式、两瓣式、多瓣式等结构，经试验在软弱黏土地层施工时，两瓣式桩尖的桩管在下沉阻力、结构强度、密封性与出料速度方面性能较好。

料管设计过程中需要注意桩管是否会与振动锤产生共振，在设计时可以通过匹配振动锤转速、振动重量来避免此情况发生。经计算表明钢管的固有频率离开锤的频率越远，应力放大系数越小，越可靠。计算表明振动锤的转速在满足激振力的情况下，不宜大于钢管固有频率，因此选择转速较低，偏心力矩较大的锤较合适；振动重量越大固有频率越小，钢管在满足强度的情况下，不宜过重，如表3所示。

料管强度计算 表3

一、桩管参数					
外径(m)	壁厚(m)	内径(m)	总长(m)	重量(kg)	弹性模量(Pa)
1	0.025	0.95	35	20895	2.00×10^{11}
二、锤参数					
	最大激振力(kg)	转速(rpm)	转速(rad/s)	重量(kg)	
振动锤1	207000	680	71	29700	
振动锤2	223000	960	100.48	28100	
三、钢管受力计算					
序号	项目	振动锤1下沉	振动锤1提升	振动锤2下沉	振动锤2提升
1	钢管截面积(m^2)	0.0765	0.0765	0.0765	0.0765
2	钢管静应力(Pa)	6478242	2675400	6273375	2675400
3	钢管静应变	3.24×10^{-5}	1.34×10^{-5}	3.14×10^{-5}	1.34×10^{-5}
4	钢管静形变(m)	0.001134	0.000468	0.001098	0.000468
5	钢管固有频率(rad/s)	93	145	94	145
6	应力放大系数 beta	2.4	1.3	7.6	1.9
7	钢管最大动应力(MPa)	71	17	224	26
8	安全系数	4.9	20	1.5	13

结论：1.最大应力出现在振动下沉阶段；2.振动频率离开钢管固有频率越远，钢管最大动应力越小。

为了提高料管的使用寿命，需要对桩管的强度进行疲劳校核，并对应力集中点进行优化，应力集中点出现在筋板根部，如图 7 所示；可在根部增加圆形垫板，将应力分散，以防止施工过程中桩管开裂，影响施工安全；同时确认桩管焊缝质量，严格把控焊接过程，并在焊后进行气密性试验。

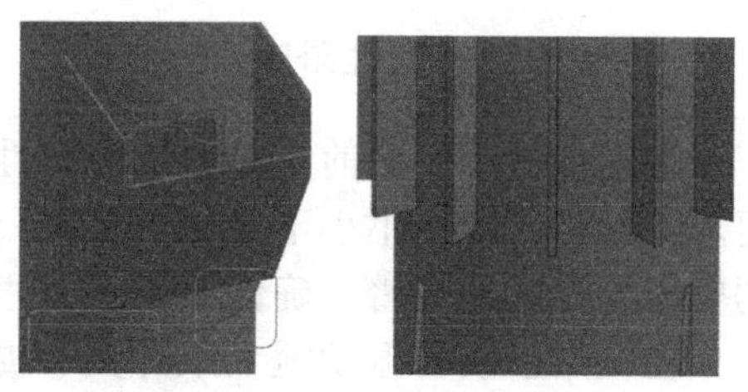

图 7 钢管应力集中区域

2.4 数字化施工管理系统研发

传统陆上振动沉管碎石桩施工缺少施工过程数据，施工质量问题无法及时发现，因此开发数字化施工管理系统，通过各传感器对施工过程中重要参数进行监测、控制，实现卫星定位（桩位）、垂直度监控、石料方量检测、成桩效率管理、成桩质量管理、施工报表管理等功能。系统拓扑图如图 8 所示，系统传感器布置如图 9 所示。

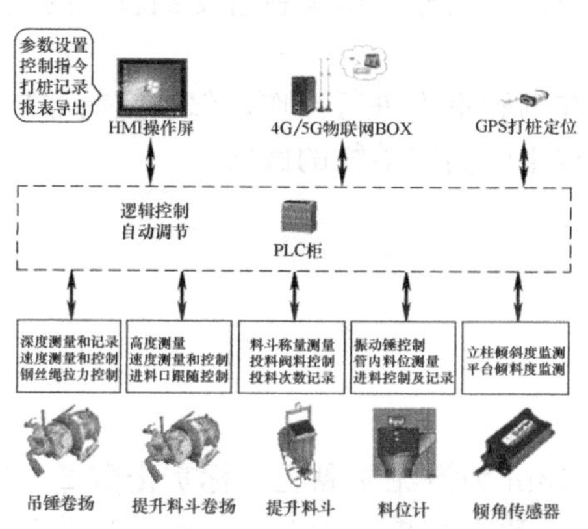

图 8 自动化施工控制系统拓扑图

数字化施工管理系统通过数据线缆与振动锤变频柜相连接，实时显示振动锤的电压、工作电流、频率等参数信息，可选用自动模式实现振动锤启停、下振上拔、料斗卷扬跟随加料等整个单桩施工的全过程；提升料斗投入料时，通过投入的重量及石料密度，计算出桩管内料位增量；提升引拔时，由料位仪检测的料位，计算出单位桩长的石料排出量，并做出记录；需要补料时，实现边加料边提升引拔，有效提高打桩效率。系统主控界面如图 10 所示。

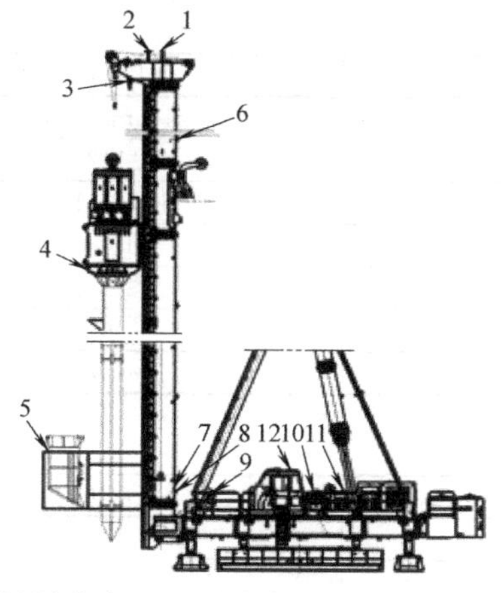

1—智能风速传感器；2—航空障碍灯；3—提升限位报警装配；4—料位计；5—提升料斗称重传感器；6—提升料斗上限位开关；7—提升料斗下限位开关；8—立柱倾角传感器；9—桩、锤称重传感器；10—桩锤深度编码器；11—提升料斗高度编码器；12—平台倾角传感器

图 9 自动化施工控制系统传感器布置图

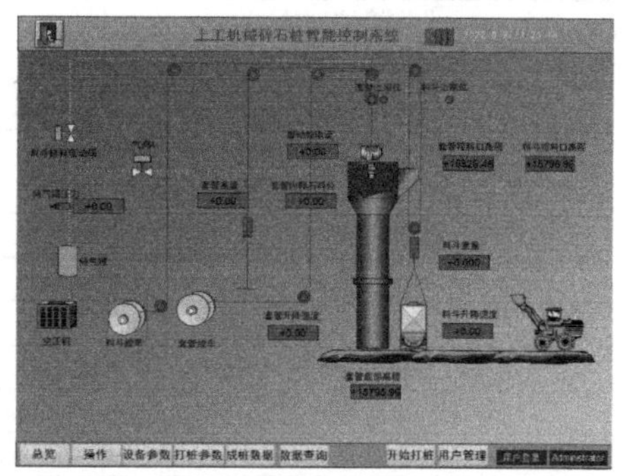

图 10 数字化施工管理系统主控界面

2.5 装备施工安全性研究

在确定桩架安放前，对整机稳定性进行计算分析，调整设备尾部配重，使稳定性满足要求（行走稳定性不小于8°）；配置平台和立柱水平仪，检测 X、Y 两个方向，超过1.5°驾驶室内蜂鸣器报警；确保设备在使用过程中的安全性。

在桩架上装备振动锤上限开关、提料斗上下限位开关，确保桩锤上下运行过程中不发生冲顶和脱轨问题；桩锤提升卷扬钢丝绳拉力传感器，对钢丝绳拉力进行实时动态测量，当钢丝绳拉力超出设定的限制值时，卷扬停止工作，确保不会因为拉力过大造成设备的损坏；装备振动锤电流传感器，监控振动锤电流波动情况，并限制最大输出电流，保护电机的使用；装备振动锤急停按钮，当发生紧急情况时，可以实现紧急停锤；装备倾斜传感器，测量套管垂直度，当倾斜度超过设定值时，发出报警信号，以免料管受到较大的侧向力，造成料管断裂。

将振动锤控制面板布置在驾驶室内，操作人员在驾驶室内进行操作，驾驶室前部与顶部设置防护网，阻挡落石击伤，避免人员在操作过程中受高空落物的威胁。

3 工程实践

3.1 工程地质与碎石桩规格

吹填层深度5～6m，标贯击数10次，－6～－18m为淤泥质黏土，标贯击数2～3.5次；－18～－26m为粉质黏土，标贯击数15～20次。碎石桩桩径为1000mm，桩深25m。

3.2 主要装备技术参数

主要施工装备中，桩架选型为JB170-GCP，振动锤选用400kW电驱振动锤，以上海工程机械厂有限公司提供的装备为例，设备技术参数如表4、表5所示。

桩架参数 **表4**

项目	单位	JB170-GCP
立柱总长度	m	44(max53)
立柱筒体直径	mm	ϕ1120
立柱导轨中心距	mm	600×ϕ102
最大拉拔力	kN	1000
平均接地比压	MPa	≤0.1
电动机功率	kW	90
打桩机总重量	t	≈175

振动锤参数 **表5**

项目	单位	DZ400
电机功率	kW	400
静偏心力矩	kg·m	500
偏心轴转速	r/min	560
振动频率	rad/s	58
空载振幅	mm	21.8
激振力	t	175
拔桩力	t	100

续表

项目	单位	DZ400
外形尺寸	mm	2460×2665×5245
振动质量	kg	23400
总质量	kg	34000

3.3 施工结果

参照新振动沉管碎石桩施工工艺进行施工，并采用数字化施工管理系统对施工过程进行监测，施工完成后，在数字化施工管理系统中导出施工曲线图，如图 11 所示，横坐标为时间，总坐标为高度，根据施工曲线可知，完成单根桩用时 60min 左右，其中沉管用时 18min，加料、加气用时 22min，拔管用时 17min。套管拉力（即桩锤卷扬拉力）为 50～60t。管内料位高度 30m，提升开始下料，直至地面，如图 11 所示，图中 1 号曲线料位下降的拐点和 2 号曲线料管插入深度的拐点同时出现，提升过程中 1 号曲线斜率基本不变，说明每提升 1m 的石料排出比较均匀，形成的碎石桩径比较均匀。

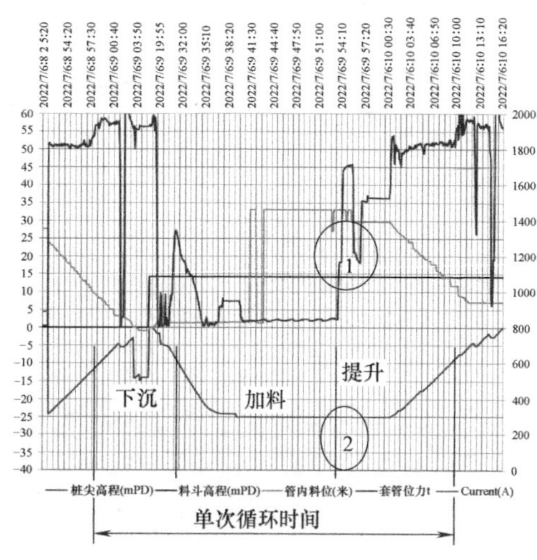

图 11　沉管碎石桩施工曲线图

4　结语

大直径陆上沉管碎石桩可用于加固超深软弱黏土地层，本文介绍的沉管碎石桩的施工工艺与装备，以及陆上设备专用的施工管理系统、桩管加气系统、新桩管结构及安全措施等，在相关工程中得到了切实可行的应用验证，对国内碎石桩施工技术的发展及软弱黏土层加固具有借鉴意义。

（1）采用新的施工工艺，增加往料管内加气的环节，管内形成“气塞”，克服孔隙水压力，推动碎石打开桩尖活瓣，顺利成桩；

（2）合理选择施工装备，通过对施工装备的集成，缩短施工准备时间，提高施工效率；

（3）优化料管的设计结构，消除应力集中点，并通过合理匹配振动锤频率和振动重量，减小共振应力放大系数，提高钢管可靠性和施工安全性；

（4）配套数字化施工管理系统，监控施工过程，控制施工质量；

（5）通过对整机稳定性的优化，加装装备运行过程监控传感器，提高装备在操作过程中的施工安全性。

参考文献

[1]　何相甫，徐志栓．海上沉管碎石桩施工技术［J］．城市建设理论研究（电子版），2014（20）．

[2]　王国辉，周进发，等．淤泥质地层振动沉管碎石桩施工技术［J］．建筑技术，2012，43（1）：73-75．

三、施工技术

压入式沉井施工技术研究与应用

李耀良，王理想，卢秀丽
（上海市基础工程集团有限公司，上海 200433）

摘　要：压入式沉井是对传统依靠自重下沉的沉井工法进行的工艺创新，该工艺可以达到高精度控制沉井下沉姿态，提高沉井整体稳定性和安全性，提高施工工效以及保护环境的目的，特别适用于对土体变形敏感的地区。本文通过对压入式沉井工艺概况、设计施工要点等的介绍，结合目前已施工的相关案例实施情况，归纳总结了压入式沉井关键施工技术及应用情况，为该技术水平进一步提升提供借鉴。
关键词：压入式沉井；压沉系统；环境影响

Construction Technology and Appliaction of Pressure Sinking Method for Open Caisson

Li Yaoliang，Wang Lixiang，Lu Xiuli
（Shanghai Foundation Engineering Group Co.，Ltd.，Shanghai 200433）

Abstract：The pressure sinking method for open caisson is a technological innovation of the traditional self-sinking caisson method. This process can achieve high-precision control of the sinking position of the caisson，improve the overall stability and safety of the caisson，Improve construction efficiency and protect the environment. This process is especially suitable for the area sensitive to soil deformation. This paper summarizes the key construction technologies and applications of the pressure sinking method for open caisson through the introduction of the general situation and process flow，combined with the implementation of relevant cases that have been constructed so far，and we hope these data can provide the useful reference for the futher research work.
Key words：Pressure sinking method for open caisson；Pressure sinking system；Environmental effect

0　引言

近年来由于城市化进程的加快，土地资源日渐稀缺，城市地下空间的开发将成为未来城市壮大发展的主流趋势和方向。在城市中心建筑物密集的区域进行大深度地下空间的开挖和建设，往往面临施工场地狭小、周围重要设施众多的情况。同时，地下施工在开挖时常常会引起地下水位的降低，周围地基的移动与下沉，甚至会引起周边地基的塌陷，给邻近地区带来较为严重的影响。此外，市区地铁、地下高速道路及竖井风井系统工程的建设施工往往受到许多方面的限制，使得在施工中保证邻近地下管线和建（构）筑物的安全越来越难。相比之下，沉井与沉箱工法在许多情况下能满足上述这些情况的需求，因此在工程中拥有无法替代的竞争力及良好的应用前景。

沉井是一种事先在地面上进行制作，取除井内土体，使之下沉到指定深度的井体结构。对于不同地区，沉井下沉存在不同的困难，尤其遇到坚硬土层沉井难以下沉时会给施工带来较大的麻烦。在沉井下沉技术亟待完善的状况下，压入式沉井作为低耗能、环境友好型工艺产品，既能够有效解决沉井稳定下沉难题，又能够实现对环境微扰动控制，展现出了较大的市场潜力。针对传统沉井施工工艺的弊端和不足，本文对压入式沉井关键技术开展研究，总结压入式沉井的施工和设计经验，以期对今后类似工程提供参考。

1 工艺概况

1.1 工艺原理

压入式沉井施工工艺是利用沉井结构顶部外侧的牛腿，借助反力装置，通过穿心千斤顶对沉井牛腿施加向下的压力，或通过压重等方式，在井底进行取土的同时，将井体压入土体；通过对沉井施加一定的下压力，使沉井的下沉系数满足下沉要求，沉井在本身自重以及下压力的作用下下沉到指定深度，最后将沉井底部进行混凝土封底的一种工法。

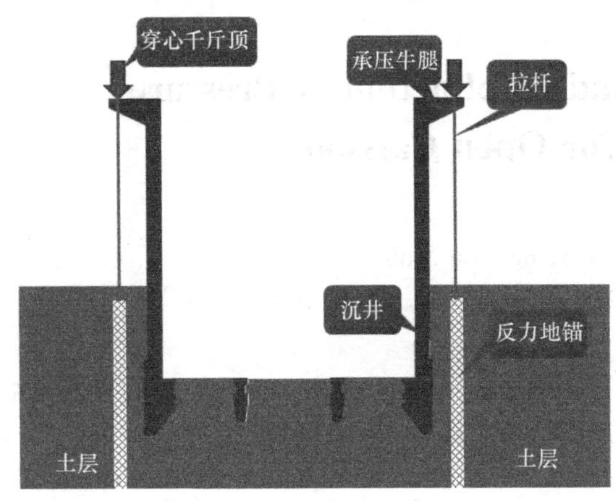

图1 压入式沉井工艺示意图

压入式沉井施工工艺，可以有效解决沉井纠偏困难、下沉缓慢、工期较长等弊端，对周边环境的影响较小，是对传统依靠自重下沉的沉井工法的工艺创新。压入式沉井工艺如图1所示。

1.2 工艺特点

压入式沉井可以有效控制沉井的下沉姿态，有效保持沉井平稳下沉。由于沉井下沉的不均匀性，在下沉阶段容易发生竖向和水平方向的倾斜、偏移等，压入式沉井通过在沉井周边设置地锚、拉杆、穿心千斤顶等，对沉井周边的牛腿施加不同大小的下压力进行纠偏，从而保持和控制沉井的下沉姿态。

压沉系统的设置，可以较大幅度地增加沉井的下沉系数，在沉井下沉时可以大幅提高沉井的下沉速度并使其稳定下沉。数据显示，在上海地区的实际工程中，压沉沉井的下沉速度最快达到了 3.5m/d，施工工效得到极大提升。

压入式沉井和普通沉井相比，压沉速度较快，对土体扰动小。由于压入力的存在，可在施工过程中不断调整及时纠偏，同时可在井内留有一定厚度的土塞，可以减少对土体的扰动，造成的环境影响较小，可适用于建筑物密集的市区或周边环境复杂地区的施工。

压入式沉井施工工艺的原则是“先压后取土”，即先实施压入的动作，达到设定的顶力上限后实施挖土。因此，在压力增加前，应对沉井各边的测点进行一次测量，若偏差在允许范围以内，则各边千斤顶施加相同的顶力；若各测点的偏差过大，则需要进行计算调整各边千斤顶的压力，从而控制沉井下沉的姿态。

根据上述压入式沉井工艺特点的介绍，其优点主要体现在对周边土体扰动小，能有效减小对周边环境的影响；沉井下沉倾斜小且易于纠偏，下沉姿态可控；下沉系数可调节的范围更广，下沉速度可控；沉井受土质的影响小；有效提高施工工效，缩短施工工期；降低施工风险。

2 工艺流程

1. 施工沉井结构

压入式沉井的井体结构制作与常规沉井无异，主要包括砂垫层施工、素混凝土垫层施工、模板施工、刃脚施工、接高施工、混凝土浇筑等。

2. 压沉系统设置

压沉系统的设置是压入式沉井施工中最重要的环节之一。压沉系统施工工艺流程图如图 2 所示。

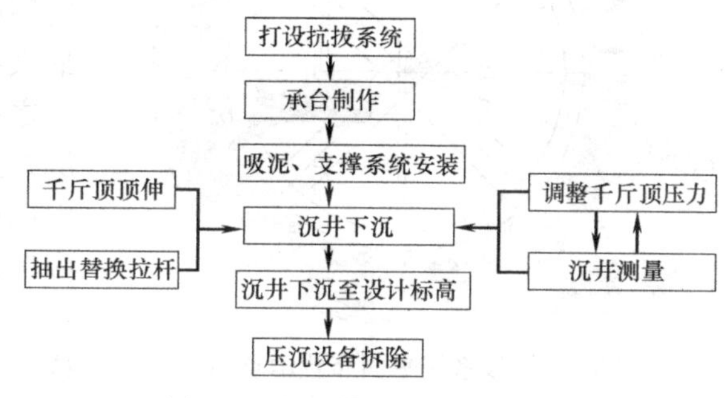

图 2 压沉系统施工工艺流程图

(1) 打设抗拔系统。抗拔系统可采用抗拔桩、配重台等单一或组合的方式。抗拔桩一般采用钻孔灌注桩，由于钻孔灌注桩的钻孔深度一般较深，施工时应采取相应的泥浆护壁措施。

(2) 沉井开始下沉前，各个系统应安装到位，并对千斤顶液压系统进行相应的设备调试。

(3) 安装支撑杆件时，上端应距离沉井壁上牛腿大约 10cm，使得沉井在准备掏砖胎膜时具备一定的下沉深度。

(4) 为确保沉井下沉的平稳均匀，每次下沉均需根据具体情况进行调整。当沉井四个方向（东、南、西、北）高差值偏大时，需通过测量的数据结果，调整每个点千斤顶的压力大小，完成对沉井的纠偏作业。

(5) 通过千斤顶逐渐对沉井施加压力，在顶力到达设定值沉井无法下沉时，开始进行井内吸泥。施工时探杆穿过穿心千斤顶后在千斤顶上部利用大螺母锚固在千斤顶油缸上端。当需要压沉时，千斤顶油缸朝上伸出顶住螺母，反力拉杆将压力传至抗拔系统，探杆拉紧后，使千斤顶对井壁牛腿产生一个向下的压力，辅助沉井下沉。

(6) 最后进行压沉设备的拆卸，沉井进行后续施工。

3. 沉井封底和底板施工

封底可采用水下封底和干封底两种形式，推荐采用不排水下沉工艺和水下封底。封底混凝土浇筑宜连续一次浇筑完毕，这样混凝土整体性更好，可以保证混凝土的浇筑质量。

当封底混凝土达到一定的强度后，进行钢筋混凝土底板施工，施工时遵循平衡、对称的原则。施工前必须对接触面进行凿毛并冲洗干净后才能进行绑扎钢筋及浇筑。如抽水后，仍有渗漏现象，先进行修补或设置反滤层，然后再浇筑钢筋混凝土底板。

3　压入式沉井设计、施工要点

3.1　设计计算要点

除了沉井设计计算中的砂垫层、素混凝土垫层、侧摩阻力、下沉系数、接高稳定性、封底混凝土、抗浮验算的计算之外，压入式沉井的压沉系统设计还应进行专项设计和计算，包含抗拔系统、反力系统和顶进系统。

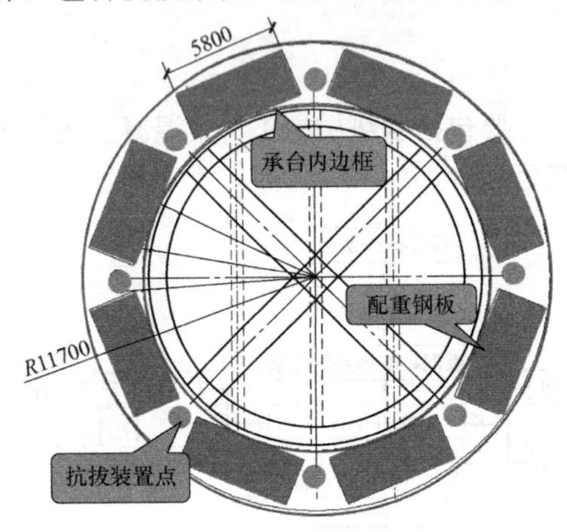

图 3　抗拔系统平面布置示意图

压入式沉井的抗拔系统可以采用抗拔桩、配重台等单一或组合的方式。采用钻孔灌注桩作为抗拔系统时，其提供的最大抗拔承载力设计值宜取单桩极限抗拔承载力之和。采用环梁与配重结合的方式作为抗拔系统时，最大抗拔承载力应为配重物与环梁结构的自重之和，地下水位以下应扣除浮力。压入式沉井抗拔系统应对称、均匀布置。抗拔系统中抗拔桩和配重台应均匀布置在沉井四周，应保证抗拔系统和反力系统的形心基本重合，且与沉井下沉阻力的荷载中心一致，确保抗拔系统和沉井受力均匀，如图 3 所示。

压入式沉井反力系统可采用正顶反力系统或反顶反力系统形式。压入式沉井反力系统应对称、均匀布置，采用正顶反力系统压沉时，应对刚性反力架进行强度与稳定验算；采用反顶反力系统压沉时，应对钢杆件或者钢绞线进行专项设计。

压入式沉井的顶进系统应根据所需最大压沉力进行设计，最大压沉力应根据下沉过程中最大下沉阻力与自重的差值进行估算。

3.2　施工要点

抗拔系统是压入式沉井顺利实施的基础，抗拔系统采用抗拔桩施工时，抗拔桩与沉井外壁的净距不宜小于 1.2m，且不得影响后续施工。这是因为沉井往往作为盾构或顶管的工作井，因此抗拔桩不得设置在盾构或顶管进出洞的范围内，并且应保持足够的距离。单独设置抗拔钻孔灌注桩作为抗拔系统时，其桩身主筋应通长配置；桩顶宜设置专用锚具与反力系统相连，即抗拔桩桩顶的锚具应锚固至抗拔桩桩顶的承台内，确保受力连接可靠。反力锚箱构造示意图如图 4 所示。

当抗拔系统采用配重台时，配重台为钢筋混凝土结构，应整圈布置；配重台应在搭设外脚手架之前完成制作；且配重台内侧应与沉井结构预留足够的距离，一般不小于 0.3m。

反力系统由反力架以及连接体系组成，连接体系的下端与抗拔系统、上端与顶进系统应确认连接可靠，反力系统分为正顶反力系统和反顶反力系统。正顶反力系统的反力架与连接体系合二为一，可采用型钢或钢箱加工组合而成，顶进油缸作用力应直接作用在井体或箱体上，顶进系统工作时顶进油缸向下顶进，如图 5 所示。当采用正顶反力系统时，沉井每节现浇制作或预制拼接的构件高度宜为 1～3m。

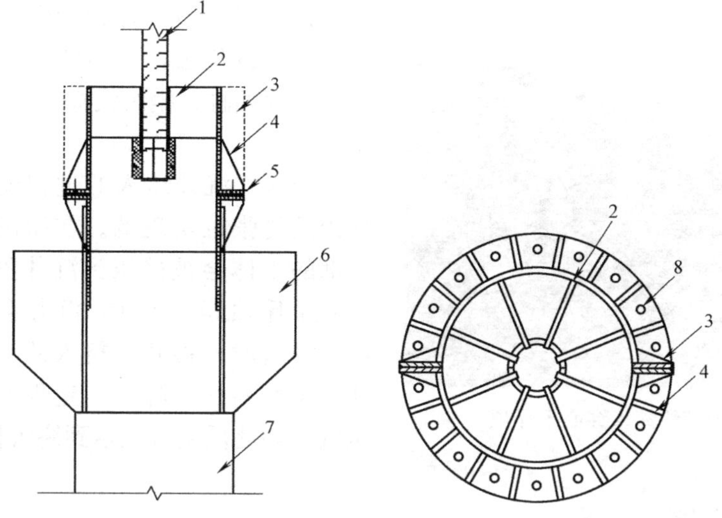

1—反力拉杆；2—筋板；3—哈夫连接板；4—三角筋板；
5—法兰盘连接；6—承台；7—钻孔灌注桩；8—高强螺栓

图 4　反力锚箱构造示意图

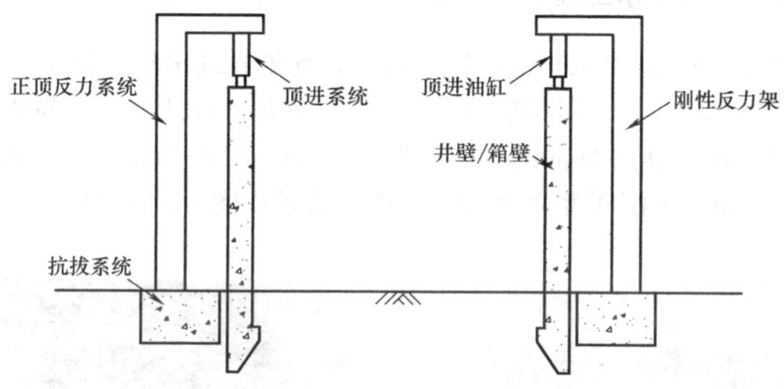

图 5　正顶反力系统示意图

反顶反力系统的反力架可采用钢筋混凝土牛腿、钢结构牛腿或钢梁，连接体系可采用钢杆件或钢绞线，顶进系统工作时顶进油缸作用力应作用在反力架上，如图 6 所示。当反顶反力系统反力架采用牛腿形式时，应对牛腿进行验算确保其满足沉井的强度及稳定性要求。

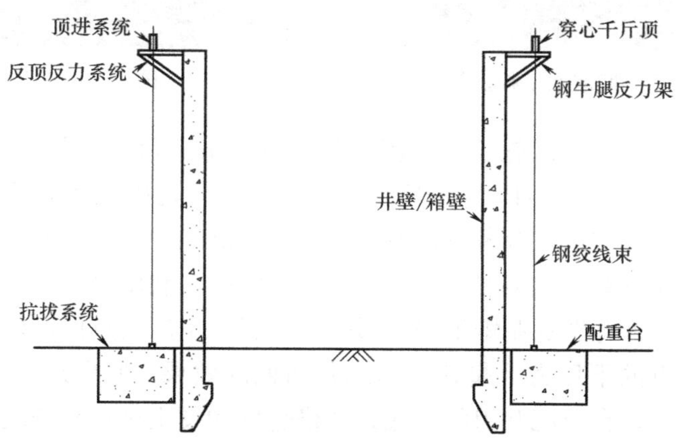

图 6　反顶反力系统示意图

图 7　钢绞线穿入穿心千斤顶

顶进系统由千斤顶油缸、动力站以及液压控制系统组成，反顶的反力系统宜使用穿心千斤顶油缸，钢绞线穿入穿心千斤顶如图 7 所示。

压入式沉井压入的过程就是通过穿心千斤顶反复张拉实现的。在压沉过程中，沉井下部的土体会被挤压到沉井隔仓内，而一旦穿心千斤顶停止工作，沉井会牢牢停留在土层中。这时，将井内挤入的泥土清出。当沉井内土塞高度下降到一定程度后可继续实施压沉，如此反复直至达到终沉标高。

4　应用实施案例

4.1　镇江大港水厂一期取水工程

镇江市大港水厂一期取水工程位于镇江新区，地处长江沿岸，位于长江南岸江心汽渡祝赵路旁，两座圆形沉井均采用钢筋混凝土结构，沉井外径 17.6m，壁厚 1.3m，刃脚底部绝对标高为−33.0m，沉井顶部绝对标高为+8.2m，总高为 41.2m，底板厚 1m。地面的起沉标高为+5.5m，下沉深度为 38.5m。项目实景如图 8、图 9 所示。

图 8　镇江市大港水厂一期取水工程远景图

图 9　沉井俯视图

该工程为超深双沉井下沉施工，两沉井相邻仅 15m，沉井终沉穿越坚硬土层⑤层粉质黏土，地基承载力达到 260kPa，黏聚力达 111.2kPa，且周边环境复杂，应严格控制沉井下沉对周边环境的影响。综合考虑，该工程沉井下沉采用不排水下沉工艺。

该工程采用的压沉系统包括混凝土承台、钢牛腿等，利用钢板作为配重，采用环形混凝土承台、钢绞线、外井壁焊制钢牛腿的形式，设置 8 个压沉点位，根据沉井偏差，灵活调整 8 个不同压沉点的下压力，起到辅助沉井纠偏的效果。竖向压沉系统如图 10 所示。由于该工程土层较硬，在对沉井刃脚、底梁及格仓内的硬土进行充分破碎后，利用空气吸泥设备，进行吸泥取土下沉，空气吸泥工效较高，可以将井内的泥水大量排出。

实施结果显示，在极为坚硬的土质工况下，采用压沉工艺，可以有效提高下沉速度 40%，变形控制能力大幅提升，整体工效提高 30%。周边建（构）筑物沉降量累计为 5mm，终沉高差控制在 0.2%之内。

图 10 竖向压沉系统

4.2 上海长兴岛南过江井工程

上海长兴岛南过江井工程位于上海长兴岛南部新港，工作井设在长兴岛长江大堤外侧，工作井结构边距离长江南港北岸大堤约 49m，距离输电线约 14m，距离自来水管约 40m。工作井下沉需充分考虑周边环境因素的影响。沉井位置如图 11 所示。

工作井采用沉井形式施工，沉井为长方形钢筋混凝土结构，尺寸 25.6m×18.6m。沉井制作高度 26.8m，总下沉深度 25.6m，分为四次制作，两次下沉。根据下沉系数的计算分析，结合工程所处环境情况，经研究采用不排水压入式沉井施工工艺。

不同于传统沉井的下沉施工工艺，本工程采用压沉系统辅助沉井下沉，压沉系统采用环形混凝土承台、钢绞线、井壁顶焊制钢梁的形式，设置 10 个压沉点位。通过多个点位下压的手段，不同点位主动施加不对等下压力，“高位高压，低位低压”，实现对沉井主动的预先纠偏，避免沉井偏差过大，减少纠偏量，从而提高对沉井下沉偏差的控制。沉井下沉如图 12 所示。

图 11 长兴岛南工作井位置示意图

图 12 长兴岛南过江井工程沉井下沉

实施结果显示，本工程应用压沉工艺可以使沉井下沉速率保持在一个稳定的范围，对周边环境的扰动范围及程度较小，周边居民房屋最大沉降为 7.7mm。

4.3 上海临港污水处理厂排海管工程

上海临港污水处理厂排海管工程包括排海泵房 1 座、高位井 1 座、配水井 1 座、压力井 1 座、排海顶管（陆域、海域各两根）及配套电气、仪表自控、暖通等。

压力井沉井为圆形钢筋混凝土结构，沉井分为六次制作两次下沉，沉井采用排水和不排水下沉工艺。压力井尺寸外径 23m，内径 20m，结构高度 26.5m，井内设置有井字梁，下沉深度 25m。施工场地内沉井穿越土层较复杂，土质软硬不均，沉井在此类复杂、软硬不均的土层中下沉极易发生突沉、倾斜；且沉井终沉阶段需穿越⑤$_2$ 砂质粉土层，进入⑥层粉质黏土层，该土层承载力较大，摩阻力较高，沉井下沉系数小，为解决沉井下沉和纠偏困难的难题，决定采用压入式沉井施工工艺。

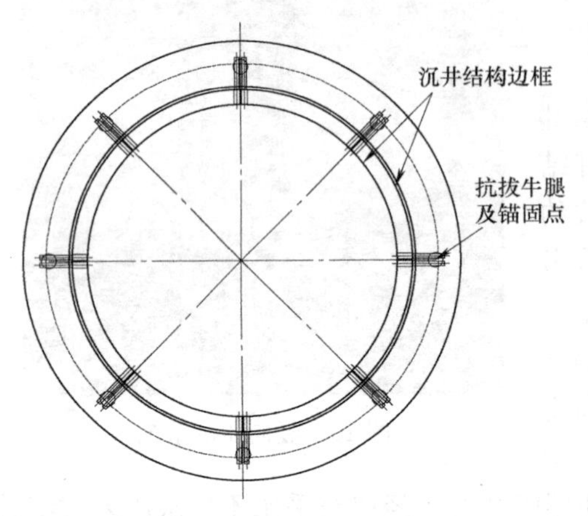

图 13　压沉系统平面布置图

在该项目中，抗拔系统在第二次下沉施工准备期间完成配备，采用地面以下浇筑环绕沉井外壁的环形承台，其上 8 个方位堆放配重钢板的形式，完成压沉配重要求，在第五节井壁上埋设钢牛腿，利用钢绞线通过穿心千斤顶，将钢牛腿与承台上抗拔锚箱连接起来，提供压沉下压力。压沉系统平面布置如图 13 所示，设备安装如图 14 所示，压沉模拟情况如图 15 所示。

图 14　压沉设备安装

图 15　压沉模拟示意图

实施结果显示，本工程应用的压沉系统，大幅提升了沉井的施工效率，对周边环境影响控制均满足规范要求，超预期完成压沉施工。

5　结语

本文结合实际工程，对压入式沉井的工艺流程及特点、设计施工要点等内容进行了阐述，压入式沉井施工工艺可以解决传统沉井依靠自重下沉姿态不稳，井体终沉后高差过大，周边地表及建（构）筑物沉降较大、硬土层难以下沉、施工效率较低等技术性难题，在保证施工质量安全可靠的前提下，施工效率得到了极大的提高，缩短了工期，同时也降低了对周边环境的影响。

压入式沉井的实施应用，在降低成本的基础上实现了超深、超硬、微扰动领域的拓展，为以后超深、复杂地质且环境保护要求高的沉井工程积累了宝贵的经验，具有指导性意义，对该领域的持续开拓大有裨益。同时随着国内预制装配式建筑的推广，预制沉井也得到越来越广泛的应用，压入式沉井与预制装配式的结合将会进一步提高施工工效，缩短建设工期，具有更加明显的节能减排优势。相信随着我国建筑业转型升级的稳步发展，压入式沉井将会不断优化创新，在实现高质量高水平建设目标的同时，铸造新的产业绿色竞争力。

参考文献

[1] 许鹏飞，李耀良，徐伟. 压入式沉井施工对环境影响的现场监测研究［J］. 岩土力学，2014，35（4）：1084-1094.

[2] 刘鸿鸣. 压入式下沉技术在沉井施工中的应用［J］. 建筑施工，2014，36（5）：571-572.

[3] 徐英武. 临江侧硬质土层超深沉井压沉施工技术研究［J］. 山西建筑，2020，46（10）：60-61.

[4] 上海市基础工程集团有限公司. 沉井与气压沉箱施工技术规程：DG/TJ 08—2084—2011［S］. 上海：上海市建筑建材业市场管理总站，2011.

[5] 罗云峰. 软土地区压沉法沉井关键技术研究［J］. 工程质量，2021，39（12）：9-14.

TRD在软土地区盾构隧道联络通道加固工程中的应用

胡琦[1,2]，刘羽[3]，韩小凡[1]，徐晓兵[4]，申文明[5]，丁继民[2]

(1. 浙江工业大学 岩土工程研究所，浙江 杭州 310014；2. 东通岩土科技股份有限公司，浙江 杭州 310002；3. 浙江天然工程勘察有限公司，浙江 温州 325000；4. 广西大学 土木建筑工程学院，广西 南宁 530004；5. 中铁二院华东勘察设计有限责任公司，浙江 杭州 310004)

摘　要：在盾构隧道加固工程中，仍缺乏采用渠式切割水泥土连续墙（trench-cutting re-mixing deep-wall，TRD）的加固应用研究。本文依托绍兴地铁1号线主线与支线盾构隧道叠交段加固工程，根据项目工程地质特点，比较不同联络通道加固技术的施工优势，设计了联合高压旋喷桩法（high-pressure jet grouting pile，HJGP）的TRD施工方案，在两幅TRD之间搭接一排HJGP，搭接宽度为300mm。通过试成墙试验，确定了本联络通道加固工程的施工参数，并对成墙质量进行了钻孔取芯检测。结果表明：TRD水泥土连续墙在软土地层中施工效果较好，成墙速度6m/d；钻孔取芯芯样率较高，墙体完整性和均匀性较好；芯样平均无侧限抗压强度为1.0～1.8MPa，渗透系数均小于1×10^{-8}cm/s；HJGP芯样连续完整，芯样平均无侧限抗压强度均大于1.1MPa，渗透系数均小于1×10^{-8}cm/s，TRD联合HJGP的加固强度、渗透性等满足联络通道加固设计要求。

关键词：盾构隧道；联络通道；渠式切割水泥土连续墙（TRD）；高压旋喷桩（HJGP）；软土

Application of Trench-cutting Re-mixing Deep-wall (TRD) in Reinforcement of a Connection Aisle of Shield Tunnel in Soft Soil

Hu Qi[1,2], Liu Yu[3], Han Xiaofan[1], Xu Xiaobing[4], Shen Wenming[5], Ding Jiming[2]

(1. Institute of Geotechnical Engineering, Zhejiang University of Technology, Hangzhou Zhejiang 310014, China; 2. Dongtong Geotechnical Technology Co., Ltd., Hangzhou Zhejiang 310000, China; 3. Zhejiang Natural Engineering Survey Co., Ltd., Wenzhou Zhejiang 325000, China; 4. School of Civil Engineering and Architecture, Guangxi University, Nanning Guangxi 530004, China; 5. China Railway Eryuan HuaDong Engineering Group Co., Ltd., Hangzhou Zhejiang 310004, China)

Abstract: For the reinforcement of shield tunnels, the application of trench-cutting re-mixing deep-wall (TRD) is still rare. Based on the reinforcement project of the overlapping section of shield tunnels (the main line and the branch line of Shaoxing Metro Line 1), according to the engineering geological characteristics of the project, the construction advantages of different technologies for the reinforcement of a connection aisle are compared. TRD combined with the high-pressure jet grouting pile (HJGP) method is finally designed. A

基金项目：浙江省建设科研项目（2021K103），杭州市科协决策咨询项目（2022-16）。

作者简介：胡琦，工学博士，副教授，主要从事基坑工程、桩基工程等研究；Email：huqi@zjut.edu.cn。

row of HJGP is constructed between two neighbouring rows of TRD with an overlapping width of 300mm. Through in-situ construction experiment, the construction parameters of TRD combined with HJGP are determined for the reinforcement project of the aisle, after checking the quality of reinforcement body by tests on borehole drilled samples. The experimental results show that the working performance of TRD is good in soft soil layer with a wall formation speed of 6m/d. The coring rate of TRD is high, and the integrity and uniformity along the whole reinforcement body are good. The average unconfined compressive strength of the samples is 1.0～1.8MPa, and the permeability is less than 1×10^{-8}cm/s. The samples of HJGP are continuous and intact. Their average unconfined compressive strength is more than 1.1MPa, and the permeability coefficient is less than 1×10^{-8}cm/s. The strength and permeability of TRD combined with HJGP meet the design requirements for strengthening the connecting channel.
Key words: Shield tunnel; Aisle; TRD; HJGP; Soft soil

0 引言

随着我国城市化建设的发展，越来越多的城市开始修建地铁，以实现区域间的快速交通。根据《地铁设计规范》GB 50157—2013[1] 的规定，在地铁隧道建设中，当 2 条单线区间隧道之间的连贯长度大于 500m 时，应设联络通道用作消防疏散和救援通道。地铁隧道一般较长，区间需建设联络通道位置较多，且下穿城市核心区域，设置联络通道处周边环境比较复杂，若施工前不进行地层加固可能会引起周边土体较大变形甚至会出现坍塌事故。在软土地区进行联络通道施工时常用的地层加固方法有降水法、冻结法、注浆法、HJGP 和水泥土搅拌桩法等[2]。

降水法是人工降低地下水位的一种方法，其施工方法简单，但在地下水含量丰富或与周围河流水力联系密切区域，其抽水量过大，经济效益较低且易引发土体的塌陷[3]。冻结法是利用人工制冷技术把天然岩土变成冻土，冻土强度高、稳定性好，但其施工较为复杂，冷冻时间长，施工功效低，造价高，后期易发生融沉效应，在地下水流速超过 30m/d 时，地层冻结效果将减弱[4]。注浆法适用范围广，工艺较为简单，造价较低，施工功效高，并且不受地基加固深度的影响，但往往会受到复杂地质条件和水文条件的影响，在软土地区地下水含量大浆液易流失，加固效果不明显[5]。HJGP 是将注浆浆液、压缩空气、高压水三种介质通过同心钻杆喷射至目标深度，钻杆边旋转边通过高压喷射流切削周边土体，形成桩体，并相互咬合搭接，提高地层的强度和稳定性的一种方法。其工艺简单且施工功效高，但其适用范围有限，多适用于原始砂卵石地层和级配一定的堆料层，地层加固整体性差，不易控制地表隆起，翻浆量大，易漏水涌砂[6]。

水泥土搅拌桩法是一种以水泥浆为固化剂，通过桩机在地基深处就地将土体和固化剂强制搅拌，利用固化剂和土体、水之间的一系列物理、化学反应，使土体硬结，从而提高加固土体的整体性、稳定性、不透水性的一种方法。水泥土搅拌桩法施工工艺简单，施工方法成熟，在软土地区适用性范围广，加固效果明显，已被广泛应用于隧道地基加固工程中；但其施工深度有限，在复杂地层中施工质量不易得到保证[7]。

渠式切割水泥土连续墙（TRD）是一种新型的水泥土连续墙，采用链锯型切削刀具插入土中横向掘削，注入固化剂与原位土体混合搅拌，形成连续的等厚度水泥土搅拌墙体。与传统的水泥土搅拌桩法相比，TRD适用范围更广，在黏土、砂土、砾石层甚至软岩地层均可应用，且加固效果更可靠。其设备空间要求小，设备高度在10～14m间，最大成墙深度目前可达90m，垂直度偏差不大于1/250。由于采用切削刀具在整个成墙深度范围内进行搅拌混合，成墙质量均匀、水泥掺量均一；其水平向连续直线推进的成墙工艺，避免了深层开叉问题，墙体均质性好、强度高、隔水性能可靠。目前，TRD已广泛应用于基坑止水帷幕和地铁盾构隧道加固中[8-15]。王卫东等[9]在上海淤泥质黏土和粉砂土为主地层中开展了超深TRD基坑止水帷幕的试成墙试验研究，止水帷幕深度为56m，成墙厚度为700mm，进入标贯大于50击的粉砂层中隔断承压水层。试验结果表明：钻孔取芯芯样率较高，完整性较好，水泥土连续墙均匀性较好，水泥土试块强度超过1.0MPa，砂土层中钻孔取芯强度达到0.84～1.38MPa，渗透系数达到10^{-7}cm/s，满足止水帷幕设计要求。张林[13]在青岛黏土和粉砂土为主的地层中开展了TRD与HJGP组合式工法在盾构端头土体加固上应用研究，成墙厚度为850mm，加固深度为21.23m，墙底深入强风化岩层不小于0.5m。试验结果表明：钻孔取芯芯样率较高，水泥土连续墙均匀性较好，水泥土试块无侧限强度均超过0.8MPa，渗透系数小于1×10^{-7}cm/s，满足盾构隧道端头土体加固设计要求。初浩研[15]介绍了杭州软土地层中TRD在地铁盾构隧道联络通道加固中的应用研究，该工程场地承压水问题突出，为了有效截断承压水，确保联络通道采用矿山法时安全实施，采用TRD对联络通道进行封闭处理，成墙厚度850mm，加固深度48m，深入岩层2.5m。试验结果表明：墙身相对均匀，钻孔取芯强度均在1.0MPa以上，渗透系数小于1×10^{-7}cm/s，满足地铁联络通道加固设计要求。

上述研究表明，TRD作为一种墙体强度高、抗渗性能好的水泥土连续墙，在基坑止水帷幕和地铁盾构隧道加固中已经有了许多成功实践，但联合HJGP在地铁联络通道中的应用研究还鲜有报道。TRD作为地铁联络通道加固的水泥土连续墙，其设计计算方法、施工控制环节和实施效果还有待验证。本文基于绍兴地铁1号线叠交段联络通道加固工程，通过试成墙试验，研究TRD在地铁联络通道加固中的适用性和应用效果。本工程区位于湖沼相沉积平原地貌单元，上部为填土、黏性土层和淤泥质软土层，中、下部为黏性土层、砂层及圆砾层，土层含水量较大，承压含水层较厚。为了有效解决本工程在联络通道施工时可能会存在地下水渗流、突涌问题，截断联络通道与地下水的水力联系，需将TRD墙底进入⑥$_2$透水性较弱的粉质黏土层中。本地铁联络通道TRD水泥土连续墙的加固设计方案、施工方案和加固效果，对类似地铁联络通道TRD水泥土连续墙的设计和施工具有一定的参考价值和指导意义。

1 工程概况

1.1 工程简介

本项目为绍兴地铁1号线主线与支线盾构隧道叠交段加固工程。绍兴地铁1号线分为柯桥段、主线段和支线段，贯穿杭州市萧山区和绍兴市柯桥区、越城区三个跨市行政区。主线工程自鉴湖镇至笛扬路站，总长34.1km，设23座车站。支线工程自绍兴北站到黄酒小镇站。如图1所示，主线镜水路站至黄酒小镇站区间与支线群贤路站至黄酒小镇站区间线路重合，需要进行立体叠交，叠交段总长约 331.1m，竖向最小净距约 2.42m，最大处也仅有 5.4m。盾构隧道周边环境复杂，紧靠居民小区、学校、加油站和高压线塔等风险源，施工场地狭小且地下管线错综复杂，地下水含量丰富，因此须对立体叠交段地层预先进行加固处理，来保证盾构隧道的安全施工。

主线两站之间距离较远，根据《地铁设计规范》GB 50157—2013[1] 对隧道消防、救援的要求，需在区间设置联络通道。相较于叠交段其他区域，联络通道的加固需要更高的强度和抗渗性，为联络通道开挖施工提供安全保障。在叠交段加固后进行主线和支线的盾构施工，再采用暗挖法开挖联络通道。本文主要针对联络通道段加固设计方案、施工方案和加固效果进行介绍。

图 1　叠交段平面位置图（单位：m）

1.2　水文地质条件

工程区域地层在勘察深度范围内主要可划分为：①$_1$ 碎石填土、①$_2$ 素填土、②$_{1\text{-}3}$ 粉质黏土、③$_{1\text{-}2}$ 淤泥质黏土、⑤$_1$ 淤泥质黏土、⑥$_2$ 粉质黏土、⑥$_4$ 黏土和⑦$_2$ 黏土，各岩土层空间分布及工程特性详见表 1，典型岩土层剖面如图 2 所示。

岩土层物理力学参数　　表 1

土层	层厚 (m)	重度 γ(kN/m^3)	含水率 w(%)	黏聚力[a] c(kPa)	内摩擦角[a] φ(°)	渗透系数 k(cm/s)	标准击数 N(击)
①$_1$ 碎石填土	0.0～5.7	19.0	—	*3	*15	*6.0×10^{-3}	—
①$_2$ 素填土	0.0～4.5	18.5	—	*3	*12	*5.0×10^{-5}	—
②$_{1\text{-}3}$ 粉质黏土	0.0～3.0	18.8	32.5	26.8	18.5	4.9×10^{-6}	6.0
③$_{1\text{-}2}$ 淤泥质黏土	10.1～19.1	17.2	49.4	12.4	9.3	8.1×10^{-7}	1.2
⑤$_1$ 淤泥质黏土	0.0～18.0	17.2	42.8	14.5	9.7	3.0×10^{-7}	1.8
⑥$_2$ 粉质黏土	0.0～15.7	19.3	29.1	43.2	20.6	4.7×10^{-6}	15.8
⑥$_4$ 黏土	0.0～13.3	18.7	32.9	44.2	20.4	4.7×10^{-6}	15.0
⑦$_2$ 黏土	0.0～10.0	18.0	27.1	33.2	18.7	3.6×10^{-6}	16

注：a 代表饱和快剪。

工程区域未见有明显的活动性，区域构造稳定性好。工程区域基岩钻孔揭露的岩层倾角较稳定，钻孔中未揭露到断裂。地震基本烈度为Ⅵ度，属区域地壳稳定—基本稳定过渡区，适宜工程建设。

工程区域属平原区水文地质单元，地下水含量丰富可主要分为孔隙潜水、孔隙承压水和基岩裂隙水三大类。基岩裂隙水主要赋存于表层填土和黏性土、粉性土和淤泥质土中，主要接受大气降水补给，多以蒸发方式排泄。表部填土富水性、透水性较好，与地表水联系密切；表部黏性土、淤泥质土层中的孔隙潜水，富水性及透水性均较差，水量贫乏，勘察期间孔隙潜水稳定水位埋深为 0.70～4.50m，高程为 3.60～4.93m。孔隙承压水主要分布于场地深部的含黏性土粉砂和圆砾中，基岩裂隙水主要分布于下伏的风化基岩内。地表水对混凝土结构及钢筋混凝土结构中的钢筋具微腐蚀性，施工时应选用相应抗腐蚀的水泥和钢材。

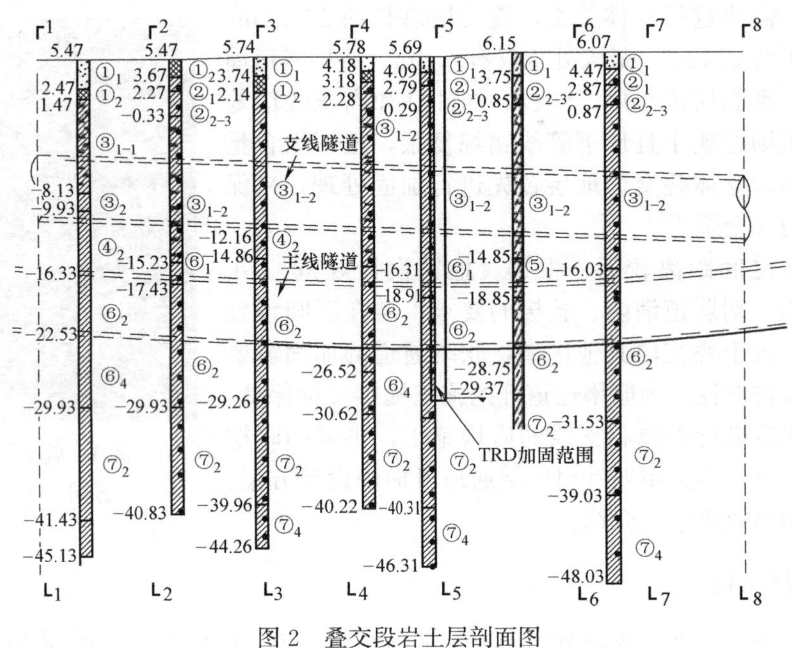
图 2　叠交段岩土层剖面图

2　联络通道加固设计方案

2.1　设计目的

根据《地铁设计规范》GB 50157—2013[1] 要求暗挖区间的联络通道宜采用矿山法施工，当穿越土层时，必要时应采取降水和地层加固等辅助措施。由于本工程场地周边环境复杂且地下水含量丰富，为了防止在开挖过程中发生地层沉降、隆起、涌水涌砂、掌子面垮塌等风险进而引起地面建（构）筑物坍塌破坏，需要对联络通道段土体进行加固，有效提高土体自稳能力、隔断承压水，最大程度减少联络通道地层加固和开挖施工对周边环境的影响。

加固联络通道的设计思路引用类矿山法施工对加固土体指标的要求[16]，本工程加固区间形状为一个立方体，在水平方向上，加固至主支隧道两侧端头；在垂直方向上，沿隧道中心线向上加固至地面，向下延伸至集水井以下 3m（在地面以下 35m 处）。设计加固强度指标为无侧限抗压强度不小于 1.0MPa，渗透系数小于 1×10^{-7}cm/s。

2.2　方案比选

对于除联络通道段外的立体叠交段土体采用三轴搅拌桩加固处理，其施工工艺简单，造价较低，一定程度上能提高加固土体的强度和抗渗性，但还不能满足联络通道段对加固体的要求。根据国内外经验，在软土地层中进行联络通道施工时常用的地层加固方法有降水法、冷冻法、注浆法、HJGP 和水泥土搅拌桩法等。从施工可行性和经济成本方面来看，降水法虽然经济性较好，但本工程黏土层较厚，地下水含量丰富且与周边河流具有较强的水力联系，抽水量较大且可能会造成地面沉降，在降水井停止抽水后，随着地下水位恢复可能会导致隧道受力增大，施工缝、变形缝及局部薄弱部位可能会发生渗漏水。冻结法施工精度高，加固效果较好，但本工程地下水含量大造成冻土耗能量较多、时间长，经济性较低且施工后期可能会存在融沉现象。注浆法适用范围较广且工艺简单，但其地层加固不均匀，整体性较差，易发生涌水现象。HJGP 适用于各种软土地层，施工简单成桩效率高，但其单独施工可能会存在底部分叉引起局部渗漏的现象。水泥土搅拌桩法适用于软土地层，施工操作容易，加固体均匀，自稳性好。其中 TRD 水泥土连续墙凭借其连续切割搅拌，与传统的水泥土搅拌桩相比成墙质量更好，具有更强的抗渗性能，但造价略高。因此本工程选用 TRD 联合 HJGP 进行加固处理，在两道 TRD 水泥土墙之间搭接 HJGP 形成封闭槽壁，既保证了加固体强度和抗渗性能，又提高了经济效益。

2.3 设计内容

联络通道兼泵房采用 TRD 联合 HJGP 加固，如图 3 所示。TRD 水泥土地下连续墙纵向加固长度 6.25m，为联络通道中线向外扩 3m 范围内，横向加固宽度为 21.54m，加固深度约为 35～36m，向下延伸至集水井以下 3m，墙底进入⑥$_2$ 透水性较弱的粉质黏土层，如图 4 所示。总共 5 道 850mm 厚 TRD 墙，两道之间中间间隔 500mm，中间插入 ϕ800mmHJGP，与两侧 TRD 墙搭接宽度为 300mm，HJGP 之间互相搭接 200mm。

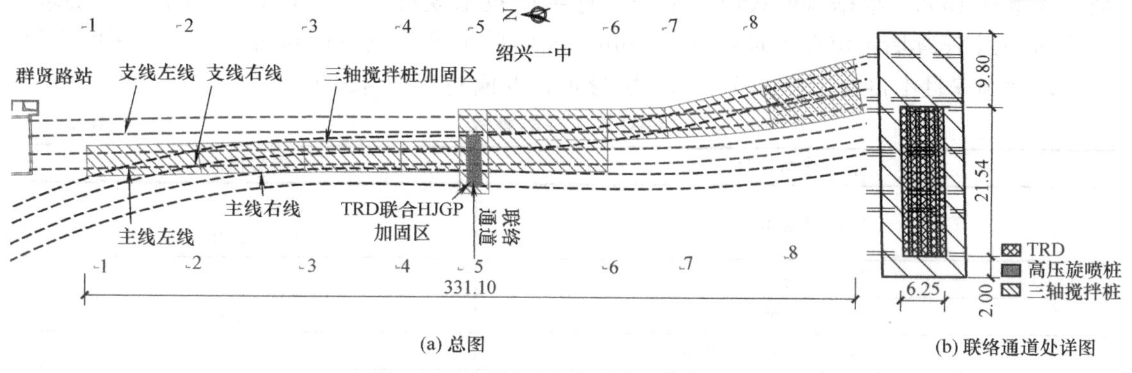

图 3　叠交段加固平面图（单位：m）

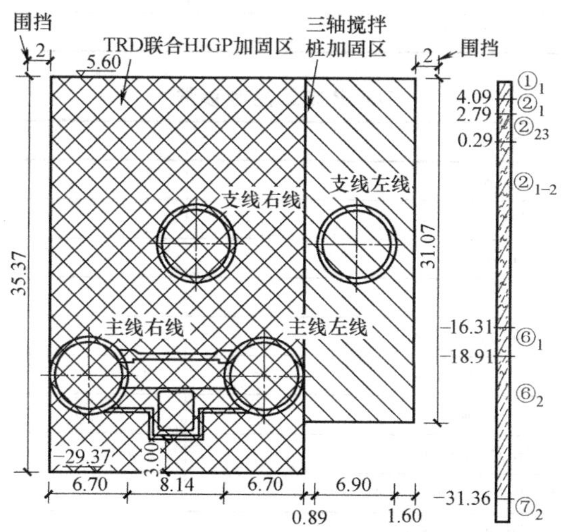

图 4　叠交段联络通道 5-5 加固剖面图（单位：m）

3 联络通道加固施工方案

3.1 施工材料及工艺参数

基于水泥土连续墙试成墙试验，本叠交段加固工程联合 HJGP 的 TRD 水泥土搅拌墙的施工控制参数如表 2 所示。TRD 水泥土连续墙采用 DM850 型设备进行施工，每道间距 1000mm。按照“三步法”的施工顺序（即先行挖掘、回撤挖掘、成墙搅拌）：首先注入挖掘液先行掘削一段距离（约 8m），水平掘进速度 2.5m/h，为保证 TRD 成槽时槽壁土体稳定、不塌方，挖掘切割生土时注入采用钠基膨润土拌制的切割液，每立方被搅土体掺入约 90～100kg 的膨润土，水膨润土比为 3～10，为使浆液不离析须控制泥浆流动度宜为 200～240mm；然后回撤挖掘至原处，回撤速度 3.31m/h；再注入固化液向前推进搅拌成墙，喷浆成墙速度 1.82m/h，固化液采用 P·O42.5 级普通硅酸盐水泥，掺量 25%，水灰比为 1.0～1.5，鉴于本工程所在地周边为待保护老旧建筑外墙，地勘报告显示，对老旧建筑影响较大的④层灰色淤泥质黏土以上土性较差，故在搅拌成墙时掺入 SN-201 早强剂，掺量 0.15%。根据《渠式切割水泥土连续墙技术规程》JGJ/T 303—2013[17] 要求，TRD 水泥土连续墙定位偏差应小于 25mm，成墙后水平偏位不得超过 30mm，深度不得小于设计墙深且不得大于墙深 50mm，墙身垂直度偏差不得超过 1/250。

TRD 施工控制参数 表 2

技术参数项目		参数指标
定位偏差(mm)		+20～−50 (坑内为正)
桩底标高(mm)		±50
垂直度		≤1/250
浆液	SN-201 早强剂掺量(%)	0.15
	膨润土掺量(kg/m^3)	90～100
	水泥掺量(%)	≥25
	水灰比	1.2～1.5

HJGP 施工控制参数 表 3

技术参数项目		参数指标
桩径(mm)		800
桩位(mm)		±50 以内
桩长(mm)		设计桩长+200
垂直度		≤1/100
浆液	压力(MPa)	40
	浆量(L/min)	90
	水灰比	1∶1
压缩空气压力(MPa)		0.7～1.05
钻杆	提升速度(cm/min)	5～10
	旋转速度(r/min)	12

在两道TRD水泥土搅拌墙中间采用HJGP进行土体加固形成封闭槽壁，施工控制参数如表3所示。HJGP采用双重管，管径为800mm，引孔后将钻杆下放至设计深度，先打开倒吸水流和倒吸空气，用水向上喷射50cm，压力为10MPa，倒吸水流量为60L/min，然后把水切换成水泥浆，水泥浆液采用P·O42.5级普通硅酸盐水泥，掺量40%，水灰比为1.0，将高压水泥浆逐步增压至40MPa，水泥浆浆液流量为90L/min，开始提升钻杆，当提升一根钻杆后，把水泥浆切换成水后对钻杆进行拆卸。施工速度为2根/3天。由于成孔质量对HJGP施工有很大影响，必须按技术参数进行施工，根据《全方位高压喷射注浆技术标准》DG/TJ 08—2289—2019[18] 要求，成孔中心与桩位中心误差小于50mm，深度大于设计深度200mm以上，垂直度误差小于1/100。

3.2 关键施工工艺

1. HJGP与TRD的搭接

本工程联络通道加固采用在两幅TRD之间插入一排HJGP的联合施工，对土体起到加固与隔绝地下水的作用，因此对桩体之间的搭接效果提出较高要求。施工顺序为先施工5幅TRD墙体，且每幅TRD之间相互间隔500mm，HJGP在TRD墙体施工20d后穿插进行，HJGP桩径为800mm，两个桩体之间搭接200mm，与每幅TRD墙之间搭接150mm，以保证加固墙体的质量，如图5所示。

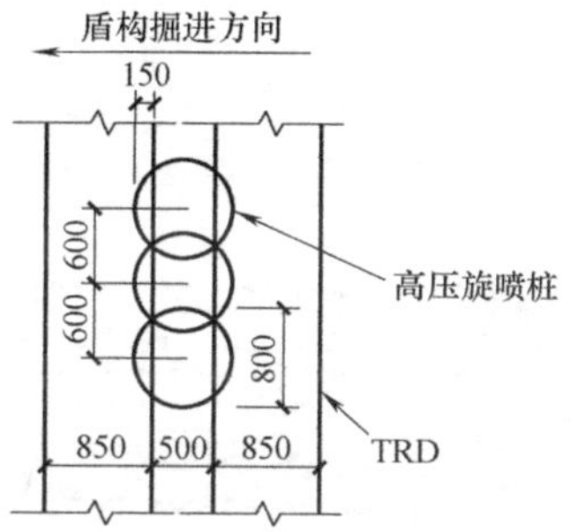

图5 HJGP与TRD搭接位置图（单位：mm）

2. 冷缝处理

TRD施工过程中一旦出现冷缝，后续施工的墙体宜搭接不小于已成型墙体500mm，严格控制搭接区域的推进速度，使固化液与混合泥浆充分混合搅拌，确保搭接质量，杜绝裂缝问题的产生。在其他加固区搅拌桩与TRD限界处，搅拌桩应至少有0.5m的重叠段，保证衔接处的加固质量。

4 加固质量检测与分析

在养护28d后对TRD及HJGP进行取芯检测，本项目TRD水泥土连续墙及HJGP的质量检测标准按照设计要求进行评定。根据设计要求无侧限抗压强度大于1.0MPa，渗透系数应小于1×10^{-7}cm/s。

图6 TRD芯样照片

4.1 TRD检测结果

联络通道开挖前对渠式切割水泥土连续墙的成墙质量检验，对5幅TRD分别进行了钻孔取芯，检测数量为6孔，且沿深度方向每延米取芯数量不应少于1组，共取6个钻孔的芯样进行无侧限抗压强度和渗透系数的检测。芯样照片如图6所示，观察发现芯样较为连续，基本完整，破碎较小，胶结度好，呈灰色水泥土状且较为均匀。

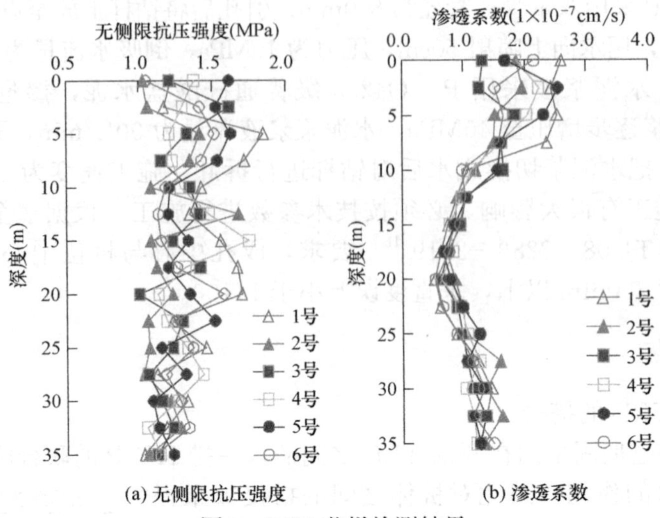

(a) 无侧限抗压强度　　(b) 渗透系数

图 7　TRD 芯样检测结果

图 8　HJGP 芯样照片

取芯检测结果如图 7 所示，从图 7（a）可知在不同土层中，无侧限抗压强度差异较小且均大于 1.0MPa 设计值，TRD 墙身质量相对均匀连续，满足强度要求。从图 7（b）可知，试验段所有芯样渗透系数均不大于 1×10^{-8}cm/s 的设计值，在淤泥质黏土层中甚至达到 1×10^{-9}cm/s，离散性较小，可以满足防渗要求。结果进一步检验了在软土地层 TRD 等厚度水泥土连续墙技术的施工可行性，为后续联络通道的开挖施工提供了保障，并通过试成墙试验确定了水灰比、水泥掺量、切割速度等施工参数。

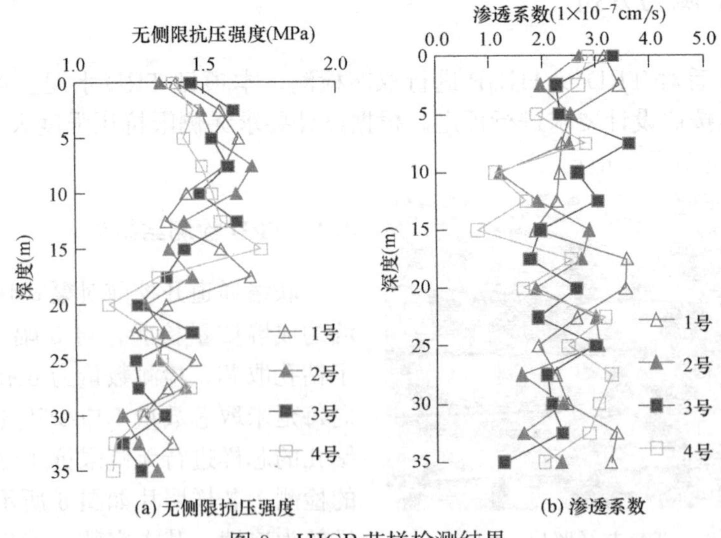

(a) 无侧限抗压强度　　(b) 渗透系数

图 9　HJGP 芯样检测结果

在 HJGP 注浆结束，浆液达到 28d 强度后进行质量检验，验证地层加固的强度和止水效果。对 4 排 HJGP 分别进行了钻孔取芯，检测数量为 4 孔，且沿深度方案每延米取芯数量不应少于 1 组，共取 4 个钻孔的芯样进行无侧限抗压强度和渗透系数的检测。芯样照片如图 8 所示，观察发现芯样较为连续完整，呈灰色水泥土状且较为均匀。

取芯检测结果如图 9 所示，从图 9（a）可知在不同土层中，无侧限抗压强度差异较小且均大于 1.1MPa 设计值，满足强度要求；从图 9（b）可知所有检测芯样渗透系数均不大于 1×10^{-8}cm/s 的设计值，可以满足防渗要求。

5 结论

本文依托绍兴地铁 1 号线主线与支线盾构隧道叠交段加固工程，根据项目工程地质特点，比较了不同联络通道加固技术的优势，设计了 TRD 水泥土连续墙联合 HJGP 加固方案，并对其进行试成墙试验，得到以下几点结论：

（1）在软土地层富含地下水区域首次应用了 TRD 水泥土连续墙联合 HJGP 进行联络通道加固，施工深度为 36m，墙底嵌入粉质黏土层。成墙速度达到 6m/d，验证了 TRD 在软土地区复合地层的施工能力。

（2）确定了本工程 TRD 水泥土连续墙三步法施工的主要控制参数。水平切割速度为 2.5m/h，切割液每立方米土体掺入钠基 90～100kg 膨润土，水膨润土比为 3～10；回切速度为 3.31m/h；注浆速度为 1.82m/h，固化液水泥掺量为 25%，水灰比为 1.2～1.5，SN-201 早强剂掺量为 0.15%。

（3）钻孔取芯结果表明：TRD 水泥土连续墙墙体完整性和均匀性较好，达到设计深度，芯样无侧限抗压强度为 1.0～1.8MPa，渗透系数小于 1×10^{-7}cm/s；HJGP 芯样无侧限抗压强度为 1.1～1.8MPa，渗透系数小于 1×10^{-7}cm/s，满足联络通道土体预加固要求。

参考文献

[1] 中华人民共和国住房和城乡建设部. 地铁设计规范：GB 50157—2013 [S]. 北京：中国建筑工业出版社，2014.

[2] 陈雪莹，谭忠盛，袁杰，等. 富水圆砾地层盾构隧道联络通道加固技术研究 [J]. 土木工程学报，2017，50 (S1)：105-110.

[3] 闫瑞生. 西安地铁永南区间隧道地表降水法设计与施工 [J]. 现代隧道技术，2013，50 (3)：173-178.

[4] 岳丰田，张水宾，李文勇，等. 地铁联络通道冻结加固融沉注浆研究 [J]. 岩土力学，2008 (8)：2283-2286.

[5] 李治国，周明发，王海，等. 天津海河共同沟隧道盾构始发井注浆堵水加固技术 [J]. 地下工程与隧道，2009 (S1)：72-75.

[6] 王梦恕，谭忠盛. 中国隧道及地下工程修建技术 [J]. 中国工程科学，2010，12 (12)：4-10.

[7] 杨勇勇，石文广，赵宇，等. 采用三轴搅拌桩联合降水施工隧道联络通道的施工工法 [J]. 建筑技术，2012，43 (3)：206-209.

[8] 王卫东，邸国恩. TRD 工法等厚度水泥土搅拌墙技术与工程实践 [J]. 岩土工程学报，2012，34 (S1)：628-633.

[9] 王卫东，翁其平，陈永才. 56m 深 TRD 工法搅拌墙在深厚承压含水层中的成墙试验研究 [J]. 岩

土力学，2014，35（11）：3247-3252.
[10] 邸国恩，黄炳德，王卫东．敏感环境深基坑工程 TRD 工法等厚度水泥土搅拌墙设计与实践［J］．岩土工程学报，2014，36（S1）：25-30.
[11] 吴敏慧，姜叶翔，张凯，等．TRD 工法在临近地铁深基坑工程中的应用［J］．施工技术，2018，47（S1）：552-554.
[12] XU X B，HU Q，HUANG T M，et al. Seepage failure of a foundation pit with confined aquifer layers and its reconstruction［J］. Engineering Failure Analysis，2022，138：106366.
[13] 张林．TRD 与旋喷桩组合工法在盾构端头加固中的应用研究［J］．低温建筑技术，2020，42（2）：92-95.
[14] 魏祥，梁志荣，李博，等．TRD 水泥土搅拌墙在武汉地区深基坑工程中的应用［J］．岩土工程学报，2014，36（S2）：222-226.
[15] 初浩研．TRD 在深基坑工程中的技术要点与应用研究——以杭州地铁项目地下联络通道施工为例［J］．住宅与房地产，2021（25）：201-202.
[16] 王宁，谢益民．地铁联络通道在软土地基中土体加固方法浅析［J］．隧道建设，2007（S2）：513-517.
[17] 中华人民共和国住房和城乡建设部．渠式切割水泥土连续墙技术规程：JGJ/T 303—2013［S］．北京：中国建筑工业出版社，2014.
[18] 上海市住房和城乡建设管理委员会．全方位高压喷射注浆技术标准：DG/TJ 08—2289—2019［S］．上海：同济大学出版社，2019.

旋挖成孔矩形截面抗滑桩施工技术研究

岳大昌，朱维新，贾欣媛，廖必成，唐延贵
（成都四海岩土工程有限公司，四川 成都 610041）

摘　要：矩形截面抗滑桩施工是利用旋挖多次成孔，将桩孔内的大部分岩土体取出，再用矩形钻具对周边余下的岩土体进行冲击切削，从而形成矩形截面。矩形冲击钻具是利用钻杆旋转，楔块滑动压缩弹簧蓄能，滑过楔块后，弹簧产生向下冲击力，从而切削岩土体。通过多个项目实施，该施工技术较传统的人工挖孔作业，施工效率大幅度提高，减少了作业人员的安全风险，降低施工成本，值得在同类项目中推广使用。

关键词：旋挖成孔；矩形截面；抗滑桩；冲击切削

Study on Construction Technology of Anti Slide Pile with Rectangular Cross Section by Rotary Drilling

Yue Dachang，Zhu Weixin，Jia Xinyuan，Liao Bicheng，Tang Yangui
（Chendu Global Geotechnical Engineering Co.，Ltd，Chendu Sichuan 610041，China）

Abstract: The construction of rectangular section anti slide pile is to use rotary excavation to form holes for many times，take out most of the rock and soil in the pile hole，and then use the rectangular drill bit to impact and cut the remaining rock and soil around，so as to form a rectangular section. The rectangular impact drill uses the drill pipe to rotate，the wedge slides，and the compression spring accumulates energy. After sliding over the wedge，the spring generates a downward impact force，thereby cutting rock and soil. Through the construction of several projects，this construction technology has greatly improved the construction efficiency compared with the traditional manual hole digging operation，reduced the safety risks of operators，and reduced the construction cost. It is worth popularizing in similar projects.

Key words: Rotary drilling；Rectangular section；Anti slide pile；Impact cutting

0　引言

抗滑桩作为被动支挡结构，广泛应用于滑坡治理中，作为一种非连续支挡结构，利用土体的拱效应将桩间土体的下滑推力传递到桩身，通过抗滑桩的抵抗力和土体下滑推力平

作者简介：岳大昌，教授级高级工程师，成都四海岩土工程有限公司总工程师，E-mail：670585944@qq.com。

衡，增加其稳定性。相对于其他支挡方式，抗滑桩施工简单、质量可靠。

根据抗滑桩受力特性，抗滑桩截面形状可为矩形桩和圆形桩。矩形截面抗滑桩因其形式简单、受力性能好，在相同抗弯刚度时混凝土用量较圆形截面桩要少[1]，因此矩形截面抗滑桩经济性较好。但矩形截面受施工工艺限制，工程中常采用人工开挖，成孔后，安放护壁钢筋笼，再灌注混凝土，需工人反复上下桩孔作业，采用提升架提土，机械化程度低、安全风险高、施工效率低，业界一直在寻求机械施工替代。

近几年来，随着桩工机械性能发展和施工对效率的要求提高，抗滑桩施工正逐步尝试采用机械成孔，如程盛[2] 采用了水钻法配合人工挖孔成桩工艺；秦亮[3] 等对黄土地层的抗滑桩采用小钻头周边取土＋大钻头中部取土＋矩形修边器修边＋钢筋笼整体吊装＋导管法灌筑方式实现了快速施工；张智斌[4] 对抗滑桩采用旋挖取土成孔＋强夯成槽修边的方式施工；张家伟[5] 在冲击成孔的基础上，改进为冲击方形钻头，用重锤冲击的方式成桩；李鹏远[6] 采用旋挖取土，矩形修边器对孔壁进行修整，形成矩形截面；刘永明[7] 等采用旋挖配合人工挖孔，大幅提高施工效率；李红雨[8] 采用旋挖钻机施工“T”形抗滑桩。目前国内采用机械成矩形桩主要针对的是土层，采用机械或机械配合成孔，对于土质较硬或遇岩层时，直接向下切削困难。

矩形截面旋挖冲击切削钻具是在机械冲击式嵌岩筒钻[9] 的基础上进行功能拓展形成，能对坚硬土层和软岩进行冲击切削成孔，施工效率较高，安全风险小，将旋挖施工矩形截面抗滑桩适用范围扩大。

旋挖冲击切削成孔矩形抗滑桩适用于稳定地层，无地下水或少量地下水。如完成固结的填土、黏性土、稳定性较好的碎石土、强度低于 15MPa 的软岩等，不稳定地层需配合其他施工方法使用。抗滑桩截面不受限制，可根据截面大小和地层情况配置相应规格的旋挖钻机及选用不同的取土方式。

1　旋挖成矩形截面原理

旋挖成矩形截面原理为化整为零，利用旋挖钻机双底捞渣钻头或开合钻头，在抗滑桩矩形截面内多次在不同位置取土，将矩形截面内大量土体取出，根据截面尺寸大小和岩土体强度，中心取土孔可为以下几种方式，见图 1。

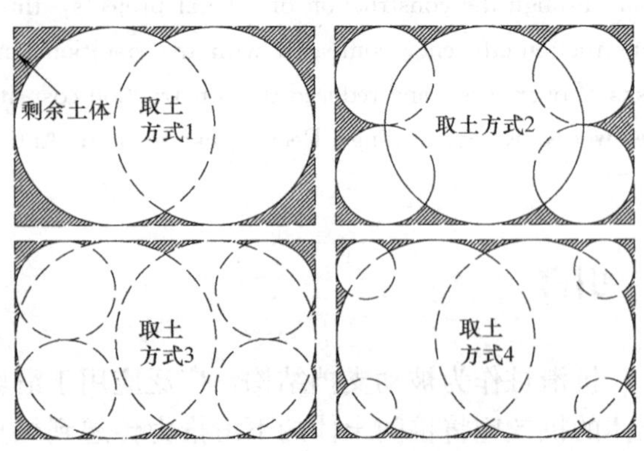

图 1　旋挖取土方式示意图

通过以上几种方式的钻孔组合，取土方式 1～4 的剩余土石方量分别为 15.75%、11.3%、5.98%、6.13%，当岩土体强度较低、桩孔截面较小时，可采用余土较多的方式，如取土方式 1 或方式 2；如果岩土体强度较高或截面较大时，可采用余土较少的方式，如取土方式 3 或方式 4。

抗滑桩成孔作业时，先在设计位置使用常规旋挖钻具引孔，引孔至设计孔深，取出渣土，然后更换旋挖矩形冲击切削钻具进行切削，切削到一定深度后需提出钻具，更换清底钻具清理孔内渣土，清孔完毕后继续更换为旋挖冲击钻具作业，直至终孔。

2　旋挖冲击切削钻具原理

矩形截面旋挖冲击切削钻具是在机械冲击式嵌岩筒钻基础上改进的。矩形截面旋挖冲击钻具模型见图 2。

矩形截面旋挖冲击切削钻具主要由中轴总成、配重装置、桶身、齿板总成，配重装置和桶身套装于中轴总成上，齿板总成安装于桶身四周；中轴总成包括方头和中心管，方头位于中心管上端，其特征是在中心管上方头与配重装置之间套装压板，在压板与配重块之间安装弹簧，在压板下端面及配重块上端面分布限位板，在限位板之间安装连杆；配重装置包括配重块、支撑板和滑块安装板，其特征是配重块下端面设置支撑板，支撑板下端面设置上滑块组；桶身包括面板、侧板、立板和安装斗，其特征是面板下方安装侧板和立板形成一个箱体，面板上端均匀分布有下支撑板，下支撑板上端面设置下滑块组，面板中部设置导向筒和安装斗，侧板和立板下端设置套管；齿板总成包括齿板轴、齿板、钻进齿和限位条，齿板轴安装在套管内。

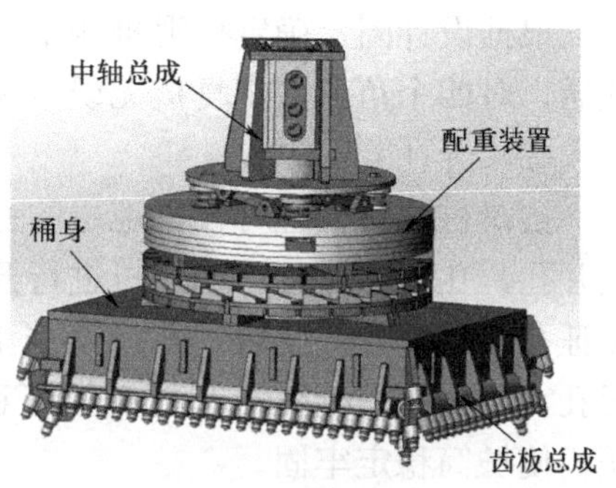

图 2　矩形截面旋挖冲击钻具模型

当顺时针旋转钻杆方头时，方头带动焊接在压板下方的限位板旋转，在连杆作用下，带动配重装置旋转，安装在配重装置下端的上三角滑块组与安装在桶身上端的下三角滑块组发生相对滑移，把旋转运动转换为配重块行程为 30mm 的上行运动，配重块上行过程中对弹簧进行压缩蓄能，然后滑动至三角滑块末端，配重块瞬间加速掉落，使配重装置冲击在桶身上，产生向下的冲击力，钻具连续旋转产生源源不断的冲击力，在冲击作用下，桶身带动齿板总成强制向下钻进，并配合设置在桶身四周的角齿板，引导钻具钻进，实现快速成孔；在钻进过程中，观察钻具进尺速度，通过进尺速度的快慢，现场调整加压螺杆来调节弹簧的加压力大小，提钻时，由于齿板轴可在开口套管中偏转一定角度，实现向内偏转，避免钻具提钻时发生齿板总成刮擦孔壁造成卡滞，提高施工效率且对成孔孔壁质量影响较小。

3　工程应用

3.1　工程概况

某工程项目位于四川省汉源县，设计采用矩形抗滑桩，截面尺寸为 1.75m×2.5m，桩长 14m，桩间距 4m。

桩身开挖范围内主要地层为填土、黏性土、强风化泥岩，填土厚度 1～2m，黏性土厚度为 5～10m，强风化泥岩埋深 10～13m，岩石单轴抗压强度 1～2MPa。

3.2 施工工艺流程

平整场地→测放定位→开孔→旋挖引孔→成孔至设计深度→更换冲击矩形钻具钻进→清渣→钢筋笼制安→浇筑混凝土→养护。

3.3 施工步骤及工艺要点

（1）测量定位

根据设计图，确定抗滑桩四个角点坐标，用全站仪定出点位，用白灰放出开挖线，开孔后，对四个角点进行复核无误后再向下施工。

（2）开孔

抗滑桩孔口处理可根据地层的稳定性，分3种方式处理：①地层稳定性较好，可以直接开孔，孔口部分可用挖掘机进行开挖，开挖深度1.5～2.0m，挖掘机从两个方向开挖，保证孔壁平整，开孔后，孔口设挡土板，防止渣土掉落；②地表1～3m土层松散，容易塌孔，可采用挖掘机沿开挖线挖至稳定地层，然后下放矩形钢护筒，用挖掘机将护筒下压，使护筒稳定牢固。

开孔后，在孔口安装安全护栏杆，旋挖钻孔时，拆除旋挖操作范围内的两侧护栏。

（3）旋挖引孔

旋挖引孔可根据岩土体强度和抗滑桩截面大小，采用如图1所示几种方式取土引孔，将角部位置岩土体尽可能取出，减小冲击阻力，对于土体强度较低时，可减小钻进次数，增加施工效率。

引孔应先周边再中间，引孔直径0.9m，先将四角引孔完成，再引中心孔，引孔直径1.75m，两序引孔完成后，孔内余土量为总截面积的10.4%。引孔示意见图3。

引孔过程应严格控制垂直度，防止引孔到设计孔深后，多个钻孔组合出来的矩形截面尺寸与设计截面不符，当小于设计截面时，后期冲击切削困难。引孔过程中若地层较软，出现偏向已经钻好的引孔时，可以在已钻好的引孔中放置钢护筒，防止偏位。

引孔结束时，将最后引孔的深度较其他引孔深0.5m左右，便于最后清渣。

（4）冲击修边和清渣

冲击修边在引孔全部完成后进行，冲击前，先将钻具放置在桩位，四角对准设计点位；冲击时，先缓慢加压，让钻具向下切土，当下压困难时，缓慢旋转，通过三角滑块和弹簧，使旋挖钻杆的钻动转化为对钻具的冲击，从而切削土体。

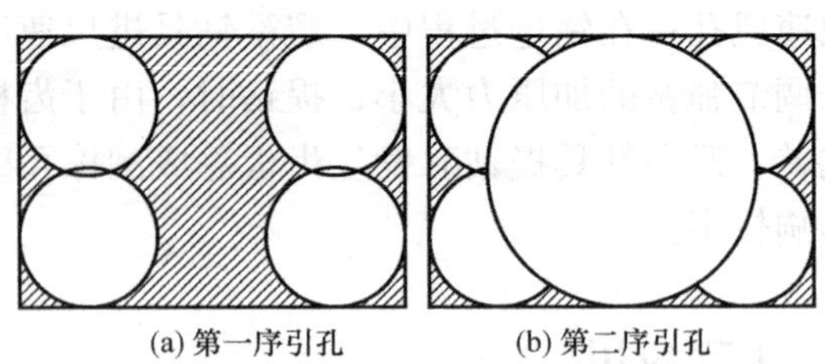

图3 引孔示意图

当冲击切削的土体较多，无法再向下冲击切削时，将冲击钻具提出，换成普通钻孔清渣。清渣时，尽可能在桩孔内全覆盖，将渣土清干净，清完后再用冲击钻具切削，如此反复切削和清渣，直至桩孔形成。

抗滑桩四个角点渣土不易清除，可将旋挖钻杆方头前加“L”形刮刀，将四个角落的土体刮至中间清渣孔内，再用平底清渣斗将渣土清除。

对桩端渣土厚度要求较高时，可在孔底加入水泥浆，将渣土固结。

冲击钻具现场作业见图 4，冲击切削完成桩孔见图 5。

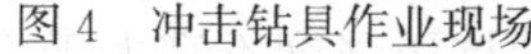

图 4　冲击钻具作业现场

图 5　冲击切削完成桩孔

（5）钢筋笼制安

钢筋笼在加工场加工成型，整体吊装到孔口，当桩长较长时，可在孔口采用机械连接或焊接连接。

声测管与钢筋笼同步制作，钢筋笼外侧应焊接对中支架，保证钢筋笼保护层厚度。

钢筋笼下放时，应尽可能缓慢，防止钢筋笼碰撞孔壁，造成孔壁垮塌。

吊装钢筋笼的吊车应尽可能远离孔口，防止压垮桩孔。

（6）混凝土浇筑

混凝土浇筑可采用串筒法或导管法浇筑工艺，若桩孔内有水时，应先将水抽出再浇筑，在浇筑过程中，应对混凝土进行振捣。

从钻孔到下放安装钢筋笼，再到混凝土浇筑，此过程必须连续、快速进行，避免出现中断或长时间拖延，导致塌孔现象出现。

4　效益分析

4.1　成孔效率统计

根据本工程成孔施工时间统计，统计仅按有效时间计算，单桩成孔时间为：周边孔单孔引孔时间约 25min，中间大孔时间稍长，总共引孔时间 137～155min，冲击切削成矩形截面和清渣时间 36～42min；平均引孔速度为 5.7m/h，平均冲击成矩形桩速度为 22m/h。

4.2　优势分析

通过与常规人工挖孔桩工艺对比，旋挖冲击成孔矩形截面抗滑桩有如下优点：

（1）施工效率：人工挖孔每天仅能完成 1 模施工，需要制作护壁钢筋和浇筑混凝土，等待混凝土达到一定程度才开挖下一层土方，当遇基岩石，开挖速度更慢；旋挖机械成桩时，每天能完成 2～3 根抗滑桩，施工效率是人工挖孔数十倍。

（2）安全性：机械成孔最大程度地减少了作业面人员数量，过程中无需人员频繁进入桩内作业，避免使用物料垂直运输简易提升装置，大大降低了安全风险，安全系数显著提高。

（3）经济性：人工挖孔需要制作护壁钢筋和浇筑混凝土，以该抗滑桩为例，若按护壁厚度 0.2m 计算，护壁混凝土占桩身混凝土比例为 42.5%，因此，采用机械成孔减少钢筋混凝土用量，同时劳动力投入减少，施工周期缩短，施工成本降低。

4.3 局限性分析

旋挖冲击成孔矩形截面抗滑桩也存在一定的局限性：

（1）场地要求高：成孔需要采用旋挖钻机，同时需要配合的机械有起重机、挖掘机、混凝土运输车等，需要的场地较大，并且地基要求有一定的承载能力。

（2）地层稳定性好：由于冲击具有一定振动，如果成孔过程中发生孔壁垮塌，尤其埋钻后，处理时间相当长。

（3）岩层强度不宜过高：一般适用于软岩，岩石单轴抗压强度不宜大于 15MPa，强度太高冲击效率较低，同时钻头容易损坏。

5 结语

通过旋挖冲击切削钻具研发和多项目施工应用，可得到如下结论，

（1）矩形截面抗滑桩采用旋挖引孔，冲击钻具切削，平底清渣斗清渣，可有效地对矩形截面抗滑桩成孔；

（2）对少量易塌孔场地，采用下钢护筒或人工配合护壁，可增大旋挖机械成孔的作业范围；

（3）采用旋挖机械成孔矩形截面抗滑桩施工技术，提高了施工效率，降低了施工成本，施工人员的安全得到了保障；

（4）矩形截面抗滑桩采用旋挖成孔的成功应用，为同类项目提供了宝贵经验。

（5）该工法也存在一定局限性，使用前应充分评估可行性，防止发生安全事故。

参考文献

[1] 司光武．矩形与圆形截面抗滑桩离心模型试验及颗粒流数值模拟研究［D］．成都：西南交通大学，2017.

[2] 程盛．边坡矩形截面抗滑桩的施工技术与应用研究［J］．公路，2018（9）：76-79.

[3] 秦亮，赵立新，等．黄土地层矩形抗滑桩旋挖钻快速成桩技术及应用［J］．隧道建设，2019（12）：366-371.

[4] 张智斌．矩形截面抗滑桩机械成孔施工技术［J］．交通世界，2020（3）：133-135.

[5] 张家伟．赵湖潮，等．矩形截面抗滑桩施工中方形钻头的应用［J］．建筑施工，2019（12）：2132-2133.

[6] 李鹏远．张黎明．矩形截面锚固桩快速机械成孔施工技术［J］．工程勘察，2022（1）：29-33.

[7] 刘永明，杨帆．矩形抗滑桩旋挖钻引孔辅助人工开挖技术［J］．四川建筑，2021（6）：220-221.

[8] 李红雨．膨胀土地段矩形截面锚固桩机械成孔施工技术［J］．国防交通工程与技术，2017（1）：72-75.

[9] 朱维新，高博．CJQT10 机械冲击式嵌岩筒钻的研制与应用［J］．机械，2019（5）：66-80.

超低净空超深围护结构施工关键技术

郑伟锋[1,2]，刘忠池[1]，曹明飞[1]，汪志城[1]，董宏源[3]
（1. 上海远方基础工程有限公司，上海 200436；2. 中国建筑科学研究院有限公司地基基础研究所，北京 100013；3. 中山大学，广州 510275）

摘　要：地铁车站建设在高压线或高架桥下是常见的现象，由此带来的施工低净空问题目前也成为围护结构施工所要解决的主要问题之一。基于武汉轨道交通 12 号线汪家墩站地下连续墙围护结构施工，对超低净空超深围护结构施工关键技术进行研究，并基于类似施工经验给出了部分施工建议。结果表明，在泥浆性能控制、钢筋笼分节吊装、径向冷挤压连接、反循环沉渣清理等施工关键技术控制下，低净空部分槽段施工得到了良好的控制。

关键词：地下连续墙；超低净空；泥浆性能；分节吊装；径向冷挤压连接；反循环沉渣清理

Key Technologies for Construction of Ultra-low headroom and Ultra-deep Envelope Structures

Zheng Weifeng[1,2]，Liu Zhongchi[1]，Cao Mingfei[1]，Wang Zhicheng[1]，Dong Hongyuan[3]
（1. Shanghai Yuanfang Foundation Engineering Co.，Ltd.，Shanghai 200436，China；2. Foundation Foundation Research Institute of China Academy of Building Research Co.，Ltd.，Beijing 100013；3. Sun Yat-Sen University，Guangzhou 510275，China）

Abstract: It is a common phenomenon for subway stations to be constructed under high-voltage lines or viaducts. The resulting low construction clearance problem has also become one of the main problems to be solved in the construction of enclosure structures. Based on the construction of the underground diaphragm wall at Wangjiadun Station of Wuhan Rail Transit Line 12，the key technologies for the construction of ultra-low headroom and ultra-deep enclosures are studied，and some construction suggestions are given based on similar construction experience. The results show that under the control of key construction technologies such as mud performance control，section hoisting of steel cage，radial cold extrusion connection，reverse circulation sediment cleaning，etc.，the construction of the low headroom part of the groove section has been well controlled.

Key words: Underground diaphragm wall；Ultra-low headroom；Mud performance；Sectional hoisting；Radial cold extrusion connection；Reverse circulation sediment cleaning

作者简介：郑伟锋（1983-），高级工程师，博士研究生，E-mail：279626021@qq.com。

0　引言

低净空问题是地下连续墙围护结构施工中的重点问题之一。通常情况下，地下连续墙围护结构对操作空间有较高的要求。地铁车站往往建立在建筑物密集、人流较多处。在该复杂情况下如何推进地下连续墙有序施工引起众多学者的广泛关注[1-6]，部分学者对低净空成槽施工的施工工艺进行研究[1-4]，少部分学者对低净空成槽安全控制进行研究[5,6]。

基于文献［1-6］以及上海远方基础工程有限公司已完成低净空施工项目，给出了目前低净空条件下地下连续墙施工中成槽施工以及吊装工作设备选择，见表1。并依托武汉轨道交通12号线汪家墩站地下连续墙项目，对超低净空条件下超深地下连续墙围护结构施工关键技术进行研究。

1　工程概况

汪家墩地铁站为地下两层车站，围护结构为1000mm厚地下连续墙，墙深45m。部分地下连续墙位于徐东大街高架桥下方，徐东大街高架桥桥下净空约7.7m。高架下地下连续墙施工范围内土层主要为①$_2$素填土、③$_1$粉质黏土、③$_5$粉质黏土、粉土、粉砂互层、④$_1$粉砂夹粉土、④$_2$粉细砂、④$_3$细砂、⑳$_{a-1}$强风化粉砂质泥岩、⑳$_{a-2}$中风化粉砂质泥岩，基坑底部位于④$_2$粉细砂，地下连续墙墙底位于⑳$_{a-2}$中风化粉砂质泥岩；该施工范围内地下水主要类型有上层滞水、孔隙承压水以及基岩裂隙水。其中，上层滞水埋深为1.20～2.50m；承压水埋深约7.20～7.50m，主要赋存于③$_5$混合层及④层砂土中；基岩裂隙水主要赋存于下部基岩中。

低净空地下连续墙施工项目　　**表1**

项目名称	限制形式	有效净空(m)	设计深度(m)	入岩情况	分节长度(m)	成槽设备选择	吊装设备选择
武汉武胜路	高架桥	4.6	51	不入岩	4.35 m	宝峨MBC30双轮铣	门式起重机
济南黄河隧道	高压线	5	45.44	不入岩	4.5	SG40L铣槽机(改)	门式起重机
武汉唐家墩	高架桥	13	—	强风化岩	8 m	回旋钻＋冲击钻	履带起重机＋汽车起重机
长沙朝阳站	高架桥	7.6	22.82	不入岩	4.4 m	反循环钻机	折臂式起重机
杭州河景路站	高压线	5	42	不入岩	7 m	金泰SG40L	折臂式起重机(拓达150 t)
长沙万家丽广场	高架桥	10	—	不入岩	—	—	折臂式起重机＋门式起重机
深圳人民南站	高架桥	9.72	36.9	不入岩	7.5 m	成槽机＋冲孔钻	随车起重运输车
长沙华雅站	高架桥	7.6	23.3	中风化岩	5.35 m	冲孔钻机(JK-8)＋方锤	折臂式起重机
上海龙阳路	高压线	10.3	47	不入岩	5 m	金泰SG40L铣槽机	履带起重机

续表

项目名称	限制形式	有效净空(m)	设计深度(m)	入岩情况	分节长度(m)	成槽设备选择	吊装设备选择
上海真如站	高压线	14	45	—	12 m	宝峨 MBC30	履带起重机
南京中胜路	高压线	12	57	强风化岩	7.75 m	成槽机 SG60A(改)	履带起重机+门式起重机
南京雨润路	高压线	12	65.6	强风化岩	7.75 m	成槽机 SG60A(改)	履带起重机+门式起重机
深圳黄木岗站	高压线	9	45.5	微风化岩	5 m	宝峨 MBC30 铣槽机	履带起重机+随车起重运输车+门式起重机
南昌七里站	高架桥	9	28	中风化岩	4.5 m	BC40	履带起重机+随车起重运输车
武汉唐家墩站	高架桥	6	30	中风化岩	4.5 m	宝峨 MBC30 铣槽机	—
南昌丹霞路	高压线	10	25.5	不入岩	4.5 m	徐工 XTC80 铣槽机	履带起重机

2 施工工艺

该项目由于存在施工限高问题，其施工难点在于成槽器械以及钢筋笼分节与吊装方式的选择。

2.1 成槽设备选择

国内地下连续墙成槽设备大体分为抓斗式成槽机和铣槽机两大类，常规设备高度约14m，徐东高架桥下净空约7.7m，常规设备无法实施。

根据施工经验，市场上存在卧式成槽机和低净空双轮铣两种成槽设备，均满足最小净空为6.5m的环境下成槽施工。由于该项目地下连续墙须入中风化岩，卧式成槽机成槽过程中需配合冲击锤施工，对徐东高架桥桥墩的影响较大，且成槽渣土难以管理。因此，该项目选用宝峨 MBC30 铣槽机进行成槽施工。

2.2 钢筋笼分节与吊装

对于钢筋笼吊装施工，现场考虑将钢筋笼分 11 节吊装，单节钢筋笼最长为 4.35m。吊装采用随车起重运输车配合门式起重机起吊入槽，钢筋笼吊起后，安置在门式起重机后下放至槽口，依次施工逐节连接，分节连接结束后利用门式起重机将钢筋笼竖直下放。

3 施工关键技术

该项目施工关键技术主要有泥浆质量控制、钢筋笼分节连接方式以及槽内沉渣清底三点，原因如下：

(1) 项目施工中，由于低净空施工条件，且成槽深度达到 45m，施工过程中考虑将钢筋笼分为11节，多节段钢筋笼间的连接造成地下连续墙单元施工时间延长，因而导致槽壁坍塌的风险较高。故该项目地下连续墙施工过程中槽壁稳定性控制是关键环节，而泥浆性能指标是影响槽壁稳定性的主要因素，所以泥浆质量控制是施工关键技术之一。

（2）钢筋笼采用分节吊装的方式，各节段间的连接是钢筋笼的薄弱环节，因此，钢筋笼的分节连接方式是另一关键环节。

（3）钢筋笼分节时间过长，实际施工中达到两个自然日，因此，槽壁长时间内处于应力释放状态，必定会存在小部分坍塌的情况；再由于泥浆长时间未经大的扰动也会有部分分层现象出现，进一步加深沉渣的积累。基于此，沉渣清理亦是该项目施工关键技术。

基于上述施工关键环节的问题，亟需开展相关施工关键技术研究，成槽实际施工控制措施。

3.1 泥浆性能控制

泥浆作为槽壁保护的主要材料，在地下连续墙施工全过程具有重要的作用。为了确保槽壁稳定，泥浆配置过程中，严格控制泥浆配比。表2给出了实际施工过程中泥浆配比。对于外加剂的选择，该项目考虑有CMC以及纯碱，根据上海远方总结出的化学处理一般规则，见表3。确定配比中CMC与纯碱的添加量。该配比中，纯碱与羧甲基纤维素CMC的加入是为了增加泥浆的黏度、稳定性并同时减少泥浆失水率；纯碱的添加是为了提高泥浆的静切力，该配比情况下得到的泥浆性能指标见表4。

泥浆配比 **表2**

材料	水	膨润土	CMC	纯碱
配比	100	10	0.3	0.4

化学处理一般规则 **表3**

调整项目	处理方法	对其他性能的影响
增加黏度	加膨润土	失水量减小，稳定性、静切力、相对密度增加
	加CMC	失水量减小，稳定性、静切力增加、相对密度不变
	加纯碱	失水量减小，稳定性、静切力、pH值增加、相对密度不变
减少黏度	加水	失水量增加，相对密度、静切力减小
增加相对密度	加膨润土	黏度、稳定性增加
减少相对密度	加水	黏度、稳定性减小，失水量增加
增加静切力	加膨润土和CMC	黏度、稳定性增加，失水量减小
减少静切力	加水	黏度、相对密度减小，失水量增加
减少失水量	加膨润土和CMC	黏度、稳定性增加
增加稳定性	加膨润土和CMC	黏度增加，失水量减小

施工过程中，随着泥浆循环，泥浆池内泥浆性能受循环泥浆影响而逐渐变化，应对泥浆池内泥浆进行周期性检测，避免因循环泥浆导致泥浆性能不满足要求，进而造成槽壁失稳等质量问题出现。且因钢筋笼下放时间较长，下放过程对槽壁具有一定扰动，故在钢筋笼下放过程中，须不停用新浆置换老浆，避免槽内泥浆老化分层现象程度过高导致槽壁坍塌量过大。

3.2 钢筋笼分节吊装

钢筋笼制作过程中，为满足低净空要求而分为 11 节进行吊装，单节最长为 4.35m。而分节过多会导致钢筋笼出现较多的薄弱环节，降低钢筋笼的整体性能。

因此，施工过程中，为避免相邻两节钢筋笼连接处存在一个较为薄弱的分节面，钢筋笼分节制作过程中，两相邻钢筋笼节段间分界面设置为两个，且这两个截面间的距离超过 $40d$（d 为连接钢筋直径）。另外，为进一步加强钢筋分节间的连接强度，钢筋笼连接采用径向冷挤压连接方式进行连接，见图 1。

在部分由于钢筋间距过密而无法进行挤压设备施工的情况下，采用直螺纹连接方式进行连接，在仍然无法施工时，采用辅助焊接的方式进行连接。

钢筋笼下放采用自制门式起重机进行下放，单节顶部下放至槽口后，逐节连接后连续下放，直至设计深度，吊装施工现场见图 2。

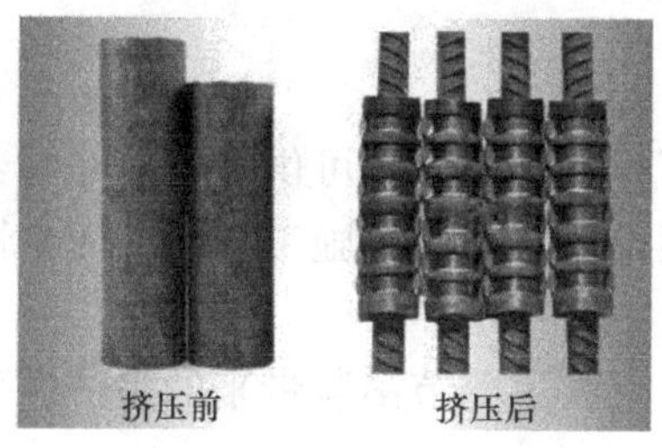

图 1　径向冷加压钢筋连接方式

图 2　钢筋笼吊装施工现场

泥浆性能指标　　表 4

泥浆性能	新配置	循环泥浆	废弃泥浆	检验方式
相对密度	1.06～1.09	1.10～1.15	＞1.3	比重计
黏度(s)	18～23	25～30	＞50	漏斗计
含砂率(%)	＜3	＜7	＞8	洗砂瓶
pH 值	8～9	8～11	12	pH 试纸

3.3 沉渣清理

沉渣清理分两次进行，一次是成槽结束后刷壁完成时进行一次清孔，此时利用铣槽机进行底部沉渣清理；第二次沉渣清理是在钢筋笼分节吊装完成后，此时沉渣清理采用的是泥浆反循环工艺，示意图见图 3。

钢筋笼下放完成后，将导管下放至距离槽底 20～30cm 处，启动上部泥浆泵，将沉渣从底部经导管排出至沉淀池，经沉淀后返回泥浆池，再从泥浆池至槽内完成循环。该沉渣处理方式效果极好，尤其是沉渣中砂量较大的情况。因此，对于该项目场地使用泥浆反循环工

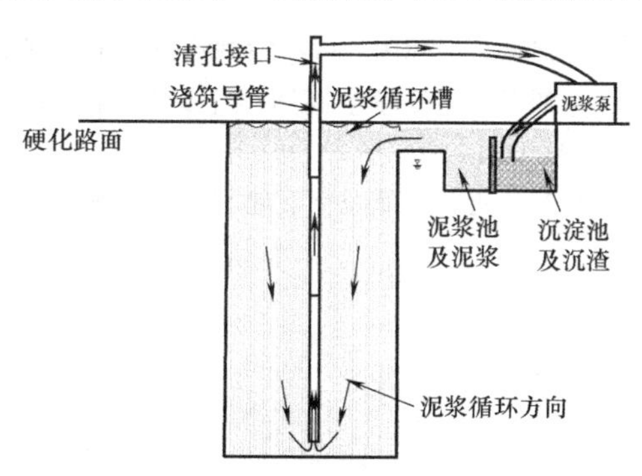

图 3　泥浆反循环示意图

艺处理沉渣尤为合适。

4 施工措施

根据低净空项目收集总结以及上海远方实际低净空项目施工经验，给出以下施工建议：

（1）超低净空施工过程中，多选用折臂式起重机或者门式起重机等设备进行钢筋笼吊装施工。

（2）钢筋笼吊装过程中，由于分节较多导致吊装时间过程较长，吊装过程中泥浆需使用新浆置换老浆，避免槽壁坍塌。

（3）对于砂质土层槽段清孔，宜使用泥浆反循环或气举反循环工艺进行施工。

5 结语

基于汪家墩站项目超净空施工项目，总结出以下几点类似工程可供借鉴的经验：

（1）采用低净空铣槽机克服了超低净空成槽的困难，并强调了施工过程中泥浆性能控制的必要性；

（2）采用分节吊装方式以及分节处径向冷压处理改善了分节吊装带来的整体性变弱的问题；

（3）采用铣槽机清槽以及泥浆反循环进行沉渣处理，解决了槽壁因长时间施工导致的部分失稳问题。

目前，部分低净空槽段施工在提出的几项施工关键技术控制下，已顺利浇筑完毕，根据测壁结果表明，其槽壁坍塌得到了良好的控制。

参考文献

［1］王鹏．低净空下地下连续墙施工技术的工程实践［J］．建筑施工，2021，43（5）：775-777.

［2］凌涛，饶永强，周飞，等．低净空条件下地下连续墙施工技术研究［J］．西昌学院学报（自然科学版），2017，31（2）：51-54+79.

［3］严振兴，刘永锋，吴尧，等．低净空下地下连续墙施工技术［J］．施工技术，2016，45（S2）：240-242.

［4］邵风密，李建国．低净空铣槽机施工控制要点［J］．绿色环保建材，2016（2）：54-55.

［5］李树敬．超低净空高压线下地连墙施工与安全控制技术研究［J］．铁道建筑技术，2021（4）：131-134.

［6］杜峰．近距离低净空下地下连续成槽技术研究和探讨［J］．隧道建设，2015，35（2）：160-166.

复杂地质条件下超深地下连续墙施工关键技术

史江川，刘卫未，聂艳侠，朱浩博，谢志成
（中建一局集团建设发展有限公司，北京 100102）

摘　要：深圳 LNG 接收站项目地处填海造陆区，地质条件复杂。地下连续墙厚度 1.5m，深度最深达 62m，施工难度极高。施工过程中，应用槽壁加固技术确保了成槽稳定性；采用“铣-钻-铣”的成槽工艺克服了地下连续墙超深入岩的难题；地下连续墙超大型钢筋笼采用了一次性整体制作与吊装，确保了施工质量及安全；采用绿色环保的泥浆循环处理技术实现了绿色施工。项目应用的超深地下连续墙施工技术取得了良好的效果，可进一步推广应用。

关键词：复杂地质；地下连续墙；超深入岩；超大型钢筋笼；泥浆循环

Key Techniques for Construction of Ultra-deep Diaphragm Wall under Complicated Geological Conditions

Shi Jiangchuan, Liu Weiwei, Nie Yanxia, Zhu Haobo, Xie Zhicheng
(China Construction First Group Construction & Development Co., Ltd., Beijing 100102, China)

Abstract: The LNG receiving station project of Shenzhen is located in the land reclamation area with complicated geological conditions. The thickness of diaphragm wall is 1.5m, the depth is up to 62m, and the construction is very difficult. In the process of construction, slot wall reinforcement technology is used to ensure the stability of slot formation, and "milling-drilling-milling" technology is used to overcome the problem of ultra-deep rock of diaphragm wall The super-large reinforcement cage of underground continuous wall is made and lifted in one time to ensure the construction quality and safety, and the green construction is realized by adopting the green and environment-friendly mud circulation treatment technology. The construction technology of ultra-deep diaphragm wall applied in the project has achieved good results and can be further popularized.

Key words: Complicated geological conditions; Diaphragm wall; Ultra-deep rock; Super-large reinforcement cage; Mud circulation

0　引言

深圳 LNG 接收站项目是西气东输二线工程的重要配套工程，功能定位是应急、调峰需要以及向粤港地区供应天然气。一期工程设置 2 座 20 万 m^3 LNG 储罐，项目建成后将起到保障珠三角、香港地区天然气供应的重要作用，具有重要的战略意义。项目地处临海吹填区域，一侧邻近山体，另一侧为海洋，地表下为深厚新近填土层，下伏基岩强度高、厚度大，整体上呈现上软下硬的特点，地基均匀性差，地质条件复杂。

1 工程概况

1.1 地下连续墙概况

项目设置 T-1201 和 T-1202 两个内径 100m、设计深度 50m 的圆形基坑，基坑底位于中、微风化岩层，采用地下连续墙＋内衬墙形成叠合式外墙。地下连续墙厚度为 1.5m，槽段形式分为Ⅰ型槽段和Ⅱ型槽段，其中Ⅰ型槽段三刀成槽，槽段宽度约 6.6m；Ⅱ型槽段一刀成槽，槽段宽度 2.8m，Ⅰ型槽段和Ⅱ型槽段之间采用套铣接头（图 1）。每个基坑设置 72 幅地下连续墙围成圆形，地下连续墙深度达到 54～62m，垂直度要求达到 1/600。

1.2 地质条件

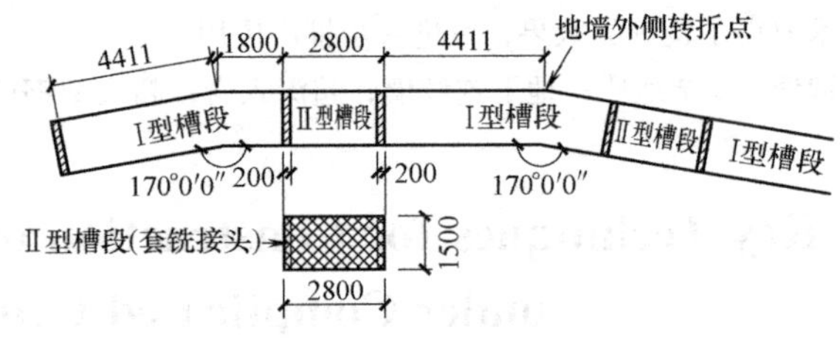

图 1 地下连续墙槽段形式

项目场地原为海域，后经填海造陆形成。地层自上而下主要为①第四系全新统人工填土层（Q_4^{ml}）、②海陆互相沉积层（Q_4^{mc}）、③冲洪积层（Q_4^{al+pa}）、④第四系风化残积层（Q^{el}）、下伏基岩为⑤白垩系（K）花岗岩、砾岩、石英斑岩、石英砂岩（图 2、图 3）。

场地上部人工填土层厚度约 6.2～13.77m，暂未完成自重固结，稳定性较差。下伏基岩层自东向西分布变化明显，依次为花岗岩、石英斑岩、砾岩，根据地勘报告，本工程基岩强度极高：花岗岩抗压强度平均为 60.54MPa，最高达 89.90MPa；石英斑岩抗压强度平均为 52.36MPa，最高达 61.10MPa；砾岩抗压强度平均为 46.46MPa，最高达 63.30MPa；石英砂岩抗压强度平均为 84.35MPa，最高为 90.30MPa。

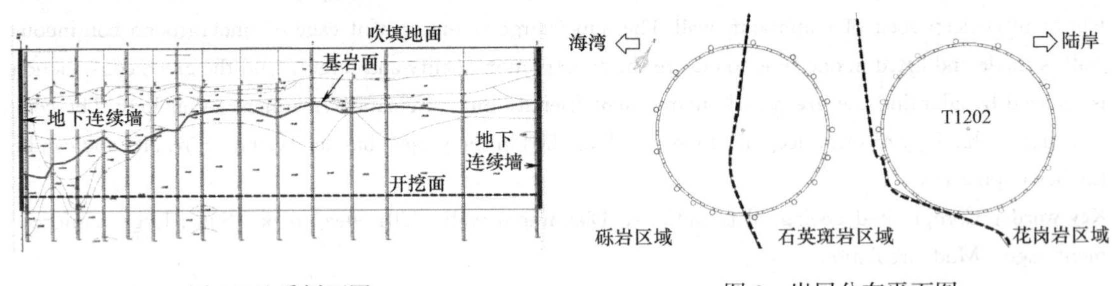

图 2 地质剖面图

图 3 岩层分布平面图

场地地下水主要为上层滞水、孔隙承压水和基岩裂隙水。上层滞水主要靠大气降水和海水下渗补给，稳定水位埋深为 1.80～2.80m；孔隙承压水主要靠大气降水和海水下渗补给，稳定水位埋深为−1.43～6.40m；基岩裂隙水主要靠侧向径流补给，稳定水位埋深为 12.10～24.00m。

2 工程重难点

（1）工程位于沿海区域，地下水丰富，场地由填海造陆形成，上部填土回填时间较短，尚未完成自重固结，土体稳定性极差，如地下连续墙施工操作不当，极易造成槽壁坍塌。而本工程地下连续墙为永久结构，对墙体施工质量要求高，故采取合理方案及有效措施控制地下连续墙的成型质量至关重要。

（2）场地基岩强度极高，采用常规施工方法难以顺利成槽；岩层起伏剧烈，且地下连续墙入岩深度高达 30m 以上，垂直度要求达到 1/600。因此，采取适用的成槽入岩方法及垂直度控制措施是施工成败的关键。

（3）本工程钢筋笼长度超长且配筋密集，制作与吊装难度极高，需采取合适的施工方法减少钢筋笼的变形、控制钢筋笼吊装的安全。

（4）地下连续墙工程量大，单幅槽段体积大，泥浆用量高，且地处海边及旅游区，环境保护要求高，需考虑泥浆处理系统的有序运行，确保泥浆供应能力，并满足绿色施工要求。

3 施工关键技术分析

3.1 槽壁稳定加固技术

根据地层分布情况，存在人工填土层厚度达到 10m 以上，填土层以下存在淤泥等不利地质条件。场地周边临海，地下水水位较高且补给量大，地下连续墙成槽深度最深达到 62m，成槽失稳可能性较高。为确保施工过程中槽壁的稳定性，在地下连续墙成槽前对槽壁采用三轴水泥土搅拌桩加固处理。

成槽范围共布置 6 排 ϕ850mm 三轴搅拌桩，搅拌桩深度范围为地面至全风化层顶面，深度约 18～30m，水泥土搅拌桩的水泥掺量不低于 20%。中间 4 排搅拌桩主要位于槽段内部，相邻排间和相邻桩间搭接 250mm；外侧 2 排搅拌桩采用套打一孔的方式，桩间搭接较为充分，除加固作用外，还具有良好的止水性能，兼作止水帷幕[1]（图 4）。

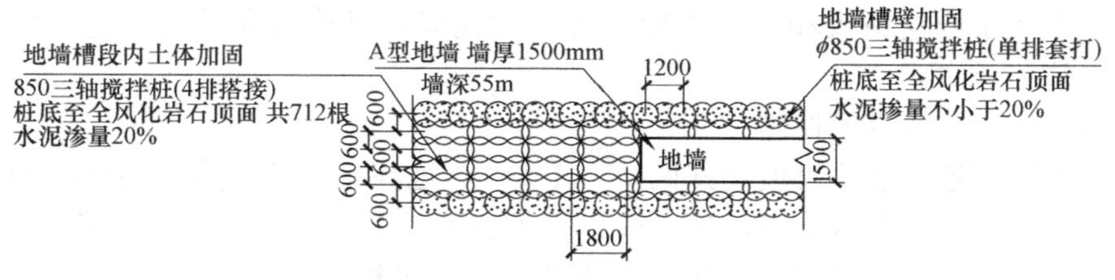

图 4　三轴搅拌桩加固示意图

水泥土搅拌桩施工完成后，采用钻芯法对水泥土试块强度进行了检测。根据检测结果，水泥土 28d 无侧限抗压强度均大于 0.8MPa，满足设计要求及地下连续墙成槽要求。

3.2 超深入岩地下连续墙成槽技术

（1）地下连续墙入岩施工

地下连续墙设计成槽深度达到54～62m，平均入中、微风化岩层深度为20～30m。施工阶段发现岩石强度高于预期，故采取了进一步的施工勘察。根据岩石抗压试验结果，微风化花岗岩的平均强度达到94MPa，最高达到136MPa，岩石的完整性极好；另外，在岩石中发现了大量的石英、砾石等矿物，导致岩石整体硬度大大增加，进一步提升了地下连续墙入岩施工的难度（图5）。

图5　岩石芯样

根据以往经验，针对地下连续墙超深入岩施工，常用的施工方法主要有冲击钻机施工[2-4]或旋挖钻机配合冲击钻机施工[5-7]，近年来也常用双轮铣槽机进行入岩施工[8-10]。一般此类方法主要适用于入岩深度不大、岩石强度不高或工期较为充足的地下连续墙施工。考虑到本工程实际的地质条件及施工进度要求，对以往施工方法进行分析优化，选用旋挖机配合双轮铣槽机，采用“铣-钻-铣”的施工工艺来解决地下连续墙成槽难题。由于国内的成槽设备在坚硬岩层中难以有效进尺，故引入德国宝峨BC-40型双轮铣槽机及BG-38型旋挖钻机进行施工。

成槽时首先采用BC-40铣槽机进行土层及浅部岩层施工，当进入中、微风化岩层后，进尺速度出现明显降低，此时继续施工会加剧钻齿及设备的损耗，且工效过低。因此将铣槽机暂时移位至其他槽段施工，利用旋挖钻机配备牙轮钻头进行岩层“预裂引孔”，即在铣槽机第一、二刀范围的岩层各施工两个直径1.2m的钻孔，钻孔深度至地下连续墙槽底。待引孔完成后，铣槽机重新进行铣槽施工，此时原本坚硬完整的岩层已经进行了充分预裂，增加了临空面，铣槽机的破岩进尺速度可提高2～3倍以上，且钻齿损耗显著降低。此方法充分发挥了旋挖钻机和双轮铣槽机各自的优势，显著提高了地下连续墙的施工效率，降低了施工成本。

（2）地下连续墙垂直度控制

设计要求地下连续墙垂直度允许偏差为1/600，远高于规范要求，而且场地岩层面高低起伏较为剧烈，斜岩普遍分布，进一步提高了成槽垂直度控制的难度。基于此，成槽前根据放线标志在槽段孔口设置导向架，在铣槽机开孔过程中固定铣头，起到导向的作用；成槽过程中利用自带的垂直度显示系统可实时监测成槽各个方向的偏差，机手根据施工情况及地勘资料适时调整双轮铣槽机的运行状态，钻进至斜岩及软硬地层交界处，及时控制钻进速度、压力，避免铣头偏斜；当成槽偏差较大时，利用铣槽机自带的液压纠偏板进行修正，并采用超声波测斜仪进行垂直度检验（图6、图7）。通过采用以上措施，地下连续墙成槽质量良好，完全达到了设计要求。

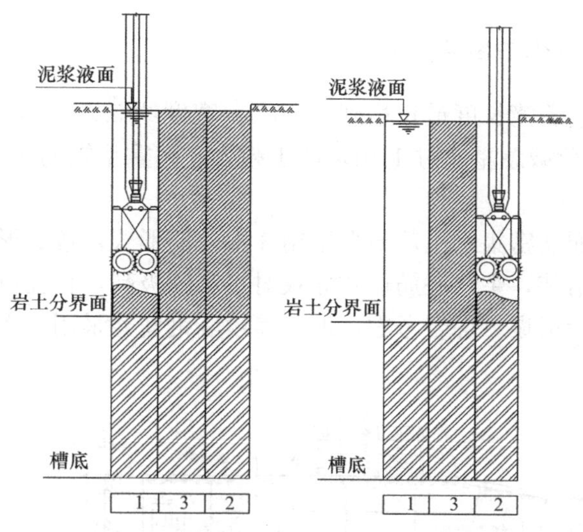

(a) 土层铣槽施工

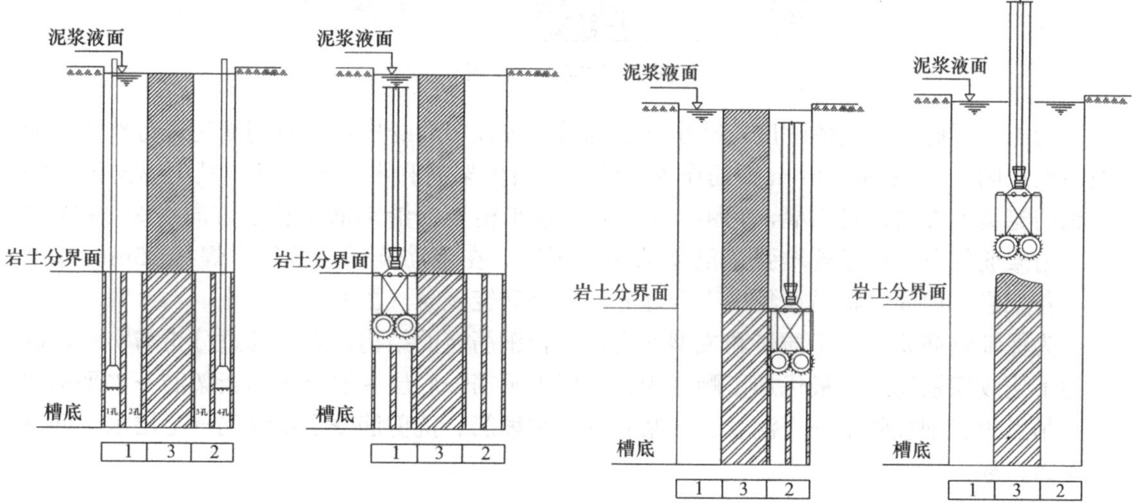

(b) 旋挖机引孔施工

(c) 岩层铣槽施工

图 6　地下连续墙成槽方法

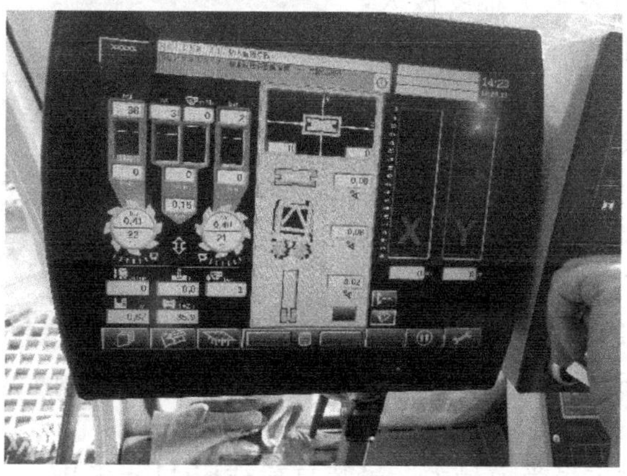

图 7　垂直度监测系统

3.3 超大型钢筋笼整体制作与吊装技术

本工程地下连续墙钢筋笼长度最长达到 59.5m，宽度约 5.6m，钢筋笼自重最高达到 95t，考虑吊索具等附加荷载总重超过 110t，属于超大、超重型钢筋笼。

1. 钢筋笼制作与加固

地下连续墙钢筋笼配筋密集，主筋最多采用 3 根并筋形式，接头形式为机械连接。如果钢筋笼采用分节制作吊装，主筋并筋形式导致对接难度极高，且孔口连接钢筋笼需消耗大量时间，容易造成槽壁坍塌。综合考虑，地下连续墙钢筋笼采用一次性整体制作及吊装（图 8）。

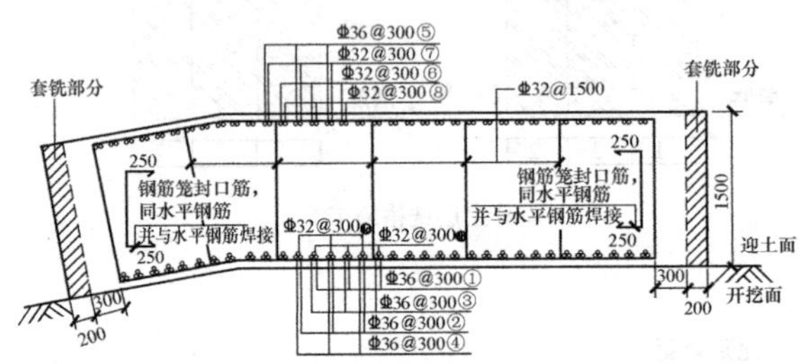

图 8 钢筋笼断面图

为加强钢筋笼的整体刚度，减小钢筋笼吊装过程中的变形，需对钢筋笼进行整体加固及吊点加固[11]：采用 32mm 钢筋作为钢筋笼纵向桁架筋和水平桁架筋，其中纵向桁架筋在钢筋笼宽度方向设置 5 榀，间距 1m 左右；水平桁架筋沿钢筋笼长度方向每 3m 布置 1 榀，桁架筋的布置可显著增强钢筋笼的整体刚度。在钢筋笼吊点位置，焊接 25mm 厚度钢板骨架进行加固，将吊点集中力合理分散至钢筋笼笼身（图 9）。

为保证钢筋笼的加工质量和成型速度，结合钢筋笼的结构特点，通过分析与实践，确定地下连续墙钢筋笼的最优加工顺序为：底层水平筋→底层纵筋→纵向桁架筋→水平桁架筋→吊点位置钢板骨架→声测管、注浆套管→预埋筋、抗剪筋→上层纵筋→上层水平筋→水平封口筋。

2. 吊装设备选型

钢筋笼吊装采用双机配合，一次性整体吊装的施工方法，吊装施工难度极大，起重设备应满足起重能力、起升高度等要求。

图 9 钢筋笼加固措施

（1）吊装高度要求

钢筋笼直立后最大长度为 59.5m，距离地面高度 0.5m，吊钩至吊臂端部距离 6m 左右，吊钩下方的吊索具及钢丝绳总高度按 10m 考虑，则起重垂直高度至少为：$H=59.5+0.5+6+10=76\text{m}$。

（2）起重能力要求

钢筋笼直立状态时主吊受力最大，吊装总荷载按 110t 考虑，主吊负载行走时安全系数取 0.7，则主吊的起重能力至少为：110÷0.7=157t。

根据相关研究及施工经验，副吊在由平吊到空中翻身竖直过程中的最大受力按 70% 的吊装荷载进行考虑[12]，则副吊需承担的荷载为：110×70%=77t。副吊吊装安全系数取 0.8，则副吊的起重能力应达到：77÷0.8=96.25t。

（3）吊车选型

根据起重能力、吊装高度要求及场地条件，主吊机选用中联重科 ZCC5200S 型 400t 履带起重机，臂长 84m，回转半径 16m，并配置 80t 超起配重，该工况下起重量为 176t>157t，起升高度可达到 85m>76m，满足使用需求。

副吊机选用徐工 XGC260 型 260t 履带起重机，臂长 51m，工作半径 12m 时，起重量为 109t>96.25t，满足要求。

3. 钢筋笼吊点布置及吊索具选型

如果钢筋笼吊点位置计算不准确，对钢筋笼会产生较大挠曲变形，使焊缝开裂，整体结构散架，无法起吊。根据弯矩平衡定律，正负弯矩相等时所受弯矩变形最小，如图 10 所示。

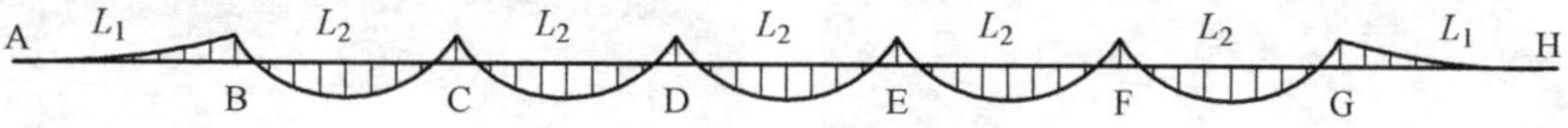

图 10　钢筋笼弯矩示意图

令 $-M=+M$

其中，$+M=\frac{1}{2}ql_1{}^2$，$-M=\frac{1}{8}ql_2{}^2-\frac{1}{2}ql_1{}^2$

得 $l_2=2\sqrt{2}l_1$，结合：$2l_1+5l_2=59.5\text{m}$

解得 $l_1=3.75\text{m}$，$l_2=10.4\text{m}$

根据以上计算，结合钢筋笼实际结构特点进行微调，吊点位置及吊索具设置如图 11 所示。

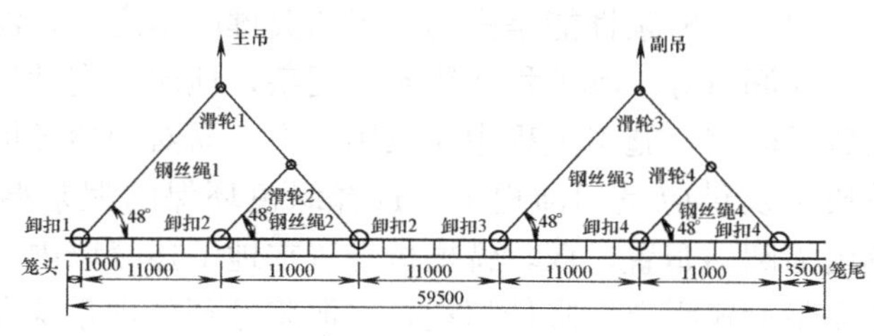

图 11　钢筋笼吊装示意图

4. 钢筋笼吊装施工

（1）起重机就位

两台履带起重机在指定位置就位，检查地基平整度和地耐力，调整履带起重机工作幅度、角度，保证吊钩中心与钢筋笼中心重合，安装吊索具。

（2）平抬试吊

为了确保钢筋笼吊装方案的安全，正式吊装前进行试吊。两台履带起重机配合将钢筋笼起吊 50cm，静止 10min，观察钢筋笼的变形、焊接情况及吊车的工作状态，如有异常应将钢筋笼重新放下，查明原因并采取相应措施；无异常情况即可继续吊装作业。

(3) 空中翻身竖直

试吊完成后，主吊机逐渐起钩抬升，钢筋笼在空中呈倾斜状态，副吊配合主吊逐渐靠拢，钢筋笼逐渐调整至竖直状态（图 12）。

(4) 主吊行走

钢筋笼竖直后，副吊解钩后远离，指挥 400t 主吊机吊钢筋笼行走至槽段处。吊机行走过程中应保持平稳，距离地面不超过 0.5m，钢筋笼上设置牵引绳，以减少晃动。

(5) 钢筋笼下放及吊点转换

钢筋笼入槽后随下放逐渐解除副吊 3 排吊点，主吊吊点解除时通过吊点转换逐步完成，过程如图 13 所示。

(a) 钢筋笼空中翻身

(b) 钢筋笼竖直

图 12　钢筋笼吊装施工图

3.4　绿色环保泥浆循环技术

地下连续墙施工过程中，泥浆性能是影响施工的关键因素之一，泥浆的主要作用为成槽护壁、携带钻渣、冷却润滑等。本工程地质条件复杂，地层稳定性较差；且地下连续墙厚度、深度大，槽段数量较多，施工过程中泥浆用量大，易对周边环境造成污染。因此施工过程中在保证泥浆质量及供应量的前提下，选择绿色环保的泥浆循环处理技术尤为重要。本工程地下连续墙为圆形布置，双轮铣槽机布置在地下连续墙内侧环形路施工。考虑施工的便捷性，减少泥浆运输距离，降低损耗，将泥浆循环处理系统布置在地下连续墙内侧，泥浆循环系统主要设置制浆池、沉淀池、清水池、渣土池及泥浆除砂系统等，确保在不影响施工的前提下减少泥浆量的消耗，达到绿色施工的目的（图 14）。

整个泥浆循环处理系统运行原理如下：

(1) 首先，在制浆池中通过泥浆搅拌设备进行泥浆制备，经过 24h 的静置后，进行泥浆相对密度、黏度、含砂率等指标的测量，满足使用要求后通过泥浆泵向新开槽段供应泥浆。

(2) 双轮铣槽机开始工作，两个液压马达带动铣轮转动切削岩土体，利用切割齿把它们破碎成小块并向上卷动，同时与槽孔中的泥浆混合，两个铣轮中间的离心泵通过泥浆管将携带有碎屑的泥浆泵送到后台除砂系统。

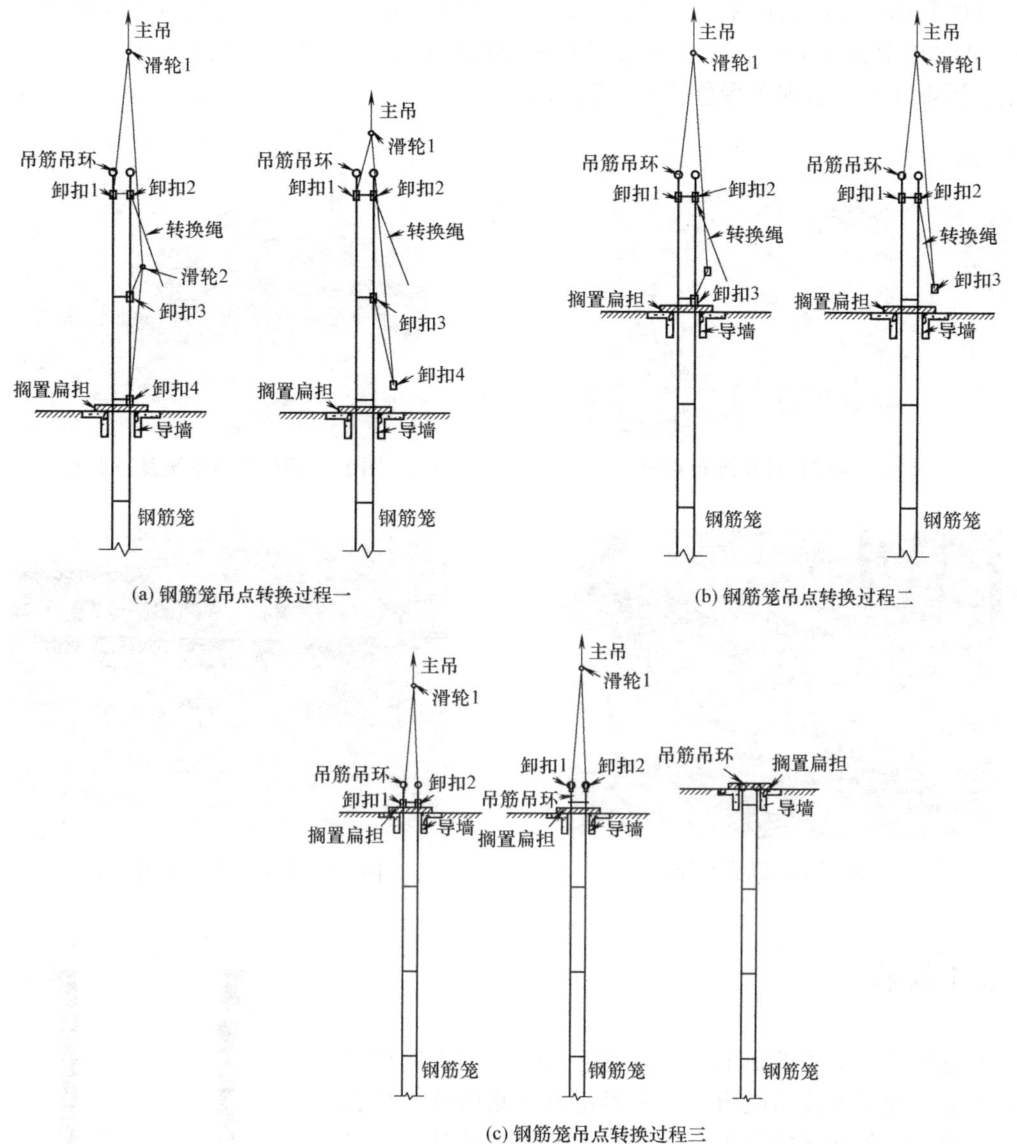

图 13 钢筋笼吊点转换过程

(3) 后台除砂筛分系统由砾石分离机和除砂器组成，对铣槽机离心泵泵送的泥浆进行二级筛分除砂，干净的泥浆进入除砂系统下部的储浆箱内，通过储浆箱的供浆泵将泥浆重新泵送至槽段内，形成泥浆循环（图 15）。

(4) 随着成槽深度的增加和过程中泥浆的损失，施工中泥浆需要额外的补充，通过制浆池进行泥浆制备并输送至槽段。

(5) 进行水下混凝土浇筑时，通过泥浆泵将槽内泥浆回收至沉淀池处理，如果指标合格可继续使用，以减少泥浆的总体用量。

当循环泥浆或回收泥浆的性能指标不合格即成为废浆，废浆直接排出对环境将会造成巨大污染，需拉运至场外指定地点进行处理，但费用极为昂贵。本工程对施工过程中产生的废浆采用无害化处理：通过泥浆压滤机将废弃的泥浆分离为清水和泥饼，清水流入清水池内再次利用；压滤机产生的泥饼已进行脱水处理，可直接拉运至场地填方区域使用（图16）。通过以上施工措施，有效降低了泥浆处理的费用，同时废弃泥浆得到了充分利用，避免了污染问题，实现了绿色施工（图17）。

图14　泥浆循环系统布置图

图15　后台除砂系统及渣土池

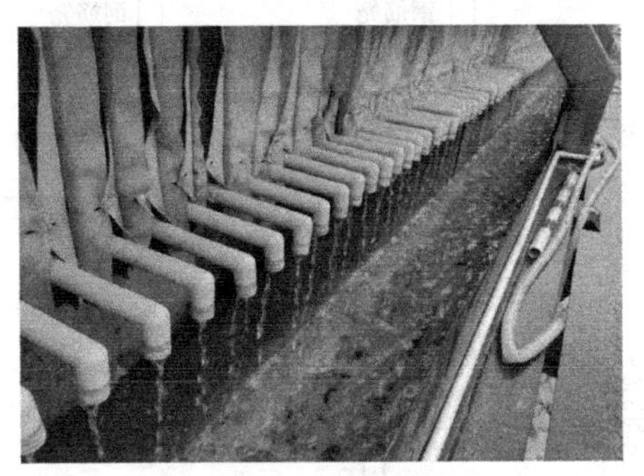

图16　泥浆压滤机清水分离图

图17　泥浆压滤机现场施工图

4　施工效果

通过采用以上关键施工技术，地下连续墙施工取得了良好效果。地下连续墙成槽后，采用超声波测槽仪对槽孔进行了检验，各项指标均满足设计要求。根据统计，在已施工的地下连续墙中，地下连续墙成槽垂直度完全达到了设计要求的1/600，同时混凝土充盈系数均小于1.10，平均约1.05，成槽效果良好。经过声波透射法进行墙身完整性检测，墙体质量良好，基本均为Ⅰ类墙体，无Ⅲ、Ⅳ类墙体（图18）。

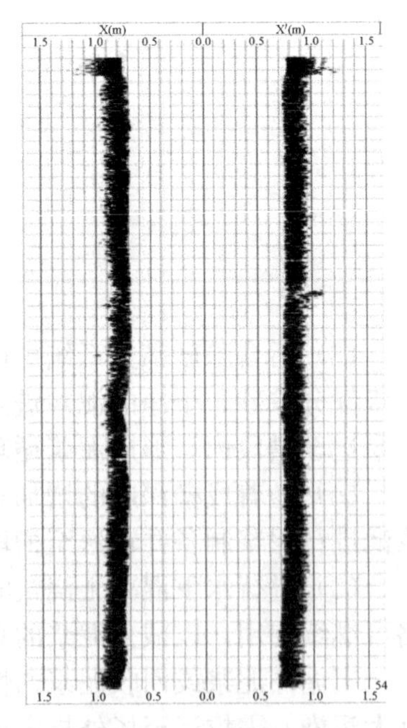

图18　超声波成槽检测图

5　结语

随着地下空间的不断开发，地下连续墙的应用范围越来越广，日益复杂的工程地质条件成为施工面临的重大难题。本项目针对复杂地质条件下的超深入岩地下连续墙施工，采取了多种先进适用的关键技术，很好地解决了施工难题。

（1）新近填土区采用水泥土搅拌桩对地下连续墙槽壁进行预加固，有效提高了槽壁稳定性，保证了成墙质量，并降低了混凝土灌注的充盈系数。

（2）采用“铣-钻-铣”的成槽方法，增加了双轮铣槽机入岩施工的临空面，显著提升了施工工效，保证施工质量。

（3）针对超长、超重地下连续墙钢筋笼，通过钢筋笼加固、吊装计算选型确保了整体制作与吊装施工过程的安全。

（4）采用高效绿色的泥浆循环处理技术，实现了循环利用、绿色施工的目标。

参考文献

[1] 周惠涛. 超深三轴搅拌桩作基坑槽壁加固对紧邻轨道交通的影响 [J]. 上海建设科技，2016（4）：48-49.

[2] 翁厚洋，刘凤华，马西峰. 超深基坑大深度入岩地下连续墙施工技术 [J]. 施工技术，2014（11）：115-118.

[3] 杨中州. 珠海地区超深入岩地连墙成槽施工技术 [J]. 公路与汽运，2019（3）：160-162.

[4] 胡志广. 广深港客运专线福田站超深超宽地下连续墙施工技术 [J]. 铁道标准设计，2010（5）：97-100.

[5] 党亚杰，肖昭然，聂彬. 地下连续墙入岩成槽施工工艺改进 [J]. 施工技术，2015，44（1）：43-45.

[6] 李森. 复杂环境下地下连续墙入岩和深基坑出土方法探析 [J]. 住宅与房地产，2016（18）：143-143.

[7] 王荣祥. 深圳中航广场二期入岩地下连续墙施工技术 [J]. 城市建设理论研究（电子版），2012（5）.

[8] 缪绍勇，王国庆，严融. 嵌岩式地下连续墙施工的研究与实践 [J]. 建筑施工，2005，27（7）：1-4.

[9] 章志. 双轮铣槽机在异形入岩深槽段地下连续墙施工中的应用 [J]. 建筑施工，2016，38（12）：1660-1661.

[10] 林峰. 杭州地铁连续墙成槽入岩施工技术研究与实践 [J]. 价值工程，2019，38（17）：134-137.

[11] 杨宝珠，邵强，丁克胜，等. 超深、超大地下连续墙钢筋笼吊装过程研究 [J]. 工业建筑，2013，43（7）：101-104.

[12] 徐厚庆，袁梦星. 地下连续墙钢筋笼吊装设计与施工关键技术研究 [J]. 施工技术，2019，48（24）：81-84.

"夹心"复合地层地连墙垂直度控制关键技术研究

杨晋柳[1]，王金奎[1]，朱　儒[1]，程　康[2]，梁　浩[1]，安晓波[3]
（1. 中铁十一局集团第四工程有限公司，湖北 武汉 100855；
2. 中铁十一局集团有限公司，湖北 武汉 430061；
3. 贵州省铜仁市辰鸥钻探有限责任公司，贵州 铜仁 554300）

摘　要：针对"夹心"复合地层地连墙采用抓铣结合方式成槽垂直度难以控制，易导致钢筋笼入槽困难、卡笼等工程难点，通过不断施工摸索和经验总结，分析复合地层组合特征，不同地层对成槽和铣槽垂直度的影响，垂直度检测频率和控制方法与复合地层的适配性，创新性地提出"3个5"垂直度控制流程：垂直方向上，每一抓分别在5个特定位置进行5步超声波垂直度检测和修槽纠偏；水平方向上，分别进行5点定位；同时在传统3抓+3铣的基础上，增加2道套铣流程，优化成3抓+5铣。通过现场实践与检测，验证了所提的"3个5"流程在地连墙抓铣成槽施工垂直度控制的有效性与适用性。

关键词："夹心"复合地层；垂直度控制；地连墙；抓铣结合；成槽施工；超声波检测

Research on The Key Technology of "Sandwich" Composite Formation Diaphragm wall Verticality Control

Yang Jinliu[1], Wang Jinkui[1], Zhu Ru[1], Cheng Kang[2], Liang Hao[1], An Xiaobo[3]
(1. China Rallway 11TH Bureau NO. 4 Engineering Co. Ltd., Wuhan Hubei 100855, China;
2. China Rallway 11TH Bureau Group Corporation Ltd., Wuhan Hubei 430061, China;
3. Guizhou Province Tongren Chenou Drilling Co. Ltd., Tongren Guizhou 554300, China)

Abstract: For the "sandwich" composite formation diaphragm wall, the verticality of the groove is difficult to control by combining grasping and milling, which can easily lead to difficulties in entering the groove of the steel cage and the engineering difficulties such as the cage. Through continuous construction exploration and experience summary, the combined characteristics of composite formations, the influence of different formations on the verticality of slots and milling grooves, the frequency of verticality detection and the adaptability of control methods to composite formations are analyzed, and the "3 5s" verticality control process is innovatively proposed: In the vertical direction, each grip performs 5-step ultrasonic perpendicularity detection and slot correction in 5 specific positions; In the horizontal direction, 5-point positioning is carried out separately; And at the same time, based on the traditional 3 slot grabbing+3 slot milling, 2 of this milling groove process are added, which is optimized into 3 slots grabbing+5 milling slots. Through on-site practice and testing, the effectiveness and applicability of the proposed "3 5s" process control of verticality control in the construction of ground wall grasping and milling into grooves are verified.

Key words: "Sndwich" composite formation; Verticality control; Diaphragm wall; Combined with grasping and milling；Trough construction；Ultrasonic testing

0 引言

国家“一带一路”倡仪提出后，沿长江流域城市化的高速发展，加大了城市地下空间建设的需求，地下空间呈现出超深大趋势。对于此类基坑，采用刚度高，安全性高的地连墙作为基坑围护结构是最好的选择。

地连墙施工成功，对基坑工程顺利实施起到决定性作用，若地连墙施工失败，容易导致基坑开挖时周边路面、建（构）筑物和管线开裂、沉降，造成灾难性后果。顾祯雪[1]等通过对长江漫滩区基坑变形数据监测，探讨超长超深地连墙变形特征和变形原因。冉启仁[2]等对基坑开挖实例进行室内模型试验，研究了基坑开挖过程中群桩桩身水平位移和弯矩的变化规律。楼恺俊[3]等采用 PLAXIS 3D 数值模拟分析，得出狭长形基坑的内撑式地下连续墙支护结构，墙深是基坑抗隆起稳定性的决定因素。王飞[4]等采用 MIDAS/GTS 软件对格形地连墙的受力和变形特征进行系统研究。在复杂地层中成槽，槽壁稳定性往往不能得到保障，而地槽壁稳定性直接决定地连墙墙身质量。因此不少学者从数值模拟[5,6]、模型试验[7]、现场试验[8]等方法对该问题进行分析研究。

南京地铁 4 号线江心洲中间风井基坑工程位于长江江心洲，具有场地土层透水性强、基岩埋深大、地连墙超深超厚等工程难点。鉴于该工程特殊的地理环境和工况，类似工程不仅业内罕见，而且在既有学术文献中同样鲜见报道。因此，对项目地连墙施工中遇到的难点进行分析探究进而总结梳理具有明显的现实意义，可为同类工程和学术研究提供较重要的参考。

1 工程简介

1.1 工程概况

南京地铁 4 号线江心洲中间风井位于江心洲规划洲尾路下，西北—东南方向布置，地貌类型上属长江边滩、滩地，地势向长江河谷缓倾。风井主体基坑外轮廓总长 148.1m，为地下五层框架体系结构。风井标准段宽度为 34.2m，深约 38.3m，盾构段深约 42.4m。主体为三柱四跨箱形框架结构，标准段柱距 9m，结构柱采用 ϕ900mm 的圆形钢管混凝土柱。围护结构主体采用 64.5m 深、1.5m 厚地连墙兼做叠合墙，墙底插入 K2p-3a 中风化砂砾岩（隔水层）形成封闭基坑，隔断地下潜水及承压水补给。地下连续墙内外侧采用 ϕ850@600 三轴搅拌桩进行槽壁加固，水泥掺量 20%，加固深度约 14m，如图 1 所示。

目前，项目现场处于地连墙施工阶段，采用成槽机＋双轮铣配合成槽施工，其垂直度控制是地连墙质量保证的核心，特别当地连墙同时穿越软弱淤泥质粉质黏土层、强富水粉砂层、高强度砂砾岩等组合成的“夹心”复合地层时，对地连墙施工质量的控制往往关乎

作者简介：杨晋柳（1991—），男，工程师，硕士，E-mail：707143072@qq.com。

着工程的成败。在“夹心”复合地层中进行抓铣结合成槽施工，仍需对现有地连墙成槽施工垂直度控制工艺及施工规程进行优化创新[9,10]。

1.2 “夹心”复合地层概况

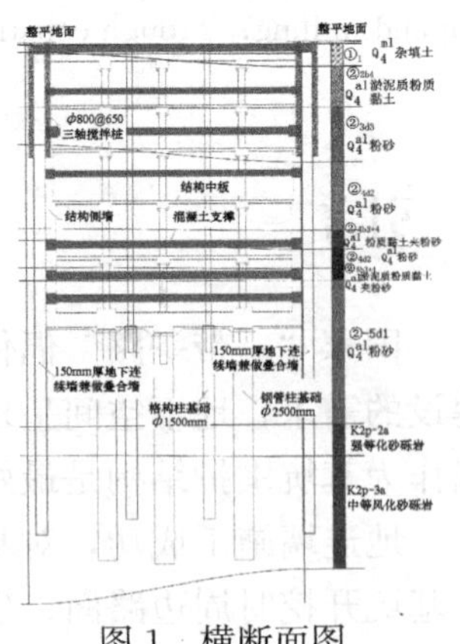

图 1　横断面图

本风井地场区地表普遍分布人工填土，往下主要地层依次为淤泥质粉质黏土（夹粉土、粉砂）、粉砂、粉质黏土夹粉砂，下伏基岩为白垩系浦口组强风化砂砾岩、中风化砂砾岩。根据勘察资料结合物理、力学性质指标，对各岩土层评价如下：

$①_1$ 层杂填土：杂色，稍湿，松散。工程地质性能极差，在基坑开挖、桩基施工及成槽施工时极易发生掉块、塌孔、渗水、漏浆等。

$②_{2b4}$ 层淤泥质粉质黏土：灰褐色，土质不均夹粉土、粉砂极薄层，具高压缩性，开挖时极易发生坑壁失稳，桩基施工时易出现斜孔、缩颈等。

$②_{3d3}$ 层粉砂：灰色，饱和，稍密。级配差，为轻微液化砂层，工程地质性能较差，基坑开挖时在水动力作用下易产生流变坍塌现象，桩基施工时易出现坍塌。

$②_{4d2}$ 层粉砂：灰色，饱和，中密。级配差，工程地质性能较好，基坑开挖时在水动力作用下易产生流变坍塌现象，桩基施工时易出现坍塌。

$②_{4b3+4}$ 层淤泥质粉质黏土夹粉砂：灰褐色，土质不均，工程地质性能较差。在基坑开挖时易发生坑壁失稳，桩基施工时易出现坍塌、斜孔、缩颈等。

$②_{5b3+4}$ 层淤泥质粉质黏土夹粉砂：灰褐色，土质不均，工程地质性能较差。在基坑开挖时易发生坑壁失稳，桩基施工时易出现坍塌、斜孔、缩颈等。

$②_{5d1}$ 层粉砂：灰色，饱和，密实。级配差，工程地质性能较好，基坑开挖时在水动力作用下易产生流变坍塌现象，桩基施工时易出现坍塌。

各岩土层原位测试指标和岩石的物理、力学指标详见表 1。

根据上述各岩土层评价，结合设计文件，对本工程地连墙抓铣成槽施工难易程度，总体上可划分成三轴搅拌桩槽壁加固层、稍密—中密状粉砂层、密实状粉砂层、岩层 4 层“夹心”地层组成的复合地层，其评价如下。

三轴搅拌桩槽壁加固层：三轴搅拌桩主要加固填土层、淤泥质粉质黏土层，桩底落在稍密状粉砂层，分布于 0～14m。28d 无侧限抗压强度不小于 1MPa，根据施工工艺，两侧向内内切 5cm，在桩底位置带浆搅动 30s。三轴施工时存在两侧桩体水泥掺量不均匀、桩底水泥掺入过多形成墩粗桩底、桩身垂直度不理想的现象，见图 2。该层采用成槽机抓槽，垂直度不易控制，为难挖层。

稍密—中密状粉砂层：该层包括$②_{3d3}$ 粉砂层至$②_{5b3+4}$ 淤泥质粉质黏土夹粉砂层中间地层，密实度良好，分布于 14～40m，该层采用成槽机抓槽，成槽时选用性能优良的泥浆，控制液面高度，垂直度易控制，为易挖层。

密实状粉砂层：该层为$②_{5d1}$ 粉砂层，饱和，密实状，标贯击数远大于其他土层和砂层，俗称“铁板砂”，分布于 40～50m，该层采用成槽机抓槽，成槽时进尺困难，垂直度不易控制，为难挖层。

岩层：该层由 K2p-2a 强风化砂砾岩和 K2p-3a 中风化砂砾岩组成，岩石抗压强度最高达 15.6MPa，分布于 50m～槽底，该层成槽时采用双轮铣铣槽，铣槽速度慢，进尺困难，垂直度不易控制，为最难挖层。

岩土的物理、力学指标（平均值、标准值） **表 1**

层号	名称	指标类别	标准贯入		密度	黏聚力	内摩擦角	单轴抗压强度试验		
			实测值	修正值				干燥	天然	饱和
			N（击）	N'（击）	$\rho(g/cm^3)$	c(kPa)	$\varphi(°)$	MPa	MPa	MPa
①$_2$	素填土	平均值	5.5	5.4	1.82	16	6			
		标准值	4.3	4.3						
②$_{2b4}$	淤泥质粉质黏土	平均值	2.9	2.5	1.77	17	4.7			
		标准值	2.7	2.4		15.6	4.1			
②$_{3d3}$	粉砂	平均值	12.8	9.9	1.92	6.7	29.9			
		标准值	12.6	9.8		5.8	29.4			
②$_{4d2}$	粉砂	平均值	21.6	14.6	1.94	5.8	30.4			
		标准值	21.1	14.3		5	30.1			
②$_{4b3+4}$	淤泥质粉质黏土夹	平均值	8.9	6.1	1.79	21.5	7.3			
		标准值	8.4	5.7		19.1	7.1			
②$_{5b3+4}$	淤泥质粉质黏土夹	平均值	12.6	8.0	1.77					
		标准值	12.0	7.5						
②$_{5d1}$	粉砂	平均值	41.3	24.1	1.98	6.2	30.8			
		标准值	40.6	23.8		5.7	30.5			
K2p-2a	强风化砂砾岩	平均值			2.22			4.7～22.6	1.1～15.6	1.0～14.1
		标准值								
K2p-3a	中风化砂砾岩	平均值			2.35	1.15	48.5	11.91	8.50	7.09
		标准值			2.32	0.98	48.4	10.41	7.23	6.42

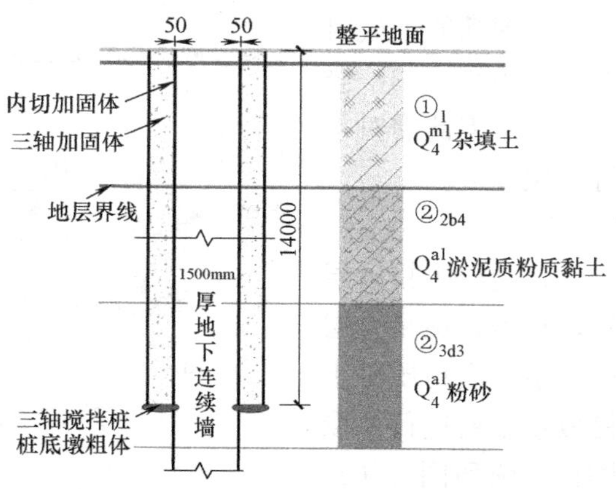

图 2　三轴搅拌桩加固示意

2 成槽工艺优化

2.1 常规成槽工艺

本工程地连墙厚 1.5m，接头形式为型钢接头，型钢后背采用砂袋回填。挖槽前，根据设计图纸给定的槽段划分，结合所选的成槽机、铣槽机对设计槽段分幅调整，调整后地连墙标准幅宽为 6m，由于成槽机和双轮铣抓斗宽为 2.8m，采用“三抓法”成槽，即先抓铣槽段两端岩土体，再抓铣槽段中间剩余“小墙”的岩土体。为确保地连墙钢筋笼能够顺利入槽，在成槽时，需对分幅槽段进行外放超挖，为尽可能减少沙袋回填数量提高施工效率，本工程外放超挖 0.6m。根据调整后的分幅图放样出每个单元槽段，并用油漆在导墙上标出单元槽段位置、槽段外放位置及槽段编号，见图 3。

图 3 地连墙槽段划分示意

对于入岩地连墙，岩层上部土体采用成槽机进行抓取，中间第三抓“小墙”距土岩分界面留存一定高度或者全部抓取，然后更换双轮铣进行铣槽[10,11]，直至铣到设计深度，成槽过程中通过成槽机和双轮铣自带的纠偏板进行槽壁垂直度控制，见图 4、图 5。槽段终孔后三抓均采用测绳量测槽深和超声波成孔成槽检测仪测量槽段垂直度，发现槽段垂直度不满足设计要求时，采用成槽机或者双轮铣进行纠偏修槽。

2.2 成槽工艺优化

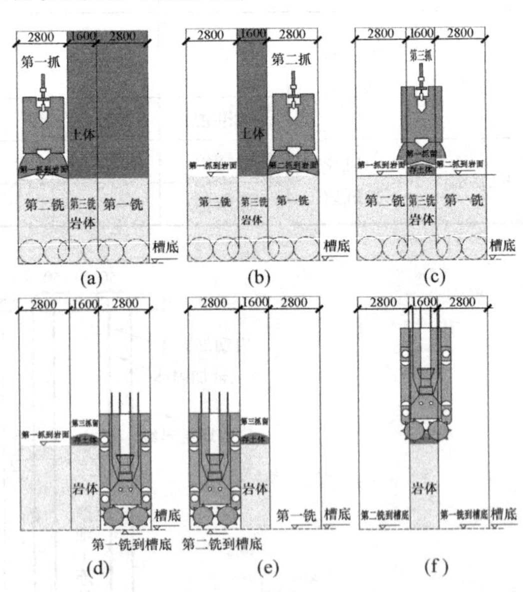

图 4 抓槽＋铣槽施工顺序示意

在地连墙成槽施工过程中，抓斗和铣轮主要是靠自身自重掘进，两侧岩土体作为约束体起导向作用，约束体垂直度直接决定该抓斗垂直度，进而控制槽段整体垂直度。槽段垂直度不理想易造成：（1）钢筋笼下放时卡笼；（2）槽壁侵限基坑主体净空；（3）修槽扩孔造成地连墙混凝土超耗，因此需对采用常规成槽工艺成槽进行优化改进。

1. 第三抓土体留存高度

考虑本工程“夹心”复合地层中粉砂层密实度良好，自稳性能好，只需将该复合层上部稳定性较差的填土层、淤泥质粉质黏土层及槽壁加固扰动后的松散粉砂层进行抓取后，再进行图 4（d）中第一铣和图 4（e）中第二铣铣槽工序时中间第三抓土体便不会发生坍塌埋没铣轮的风险。因此将常规成槽过程中图 4（c）第三抓土体留存高度优化成第三抓土体抓取至三轴搅拌桩槽壁加固层层底以下 1m 位置，即距离导墙顶面 16m，见图 6。通过优化，可为图 4（d）和图 4（e）两个铣槽工序中铣轮入槽提供深长垂直导向作用和两侧约束作用，有效避免因铣轮铣磨岩体时，铣轮触岩反弹至临空侧或约束力较小侧，形成跑位现象，造成铣岩初始垂直度倾斜可能。

常规成槽主要通过成槽机和双轮铣自带纠偏板控制槽壁垂直度，由于纠偏板灵敏度存在一定误差，操作手需要在成孔后辅以超声波检测，进行综合判断。通过超声波检测图像判别槽壁是否垂直，若检测到槽壁倾斜，再采用成槽机或双轮铣来修槽纠偏，由于“夹心”复合地层强度强弱不一，整体成槽垂直度极不易控制。纠偏时一侧受约束，另一侧临空，修槽幅度不易控制，容易造成槽段扩孔或者欠修现象，大大增加修槽时间，导致成槽总体工效降低。

2. 修槽时机、超声波检测频率

对此，为提高成槽工效，每一抓成槽均要严格控制槽壁垂直度，修槽时机需将成槽机、双轮铣纠偏板位置与“夹心”复合地层特征结合进行综合判断。

根据成槽机和双轮铣设备构造，抓斗和铣轮距离最近一组纠偏板为 2m，见图 5。由于三轴搅拌桩槽壁加固层受加固体不垂直、两侧加固体强度不一致可能因素，以及桩底墩粗情况等多因素影响，造成抓斗向强度软弱一侧倾斜，导致槽壁可能不垂直，因此需在抓斗穿透该层到达 16m 位置时进行一次超声波检测（图 6）。

抓斗穿透稍密—中密状粉砂层时，由于该层进尺容易，成槽速度过快导致槽壁可能不垂直，因此抓斗到达该层层底（40m 位置）进入“铁板砂”层前，需要进行一次超声波检测评判 16～38m 槽壁垂直度。

图 5　成槽机纠偏板位置示意

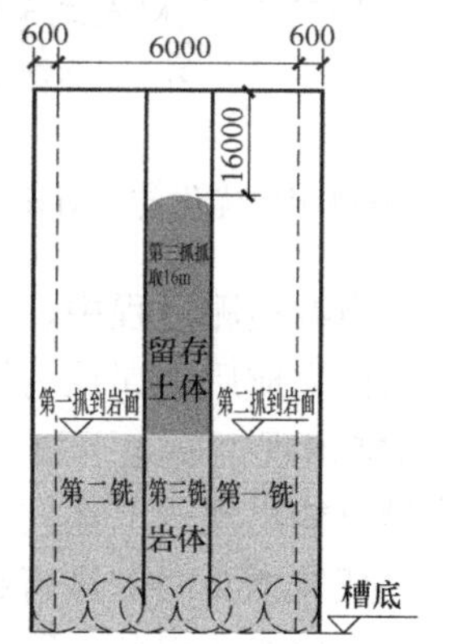

图 6　第三抓土体留存高度优化示意

抓斗在密实状粉砂层进尺困难，垂直度不易控制，因此抓斗到达该层层底（50m 位置）进入强风化砂砾岩岩层前，需要进行一次超声波检测评判 38～50m 槽壁垂直度。

考虑岩层强度剧增，入岩时则更换成双轮铣进行铣槽，由于本工程地连墙入岩约 15m，因此需在铣岩过程中 55m 位置增加一次超声波检测频率，主要评判 50～55m 铣槽垂直度质量，避免因上段槽壁倾斜导致下段槽壁倾斜现象，从而造成整段岩体发生倾斜后双轮铣修槽困难的局面。铣轮到达槽底位置时，再进行一次超声波检测综合评判该抓整体垂直度。若在上述特定位置超声波图像显示槽段发生倾斜、侵限槽段净空等现象，及时进行修槽纠偏。

综上，本工程成槽过程中，结合“夹心”复合地层特征每一抓分别在16m、38m、50m、55m、槽底5个特定位置进行5步超声波垂直度检测和修槽纠偏。

3. 铣槽施工工序

由于双轮铣铣轮为直径2.8m的圆形，若铣轮铣到设计槽底就终孔，会导致槽段内设计净空三个位置存在0.7m高的岩体未被完全铣掉，导致钢筋笼吊装入槽时底部钢筋顶住欠铣岩体，笼子不能顺利下放到位，见图7（a)。因此需对槽底深度进行优化，综合经济成本、施工工效等因素，本工程地连墙向下超挖0.5m，见图7（b)，从图中可以看出优化后欠铣岩体高0.2m，宽0.058m，体量极小，因此该部分欠铣岩体不影响钢筋笼吊装。

地连墙第三铣完成后，进行清孔换浆，泥浆指标合格后，即可吊装下放钢筋笼，理论情况下，成槽施工过程中，3抓和3铣均与槽段平行，见图8。但实际成槽过程中，成槽机或双轮铣抓斗由于受槽段内槽壁摩擦力、槽壁两侧强度不一或者抓斗下放时操作误差等多因素影响，可能出现抓斗从导墙位置下放时是平行的，但到槽段内出现扭曲，呈现出“S”形，见图9，特别是在铣岩过程中极可能出现该现象。

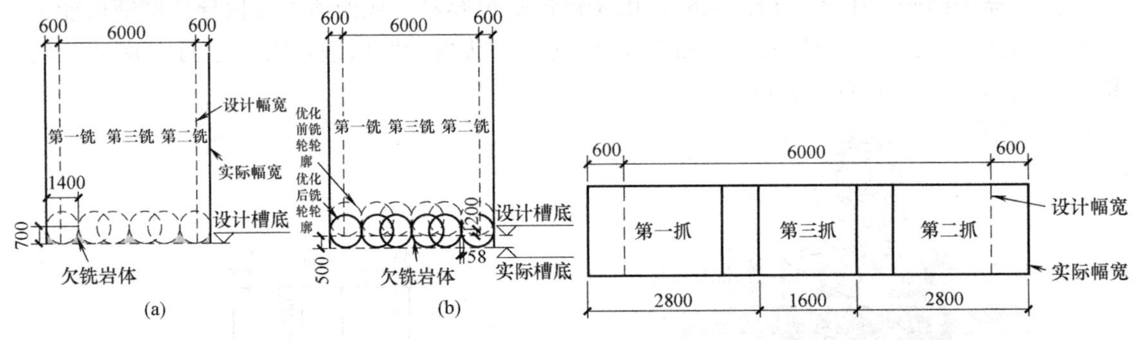

图7 铣槽深度优化前后对比示意

图8 抓斗、铣轮理论位置图

在进行超声波检测过程中，往往由于每一抓均在某一点进行检测，然后进行垂直度纠偏处理，待纠偏完成后，误认为该抓槽段垂直度良好，实际部分欠挖岩土体未能修到位，见图9。很可能出现钢筋笼下放不顺利、卡笼等现象，引起严重安全质量问题。

鉴于成槽可能出现的上述问题，成槽机和双轮铣抓斗尺寸均为2.8m，若成槽发生扭曲现象，同一抓在抓斗两侧进行超声波检测，通过超声波图像比对分析，即可评判该抓成槽质量，是否发生扭曲现象。因此，在原来传统超声波检测频率的基础上进行优化加强，采取超声波分别在0.3m，2.2m，1.1m，1.1m，2.2m，0.3m位置进行五点定位，见图10，以确保槽段净空无侵限，钢筋笼能够顺利下放。

通过五点定位超声波检测成像，综合评判整个槽段垂直度质量，从而有针对性地进行修槽纠偏，在传统3抓+3铣的基础上，优化成3抓+5铣。分别在第1铣和第3铣，第2铣和第3铣位置再加2次套铣，确保整幅槽段净空完全无侵限情况，垂直度满足设计要求。

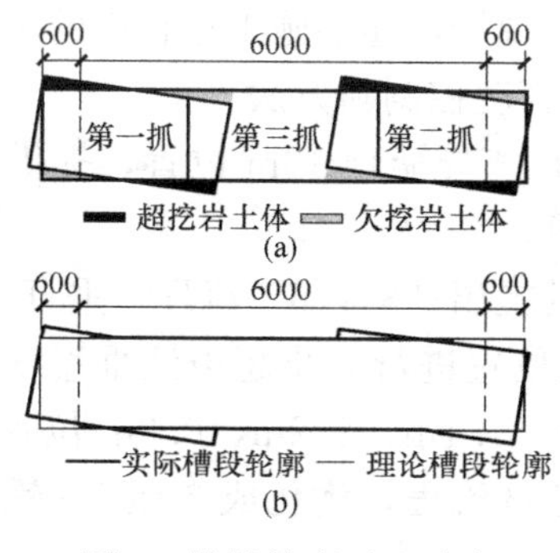

图 9　槽段轮廓对比示意

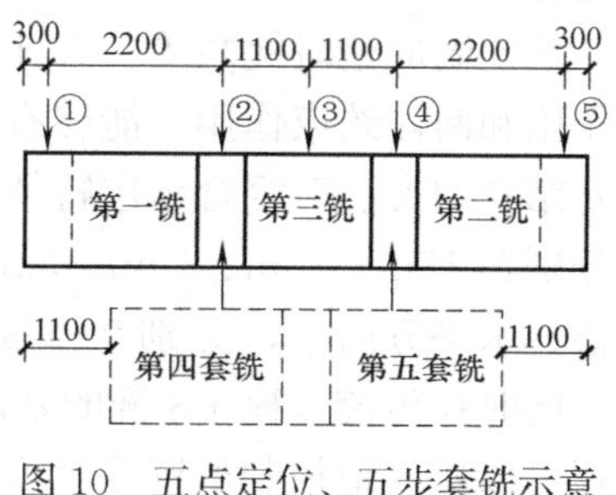

图 10　五点定位、五步套铣示意

3　效果评价

为确保超声波检测图清晰客观，本工程所有地连墙厚度方向均采用最高精度 5cm/格的刻度进行成像，本处选取编号为 DQS-20（优化前）和 DQW-3（优化后）两幅墙垂直度做对比分析，见图 11。通过对比可以看出：

（1）对于采用传统工艺在“夹心”复合地层中成槽，垂直度是极不易控制的，在三轴搅拌桩槽壁加固层中抓槽，其垂直度严格受槽壁两侧三轴加固体强度控制，且在桩底位置受到墩粗体干扰，垂直度亦受到影响，整体向 Y’方向倾斜；

（2）上层复合地层垂直度不良，下伏地层垂直度将得不到有效引导，图 11（a）中 14～22m 位置明显向 Y 方向倾斜；

（3）成槽机上纠偏板对槽壁小角度倾斜不能有效识别，导致槽壁始终处于倾斜状态，特别是在密实状的“铁板砂”层中，倾斜明显，直至进入强风化砂砾岩层；

（4）终孔后，槽壁进行一次性修槽，槽段净空虽然可以保证无侵限，但是槽壁不平整，整体垂直度较差，超挖“鼓肚子”现象明显；

（5）经过工艺优化，整体槽段处于边挖边纠偏状态，从图 11（b）中可以看出，虽然在该地层中槽壁也有倾斜现象，但是通过及时纠偏，整体垂直度控制精确，且无超挖情况，同时较大的提升了成槽整体工效。

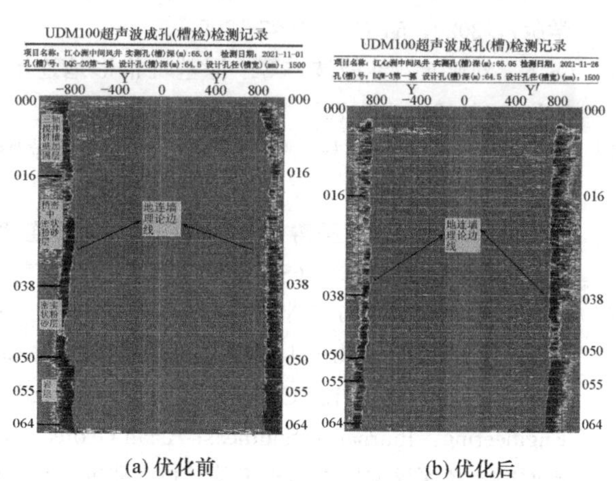

图 11　优化前、后超声波检测效果对比

4　结论

（1）南京地铁 4 号线江心洲中间风井基坑工程位于长江江心洲，具有场地土层透水性强、基岩埋深大、地连墙超深超厚等工程难点。通过对现场地连墙施工过程中的垂直度控制工艺优化和监测反馈，创新性地提出了“3个5”垂直度控制新方法。

（2）地连墙成槽时提高第三抓土体的高度，控制在离导墙顶16m位置，提供深长垂直导向作用和两侧约束作用，能够有限控制槽段垂直度。

（3）结合“夹心”复合地层特征，本工程创新性的提出“3个5”流程：垂直方向上，每一抓分别在16m、38m、50m、55m、槽底5个特定位置进行5步超声波垂直度检测和修槽纠偏；水平方向上，分别在0.3m，2.2m，1.1m，1.1m，2.2m，0.3m位置进行5点定位；同时在传统3抓+3铣的基础上，增加2道套铣流程，优化成3抓+5铣，通过以上流程可以较好地控制槽壁垂直度，净空无侵限。

（4）在增加2道套铣流程时，需控制好泥浆质量，同时加强清孔工序，确保槽段不塌孔，且泥浆含砂率符合要求。

（5）本文的研究成果可为在“夹心”复合地层采用抓铣结合成槽时，在垂直度控制、提高成槽工效方面提供切实可行的施工方法和经验，为类似地连墙施工提供较重要的参考价值。

参考文献

[1] 顾祯雪，楼伟中，程钰博，等. 南京软土地区超长异形深基坑地连墙变形性状分析［J］. 现代隧道技术，2021，58（1）：182-189.

[2] 冉启仁，王旭，王博林，等. 基坑开挖对邻近建筑桩基弯矩和变形影响的模型试验［J］. 岩土工程学报，2021，43（S1）：132-137.

[3] 楼恺俊，俞峰，夏唐代，等. 黏土中地下连续墙支护结构的稳定性分析［J］. 浙江大学学报（工学版），2020，54（9）：1697-1705.

[4] 王飞，刘亚文，苏静波，等. 深基坑格形地连墙支护结构变形与土压力研究［J］. 隧道建设，2016，36（6）：721-727.

[5] 邱明明，杨果林，申权，等. 深厚砂层地下连续墙槽壁稳定性特征及影响因素研究［J］. 铁道科学与工程学报，2020，17（5）：1129-1139.

[6] 殷超凡，邓稀肥，王圣涛，等. 地铁超深地下连续墙槽壁稳定性综合化数值仿真［J］. 地下空间与工程学报，2021，17（S1）：312-320.

[7] ZHUO H C，YANG Y Y，ZHANG Z X，et al. Stability of long trench in soft soils by bentonite-water slurry［J］. Journal of Central South University，2014，21（9）：3674-3681.

[8] OU C Y，Yang L L. Observed Performance of Diaphragm Wall Construction［J］. Geotechnical Engineering：Journal of Southeast Asian Geotechnical Society，2011，42（1/4）.

[9] 赵明时. 超深异型地连墙施工关键技术研究［J］. 现代隧道技术，2016，53（2）：207-212.

[10] 卢伟. “上软下硬”复合地层地连墙快速成槽施工关键技术研究［J］. 铁道科学与工程学报，2020，17（1）：174-180.

[11] 陈刚. 超深地下连续墙的抓铣结合成槽施工［J］. 建筑施工，2014，36（1）：6-7.

装配式预应力张弦梁钢支撑系统在深圳某基坑工程中的应用

罗庆良，刘建鹏，王震，黄炜
（上海巨鲲科技有限公司，上海 200093）

摘　要：介绍了深圳市某房地产股份有限公司罗湖区布心村、水围村城市更新项目基坑工程中采用装配式预应力张弦梁钢支撑系统的施工过程。其中包括张弦梁钢支撑的工作原理，安装工艺及在本项目建设过程中的施工方案。

关键词：碳排放；张弦梁钢支撑；传统基坑支撑；钢支撑安装；预应力施加；实时监测；钢支撑拆除

Application of an Assembled Prestressed Beam String Steel Bracing System in a Foundation Pit Project in Shenzhen

Luo Qingliang，Liu Jianpeng，Wang Zhen，Huang Wei
（Shanghai Bluewhale Technology Co.，Ltd.，Shanghai 200093，China）

Abstract: This paper introduces the construction technology of assembled prestressed beam string steel bracing system in the foundation pit engineering of an urban renovation project of Buxin village and Shuiwei village in Luohu District of a real estate Co.，Ltd. in Shenzhen. It includes the working principle of beam string steel bracing system，installation process and construction scheme in the construction process of the project.

Key words: Carbon emission；Beam string steel bracing system；Traditional foundation pit support；Steel bracing installation；Prestressing application；Real time monitoring；Steel bracing uninstallation

0　引言

建筑业是碳排放的重要来源之一，大力发展以降低碳排放量为基本特征的绿色环保建筑技术是目前建筑业的发展趋势[1]。作为响应这一趋势的新型绿色深基坑支护技术[2]，张弦梁钢支撑构件重复使用率高，按摊销计算的每吨用钢碳排放量仅 235kgCO_2e。

本项目为深圳市首例大规模采用张弦梁钢支撑的回迁安置房深基坑工程，钢支撑总用钢量约 2500t，减少钢筋混凝土用量 4776m^3。按 1m^3 钢筋混凝土对应 646kg CO_2e 计算[3]，本项目碳排放减少约 2500t CO_2。

作者简介：罗庆良，工程师，E-mail：55134873@qq.com。

本文阐述了张弦梁钢支撑的工作原理、安装工艺和项目建设过程中的施工方案，对张弦梁钢支撑技术的推广具有借鉴意义。

1 工程概况

本项目位于深圳市罗湖区，在东晓路东侧，东湖路西侧及太白路北侧。距离布心地铁最近距离 100m。具体情况如下：

地块北侧为太白居幼儿园，西侧为太白居 7 层混凝土建筑物（西侧用地红线距小区围墙 0.5～6m 不等），南侧为围岭中路（7m 宽），东侧为仁心路（10.5m 宽），仁心路外侧为布心中学。

本地块基坑支护分两个区域，其中二层地下室区域（图 1 左半部分）基坑周长 282.5m，面积 7804.9m^2，基坑底绝对标高 17.35m；三层地下室区域（图 1 右半部分）基坑周长 382.9m，面积 7761.1m^2，基坑底绝对标高 13.35m。基坑顶标高 27～32m，故基坑深度 12.25～19.65m 不等。

根据钻探揭露，场地内分布的地层自上而下有人工填土、第四系全新统冲洪积沉积层、第四系坡残积层，下覆地层为混合花岗岩。

根据场地周边条件及土层情况，本项目采用咬合桩＋内支撑＋锚索结构，原设计内支撑为混凝土结构如图 1 所示，后变更为装配式张弦梁钢支撑如图 2 所示，局部结合混凝土支撑和锚索。采用张弦梁钢支撑后取消中间大对撑，使得西边两层地下室与东边三层地下室区域完全独立分开，为地下室穿插流水作业提供便利。

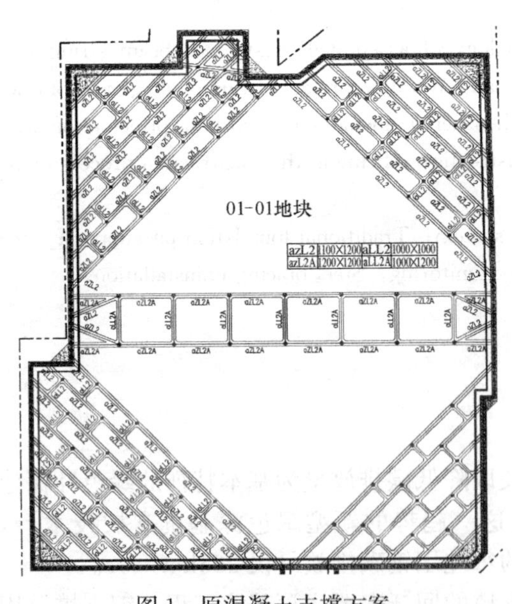

图 1 原混凝土支撑方案

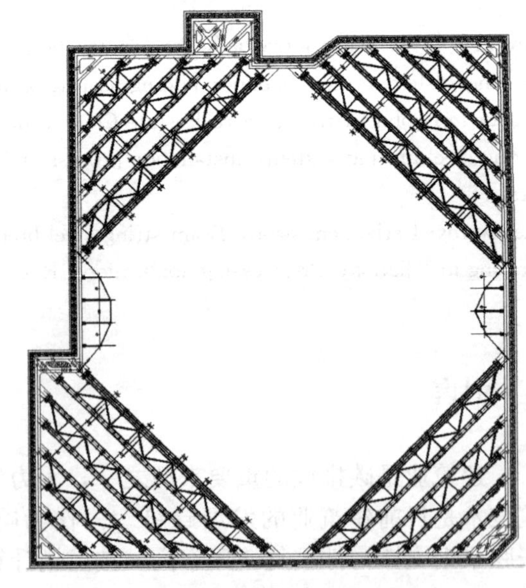

图 2 张弦梁钢支撑方案

项目主要施工特点是：施工任务重，工期直接影响居民的回迁成本因而显得特别紧张；夏天雨季施工，现场高温泥泞、作业环境差；特别是二层角撑纵深大、支撑梁道数多，构件输送困难。

2　张弦梁钢支撑系统

2.1　工作原理

张弦梁钢支撑系统（图 3）是由张弦梁、支撑桁架（梁）和混凝土冠（腰）梁组成的基坑水平受力体系。系统竖向自重采用台架梁（也称支架梁）承托。

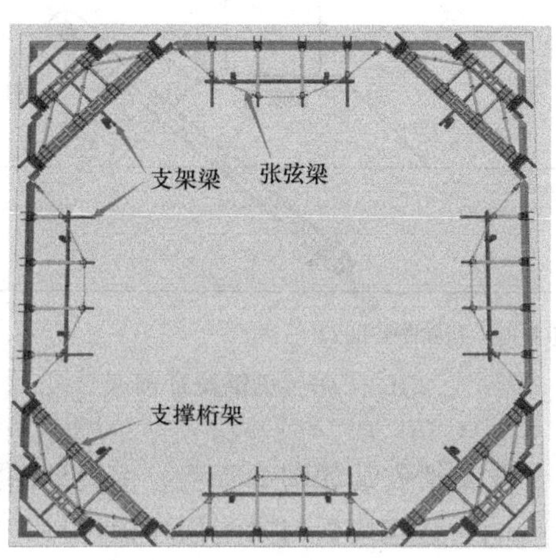

图 3　张弦梁钢支撑系统

区别于传统钢支撑梁采用单（格构）柱的结构受力模式，张弦梁钢支撑主撑长度较小（≤30m）时采用以槽钢为缀板的多肢型钢格构柱，在主撑长度较大（>30m）时采用由前述支撑梁和圆管斜腹杆、型钢直腹杆组成的支撑桁架模式。

张弦梁钢支撑系统主要通过设置多个张弦梁拉开支撑桁架布置间距来降低用钢量、节约造价并方便土方机械作业、缩短工期。如图 4 所示，张弦梁是由高强钢拉杆作弧形弦杆、混凝土冠（腰）梁作直弦杆和中间型钢撑杆组成的混合受力体系，该体系通过顶伸中间撑杆的方式施加预应力。该系统充分发挥混凝土梁受压、钢拉杆受拉的材料特性，具有受力自平衡，加压简单直接可量化，方便多次反复加压的特点，结构安全冗余度高。

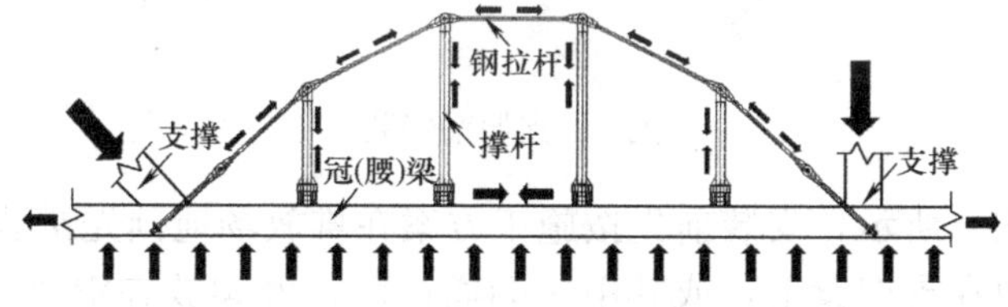

图 4　张弦梁受荷示意图

2.2　安装工艺

张弦梁钢支撑主要工序依次包括预埋、支撑构件安装、二次灌浆、预应力施加和最终拆撑 5 项。因为采用混凝土冠（腰）梁，各施工段钢支撑梁互相独立，彼此之间无关联，能显著降低安装难度，提升安装效率并且方便各施工段班组间流水作业，以此缩短工期。

1. 预埋

现场预埋通常在冠（腰）梁钢筋绑扎基本成型时进行，预埋件包含梁侧预埋板、梁顶预埋板和张弦梁预埋钢拉杆（图 5）。双层张弦梁预埋钢拉杆须在钢筋绑扎前预埋。预埋板须控制平面定位和竖向标高，预埋钢拉杆附加控制偏转角度。

2. 支撑构件安装

依次进行钢牛腿焊接、支架梁安装、支撑桁架（梁）安装和张弦梁安装。

钢牛腿与立柱焊接如图 6 所示，按设计标高进行竖向定位，焊接前连接部位须打磨清理。

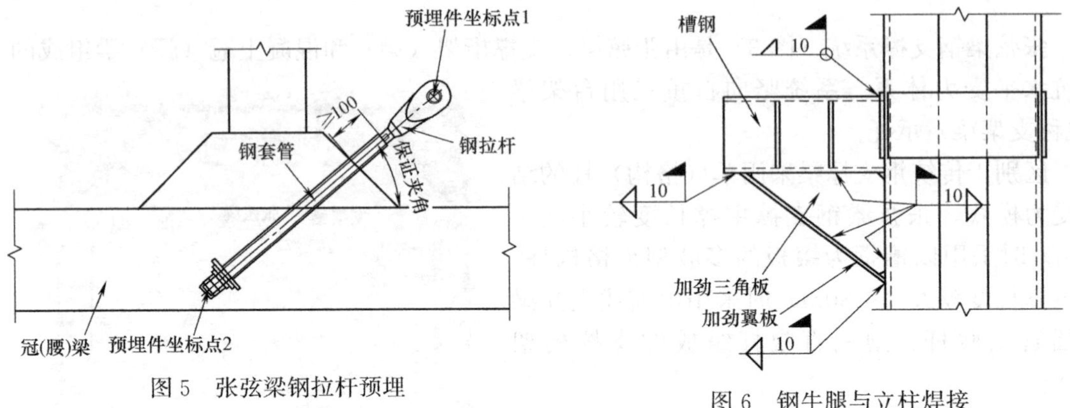

图 5　张弦梁钢拉杆预埋

图 6　钢牛腿与立柱焊接

支架梁安装如图 7 所示，按设计图拼接成段后，两端搁放在钢牛腿上并连接稳固，或者一端通过连接板与梁侧预埋板连接。梁段拼接点须避开支撑梁及钢牛腿。

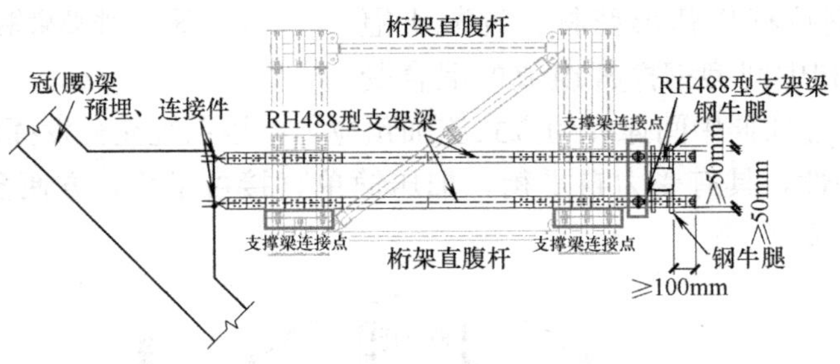

图 7　支架梁安装

支撑梁安装如图 8 所示，安装前先按施工方案在堆放场地预先拼装成段。安装时先就位稳固段（两端架放在支架梁上，或其中一端通过前伸臂架放在混凝土牛腿上），然后按施工方案顺序锁接接长段，接长段除了跟稳固段锁接，另一端尽量搁放到台架梁或端部混凝土牛腿上，否则尽量避开支架梁并进行防倾覆验算。

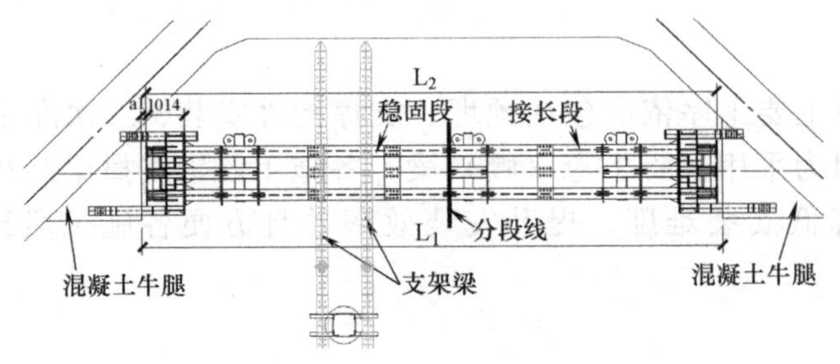

图 8　支撑梁安装

张弦梁安装如图 9 所示，先将中间撑杆安放到位，而后再用销轴将中间钢拉杆与预埋钢拉杆、撑杆尾端节点首尾相连串接在一起。安装完成后采用U形箍将撑杆与其下支架梁锁接在一起。

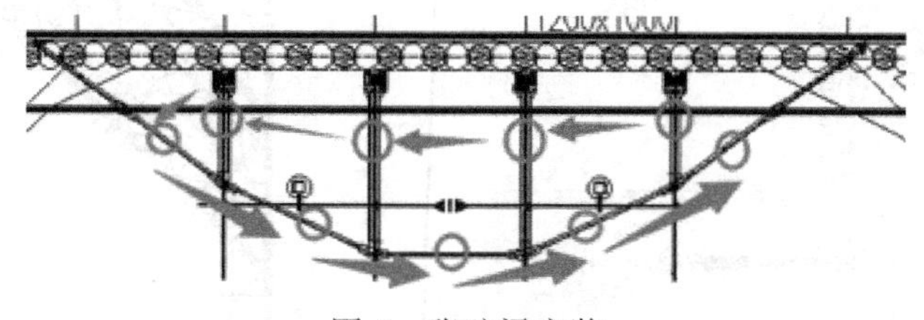

图9 张弦梁安装

3. 二次灌浆

张弦梁支撑系统安装完成后，支撑梁两端、张弦梁撑杆首端与冠（腰）梁间的安装缝隙须采用高强早强型二次灌浆料进行填缝处理。

4. 预应力施加

混凝土冠（腰）梁达到设计强度的80%，二次灌浆强度不小于C20混凝土强度时可进场进行首次预应力施加。预应力施加通过支撑梁两端以及张弦梁撑杆首端的预应力装置和数个千斤顶实现。

张弦梁两端的支撑梁要先于张弦梁撑杆进行加压，张弦梁撑杆加压要以跨中线为对称轴成对对称进行。

加压时按设计要求分批次进行，使用过程中根据现场位移监测情况随时进场进行二次加压。

5. 拆撑

张弦梁钢支撑构件单重低、强度高，能够大跨度悬挑。构件之间采用螺栓连接，拆除方便，因此拆撑时无须搭设满堂架，无场地要求、无污染、对已完成成品保护有利。

换撑施工技术要求满足后可进行张弦梁钢支撑的拆除作业。拆撑前先进行卸压并加强观测。张弦梁撑杆卸压要先于张弦梁两端支撑梁。

首层拆撑时根据塔式起重机负荷能力确定支撑梁分段拆分长度，由两端往中间跨拆除，中间跨采用临时钢管支撑承托后拆除。拆除方案须对单悬臂进行防倾覆验算。

下层拆撑时，通常采用叉车配合塔式起重机进行。拆除方案须对当层楼板及其下满堂落地式钢管架支撑平台进行承载力复核。

3 施工方案

3.1 土方开挖顺序

如图10所示，地块左半区域（1-1区、1D区、1-2区、1C区）为两层地下室区域。该片区为项目地下室出正负零攻坚抢工期战略区域，因此土方开挖、冠梁施工均从西南角开始，由南往北，从西到东按顺时针方向开挖。

相应的，张弦梁钢支撑系统安装从一层西南角开始，顺时针两周到东南角二层安装完成为止。

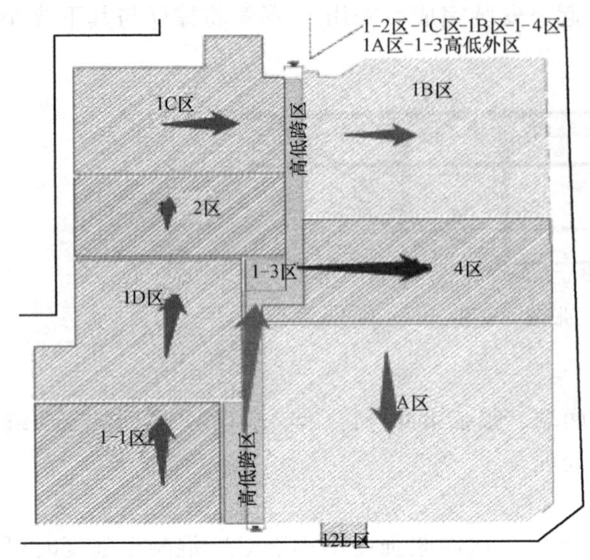

图 10　土方开挖顺序图

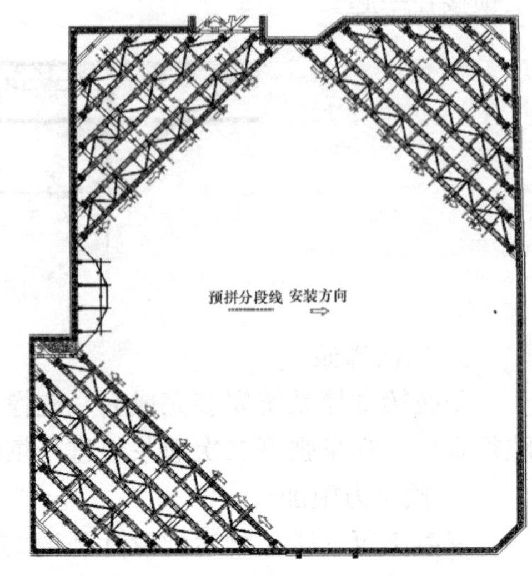

图 11　一层张弦梁钢支撑安装图

3.2　一层张弦梁钢支撑安装

一层钢支撑采用汽车起重机吊装，如图 11 所示，钢支撑梁分段长度不大于 12m，分段构件自重不大于 11t。安装时，总体由基坑边向基坑内逐道梁退装，每道支撑梁按图由一端向另一端顺序安装。每榀支撑桁架安装成型后，即时在支撑梁两端支模并进行二次灌浆作业、养护龄期满足后进场施加预应力。

钢支撑安装从冠梁拆模开始计算工期。按设计要求混凝土支撑养护 14d 后，混凝土强度达到设计强度的 90%后方可进行下一层土方开挖。一层张弦梁钢支撑交付工期统计如表 1 所示，由表可见，张弦梁钢支撑在混凝土冠梁强度满足土方开挖条件前均能交付使用。

一层张弦梁钢支撑交付工期表　　表 1

施工段	支撑安装	螺栓紧固	二次灌浆	灌浆养护	预应力	合计(d)
西南	4	1	1	2	1	9
西北	3	1	1	2	1	8
东北	4	1	1	2	1	9
张弦梁	1	—	1	2	1	5

3.3　二层张弦梁钢支撑安装

考虑到一层钢支撑及立柱的遮挡，西南、西北、东北三个角撑施工段的二层钢支撑采用折臂随车吊吊装，如图 12 所示，该区域钢支撑梁分段长度不大于 6m，单构件自重不大于 7t。

由于每个角撑段支撑梁道数多，构件输送最大纵深达 34m，为保证安装进度，采用仅保留动臂的挖掘机作为构件吊运设备。根据挖掘机标准参数按照文献［4］反算挖掘机动臂远端铰接点承载力。本项目选用加藤 HD1460R 挖掘机，如图 13 所示对应 F 点竖向承载能力 422.5kN，可以满足最重构件段吊运要求。

与一层相似，每个角撑段由基坑边向基坑内逐道梁退装，每道支撑梁按图由一端向另一端顺序安装。每榀支撑桁架安装成型后，即时在支撑梁两端支模并进行二次灌浆作业、养护龄期满足后进场施加预应力。项目安装完成后总体效果如图 14 所示。

为压缩总工期，要求混凝土腰梁浇筑拆模 7d 后，除腰梁周边按 1∶1 预留土体不开挖外，土方单位提前进场开挖中间土方。围绕这一目标，现场对各工序工期重新编排并合理穿插，将流水作业细分到每道钢支撑梁。二层张弦梁钢支撑交付工期统计如表 2 所示，由表可见，各施工段张弦梁钢支撑在各工序穿插进行的前提下，基本满足腰梁拆模后一周内交付使用的目标。

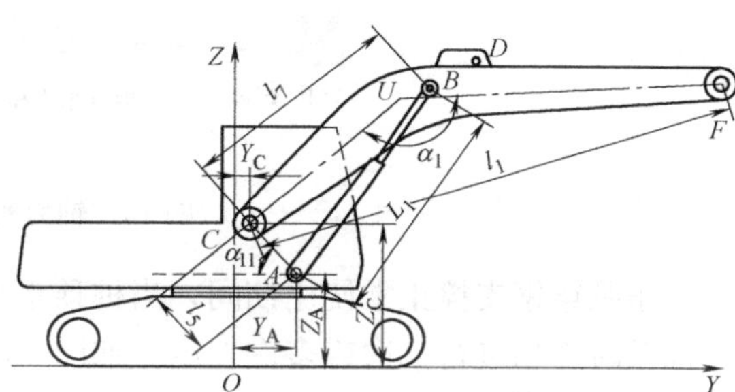

图 13　构件吊运计算图

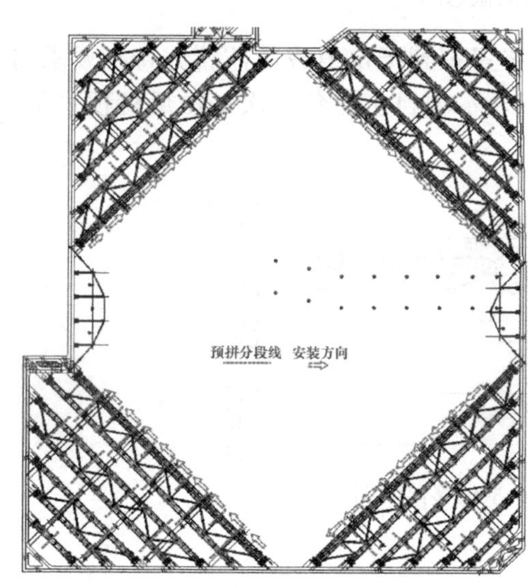

图 12　二层张弦梁钢支撑安装图

图 14　张弦梁钢支撑鸟瞰图

3.4　监测与二次加压

除第三方按设计要求进行常规监测外，张弦梁钢支撑施工单位对关键杆件轴力进行实时监测。如图 15 所示，通过在杆件端部安装振弦传感器，经过现场数据采集发送、服务器数据库处理等技术手段实现监测内容的全自动数据管理、数据服务和数据预警。具有多级别的预警功能，能够实时监测基坑支撑受力状态。

二层张弦梁钢支撑交付工期表 **表 2**

施工段	支撑安装	螺栓紧固	二次灌浆	灌浆养护	预应力	合计(d)
西南	3	0.5	0.5	2	1	7
西北	3	0.5	0.5	2	1	7
东北	3	0.5	0	2	1	6.5
东南	3.5	0.5	0	2	1	7
西张弦梁	1	—	0.5	3	0.5	5
东张弦梁	1	—	0.5	3	0.5	5

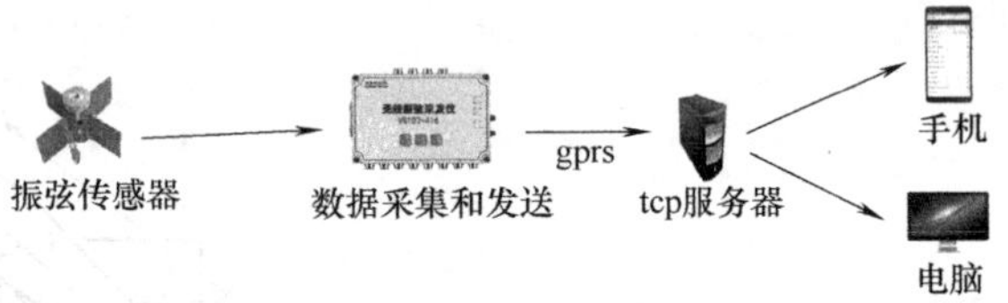

图 15 轴力实时监测概念图

张弦梁钢支撑正常使用期间，当桩顶水平位移累积到指定值或应监管方特别要求时，可以及时进场进行二次或多次加压。如图 16 所示，本项目东北角二次加压后桩顶水平位移监测结果有明显回落。

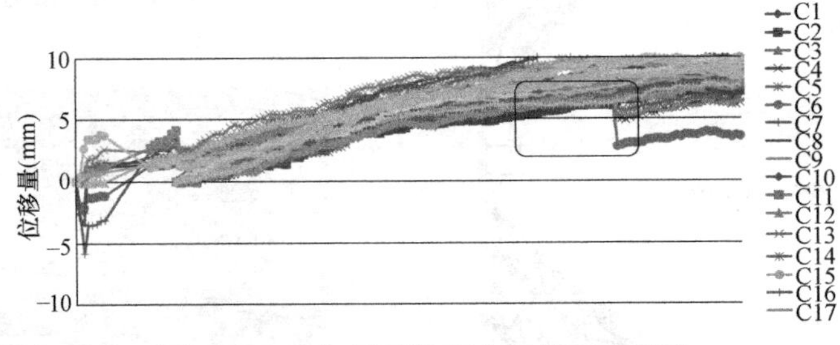

图 16 二次加压后桩顶水平位移监测图

3.5 张弦梁钢支撑拆除

1. 地下室施工

如图 17 所示，1-A 区、1-B 区、1-C 区、1-D 区分别有 A、B、C、D 四座超高层建筑。按照“先张弦梁后支撑梁”的拆撑原则，以拆撑为主要目标，对整个地下室的施工顺序作出如下安排：

（1）施工 1-1 区，拆除第二道钢支撑（不含最外侧钢梁）；

（2）优先施工 1-D 区，主要目的拆除张弦梁及其两端支撑梁；

（3）施工 1-2 区，垫层浇筑完成后，搭设临时钢筋加工厂，后期优先，争取与 1-C 同步完成顶板；

（4）施工 1-C 区，于西区最晚施工；

（5）施工 1-B 区，拆除第二道内支撑（不含最外侧钢梁）；

（6）优先施工 1-4-1 区，主要目的是拆除张弦梁及其两端支撑梁；

（7）施工 1-4-2 区，与 1-A 区同步施工；

（8）施工 1-A 区，于东区最晚施工。

首层钢支撑拆除时，按此顺序进行地下室各施工段各层楼板的施工安排。

2. 卸压

一层钢支撑卸压时，1-1 区南侧毗邻基坑边缘建有三层项目部办公楼，1-A 刚完成负二层顶板浇筑。考虑到 1-1 区换撑受力的复杂性及该部分基坑安全的重要性，该区域钢支撑梁卸压期间持续三天对周围桩顶水平位移点进行观测，并对周边裂缝扩展情况进行紧密观察，随时准备进场复压回顶。

其他施工段张弦梁钢支撑卸压后均观测两个监测周期，无异常后进入下一道工序作业。

3. 拆撑

如图 18 所示，整个场地唯有东侧和东南侧能够停放运输车辆。拆撑时，西半部分钢支撑构件须采用两处塔式起重机接驳装车，东半部分采用一座塔式起重机即可直接装运。如表 3 所示，张弦梁钢支撑拆除与装运主要在夜间利用塔式起重机空闲时间进行，不影响其他班组日常使用。

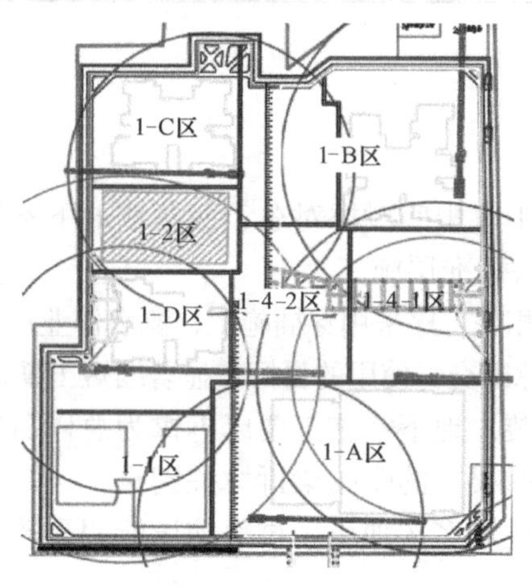

图 17　地下室分区与主楼布置图

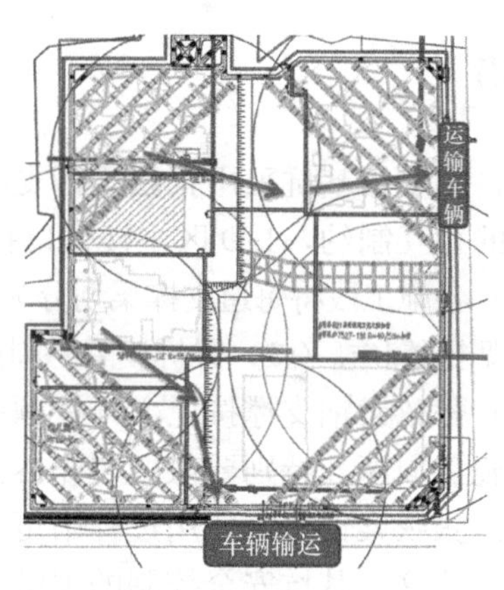

图 18　拆撑吊运路线图

表 3 中，西边第一层张弦梁拆除时间为 2022 年 1 月 10 日，东北角撑最长桁架（支撑梁编号 6、7）拆除时间为 2022 年 3 月 31 日。此两处支撑换撑条件与图 1 中混凝土对撑相同。由此可见，本项目采用张弦梁钢支撑方案后，仅换撑工序一项，D 栋施工工期能节约 50d（扣除春节 30d）。若再考虑约 900m^3 的混凝土对撑施工工期 10d（每层 5d），养护龄期 28d（每层 14d），即使不考虑土方开挖效率的提升，D 栋高层建筑施工总工期可以缩短 3 个月。

拆撑工期表（钢梁按从短到长编号）　　**表 3**

施工段	钢梁编号	拆撑日期	拆除时间(d)	合计(d)
西南 2	1～5	12.18～12.19	2.5	4.5
	6、7	12.24～12.25	2	
西张弦梁 2	—	12.18	0.5	0.5

续表

施工段	钢梁编号	拆撑日期	拆除时间(d)	合计(d)
西北 2	1～4	1.3～1.4	1.5	3.5
	5、6	1.5～1.6	2	
东北 2	1～5	1.10～1.12	2.5	4.5
	6、7	1.19～1.20	2	
东张弦梁 2	—	1.18	0.5	0.5
东南 2	1～4	1.19～1.20	1.5	3.5
	5、6	1.11～1.12	2	
西南 1	1～5	1.1～1.2	1.5	2
	6、7	2.17～2.18	2	
西张弦梁 1	—	1.10	0.5	0.5
西北 1	1～6	3.7～3.8	1.5	3.5
东北 1	1～5	3.27～3.29	2	3
	6、7	3.31	1	

4 结语

（1）本项目基坑采用张弦梁钢支撑后，由于减少了中间对撑对东、西两侧地下室拆换撑施工的相互制约，1-D 区主楼得以提前 3 个月进入标准层施工。

（2）各施工段将每道支撑梁划分为一小施工段，相关工序采用穿插施工、流水作业后，基本能实现混凝土冠（腰）梁拆模后一周内张弦梁钢支撑即交付使用的目标，显著缩短工期。

（3）张弦梁钢支撑按土方开挖顺序适时进场安装。地下室施工要以拆撑为总体目标编排区域施工顺序，特别要兼顾“先拆张弦梁后拆支撑梁”的张弦梁拆撑关键点。

（4）张弦梁钢支撑使用过程中可以随时按要求进场多次加压，再次加压能明显改善桩顶水平位移这一基坑安全控制的关键指标。

（5）拆撑过程中，张弦梁钢支撑采用先卸压、持续监测，后拆撑的作业模式，对拆换撑后的基坑安全增加了特别保障。

（6）深基坑下层支撑，特别是支撑梁道数多，构件输送纵深大、距离长的下层角撑，采用经过特别验算后仅保留动臂的挖掘机进行吊运或吊装是安全可行的。

参考文献

［1］ 吕娟. 住宅建筑施工阶段碳排放核算研究［J］. 黑龙江科技信息，2017（33）：109-110.

［2］ 曹进，危斯敏. 探讨张弦梁钢支撑系统在深基坑支护中的应用［J］. 低碳世界，2020，10（11）：89-90.

［3］ 中华人民共和国住房和城乡建设部. 建筑碳排放计算标准：GB/T 51366—2019［S］. 北京：中国建筑工业出版社，2019.

［4］ 刘佳，方剑仙. 挖掘机动臂设计分析［J］. 建筑机械，2021（4）：48-49+55.

PCMW 工法在软土地区基坑工程中的应用

宋银豪，聂艳侠，刘卫未，朱浩博，史江川，谢志成
（中建一局集团建设发展有限公司，北京 100102）

摘　要：在绿色低碳的行业发展趋势下，凭借混凝土等材料用量少、控制变形好、现场无废弃泥浆、施工速度快、成桩质量可控性强等特点，PCMW 工法桩在软土地区有着广阔的应用前景，特别是配合大面积预应力管桩基础，成本优势明显。以淮安市某深基坑工程 PCMW 工法桩＋旋喷锚索支护体系为例，对方案设计、施工质量及精度控制、施工效果等方面进行详细阐述和分析。

关键词：PCMW 工法；基坑工程；软土；低碳

Application of PCMW Construction Method in Foundation Pit Engineering in Soft Soil Area

Song Yinhao，Nie Yanxia，Liu Weiwei，Zhu Haobo，Shi Jiangchuan，Xie Zhicheng
(China Construction First Group Construction & Development Co.，Ltd.，Beijing 100102，China)

Abstract: With the development trend of green and low-carbon industry，PCMW construction method piles have broad application prospects in soft soil areas by virtue of the characteristics of less concrete and other materials，good deformation control，no waste mud on site，fast construction speed and strong controllability of pile quality. Especially with large area prestressed pipe pile foundation，the cost advantage is obvious. Taking the PCMW construction method pile combined with rotary shotcrete anchor cable support system of a deep foundation pit project in Huai'an City as an example，the design，construction quality and precision control，construction effect and other aspects are elaborated and analyzed in detail.

Key words: PCMW；Foundation pit engineering；Soft soil；Low carbon

0　引言

随着“碳达峰”“碳中和”战略目标的提出，并纳入生态文明建设总体布局，体现了我国在应对全球气候变暖问题上的担当与决心。建筑领域的能源消耗被公认为是造成温室气体排放的重要因素之一，因此降低建筑领域碳排放对双碳战略目标实现具有重要意义。“十四五”规划纲要提出要“发展智能建造，推广绿色建材、装配式建筑和钢结构住宅，建设低碳城市”。发展节能减排的绿色建筑，促使整个建筑行业采用创新设计理念、新型环保建材、降低建筑物二氧化碳排放量、改善建筑物整个生命周期的性能，是城市发展整体降碳的重要措施。

随着城市化发展速度越来越快，地下工程的开发利用可以有效缓解城市用地紧张的情况，深基坑工程也逐渐向更深更大的方向发展。目前深基坑工程普遍存在环境污染严重、材料利用效率低、资源消耗量大等问题，与我国的双碳战略目标相矛盾，因此深基坑工程的节能减排不仅要体现在施工过程中，更要在设计阶段将低碳节能思想考虑进去。预应力高强混凝土管桩由于具有施工速度快、生产集成度高、桩身质量控制好、施工过程中无需泥浆等特点，相比传统的钻孔灌注桩等作业方式，现场施工更加低碳环保[1]。为了提高预应力高强混凝土管桩的水平承载能力，在管桩中加入一定数量的非预应力钢筋，形成混合配筋预应力混凝土管桩（PRC 管桩）可有效提高预应力混凝土管桩的受弯承载力[2]。PCMW（Prestressed Concrete Tube-pile Soil-cement Mixed Wall）工法是三轴水泥土搅拌桩内插预应力管桩技术的简称，作为一种新型工艺近年来得到广泛应用，该工法是通过在水泥土搅拌桩内插入 PRC 管桩，从而形成兼具挡土与止水功能的复合支护结构，管桩主要承受水平土压力作用，控制基坑变形稳定，水泥土搅拌桩的相互搭接咬合起到良好的止水作用[3-5]。由于 PCMW 工法具有承载能力高，支护结构占用空间小，经济性能优良，对环境影响较小的特点，因此在基坑支护工程中逐渐得到越来越多的应用。本文将结合江苏省淮安市某一工程案例介绍 PCMW 工法的设计施工方案，并探讨 PCMW 工法在节能减排方面的应用。

1 工程概况

本工程位于江苏省淮安市经济开发区，北邻深圳东路，西邻鸿海北路。该项目建筑面积约 180459m^2，拟建建筑包括 1 号、2 号、5 号厂房、3 号仓库、地下管廊等，设有两层地下室，主体采用框架结构。

本基坑开挖面积约为 17000m^2，支护结构周长约为 1550m，基坑整体形状成 L 形，1 号基坑东西方向长约 180m，南北宽约 14m，基坑最大深度 8.55m；2 号基坑东西方向长约 70m，南北方向长约 140m，基坑最大深度 13.65m，如图 1 所示。

1.1 周边环境

拟建场地北侧为深圳东路，距离基坑开挖范围约 150m；西侧为鸿海北路，距离基坑开挖范围约 180m；南侧距离富士康综合保税区围墙约 30m，西侧地块为一在建厂房项目，两项目共用一堵围墙，坑顶距离围墙约 63m。

1.2 工程地质条件

拟建场地为空地，场地地势平坦，属于徐淮黄泛平原区，地貌单元属冲积扇三角洲平原，场地地势略有起伏，局部存在沟塘，地面标高一般在 9.38～10.7m 之间，根据地质勘察报告，本项目基坑开挖范围内主要岩

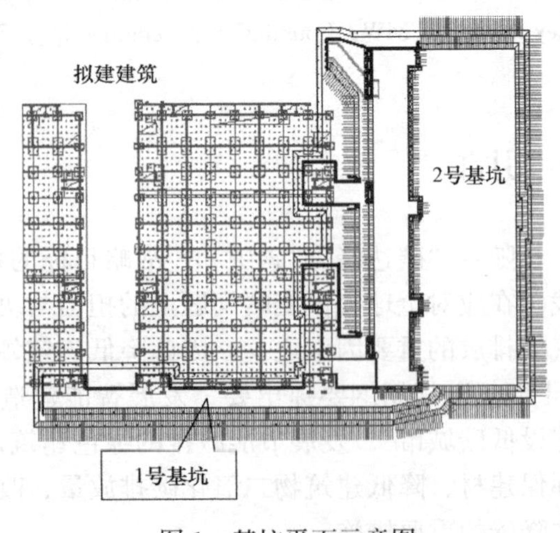

图 1 基坑平面示意图

土层分布如表 1 所示。

工程地质特征描述 **表 1**

土层层号	土层名称	颜色	状态	密实度	土层描述
①层	杂填土	杂色		松散	以粉土为主，含植物根茎及建筑垃圾，土质不均匀
$②_1$ 层	砂质粉土	灰黄色	很湿	稍密	摇振反应迅速，无光泽反应，局部夹杂少量软塑状粉质黏土薄层，干强度及韧性低
$②_2$ 层	淤泥质粉质黏土	灰黑色	软塑		局部流塑，切面稍光滑，干强度及韧性中等
$②_3$ 层	黏土	青灰色	可塑		切面较光滑，无摇振反应，干强度及韧性高
$③_1$ 层	黏土	灰黄色	硬塑		切面光滑，无摇振反应，含铁锰质结核，干强度及韧性高
$③_2$	砂质粉土	灰黄色	饱和	中密	摇振反应一般，无光泽反应，含少量云母碎屑，干强度及韧性低
$③_3$	粉质黏土	灰黄色		硬塑	无摇振反应，无光泽反应，局部夹杂大量砂质粉土，干强度及韧性中等
$③_4$	黏土	灰黄色		硬塑	切面有光泽，含铁锰质结核和粒径为 1～3cm 的砂砾，少数砂砾粒径在 3～5cm，干强度及韧性高

1.3 水文地质条件

拟建场地地下水类型主要为孔隙潜水和承压水，潜水主要赋存于①层杂填土和$②_1$ 层砂质粉土中，稳定水位埋深 0.21～2.6m；承压水主要赋存于$③_2$ 层砂质粉土中，承压水水头标高约 3.3m，补给来源主要是同一含水层地下水的侧向补给。地下水均位于基坑开挖深度影响范围内，支护设计时应考虑地下水带来的影响。

2 基坑支护设计方案

2.1 方案选型

1 号基坑大面开挖深度 7.65m，最深开挖深度 8.55m，2 号基坑最大开挖深度 13.65m。支护方案的选用不仅要考虑基坑开挖期间支护结构和周边建（构）筑物的安全、施工便捷、工期、成本等因素，同时也要贯彻绿色低碳节能减排的思想。从周边环境看，基坑局部邻近同期建筑的工程桩，需要重点考虑基坑开挖期间桩体水平位移问题；从地质情况看，基坑开挖范围内土层力学性能较好，但需要考虑开挖深度范围内地下水的影响。类似本项目开挖深度的基坑工程按经验通常考虑采用钻孔灌注排桩＋止水帷幕或 SMW 工法桩＋锚索的方法，现分别从各自的优缺点以及成本、工期方面将以上两种方案与 PCMW 工法桩做对比，如表 2 所示。

2.2 排桩设计

本项目基坑最深开挖深度 13.65m，采用 PCMW 工法桩＋两道预应力旋喷锚索的支护形式，坑顶 2.3m 高度范围内采用 1∶1 放坡卸荷，支护剖面图如图 2 所示。PCMW 工法桩采用 ϕ850@1200 三轴水泥土搅拌桩内插 PRCⅠ600（130）C 型管桩。

支护结构优缺点分析 **表 2**

方案	优点	缺点	成本	工期
钻孔灌注桩＋止水帷幕	刚度大，变形小	现场施工成桩质量不易保证，易形成桩面蜂窝、桩身夹泥断层等缺陷，产生大量泥浆，不利于绿色文明施工	较高	施工速度较慢，工期较长
SMW 工法桩	施工速度快，现场无污染，型钢可回收，可兼做挡土与止水结构	支护刚度弱，变形较大	综合考虑租赁期在 6 个月内成本与 PCMW 工法桩相一致	施工速度快，与 PCMW 工法桩一致。后期拔桩前需拆除锚头，进度较慢
PCMW 工法桩	刚度大，变形小，PRC 管桩标准化工厂制作，集成化程度高，节约材料，质量稳定，桩身强度高，对环境污染小，可兼做挡土与止水结构	不宜采用接桩方式进行基坑支护，基坑支护深度受限，沉桩标高不易控制	相比混凝土灌注桩可节约 30%左右造价	施工速度快，较灌注桩可节约 25%左右工期

岩土力学性能参数 **表 3**

层号	岩土名称	天然重度 $\gamma(kN/m^3)$	黏聚力 $c(kPa)$	内摩擦角 $\varphi(°)$	渗透系数	
					$K_v(cm/s)$	$K_h(cm/s)$
①	杂填土	(18)	(6.0)	(13.0)	5.0×10^{-3}	6.0×10^{-3}
$②_1$	砂质粉土	18.39	9.4	24.5	2.54×10^{-4}	3.41×10^{-4}
$②_2$	淤泥质粉质黏土	17.72	18.5	8.0	3.47×10^{-5}	4.13×10^{-5}
$②_3$	黏土	18.8	56.5	16.2	3.84×10^{-6}	4.58×10^{-6}
$③_1$	黏土	19.26	75.0	17.0	2.39×10^{-6}	3.34×10^{-6}
$③_2$	砂质粉土	19.4	10.9	25.4	5.75×10^{-4}	5.53×10^{-4}
$③_3$	粉质黏土	19.64	73.1	16.5	5.7×10^{-5}	6.5×10^{-5}

2.3 计算分析

根据《建筑基坑支护技术规程》JGJ 120—2012 第 4.1.1 条挡土结构宜采用平面杆系结构弹性支点法进行分析。因此，在进行支护桩设计时需考虑桩身刚度对受力及变形的影响。基坑开挖深度范围内土层的主要力学性能参数如表 3 所示。

鉴于目前行业内基坑支护设计软件并没有 PRC 管桩模型，因此本项目利用等刚度代换法选择合适的 PRC 管桩型号进行代换计算，使用理正深基坑支护设计软件的混凝土灌注桩计算模型对基坑进行设计。

本工程采用 PRC Ⅰ-600（130）AB-C80 及 PRC Ⅰ-600（130）C-C80 型管桩，与灌注桩等刚度代换公式如下：

$$\frac{\pi d_1^4}{64}E_1=\frac{\pi D^4(1-\alpha^4)}{64}E_2 \tag{1}$$

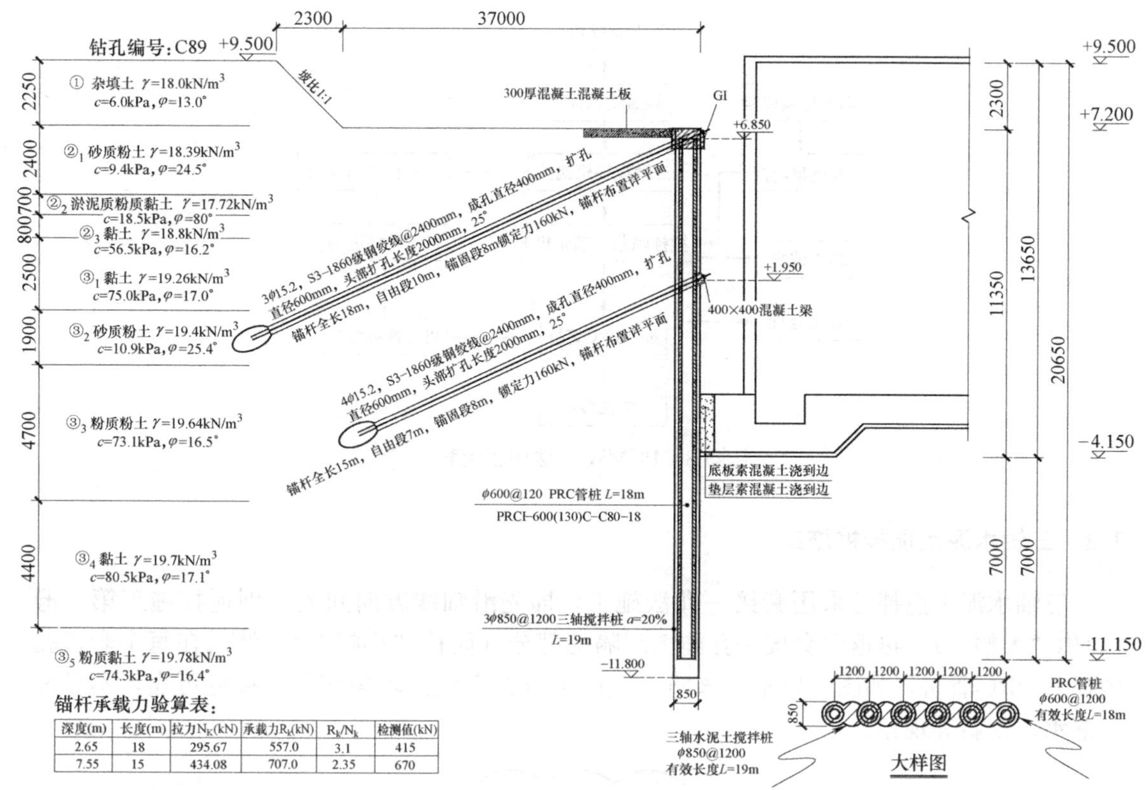

深度(m)	长度(m)	拉力N_K(kN)	承载力R_k(kN)	R_k/N_k	检测值(kN)
2.65	18	295.67	557.0	3.1	415
7.55	15	434.08	707.0	2.35	670

图 2　基坑支护形式

式中：d_1——等代换灌注桩直径（mm）；

α——管桩内径与外径的比值，$\alpha=(600-130\times2)/600=0.57$。

代换时灌注桩与管桩混凝土强度等级均考虑采用 C80 混凝土，故 $E_1=E_2$，经计算可得 $d_1=583.5$mm。

计算结果显示，基坑支护结构最大位移、最大弯矩、最大剪力均出现在基坑开挖到基底时，最大位移 35.04mm，最大弯矩 436kN·m，最大剪力 213.66kN，PRC 管桩的物理力学参数如表 4 所示，均具有一定的安全储备值。

PRC 管桩力学性能参数　　　　**表 4**

规格型号	受弯承载力设计值(kN·m)	受剪承载力设计值(kN)
PRC Ⅰ-600(130)C	544	410

3　施工工艺

3.1　施工流程

PCMW 工法施工流程如图 3 所示。

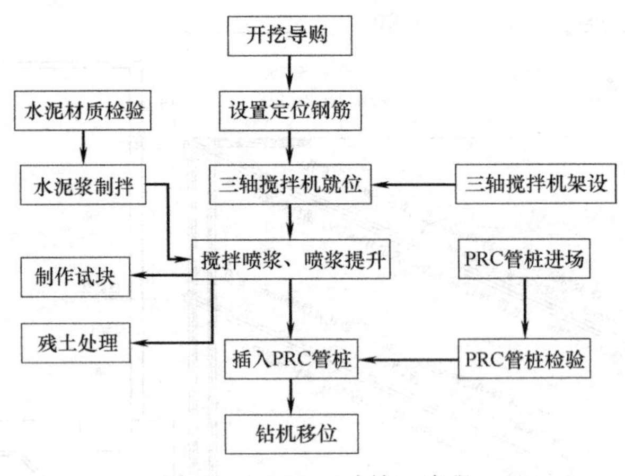

图 3　PCMW 工法施工流程

3.2　三轴水泥土搅拌桩施工

三轴水泥土搅拌桩采用套接一孔法施工，即先沿轴线方向间隔一副搅拌施工第一遍（简称“大幅”），再返回套接一孔施工间隔的部分（简称“小幅”），然后在每个套接孔内插入 PRC 管桩，如图 4 所示。该施工顺序优点在于搅拌均匀充分，接缝可靠，不易发生漏水、偏斜等现象。

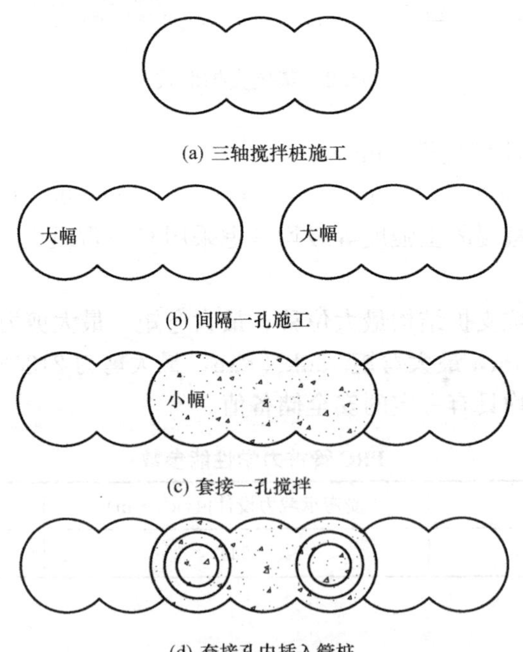

图 4　三轴水泥土搅拌桩套接一孔法

为保证水泥浆与土体充分搅拌均匀，钻进时采用四搅两喷施工工艺，钻进速度控制在 0.8～1m/min 之间，钻杆提升速度控制在 1.0～1.5m/min 之间，搅拌提升时应防止速度过快使孔内产生负压而造成周边地基沉降。

搅拌桩施工时应连续作业，桩与桩的搭接时间不得超过 24h，若因意外导致超时不连续工作从而出现冷缝现象，则应在冷缝外侧补打一幅素搅拌桩，以保证基坑的止水性，如图 5 所示。

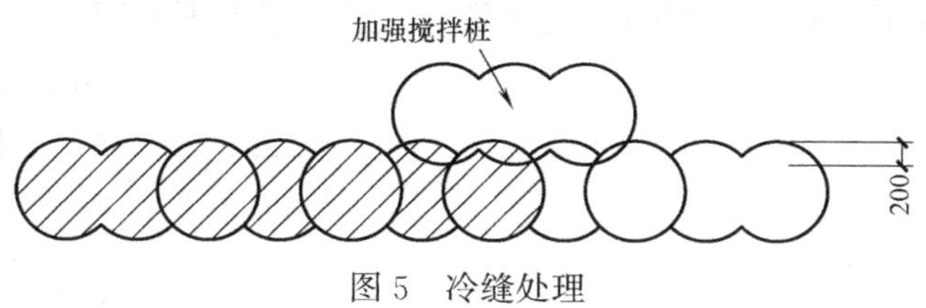

图 5　冷缝处理

3.3　管桩施工

为防止水泥土初凝变硬后施工困难和破坏搅拌桩结构的完整性，PRC 管桩应在搅拌桩施工完成后及时插入，最晚不得超过 3h。

沉桩前期管桩可依靠自重下沉，后期由于水泥土浆液的阻力逐渐增加而产生困难，为保证管桩能顺利下沉至设计标高，管桩端部通过定制钢护筒与振动锤相连，在激振力作用下将管桩逐渐送至设计标高，如图 6 所示。若因意外情况导致不能及时送桩，则应在原桩位重新施工搅拌桩。

插入管桩时由于受到水泥土浆液的阻力在最后阶段可能会发生左右倾斜，依靠自重难以沉至设计标高，此时利用振动锤与钢护筒辅助管桩下沉并采用两台全站仪于相互垂直的方向分别校准管桩的垂直度与标高，如图 7 所示，管桩的垂直度偏差不超过 0.5%，桩顶标高控制在±100mm 内。

图 6　PRC 管桩插入

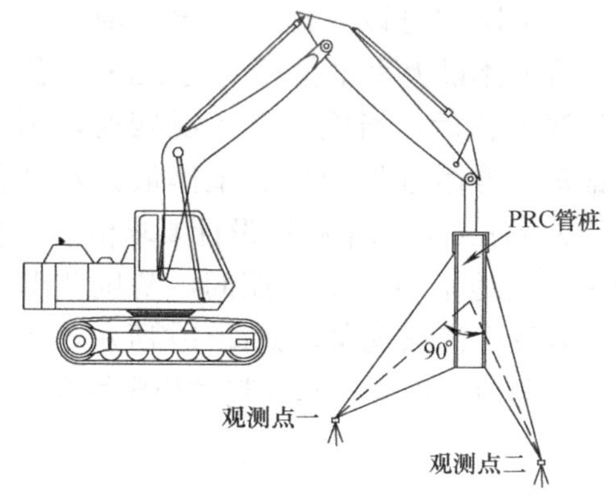

图 7　管桩垂直度控制

4　基坑监测

根据信息化施工原则，应在基坑开挖过程中对基坑变形、周边建筑及地面沉降、坑外水位进行动态化监测，以保证基坑施工过程中的安全。

基坑监测报告显示 PCMW 工法桩最大水平位移发生在 2 号基坑深度为 13.65m 位置处，在基坑开挖期间其桩顶水平位移累计值与开挖时间的关系如图 8 所示，从图中可以看出在开挖前期桩顶水平位移一直保持在一个较低的水平；在开挖至第二道锚索标高处时，虽然其水平位移发生较大的变化，但变形速率仍低于设计控制速率；在第二道锚索张拉施工完成之后，其变形速率趋于平缓；开挖至基坑底设计标高之后，最大水平位移值为26.4mm，在整个地下工程施工期间其变形稳定，保证了地下工程的施工安全。

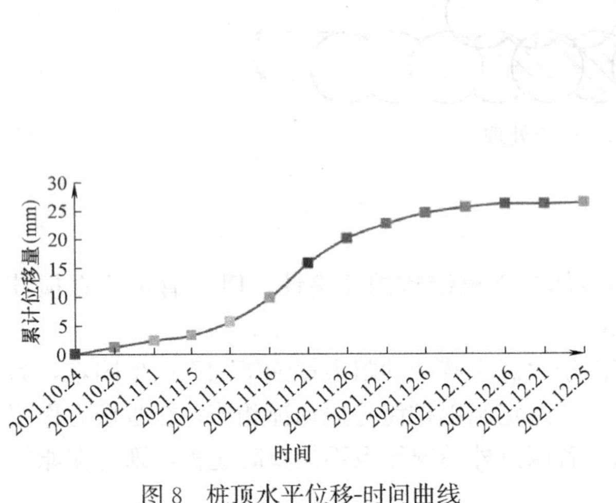

图 8　桩顶水平位移-时间曲线

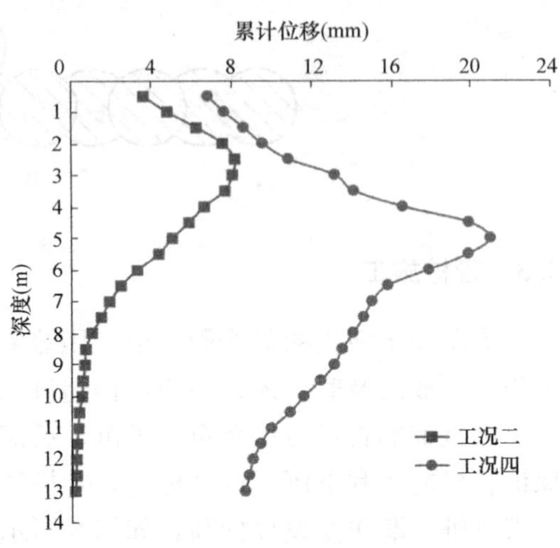

图 9　不同工况下基坑外侧土体深层水平位移实测值

图 9 为不同工况下基坑外侧土体深层水平位移实测值，工况二为开挖至冠梁处施工第一道锚索，工况四为土方开挖至基坑底，由图中可以看出在工况二时，支护桩背后土体最大水平位移约为 8mm，位于冠梁深度背后；当施工至工况四时，第二道锚索上方附近处的桩后土体最大水平位移约为 21mm，均未超过设计要求值。在整个基坑及地下结构施工期间，基坑侧壁完好，未发生渗漏现象，如图 10 所示，各项指标监测值均正常，基坑整体稳定性良好。

图 10　支护结构开挖侧壁图

5　结论

（1）软土地区采用 PCMW 工法桩的支护形式可有效控制基坑整体变形，施工期间稳定性良好，整体变形小，对周边环境影响小。

（2）采用等刚度代换模式计算方法用在 PRC 管桩基坑支护设计中是可行的，变形实测值均小于计算值。

（3）管桩在工厂集中生产，成桩质量可靠，材料利用率高，较传统基坑支护形式相比施工时产生较少的泥浆及废弃物，符合低碳环保的绿色施工概念。

（4）相比其他支护形式，PCMW 工法在保证基坑安全的基础上，降低了工程造价，且有效缩短了施工工期，具备良好的经济性能。

参考文献

［1］ 毛贞美. 桩基础生命周期能源消耗及环境影响评价［D］. 杭州：浙江大学，2013.

［2］ 赵升峰，黄广龙，马世强，等. 预制混凝土支护管桩在深基坑工程中的应用［J］. 岩土工程学报，2014，36（S1）：91-96.

［3］ 杜新喜，胡锐，袁焕鑫，等. 混合配筋预应力混凝土管桩抗弯承载性能研究［J］. 土木工程学报，2019，52（1）：44-52.

［4］ 朱小安. PCMW 工法与旋挖灌注桩深基坑支护对比研究［J］. 广东土木与建筑，2020，27（5）：21-22＋27.

［5］ 郁雷. PCMW 围护结构在深基坑中的应用与研究［D］. 北京：中国矿业大学，2021.

GCL 竖向阻隔屏障技术及其在污染场地中的应用

何顺辉，张健，谢世平，郑勇亚
（天津中联格林科技发展有限公司，天津 301617）

摘　要： 竖向阻隔屏障是污染场地风险管控治理的有效工程控制措施，为满足日益严苛的环保防渗要求，复合结构的竖向阻隔屏障得到越来越多的关注。GCL 竖向阻隔屏障为新型复合结构垂直防渗技术，将防渗性能优异的 GCL 与低渗透性墙体组成复合防渗结构，能够解决现有竖向阻隔屏障技术存在的防渗等级低、接头部位渗漏等问题。工程实践证明，GCL 竖向阻隔屏障技术防渗性能优异，为类似项目的垂直防渗技术选择提供参考。

关键词： 竖向阻隔；垂直防渗；复合防渗；GCL；污染管控

GCL Vertical Anti-seepage Barrier Technology and Its Application in Contaminated Sites

He Shunhui，Zhang Jian，Xie Shiping，Zheng Yongya
（Tianjin Zhonglian Gelin Science and Technology Development Co.，Ltd.，Tianjin 301617，China）

Abstract: Vertical barrier is an effective engineering control measure for risk management and control of polluted sites. In order to meet the increasingly stringent impermeability requirements of environmental protection，the vertical barrier of composite structure has attracted more and more attention. GCL Vertical Anti-seepage Barrier is a new type of composite structure vertical impermeability technology，which combines GCL with excellent anti-seepage performance and low permeability wall to form a composite anti-seepage structure，which can solve the problems of low anti-seepage grade and joints leakage of existing vertical barrier technology. Engineering practice has proved that the GCL vertical anti-seepage barrier technology has excellent anti-seepage performance，which provides a reference for the selection of vertical anti-seepage technology for similar projects.

Key words: Vertical barrier；Vertical anti-seepage；Composite anti-seepage；GCL；Pollution control

0　引言

在污染场地风险管控治理中，工程控制措施是重要的治理手段，即通过不同形式的人

基金项目：国家重点研发计划（2019YFC1805004）。

作者简介：何顺辉，副总经理，工程师，E-mail：tjzlgl@163. com。

工阻隔系统，将污染物封存起来，或限制污染物迁移，或切断暴露途径，从而降低污染物的暴露风险，保护受体安全[1]。常用的工程控制措施包括水平覆盖、底部防渗和竖向阻隔等[2]。在污染场地治理中，竖向阻隔屏障的基本作用是将两块区域竖向分隔开来，切断污染物与周围环境的联系，管控污染场地中污染物向外界扩散，同时控制外界地下水流入污染场地，从而实现对污染物的有效管控治理[3]。

竖向阻隔屏障的种类繁多，按照结构类型可分为单层结构和复合结构[4]，《工业污染场地竖向阻隔技术规范》HG/T 20715—2020 规定，单层及复合竖向阻隔屏障渗透系数不应大于 1.0×10^{-7}cm/s，而常见的非开挖式水泥系竖向阻隔屏障、塑性混凝土墙等单层结构墙体的渗透系数通常在 $10^{-7}\sim10^{-6}$cm/s 数量级，其并不能满足环保防渗要求。近年来，为满足污染场地较高的竖向防渗等级要求，复合结构的竖向阻隔屏障技术得到越来越多的应用，通过将如钠基膨润土防水毯（简称 GCL）等高性能土工防渗材料用于竖向阻隔屏障中，与墙体组成复合防渗系统，使得防污性能显著提升，渗透系数能够满足环保要求[5]。

GCL 竖向阻隔屏障技术是自主研发的一种新型复合垂直防渗技术，已在国内的多个污染场地风险管控项目中得到应用[6,7]，本文通过详细介绍 GCL 竖向阻隔屏障的技术特点及其工程应用情况，为项目设计人员和业主在方案选择时提供参考。

1　GCL 竖向阻隔屏障技术介绍

1.1　技术简介

GCL 竖向阻隔屏障是由 GCL 复合构件与低渗透墙体组成的新型复合垂直防渗技术，其通过解决 GCL 竖向平直下放、材料搭接、拐角部位施工等一系列难题，将 GCL 引入垂直防渗领域，与低渗透性墙体组成复合防渗结构，筑成具有防污抗渗功能的复合竖向阻隔屏障。GCL 竖向阻隔屏障技术是在开挖成槽后，先沿槽壁一侧或者两侧竖向铺设 GCL 复合构件，然后在槽内回填低渗透性墙体材料，筑成具有防污抗渗功能的复合垂直防渗屏障，使其能够应对复杂的污染环境。

GCL 复合构件是为实现 GCL 在沟槽内垂直铺设而进行的定制化改造，GCL 为常用的高性能土工防渗材料[8]，渗透系数 $5\times10^{-10}\sim5\times10^{-9}$cm/s，其在复合竖向阻隔屏障中能够提升整体的防渗性能（图 1）。GCL 复合构件通过搭接形成防渗整体，搭接部位防渗性能符合环保防渗等级要求[9]。GCL 搭接缝和墙体的接头缝错开 50cm，依靠 GCL 优异的防渗性能，能够解决单层结构墙体存在的防渗性能差，接头部位渗漏等问题[10]，以满足环保等领域高防渗等级要求。

低渗透墙体为渗透系数在 10^{-7}cm/s 量级内的垂直防渗墙，可选择土-膨润土墙、水泥-膨润土墙、塑性混凝土墙等常规防渗墙体，还可以针对特定污染物设计成为低渗透性反应墙，使反应介质能够对进入墙体内污染物进行吸附、反应，将有害物质截留在墙体内，以更好地控制污染物扩散。低渗透墙体的初步阻挡、反应、吸附污染物，可为 GCL 发挥优异的防渗性能提供外部环境。

工程实际应用中，会根据现场实际情况有针对性选择 GCL 与低渗透墙体的组合类型，并经实验室验证后方可应用。

1.2 性能指标

图1 垂直铺设 GCL 复合构件

(1) GCL 竖向阻隔屏障在常规防渗墙基础上发展而来，技术上安全可靠，防渗系数<1×10^{-7}cm/s，符合环保防渗要求。

(2) 将 GCL 定制化改造成复合构件，配合专用施工机械和施工工艺，实现了柔性 GCL 在沟槽内垂直铺设施工。

(3) GCL 表层为粗糙的无纺布及无纺纤维，能够与墙体材料及周围土体紧密结合。

(4) GCL 竖向采用搭接连接，与同为复合防渗结构的 HDPE 垂直帷幕技术相比，本技术施工简单，可满足超深槽段垂直铺设。

(5) 根据工程要求和污染物特性设计或选择适宜的 GCL 和墙体类型。

(6) GCL 竖向阻隔屏障解决了现有垂直防渗墙接头处渗漏、防渗等级低等缺点，复合结构防渗性能优异，非常适合在环保等领域中应用。

已竣工 GCL 竖向阻隔屏障项目一览表 **表1**

序号	工程名称	施工时间
1	静海区东城存量垃圾填埋场环境治理项目	2017
2	定远县炉桥镇非正规垃圾填埋场整治工程	2018
3	颍上县慎城镇颍滨村非正规垃圾堆放点整治工程	2019
4	宁河冯庄子垃圾临时存放点 GCL 复合垂直防渗屏障综合治理工程	2019
5	来安县汊河镇非正规垃圾堆放点整治工程垂直防渗工程	2020
6	蚌埠市王岗非正规垃圾填埋场综合整治 EPC 项目	2020
7	霍山县生活填埋场封场项目垂直防渗工程	2021

1.3 技术优势

GCL 竖向阻隔屏障技术是在传统垂直防渗墙基础上发展而来的，在技术上安全可靠，防渗性能优异，非常适合在环保领域中应用。该工程中除了铺设 GCL 复合构件为全新技术，其他工序施工过程与常规地下连续墙建造大致相同，不会给技术人员和施工人员带来很大的学习成本。

GCL 竖向阻隔屏障技术引入防渗性能优异的钠基膨润土防水毯，解决了常规墙体存在的防渗等级低、接头部位渗漏等问题，复合防渗结构能够减小墙体的厚度，节省建筑材料，节约工程造价，并且具有优异的防渗性能和化学兼容性，是环境综合治理的首选垂直防渗方案。

1.4 应用概况

GCL 竖向阻隔屏障技术为自主研发的柔性复合竖向阻隔屏障技术，本技术自 2017 年首次在工程中得到应用以来，该技术已应用到多个中央环保督察项目中，具体应用项目如表 1 所示。工程实践证明，该技术安全可靠，防渗性能优异，渗透系数$<1\times10^{-7}$cm/s，符合环保防渗要求，是国内目前较为先进的竖向阻隔技术。

GCL 竖向阻隔屏障技术适用于现有所有开槽类垂直防渗墙，特别适用于污染场地风险管控、老旧垃圾填埋场改造治理等防渗等级要求较高的垂直防渗领域。

2 工程应用

宁河冯庄子垃圾临时存放点 GCL 复合垂直防渗屏障综合治理工程（简称宁河项目）为垃圾临时存放点存量垃圾原地封场工程，属于风险防控项目。本文以宁河项目为例，详细介绍 GCL 竖向阻隔屏障技术在污染场地中的应用。

2.1 项目背景

宁河项目地块为一块废弃坑塘，2015 年开始临时堆放垃圾，于 2017 年 6 月停用，界内面积约 18000 余平方米，垃圾堆存量约 12.04 万 t，场地北侧为鱼塘，西侧为农田，种植葡萄等农作物，南侧为生猪养殖场。该堆放点存放大量的生活垃圾、建筑垃圾以及粉煤灰等，垃圾中含有大量的有机物、无机物和毒害物质，由于非正规填埋场缺乏符合标准的防渗系统，上述物质可能会随着渗沥液进入土壤和水体，对周围的大气、土壤、地表水和地下水资源造成环境污染。同时，露天的垃圾恶臭严重，缺乏有效的安全防护，对当地居民的居住环境和身体健康构成了威胁。

为了保证土壤质量和周围空气质量，减少污染物带来的土地污染，保护好周边的环境，当地主管部门决定对此处的存量垃圾进行就地封场治理及生态植被修复。

2.2 治理方案

由于场内垃圾渗滤液等污染物会通过侧面和底部外渗，同时四周地下水的侵入也会增加区域内垃圾渗滤液量。为防止垃圾渗滤液等污染物对地下水和周围环境产生不利影响，有效的控制措施是在填埋区域周围建造竖向阻隔屏障，结合封场覆盖和库底相对不透水层，使垃圾填埋场成为一个封闭的独立单元，从而达到污染管控的目的。

由于存量垃圾体量过大，设计在对比了原地封场、垃圾筛分处置、新建垃圾填埋场三种技术路线后，本着节约资金并最大程度控制周围土壤、地下水和空气的污染问题，最终采用“GCL 竖向阻隔屏障+封场覆盖”为主体工程的原地封场方案来进行风险管控。垃圾场沿场界周围做 GCL 竖向阻隔屏障，堆体铺设封场覆盖系统，堆体表面草坪绿化，库区周边修建截洪沟，将径流雨水收集导排至场区东侧的现状排水沟。项目总体布局如图 2 所示。

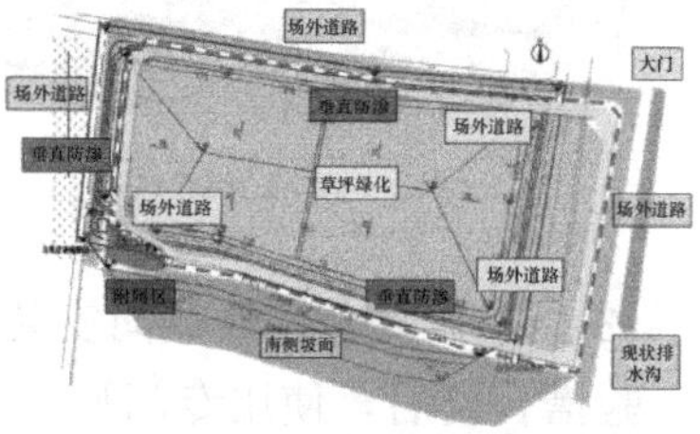

图 2　项目总体布局示意图

根据场地地质勘察情况，依照相关技术规范要求，GCL 竖向阻隔屏障的具体技术参数为：

（1）GCL 竖向阻隔屏障（GCL 复合构件+水泥膨润土墙）厚度 600mm，满足《生活垃圾卫生填埋场岩土工程技术规范》CJJ 176—2012 对防渗墙厚度的规定。

（2）GCL竖向阻隔屏障底部已进入隔水层1.2m，满足《生活垃圾卫生填埋场岩土工程技术规范》CJJ 176—2012中垂直防渗帷幕嵌入隔水层深度不宜小于1m的要求，垂直防渗墙平均深度为20m，最深为25m。

（3）“GCL复合构件＋水泥膨润土墙”复合垂直防渗屏障整体渗透系数小于1×10^{-7}cm/s，满足《生活垃圾卫生填埋场岩土工程技术规范》CJJ 176—2012对防渗墙渗透系数的要求。GCL选用4800g/m^{2}粉末型GCL，渗透系数≤2×10^{-9}cm/s，拉伸强度≥8kN/m；水泥膨润土墙配合比（质量比）为水泥：膨润土：矿粉：粉煤灰：砂＝1：2.35：0.25：0.25：1.16，墙体28d抗压强度≥0.3MPa。

2.3 GCL竖向阻隔屏障实施

本项目的GCL竖向阻隔屏障施工是在导墙建成后，使用SG35A型液压抓斗机开槽，膨润土泥浆护壁，成槽后在沟槽外侧紧贴槽壁竖向铺设GCL复合构件，两端下放特制接头箱后，进行水泥-膨润土墙体材料的水下导管灌注，最终形成一道复合竖向阻隔屏障。具体施工步骤如下：

（1）建造导墙

导墙是GCL竖向阻隔屏障施工中必不可少的临时构造物，成槽前先要构筑导墙，其具有挡土、挖槽基准、施工平台、存蓄泥浆等功能，建造导墙前应复核放线位置。图3为导墙建造的现场图。

（2）开挖成槽

成槽需要用到专业的开槽设备，所用的成槽设备与地质条件、开槽深度、成槽宽度紧密相关，一般黏土地层用液压抓斗机或长臂挖机即可，岩石地层需用到双轮铣或冲击钻等开槽设备。根据本项目的地质情况和场地条件，选用液压抓斗机开挖成槽，成槽过程中使用膨润土泥浆护壁，以保证槽壁稳定。图4为液压抓斗机开槽的现场施工图片。

图3 建造导墙现场图

图4 液压抓斗机开槽

（3）GCL复合构件竖向安装

验槽合格后，使用专门研发的竖向安装装备，沿槽壁外侧竖向铺设GCL复合构件。GCL复合构件铺设到设计深度后，为保证铺设及搭接效果，会下设如图5所示专门研发的接头箱，一方面保证 GCL 复合构件紧贴槽壁，同时可以有效阻挡回填材料及其他异物进入搭接区域，另一方面保证搭接连接效果。

(4) 浇筑墙体材料

根据墙体材料不同，浇筑方法也不相同，本项目墙体材料以水泥、膨润土为主要成分，按照配合比在商品混凝土搅拌站生产后，用混凝土搅拌车送到施工现场，采用水下导管浇筑方法施工。水下导管浇筑墙体如图 6 所示。

图 5 铺设 GCL 复合构件后下放接头箱

图 6 水下导管浇筑墙体

2.4 应用效果评价

(1) 施工开展顺利。工程施工过程中，GCL 竖向阻隔屏障施工与常规开槽类垂直防渗墙建造基本相同，新工序加入不影响工程进度，专门研制的 GCL 竖向安装装备能够保证 GCL 复合构件快速竖向铺设，有效确保了工程顺利开展。

(2) 防渗性能优异。墙体钻芯取样后与 GCL 复合构件样品组合成为整体，样品整体测试结果表明，GCL 竖向阻隔屏障渗透系数在 10^{-8}cm/s 量级内，完全满足设计及国家标准要求。

(3) 周围环境改善。表 2 为工程完工时和一年后的场外监测井污染物检测结果，通过表 2 可知，污染物浓度总体上都明显减小。本项目通过 GCL 竖向阻隔屏障的建设，有效管控了污染物的扩散，达到了保护周边环境的目的。图 7 为治理 1 年后的项目现场航拍图。

监测井污染物检测结果对比表 **表 2**

检测项目	单位	1 号监测井		2 号监测井		3 号监测井		4 号监测井	
		2019	2020	2019	2020	2019	2020	2019	2020
色度	度	20	ND	20	ND	20	ND	20	ND
悬浮物	mg/L	29	26	25	8	9	9	18	ND
化学需氧量	mg/L	87.2	27.1	66.3	57.6	30.6	21.1	23.5	8.6
五日生化需氧量	mg/L	26.3	5.4	18.8	10.3	8.6	4.4	6.6	1.8
氨氮	mg/L	0.68	0.03	8.28	0.03	0.4	0.43	0.18	2.28
总磷	mg/L	16.1	0.07	2.65	0.25	5	3.95	1.28	0.54
总氮	mg/L	13.4	0.61	3.41	0.42	8.2	4.38	1.16	3.12

续表

检测项目	单位	1号监测井		2号监测井		3号监测井		4号监测井	
		2019	2020	2019	2020	2019	2020	2019	2020
粪大肠菌群	MPN/L	2.6×10^{2}	ND	2.2×10^{3}	ND	90	ND	50	ND
砷	mg/L	5.6×10^{-3}	2.2×10^{-3}	1.77×10^{-2}	1.9×10^{-3}	2.15×10^{-2}	1.9×10^{-3}	8.7×10^{-3}	1.8×10^{-3}
汞	mg/L	1.4×10^{-4}	ND	9×10^{-5}	4×10^{-5}	1.2×10^{-4}	ND	1.5×10^{-4}	ND
镉	mg/L	3.42×10^{-4}	ND	2.7×10^{-4}	ND	9.7×10^{-4}	1.3×10^{-4}	2.3×10^{-4}	ND
六价铬	mg/L	ND	ND	ND	ND	ND	ND	ND	ND
铅	mg/L	9.5×10^{-4}	ND	1.06×10^{-2}	1.2×10^{-4}	1.31×10^{-2}	6.1×10^{-4}	6.55×10^{-3}	ND
铬	mg/L	ND	ND	ND	ND	ND	ND	ND	ND

3 总结

GCL竖向阻隔屏障技术是国内原创研发的新型复合垂直防渗方案，该技术通过引入高性能防渗土工材料，解决了现有垂直防渗技术存在的防渗等级低、接头部位渗漏等问题；专门研发的施工机械和施工工艺，能够有效保证GCL复合构件铺设质量和整体的施工效率。本文通过详细介绍GCL竖向阻隔屏障技术在宁河项目的应用，展示了该技术的整个实施过程，增强对GCL竖向阻隔屏障技术的了解，为该技术在类似项目的应用提供参考。

图7 项目治理1年后航拍图

参考文献

[1] 李云祯，董荐，刘姝媛，等. 基于风险管控思路的土壤污染防治研究与展望［J］. 生态环境学报，2017，26（6）：1075-1084.

[2] 谢云峰，曹云者，张大定，等. 污染场地环境风险的工程控制技术及其应用［J］. 环境工程技术学报，2012，2（1）：51-59.

[3] 孙蕾. 垃圾填埋场渗漏修复中柔性垂直防渗、帷幕灌浆的应用研究［J］. 智能城市，2021，7（13）：147-148.

[4] 中华人民共和国工业和信息化部. 工业污染场地竖向阻隔技术规范：HG/T 20715—2020［S］. 北京：北京科学技术出版社，2021.

[5] 中国土工合成材料工程协会教育工作委员会. 土工合成材料［M］. 北京：中国建筑工业出版社，2021.

[6] 芦业磊，姚达，王金鹏. GCL复合垂直柔性防渗墙在垃圾填埋场应用及施工工艺探讨［J］. 江苏水利，2019（3）：52-55.

[7] 何顺辉，尹国盛，安建杰，等. 新型GCL复合垂直防渗技术及其在填埋场的应用［J］. 环境卫生工程，2020，28（3）：66-70.

[8] 李宪. GCL防渗特性及填埋场防渗系统的研究［D］. 南京：河海大学，2005.

[9] 詹良通，丁兆华，谢世平，等. 竖向阻隔墙中土工复合膨润土防水毯搭接区渗透系数测试与分析［J］. 岩土力学，2021，42（9）：2387-2394+2404.

[10] 肖成志，陶子琪，张金利，等. GCL复合垂直防渗墙中污染物运移的一维解析解［J］. 长江科学院院报，2023，40（1）：132-139.

浅谈南通某医院扩建工程灌注桩施工工艺

喻娟，周海飞
（江苏省苏通建工项目管理有限公司，江苏 南通 226000）

摘 要：依托南通某医院扩建工程灌注桩施工，采用现场试验和工程检测的方法对该灌注桩施工的工艺流程进行了研究，并进行了效果检测。结果表明，钻孔灌注桩的承载性能优异，满足了相关标准。研究成果为相似的灌注桩工程提供经验借鉴。

关键词：灌注桩；泥浆；成孔；静载

The Construction Technology of Cast-in-place Pile in a Hospital Expansion Project in Nantong

Yu Juan，Zhou Haifei
（Jiangsu Sutong Construction Engineering Project Management Co.，Ltd.，Nantong Jiangsu 226000，China）

Abstract：Relying on the cast-in-place pile construction of a hospital expansion project in Nantong，the construction process of the cast-in-place pile was studied by means of field test and engineering inspection，and the effect was tested. The results show that the bearing capacity of bored pile is excellent and meets the relevant standards. The research results provide experience for similar cast-in-place pile projects.

Key words：Cast in place pile；Mud；Pore forming；static load

0 引言

在重大基础设施建设中普遍采用桩基工程来满足设计的承载力要求。由于较小的施工扰动和较强的承载力，灌注桩施工在市郊地区基础建设中发挥举足轻重的作用[1-6]。由于灌注桩采用湿法作业，施工现场绑扎钢筋，现场浇筑混凝土，所以在质量控制方面比预制管桩困难，再加上湿法作业在文明施工管理方面要比管桩施工的文明施工难，除非市中心高层，对挤土效应控制要求高的区域，一般都采用预制管桩。由于采用灌注桩的施工工程较少，施工经验缺乏，在灌注桩的施工质量方面容易忽视一些关键节点。

本文以南通第三人民医院扩建工程二期桩基工程为例，从监理角度出发，提出了对混凝土灌注桩在施工过程中的施工技术和质量控制要点。研究内容可为类似的灌注桩施工工程提供参考意义和指导价值。

作者简介：喻娟，女，工程师。

1 项目工程概况

南通市第三人民医院（市三院）扩建工程二期项目，位于南通市青年中路 60 号南通市第三人民医院院区西北侧，北邻青年中路，西侧为南通供电公司，项目地下室与地铁 2 号线无缝对接。拟建的市三院扩建工程二期是一幢主楼 19 层、裙楼 4 层、地下 2 层的医疗建筑，总建筑面积 62250m^2，其中地上建筑面积 45000m^2，地下建筑面积 17250m^2。

本工程地处南通市繁华地段，且项目东北角有居民楼，东南角有医院一期 18 层病房楼，南侧有 20 世纪 80 年代期间建设的 4 层条形基础病房楼，西侧还有 3 层附房楼，北侧紧邻青年路，和体育公园地铁站无缝对接，周边地质情况复杂。根据江苏省纺织工业设计研究院有限公司提供的勘察报告，本工程桩基设计等级甲级，桩基安全等级一级。所以，本项目选用无振动、不挤土、桩径大、单桩承载力高的混凝土灌注桩。

本工程设计桩为端承摩擦桩，设计有效桩长为 47m（直径 800mm）和 22m（直径 700mm）两种，以设计有效桩长及进入持力层大于 2m 进行控制。主楼下部地基基础为直径 800mm 抗压桩，长度为 47m，主筋为 10ϕ18，箍筋为 ϕ8@100/250。裙楼下部基础为 700mm 抗拔和 700mm 抗压桩，主筋为 10ϕ16，箍筋为 ϕ8@100/250。混凝土强度等级均为 C35。

灌注桩和预应力管桩不一样，管桩是成品化，质量在出厂前由厂家控制，施工现场中着重对标高、贯入度重点控制即可。灌注桩从头到尾都是现场成孔、清孔、安放钢筋笼、灌注混凝土，对现场施工工艺要求高。

2 灌注桩施工工艺

灌注桩施工工艺流程如图 1 所示。

2.1 定位放线

定位放线为重要工序之一，灌注桩现场施工条件差，都是湿法作业，能见度差，桩位容易偏差。

放线时首先需做到总平面控制。一般情况下，测量放线定桩位采用直角坐标法和极坐标定位进行桩位的测量放线定位即可。但为确保放线严格达标，项目同时对角桩进行了永久性固定标记，并严格核查高程和控制红线。其次，核对细部桩位线，使用 GPS 定位，大尺进行桩位复核。

2.2 埋设钢护筒

（1）施工顺序安排

为防止相邻桩串孔或影响邻桩的成桩质量，相邻桩的成孔施工以满足 4D（D 为灌注桩桩径）或不少于 36h 为宜，因此，围护桩施工过程中，对不满足要求的桩跳桩（间隔 2 桩）施工。

（2）钢护筒埋设

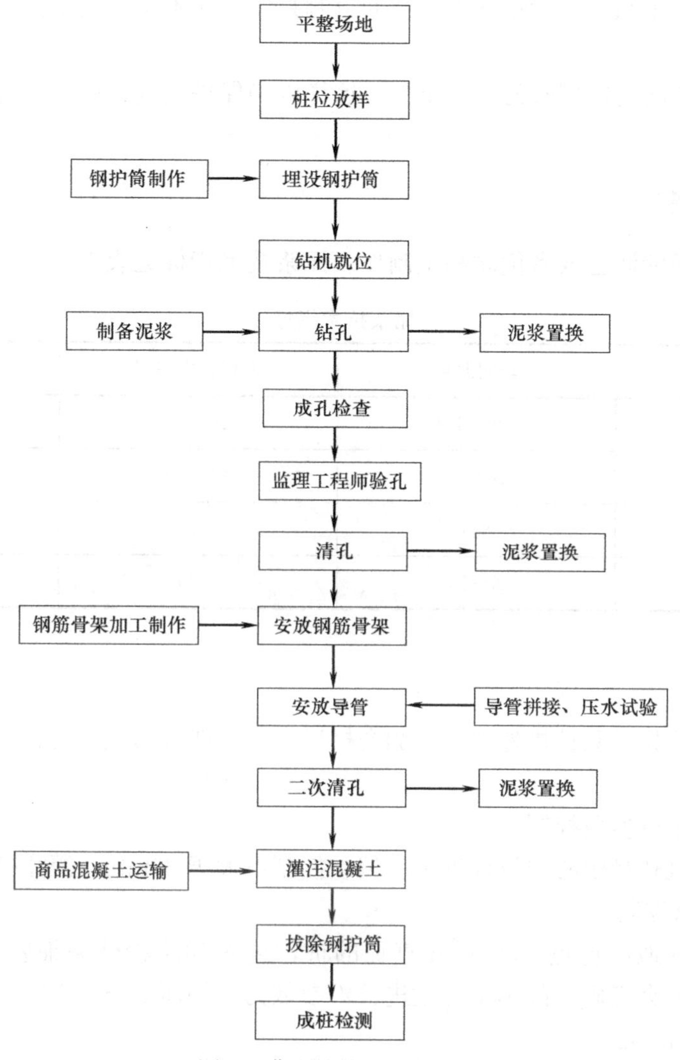

图 1　灌注桩施工工艺流程

护筒埋设主要是为了确保桩的定位、钻孔导向、隔离孔内、孔外表层水，起到防止地面石块掉入孔内、保持泥浆水位压力、防止塌孔的作用。根据不同的钻孔径采用 4mm 钢板制成，内径比钻孔直径大 0.1～0.2m 的钢护筒。护筒埋设一般要高出地下水位 1.0～2.0m，并高出施工地面至少 0.3m，护筒在黏土层中不宜小于 1.0m；砂土中不宜小于 1.5m，其高度尚应满足孔内泥浆面高度的要求，

钢护筒顶端留有宽 0.4m、高 0.2m 的出浆口，桩位经测设确定后，先挖探坑，确认没有管线后进行护筒埋设，护筒外围用黏土填夯。护筒采用人工埋设，位置应准确，其中心线与桩中心线对齐，允许偏差不大于 20mm，并应保证护筒的垂直度。

2.3　钻机就位

钻机就位前应先检查钻机底座和顶端是否平衡，检测作业区承载力是否满足钻机施工要求，保证在钻进过程中不产生位移和沉陷；钻机就位后对应钻杆中心和垂直度进行复

测，其偏差不应大于 2cm。对钻杆垂直度的复测是一项必不可少的工作，垂直度的校核可用全站仪进行。

成孔采用自中间向四周打的施工步骤，这样以确保桩基施工质量，避免大范围移动机械造成工期滞后。

2.4 成孔泥浆配制

使用的泥浆用膨润土或者优质黏土制作。泥浆技术指标见表 1。

泥浆技术指标 **表 1**

指标	新制泥浆	循环再生泥浆	废弃泥浆
密度(g/cm^3)	1.06～1.10	1.10～1.25	≥1.25
黏度(s)	18～28	25～30	>30
含砂量(%)	≤4	≤8	>10
pH 值	8～10	≤11	>11

2.5 钻进成孔

钻机到场后首先目测钻机外观。检测合格后，进行四方验收，合格后方可开打。钻进的过程叙述如下：

（1）开打前钻机参数控制

本工程的钻机转盘中心与设计桩位的偏差控制不大于 20mm，灌注桩垂直度按不大于 1/100 的设计要求控制。

钻进成孔根据地层特点，800mm 直径的桩，进入⑪层粉砂夹细砂。700mm 直径的桩，进入⑨层粉砂夹细砂。故本工程钻进技术参数为：钻压 15～35kN；转速 30～50rpm；泵量 50～108m^3/min。

（2）钻机开打前注意事项

施工前，对钻机的开打深度应校核，核准其钻头直径和长度、机上钻杆长度、钻杆长度、根数、导管长度、根数，自检合格后，到现场检验，经复核合格后，准予施工。经核准后的器具不得随意更换。若需更换时，应重新核验合格。

施工开打后，桩孔上部孔段钻进时应轻压慢转，尽量减少桩孔超径；在易扩径的粉砂层应采用中等压力，慢转速钻进。施工中及时调整钻进参数，保证成孔质量。桩机应平正、稳固、确保在施工中不发生倾斜、移动，为防止相邻桩串孔或影响邻桩的成桩质量，相邻桩的成孔施工以满足 4*D*（*D* 为灌注桩桩径）或不少于 36h 为宜，因此，围护桩施工过程中，对不满足要求的桩跳桩（间隔 2 桩）施工，双排桩跳打也采用上述方式，具体见图 2。

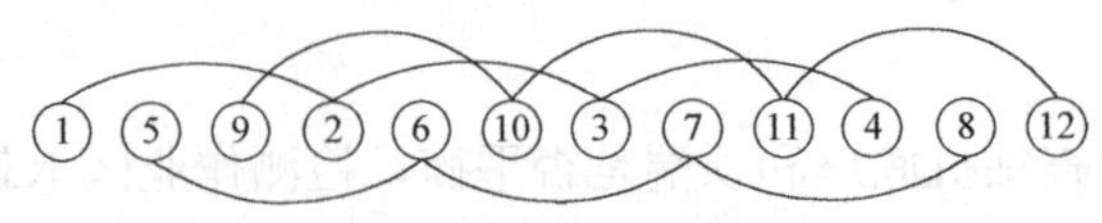

图 2 打桩顺序示意图

2.6 一次清孔

第一次清孔在成孔结束时利用钻杆清孔，钻孔达设计深度后，将钻头提离孔 10～20cm，调制性能好、相对密度较小的新泥浆替换孔内泥浆与钻屑，清孔后泥浆指标达到：泥浆相对密度 1.1～1.2、黏度 18～20s、含砂率<4%。须经检查沉渣厚度、孔径、孔深、垂直度基本合格后，拆钻具。

2.7 钢筋笼制作、安放

（1）钢筋笼制作

钢筋笼分节制作，一般分节长度为 9m；分节吊放，吊拼焊接而成。主筋搭接以 50% 错开，单面焊接长度应≥10d（d 为钢筋直径）、焊缝宽度 0.7d，焊缝厚度不应小于主筋的 0.3 倍，焊缝平面平顺整齐，无明显气孔、夹渣、咬边，无裂缝，主筋没有深度烧伤现象。

主筋保护层为 50mm，允许偏差为±20mm，为保证保护层厚度，每节钢筋笼设置两组水泥饼，每组 3 块，平面上呈 120°角布置，且上下两组均匀错开。成型钢筋笼应平卧堆放，且不得超过 2 层。检查方式：对钢筋的间距用卷尺进行测量，主要检查箍筋和主筋的焊点，应施焊均匀，且不得漏焊。对钢筋笼的长度用长尺进行测量。

（2）安放钢筋笼

① 吊放钢筋笼时，可利用钻架及时吊放钢筋笼。②钢筋笼吊放入孔时，不得碰撞孔壁。③为防止灌注混凝土时钢筋笼移位及上浮现象发生，钢筋笼下到设计位置后必须固定好。④每节钢筋笼下放到位后，必须及时检查钢筋的焊接长度以及后补箍筋的位置，此时容易出现焊接长度不够，箍筋间距过大的情况，检查完毕后，应及时整改复查。

2.8 安放导管

（1）导管拼接、压水试验

导管使用拼接前应逐一检查丝扣，确保每节丝扣的紧密连接。丝扣不符合要求或变形超标的导管应坚决予以剔除、更换，并撤离现场或予以明显标识。把拼装好的导管先灌入 70%的水，两端封闭，一端焊输风管接头，输入计算的风压力，导管需滚动数次，经过 15min 不漏水即为合格。

（2）安放导管

首先，选用 ϕ250mm 灌浆导管，导管须内平、笔直。然后，导管底口距孔底高度控制在 30cm 左右，且第一节导管长度应大于 4m 以保证初灌时埋入混凝土面在 1m 以上。

2.9 二次清孔

第二次清孔主要是为了清除下钢筋笼时刮、碰下去的泥块，同时也调整泥浆相对密度。二次清孔利用导管进行，当钢筋笼及导管全部安装在孔内后，导管底口下降至孔底 30cm 左右，进行清孔。泥浆指标达到：泥浆相对密度≤1.15、黏度 18～20s、含砂率≤4%。对于单排桩要求孔底沉渣厚度≤50mm（沉渣用带圆锥形的标准测绳测定）。第二次清孔完成后，应保持孔内水头高度，测定孔底沉渣，应使用标准测锤测试，测绳读数一定要准确，用3～5孔后校正一次。必须在30min内灌注水下混凝土，若超过30min，应重新清孔测定孔底沉渣后方可灌注。

2.10 水下混凝土施工

首先，确定每种桩型的初灌量。初灌混凝土时，灌入的混凝土必须够量，保证导管底端埋入混凝土深度不小于1m，初灌时各工序必须要密切配合，二次清孔结束后30min内必须初灌。水下混凝土灌注应在第二次清孔后30min内进行，超过30min应测量孔底沉渣厚度，重新清孔。

混凝土灌注前安放好隔水塞后，导管提离孔底20～30cm，当导管灌满混凝土时，剪断悬挂混凝土隔水塞的钢丝，第一斗混凝土灌入后导管埋入混凝土面2m，第一斗混凝土灌注后不得提升导管。水下混凝土灌注应连续进行，导管提升不易频繁，应保证导管下端始终埋在混凝土内部。导管埋深应控制在2～4m，最小埋深不得小于2m。混凝土灌注高度应高出设计桩顶标高桩长的3%，且不小于1m。灌注完毕，待混凝土初凝后即可切断钢筋笼吊筋，拔出护筒，清洗导管和护筒，清除孔口泥浆。

2.11 质量保证措施

钻进过程中需经常检查钻头直径。当钻头小于2cm时应及时补焊加大，防止钻孔直径不能满足设计要求。在钻孔达到设计要求的深度后，对孔深、孔位、孔形、孔径及垂直度等进行检查，报监理工程师验收。检查之后，进行清孔工作，采用正循环进行换浆清孔，并保持一定水头高度，以防止塌孔。混凝土灌注前进行二次清孔，清孔后的孔底沉渣应小于5cm，确保孔底沉渣和泥浆相对密度小于1.2，满足设计和规范要求。

钻孔连续一次完成，达到设计深度并清孔后，对成孔的孔位、孔深、孔径、孔形、垂直度、泥浆沉淀厚度情况等进行检查，经监理验收合格后即开始安放钢筋笼。灌注开始后，应连续进行，准备好导管拆卸机具，缩短拆除导管的时间间隔，防止塌孔。开始灌注时，混凝土面高度将至钢筋笼底部时要放慢灌注速度，当孔内混凝土顶面距钢筋笼底部1m时，混凝土灌注速度应控制在0.2m/min左右，并仔细量测混凝土表面高度，以防钢筋笼上浮，当混凝土拌合物上升到钢筋笼底口4m以上时，提升、拆除导管，使混凝土灌注导管底口高于钢筋笼底部2m以上，恢复0.5m/min左右的正常灌注速度。

钻孔灌注桩施工全过程中，现场技术员真实可靠地做好记录，记录结果应经监理工程师认可，如钻孔记录、终孔检查记录、混凝土灌注记录。混凝土氯离子含量检测依据《混凝土质量控制标准》GB 50164—2011、《混凝土中氯离子含量检测技术规程》JGJ/T 322—2013及有关规定。同一预拌混凝土单位、同一配合比的混凝土中氯离子含量应至少检验一次。抽检部位应由建设、监理、设计、施工、预拌混凝土单位等共同确定，应随机抽取并使所选样品具有代表性，并每月到厂家抽测砂的氯离子含量。

2.12 施工质量管控

混凝土堵管处理：用吊车将料斗连同导管一起吊起，在50cm范围内小幅度上下提升3次，应注意的是切不可把导管提出混凝土面以外。为避免此类事故发生，应严格要求做到：导管要牢固不漏水；混凝土和易性坍落度要好；混凝土浇筑必须要在初凝前完成，导管埋深控制在 4～6m。

钢筋笼上浮预防措施主要包括以下几点：混凝土底面接近钢筋骨架时，放慢混凝土浇筑速度，浇筑速度控制在 0.2m/min 左右；混凝土底面接近钢筋骨架时，导管保持较大埋深，导管底口与钢筋骨架底端尽量保持较大距离；混凝土表面进入钢筋骨架一定深度后，提升导管使导管底口高于钢筋骨架底端一定距离。

2.13 质量检测

在监理方面，重点控制的有以下几点：定位放线，钢筋骨架的绑扎和施工，沉渣厚度检查和水下混凝土的浇筑。本工程现在已经验收，各项检测数据全部符合要求。

现场抽取 3 根直径 800mm，3 根直径 700mm 的桩做静载试验，检测数据符合设计要求。其中一根直径 800mm 桩的静载检测数据如表 2 和图 3 所示。

桩基静载检测数据 **表 2**

级数	荷载(kN)	位移(mm)	累计时间(min)
1	2520	8.40	60
2	4200	14.83	120
3	5880	21.15	190
4	6720	24.61	255
5	7560	28.58	315
6	8400	34.82	455
7	4200	28.56	475
8	1680	16.93	495
9	0	6.70	515

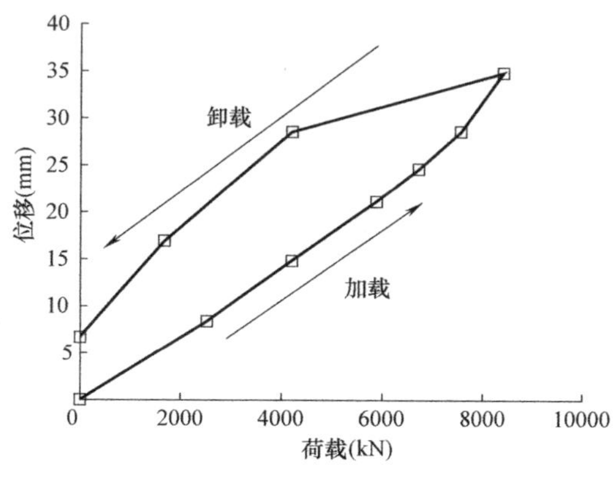

图 3 桩基检测结果

由表 2 可知，最大加载荷载为 8400kN，产生位移 34.82mm。卸荷后回弹量为 28.12，回弹率为 80.76%。加载曲线无陡降段，卸载曲线尾部无明显向下弯曲，满足终止加载条件。对工程桩做低应变试验，结果均符合设计要求。因此，可以认为本次灌注桩施工质量满足要求。

3 结语

本文依托南通某医院扩建工程灌注桩施工工程，详细介绍了钻孔灌注桩施工的具体工艺、施工流程、施工注意事项，并进行了施工质量监测。通过严格按照施工流程施工，达到了预期的工程效果。

参考文献

[1] 孙衍臣，史立强，刘洪喜，等. 钻孔灌注桩施工工艺及技术管理研究［J］. 价值工程，2022，41（24）：91-93.

[2] 杨磊. 公路桥梁施工中钻孔灌注桩施工质量控制问题探讨［J］. 交通世界，2022（21）：66-69.

[3] 胡延赞. 钻孔灌注桩施工质量控制与检测［J］. 四川水泥，2022（5）：197-198+205.

[4] 张天勤. 桥梁桩基钻孔灌注桩施工工艺与质量检验［J］. 科学技术创新，2022（6）：121-124.

[5] 周舟. 桥梁钻孔灌注桩施工工艺及质量检测技术［J］. 山东交通科技，2022（1）：55-57.

[6] 孙滨. 钢筋混凝土钻孔灌注桩施工与质量检测［J］. 城市住宅，2021，28（11）：234-235.

我国某场地稳定化污染土阻隔回填工程实施

胡阳[1,2]，杜延军*[1,2]，周实际[1,2]，张庆[1,2]，孙慧洋[1,2]
（1. 东南大学 岩土工程研究所，江苏 南京 210096；
2. 江苏省城市地下工程与环境安全重点实验室，江苏 南京 210096）

摘　要：以我国某场地多离子污染土修复工程为例，介绍了用于稳定化污染土长期风险管控的阻隔回填技术。污染土在稳定化修复后转运至回填区进行阻隔回填。阻隔回填区结构由下到上为压实天然土层、底部防渗层系统、压实稳定化土层和顶部覆盖系统。阻隔回填工艺包括清理和平整场地、压实黏土层、铺设“两布一膜”、分层回填压实稳定化土、上覆清洁土层等环节。底部防渗层由下到上包括厚度为0.75m的压实黏土、无纺土工布、HDPE土工膜和无纺土工布。压实稳定化土层采用分层回填、分层碾压的方式施工，总厚度3m，施工中松铺厚度为60cm，压实含水率20%～25%，压实度大于90%。顶部覆盖层由下到上为无纺土工布、HDPE土工膜和总厚度1m的压实清洁土。工程的顺利实施为保障污染土稳定化工程的长效安全性提供了技术支持，为类似工程的修复和风险管控提供参考。

关键词：重金属污染土；原地异位稳定化；阻隔回填

Engineering Practice of Backfilling and Macro-encapsulation for Stabilized Contaminated Soil

Hu Yang[1,2], Du Yan jun*[1,2], Zhou Shiji[1,2], Zhang Qing[1,2], Sun Hui yang[1,2]
(1. Institute of Geotechnical Engineering, Southeast University, Nanjing Jiangsu 210096, China;
2. Jiangsu Key Laboratory of Urban Underground Engineering and Environmental Safety, Southeast University, Nanjing Jiangsu 210096, China)

Abstract: This paper presents a systematic study of backfilling and macro-encapsulation of multiple heavy metal-contaminated soils at a contaminated site in China. The stabilized soils with heavy metal leaching concentrations meeting the remediation target values were backfilled to the in-situ site. The structure of the backfilling and macro-encapsulation system, from top to bottom, was composed of bottom anti-seepage system, compacted stabilized soil layer and top cover system. The backfill and macro-encapsulate process included cleaning and leveling the site, compacting the clay layer, laying non-woven geotextile and HDPE geomembrane, backfilling the stabilized soil in layers, and overlying the clean soil layer. The bottom anti-seepage system, from bottom to top, was composed of compacted clay with a thickness of 0.75m, non-woven geotextile, HDPE geomembrane and non-woven geotextile. The compacted and stabilized soil layer was constructed by layered backfilling and layered rolling. The total thickness was 3m, the loose thickness during construction was 60cm, the compaction moisture content was 20-25%, and the compaction degree was higher than 90%. The top cover layer, from bottom to top, included non-woven geotextile, HDPE geomembrane and compacted clean soil with a total thickness of 1m. The construction processes and key parameters obtained from the project is useful to facilitate ex-situ stabilization of multiple heavy metals-contaminated soils and risk control of treated soils being reused as geomaterials.

Key words: Heavy metals contaminated soil; Ex-situ stabilization; Backfill and macro-encapsulate

0 引言

在工业化进程中，重有色金属冶炼业、电镀行业等向土壤中排放了大量的污染物。中国科学院地学部在 2010 年组织调查了我国土壤重金属污染情况，结果显示我国受重金属污染的耕地高达 1000 万 hm^2，占 18 亿亩耕地的 8%以上。长江三角洲地区，特别是浙江地区，镉、汞和铅超标达到 48.7%，珠江三角洲达到 44.5%，京津冀地区也已经超过 10%[1]。《全国污染状况调查公布》[2] 显示，全国土壤的污染物总超标率为 16.1%，其中镉、汞、铜、铅、铬等重金属污染物超标情况严重。随着我国产业布局的调整，大量的工业企业关停或搬迁，遗留下场地的重金属污染问题给土地的功能转换和二次利用带来了困难。生态环境部在 2022 年发布的《关于进一步加强总金属污染防控的意见》指出，要推进解决重金属污染历史遗留问题，开展重点行业的重金属污染治理，到 2035 年实现全面管控土壤环境风险。推进重金属污染场地的治理迫在眉睫。

土壤稳定化是指用化学药剂将土壤中可浸出的污染物转化为更稳定的形式，从而降低其迁移性和生物有效性[3]。稳定化技术采用原位搅拌或异位粉碎再混合稳定剂等施工方法，因其工期短、易施工等诸多优点，现阶段稳定化技术被广泛运用于我国的重金属污染土修复[4,5]。稳定化重金属污染土有回填、路基、护坡、建筑等用途，其中多用于回填土。用作回填土时，由于稳定化土中的重金属并未去除，存在再次活化的风险[6]。且相比固化土，稳定化土渗透系数更高[7-9]。在干湿循环、冻融循环、长期浸水和雨水淋溶等作用下，重金属可能从稳定化土中溶出并迁移，导致地下水污染等问题[6,10-12]。将阻隔技术与稳定化技术联合应用，采用阻隔回填的方式处理稳定化重金属污染土可以有效地解决此类问题。然而，目前国内对阻隔回填的研究较少，对其施工流程、关键设备、施工案例和阻隔回填结构的详细报道较为缺乏。

本文依托华北地区某多离子污染场地的原地异味稳定化修复工程，介绍和讨论了污染场地修复过程，污染土修复、筛分搅拌、土工布缝合、土工膜焊接、修复土压实等关键环节的施工设备，说明了施工过程中的关键技术参数。介绍了包括底部防渗层、压实稳定化土层、顶部防渗层、压实清洁土层的阻隔回填结构和阻隔回填施工工艺。为类似污染场地的修复工程提供了参考，为保障稳定化土的长效安全性提供了技术支持。

1 场地污染土修复

为实现对不同程度污染土的精确修复，以砷含量为依据将场地污染土划分为重度污染

基金项目：国家重点研发计划项目（2019YFC180600）；国家自然科学基金资助项目（41877248）；岩土力学与工程国家重点实验室开放基金课题（Z019016）；江苏省研究生科研创新计划项目（KYCX18 _ 0124）。

通讯作者：杜延军，东南大学岩土工程所，教授，博导，E-mail：duyanjun@seu. edu. cn。

土，中度污染土和轻度污染土。将重度污染土外运安全填埋，轻度污染土资源化利用，中度污染土原地异位稳定化后阻隔回填。污染土修复技术路线如图 1 所示。

场地土体中污染物超标情况及污染深度　　表 1

污染物	筛选值(mg/kg)	送检样品数	最小值(mg/kg)	最大值(mg/kg)	平均值(mg/kg)	浸出浓度(mg/L)	超标率(%)	污染深度(m)	土的工程分类
砷	20	3776	6.80	18110.00	498.82	ND～4.71	21.9	0～4.5	黏土
锑	20	2715	1.20	1184.20	87.56	ND～0.45	8.3	0～3.5	黏土
铜	2000	2560	10.50	36344.00	1405.50	ND～13.71	3.9	0～2.5	黏土
锌	3500	2673	68.30	142000.00	19475.00	ND～104.9	8.4	0～2.5	黏土
钒	165	2211	4.30	186.70	74.38	ND～0.151	0.4	0～1	黏土
氟化物	650	3154	18.62	10241.50	1237.46	ND～4.48	20.6	0～1.5	黏土

1.1　场地概况

通过手持式光谱仪（Niton，XL2800）快速检测和实验室检测调查了该场地中污染物种类与浓度。污染物含量与超标率等如表 1 所示。污染土中污染物平均含量从大到小依次为：锌 19475mg/kg、铜 1405.5mg/kg、氟化物 1237.46mg/kg、砷 498.82mg/kg、锑 87.56mg/kg、钒 74.38mg/kg。超标率最高的污染物为砷和氟化物，超标率分别为 21.9%和 20.6%。

典型污染土样的物理特性参数　　表 2

特性指标	参数	特性指标	参数
(1)天然含水率 w(%)	25.7	(7)pH	6.36
(2)相对密度 G_s	2.64	(8)粒径分布(%)	
(3)塑限 w_P(%)	30.4	①黏粒	24.8
(4)液限 w_L(%)	41.4	②粉粒	66.9
(5)最优含水率 w_{opt}(%)	16.4	③砂粒	8.3
(6)最大干密度 ρ_d(g/cm^3)	1.74		

参考《地下水质量标准》GB/T 14848—2017[13] Ⅳ类标准，该场地砷的浸出浓度超过标准值 94.2 倍，氟化物的浸出浓度超过标准值 2.24 倍，锌的浸出浓度超过标准值 20.98 倍。场地内代表性污染土主要物理参数见表 2，参照《土的工程分类标准》GB/T 50145—2007[14] 分类并结合塑性指标判定为低液限黏土。

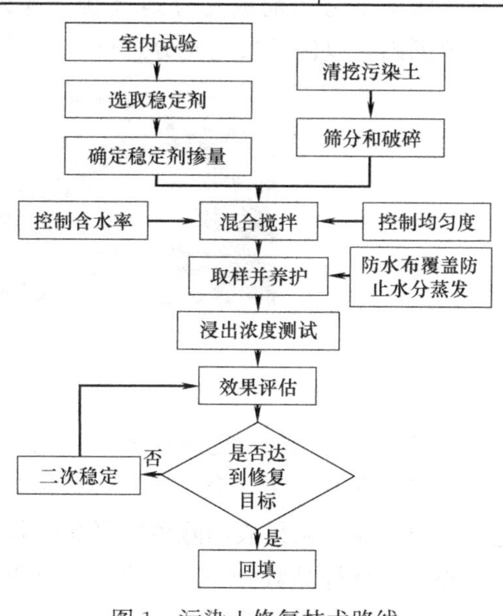

图 1　污染土修复技术路线

1.2　修复目标

场地内污染土原地异位稳定化后，按《固体废物浸出毒性浸出方法 水平振荡法》HJ 557—2010[15] 中的规定进行浸出试验，采用浸出浓度评估稳定化效果。

1.3 原地异位稳定化修复

将污染土清挖，按污染程度的不同分区堆放并覆盖聚乙烯防水布。采集混合土样后送至实验室进行浸出试验，经室内试验后，确定选用作者所在课题组自研的稳定剂（配比为 4∶2∶1∶1 的聚合硫酸铁、过磷酸钙、氢氧化钙和绿泥石粉），稳定剂掺量为 3%。在场地内修建 2 个稳定化车间用于稳定剂与污染土的混合搅拌施工，修建 1 个药剂车间用于稳定剂配置，设置 1 处养护区用于稳定土的养护，并配置相应的污水处理设施。

场地清理目标值及稳定化土浸出标准 **表 3**

污染物	清理目标值(mg/kg)	浸出浓度限值(mg/L)
砷	22.2	0.1
锑	20	0.01
铜	70	0.5
锌	175	2
钒	96	0.018
氟化物	630	2.0

可选择 ALLU 筛分斗（DH3-23/X75）进行污染土的破碎、筛分作业［图 2（a）］，再与污染土混合搅拌。筛分斗通过持续旋转装有刀具的滚轴实现破碎功能。ALLU 筛分斗斗容量 1.7m^3，筛分破碎效率 60m^3/h，处理效率高。破碎后污染土粒径小于 30mm，能够满足后续施工要求。采用污染土修复一体化设备（日立 SR G 2000）实现污染土破碎、筛分和搅拌一体化施工［图 2（b）］。污染土输入该设备后与药剂混合，经双轴桨叶混合器破碎搅拌后修复土由传送带输出。污染土颗粒被破碎至粒径 90%在 20mm 以下，有利于污染土与药剂更充分地接触。此外，混合过程中污染土含水率应保持在 20%～25%范围内，以保证反应充分进行。

(a) ALLU筛分斗

(b) 污染土修复一体化设备

图 2　污染土破碎与搅拌

污染土稳定化处理完成后将稳定化土运至养护区养护 3～7d，养护至设计龄期后按每 500m^2 稳定化土采集 1 个土样，共采集 364 个稳定化土样品。将样品送至第三方验收单位进行浸出试验，结果表明除少数样品因拌和不均匀导致砷、涕、钒的浸出浓度超过修复目标值外（超标样品数分别为 1 个、4 个和 2 个），其余样品均满足修复要求。对超标稳定化土添加 2%的稳定剂进行二次稳定化后，浸出浓度满足修复要求（表 3）。

2 阻隔回填

2.1 阻隔回填技术

稳定化土的渗透系数相对较高，在干湿循环、冻融循环、长期浸水和雨水淋溶等作用下易发生污染物迁移，导致地下水污染。为保证稳定化土的长期安全性，本工程结合污染物阻隔技术，通过铺设 HDPE 土工膜弥补稳定化土渗透系数高以及长期不良因素下稳定性下降的缺点，采用阻隔回填的施工方式以增强工程的长期安全性。阻隔回填的工艺流程如图 3 所示，包括清理并平整场地、压实黏土层、铺设“两布一膜”、稳定化土的分层压实回填、铺设“一布一膜”和上覆清洁土层等环节。阻隔回填的设计与施工符合《一般工业固体废物贮存和填埋污染控制标准》GB 18599—2020[16] 中的规定。阻隔回填结构如图 4 所示，从下到上分别为底部防渗层、压实稳定化土层、顶部覆盖层。

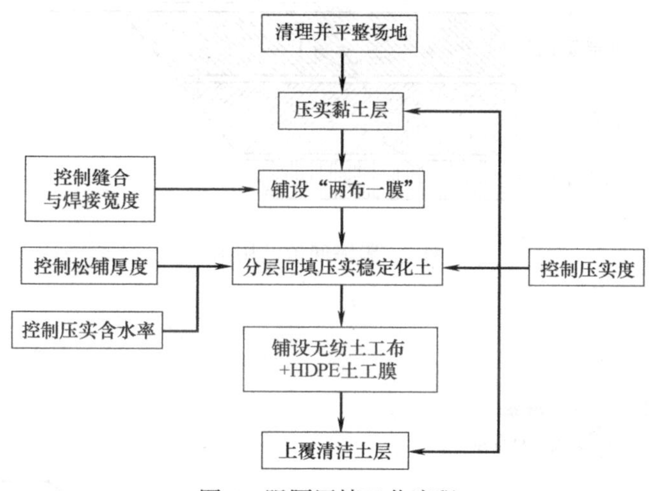

图 3 阻隔回填工艺流程

2.2 底部防渗系统

我国填埋场常用的防渗结构主要有 HDPE 土工膜、压实黏土衬垫（CCL）、膨润土防水毯（GCL）。HDPE 土工膜渗透系数在 10^{-13}～10^{-12}，被广泛应用于填埋场的衬垫层和封盖层[17]。GCL 在柔韧性、抗冻融循环等方面优于 HDPE 土工膜和 CCL，但渗透系数为 5×10^{-9} 左右，HDPE 土工膜的渗透系数远低于 GCL 和 CCL，因此在防渗要求较高的情况下不能单使用 GCL 或 CCL 代替 HDPE 土工膜[18]。有研究指出，在重金属环境下土工膜＋CCL 和土工膜＋GCL 在长期性能上优于土工膜＋保护层。综上原因，本项目采用单层复合防渗（土工膜＋CCL 或土工膜＋GCL）。在高水头下土工膜＋GCL 的击穿时间长于土工膜＋CCL，在用作垃圾填埋场屏障时性能表现更出色[19]。但 GCL 本身也存在缺陷，比如粉末状膨润土性能较好，但因工艺复杂导致成本较高；钠基膨润土在酸、碱、盐环境下易发生由钠离子被置换导致的防渗性能下降[18]；GCL 在施工时易发生破损而导致渗漏。该场地土壤为低液限黏土，方便取材，且项目中回填的稳定化土本身已经过无害化处理，重金属含量处于较低水平，土工膜＋CCL 的性能足够满足对长效安全性的需求，在参考相关标准、结合国内外填埋场的工程经验后，确定采用 HDPE 土工膜＋厚度为 0.75m 的 CCL 作为底部防渗层。

稳定化土阻隔回填前，将场地内的草木石块等清除，并对场地及边坡进行平整。在阻隔填埋区底部铺设 0.75m 厚的压实黏土层作为次防渗层，同时对土工膜提供一定的保护作用，要求该部分黏土压实度在 90％以上。在压实黏土层上采用“两布一膜”工艺，依次铺设无纺土工布、HDPE 土工膜、无纺土工布。“两布一膜”施工简易，造价低且适应变形的能力强，可以有效保护 HDPE 土工膜不出现裂缝。其中土工布每幅尺寸为 6m×50m，规格不小于 600g/m^3，缝合宽度＞10cm，使用双牛手提高速封包机（GK9-350 型）与 150g 涤纶打包线进行缝合［图 5（a）］。土工膜采用 2mm 厚的柱点 HDPE 土工膜，每

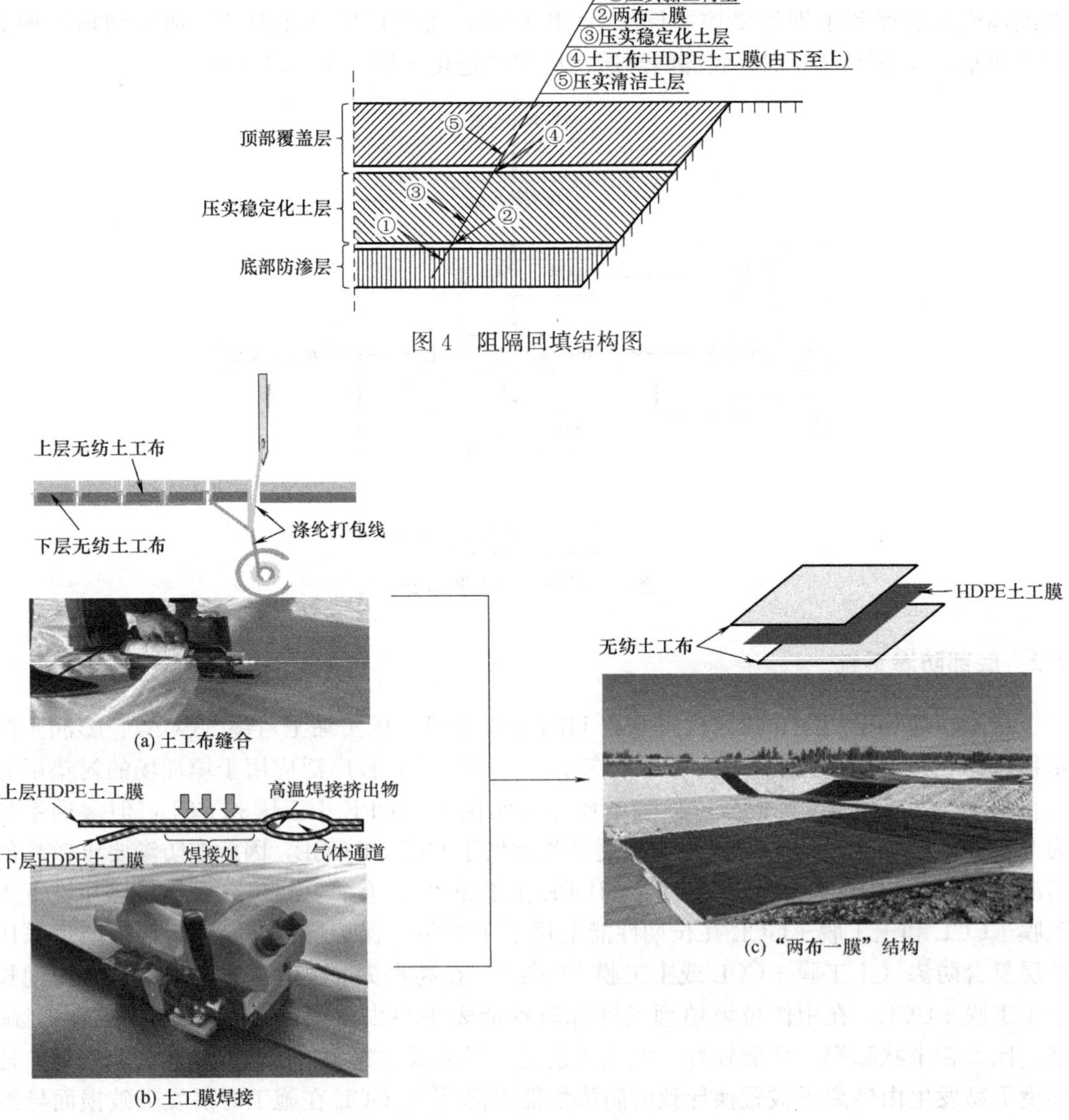

图 4　阻隔回填结构图

图 5　底部防渗系统“两布一膜”结构与施工

幅 6m×50m，使用山东邦特 810 型土工膜焊接机以 300℃的温度进行热熔焊接，焊接宽度为 10cm［图 5（b）］。图 5（c）展示了底部防渗层“两布一膜”的结构与现场施工情况。

2.3 稳定化土回填

压实能增大稳定化土的密实度，对充分发挥稳定化土的强度稳定性有重要意义。随着压实度的增大，土体渗透系数和压缩系数减小[20]。本工程采用分层碾压的方式回填以确保压实充分，压实设备选择 CLG 6626E 振动压路机，整车重量 26t。使用“两振一碾”工艺分 6 层压实，总回填厚度为 3m。施工中松铺厚度为 60cm，压实含水率 20%～25%，压实度大于 90%。要求压实轨迹相互重合，防止漏压。图 6（a）为稳定化土压实施工现场。

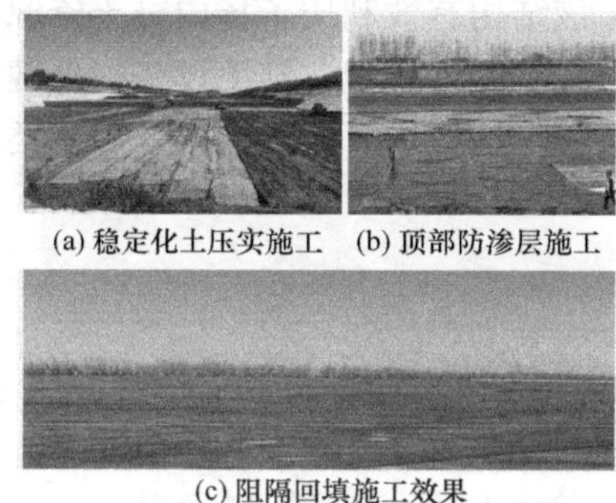

(a) 稳定化土压实施工　(b) 顶部防渗层施工

(c) 阻隔回填施工效果

图 6　稳定化土回填及顶部覆盖系统施工

2.4 顶部覆盖系统

稳定化土的回填、压实完成后进行顶部覆盖系统施工，顶部覆盖系统由顶部防渗层和压实清洁层组成。顶部防渗层采用“一布一膜”工艺，先铺设无纺土工布再铺设 HDPE 土工膜［图 6（b）］。压实清洁层覆盖总厚度 100cm 的压实清洁土，该厚度超过美国非住宅区原位覆土阻隔的标准，可防止稳定化土的暴露，进一步提高阻隔回填结构的防护能力。

至此阻隔回填结构施工全部完成，图 6（c）展示了阻隔回填施工效果，由下到上的底部防渗系统、压实稳定化土层、顶部覆盖系统施工顺利，结构完整，场地的长期安全性得到有效保障，场地周边土壤和地下水受到二次污染威胁的风险得以控制。

3 讨论

近年来，微塑料对土壤的污染越来越受到重视。微塑料与重金属和有机污染物相互作用，影响了土壤的理化性质、动植物的生存等，带来了不可忽视的生态风险[21]。HDPE 土工膜的使用可能带来微塑料污染是我们需要考虑的。此外，土工膜破损造成的污染物泄漏可能影响阻隔回填结构的保护效果。可以通过改变 CCL 层的厚度代替 HDPE 土工膜尝试规避以上问题，但要做到等效代替，所需 CCL 厚度过大，需要大量压实黏土且施工不便[22]。

4 结论

案例以华北地区某多离子污染场地污染土为治理对象，采用自研稳定剂进行稳定化修复后以阻隔回填的方式对稳定化土进行处理。场地经修复后满足验收要求，阻隔回填施工工艺的可行性与有效性得到验证。可得出以下结论：

（1）污染土稳定化修复中，作者所在课题组自研的稳定剂修复效果良好。破碎筛分斗、一体化修复装备等施工设备效率高，能够满足修复需求。

（2）本工程所采用的阻隔回填工艺流程简单、施工便利。阻隔回填能够有效增强修复结构的抗渗能力，保障稳定化土的长效安全性。阻隔回填系统由底部防渗系统、压实稳定化土层、顶部覆盖系统组成，该结构有效利用了场内黏土资源，成本低、效果好。

本文弥补了国内阻隔回填施工工艺流程、施工设备、关键参数和施工案例的不足，为保障污染土稳定化工程的长效安全性提供了技术支持，可为类似场地的修复和风险管控提供参考。

参考文献

[1] 刘晓慧. 赵其国谈我国土壤重金属污染问题与治理的对策［EB/OL］.（2015-10-29）［2020-10-12］. http://www. mnr. gov. cn/ dt/ywbb/201810/t20181030_2280298. html.

[2] 中华人民共和国环境保护部. 全国土壤污染状况调查公报［R］. 北京：中华人民共和国国土资源部，2014：1-5.

[3] GONG Y Y，ZHAO D Y，WANG Q L. An overview of field-scale studies on remediation of soil contaminated with heavy metals and metalloids：Technical progress over the last decade［J］. Water Research，2018，147.

[4] PARIA S，YUET P K. Solidification/stabilization of organic and inorganic contaminates using Portland cement：a literature review. Environmental Reviews［J］. Environmental Reviews，2006，14（4）：217-255（39）.

[5] 杜延军，金飞，刘松玉，等. 重金属工业污染场地固化/稳定处理研究进展［J］. 岩土力学，2011（1）：116-124.

[6] 常春英，曹浩轩，陶亮，等. 固化/稳定化修复后土壤重金属稳定性及再活化研究进展［J］. 土壤，2021，53（4）：682-691.

[7] 夏威夷. 新型羟基磷灰石基固化剂修复铅锌镉复合污染土的机理与应用研究［D］. 南京：东南大学，2018.

[8] 魏明俐. 新型磷酸盐固化剂固化高浓度锌铅污染土的机理及长期稳定性试验研究［D］. 南京：东南大学，2017.

[9] ZHOU S J，DU Y J，FENG Y S，et al. Stabilization of arsenic and antimony Co-contaminated soil with an iron-based stabilizer：Assessment of strength，leaching and hydraulic properties and immobilization mechanisms［J］. Chemosphere，2022，301.

[10] 常春英，曹浩轩，陶亮，等. 淹水和干湿交替对修复后土壤铬的稳定性影响研究［J］. 环境科学研究，2022，35（5）：1150-1158.

[11] 丛鑫，王森，张琢，等. 冻融对污染场地土壤重金属稳定化性能的影响［J］. 环境科学研究，2015，28（8）：1240-1245.

［12］ 张琢，李发生，王梅，等．基于用途和风险的重金属污染土壤稳定化修复后评估体系探讨［J］．环境工程技术学报，2015，5（6）：509-518.

［13］ 中华人民共和国国家质量监督检验检疫总局，中国国家标准化管理委员会．地下水质量标准：GB/T 14848—2017［S］．北京：中国标准出版社，2017.

［14］ 中华人民共和国建设部．土的工程分类标准：GB/T 50145—2007［S］．北京：中国计划出版社，2008.

［15］ 环境保护部．固体废物浸出毒性浸出方法　水平振荡法：HJ 557—2010［S］．北京：中国环境科学出版社，2010.

［16］ 生态环境部，国家市场监督管理总局．一般工业固体废物贮存和填埋污染控制标准：GB 18599—2020［S］．北京：中国环境科学出版社，2020.

［17］ 王俊奇，王钊，颜月霞，等．土工合成材料在城市固体垃圾填埋场中的应用［J］．工程勘察，2003（3）：7-9+43.

［18］ 谢世平，何顺辉，张健．影响 GCL 防渗性能因素分析［J］．岩土工程学报，2016，38（S1）：56-61.

［19］ 谢海建，詹良通，陈云敏，等．我国四类衬垫系统防污性能的比较分析［J］．土木工程学报，2011，44（7）：133-141.

［20］ 谈云志，孔令伟，郭爱国，等．红黏土路基填筑压实度控制指标探讨［J］．岩土力学，2010，31（3）：851-855.

［21］ 郝爱红，赵保卫，张建，等．土壤中微塑料污染现状及其生态风险研究进展［J］．环境化学，2021，40（4）：1100-1111.

［22］ 张虎元，冯蕾，吴军荣，等．填埋场防渗衬垫等效替代研究［J］．岩土力学，2009，30（9）：2759-2762.

动水条件下砂砾石地基高喷防渗墙施工工艺研究

李华伟
（中水淮河规划设计研究有限公司，安徽 合肥 230601）

摘　要：本文以某堤防砂砾石地基为例，由于堤防两侧存在动水，常规施工工艺漏浆严重不成墙，后采用增加黏土水泥浆高喷填充堵漏工艺进行处理，经处理后，高喷防渗墙完全满足设计要求，为以后解决类似工程问题积累了宝贵的经验。

关键词：高喷；防渗墙；动水；砂砾石

Study on Construction Technology of High-pressure Jet Grouting Cutoff Wall on Sand Gravel Foundation under Hydrodynamic Conditions

LI Huawei
(Zhongshui Huaihe River Planning, Design and Research Co., Ltd., Hefei Anhui 230601, China)

Abstract: In this paper, the sand gravel foundation of a dike is taken as an example. Due to the existence of flowing water on both sides of the dike, the conventional construction process has serious slurry leakage and cannot form a wall. Later, the leakage stoppage process of adding clay cement slurry and high-pressure jet grouting is adopted for treatment. After treatment, the high-pressure jet grouting anti-seepage wall fully meets the design requirements, accumulating valuable experience for solving similar engineering problems in the future.

Key words: High pressure injection; Impervious wall; Moving water; Sand gravel

0　工程概况

某河道现状两侧堤防是二十世纪五六十年代由当地农民逐年兴修而成，筑堤土料多为粉质壤土、砂壤土及细砂等，人工填筑质量不均匀，碾压不密实，结构较松散，其下部堤基为强透水的砂砾石，在高水位洪水下，极易形成管漏，发生渗透破坏，给堤防安全留下较多隐患。

1　地质概况

杭埠河堤基在勘察深度范围内，所揭露的地层从上到下按其土性特征可分为四个大

作者简介：李华伟，男，高级工程师，主要从事水利水电工程规划设计研究工作。Email：12284313@qq.com。

层，现将钻孔揭露的堤基地层情况叙述如下：

①$_1$层砂壤土（Q_4^{al}）：夹粉细砂，灰、灰黄等色，很湿—饱和，稍密。该层仅少量分布，层厚 1.90～3.90m，层底高程 14.57～17.03m。为中等压缩性土层。

②$_2$层粉细砂（Q_4^{al}）：灰色、灰黄色，饱和，松散—稍密，夹砂壤土、轻粉质壤土等。层厚 1.80～4.10m，层底高程 10.47～16.62m。为中等压缩性土层。

③$_1$层轻—中粉质壤土（Q_3^{al}）：灰、灰黄、黄褐等色，湿，可塑—硬可塑状，多夹薄层状砂壤土。全段普遍分布，层厚 1.80～6.80m，层底高程 14.40～17.68m。为中等偏低压缩性土层。

③$_2$层重粉质壤土（Q_3^{al}）：灰、褐黄、棕黄等色，湿，硬可塑—硬塑状，含铁锰质结核。仅下游段部分勘探孔揭露，层厚 1.90～8.10m，层底高程 8.07～14.58m。为中等偏低压缩性土层。

④$_1$层细、中砂（Q_3^{al}）：灰黄、棕黄色，饱和，中密—密实状，全段断续分布，层厚 0.80～6.60m，层底高程 10.11～16.42m。为低压缩性土层。

④$_2$层砂砾石（Q_3^{al}）：灰黄、杂色，饱和，密实状。场地区内连续状分布，自上游至下游，颗粒呈渐细态势。仅部分钻孔揭穿，揭露层厚 0.20～12.90m，层底高程 0.47～13.47m。为低压缩性土层。

④$_3$层砂卵石（Q_3^{al}）：灰黄、杂色，饱和，密实状。场地区内连续状分布，自上游至下游，颗粒呈渐细态势，渐由卵石向砾石过渡。已揭露最大厚度 13.20m，最低层底高程 −11.38m。为低压缩性土层。

施工期间处于非汛期，堤防外侧坑塘水位比河道水位高约 6.0m。

2 防渗墙施工工艺选择

（1）工艺试验

2020 年 10 月 13—27 日进行现场工艺试验，试验期间河道水位较低，内外水位差 6.0m 左右。本工程使用三管法高压摆喷施工设备，喷管直径 ϕ91mm，高压泵为 XPB-90EX（额定压力 90MPa）；高喷钻孔采用 GY-200-2A 型钻机成孔。本次工艺试验共布置 1 号和 2 号两个围井，每个围井各布置 1～8 号共 8 个钻孔，试验分两序进行施工，单号孔均为一序孔，双号孔均为二序孔，灌浆材料均采用普通硅酸盐 P·O42.5 水泥。

1 号围井拌制按试验方案确定水灰比的水泥浆，浆液密度 1.6～1.70g/cm^3，采用普通硅酸盐 P·O42.5 水泥制浆，随时测量水泥浆的相对密度以保证水灰比符合要求，插管至灌浆孔孔底，先静喷至孔口回浆正常再开始提升，即可按设计参数开始喷射作业。喷灌时，同时作好各施工工艺参数记录，孔口返浆每 20～30min 测一次相对密度并记录，返浆通过排浆沟排放至适当位置。喷射注浆，当孔口回浆量超过喷浆量的 20%时，应提高喷射压力或加快提升度（图 1）。

2 号围井首先拌制黏土泥浆，浆液密度不小于 1.2g/cm^3，随时测量泥浆的相对密度以保证达到堵漏效果，插管至灌浆孔孔底，先静喷至孔口回浆正常再开始提升，即可开始喷射作业。泥浆喷灌完成后再次进行扫孔，再拌制按试验方案确定的水灰比的水泥浆，浆液密度 1.6～1.70g/cm^3，采用普通硅酸盐 P·O42.5 水泥制浆，随时测量水泥浆的相对

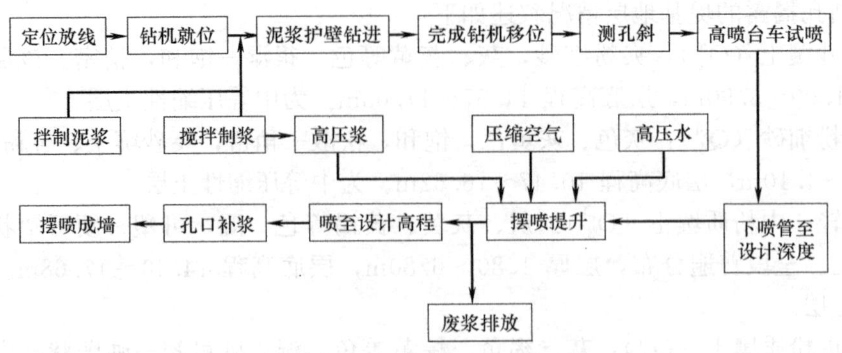

图1　1号围井施工工艺流程图

密度以保证水灰比符合要求，插管至灌浆孔孔底，先静喷至孔口回浆正常再开始提升，即可按设计参数开始喷射作业。喷灌时，同时作好各施工工艺参数记录，孔口返浆每20～30min测一次相对密度并记录，返浆通过排浆沟排放至适当位置。喷射注浆，当孔口回浆量超过喷浆量的20%时，应提高喷射压力或加快提升速度（图2）。

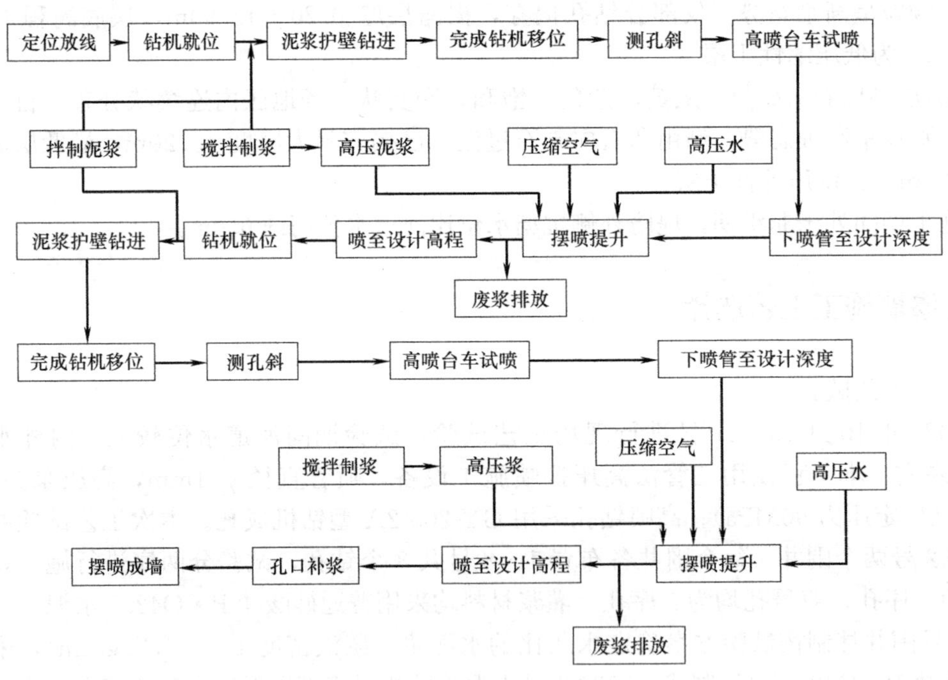

图2　2号围井施工工艺流程

（2）问题及处理措施

1号围井1号孔喷灌开始正常，喷至离孔口6.8m位置（高程25.2m）处孔口开始不返浆，此时停止提升继续喷浆并在孔口利用人工往孔内灌砂，持续5min仍无返浆，继续采用降低水压，降低气压采用原位注浆并同时利用人工往孔内灌砂，持续5min仍无返浆，由于连续停止10min并连续注浆仍不返浆，此时采用低速摆喷提升（提升速度6cm/min）1.5m后继续采用降低水压，降低气压原位注浆及人工孔内灌砂法，持续5min仍无返浆，然后基本采用低速提升1.5～2m再原位注浆5min，一直到提升至孔口（自6.8m

处至孔口一直孔口无回浆）。当时考虑可能是个例，继续施工 5 号孔，发现 5 号孔与 1 号孔情况基本一致。

施工 3 号孔在喷浆前先利用清水将孔清洗干净后采用原孔回填灌浆（黏土泥浆加入约 10％水泥进行灌浆），但由于孔口砂层较为松软在加压至 0.03MPa 时从孔旁边翻浆，又将孔四周利用水泥浆封将近 1m（同时将孔进行扫孔并清洗干净），第二天继续回填灌浆当加压仅 0.05MPa 时就封不住，并且吃浆量很小。原位回填灌浆后进行高喷作业时跟前面 1 号、5 号孔施工情况基本一样。后续施工 7 号孔按照 3 号施工顺序进行施工，基本与前面一样在离孔口 6～7m 处不返浆。在二序孔施工时返浆情况基本正常，全程孔口返浆。

2 号围井在喷一序孔时采用黏土水泥浆高喷，从孔底喷至离孔口 6.0m 位置（高程约 26m）喷灌正常，但离孔口 6.0m 位置（高程约 26m）开始不返浆，此时停止提升，采用降低水压、降低气压原位注浆持续 5min 仍无返浆，采用低速摆喷提升（提升速度 7cm/min），每次提升 2m，然后注浆 5min，直至地面高程。摆喷完成后，从 6m 处复喷黏土水泥浆，返浆正常。扫孔后，一序孔高喷作业正常，均正常返浆。2 号围井二序孔高喷作业正常，均正常返浆，无特殊情况发生。

（3）试验检查

2020 年 11 月 14 日在对 1 号围井和 2 号围井进行 72h 注水使围井内水达到饱和之后，在监理和业主的见证下分别对两个围井进行注水试验，在注水过程中观测到 1 号围井有气泡上涌，围井内水体出现转动，2 号围井未出现此情况。

2020 年 11 月 05 日 1 号围井高喷试验施工结束 9d，通过开挖进行外观质量检查与高压摆喷灌浆质量分析评价。

围井内外开挖深度分别为 2.5m、2m，开挖后直观观测到所有一序孔与二序孔之间搭接良好，未出现不成墙和未搭接情况。

2020 年 11 月 13 日对 2 号围井进行开挖，开挖后观测一序孔与二序孔之间搭接良好，未出现不成墙和未搭接情况。

3 结论与建议

1 号围井在施工过程中未进行有效的堵漏措施，导致一序孔施工严重漏浆，2 号围井在对一序孔进行水泥浆施工前，采用黏土泥浆对漏浆问题进行处理，效果明显，2 号围井所有一序孔均返浆正常，未出现漏浆现象。

试验研究证明，增加黏土水泥浆高喷填充堵漏工艺措施后，施工形成的高喷防渗墙能满足设计和规范要求。该施工工艺为以后解决类似工程问题积累了宝贵的经验。

参考文献

［1］ 中华人民共和国水利部. 水工建筑物地基处理设计规范：SL/T 792—2020［S］. 北京：水利水电出版社，2020.

［2］ 国家能源局. 水电水利工程高压喷射灌浆技术规范：DL/T 5200—2019［S］. 北京：水利水电出版社，2019.

软土地区束合管幕（UBIT）浅埋大跨暗挖新工法与工程实践

张中杰[1]，刘书[1]，吕培林[1]，柳献[2]

（1. 上海市城市建设设计研究总院（集团）有限公司，上海 200025；

2. 同济大学，上海 200092）

摘　要： 束合管幕暗挖新工法，也可简称为 UBIT（Underground Bundle Composite Pipe Integrated by Transverse Pre-stressing）工法，通过横向张拉预应力筋，将纵向顶进的离散小断面方钢管束合成可横向受力的整体结构，解决了无临时支撑、无土体加固、全断面挖土、超前支护与永久结构合一的软土地区暗挖建设难题，同时满足了绿色环保、快速施工的需求，具有显著的环境效益和社会效益。本文以上海市轨道交通 14 号线武定路站 1 号出入口、轨道交通 23 号线闵行开发区站主体工程为背景，针对性地介绍了该工法采用刚性板-弹簧单元耦合的接缝模型、C-T 形锁扣构造、标准管与可满足接缝承受负弯矩的角部工具管构造、“双直并列”的横向预应力筋布置等系列设计关键技术。并通过开展抗剪、压弯节点试验与 1/4 结构足尺试验，揭示了束合管幕结构的受力特征与破坏机理，验证了设计方案的安全性与适用性。示范工程实践及现场实测数据表明，应用情况良好，可为今后软土地区浅埋大跨地下空间暗挖施工提供新的设计思路和借鉴参考。

关键词： 富水软土；UBIT 工法；束合管幕；预应力；暗挖

Engineering Practice of Shallow and Large-span Underground Space for UBIT method in soft soil area

Zhang Zhongjie[1]，Liu Shu[1]，Lv Peilin[1]，Liu Xian[2]

（1. Shanghai Urban Construction Design and Research Institute (Group) Co.，Ltd.，Shanghai 200025，China;

2. Tongji University，Shanghai 200092，China）

Abstract: The bundled pipe curtain subsurface excavation method，is also called the UBIT method（Underground Bundle Composite Pipe Integrated by Transverse Pre-stressing)，by transversely pre-stressed tendons，the longitudinally jacked discrete and small-section square steel tube are combined into an overall structure that can be subjected to transverse force，which has solved the construction problems of subsurface excavation with no internal support and no reinforcement，also the advanced support structure is used as a permanent structure. This paper takes the No. 1 entrance and exit of Wuding Road Station of Shanghai Rail Transit Line 14 and the main project of Min Development Zone Station of Line 23 as the background，the joint model using rigid plate-spring element coupling，the C-T type lock，the standard pipe and the corner tool pipe that can meet the negative bending moment of the joint are introduced. Through carrying out shear，compression bending joint test and full-scale test of 1/4 structure，the force characteristics and fail-

ure mechanism are revealed, and the safety and applicability of the design are verified. Engineering practice and on-site measured data show that the application is in good condition, which can provide new design ideas and reference for future subsurface excavation construction in water-rich and soft soil areas.
Key words: Soft soil; UBIT method; Bundled pipe curtain; Pre-stress; Subsurface excavation

0 引言

采用明挖法在城市核心区建设地下空间越来越面临着地面交通、地下管线、周边环境、废弃工程等系列难题，探索暗挖技术势在必行。以上海为典型代表的软土地区，暗挖施工因受地下水位高、土体强度低等地质条件的制约，普遍采用盾构法、顶管法与管幕法。然而，这些既有暗挖工法在断面和覆土方面的限制已逐渐无法满足城市发展对浅覆土地下空间提出的更大断面要求。

目前，我国最大断面盾构机为北京东六环改造工程的“京华号”直径16.07m[1]，最大断面顶管机为嘉兴市快速路环线工程的“南湖号”尺寸14.8m×9.4m[2]；覆土方面，按规范标准且受限于施工工艺，断面深跨（径）比均需在0.5以上[3,4]。管幕法虽然在断面尺寸上实现突破，且断面形式多样，但受施工工艺的制约，需利用顶进箱涵[5]或临时型钢支撑结合水平土体加固多导洞开挖[6,7]。顶进箱涵需较大规模的工作井以及稳定的后靠措施，临时型钢支撑多导洞开挖则会导致挖土效率不高、施工工序复杂等。例如，上海中环线虹许路北虹路地道工程，上海市轨道交通14号线桂桥路站。

因此，研究适用于更大断面、更浅覆土地下空间，同时更绿色环保的暗挖新工法，解决无临时支撑、无土体加固、全断面挖土、超前支护与永久结构合一的富水软土地区暗挖难题，具有很强的必要性和迫切性。

1 束合管幕（UBIT）工法施工步序

束合管幕（UBIT）工法结合了预应力技术和管幕技术，通过横向张拉预应力筋，将纵向顶进的离散小断面方钢管束合成可横向受力的整体钢混复合结构[8]，施工步序见图1，主要包括：

（1）管节纵向顶进。以锁扣作为定位措施，利用小断面矩形顶管机顶进标准管和角部工具管。管节纵向需根据始发井施工空间采用分段焊接方式连接。顶进完成后，在锁扣内充填油脂或其他防水材料。

（2）横向穿波纹管与标准管内及管节间浇筑混凝土。清理干净管节内及管节间隙内土体，利用标准管与工具管腹板预留的贯穿孔，横向穿后张法用波纹管。对除角部工具管操作空间以外的所有管节内、管节间隙填充混凝土。

（3）穿设与张拉预应力筋。混凝土强度达到设计要求后，利用波纹管依次穿入预应力筋，端部安装锚具，横向张拉预应力筋并锚固。张拉时应尽量保持对称、平衡、逐级到位，避免由于单侧张拉而导致的偏载。

（4）浇筑工具管内混凝土与土体开挖。预应力筋张拉锚固完成后，浇筑四个角部工具管内混凝土，混凝土强度达到设计要求后，形成可兼做永久结构的暗挖超前支护，无需支撑与土体加固，全断面开挖内部土体。贯通后根据运营、建筑或装修需要决定是否增设内部结构。

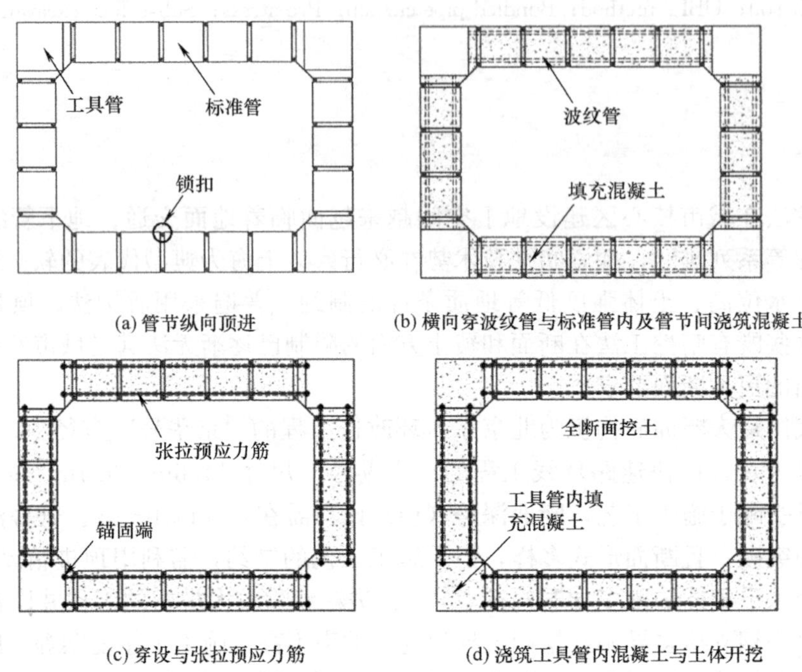

(a) 管节纵向顶进　(b) 横向穿波纹管与标准管内及管节间浇筑混凝土

(c) 穿设与张拉预应力筋　(d) 浇筑工具管内混凝土与土体开挖

图 1　束合管幕（UBIT）工法施工步序

束合管幕工法现场施工见图 2。

(a) 工具管顶进　(b) 清理管节与间隙　(c) 预应力张拉　(d) 开挖

图 2　束合管幕工法现场施工

2　背景工程

2.1　轨道交通武定路站 1 号出入口

上海市轨道交通 14 号线武定路站 1 号出入口工程位于武宁南路与武定路交叉口，横跨武定路，见图 3。拟建场地存在 1 路 110kV 电力排管上跨 1 号出入口，埋深约 1.2m。若采用明挖法施工，为维持社会交通，需采用分幅盖挖法，多次迁改 110kV 电力管线，迁改费用高、施工周期长。因此，本工程国内首次采用了束合管幕（UBIT）新工法，暗挖下穿武定路。暗挖段内净宽约 6.4m，长约 15.7m，顶覆土约 3m，见图 4。

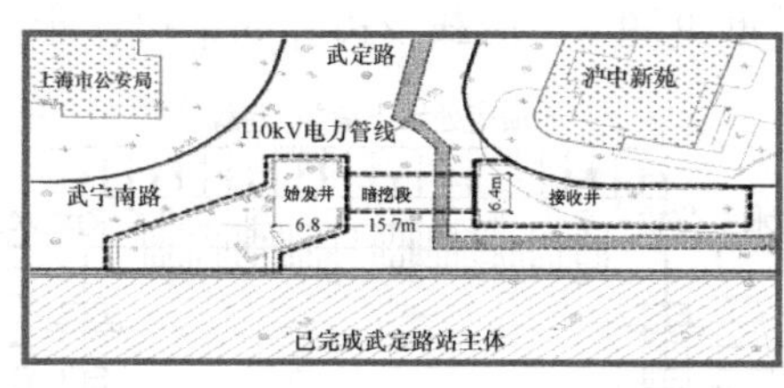

图 3　武定路站 1 号出入口总图

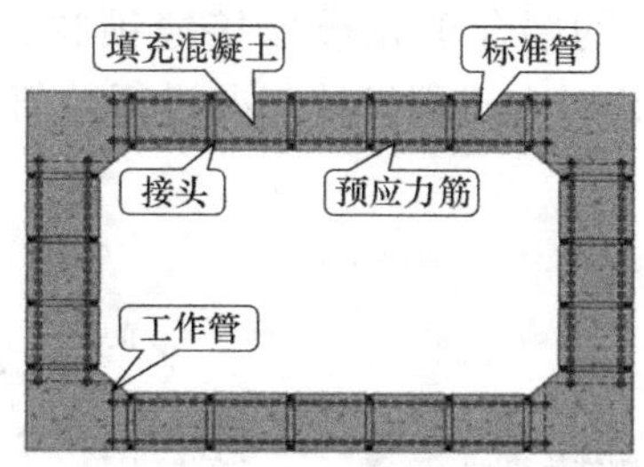

图 4　武定路站 1 号出入口断面图

2.2　轨道交通闵行开发区站主体

上海市轨道交通 23 号线闵行开发区站主体工程位于东川路路中偏北侧，横跨碧溪路，见图 5。拟建场地存在 2 路 110kV 电力 2×10 排管，埋深 0.8～1.4m，1 路 220kV 电力 3×7 排管，埋深 0.9～1.9m，1 路规划 DN1400 雨水管，埋深约 3.9m。若采用明挖法施工，车站需设置 1 道封堵墙，分 2 期实施，管线相应进行多次迁改，仅 3 路现状电力排管迁改费用高达约 1.1 亿元。同时，主管部门要求 2 次迁改间隔应至少为 12 个月，无法满足通车时间节点。因此，本工程拟同样采用束合管幕（UBIT）新工法，实现闵行开发区站主体，浅埋大跨地下空间暗挖下穿碧溪路。暗挖段内净宽约 21.8m，长约 89m，顶覆土约 3.7m，见图 6。

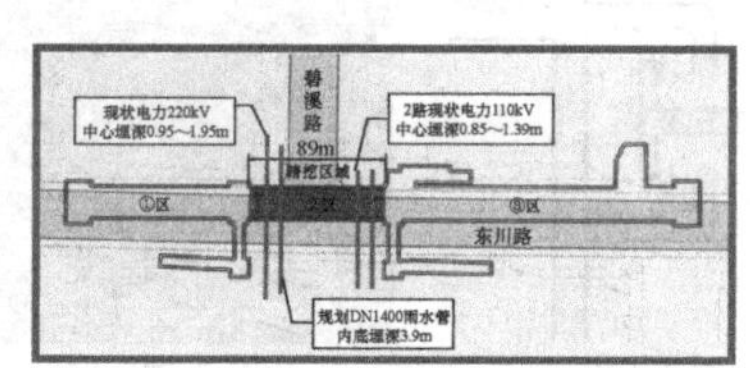

图 5　闵行开发区站总图

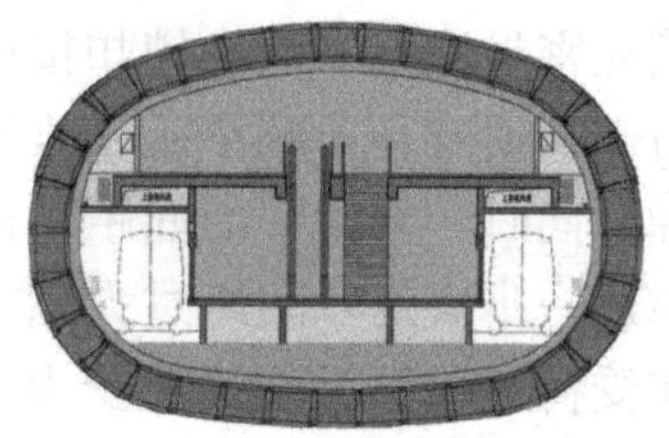
图 6　闵行开发区站断面图

3　设计关键技术

3.1　计算分析

束合管幕的受力性能重点在于接缝的受力表现与预应力筋的作用。当所受外荷载较小，接缝上最大拉应力没有超过混凝土与方钢管腹板的临界粘结应力时，结构可以看作连续的整体；当接缝混凝土与方钢管腹板出现脱开后，截面拉力由预应力筋承担，接缝转角刚度降低，结构挠度与转角随之快速增加；随着接缝张开量增大，锁扣相互接触产生作用，与预应力筋共同抵抗截面拉力；当荷载继续增大，一旦锁扣所受拉力超过其极限承载力，锁扣失效，结构达到极限承载力，无法继续承担外荷载。由此可见，接缝受力具有高度非线性，涉及材料的接触、屈服以及破坏等多种状态。因此，研究了基于束合管幕接缝构造和材料性能的刚性梁板-弹簧黏滞耦合非线性本构模型，采用梁单元模拟管节，刚性板-弹簧的耦合单元模拟接缝锁扣、粘结受力，见图 7。利用该本构模型与有限元软件 ANSYS 对本工程设计工况进行数值模拟，计算模型见图 8，荷载及边界约束仅作示意。

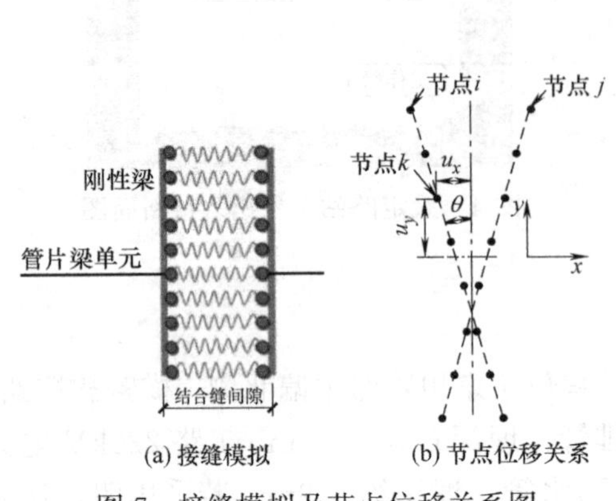

图 7　接缝模拟及节点位移关系图

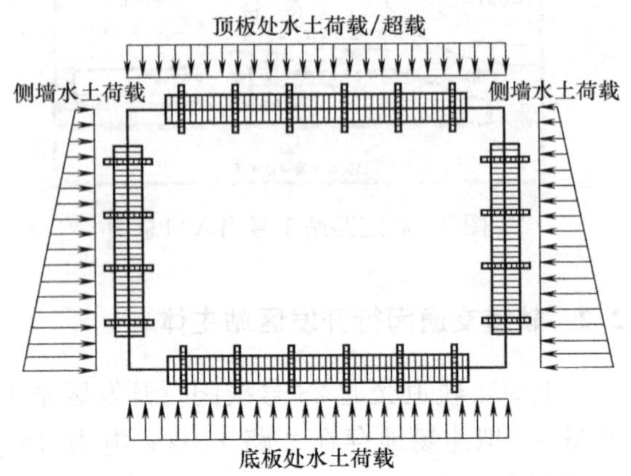

图 8　束合管幕（UBIT）工法计算模型

3.2　节点构造

1. 接缝锁扣形式

束合管幕接缝锁扣在方钢管顶进阶段中起到定位和导向的作用，在挖土施工阶段及永久使用阶段起到防渗、止水作用。因此，锁扣形式及间隙由方钢管的顶进精度控制决定，而且需填充密封油脂以减小锁扣接触引起的顶进阻力，从而有利于减小施工难度、控制地面沉降。同时，方钢管的间距又由锁扣形式及间隙进一步决定，间距过大则方钢管上下翼缘在受荷工况下无法接触受力，而且会缩减接头有效截面高度，进而决定了束合管幕结构的受力特征和破坏机理。

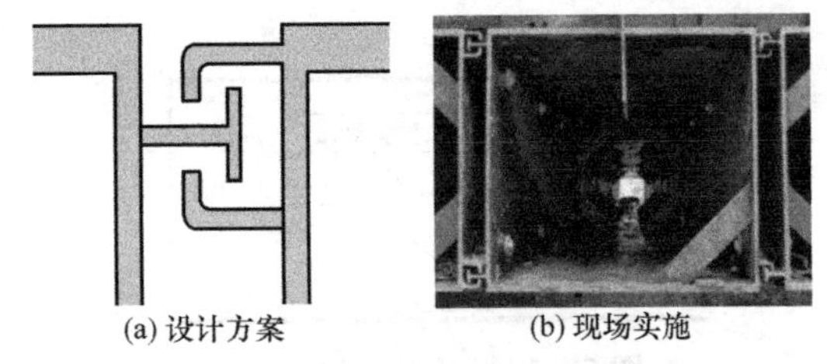

图 9　C-T 接缝锁扣形式

本工程采用了 C-T 形锁扣，锁扣由 10mm 厚钢板加工制作，理论容许顶进偏差 30mm，内填充密封油脂，预留注浆孔，见图 9。管节间隙 100mm，考虑接头截面上下 C 扣截面高度 110mm，有效高度缩减 220mm。

2. 管节布置方案

管节布置方案包括方钢管断面、横向预应力筋间距、纵向分节设计。综合考虑本工程 6.4m 跨度和 3m 覆土荷载，标准管采用了 1m 管节，管节翼缘钢板 25mm 厚，管节腹板钢板 16mm 厚，沿纵向间距每 750mm 设置上下两处横向预应力筋开孔，大小 78mm；角部工具管考虑施工人员内部预应力张拉操作空间，以及角部工具管接缝承受负弯矩作用，采用了 1.4m 管节，管节翼缘及腹板钢板均为 25mm 厚，沿纵向每间隔 750mm 对应设置 20mm 厚钢肋板及相应锚具垫板，将锚固端前移至工具管内部，钢肋板上需开设直径 160mm 浇捣孔，保证填充混凝土时的流动性与密实性。标准管及工具管设计横断面见图 10，工具管内部钢肋板及浇捣孔实景见图 11。

考虑管节顶进始发井前后壁 6.8m 的狭小净空、暗挖段长度、矩形顶管机及发射架尺

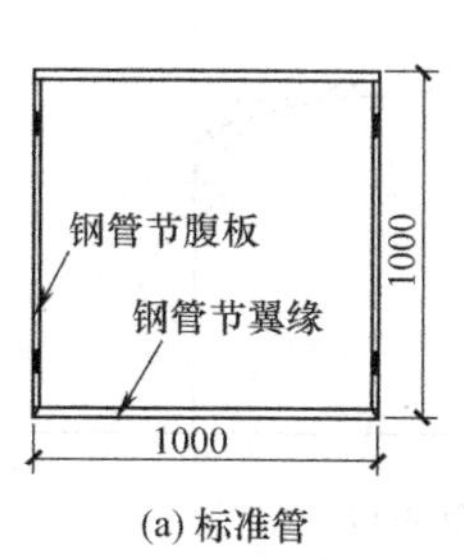

(a) 标准管

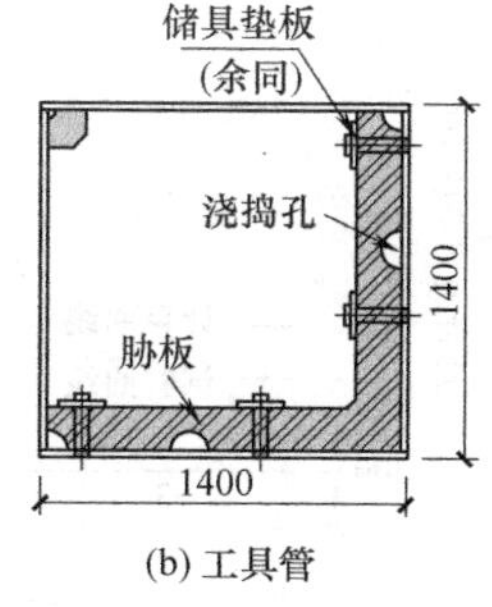

(b) 工具管

图 10 标准管及工具管设计横截面示意图

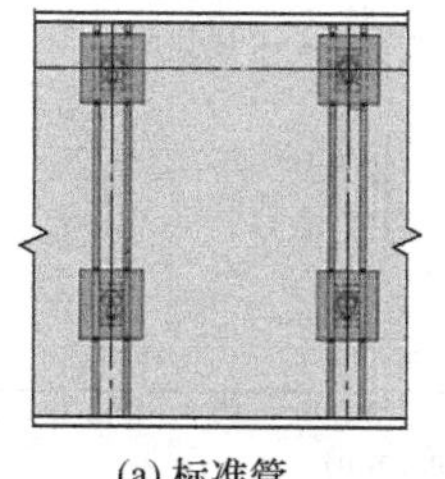
(a) 标准管

(b) 工具管

图 11 工具管内部钢肋板及浇捣孔实景

寸，将每根方钢管沿纵向分 5 节焊接，4 节 3m 加 1 节 3.3m，相邻钢管间连接焊接接头错缝布置。

本工程采用了“双直并列”的预应力筋布置方案，每孔内穿 3 根钢绞线，中心位置距钢管截面外边缘 160mm，见图 12。一方面，初始应力较为均匀，可以有效提高束合管幕在接缝脱开前的受力性能，减小结构变形，而且可以在接缝脱开后充分发挥预应力筋作用，提高极限承载力。另一方面，具有管节制作标准化高、穿筋施工难度小、接头受力要求小的优势，有利于提高现场施工效率。

3. 预应力筋布置方案

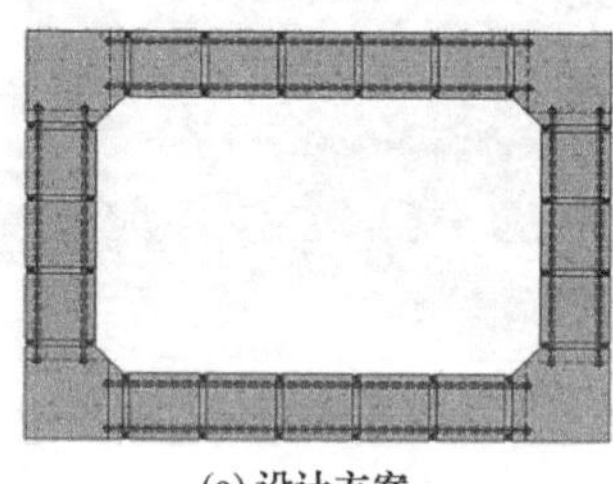
(a) 设计方案

(b) 现场实施

图 12 预应力筋布置方案

3.3 试验分析

为确保束合管幕结构的安全性与适用性，验证上述计算分析与设计方案，研究接缝的受剪、受弯受力特性与承载能力，揭示整体结构的受荷全过程性能发展规律与力学机制，本工程配套进行了接缝位置的节点剪切试验、压弯试验，以及 1/4 结构足尺试验，见图 13。试验结果表明整体结构的受力响应和破坏机制与接缝的受力性能发展规律紧密相关，而且与采用第 3.1 节自定义本构模型的计算结果比较，内力误差小于 15%、变形误差小于 10%，典型指标的试验与计算结果对比见图 14。

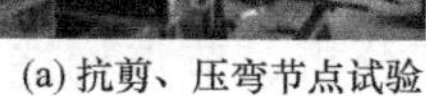
(a) 抗剪、压弯节点试验

(b) 1/4结构足尺试验

图 13 试验分析

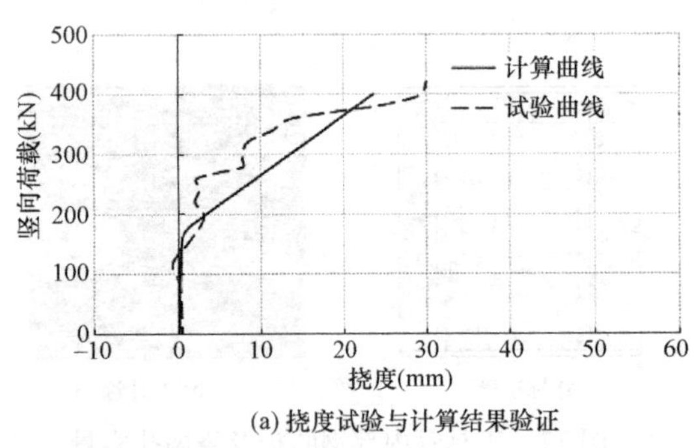

(a) 挠度试验与计算结果验证

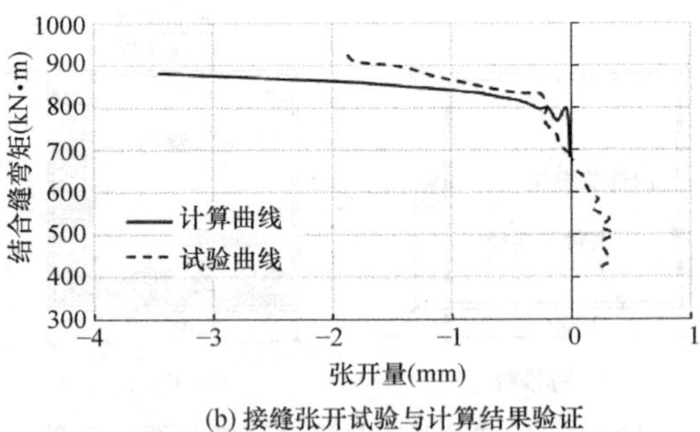

(b) 接缝张开试验与计算结果验证

图 14 典型指标的试验与计算结果对比

4 示范工程实施

上海市轨道交通 14 号线武定路站 1 号出入口于 2021 年 5 月 2 日开始施工，90d 完成束合管幕施工，全断面挖土 6d 完成贯通，总工期 96d，见图 15。工程监测数据表明，原位 110kV 电力管线施工全周期沉降最大约 5.5m，各测点地表最终沉降最大约 6.8mm，结构内力变形、周边环境保护要求均较好满足设计要求，见图 16。挖土贯通后，从内部观察，接缝内侧干燥，无渗漏水现象，且内壁平整、错台较小，不再另设混凝土内衬结构。

图 15 全断面挖土贯通

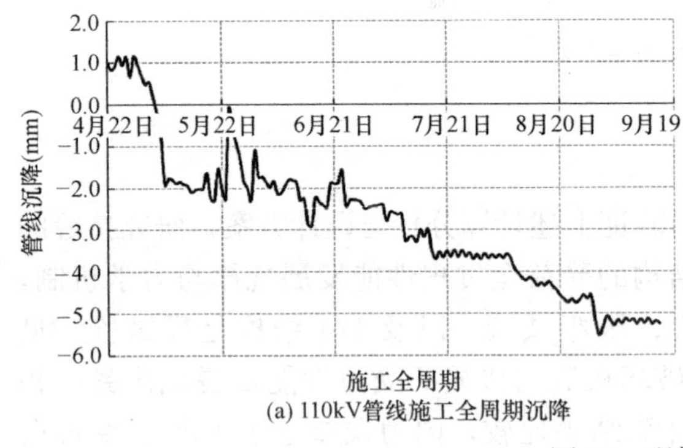

(a) 110kV管线施工全周期沉降

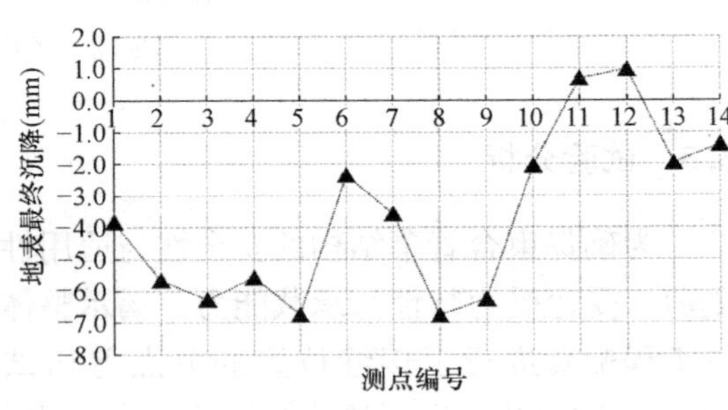

(b) 各测点地表最终沉降

图 16 现场监测结果

5 结语

本文以上海市轨道交通 14 号线武定路站 1 号出入口、23 号线闵行开发区站主体为工程背景，提出了束合管幕（UBIT）工法的计算分析、节点构造、管节布置、预应力筋布置等设计关键技术，并开展了抗剪、压弯节点试验与 1/4 结构足尺试验，揭示出束合管幕的受力性能重点在于接缝的承载性能与预应力筋的作用。武定路站 1 号出入口工程的实践及现场实测数据表明，应用情况良好，进一步验证了该工法的安全性与适用性。为解决富水软土地区无内撑、无加固条件下浅埋大跨地下空间的暗挖建设难题提供新的借鉴参考。

后续将整理计算理论、配套试验、现场施工控制等更为详细的研究内容与成果，不断完善该工法技术体系，重点研究不同埋深、不同横向跨度、不同纵向长度条件下该工法的适用性，从而为该工法的进一步推广奠定基础。

参考文献

[1] 陈能诵. 铁建重工国产最大盾构机荣耀下线 [J]. 市政技术，2020，38（6）：9.

[2] 世界最大断面矩形顶管机（宽 14.82m×高 9.44m）顺利始发 [J]. 隧道建设，2020，40（6）：879.

[3] 中华人民共和国住房和城乡建设部. 盾构法隧道施工及验收规范：GB 50446—2017 [S]. 北京：中国建筑工业出版社，2017.

[4] 上海市住房和城乡建设管理委员会. 顶管工程设计标准：DG/TJ 08—2268—2019 [S]. 上海：同济大学出版社，2019.

[5] 张俊儒. 箱涵顶进对下方管幕的力学作用分析 [J]. 隧道建设，2019，39（S1）：73.

[6] 张世宏. 饱和软土地区地下车站管幕法支撑施工关键技术研究 [J]. 隧道与轨道交通，2021，2：35.

[7] 朱雁飞. 富水饱和软土地层轨道交通地下车站暗挖工法研究综述 [J]. 隧道与轨道交通，2021（S1）：1.

[8] 张耀三. 饱和软土地区束合管幕暗挖工艺研究 [J]. 隧道与轨道交通，2020（4）：35.

综述 VSM 工法的研究与应用前景

郝亮[1]，王静[2]，林乔航[1]
（1. 上海公路桥梁（集团）有限公司，上海 200433；
2. 上海申元岩土工程有限公司 上海 200011）

摘　要：VSM（Vertical Shaft sinking Machine）工法是一种适用于复杂拥挤城市环境中的垂直竖井机械化沉井工法，通过研究和分析此工法的特点，列举了部分学者在设计、定量分析及工艺选型对比等方面的研究成果，提出了 VSM 工法在城市地下空间开发和利用的广泛应用前景，指出 VSM 工法可进行“跨专业、跨行业”的进一步研究，对需要“深藏、深储”的专业需求进行进一步的深挖和布局，为城市管理决策者提供依据。

关键词：VSM 工法；特点；设计；施工；前景

Survey of the Researches and Application Prospects of the VSM Method

Hao Liang[1]，Wang Jing[2]，Lin Qiaohang[1]
（1. Shanghai Road and Bridge Group Co.，Ltd.，Shanghai 200433，China；
2. Shanghai Shenyuan Geotechnical Co.，Ltd.，Shanghai 200011，China）

Abstract: The VSM (Vertical Shaft sinking Machine) method is a kind of vertical shaft sinking method suitable for complex and crowded urban environments. By studying and analyzing the characteristics of this method，these are enumerated that the results of some scholars' researches in design，quantitative analysis and process of the selection comparisons. The extensive application prospects of the VSM method in the development and utilization of urban underground space are proposed，and it is indicated that the VSM method can be further studied across professionals and industries. Further studies and layouts for the special needs which require deep coverage or deep storage，should be provided in basis for the decision makers of the urban management.

Key words: VSM method；VSM characteristics；VSM design；VSM construction；VSM prospects

0　引言

随着城市地下空间开发和利用的升级，过去罕见的工法已成为常规，例如软土地区常见的明挖基坑建造方式通常采用地下连续墙、钻孔灌注桩、咬合桩等围护结构，沉井法、

作者简介：郝亮，男，高级工程师，Email：149529425@qq.com。

气压沉箱法也是可靠的工法选择[1]。此外，盾构法和顶管法同样是地下空间开发可选择的重要技术手段，但同时也鲜见上述成熟工艺有核心技术的突破。

施工机械设备的发展，已赋能于地下空间的进一步开发，近年来通过引进 VSM 工法[2]，将软土地区地下空间开发的深度突破变成了可能。

VSM 工法是采用德国海瑞克提出的一种适用于复杂拥挤城市环境中的垂直竖井机械化沉井工法，其原理是通过全断面铣挖机向下破碎岩土，泥浆反循环排渣，井口安装续接的井壁跟随掘进机掘进下沉，直至设计深度[3]。此技术已在欧洲、中东、美国、新加坡，国内的上海、南京等地区得到应用，累计完成超过 80 个竖井工程，最大开挖直径为 13.0m，最大开挖深度达 115.2m，总计开挖深度超过 4630m，其中，国内开挖最深的为南京沉井式地下智能停车库工程，达到 68m[3]。

1　VSM 工法简介

该工法主要机械设备包括竖井挖掘设备、井壁下沉设备、动力设备、泥浆处理设备[2]。各部位设备现场布置示意图如图 1、图 2 所示。

设备的紧凑性，使得 VSM 工法可以在极短的时间内具备施工条件，同时也可在极小的空间内完成拼装，在密集型城区进行作业具有较强的生命力。

VSM 工法的核心是采用不排水下沉方式，通过在井筒内充满水或泥浆来平衡地层压力，从根本上避免了传统基坑开挖承压水突涌的问题[3]。掘进过程中，以竖井结构外径为基准，进行与地质条件相适应的一定量的超挖，通过泥浆套以满足竖井下沉的稳定性，同时减小对土体的扰动，保证了竖井周边环境的沉降控制在毫米级，同时竖井的垂直度控制在“万分之”级别上。

为了保证竖井施工精度，在下沉过程中，若干组沉降单元通过钢绞线同时施力，牵引竖井结构下放至设计位置，相对于传统沉井工法，此工法不存在突沉问题[4]。

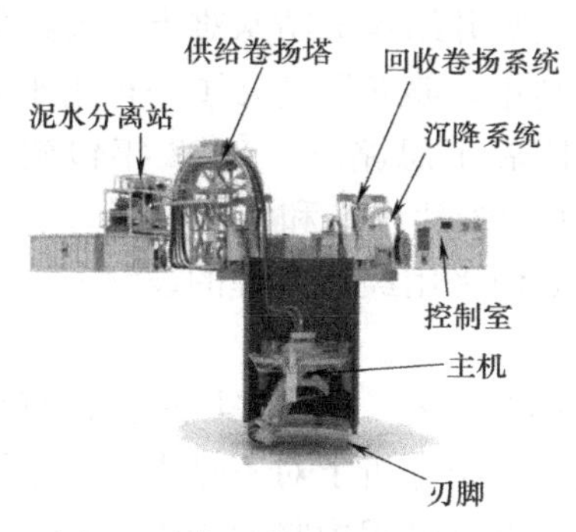

图 1　设备组装现场布置示意图

图 2　现场布置实景图

注：此施工场地仅为 1430m²。

相对于传统工法，施工效率是 VSM 工法的突出特点之一，在南京项目上的竖井施工中平均下沉速度为 1.54m/d，最快下沉速度达到 4m/d，实现了 45d 完成 68m 掘进深度的纪录（图 3）。

此外，掘进过程中，遥控操作使得无须有人在井内作业，从根本上保证了人员的安全。

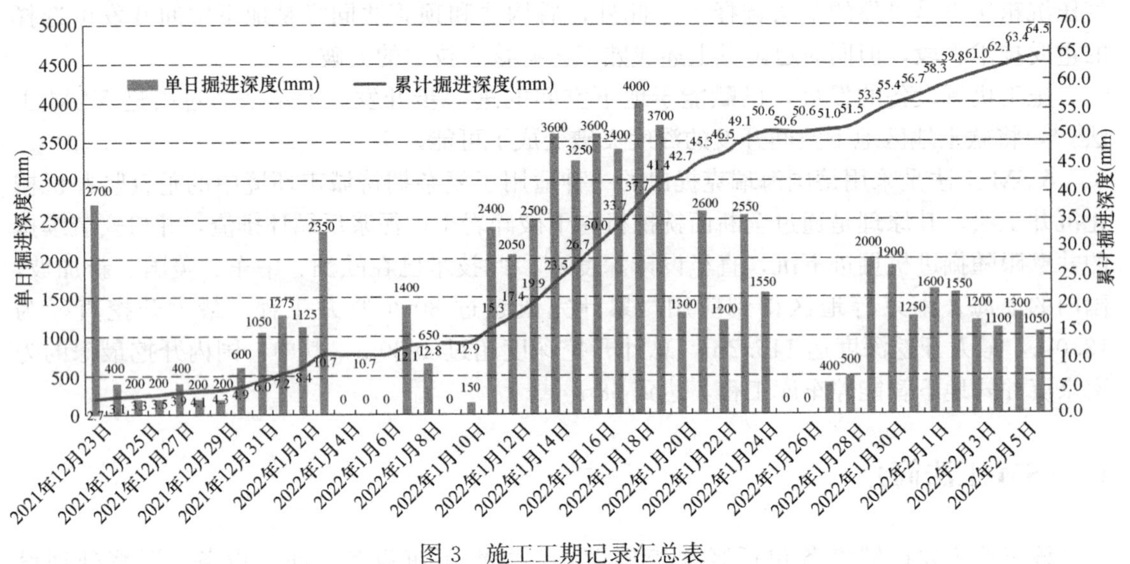

图 3 施工工期记录汇总表

2 研究进展

由于国内工程实例有限，目前可见文献仅在南京沉井式地下智能停车库工程中成功使用了该工法，国内诸多学者从各个角度对该工法进行了评述和研究。

设计方面，2016 年姜弘等介绍了可配合垂直竖井掘进机使用的一种装配式竖井管片结构，其结构简单、设计合理、具有很强的实用新型[5]。

2018 年，刘方宇等[6] 对预制拼装管片的壳—接头模型进行了力学规律研究，结果表明虽然仿真模型仍需进一步验证，但从理论上阐述了一定深度的接头处可能存在不利于连接的可能性，需要从设计上进行进一步的分析研究。2021 年林咏梅等[7] 结合南京市建邺区沉井式智能停车设施建设项目，针对性分析了超深装配式竖井结构的防水难点，通过研究密封垫的防水性能，为进一步的优化设计奠定了基础。同年，姜弘等公开了一种用于沉井的装配式钢壳混凝土刃脚，为 VSM 工法的应用设计拓展了思路[8]。2022 年包鹤立等[9] 总结了南京沉井式地下智能停车库工程中所采用的预制管片设计和实施效果，展望了装配式竖井结构工法具有广泛良好的应用前景，并指出如何采用经济合理的设计方案和施工措施在竖井结构上开孔，是后续研究的重点。

定量研究方面，2021 年卞超[10,11] 等结合 VSM 装备施工工艺，综合采用理论计算分析、三维有限元数值模拟和介质泥浆沉井模型试验等方法，系统分析了对不排水条件下圆形井壁提控下沉过程中的受力特性，获得了沉井井壁在提控下沉过程中竖向受力体系和相关荷载相互影响及变化规律，同时指出了研究成果缺乏实测数据的支持。2022 年，结合南京沉井式地下智能停车库工程，黄铭亮等[3] 在各类文献中首次实测分析了 VSM 沉井施工全过程的井壁受力和结构响应规律，指出后续的研究应从理论分析和数值模拟方面入手，对 VSM 沉井结构运营阶段受力特征、特殊环管片施工力学行为展开深化研究。

在这段时间里，出现了与 VSM 工法的相关工法选型研究和对比研究。2018 年时，饶志红[12] 研究和比较了市面上已有的井筒式地下车库施工工艺，成果表明，对于环境复杂区域，圆形且外径小于16m的基坑，VSM工法是备选方案之一。2021年，麻智宏[2] 以新加坡深水隧道污水系统二期工程为研究对象，分析比较了VSM工法和采用地下连续墙的明挖法的优劣性，指出在高水位地下竖井施工和市区繁忙地段有限场地施工中，VSM工法优势明显，能缩短工期并降低风险，循环使用时也可降低成本。

3 应用前景

VSM工法是一种适用于深层地下空间开发的深井建造方法，对传统深井施工方法进行了全方位的工法革新，进一步扩展了沉井工艺的内涵和外延，其可控性、可靠性已经在实际工程中得到了验证。

VSM工法为地下空间利用和开发提供了足够的想象空间，可以结合多种专业，实现各种用途的深井、地下停车场、调蓄水池、通风井、潜水"馆"、蓄能"罐"、储粮"仓"，甚至是地下物流网点、战略物资储备点等（图4～图6）。

图4 "双井并联"地下停车库效果图

图5 城市密集区调蓄泵站图[13]

图6 超深潜水馆[14]

4 结论

VSM工法优势体现在下列几个方面：

（1）复杂环境下可完成高精度施工；

（2）施工占地小，实施周期短；

（3）为城市地下空间开发决策者提供了全新的技术方案。

未来，国内肯定会出现更多具有代表性的成功的VSM施工案例，为城市地下空间开发提供更为完备的建设方案。

目前亟需进行研究和分析的内容如下：

（1）工程实例少，是否有可能实现更大直径的设备和竖井的方法和途径，需要在理论上进行进一步的分析和验证；

（2）应用前景广泛，“跨专业、跨行业”的相关工艺性设计需进一步跟进，落实与VSM工法相适应的方案，并应进行生命全周期的结构和功能适应性的分析和研究；

（3）对需要“深藏、深储”的专业需求进行进一步的深挖和布局，为城市管理决策者提供必要的依据。

参考文献

[1] 姜弘，包鹤立，林咏梅. 装配式竖井设计与施工技术应用研究——以南京某沉井式地下车库项目为例 [J]. 隧道建设（中英文），2022，42（3）：463-470.

[2] 麻智宏. 垂直沉井法（VSM）在工程中应用 [J]. 城市建设理论研究（电子版），2021（25）：67-68.

[3] 黄铭亮，张振光，徐杰，等. 基于VSM沉井施工过程的井壁受力实测研究——以南京沉井式地下智能停车库工程为例 [J]. 隧道建设（中英文），2022，42（6）：1033-1043.

[4] 张治成，邓燕羚，郑锋利，等. 深厚软土地区大型沉井突沉行为分析 [J]. 地下空间与工程学报，2020，16（3）：933.

[5] 姜弘 . 装配式竖井管片结构：CN205663444U [P]. 2016-10-26.

[6] 刘方宇，丁文其，巩一凡，等. 沉井式预制拼装结构壳-接头模型的三维数值模拟 [J]. 隧道建设（中英文），2018，38（Z2）：190-201.

[7] 林咏梅，贺腾飞，王文渊，等. 超深装配式竖井防水设计 [J]. 隧道与轨道交通，2021（S2）：86.

[8] 姜弘，张振光，贺腾飞，等. 用于沉井的装配式钢壳混凝土刃脚：CN113356252A [P]. 2021-09-07.

[9] 包鹤立，姜弘. 装配式竖井预制混凝土管片结构设计 [J]. 隧道建设（中英文），2022，42（Z1）：376-381.

[10] 卞超. 圆形沉井井壁提控下沉受力特性研究 [D]. 北京：煤炭科学研究总院，2021.

[11] 卞超，冯旭海，王建平. VSM沉井下沉过程井壁受力规律研究 [J]. 煤炭工程，2021，53（2）：41-47.

[12] 饶志红. 井筒式地下车库施工工艺选型 [J]. 建筑施工，2018，40（4）：545-547.

四、施工监测与监测技术

免共振微扰动沉桩技术及环境影响分析

周铮
（上海市机械施工集团有限公司，上海 200072）

摘　要：钢管桩沉桩技术在市政、房建领域的应用已越来越广泛。尤其在邻近保护建筑、轨交、重要管线周边进行免共振钢管桩施工的实例也较多。为了能够更为准确的反映免共振钢管桩对周边环境的影响，通过计算模拟结合现场实地试验，对沉桩期间桩和土的动力响应、土体变形和孔隙水压力的变化以及工后承载力变化和孔隙水压力消散进行了详细的研究。通过对试验数据的拟合，得到了沉桩施工结束后桩土界面和桩周土体的超孔隙水压力随时间的消散规律。

关键词：钢管桩；免共振；模拟；环境影响

The Resonance Free and Micro Disturbance Technology and Environmental Impact Analysis of Pile Sinking

Zhou Zheng
(Shanghai Machinery Construction Group Co.，Ltd.，Shanghai 200072，China)

Abstract: Steel pipe pile sinking technology has been more and more widely used in the field of municipal and housing construction. In particular, there are many examples of resonance free steel pipe pile construction near protection buildings, rail crossings and important pipelines. In order to more accurately reflect the impact of the resonance free steel pipe pile on the surrounding environment, through calculation simulation and field test, the dynamic response of the pile and soil during pile sinking, the change of soil deformation and pore water pressure, as well as the change of post construction bearing capacity and the dissipation of pore water pressure are studied in detail. Through the fitting of test data, The dissipation law of the excess pore water pressure at the pile-soil interface and the soil around the pile with time after the pile sinking construction is obtained.

Key words: Steel pipe pile; Resonance free; Simulation; Environmental impact

0　引言

桩基础作为一种古老、传统的基础形式，由于其承载力高、强度大、耐久性好，因而广泛应用于工业民用建筑、水利工程、港口工程及铁路桥梁等各类工程建设当中。按照桩基础的施工方法，可以将其分为灌注桩和预制桩，预制桩和灌注桩相比具有施工效率高、成桩质量好等优点，同时随着桩基模块化施工的推广，各类预制桩得以大规模使用。

预制桩的常用沉桩方法主要有锤击法、静压法和振动法。锤击法沉桩在早期应用最为广泛，其施工速度快，机器移动方便；但缺点是施工噪声大，对地表和周边建筑物振动影响大，此外柴油锤还存在油烟污染的问题，许多国家禁止其在城区使用。静压法沉桩的挤土效应较为明显，施工过程对周围环境影响较大，桩周土体会出现较大变形和破坏，沉桩设计和施工过程中要充分考虑沉桩阻力的影响，土质较硬时压桩困难，而且静压法沉桩采用的仪器设备较为庞大，现场运移不方便，这些缺点很大程度上限制了静压法的使用。振动法沉桩[1] 通过振动锤中偏心块旋转产生的离心力使桩体产生竖向振动，在激振力和重力共同作用下沉入土中的方法，具有贯入能力强、施工效率高、沉桩质量好、桩身损坏小、施工噪声低等优点。随着高频液压振动锤技术的发展，激振力和频率得以不断增加。

虽然近年来免共振微扰动沉桩技术得到了一些应用，且有工程案例验证了其科学性。但免共振微扰动沉桩作为一个涉及大变形、桩土相互作用、水土耦合的复杂动力问题，其沉桩机理、环境影响、工后承载力恢复的研究严重滞后于实际工程应用，阻碍了工艺的进一步发展和推广。

针对免共振微扰动沉桩技术进行研究，分析在施工过程中桩和土的动力响应以及周围土体的变形和孔隙水压力变化，有利于优化施工参数，控制施工对周边环境的影响，为在城市敏感环境区域进行沉桩施工提供技术保障。

1 免共振沉桩技术研究

1.1 免共振沉桩工艺原理

非免共振的液压振动桩锤[2] 通过液压动力源使液压马达作机械旋转运动，带动振动箱内每组成对的偏心轮以相同的角速度反向转动；偏心轮旋转产生的离心力，在转轴中心连线方向上的分量在同一时间内相互抵消，而在转轴中心连线垂直方向的分量则相互叠加，并最终形成沉桩激振力，进而通过夹具将激振力传递到桩身上，桩身高速振动实现土壤液化，实现下桩或者拔桩。但因为在设备启动和关闭的时候一定会经过土壤的共振频率范围（800～1000rpm），也就是在开启和关闭时有两次共振。

高频（转速约 2300rpm）免共振液压振动锤，通过调节偏心块相位，实现两组偏心块在同一时刻的激振力相互抵消，实现振动锤启、停时没有共振产生（图 1）。

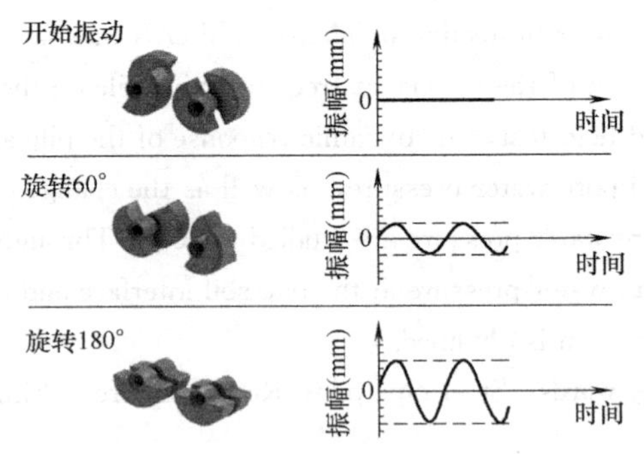

图 1 偏心块在不同相位差时振动锤振幅变化示意图

1.2 免共振沉桩工艺流程

根据免共振钢管桩[3] 的成桩工艺，总结出其施工流程如图 2 所示。

在确定合龙缝时，需要考虑以下几点[7]：（1）已安装结构的稳定性；（2）单元分段的安装难易程度；（3）断口合龙的精确度和难易程度。

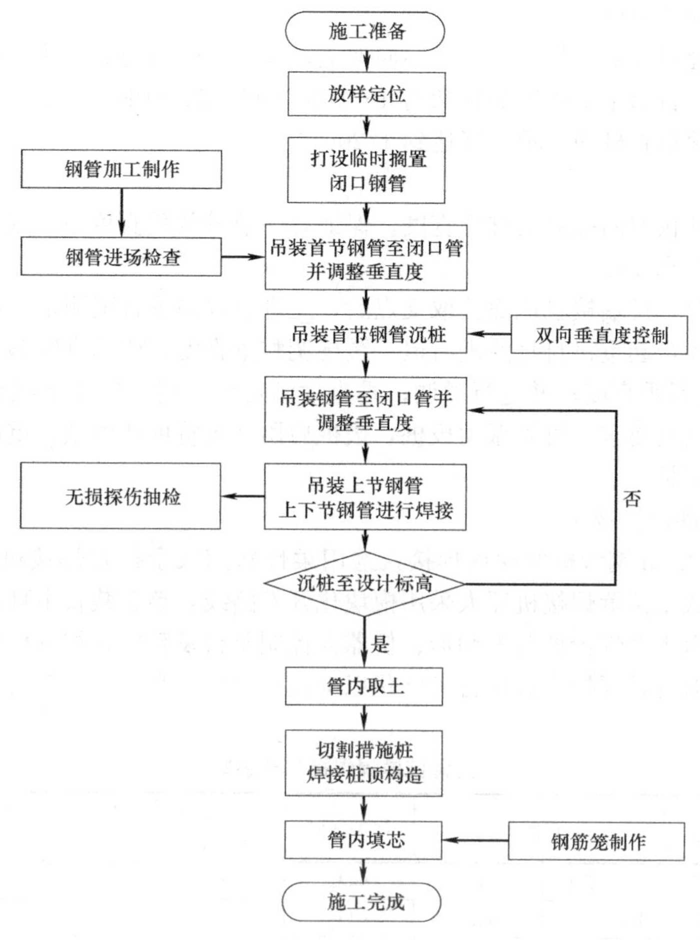

图 2　免共振钢管桩施工工艺流程图

1.3　免共振沉桩关键技术

1. 自动喂桩技术

常规工艺采用一台汽车起重机配合进行钢管桩的喂桩，此方法不仅耗时较长，同时也存在高空作业风险。

为减小喂桩对于施工的影响，通过在振动锤上设置 PLD 自动提桩器[4]，使用链条连接到桩上的定位孔内，通过油缸的顶升，将桩头自动升入夹具的夹板中，实现了喂桩的功能，如图 3 所示。相比于传统的喂桩方法，仅用一台吊车设备就可以完成喂桩，且喂桩时间缩短了 50%。

图 3　自动喂桩装置

2. 垂直度控制技术

免共振钢管桩沉桩施工中，垂直度控制至关重要。针对不同的沉桩技术，采用不同的垂直度控制方法。

（1）自行式导架沉桩

免共振振动锤可配套悬挂在自行式导向架上，通过导向架的液压油缸进行导向架主导轨的垂直度调整。目前主要采用的桩架有 160PR、DH508、SPR558 等，通过该桩架的垂直度调整，可确保钢管桩施工垂直度达到 1/200。

（2）吊打施工

采用两台经纬仪双向控制沉桩垂直度。保证第一节桩的垂直度不得超过 0.3%，其余节垂直度不得超过 0.5%。

第一节沉桩时，桩端接触地面获取支点后，先进行双向垂直度测量，通过履带起重机吊臂前后移动和履带起重机自身前进后退，缓慢调整垂直度，待垂直度满足要求后，先行沉桩 1m；再次测量垂直度；并进行微调；垂直度满足要求后，匀速下沉钢管桩。若下沉后发现垂直度不满足要求，可先振动拔桩，拔桩后用砂土将桩孔回填，重新测量放样确定桩位后进行再次沉桩。

3. 钢管桩自动焊接技术

针对直径 700mm 钢管桩的现场焊接，选用柔性轨道式全位置焊接机器人[5] 进行现场焊接。该轨道式全位置焊接机器人采用模块化开发路线，整套装备由环形轨道、焊接机器人执行器、多自由度焊枪调节控制器、机器人控制平台及智能化控制模块等组成。通过大量焊接试验，对各种焊接参数进行了优化以提高焊接质量和效率。钢管桩横焊焊接工艺参数见表 1。

钢管桩横焊焊接工艺参数 **表 1**

道次	焊接方法	焊丝		保护气体	气体流量（L/min）	电流（A）	电压（V）	焊接速度（cm/min）
打底	FCAW-G	E501T-1	ϕ1.2	CO_2	25	180	28	25-30
中间	FCAW-G	E501T-1	ϕ1.2	CO_2	25	220	30	30-40
盖面	FCAW-G	E501T-1	ϕ1.2	CO_2	25	200	32	30-35

2 免共振沉桩环境影响模拟分析

2.1 桩原位振动三维数值模型的建立与验证

采用前处理软件 Hypermesh[6] 建立数值分析模型，计算模型包括钢管桩和桩内外土体，如图 4 所示。模型中钢管桩的外径为 700mm，壁厚为 14mm，桩长为 20m。利用单根桩的对称性特点，建立三维 1/4 数值分析模型以减少计算规模提高计算效率。

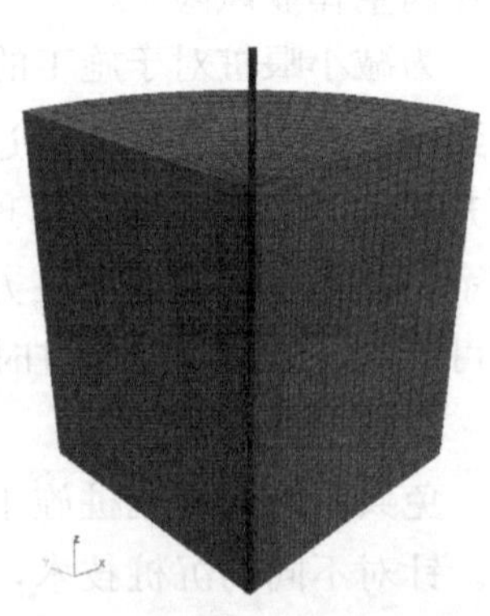
图 4 三维数值模型示意图

钢管桩桩端位于地下 10m 位置处，钢管桩位于地表面以上的长度为 10m，土体深度取 39m。在钢管桩附近以及模型 5～15m 深度范围内对网格进行加密，从而进一步提高计算精度。钢管桩和土体采用 zone 单元模拟，钢管桩和桩周土体的接触用接触（interface）单元模拟，通过 FLAC3D[7] 进行数据模拟。

2.2 免共振微扰动沉桩的环境影响机理

为了分析免共振沉桩的桩体下沉机理，对桩体在不同荷载作用形式下的桩体和桩周土体动力响应进行了数值模拟，数值模拟时在桩顶施加的附加荷载工况共分为 3 种：仅 F_0（免共振锤及配重块的重力）作用，仅 F_{vm}（免共振锤的激振力）作用，F_0+F_{vm} 共同作用（图 5）。

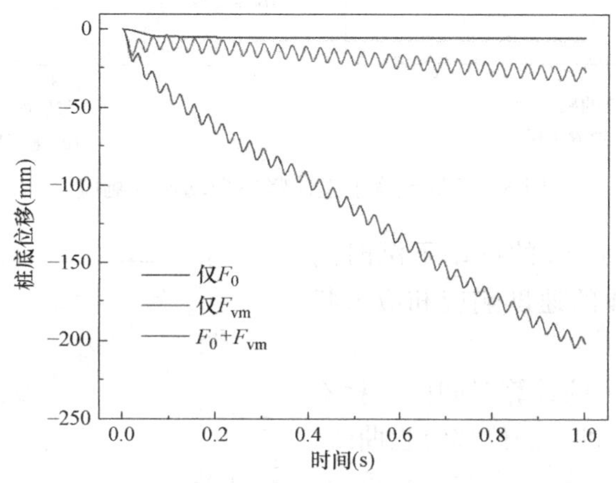

图 5 不同荷载情况下桩底位移时程曲线

免共振锤激振力的作用使桩周局部范围内的土体平均有效应力降低[8]，土体产生液化或有很大可能液化。由于桩土接触面采用有效应力进行计算，桩周土体平均有效应力的减小使得土体通过桩土相互作用对桩体施加的摩阻力（端阻力和侧摩阻力）降低，在桩体自重以及免共振锤和配重块的总重力作用下便能产生可观的桩体贯入量。此外，免共振锤和配重块的总重力主要影响桩端破土下沉的效率，而桩周土体应力状态的改变主要取决于激振力的影响。

2.3 原位振动免共振沉桩的环境影响分析

1. 激振频率的影响

通过改变激振频率，将激振频率分别设置为 2Hz、5Hz、10Hz、15Hz、20Hz、25Hz、33Hz、40Hz、50Hz、60Hz、80Hz 和 100Hz，分析在 1s 的振动下沉时间内桩周土体的速度响应和应力状态的改变。

如图 5（a）和图 5（b）所示，在不同激振频率下，地表和地下 10m 深度处土体的竖向振速峰值均随着距离的增大而快速衰减。地下 10m 深度处土体在 2Hz 的激振频率作用下有着比其他激振频率工况下明显偏大的振动速度峰值，而地表土体在 2Hz、5Hz 和 10Hz 的激振频率下均有着明显偏大的振动速度峰值，当激振频率达到 15Hz 时振动速度峰值才与其他频率工况差别不大（图 6）。

2. 不同土体性质的影响

将渗透系数变化共分为 4 种工况：砂土 1（渗透系数为 4.5×10^{-4}cm/s）；砂土 2（渗透系数为 9.0×10^{-4}cm/s）；黏土 1（渗透系数为 5.0×10^{-7}cm/s）；黏土 2（渗透系数为

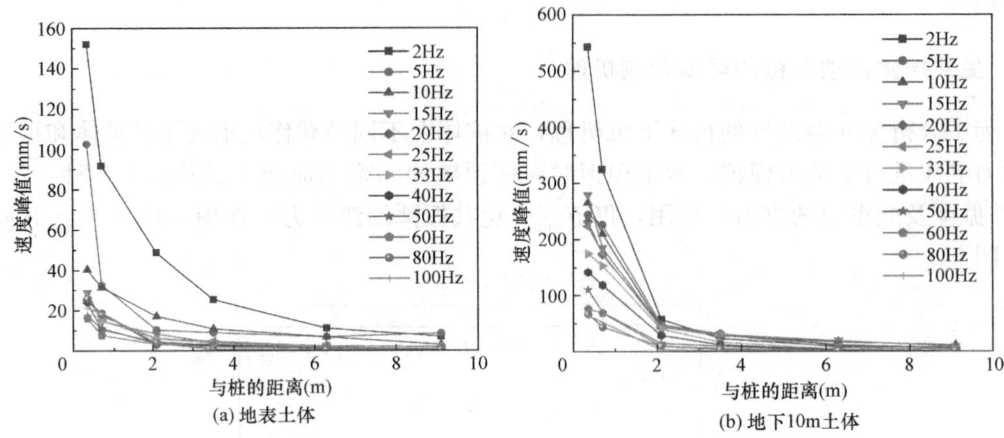

图 6　不同频率下土体竖向振动速度响应

5.0×10^{-8}cm/s)，分析 1s 的振动下沉时间内桩底位移、桩周土体的速度响应和应力状态的改变。

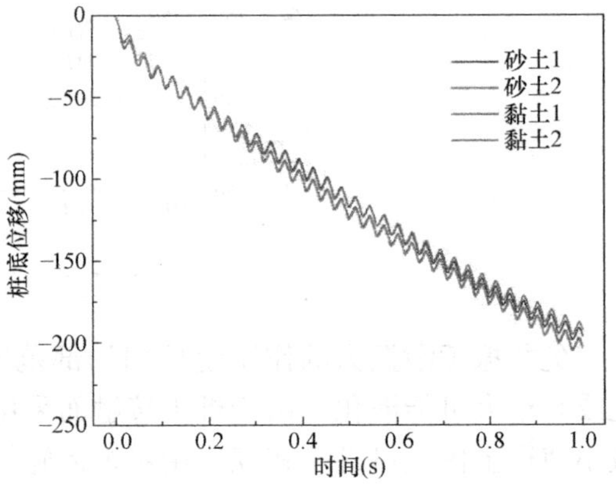

图 7　不同渗透系数下桩底位移时程曲线

图 7 对比了在 1.0s 的计算时间内 4 种不同土体渗透系数情况下桩底的位移时程曲线。4 条桩底位移时程曲线差异很小并几乎重合，说明土体渗透系数对沉桩效率影响不大，最可能影响沉桩效率的因素为土体弹性模量。土体渗透系数不同的情况下桩顶位移差别不大分析是因为振动沉桩对桩周土体的影响范围有限；且免共振沉桩的特点是高频振动，荷载时间的频率高周期短，而土体的渗透和地下水的迁移相比较而言是一个长时间内的过程，因此造成了在 1.0s 的计算时间内桩底位移时程曲线差别不大。

3　免共振沉桩环境影响现场试验

3.1　试验基本情况

试验场地位于上海市嘉定区上海机械施工有限集团院内，钢管桩打设位置的东北侧紧邻上海耐施新型建材科技发展有限公司的工作厂房，最小间距约为 50m；南侧紧邻蕰藻浜，最小间距 50m 左右；西北侧与上海机械施工集团有限公司院内的一栋工业厂房建筑地基的最小间距约为 110m，如图 8 所示。

图 8　试验场地示意图

现场环境影响试验[9] 内容分为 6 部分，分别为：(1) 桩土界面孔隙水压力监测；(2) 桩周土体孔隙水压力监测；(3) 桩周土体侧斜监测；（4）桩周地表沉降监测；（5）桩身动应力响应监测；（6）桩周土体振动速度监测。

3.2　沉桩过程试验结果

1. 土体变形

根据桩周土体地表沉降的监测数据整理得到了各节桩沉桩完成时的地表沉降图，如图9所示。总体来看，高频免共振沉桩施工引起地表隆起，但隆起量很小，最大隆起量不超过2.2mm。

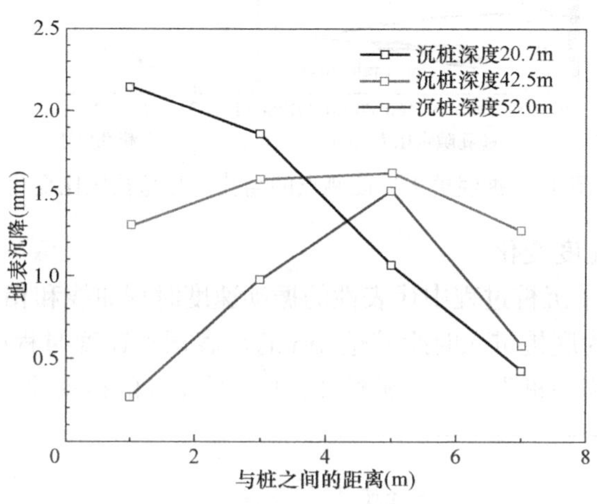

图9　各节桩沉桩完成时的地表沉降

2. 孔隙水压力变化

根据布置于桩身上的孔隙水压力传感器在沉桩过程中的监测结果，整理得到了桩土界面4个测点的孔隙水压力在沉桩过程中的变化情况，如图10所示。

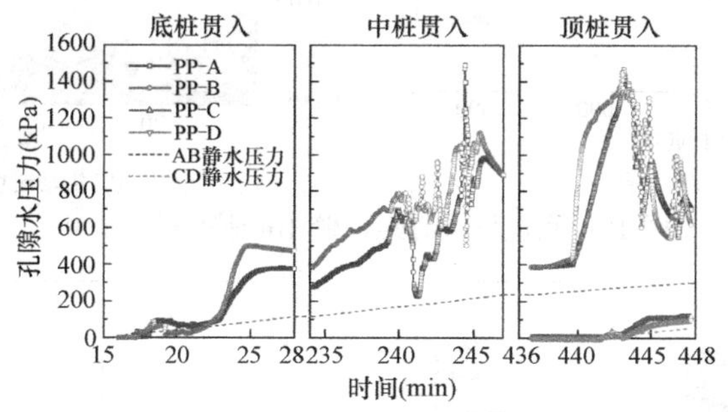

图10　桩土界面测点的孔隙水压力变化

3. 超孔隙水压力与超孔压比

为了更清楚地研究高频振动沉桩施工引起的桩土界面和桩周土体孔隙水压力的变化与沉桩深度、土层地质条件等参数的关系，参考土体静水压力随深度的变化情况以及试验场地的地勘资料，得到了桩土界面和桩周土体超孔隙水压力和超孔压比与沉桩深度的关系。

将桩底桩土界面的测点PP-A和PP-B在沉桩过程中每一时刻的测量值取平均，得到了桩底桩土界面测点的超孔隙水压力和超孔压比随深度的变化，如图11所示。

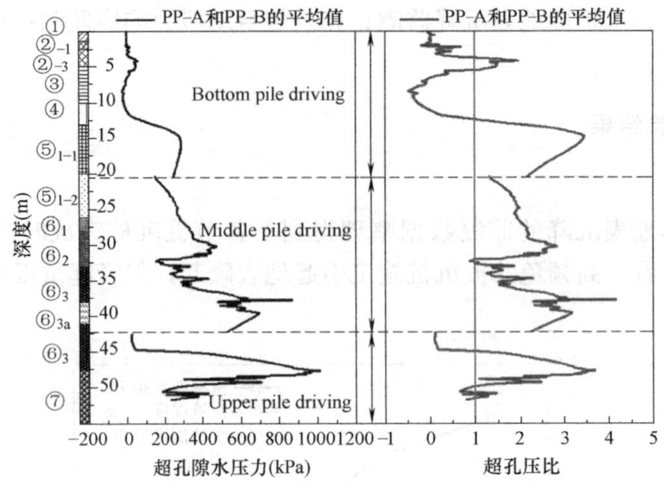

图 11　桩底桩土界面测点的超孔压和超孔压比变化

4. 桩周土体振动速度变化

图 11 和图 12 给出了沉桩过程中代表性的振动速度时程曲线和相对应的频域曲线，图 12（a）和图 11（b）分别为底桩贯入时距桩壁 4m 的地表振动速度时程曲线和频域曲线，图 13（a）和图 12（b）分别为底桩贯入时距桩壁 4m 且埋深 3m 的振动速度时程曲线和频域曲线。

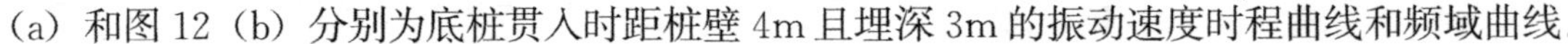

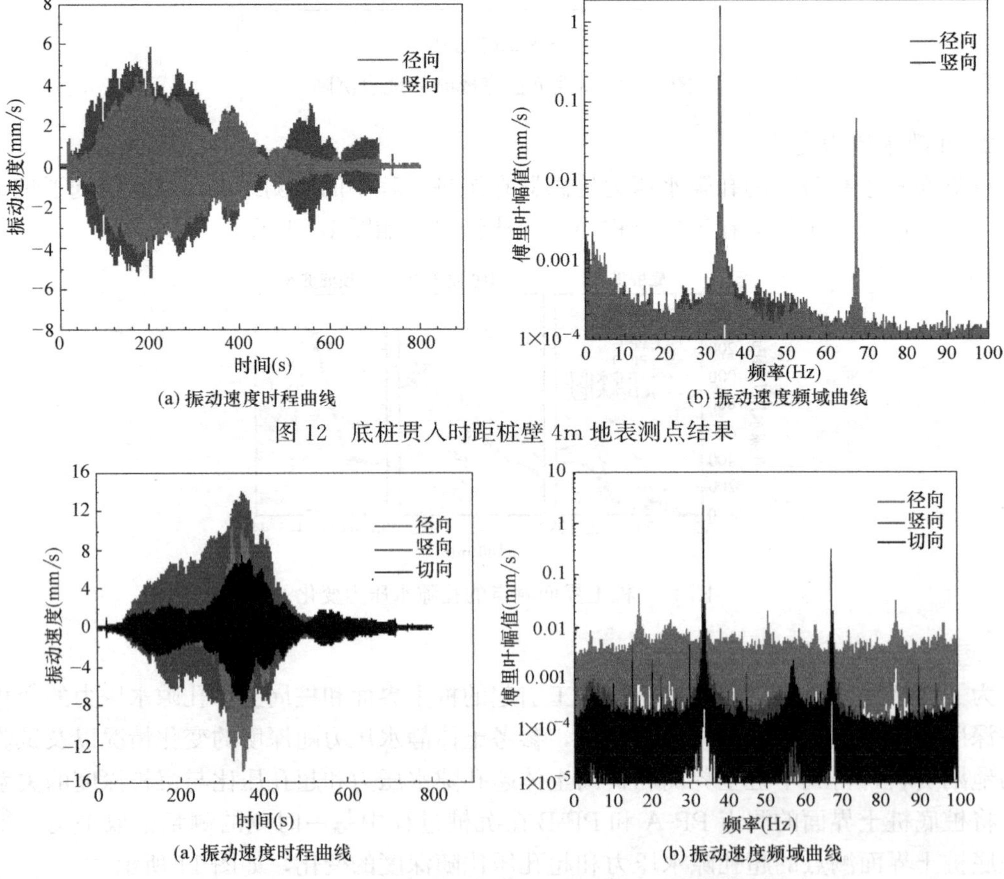

(a) 振动速度时程曲线　(b) 振动速度频域曲线

图 12　底桩贯入时距桩壁 4m 地表测点结果

(a) 振动速度时程曲线　(b) 振动速度频域曲线

图 13　底桩贯入时距桩壁 4m 且埋深 3m 测点结果

为更全面地评价免共振沉桩对周围土体的振动影响，选择 10m×10m 的范围内 6 个振动测点的数据，绘制出峰值质点速度等值线云图，如图 14 所示。

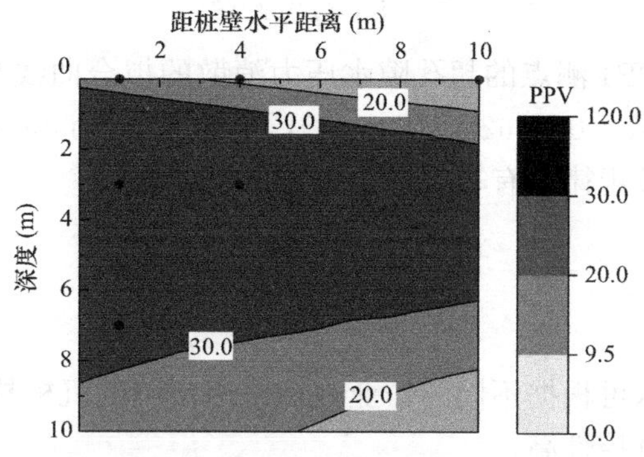

图 14 沉桩过程的峰值质点速度等值线云图

3.3 沉桩结束后静置期试验结果

1. 土体变形

在沉桩结束后 1d 对 2 个土体测斜孔的数据进行 1 次采集，整理得到了沉桩结束后桩周土体的侧向变形，如图 15 所示。从图 14 中可以发现，沉桩结束后 1d 和沉桩完成时的距桩 1m 处（LD1）和距桩 5m 处（LD2）的土体变形曲线几乎重合，说明桩周土体的侧向变形仅在沉桩过程中产生，在沉桩结束后的静置阶段桩周土体变形不发生进一步的变化。

2. 孔隙水压力消散规律

沉桩结束后对距桩 0.7m 的 PP1～PP4 测点的孔隙水压力进行为期超过 5d 的连续监测，以分析其消散规律。通过整理监测数据，得到了 PP1～PP4 测点的超孔隙水压力随时间的变化规律，如图 16 所示。超孔隙水压力前期随着时间的增加迅速减小，而中后期其消散速度逐渐减小。

对桩周土体超孔隙水压力消散数据使用 Logistic 函数[10] 进行拟合，并将拟合曲线绘

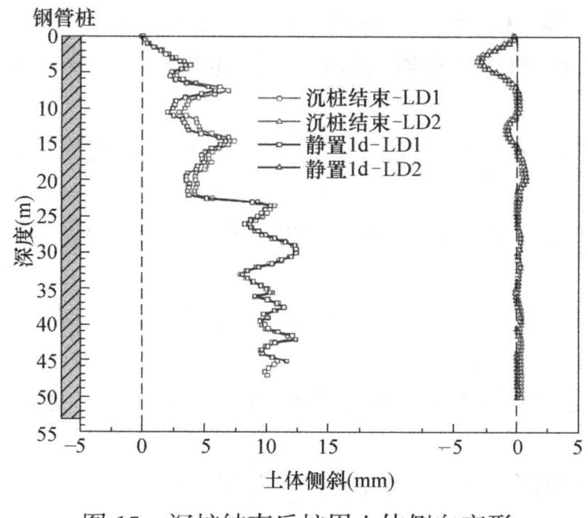

图 15 沉桩结束后桩周土体侧向变形

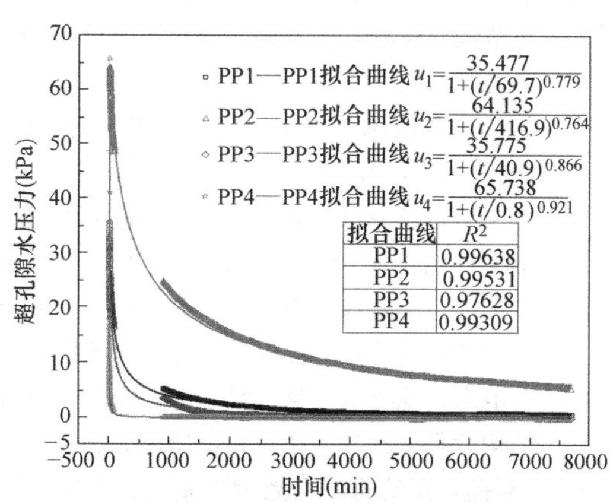

图 16 桩周土体超孔隙水压力消散及拟合曲线

制于图 15 中与现场监测值进行对比，拟合公式如式（1）所示。

$$u=\frac{u_{\text{ini}}}{1+(t/t_{50})^{p}} \tag{1}$$

图 15 显示，PP1～PP4 测点的超孔隙水压力消散的拟合曲线与现场监测值的误差 R^2 分别为 0.99638、0.99531、0.97628、0.99309，表明该 Logistic 函数针对沉桩结束后桩周土体超孔隙水压力消散规律具有非常好的拟合效果。

4 结语

（1）免共振沉桩技术可根据不同的作业环境采用不同的沉桩技术，现场适用性强，工业化程度高，施工质量可控性高。

（2）采用 Hypermesh 建立数值分析模型对钢管桩及周边土体进行分析，桩周土体应力状态的改变主要取决于激振力的影响。地表土体的影响频率临界值为 15Hz。同一种土质情况下土体渗透系数对桩周土体的振动速度响应影响较小，而不同的土质情况下地表和与桩端同一深度处土体的振动速度响应差别很大。

（3）通过现场试验结合理论分析，免共振施工环境影响为：免共振微扰动沉桩施工会产生轻微的挤土效应，其在 1.4 倍桩径处的挤土量约等于钢管桩的壁厚。高频免共振沉桩施工会在桩土界面以及桩周土体区域产生超孔隙水压力。沉桩施工结束后，桩土界面和桩周土体的超孔隙水压力随时间的消散规律可以使用 Logistic 函数进行描述。

参考文献

[1] 张智梅，黄海涛，张继红．锤击法和振动法沉桩对周边环境影响的研究［J］．地下空间与工程学报，2017，13（4）：1129-1136.

[2] 朱瑞允，吴正华，程华才．桥梁钢管桩基础液压振动锤施工技术与承载力分析［J］．工程与建设，2021，35（5）：1023-1024.

[3] 董夫印．高频免共振钢管桩在城市高架桥桩基中的应用［J］．建材发展导向（上），2022，20（5）：142-144.

[4] 上海艾西伊建筑设备贸易有限公司．PLD 自动提桩器：CN202022366840.3［P］．2021-10-08.

[5] 曹莹瑜，薛龙，崔卫韬，等．用于球罐焊接的柔性导轨焊接机器人研究［J］．电焊机，2009，39（4）：68-70.

[6] 王兵，黄国鹏，雷鹏，等．基于 HyperMesh 的模态分析工具开发与应用［J］．内燃机与配件，2022（10）：91-93.

[7] 魏家斌，王卫东，吴江斌．免共振沉桩过程对地表振动影响的 FLAC3D 数据模拟［J］．吉林大学学报（地球科学版），2021，51（5）：1514-1522.

[8] 李传勋，谢康和，胡安峰，等．基于指数形式渗流考虑初始有效应力非均匀分布的软土一维非线性固结分析［J］．岩石力学与工程学报，2012，31（Z1）：3270-3277.

[9] 王卫东，魏家斌，吴江斌，等．高频免共振法沉桩对周围土体影响的现场测试与分析［J］．建筑结构学报，2021，42（4）：131-138.

[10] 邓楠，罗幼喜．函数型 Logistic 回归模型研究与应用［J］．湖北工业大学学报，2022，37（1）：115-120.

“桩基管家”——桩基施工自动化监测系统的应用与研究

张海滨，高山
（江苏中海昇物联科技有限公司，江苏 苏州 215000）

摘　要：在桩基施工过程中，真实的数据采集对于桩基施工的重要性是不言而喻的，它不仅是施工结算的参照甚至依据，还与施工质量和安全息息相关。目前，由于缺乏有效的自动化监管手段，使施工数据的真实性和价值未得到充分体现，在此背景下，桩基施工自动化监测系统（简称：桩基管家）的诞生就显得尤为重要，它必将为桩基施工领域带来一场自动化监测的革命风暴。

关键词：桩基施工；自动化监测；机械物联；施工大数据分析

“Pile Foundation Manager”——Application and Research of Automatic Monitoring System for Pile Foundation Construction

Zhang Haibin，Gao Shan
（CSSIOT，Suzhou Jiangsu 215163，China）

Abstract：In the process of pile foundation construction，the importance of real data collection for pile foundation construction is self-evident. It is not only a reference or even basis for construction settlement，but also closely related to construction quality and safety. At present，due to the lack of effective automatic supervision means，the authenticity and value of the construction data have not been fully reflected. In this context，the birth of the automatic measurement system for pile foundation construction（hereinafter referred to as pile foundation steward）is particularly important，which will certainly bring a revolutionary storm of automatic monitoring to the field of pile foundation construction.

Key words：Pile foundation construction；Automatic monitoring；Mechanical internet of things；Construction big data analysis

0　引言

桩基施工中的过程数据不仅可以作为劳务工作量结算参考，还可以直观地反映桩基施工的质量。真实的数据采集对于桩基施工非常重要，然而在当前的施工过程中发现，数据大多是由施工人员通过纸质文件或者半纸化文件记录甚至是后补，这就让数据的上报存在失真和滞后，给现场施工留下了巨大的作弊空间，同时这些数据也很难产生实际价值。多样繁杂的施工数据，如果没有分类整理和智能化的分析，只会是一堆让人望而却步的文件，很难从大量的数据中得出太多有价值的结论，久而久之，这会让整个施工企业管理者自上而下的都不会相信和依赖数据，形成了做决策靠拍脑袋这样一种落后的、原始的管理思维，这对于一个行业和企业的进步发展是十分可怕的现象。

从施工现场数据收集和分析的角度出发，桩基施工普遍存在以下几大管理难点。

（1）施工偷桩漏桩

大多数的施工记录单由劳务人员填写并上报，这给桩基施工的偷工减料留下了巨大的作假空间，而桩基施工偷工减料会造成十分严重的质量安全隐患，让业主和施工单位承担巨大的管理责任风险和难以估量的经济损失。

（2）数据汇报滞后不真实

由现场的劳务人员填报现场的施工数据，不仅容易弄虚作假，还往往会因为填报不及时而进行后补，这会造成现场施工数据的真实性无法得到保障，还会使施工数据存在汇报滞后和遗漏的问题。同时由于现场的管理人员无法及时了解现场施工真实情况，往往需要管理者进行层层的确认和多方面的求证，这大大增加了管理难度，严重影响了管理效率。

（3）现场监督困难

施工现场的管理人员普遍严重不足，很难做到施工过程的百分之百旁站监督，桩基工程施工监督难，监理工作难评价，这让现场监督环节很多是流于形式，失去了其本身的价值与意义。

（4）过程难追溯

打桩施工过程难追溯，发现问题往往是在质量或安全事故发生之后，由于过程数据的缺失和真实性存在偏差，造成很难找到问题发生的关键环节，更难以对相关责任方进行定责和追责，长此以往，就造成了如今的天天喊重视质量安全，实际一切如旧的现象。

1 桩基管家监测系统方案

1.1 系统介绍

中海昇桩基施工自动化监测系统是中海昇物联结合七年的现场桩基施工经验和领先的物联数字技术，通过三年潜心研发的国内第一套自动化监测桩基成孔深度与桩身进尺深度的智能化物联系统，通过该系统的应用，可为建设单位、总包单位和桩基施工单位全面控制成本、实现进度的全自动化管理和桩基施工质量全方位的管理与协助。

该系统通过多种传感器并结合 AI 智能算法，自动识别桩机压桩或钻孔行为，记录压桩深度、压桩压力等施工数据，并自动上传至数据云端。在数据云端，系统可按需呈现项目的施工数字桩位图、施工进度、施工相关成孔参数、成桩进尺深度等，并分析统计压桩效率、成孔效率，便于施工考评和质量监管。

1.2 系统组成

系统分为标准模块和选配模块，其中标准模块为系统核心配置，为系统中不可缺少的部分；选配模块则可以根据企业或项目具体需求进行配置。该系统目前主要支持静压桩机，其他桩机类型以后将详细研究说明。

1. 标准模块（图 1）

（1）车载智能平板——内置各类传感器和桩基管理平台，主要与桩机工作者进行交互服务与智能指引，并为管理云端提供数据输出服务。

（2）进尺传感器——自动测量桩移动距离，计算压桩进尺深度。

（3）行为识别传感器——自动测量夹桩和压桩动态，识别桩机工作行为。

（4）桩身识别传感器——自动测量桩机与地面距离以及桩身智能识别。

2. 选配（智能导航定位）模块

桩基管家可选配桩机自动定位导航模块（图 2），该模块利用 GNSS 定位和载波相位差分技术，不仅可以进行水平定位，还突破性地解决了高程定位问题，使得该系统可以完美应用于静压桩机上。系统水平定位精度误差在 2cm 以内，高程定位误差在 5cm 以内，并通过云平台记录桩机施工过程数据。

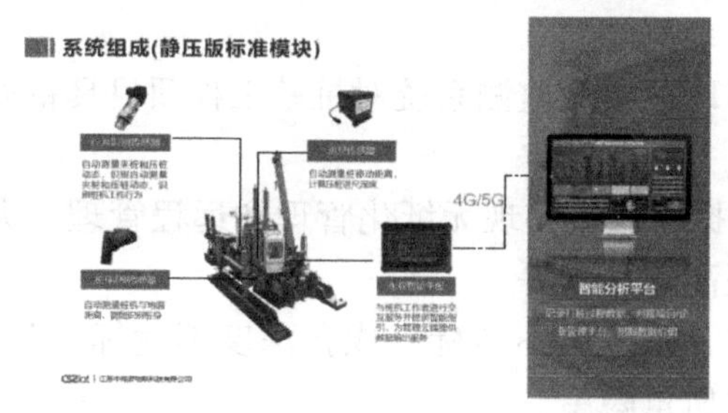

图 1　系统组成（静压版标准模块）

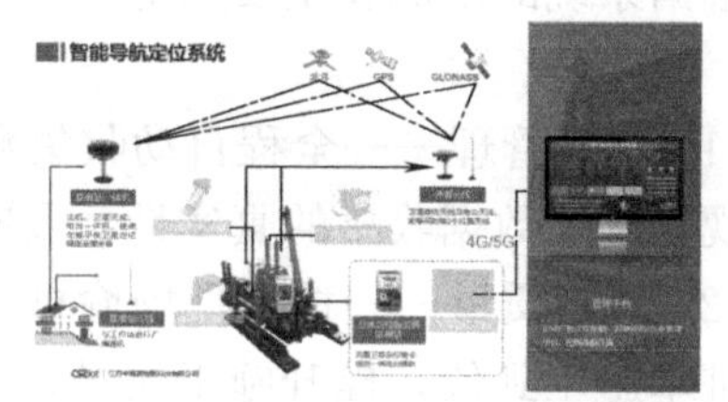

图 2　智能定位导航系统（静压版选配）

通过该模块的使用不仅可以大幅提高打桩效率，节省打桩人力，还可以进行工程质量追踪和工作量统计，提高管理方式。

（1）立体定位服务算法模块——内置于车载智能平板中，分析卫星定位系统的数据，自动计算桩机坐标位置和高程数据。

（2）基准站——分析卫星定位系统数据，为移动站接收系统提供差分数据，提高定位测量精度。

（3）卫星天线——接收和发送卫星定位系统的数据。

（4）广播天线——接收和发送基准站和移动之间的通信数据。

1.3　系统功能

该系统（图 3）具有以下主要功能：

（1）压桩量统计——监测桩机进尺数据，自动确认并修正压桩起始位置，统计各桩施工的进尺工作量。

（2）压桩力监测：监测压桩过程中的桩机内相关压力参数，记录每根桩施工中最大稳定压力值，结合桩机压桩力对照表可统计桩的终压值。

（3）施工数据报告：施工数据实时传输至云端后台，自动生成各桩工作报告，

数据看板

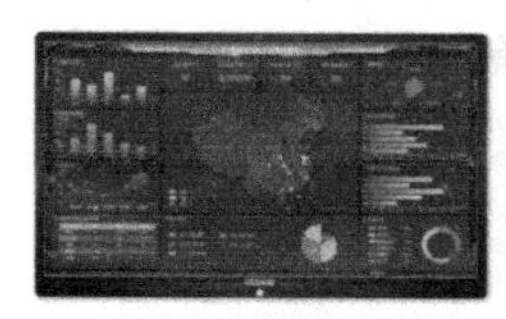

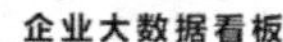

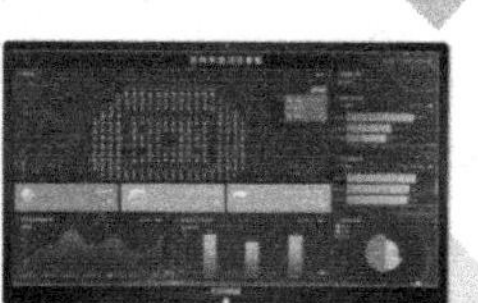

图 3　桩基管家数据看板

包含施工时间、进尺深度等施工数据；记录各项目，各班组每天的工作量，可作为结算依据。

（4）桩位图展示：一键导入桩位图，跟随现场施工情况实时更新，真正做到数字化施工进度管理。

（5）大数据分析：从企业、分公司、项目部层面进行智能大数据分析，对施工数据异常的问题进行预警分析；可自动统计施工效率等，同时可根据企业实际需要智能配置各种大数据分析。

（6）智能导航定位——厘米级（水平 2cm 内、高程 5cm 内）卫星定位导航指引，为桩机寻找桩点定位提供导航指引，并通过“前后左右”提示，再也不需要分清东南西北，可实现全天候作业。

2　系统研究

根据系统的组成和主要功能介绍，大致可以分析该监测系统对桩基工程项目具备如下价值：

（1）提升管理——全程自动收集数据，数据上云，实现无纸化管理和远程管理，大大提高现场施工数据收集的真实性和及时性，提高管理水平。

（2）提高质量——杜绝现场偷桩长、漏桩、压桩力不达标、成孔深度不达标等问题，确保桩基施工到位，提升施工质量，减少施工质量隐患。

（3）节约成本——杜绝现场偷桩长的情况发生，消除现场在桩长和工作量上虚报瞒报的空间，提高结算的准确性。

（4）提升效率——大大减少桩点定位的工作量，提高施工效率，减少对放线对位人员的要求和依赖，同时杜绝漏桩情况发生。

3　监测应用

3.1　项目概况

本监测项目是位于广州市的某知名开发商主持开发的住宅项目，本项目有工程桩 3800 余根，采用直径为 400mm 的预应力管桩，由于持力层起伏较大，桩基施工以压桩力控制，桩底深度为地面以下大约为 33m，有效桩长约 23m，现场人工结算单以现场填报的施工记录单为主要依据。

建设单位在施工过程中怀疑现场施工存在偷取桩长、压桩力不达标等行为，于是在设备上加装了桩基管家设备，抽取了 20 根桩，将桩基管家记录的施工数据与现场记录的施工数据进行对比。

3.2　应用过程

设备安装后，现场劳务人员通过桩基管家以使桩机导航设备正常使用，同时管理人员对要打入的桩逐根进行长度测量，并在最后送桩器送桩到位后，在地面标高处做了标记，待送桩器取出后测量送桩器的入土最大深度，最终将各根桩长度和送桩器入土最大深度求和，所得真实结果与桩基管家记录的送桩深度进行对比，验证桩基管家数据的准确性。该桩施工完成后，将桩基管家的数据与现场记录上报的施工数据再次进行对比，验证现场记录的压桩深度的准确性，同时将现场记录的压桩力与施工记录进行对比，以确认现场是否存在压桩力不足的情况（表1、表2）。

压桩深度对照表 **表1**

桩号	工人记录压桩深度(m)	真实记录压桩深度(m)	设备记录压桩深度(m)	压桩深度差值（工人一设备）	压桩深度差值（真实一设备）
8-21	25.70	23.18	23.281	2.419	−0.099
8-22	24.20	22.29	22.18	2.02	0.11
8-23	24.00	23.56	23.48	0.52	0.08
8-24	20.90	20.15	20.221	0.679	−0.071
8-42	21.00	20.48	20.366	0.634	0.114
8-43	21.80	20.59	20.68	1.12	−0.09
8-44	22.20	20.29	20.18	2.02	0.11
8-45	20.50	19.48	19.567	0.933	−0.087
8-46	19.00	18.48	18.398	0.602	0.082
10-3	20.80	19.34	19.317	1.483	0.023
10-4	23.80	20.18	20.063	3.737	0.117
10-5	21.80	19.18	19.244	2.556	−0.064
10-6	21.80	21.58	21.507	0.293	0.073
10-35	23.00	21.70	21.637	1.363	0.063
10-36	22.50	20.53	20.61	1.89	−0.08
10-37	23.80	22.25	22.148	1.652	0.102
10-68	23.80	22.35	22.438	1.362	−0.088
10-69	22.80	22.29	22.218	0.582	0.072
10-70	22.80	21.81	21.864	0.936	−0.054
11-15	21.70	20.43	20.531	1.169	−0.101

压桩力对照表 **表2**

桩号	设备记录终压值	工人记录终压值	终压值偏差(工人一设备)
8-21	16.35	18.8	2.45
8-22	17.30	18.8	1.5
8-23	18.60	18.8	0.2
8-24	18.60	18.8	0.2
8-42	18.20	18.8	0.6
8-43	17.90	18.8	0.9
8-44	17.30	18.8	1.5
8-45	18.80	18.8	0
8-46	18.90	18.8	−0.1
10-3	18.40	18.8	0.4
10-4	16.10	18.8	2.7
10-5	16.50	18.8	2.3
10-6	18.70	18.8	0.1
10-35	18.10	18.8	0.7
10-36	18.50	18.8	0.3
10-37	19.00	18.8	−0.2
10-68	18.00	18.8	0.8
10-69	18.30	18.8	0.5
10-70	18.30	18.8	0.5
11-15	17.80	18.8	1

4 结果分析

该项目安装桩基管家后，发现桩基管家全自动统计进尺深度均低于现场汇报深度，平均偏差率达5%以上，经现场检测和抽查，证明桩基管家与实际检测深度之间仅相差不到0.5%。从桩机管家记录的数据可以发现，现场还存在部分桩压桩力不足的情况，有质量安全隐患。

5 应用成果

在验证结束后，该项目建设单位及时对项目进行了整改，在后续的施工过程中虚报打桩深度和压桩力等问题大大改观，及时为该项目挽回了损失，根据建设单位的粗略估计，如果未及时发现施工问题，对项目将造成直接经济损失约 80 万元；重新补桩造成工程延期至少为 1 个月，除了会造成严重的社会影响，总包单位还将会面临至少 50 万元的处罚；总包单位还需要额外承担补桩费用、检测费用至少 120 万元；桩基施工单位将会被除名并被处罚至少 50 万元，桩基管家的使用至少为各方挽回损失总计约 300 万元，同时还大大降低了后续的质量安全隐患。

6 结论

通过多方认证和多项目应用，桩基管家可以有效解决施工数据实时收集、上报的问题，及时将现场真实的施工数据上传至管理云端，为后续的数据分析提供了一个稳定、可靠的数据来源。桩基管家的数据分析平台可以将收集的数据智能化生成数据报表和项目看板，为管理者提供清晰易懂且有价值的分析看板，为管理者做出管理决策提供科学的依据。

桩基管家不仅为桩基施工管理提供有效的自动化监测手段，更重要的是，桩基管家自上而下的贯彻着数据为上的管理理念，力求彻底改变以往那种经验为上的管理方式，所以桩基管家不仅是一套物联产品与数据分析系统，更是一种先进的管理思维，它必将为桩基施工领域引领一场自动化监测的潮流，推动一场基础施工数字化管理的风暴。

参考文献

[1] 沈保汉. 第一讲 桩基础施工技术现状及发展方向 [J]. 施工技术，2000 (5)：43-45.

[2] 袁野. 桩基础施工的特点和应用 [J]. 黑龙江科学，2013 (12)：1.

[3] 杜磊. 桩基础施工中地基土的影响因素分析及应用 [J]. 科技创新与应用，2014 (21)：241.

引孔灌浆根固混凝土预制桩工艺试验分析

周同和[1]，戴本良[2]，刘东旭[2]，冯志凯[2]，张浩[1]，乔博斐[1]
（1. 郑州大学土木工程学院，河南 郑州 450001；
2. 河南省交通规划设计研究院股份有限公司，河南 郑州 450002）

摘　要：根固混凝土预制桩是一种新型预制桩技术，长螺旋引孔底部灌浆植入法为主要的施工方法，具有高效、环保等优点，大大提高成桩效率，具有较好的经济效益。一方面，引孔灌浆降低了预制桩贯入阻力、静压终压值或锤击数，从而降低了对预制桩的损伤程度；另一方面，灌浆可在桩端形成扩大头，增加桩端受力面积，以充分利用持力层的桩端阻力，从而大幅度提高单桩承载力。介绍在安阳至罗山高速豫冀省界至原阳（兰原高速）段 SJ-2 标场地进行长螺旋引孔、引孔灌浆植入预制桩的施工工艺试验情况，分析直接锤击法、引孔锤击法、引孔灌浆锤击法三种不同施工方法对桩身承载力的影响；通过对承载力试验数据的分析，验证了有关根固混凝土预制桩承载力计算和参数取值方法的可行性，讨论了现行标准桩身强度折减规定的合理性，可供预制桩设计、施工、检测和研究参考。

关键词：预制桩；引孔灌浆；施工工艺；锤击数；承载力

Technological Test Analysis of Root Fixed Concrete Precast Piles with Lead Hole Grouting

Zhou Tonghe[1], Dai Benliang[2], Liu Dongxu[2], Feng Zhikai[2], Zhang Hao[1], Qiao Bofei[1]
(1. College of Civil Engineering, Zhengzhou University, Zhengzhou China 450001, China; 2. Henan Provincial Transportation Planning and Design and Research Institute Co., Ltd., Zhengzhou China 450002, China)

Abstract: Root fixed concrete precast pile is a new type of precast pile technology. The main construction method is the grouting method at the bottom of the long helical lead hole, which has the advantages of high efficiency and environmental protection, and greatly improves the pile formation efficiency. On the one hand, reducing the final pressure value or hammering number of prefabricated piles reduces the damage to the prefabricated piles; Make full use of the pile end resistance of the sandy soil of the bearing layer to greatly improve the bearing capacity of the single pile. In this paper, the long-spiral lead-in grouting and hammering method are combined to implant the prefabricated piles in the SJ-2 bid site of the Anyang-Luoshan Expressway from the Henan-Hebei provincial border to Yuanyang (Lanyuan Expressway) to test the long spiral lead in, The influence of the grouting process of the long spiral lead in hole on the number of hammer blows in the construction of the hammering method, combined with the static load test of the bearing capacity of the single pile, analyzed the direct hammering method, the long spiral lead in hole hammering and the long spiral lead in hole grouting hammer three The effect of construction methods on the bearing capacity of piles. The calculation theory of the bearing capacity of root fixed concrete precast piles implanted with long helical lead-hole grouting is verified through the comparison of the number of hammers in different processes and the analysis of the bearing capacity.

Key words: Prefabricated piles; Guide hole grouting; Construction technology; Hammer counts; Bearing capacity

0 引言

桩的根固与组合技术，是近年来我国桩基工程领域研究和应用发展的创新技术，通过改善桩土界面受力条件，或充分利用不同材料组合形成的桩身力学性能优势，实现桩身材料强度与性能的充分利用，最大限度地提高混凝土桩的竖向承载力和水平承载力[1,2]。组合桩技术解决了预制桩遇到的深厚杂填土、硬土层中施工面临的难题和产生的质量问题，扩大了预制混凝土桩的使用范围。根固桩与组合截面桩具有施工速度快、泥浆排放少、工艺简便、可靠性好的特点，可大幅度降低桩基工程造价、节约自然资源[3]。

根固混凝土预制桩是采用灌浆（含高压喷射注浆、喷射搅拌注浆、灌注水泥注浆、水泥浆、混凝土）、引孔、扩孔等工艺，对桩底或下部（根部）进行充填、加固、扩大的一种复合桩[4]。通常情况下，混凝土预制桩的沉桩施工工艺主要有锤击法、静压法和振动法沉桩 3 种沉桩方式[5]，锤击法由于具有较大的打击能量和较高的打桩效率被广泛用于桩基施工中[6]。但是在一些地质属性较为复杂的场区，采用锤击法对预制桩进行沉桩时，受地层条件的限制，容易出现难以贯穿上部地层而到达指定持力层的情况[7]。如果管桩出现沉桩困难或持续锤击造成桩身破坏情况，就需要对该桩位点进行补桩，这将对桩基施工进度及经济效益产生影响。

长螺旋钻孔预制桩作为一种新型的成桩施工技术，其施工工艺是采用一种长螺旋钻机到预定深度，在提钻同时用混凝土泵通过钻杆中心将混凝土压到已钻成的桩孔中再压入预制桩的成桩方法[8]。其桩周摩阻力和桩端承载力均比钻孔灌注桩高[9]，具有针对性强、成桩速度快、不受地下水位限制、单桩承载力高、施工时无需泥浆护壁、桩身混凝土强度高、缩短工期、降低成本和施工环保等优点而被广泛应用[10-13]。

目前，桩基工程中通过锤击法对长螺旋引孔灌浆形成的预制桩达到桩身根固工艺的应用研究和相关案例还未见报道。本文通过打桩施工工艺试验、单桩承载力静载荷试验，测试长螺旋引孔、长螺旋引孔灌浆工艺对锤击法施工锤击数的影响，比较直接锤击、长螺旋引孔锤击、长螺旋引孔灌浆锤击施工方法对承载力的影响，验证长螺旋引孔灌浆植入根固混凝土预制桩承载力的计算理论。

1 试验设计

1.1 试验区域工程地层条件

试验在安阳至罗山高速豫冀省界至原阳（兰原高速）段 SJ-2 标场地进行。试验位置地层主要为第四系全新统及上更新统冲积粉土、粉质黏土、粉细砂。地质剖面如图 1 所示。

第四系全新统冲积（Q_4^{al}）从上至下分述如下：

①粉土：褐黄色，稍湿，稍密，夹粉黏颗粒及团块，含粉砂，有砂感，底部夹粉质黏土团块。

$①_{夹层}$粉砂：灰黄色，松散—稍密，稍湿，主要矿物成分以长石、石英为主，云母次之，表层为耕土。

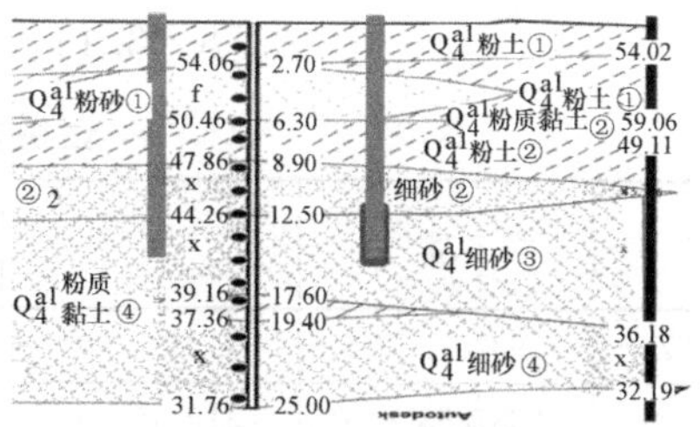

图 1　试桩位置地质剖面

②粉土：褐黄色，湿，中密—密实，含灰斑、锈斑，有砂质感，偶夹粉质黏土薄层。

②细砂：灰黄色，松散—稍密，稍湿，主要矿物成分以长石、石英为主，云母次之。

③细砂：黄灰色，稍湿，中密，以石英长石为主，云母次之，分选性一般，级配磨圆一般。

$④_{夹层}$粉质黏土：黄褐色，可塑，局部含少量铁锰质斑点，偶夹灰色团块及粉土薄层。

④细砂：灰黄色，饱和，密实，以石英长石为主，云母次之，分选性一般，级配磨圆一般。

勘察报告建议的岩土设计参数见表 1。

岩土设计参数建议值　　**表 1**

岩土名称	土层计算厚度(m)	极限桩侧阻力标准值(kPa)	极限桩端阻力标准值(kPa)
①粉土	2.7	25	—
①粉砂	3.6	30	—
②粉土	2.6	30	—
$②_2$ 细砂	3.6	65	5500
③细砂	2.0	70	5500

1.2　试桩设计

设计 6 根试桩参数见表 2，试桩直径 $d=0.6$m，桩长 15.0m，入土深度 14.5m。采用 PHC-600-AB-110 预应力管桩。其中，直接锤击 1 组（SZ4），引孔锤击 2 组（SZ1、SZ5），引孔灌浆锤击 3 组（SZ2、SZ3、SZ6）。

锤击法施工预制桩单桩承载力极限值：

$$
\begin{aligned}
Q_{uk} &= \Sigma \pi d l_i q_{sik} + A_p q_{pk} \\
&= 0.6 \times 3.14(2.7 \times 25 + 3.6 \times 30 + 2.6 \times 25 + 3.6 \times 65 + 2.0 \times 70) + 5500 \times 0.283 \\
&= 2714\text{kN}
\end{aligned}
$$

长螺旋引孔灌浆根固混凝土预制桩承载力极限值：

$$Q_{uk} = \beta_{si} \Sigma \pi d_i l_i q_{sik} + \beta_p A_p q_{pk}$$

式中，d 为根固桩桩径（m），引孔段取预制桩直径 0.6m；根固段取值按桩端阻力计算面积计算，结果为 0.78m；q_{sik} 为 i 层土极限桩侧阻力标准值（kPa）；l_i 为根固桩桩身范围内土层厚度（m），下部扩体长度按 2.0m 计算；q_{pk} 为极限桩端阻力标准值（kPa）；A_p 为桩端阻力计算面积，取 $0.283+0.2=0.483\text{m}^2$；$\beta_{si}$ 为桩侧阻力系数，非灌浆段取 1.0，灌浆段取 1.5；β_p 为桩端阻力系数，取 0.7。

$$Q_{uk} = 0.6 \times 3.14(2.7 \times 25 + 3.6 \times 30 + 2.6 \times 25 + 3.6 \times 65) +$$

0.78×3.14×1.5×2.0×70+5500×0.483×0.7=3267kN

试桩参数（对应地质勘察孔 ZBQ12） **表 2**

桩号	X	Y	桩径（m）	桩长（m）	预估加荷量（kN）	桩顶高程（m）	成桩工法
SZ4	3937879.616	512435.804	0.6	14.5	2800	56.854	直接锤击
SZ1	3937888.456	512442.293	0.6	14.5	2800	56.854	引孔锤击
SZ5	3937881.411	512450.697	0.6	14.5	2800	56.854	引孔锤击
SZ2	3937871.673	512436.762	0.6	14.5	3200	56.854	长螺旋取土引孔灌浆植入
SZ3	3937873.469	512451.654	0.6	14.5	3200	56.854	长螺旋取土引孔灌浆植入
SZ6	3937864.629	512445.165	0.6	14.5	3200	56.854	长螺旋取土引孔灌浆植入

1.3 内力测试方案

本次试验采用钢弦式混凝土应变计及分布式光纤同时测量，在同一土层断面处对称设置2个应力计，应力计在打桩施工完成后埋设于桩孔内钢筋上，将连接导线引至地表，然后浇筑混凝土。分布式光纤设置如图2所示，在打桩施工前埋设于预制桩表面刻槽内，后期有部分破坏，则重新在桩孔内进行了布置。参考对应的探孔土层分布情况，试桩应力计设置位置见表3。

图 2 表面刻槽设置光纤

应力计设置位置 **表 3**

层号	1	2	3	4	5
深度(m)	2.0	5.0	7.5	10.0	14.5

2 试桩施工

施工现场平面布置见图3，施工现场照片见图4。

如图1所示，桩端持力层为密实细砂，标贯击数超过30击，施工难度较大。除SZ4直接锤击沉桩外，SZ1、SZ5采用长螺旋取土引孔辅助沉桩，具体见表4。

SZ2、SZ3、SZ6采用长螺旋取土引孔下部灌浆锤击植入法，施工工艺流程见图5。长螺旋取土引孔下部灌浆锤击植入法，施工工艺流程见图6。

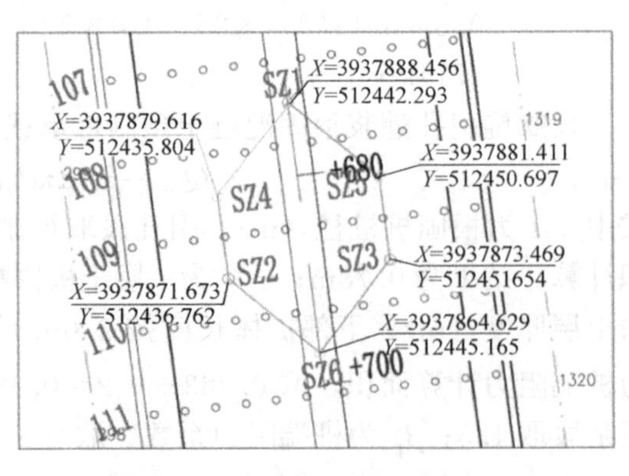

图 3 施工现场平面布置图

各试验桩锤击数和最后 1m 锤击数等情况见图 7、表 4。

图 4　施工现场照片

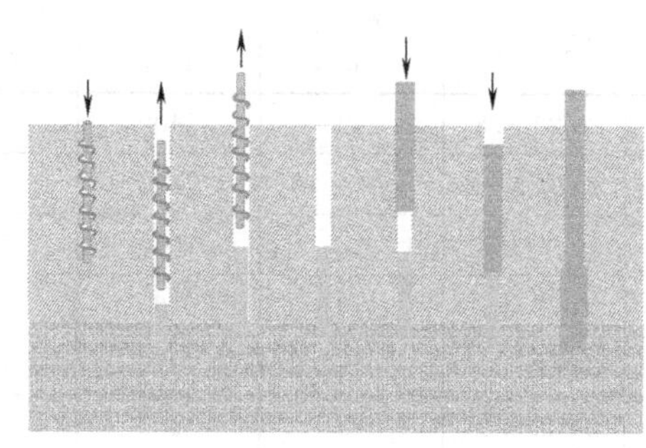
图 5　长螺旋取土引孔下部灌浆锤击植入法施工工艺流程

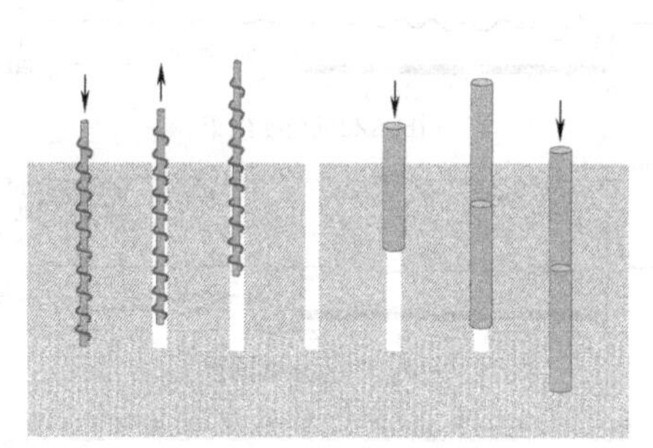
图 6　长螺旋取土引孔锤击植入法工艺流程

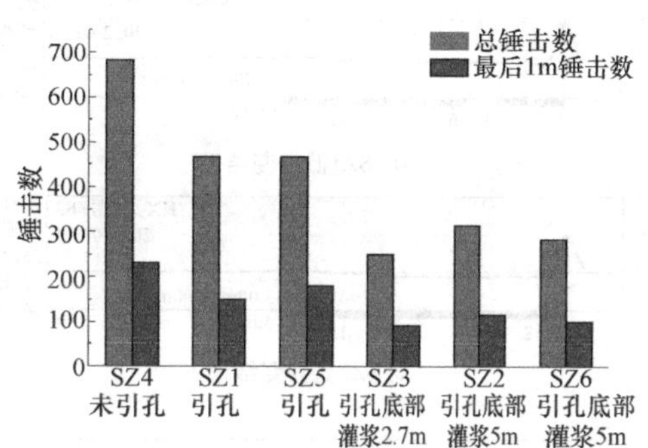

图 7　不同工艺试桩锤击数比较

试桩施工情况　　　　**表 4**

试桩号	引孔情况	引孔直径深度(mm)	引孔深度(m)	孔底以上灌浆高度(m)	总锤击数	最后 1m 锤击数
SZ-4	未引孔	—	—	—	683	232
SZ-1	引孔	500	12	—	468	151
SZ-5	引孔	500	12	—	467	181
SZ-3	引孔灌浆	500	14	2.7	251	93
SZ-2	引孔灌浆	500	14	3	316	117
SZ-6	引孔灌浆	500	14	3	285	102

3　单桩竖向抗压静载试验

3.1　试验概况

6 根试桩的单桩竖向抗压静载试验基本情况见表 5。

采用低应变反射波法对工程桩进行缺陷检测，如图 8 所示，反射波波形规则，桩底反射明显，桩身无缺陷。

单桩竖向抗压静载试验概况　　　　　　　　表 5

桩号	试验日期	龄期(d)	历时(min)	最大加载量(kN)	最大沉降量(mm)	残余沉降量(mm)	引孔工艺	备 注
SZ1	2022. 3. 8	22	2400	4700	18. 26	5. 46	引孔锤击	—
SZ2	2022. 3. 12	26	2820	5100	34. 39	15. 70	引孔灌浆	—
SZ3	2022. 3. 14	28	2610	5100	27. 95	4. 66	引孔灌浆	—
SZ4	2022. 3. 2	16	2160	2800	9. 94	4. 96	直接锤击	—
SZ5	2022. 3. 5	19	1275	3000	14. 05	5. 63	引孔锤击	桩头破坏
SZ6	2022. 3. 11	25	1950	4500	44. 24	41. 26	引孔灌浆	桩头破坏

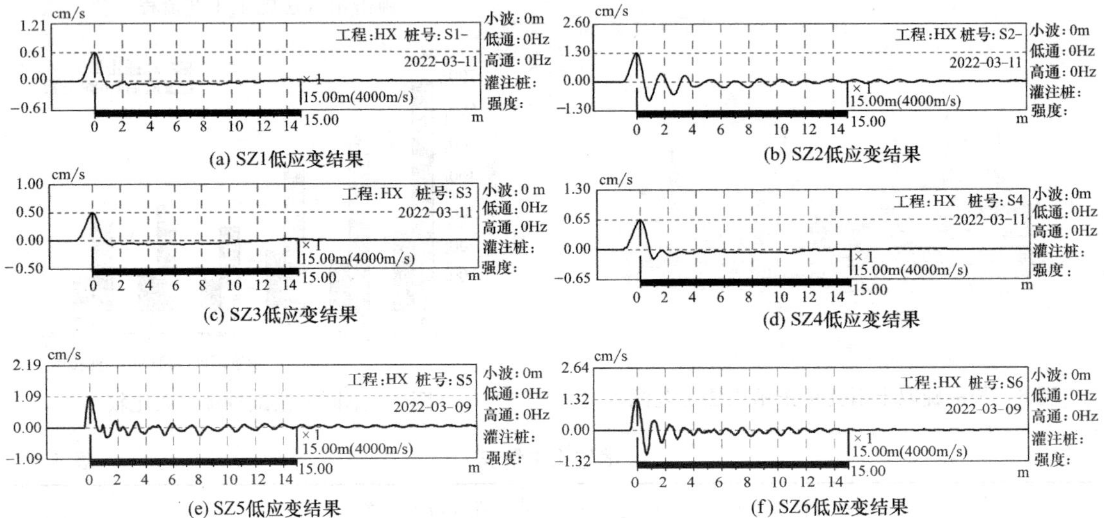

图 8　试桩低应变检测结果

3.2　承载力试验 *Q-s* 曲线

6 根单桩承载力试验 *Q-s* 曲线如图 9 所示。

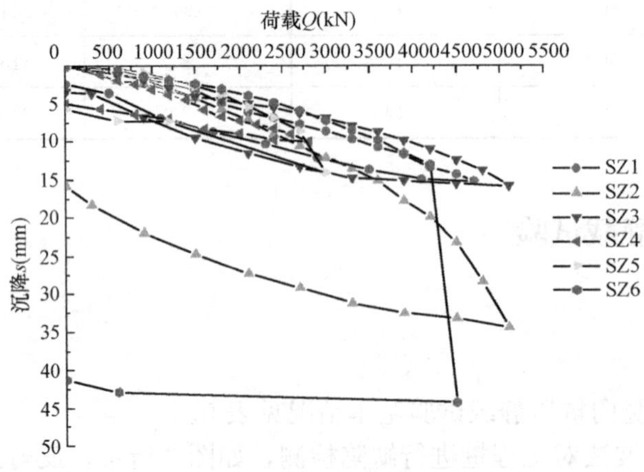

图 9　试桩 *Q-s* 曲线汇总

比较分析表明，采用直接锤击施工方法（SZ4）极限承载力为 2800kN，均小于引孔锤击法（SZ1、SZ5）和长螺旋取土引孔下部灌浆植入法（SZ2、SZ3），且长螺旋取土引孔下部灌浆植入法所得试桩极限承载力是三种施工方法中的最高值，最大值试桩 SZ2 为 5100kN；试桩 SZ6 加载最大沉降量达到 44.24mm，卸载后最大回弹量 2.98mm，回弹率为 6.8%，证明试桩承载能力充分发挥；其余试桩荷载-沉降曲线表现出近似线性关系，随着荷载增大沉降量持续增长，未出现陡降趋势，由此可以看出其承载力能力在满足工程设计需要的同时仍然具有一定的安全储备。

3.3 内力测试结果

钢筋计检测荷载传递及桩侧阻力随深度变化结果如图 10 所示。在荷载传递前期，上

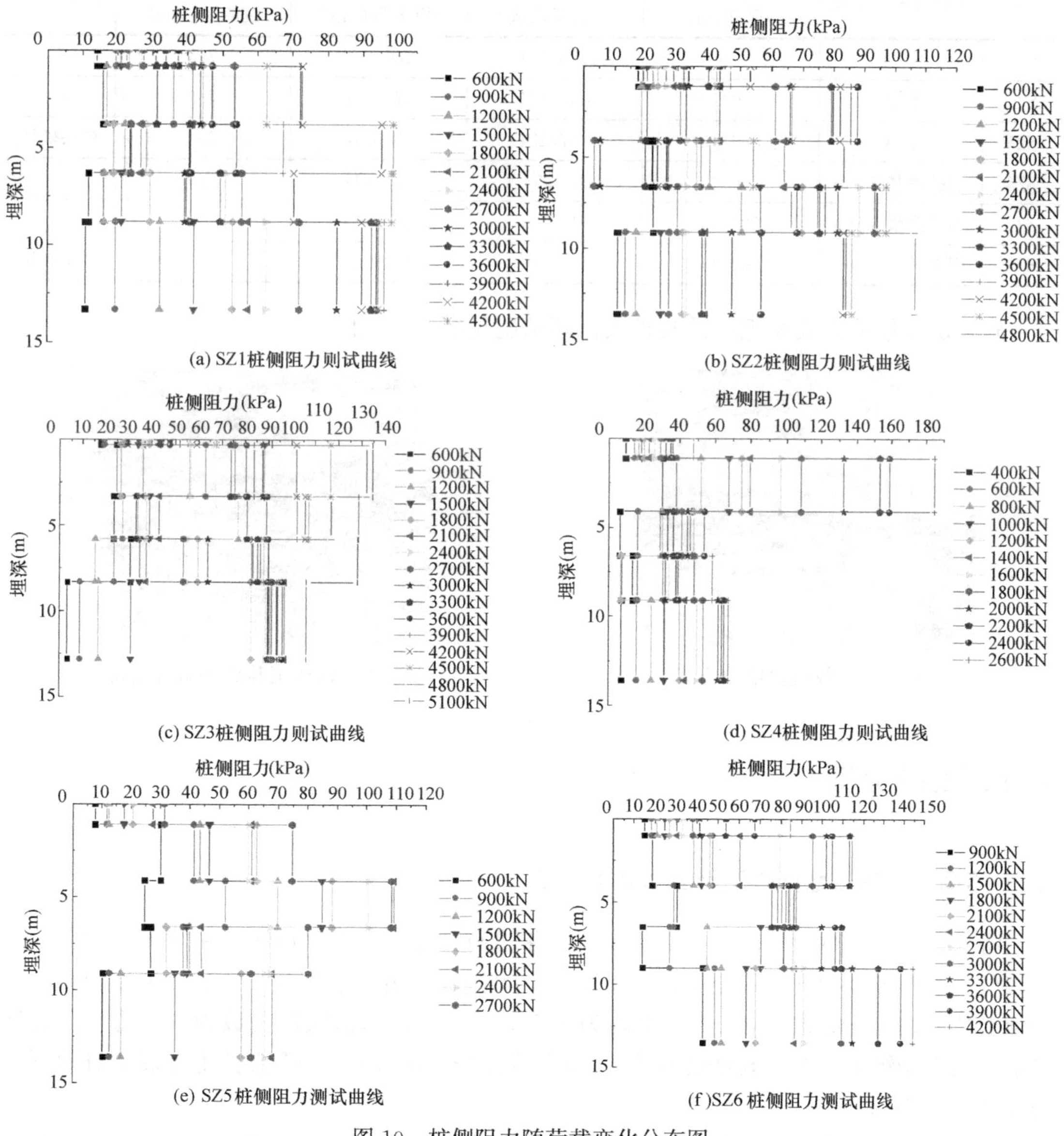

(a) SZ1桩侧阻力则试曲线

(b) SZ2桩侧阻力则试曲线

(c) SZ3桩侧阻力则试曲线

(d) SZ4桩侧阻力则试曲线

(e) SZ5桩侧阻力测试曲线

(f) SZ6 桩侧阻力测试曲线

图 10　桩侧阻力随荷载变化分布图

部桩身侧阻力先于下部发挥，下部阻力发挥并不明显；随着荷载增加，上部桩侧阻力发挥完整，逐渐向下部传递，下部桩身侧阻力逐渐发挥作用，桩侧阻力随深度增加逐渐变大；在达到极限荷载时，桩侧阻力增速逐渐降低，说明桩侧阻力已充分发挥。

从图 10 中可以看出：

（1）除 SZ4 试桩外，其余试桩桩侧阻力变化规律基本相似。下部砂土中桩侧阻力最大可达 140kPa。

（2）试桩 SZ4 在整个静载过程中 4m 以下桩侧阻力增速并不明显，相较于上部桩侧阻力值偏低。最大加载量对应沉降仅为 9.94mm，说明该桩承载力尚未得到充分发挥。

试桩施工情况及静载荷试验结果汇总 **表 6**

试桩号	引孔与灌浆情况	引孔直径(mm)/深度(m)	总锤击数/最后1m 锤击数	最大加载量(kN)/沉降量(mm)	2100kN 对应沉降量(mm)	备注
SZ4	不引孔	—	683/232	2800/10	7.4	—
SZ1	引孔	500/12	468/151	4700/19	7.3	—
SZ5	引孔	500/12	467/181	3000/14	5.3	桩头破坏
SZ3	引孔灌浆 2.7m	500/14	251/93	5100/17	5.9	—
SZ2	引孔灌浆 3.0m	500/14	316/117	5100/34	7.0	—
SZ6	引孔灌浆 3.0m	500/14	285/102	4200/13	3.8	桩头破坏

静载试验堆荷方式及现场试验桩头破坏情况见图 11、图 12。

图 11 静载试验堆荷方式

图 12 现场试验桩头破坏情况

4 试验结果分析

4.1 不同工艺锤击数比较及承载力结果分析

将 6 根桩工艺试验情况及承载力试验结果进行比较，如表 6 所示。由表 6 可知：

（1）引孔灌浆根固法最小锤击数 251 击，最高 316 击，平均为 284 击；两组引孔锤击法锤击数分别为 468 击、467 击，平均为 467.5 击；直接锤击法锤击数为 683 击。引孔灌浆根固法平均锤击数为引孔法的 60%，为直接锤击法的 40%，可见引孔灌浆法对预制桩的损伤是最小的。

（2）剔除桩头破坏的 SZ5、SZ6 的极限承载力，引孔灌浆桩不小于 5100kN；引孔桩

SZ1 单桩承载力极限值不小于 4700kN；直接锤击桩不小于 2800kN。三种施工方法单桩竖向承载力均大于地质勘察报告建议参数的估算结果。

(3) 引孔灌浆 SZ6 桩头破坏荷载为 4200kN，引孔锤击 SZ5 桩头破坏荷载为 3000kN，桩头破坏荷载差距较大，可能与锤击数差距较大有关，也与试验装置安装存在一定的问题有关。

(4) 根据内力测试结果，参考行业标准《高层建筑岩土工程勘察标准》JGJ/T 72—2017[14]、中国土木工程学会标准《根固混凝土桩技术规程》T/CCES 35—2022，结合本工程岩土工程勘察报告，各土层桩侧阻力与桩端阻力如表 7 所示。

各土层桩侧阻力及桩端阻力 **表 7**

岩土名称	土层计算厚度(m)	极限桩侧阻力标准值 q_{sk}(kPa)	极限桩端阻力标准值 Q_{pk}(kPa)
①粉土	2.7	45	—
①粉砂	3.6	90	—
②粉土	2.6	60	—
②$_2$ 细砂	3.6	100	6500
③细砂	2.0	120	6500

按表 7 验算单桩承载力极限值：

引孔桩：

$$
\begin{aligned}
Q_{uk} &= \Sigma\pi d l_i q_{sik} + A_p q_{pk} \\
&= 0.6\times3.14(2.7\times45+3.6\times90+2.6\times60+3.6\times100+2.0\times120)+ \\
&\quad 6500\times0.283=4103\text{kN}
\end{aligned}
$$

小于试验值 4700kN，偏于安全。

引孔灌浆根固桩：

$$
\begin{aligned}
Q_{uk} &= \beta_{si}\Sigma\pi d_i l_i q_{sik} + \beta_p A_p q_{pk} \\
&= 0.6\times3.14(2.7\times45+3.6\times90+2.6\times60+3.6\times100) \\
&\quad +0.78\times3.14\times2.0\times1.5\times120+6500\times0.483\times0.7 \\
&= 4890\text{kN}
\end{aligned}
$$

小于试验值 5100kN 偏于安全。

4.2 锤击法施工对桩身承载力影响分析

根据试验结果结合现行标准《预应力混凝土管桩技术标准》JGJ/T 406—2017 进行分析。

(1) 从最大加载量看，引孔灌浆桩 SZ2、SZ3 最大加载量 5100kN，引孔桩 SZ1 最大加载量 4700kN，均未发生破坏，对比表 8，表明现行行业标准对不同施工方式桩身承载力设计值取值规定具有一定的合理性。

(2) 比较表 8 桩身竖向受压承载力，采用直接锤击法施工比植入法降低 21.4%，这意味着由桩身混凝土抗压强度计算的桩身抗压承载力下降了 21.4%。依据行业标准《预应力混凝土管桩技术标准》JGJ/T 406—2017 第 5.2.13 条进行比较分析，结果表明锤击施工可使 PHC600 (110) 桩抗弯承载力降低 16.0%以上，其中的 AB 型桩开裂弯矩可降低 20%，B 型桩开裂弯矩可降低 15%。

桩身轴向受压承载力设计值（kN） 表 8

规格	型号	打入或抱压式	顶压式	中掘法或植入法
PHC600(110)	AB	4255	4863	5167
	B			
	C			

注：引自《预应力混凝土管桩技术标准》JGJ/T 406—2017[15]。

5 结论与建议

（1）锤击数试验结果表明，直接锤击法最高，引孔法次之，引孔灌浆法最低。本次试验条件下，引孔灌浆法平均锤击数为引孔法的 60%，为直接锤击法的 40%，表明引孔灌浆法对预制桩的损伤最小；相关标准推荐直接锤击法与采用引孔并在孔内灌浆的方法相比，桩身强度系数下降 20%以上，具有一定的合理性。

（2）三种方法施工预制桩的单桩竖向承载力极限值均超过预估值，其中引孔锤击桩极限承载力最小可达 4700kN，大于估算的 2714kN；引孔灌浆桩极限承载力最小为 5100kN，大于估算的 3267kN，说明勘察报告依据公路行业相关标准建议的桩侧阻力、桩端阻力富余量较大。

（3）预制桩承载力计算时，桩侧阻力和桩端阻力计算参数的选取建议根据现场原位测试结果（标贯击数），按现行行业标准《高层建筑岩土工程勘察标准》JGJ/T 72 选取。

（4）需要穿越较厚砂土层，或桩端需要进入密实砂土较深时，采用长螺旋引孔并压灌细石混凝土、水泥砂浆混合料、水泥土或水泥-膨润土浆料等胶凝材料，能有效降低预制桩贯入阻力，减少对预制桩桩身混凝土的损伤，大幅度提高单桩承载力，具有良好的技术经济效益，建议大力推广。

参考文献

[1] 张瀛文. 大直径后注浆灌注桩承载性状试验研究与数值分析 [D]. 郑州：郑州大学，2013.

[2] RAONGJANT W，JING M. Field testing of stiffened deep cement mixing piles under lateral cyclic loading [J]. Earthquake Engineering and Engineering Vibration，2013，12 (2)：261-265.

[3] 孙家伟. 根固桩竖向侧摩阻力发挥机理与机制研究 [D]. 郑州：郑州大学，2020.

[4] 李立业. 劲性复合桩承载特性研究 [D]. 南京：东南大学，2016.

[5] 张智梅，黄海涛，张继红。锤击法和振动法沉桩对周边环境影响的研究 [J]. 地下空间与工程学报，2017，13 (4)：1129-1136.

[6] 曾祥禄. 柴油锤打桩过程模拟方法的研究 [D]. 广州：华南理工大学，2011.

[7] 姚伟林. 浅析引孔锤击桩法施工技术 [J]. 福建建材，2016 (9)：69-70+77.

[8] 邓娟娟. 长螺旋取土配合静力压桩工程施工的应用研究 [D]. 昆明：昆明理工大学，2012.

[9] 陈耀光，滕延京，阎明礼，等. 长螺旋钻孔管内泵压 CFG 桩承载力性状的对比试验分析 [J]. 建筑科学，2000，16 (4)：53-56.

[10] 白晓宇，张明义，闫楠，等. 风化岩地基大直径长螺旋钻孔灌注桩承载性状试验研究 [J]. 中南

大学学报（自然科学版），2018，49（12）：3087-3094.

［11］ 郑晓娟. 长螺旋钻孔灌注桩在工程中的应用［J］. 山西建筑，2014，40（13）：75-76.

［12］ 王莹，潘国泰. 长螺旋钻孔灌注桩施工工艺要点与问题分析［J］. 赤峰学院学报（自然科学版），2018，34（5）：82-83.

［13］ 贺翀，金芸芸. 软土地区超大规模深基坑群承压水控制［J］. 施工技术，2020，49（3）：95-98.

［14］ 中华人民共和国住房和城乡建设部. 高层建筑岩土工程勘察标准：JGJ/T 72—2017［S］. 北京：中国建筑工业出版社，2017.

［15］ 中华人民共和国住房和城乡建设部. 预应力混凝土管桩技术标准：JGJ/T 406—2017［S］. 北京：中国建筑工业出版社，2017.

斜向高压旋喷技术在环境修复工程中的应用

王书倩，陈昱，李海建，张琰，朱建兴
（江苏长三角环境科学技术研究院有限公司，江苏 常州 213000）

摘　要：在环境修复工程中常应用高压旋喷技术进行原位注药施工，钻杆垂直于地面钻入地下某深度进行旋喷作业。某修复项目场地地面有建筑物，无法建设垂直的水井或进行常规的直压式注药，只能通过一定倾斜角度的钻入后进行注药。通过斜向高压旋喷注射原位化学氧化中试试验，分析比较注药压力、药剂浓度、钻杆旋转及提升速度、钻杆倾斜角度等参数对原位注药效果的影响，最终采取能满足修复效果并具有最高施工效率的旋喷参数进行施工，并分析了旋喷注药对建筑物地基土层结构的影响及采取的相关工程保证措施的效果。

关键词：环境修复；土壤和地下水污染风险管控与修复；斜向高压旋喷；原位修复

Application of Oblique High-pressure Rotary Jet Technique in Environmental Remediation Engineering

Wang Shuqian, Chen Yu, Li Haijian, Zhang Yan, Zhu Jianxing
(Jiangsu Yantze River Delta Institution of environmental science & technology Co., Ltd., Changzhou Jiangsu 213000, China)

Abstract: High-pressure rotary jet technique is usually used for in-situ injection in environmental remediation projects. In a remediation project, where there are buildings on the ground, it is impossible to build vertical wells or conduct conventional direct pressure injection. Reagent injection can only be carried out after drilling at a certain angle. Through the pilot test of in-situ chemical oxidation by oblique high-pressure rotary injection, the oxidant were fully penetrated into the soil media to degrade organic pollutants. The effects of injection pressure, reagent concentration, pipe rotation and lifting speed, drill pipe inclination angle and other parameters on the effect of in-situ injection are analyzed. Eventually, the rotary jet parameters with the highest construction efficiency which meet the remediation effect is used for construction. The influence of rotary injection on the soil layer structure of the building foundation and the relevant engineering assurance measures effects are analyzed.

Key words: Environmental remediation; Risk control and remediation of soil and groundwater contamination; Oblique high-pressure rotary jet; In situ remediation

---

作者简介：王书倩，技术总助，工程师。
通讯作者：张琰，研发经理，高级工程师，E-mail：xtgoo800@163.com。

0 引言

随着过去几十年的工业化发展，环境污染日益加重，已退役或即将退役的工业企业场地有很多具有几十年的历史，在企业生产过程中有大量污染物进入地下，造成土壤和地下水环境的严重污染，带来较大的环境安全隐患和人类健康风险。土壤和地下水中污染物种类繁多，常见的有重金属、氮、磷、硫化物等无机污染物以及农药、多环芳烃、石油烃、苯系物、卤代烃等挥发或半挥发有机污染物。污染场地处理的基本思路是：（1）清除污染源：在污染源位置对污染物质进行萃取、清除或者改变其成分与毒性；（2）对传播途径进行控制：通过固化稳定、隔离污染物质，阻止其进一步扩散[1]。污染场地修复有原位和异位两种修复模式，而针对污染深度大、开挖难度大的有机物污染场地，原位化学氧化修复技术（In Situ Chemical Oxidation，ISCO）无疑具有很大应用前景[2]。

现有的原位化学氧化修复药剂投加方式主要有：注入井、GP 直推式注射、高压旋喷注射等，其中注入井法适用于土壤扩散性好，修复工期较长的场地；直推式注射法能将药剂快速有效地迁移扩散至污染区域；高压旋喷注射法对土壤结构扰动剧烈，能用于渗透性非常差的黏性土壤[3]，其是通过高压旋喷的方式将氧化药剂注入至地表以下，将药剂与污染土壤通过强力喷射流的方式混合均匀，使得氧化药剂与污染物在一定的影响半径下充分接触，把土壤中的污染物氧化降解为无毒物质的技术。高压旋喷技术在岩土工程中主要用于地基加固、基坑防水、截水帷幕、护坡桩等，将具有胶凝固结特性的材料配制成浆液以一定的喷射压力和旋转速度注入岩土体内，从而达到喷射浆液与岩土体充分切削、混合、渗透、填充和置换的目的，起到加固、防渗等作用。高压旋喷注射法具有设备简单、操作方便、施工效率高、周期短的特点，同时具有减少资源浪费和控制经济成本的作用[4]。

1 斜向高压旋喷原位化学氧化施工设备与工艺流程

1.1 施工设备

某项目在调查过程中发现在已建厂房下方土壤中存在高浓度有机物污染物，拟采用斜向高压旋喷注射原位化学氧化进行修复，如图 1 所示。

图 2 即为拟采用的施工设备 XDZ-80A 型旋喷钻机，设备参数详见表 1～表 3。

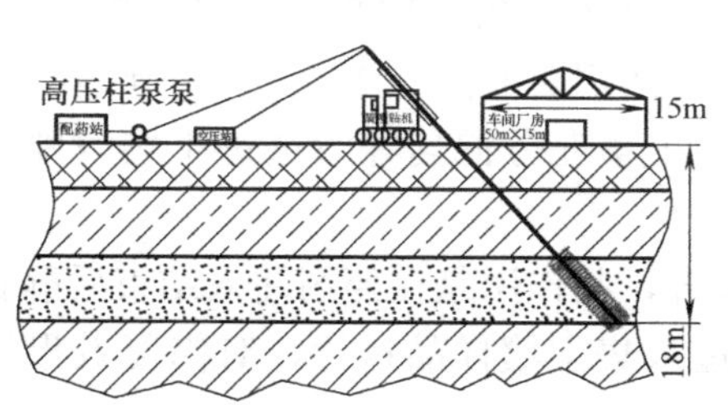

图 1 斜向高压旋喷注射原位化学氧化施工示意图

图 2 斜向高压旋喷注射原位化学氧化施工设备

旋喷钻机参数表 **表 1**

设备名称	低架旋喷钻机	
规格型号	XDZ-80A	
参数及性能	占地面积小约 30m^2，电机功率(kW)：22＋7.5＋1.5 提升速(m/min)：0～0.7，10h 喷药 100～150m	
用途	旋喷注药、引孔施工、钻孔施工	
备注	为避免药剂对钻杆的腐蚀，钻杆材料换成耐腐蚀性能更好的 316L 不锈钢	
技术参数名称	技术参数指标	备注
最大钻孔深度(m)	50～60	本次高压旋喷最深 18m
钻杆直径(mm)	ϕ50、ϕ60、ϕ73、ϕ89、ϕ102、ϕ114	常用 ϕ60
旋喷施工方式	单管、二重管、三重管	常用二重管
钻塔高度(m)	3.5～22	—
一次性接杆长度(m)	3、7、12	根据钻塔高度确定一次性接杆长度
钻孔倾角	左右各 10°，前后－10°～100°	高压旋喷钻机可实现水平钻孔以高压旋喷的方式注入药剂
动力头钻速(r/min)	0～180	常用 10～20
钻杆提升速度(mm/min)	0～450	常用 100～300
整机质量(kg)	980～3500	本配置机型约 980kg

高压注浆泵参数 **表 2**

技术参数名称	技术参数指标
最大注浆压力(MPa)	20～45
注浆量(L/min)	100～350
额定功率(kW)	20～100
整机质量(kg)	1000～3600

空压机参数 **表 3**

技术参数名称	技术参数指标
额定压力(MPa)	0.8～1.0
额定功率(kW)	1.5～20
排气量(m^3/min)	0.2～2.0
整机质量(kg)	100～500

高压旋喷注入系统包含：气动源系统、溶配药系统、引孔系统、原位注入系统和高压旋喷现场监测系统 5 部分。气动源系统主要包括配电箱、电缆、空压机、空气过滤罐和气管，在药剂注入过程中，高压气体与药剂一同从喷嘴使药剂更好地向钻孔周围扩散，增大药剂扩散半径。溶配药系统主要包括药剂存储罐、输药管、加药泵、加水管线、混合药剂搅拌罐，主要作用为根据设计的药剂浓度配制药剂溶液。引孔系统主要包括引孔机、钻杆、PVC 管，作用是：若遇到高压旋喷钻机本身较难下钻的地层（如卵石层），利用专业的引孔钻机提前进行引孔，若有必要可以在钻孔中下 PVC 管防止塌孔，使本系统适用的地层范围更广。药剂注入系统包括高压注药泵、原位注入设备（即高压旋喷钻机）、混合药剂输药管、配有喷嘴的钻杆，其作用是将配制好的药剂溶液高压注入污染的土壤，高压液体对土体进行强烈切割和搅拌混合，达到药剂与土壤充分混匀并渗透进土壤空隙中的目的。

监测系统主要包括监测井、取样器、监测设备等，其作用是在药剂注入结束后静置一段时间，当药剂与土壤中污染物充分反应后，通过采集土壤样品送检，对修复效果进行验证。

1.2 施工工艺流程

根据本场地修复特点分析，厂房区域下方污染土壤斜向高压旋喷注射原位化学氧化的修复工艺流程如图 3 所示，下钻时按照设计角度、长度、深度施工，旋喷至设计要求终点，必要时进行复喷、搅拌。

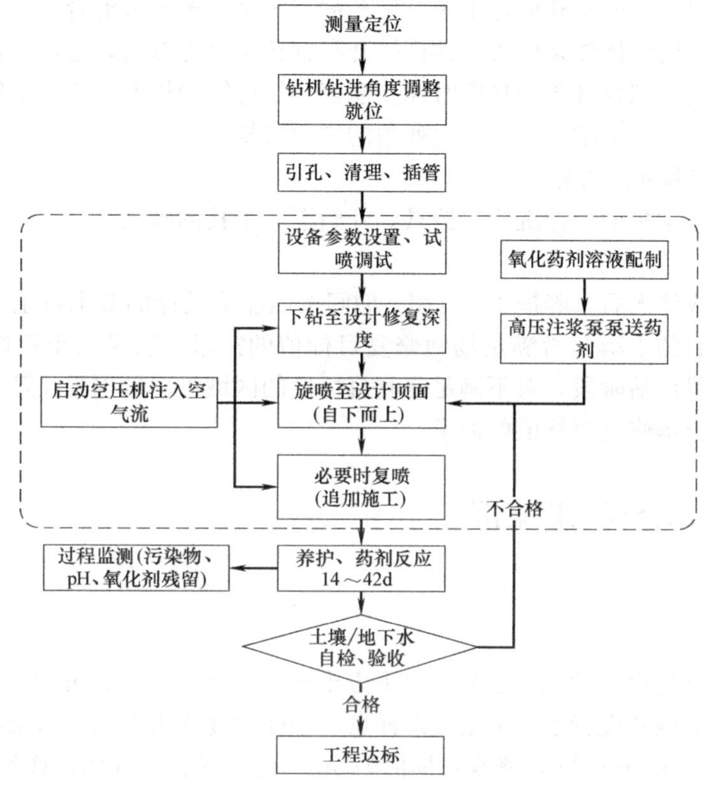

图 3 斜向高压旋喷注射原位化学氧化的修复工艺流程图

高压旋喷原位化学氧化具体施工步骤如下：

(1) 高压旋喷原位化学氧化由于使用高压空气和高压药剂溶液切割混合土体，应准备对应规格的空气压缩机、高压泵、搅拌机等设备，准备好药剂材料堆场和水、电、输浆管路等，并进行机具设备的检修和调试。

(2) 孔位测设

根据设计图纸使用 RTK、经纬仪、激光测距仪等定位测量设备确定场地基准点及修复区域范围边线，并进行孔位测设。

(3) 钻机就位

由于钻头准确定位居中，钻孔位置与设计位置偏差小于 5cm。保证钻杆倾斜角度与地面的夹角与设计保持一致，可使用设计角度的自制倾斜台校准钻杆角度，角度误差不大于 1°，钻孔孔口采用柔性套管和垫板保护。

(4) 制备药剂

利用搅拌机，将药剂和水充分搅拌均匀，随时拌制随时喷注。

(5) 插管喷浆

对于倾斜高压旋喷设备，校正机架和喷射主管的角度，按照设计放样的角度进行钻杆的调校，测量钻杆与地面的夹角。中空钻杆插入喷孔前采用中等压力试喷清洁水，以检查喷射和灌浆系统是否畅通，然后用卷扬机将灌注管插入钻孔设计深度，用高压注药泵将药剂输送至高压旋喷机的带有喷嘴的中空钻杆，开始喷射灌浆作业。药剂溶液通过中空钻杆最前端的喷嘴喷出，切削钻孔周边土壤，使药剂与污染土壤充分混合。

应按中试选择的最优注浆压力、钻杆提升和旋转速度等参数，边提升钻杆边旋转同时喷射药剂，待喷嘴达到设计顶面高度时停止喷浆。钻杆缓慢提升、不停地旋转，能保证高压液体对钻孔周边污染土壤全方位、无死角的进行修复。

(6) 移动机架和冲洗管路

灌注完毕，移动机架，冲洗管路器具，开始下一个孔的施工。

(7) 自检测

待修复区完成注入后，养护 14～42d。期间按照监测设计的要求对土壤样品进行取样检测，确定修复后的土壤是否满足场地修复目标值的需求。若满足土壤修复目标值的要求，则可进入效果评估阶段，对不满足修复目标值的区域可局部加强注药，重复喷药，以确保其满足场地土壤修复目标值的需求。

2 某土壤地下水修复工程案例

2.1 项目概况

某项目在调查过程中发现在已建厂房下方土壤中存在高浓度有机物污染物，根据调查方案，在已建厂房内共设置了 4 个土壤采样点，采样深度均为 18m，污染物 1,2-二氯乙烷浓度测得最大为 734.8mg/kg，修复目标值为 5mg/kg，超标 146 倍，详见表 4 和图 4。

土壤点位污染情况汇总表　　表 4

点位	1,2-二氯乙烷 (mg/kg)	超标倍数	点位	1,2-二氯乙烷 (mg/kg)	超标倍数
SB1-1.5m	ND	0	SB3-1.5m	2.6	0
SB1-3.0m	734.8	146	SB3-3.0m	712.3	141.5
SB1-4.5m	544.4	107.9	SB3-4.5m	404.5	79.9
SB1-6.0m	382.2	75.4	SB3-6.0m	268.6	52.7
SB1-9.0m	275.6	54.1	SB3-9.0m	238.2	46.6
SB1-12m	102.5	19.5	SB3-12m	55.6	10.1
SB1-15m	32.2	5.4	SB3-15m	7.8	0.6
SB1-18m	3.5	0	SB3-18m	0.3	0
SB2-1.5m	3.6	0	SB4-1.5m	ND	0
SB2-3.0m	661.3	131.3	SB4-3.0m	640.3	127.1
SB2-4.5m	417.2	82.4	SB4-4.5m	438.6	86.7
SB2-6.0m	246.5	48.3	SB4-6.0m	308.4	60.7
SB2-9.0m	115.3	22.1	SB4-9.0m	233.6	45.7
SB2-12m	34.3	5.9	SB4-12m	45.5	8.1
SB2-15m	10.5	1.1	SB4-15m	3.7	0
SB2-18m	1.2	0	SB4-18m	ND	0

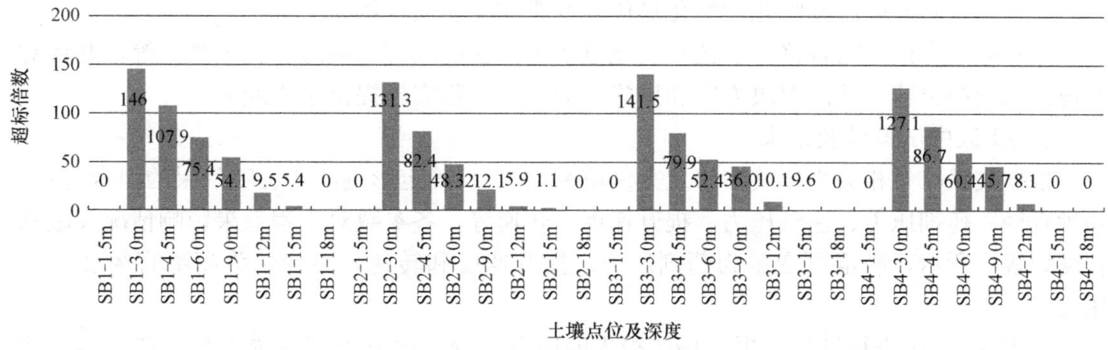

图 4　土壤污染物超标情况汇总

2.2　修复范围及修复目标值

在已建厂房下污染物为 1,2-二氯乙烷，修复目标值为 5mg/kg。修复范围为整个厂房，面积为 15m×50m（750m^2），深度为 18m。

2.3　施工工艺比选

因污染区域位于已建成厂房下方，在不破坏厂房且不影响厂区正常生产下，无法建设大量垂直注射井或进行常规的直推式注药，可行的现有施工工艺有水平井或斜向高压旋喷，传统水平井原用于油气钻探开采工程及低渗透地层的地下水开采，一般的施工流程包括导向孔钻进、扩孔、回铺拖管、喷射洗井等[5]。根据现场情况、施工难度、工期和成本综合考虑，拟采用斜向高压旋喷注射原位化学氧化技术进行修复，首先进行现场中试试验。

2.4　项目中试

传统高压旋喷工艺的主要作用是防渗与加固，所用注浆材料主要为水泥及外加剂，水灰比为 1∶1～1∶1.5。在高压旋喷注浆方法中，二重管法更适用于污染场地原位修复工程施工，传统高压旋喷工艺二重管法所采用的工艺参数一般为：注浆压力 20～40MPa，流量 80～120L/min，喷嘴孔径 2～3mm，喷嘴个数 1～2 个，提升速度 10～30cm/min，旋转速度 10～20r/min[6,7]。

污染场地原位修复旋喷工艺的作用在于实现修复药剂的有效输送，包括两层含义：一是药剂输送到位，可通过调节钻入位置和控制喷射半径来实现；二是药剂与污染介质的有效均匀混合，通过高压浆液与压缩空气切割实现。

传统的二重管旋喷施工工艺可能会导致药剂过量，从而带来浪费及二次污染，且施工过程大量的返浆会对操作人员及周边施工人员造成一定的危害。此外，修复药剂没有水硬性，过量的注浆浆液会造成施工区域地基土强度大大降低，影响后续施工安排。基于以上原因，污染场地原位修复旋喷工艺不能简单地套用传统旋喷工艺参数，需在其基础上进行改进，以达到药剂有效输送和均匀混合的目的。因此，在修复地块实际大规模应用前，需进行现场中试。

1. 中试目的

（1）确定斜向高压旋喷修复技术关键性施工参数。

（2）确定斜向高压旋喷化学氧化最优药剂添加类型及比例。

（3）通过中试暴露各修复工艺在实施过程中存在的问题、风险、施工难点等，并针对发现的问题提出建设性的解决方案和措施，为后续工程实施提供宝贵经验。

2. Z1 区中试设计及结果

根据文献以及相关高压旋喷修复案例研究[3,8,9]，确定影响高压旋喷效果的因素包括：喷嘴直径、药剂压力、注气压力、提升速度、转速等，各参数对工程效果影响情况及敏感程度如表 5 所示，确定可变量为药剂压力、提升速度和转速，不变量为喷嘴直径和空气压力。

首先在 Z1 区进行试验，根据场调报告的地下土壤质地分类和渗透系数，选择不同注射压力、提升速度和转速，在不同深度的地下土壤进行垂直高压旋喷试验，为保证试验结果的适用性，选择 3～10.5m 的粉质黏土层进行，其垂直和水平渗透系数分别为 5.39×10^{-7}cm/s 和 7.58×10^{-7}cm/s，透水性较差。

高压旋喷工程效果各影响因素敏感程度分析表　　**表 5**

影响因素分析对象	喷嘴直径(mm)	药剂压力(MPa)	空气压力(MPa)	提升速度(cm/min)	转速(r/min)
取值范围	2.0～2.5	20～40	0.6～0.8	10～30	10～20
影响类型	正相关	正相关	正相关	负相关	负相关
敏感程度	★★	★★★★★	★★	★★★★★	★★★★

按图 5 设置注入点和观察监测井点位，监测井开筛深度范围为旋喷注射深度范围，监测井与注射点距离为 0.5～2.5m。采用正交法进行高压旋喷试验以确定注射压力、提升速度和转速的最优组合（表 6）。

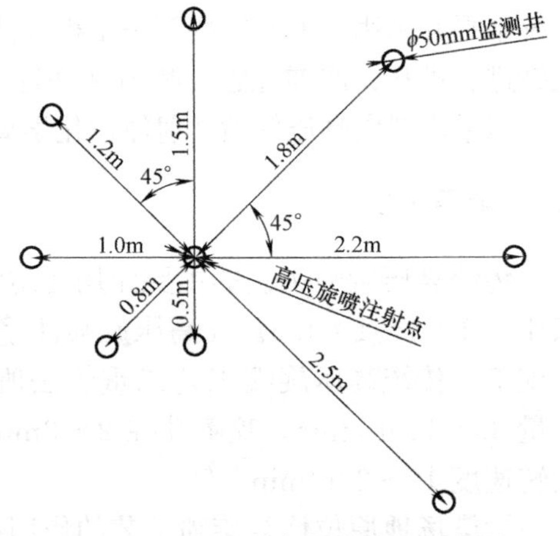

图 5　Z1 内注入点布设位置示意图

依据正交表进行喷射注浆（注清水），注浆深度为地面以下 3～10.5m，在注浆过程中观察钻孔返浆情况及周边监测井的窜浆情况，结果如表 7 所示。从表中可看出注射压力对返浆程度的影响较大，但同时与窜浆距离也有明显的正相关关系，压力越大窜浆越远也就是影响半径越大，但是返浆也会越严重，这会造成药剂的浪费和可能的污染，因此适当的注射压力至关重要。而提升速度和转速将影响喷浆量及药剂与土壤混合的均匀性，在保证药剂与土体充分混合下提升速度越快施工效率越高，而转速达到一定值以后对药剂与土壤的混合程度不再有太大变化，高岗荣[9] 的研究也证明了这一点。从表 7 结果初步判断试验组 6 的注浆效果较好且施工效率高。

高压旋喷原位化学氧化因素水平表　　**表 6**

水平因素	注射压力(MPa)	提升速度(cm/min)	转速(r/min)
1	20	10	10
2	30	20	15
3	40	30	20

高压旋喷原位化学氧化正交试验结果 **表 7**

试验组号 因素	注射压力 (MPa)	提升速度 (cm/min)	转速 (r/min)	返浆程度	窜浆距离 (m)	单次喷浆处理 效率(mh^{-1})
1	20	10	10	极轻微	1.0	6
2	20	20	15	极轻微	0.8	12
3	20	30	20	极轻微	0.8	18
4	30	10	15	轻微	1.0	6
5	30	20	20	轻微	1.0	12
6	30	30	10	轻微	1.0	18
7	40	10	20	严重	1.5	6
8	40	20	10	严重	1.2	12
9	40	30	15	严重	1.2	18

为进一步确认药剂的扩散范围，进行示踪试验，即高压旋喷向 3～10.5m 深度的地层注入一定浓度的示踪剂溴化钠溶液，在一定时间后分别采取各监测井中的地下水，用离子选择电极法检测其溴离子含量，直观反映该注药条件下药剂在地下空间的分布和衰减程度。溴离子的实际传播距离越远，说明药剂有效性越长，实际药剂扩散半径越大。

溴离子示踪剂的检测方法（离子选择电极法）：

仪器：PHs-3C pH 计，PBr-1-01 溴离子电极，217-01 参比电极。

方法：用移液管分别吸取不同浓度（10^{-5}mol/L，10^{-4}mol/L，10^{-3}mol/L，10^{-2}mol/L，10^{-1}mol/L）溴标准溶液 100mL，注入干燥的烧杯中，放入磁力搅拌子，并插入溴离子电极和参比电极，在匀速搅拌下，按浓度从低到高依次测量溶液的电极电位，校正曲线见图 6。

离子选择性电极法测定溴离子浓度：量取 100mL 的地下水试样，测量其电极电位值，根据公式折算出该地下水的溴离子浓度。浑浊样可离心或用滤纸过滤或沉降后测上清液，样品测量时保持水温及其他条件与标准液一致。

测量范围：pH 值 2～11，温度 5～40℃，溴离子浓度 0.4～7999mg/L。

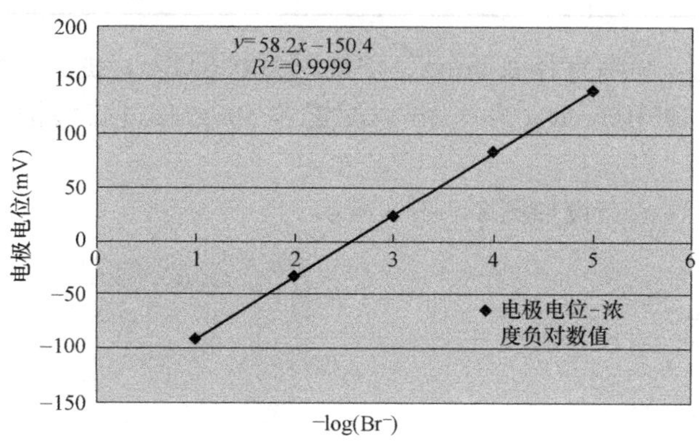

图 6 标准溴离子溶液校正曲线图

每延米地下土壤注入 400L 浓度为 0.005mol/L（约 515mg/L）的溴化钠示踪剂溶液，在注药后 0.5h、1h、4h、8h、24h、48h、72h、120h、168h 通过定深采样器采集各监测井在旋喷深度的地下水，用离子选择电极法检测溴离子含量，结果如图 7 所示。

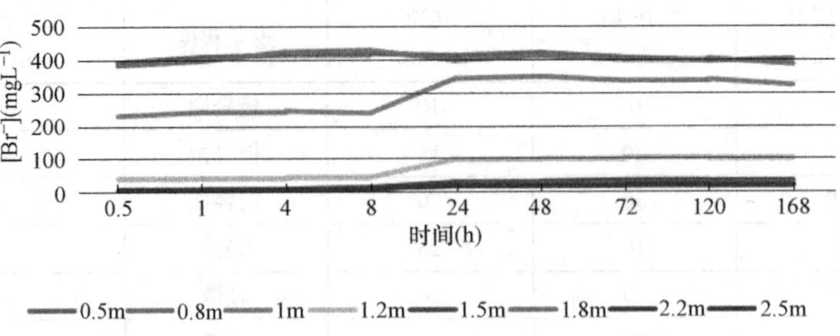

图 7　不同距离监测井中溴离子浓度随时间的变化曲线

从结果看出高压旋喷药剂的扩散半径约 0.8～1m，为保证注药施工质量，取 0.8m。由于本项目采用斜向高压旋喷工艺，钻杆并非垂直于水平地面，而是有一定的角度，故采取注射孔间距为 $0.8\times\sqrt{3}/\sin\alpha$ m，其中 α 为钻杆与水平地面夹角。

根据上述正交试验与示踪试验及以往类似项目旋喷工艺参数，最终选择返浆率较低、窜浆达到最远且施工效率最高的试验组 6 的参数作为最佳施工参数：喷嘴直径参数 2.5mm，空气压力 0.8MPa，提升速度 30cm/min，转速 10r/min，药剂压力 30MPa。施工过程中可根据实际修复注药效果及时调整优化。

3. Z2 区中试设计及结果

高压旋喷化学氧化药剂的种类、添加量及工期对地块修复效果同样至关重要。

在中试前，经实验室小试，确定本项目氧化 1,2-二氯乙烷的效果较好的药剂种类为碱活化的过硫酸钠，片碱用量为过硫酸钠的 40%，根据土壤不同污染物含量，调整氧化剂和活化剂占湿土的质量比例，以此设定试验参数，如表 8 所示。

单次斜向高压旋喷注射试验　　表 8

药剂	组 1	组 2	组 3
单次注射过硫酸钠质量添加比(%)	2.0	4	6
单次注射片碱质量添加比(%)	0.8	1.6	2.4

设定施工参数为：喷嘴直径 2.5mm，空气压力 0.8MPa，提升速度 30cm/min，转速 10r/min，药剂压力 30MPa，$R_{优}$ 为 0.8m。配置含 400g/L 过硫酸钠和 160g/L 片碱的溶液备用。

药剂扩散半径及注入布设如图 8～图 9 所示。

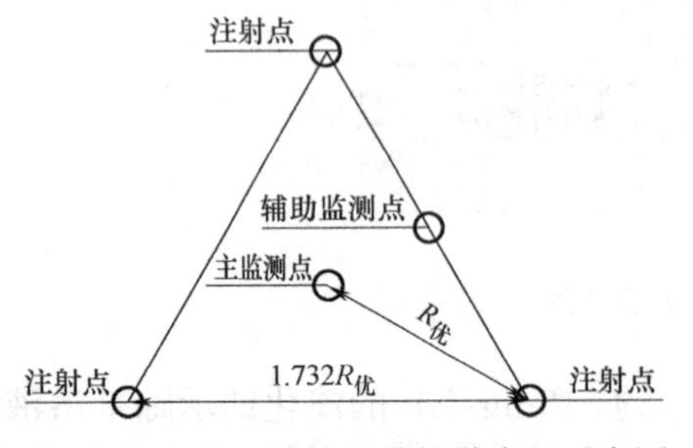

图 8　斜向高压旋喷注药扩散半径示意图

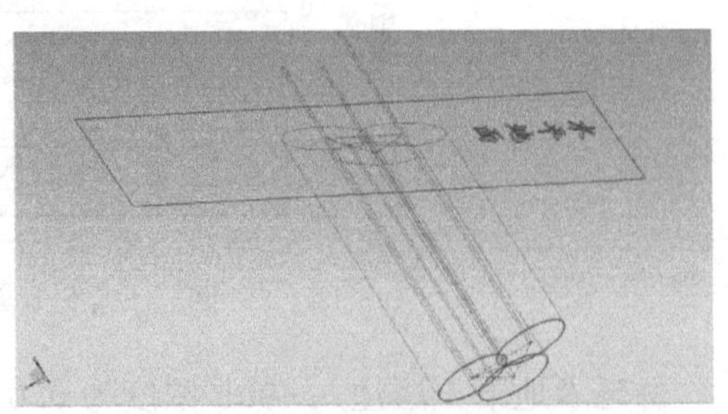

图 9　斜向高压旋喷原位注药示意图

首先利用机械将地面平整，然后进行放线将钻孔位置做好标记。从表 8 中土壤污染情况可看出，土壤污染程度随深度的增加下降较为明显，因此在修复注药工艺上对不同深度土壤进行区分，保证药剂用在最需要的位置，实现工程降本增效。SB1 点位 9～18m 按组 1 添加比注药，每延米注药 200L，钻杆与水平地面夹角 26°～42°；6～9m 按组 2 添加比注药，每延米注药 400L，钻杆与水平地面夹角 18.8°～26°；3～6m 按组 3 添加比注药，每延米注药 600L，钻杆与水平地面夹角 10°～18.8°，注浆完成后的第 14d、21d、28d、42d 进行取样检测，结果如图 10 所示。

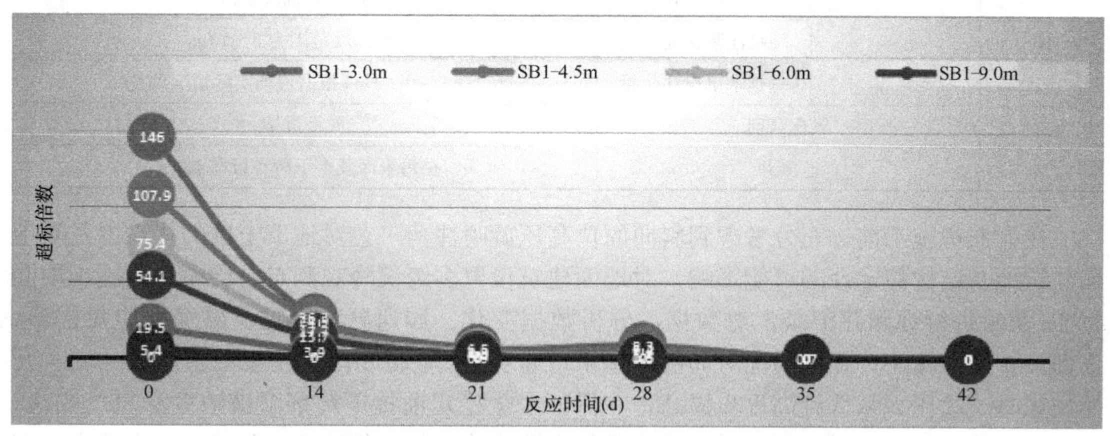

图 10　中试土壤点位深度污染物超标倍数随时间的变化曲线

通过数据分析，得出如下结论：

（1）42d 内满足修复去除率要求的过硫酸盐的实际扩散半径为 0.8～1m，为保证修复效果，高压旋喷药剂影响半径设定为 0.8m，注射孔间距为 1.38/sinαm，孔排距为 1.2/sinαm。

（2）通过经济性和可行性比较，应根据不同点位和土层污染物浓度合理调整注药比例，高浓度的土层点位应适当增加注药量，低浓度的土层点位可适当降低注药量。

（3）不同时间节点的监测井浓度存在波动，部分点位可能需要二次注药，以有效避免反弹。

（4）最终中试修复效果满足修复目标值要求。

2.5　修复工程施工及验收

根据上述现场中试结果，该项目斜向高压旋喷注射原位化学氧化工艺拟定的参数如表 9 所示。

斜向高压旋喷注射原位化学氧化参数设计　　表 9

序号	参数		要求
1	旋喷参数	泵压	30MPa
2		气压	0.8MPa
3		钻孔倾斜度	根据不同深度，钻杆与水平地面夹角 α 为 60°～10°
4		孔位偏差	≤5cm
5		转速	10r/min

续表

序号	参数		要求
6		提升速度	30cm/min
7		引孔	深度 0.5～1m，口径 60mm
8	单孔施工参数	布孔参数	根据场地不同分区的水文地质条件，三角形布点。注射孔距 $1.38/\sin\alpha$ m，排距 $1.2/\sin\alpha$ m，并可根据自检结果适当调整布点
9		注药方式	单次或分批次注药
10		旋喷注浆深度范围	喷浆深度范围为 3～18m
11		每延米单次注浆量	50～500L，具体根据现场实际情况调整
12	氧化药剂		碱性过钠
13	监测井		在污染区及上下游布设监测井

在大面积施工前，充分考虑到斜向原位高压旋喷注药工艺对地下土壤的扰动以及对地面建筑地基结构稳定性的可能影响，对地面建筑设置多组沉降观测点，旋喷注药施工期间每 4h 及时进行观测并记录汇总数据，分析数据变化。如遇异常情况及时采取应对措施，立即停止注药施工，根据情况对局部地基采取水泥/水玻璃或化学注浆工艺进行加固。开始施工时旋喷压力从低到高逐步提高，在保证安全稳定前提下药剂溶液浓度尽量配制高，在每点注药完成后及时在顶部以上部分进行水泥注浆，使修复地块地基形成一个稳定密实的整体。

最终经过搅拌桩止水帷幕施工、25d 原位斜向高压旋喷注药施工及 60d 的养护反应后进行采样自检，所有关注污染物满足验收要求，顺利通过土壤修复效果评估验收。经持续监测，厂房建筑物沉降符合要求，工程竣工。

3 结语

（1）斜向高压旋喷注射原位化学氧化工艺是土壤地下水修复的高效施工工艺，可以在地面有建筑物的情况下对底下的土壤和地下水进行原位修复，效果好，工期短，成本相对较低。

（2）污染场地原位修复斜向高压旋喷工艺不能简单地套用传统旋喷工艺参数，需在其基础上进行改进，以达到药剂在土壤地下水中的有效输送和均匀混合的目的。因此，修复地块应在工程规模实施前进行斜向高压旋喷注射原位化学氧化工艺的现场中试，以找出最经济有效的工艺参数，以免造成药剂浪费或修复效果的反复和工期的延误。

参考文献

[1] 刘松玉，詹良通，胡黎明，杜延军. 环境岩土工程研究进展 [J]. 土木工程学报，2016，49 (3)：6-30.

[2] 纪录，张晖. 原位化学氧化法在土壤和地下水修复中的研究进展 [J]. 环境污染治理技术与设备，2003，4 (6)：37-42.

[3] 杨乐巍，张晓斌，李书鹏，等. 土壤及地下水原位注入-高压旋喷注射修复技术工程应用案例分析

[J]. 环境工程，2018，36（12）：48-53.

[4] 刘倡冠，梁桂佐，李志斌. 高压旋喷技术在软弱地基处理中的应用 [J]. 探矿工程（岩土钻掘工程），2005（S1）：85-87.

[5] 王偲，何计彬，何锦. 低渗透咸水地层双面水平井降水试验研究 [J]. 地下空间与工程学报，2017，13（S1）：113-120.

[6] 中华人民共和国住房和城乡建设部. 建筑地基处理技术规范：JGJ 79—2012 [S]. 北京：中国建筑工业出版社，2013.

[7] 中国化学工程总公司. 高压喷射注浆地基施工工艺标准：QB-CNCEC JO10108—2004 [S].

[8] 李影辉. 高压旋喷技术在地下水修复项目中的应用实例 [J]. 广东化工，2018，45（6）：181-182.

[9] 高岗荣. 高压旋喷注浆合理提升和旋转速度的理论分析 [J]. 煤炭科学技术，1996，24（4）：30-32.

劲性扩体复合桩单桩抗压承载力试验研究

洪俊青[1]，刘金波[2]，姚锋祥[3,4]，包华[*1]，王涛[2]
（1. 南通大学，江苏 南通 226019；2. 中国建筑科学研究院有限公司，北京 100029；
3. 江苏劲桩岩土科技有限公司，江苏 南通 226009；
4. 江苏劲桩基础工程有限公司，江苏 南通 226009）

摘　要：劲性扩体复合桩是由刚性芯桩和外包水泥土组成的一种组合截面桩型。本文针对内夯沉管工艺与水泥土搅拌工艺组合制作的劲性扩体复合桩，进行了足尺的单桩竖向静载荷抗压试验以及单桩承载力分析。试验研究表明，劲性扩体复合桩的灌注混凝土芯桩、外包水泥土以及混凝土扩底可有效地协同工作，进而充分发挥桩侧摩阻力、端阻力，较大程度提高桩的承载力。与同直径的传统灌注桩相比，该劲性扩体复合桩竖向抗压承载力可提高约 1.0 倍以上，是承载力高、成本低、对环境影响小的，具有很好发展前景的中、短型桩型。

关键词：劲性扩体复合桩；复合桩；单桩；静载试验；竖向抗压承载力

Experiment Research on Single-pile Compression Carrying Capacity of Expanded Stiffened Deep-cement-mixing Pile

Hong Junqing[1], Liu jinbo[2], Yao Fengxiang[3,4], Bao Hua[1*], Wang Tao[2]
(1. School of Transportation and Civil Engineering, Nantong University, Nantong Jiangsu 226019, China;
2. China Academy of Building Research, Beijing 100029, China;
3. Jiangsu Genuine-Strong Geotechnical Technology Co., Ltd., Nantong Jiangsu 226009, China;
4. Jiangsu Genuine-Strong foundation Engineering Co., Ltd., Nantong Jiangsu 226009, China)

Abstract: The expanded stiffened deep-cement-mixing pile (ESDP) is a type of composite pile with rigid core shaft encased by cemented soil. The vertical static compression experiment and carrying capacity for the single pile on the ESDP are introduced in this paper, which is manufactured by the inner tube-sinking cast-in-situ tamping pile process and the soil-cement mixing pile process. The experimental results show that cast-in-situ concrete core shaft, encasing cemented soil, and tamping expanded base can coordinate effectively, enhance the shaft resistance, tip resistance to some extent together, and increase the carrying capacity of the ESDP substantially. Compared to the traditional cast-in-situ concrete pile with the same diameter, the carrying capacity of this ESDP can raise one time above than that. The ESDP as a sort of mid-and-short pile exhibits the bright future due to its high carrying capacity, low cost, and environment-friendly.

基金项目：江苏省产学研合作项目（BY2020176）。
作者简介：洪俊青（1976—），男，博士，副教授，E-mail：hongiq@ntu.edu.cn。
通讯作者：包华（1964—），男，硕士，教授，E-mail：bao.h@ntu.edu.cn。

Key words: Expanded stiffened deep-cement-mixing pile; Composite pile; Single pile; Static experiment; Vertical compressive carrying capacity

0 引言

一些复杂地质水文条件的场地上，传统工艺桩型常很难有效、经济的满足工程要求。如在沿江、沿海一些地区，常在具有良好工程性能的土层之间夹杂较厚的淤泥、淤泥质土等较软土层的夹心地层，传统的灌注桩或预制桩常碰到成桩质量问题可能较多、挤土效应显著、性价比低等问题。我国岩土工程界在借鉴日本的SMW（Soil Mixing Wall）等工法的基础上，研发出不同材料的组合截面桩型，常由混凝土（或型钢、钢管）芯桩外包裹水泥土混合料、水泥土砂浆混合料等组成[1-4]，其中以外包水泥土类型的发展较为迅速。近30年来，我国各地区结合当地的实际情况发展了多种形式的组合截面桩型，如干作业复合灌注桩、劲性复合桩、加芯搅拌桩、劲性搅拌桩、水泥土复合管桩、水泥土复合混凝土空心桩、劲芯复合桩等[7-17]。尽管上述形式桩型（下统称劲性复合桩）在称呼上、工艺上不同程度的存在差异，但其桩身构造与工作机理接近。与传统桩型相比较，同等条件下，劲性复合桩竖向承载力提高45%～80%，节省基础造价有时可达20%以上。劲性复合桩中水泥土搅拌柱体的存在不仅显著提高了桩的承载能力和经济性，同时也改善了芯桩成桩条件，降低桩身损伤及对环境的不良影响程度。

尽管劲性复合桩适合采用的土层地质条件较宽，但依然常常碰到搅拌桩机难以穿过坚硬土层、长芯桩难以穿越的坚硬土层、施工深度过深而无法穿过软弱土层等问题，从而影响深层水泥土体成桩质量可靠性。鉴于此，为充分利用相对浅层的具有良好工程性能的土层，研发承载力高、性价比好的扩体组合桩型，符合国家绿色发展战略的创新发展方向。实践表明，水泥土搅拌桩与内夯沉管灌注桩相互结合，使得灌注混凝土芯桩与外包水泥土可更加有效整体协调工作，形成具备扩体形态和优异力学性能的一种新型组合截面复合桩型，称之为劲性扩体复合桩（简称劲扩复合桩或劲扩桩）。不排土的施工工艺进一步强化水泥土搅拌桩桩侧阻力，桩端夯扩充分提高了桩端承载力；芯桩、外包水泥土和扩底的协同工作使得劲扩复合桩兼有了劲性复合桩和内夯扩底灌注桩的优点，较大程度提高桩的承载力。

根据劲扩复合桩的芯桩长度“l_{cp}”与水泥土（环）柱体长度“l_{cs}”的关系，劲扩复合桩分成：短芯桩（$l_{cp}<l_{cs}$）、等芯桩（$l_{cp}\approx l_{cs}$）和长芯桩（$l_{cp}>l_{cs}$），其桩身构造见图1。实际工程中，主要采用等芯桩和长芯桩两种形式，具体应根据工程需要合理确定。

从技术层面上讲，劲扩复合桩是劲性复合桩的拓展；劲性复合桩也具备劲扩复合桩的扩体属性，所以有学者将此两类桩一并称为劲性扩体复合桩。劲扩复合桩拓展了劲性复合桩和扩底桩的适用范围。同时，水泥土搅拌桩对于正常固结的淤泥与淤泥质土、粉土、饱和黄土、素填土、黏性土以及无流动地下水的饱和松散砂土等软弱地基也有一定的预处理效果。

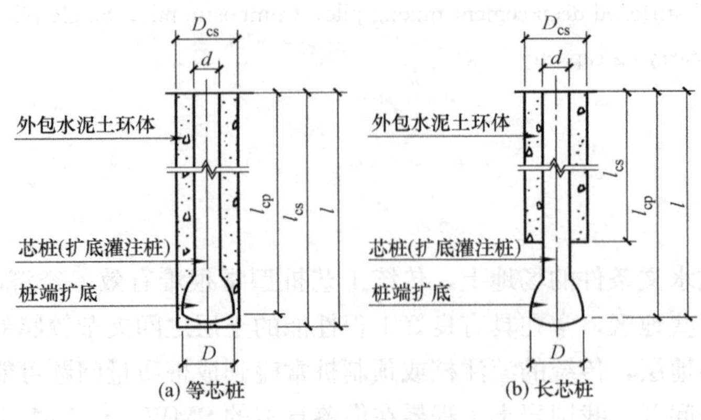

图 1　劲扩复合桩构造示意

1　施工流程简介

劲扩复合桩施工流程主要包括水泥土施工和芯桩施工两大步骤，施工具体流程如图 2 所示。

（1）在设定桩位上采用水泥土搅拌等工艺形成水泥土柱体。

（2）在水泥土柱体同心沉管下沉至设计深度，形成桩孔。沉管方式可采用柱锤内夯沉管方式，也可以采用内夯管锤击沉管方式。

（3）上提内夯锤（或内夯管），按设定投料量投放混凝土于孔内，内夯锤（或内夯管）反复夯击孔内的混凝土形成扩底。

（4）提出内夯锤（或内夯管），放置钢筋笼。

（5）浇筑桩身混凝土，拔出外管成型。成桩后如图 3 所示。

相对于传统内夯扩底灌注桩成孔过程，劲扩复合桩施工噪声大幅度降低，无油烟污染，环保性好，时效性高，增效显著；夯扩过程中适度挤密了周边土体，进一步提高水泥土桩侧界面性能；通过沉拔装置与内夯系统的协调作用，提高了沉拔管能力；有效增加了夯击的有效能量，增强了土层的穿越能力，保证了较硬土层上扩底成型质量，解决了外管难拔的问题，拓展了劲性复合桩和传统内夯扩底灌注桩的适用范围；通过精细化设计夯扩参数，可选择性控制桩端扩底的形态。当然，劲扩复合桩扩底施工过程中也有一定的挤土效应；在承压水地区，成桩时有一定困难。

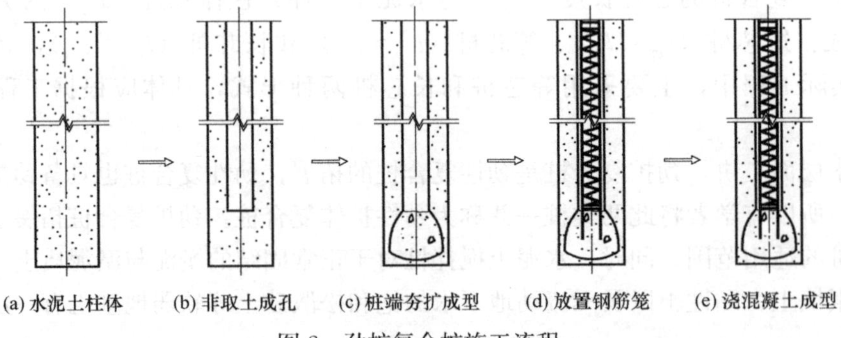

图 2　劲扩复合桩施工流程

(a) 桩顶　　(b) 扩底

图 3　劲扩复合桩成型

2　试验方案

2.1　桩型参数及试验内容

为研究劲扩复合桩的单桩竖向抗压承载性能，在同比条件下对比开展了多桩型的静载荷试验。试验采用现场足尺试件。具体成桩工艺如下。

(1) 劲扩复合桩：水泥土施工采用 SJW125 单轴深层高压旋喷搅拌机，干喷工艺，掺灰量 15%；芯桩（混凝土扩底灌注桩）施工采用柱锤内夯沉管和扩底工艺；

(2) 劲性复合桩：水泥土施工工艺及参数同劲扩复合桩；芯桩采用高强混凝土预应力管桩 PHC400 (95)-C80，管桩插芯施工采用静压沉桩工艺；

(3) 灌注桩：采用泥浆护壁水钻孔工艺；

(4) 内夯扩底灌注桩：采用柱锤内夯沉管和扩底工艺。具体桩型参数见表 1。

试验的桩型参数　　表 1

桩型序号	桩型	工艺			几何形态					数量	桩号
					内芯		水泥土体		扩底直径 (m)		
		水泥土	内芯	扩底	直径 (mm)	桩长度 (m)	直径 (mm)	桩长度 (m)			
1	劲扩复合桩（等芯）	干法	混凝土灌注	混凝土夯扩	420	12	850	12	0.9	3	49～51 号
2	劲扩复合桩（长芯）		混凝土灌注	混凝土夯扩	420	12	850	12	0.9	3	46～48 号
3	劲性复合桩		PHC 管桩	—	400	12	850	12	—	2	34 号、35 号
4	灌注桩	—	混凝土灌注	—	420	12	—	—	—	2	32 号、33 号
5	扩底灌注桩	—	混凝土灌注	混凝土夯扩	420	12	—	—	0.9	2	38 号、39 号

2.2　试验场地情况

为对比竖向荷载作用下各桩型的成桩质量及静载承载能力，开展了桩身小应变检测及竖向抗压的静载试验。桩型示意如图 4 所示。

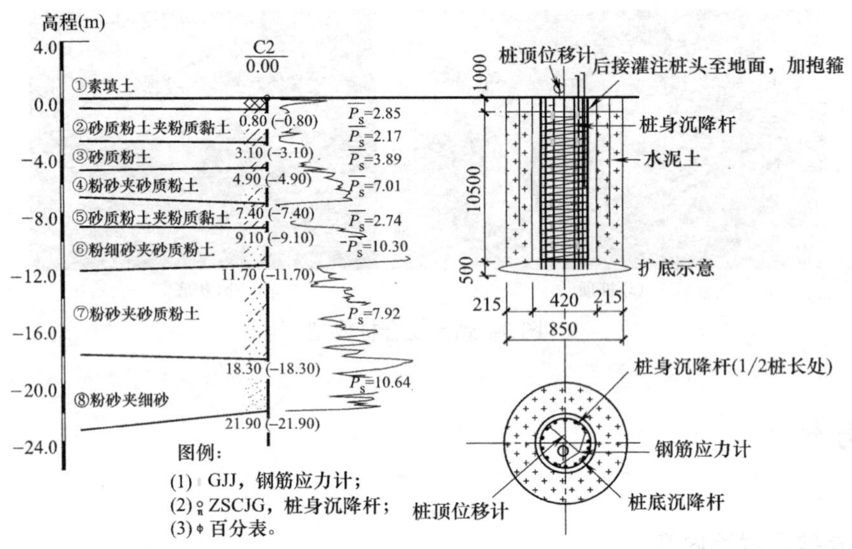

图 4 C2 勘探孔地质剖面图

试验地点位于南通市通州区平潮镇花坝村。试验场地平坦，处于长江下游三角洲平原北翼，地貌形态单一。勘探深度范围内地基土除表层素填土外，均属第四纪全新世长江冲积层。自上而下土层的分布、工程地质特性描述以及根据土工试验、原位测试成果和工程经验综合确定地基承载力特征值见表 2。C2 勘探孔地质剖面图见图 4。

场地地层一览表 **表 2**

层序	土层名称	地层厚度（m）	地层描述及特征	比贯入阻力 $\overline{P}_s$(MPa)	地基承载力 f_{ak}(kPa)
①$_1$	素填土	0.50～0.80	黄褐色—杂色，以砂质粉土、粉质黏土为主要成分，含少量建筑垃圾及植物根茎，松散不均	1.98	110
②	砂质粉土夹粉质黏土	2.30～2.50	褐黄—灰色，稍密，稍—很湿，含铁猛质，具层理	3.60	130
③	砂质粉土	1.60～2.00	灰—青灰色，中密，很湿，含云母片	6.89	155
④	粉砂夹砂质粉土	2.00～2.50	青灰色，中密，饱和，粉砂矿物成分以石英、长石、云母为主，稍具水平层理	2.43	115
⑤	砂质粉土夹粉质黏土	1.70～2.10	灰—青灰色，稍密为主，很湿，含云母片，具层理	10.86	180
⑥	粉细砂夹砂质粉土	2.60～3.00	青灰色，中密，饱和，粉细砂矿物成分以石英、长石、云母为主，含少量砾石和较多的云母片	7.73	160
⑦	粉砂夹砂质粉土	6.00～6.60	灰—青灰色，中密，饱和，粉砂矿物成分以石英、长石、云母为主	10.86	180
⑧	粉砂夹细砂	3.60～6.10	灰—青灰色，中密—密实，饱和，局部为中砂，粉细砂矿物成分以石英、长石、云母为主，含较多的云母片	4.02	145
⑨	粉砂夹砂质粉土	2.70～4.40	灰—青灰色，中密，饱和	9.63	170
⑩	粉细砂夹砂质粉土	未钻穿	青灰色，密实，饱和，粉细砂矿物成分以石英、长石、云母为主	—	—

2.3 试验现场及试件制作

现场试件制作及传感器埋设概况见图 5。

(a) 钢筋笼焊接和钢筋计的布设　(b) 施工桩机　(c) 桩头处传感器　(d) 芯桩施工

图 5　现场基桩制作及传感器埋设概况

3 试验概况与结果

3.1 桩身完整性

在成桩 28d 后进行小应变的桩身测试，分析上述工艺下劲扩复合桩的成桩质量。具体测试结果如图 6 所示。

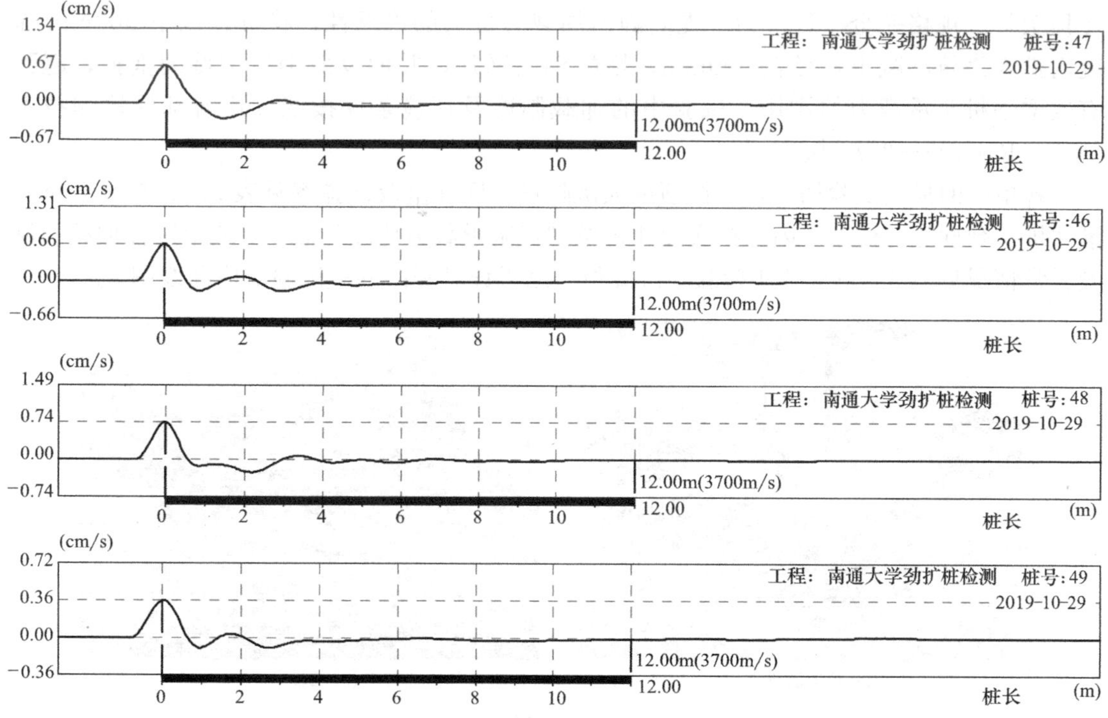

图 6　劲扩复合桩小应变动测结果（一）

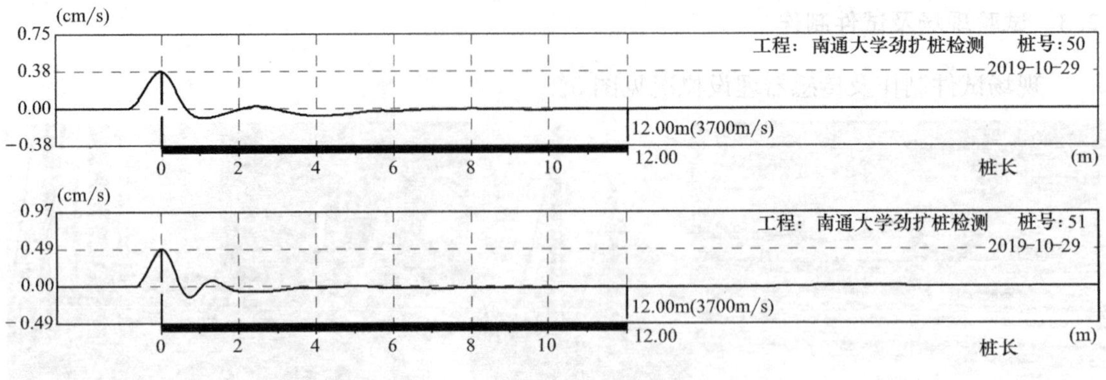

图 6　劲扩复合桩小应变动测结果（二）

图 6 表明，除桩头附近受到后浇筑的混凝土影响，桩身其余部分应力波反射信号总体平稳，劲扩复合桩桩身完整性较好，无明显缩颈、断桩、桩端虚土或沉渣等缺陷信号。水泥土搅拌桩结合内夯沉管灌注桩工艺的施工质量是可以保证的，但桩端扩底信号并不十分明显。这是由于桩端扩底直径与外包水泥土体直径相当，接近桩端处一定高度范围内内芯桩径逐步渐变增大；同时经夯扩后扩底与持力层紧密结合，且持力层阻抗比较接近桩身，而使得桩底反射信号比较弱。

3.2　单桩抗压静载试验

单桩竖向抗压静载试验采用堆载反力系统进行加载（图 7）。载荷装置由支撑、钢架、千斤顶、高压油泵等组成。荷载由一台 300t 千斤顶或两台并联同步加载提供。千斤顶型号、规格完全一致。为了提高静力加载时桩头的可靠性，将桩顶以下 500mm 深度内扩大浇筑混凝土直径至 600mm，增配钢筋网片，并增设薄钢板围城的抱箍，起到有效增强桩头承载力的作用。试验中的加载制度及环境条件按照《建筑基桩检测技术规范》JGJ 106—2014 执行。

各单桩的最大试验加荷量、桩顶最大沉降量、回弹量及回弹率见表 3。劲扩复合桩与灌注桩、劲性复合桩以及内夯扩底灌注桩桩型极限承载力比较见表 4。试验过程加载控制及异常情况见表 5。单桩抗压荷载与沉降位移结果详见竖向静载试验对应曲线图 8。

(a) 桩顶加载

(b) 堆载

图 7　现场加载

单桩竖向抗压静载试验结果表 **表 3**

序号	桩号(号)	最大载荷(kN)	最大沉降量(mm)	桩顶回弹量(mm)	回弹率(%)	抗压极限承载力(kN)
1	32	1920	46.38	5.68	12.25	1760
2	33	1760	40.20	1.91	4.75	1600
3	34	2717	105.64	10.83	10.25	2223
4	35	3211	101.49	9.49	9.35	2964
5	38	2860	41.95	10.79	25.72	2640
6	39	2640	42.14	14.48	34.36	2420
7	46	4564	43.00	17.28	40.19	4238
8	47	3912	40.68	10.19	25.05	3586
9	48	4238	41.68	16.33	39.18	3912
10	49	4860	103.41	8.43	8.15	4488
11	50	4114	103.77	10.92	10.52	3740
12	51	3216	16.03	10.49	65.44	3216

单桩试验承载力极限值比较 **表 4**

	桩号		46	47	48	49	50	51
劲扩桩	极限承载力(kN)	试验值	4238	3586	3912	4488	3740	3216
		端承比(%)	46.1	35.9	—	18.6	28.5	—
灌注桩	平均试验极限承载力(kN)		1680					
	百分比(%)		252.3	213.5	232.9	267.1	222.6	191.4
劲性复合桩(管桩内芯)	平均试验极限承载力(kN)		2593.5					
	百分比(%)		163.4	138.3	150.8	173.0	144.2	124.0
混凝土内夯扩底灌注桩	平均试验极限承载力(kN)		2530					
	百分比(%)		167.5	141.7	154.6	177.4	147.8	127.1

试验过程加载控制及异常情况 **表 5**

序号	桩型	桩号(号)	试验过程现象及停止加载条件
1	劲扩复合桩(等芯)	49	沉降随荷载增加缓慢,最后一级荷载加载过程中发生瞬间跳动,沉降突然增加,且伴随断裂声。较劲性提高 58.0%、31.6%
		50	
		51	桩头未加抱箍,加载过程中开裂,停止加载。沉降随荷载增加缓慢。较劲性提高 13.2%
2	劲扩复合桩(长芯)	46	沉降随荷载增加缓慢,最后一级荷载加载过程中发生瞬间跳动,沉降突然增加,且伴随断裂声。较劲性提高 60.7%、37.7%
		47	
		48	沉降随荷载增加缓慢。较劲性提高 49.1%
3	劲性复合桩	34	沉降超过 40mm 停止加载
		35	沉降随荷载增加缓慢,最后一级荷载加载过程中发生瞬间跳动,沉降突然增加,且伴随断裂声
4	扩底灌注桩	38	沉降超过 40mm 停止加载
		39	
5	灌注桩	32	沉降超过 40mm 停止加载
		33	

表 3、表 4 表明，劲扩复合桩抗压承载力明显高于同直径的劲性复合桩、内夯扩底灌注桩、灌注桩承载力。等芯劲扩复合桩是劲性复合桩的 1.24～1.73 倍，是内夯扩底灌注桩的 1.27～1.77 倍，是灌注桩的 1.91～2.61 倍；长芯劲扩复合桩是劲性复合桩的 1.38～1.63 倍，是内夯扩底灌注桩的 1.42～1.68 倍，是灌注桩的 2.14～2.52 倍。51 号等芯劲扩复合桩因未设置桩头抱箍，桩顶较早开裂提前终止加载，以试验终止荷载作为该桩极限承载力。

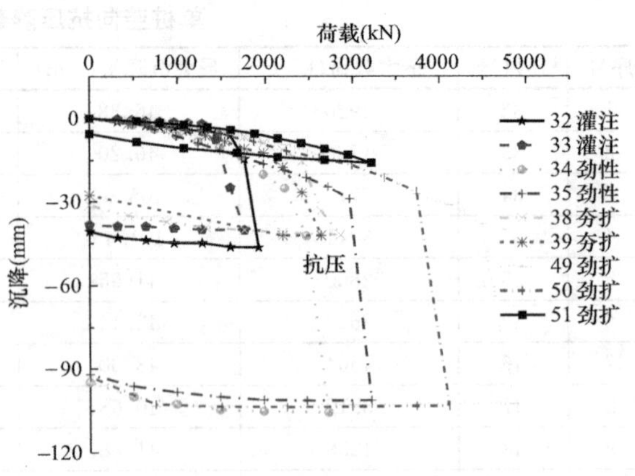

图 8 单桩抗压荷载与沉降位移曲线

表 3、表 4 同时表明，同等荷载作用下劲扩复合桩沉降不大于或低于其他对比桩型，且劲扩复合桩在荷载作用下属于缓变形沉降。扩底承担了相当比例的荷载。

对表 5 中载明的加载试验出现异常情况的桩进行后期检查和小应变检测，发现出现断裂声的桩的浅部桩身或桩头均被压裂。

表 6 及图 9 分别给出了劲扩复合桩芯桩沉降位移及桩身变形。

劲扩复合桩身变形 **表 6**

桩号(号)		46	47	49	50
承载力特征值时桩顶沉降量(mm)		17.0	6.90	9.51	8.32
桩顶与桩身一半处沉降差(mm)(占比桩顶沉降百分比)	承载力特征值时	7.3 (42.9%)	3.58 (51.9%)	2.84(29.9%)	3.55(42.7%)
	极限承载力时	3.68	15.0	11.42	3.63
桩顶与底部沉降差(mm)(占比桩顶沉降百分比)	承载力特征值时	6.51 (38.3%)	2.71 (39.3%)	1.74(18.3%)	1.65(19.8%)
	极限承载力时	4.12	16.9	3.29	8.30

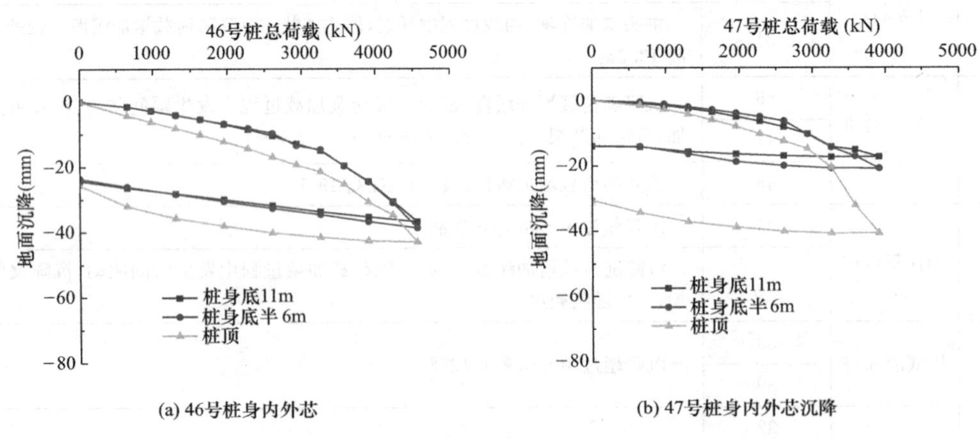

图 9 桩身沉降位移（一）

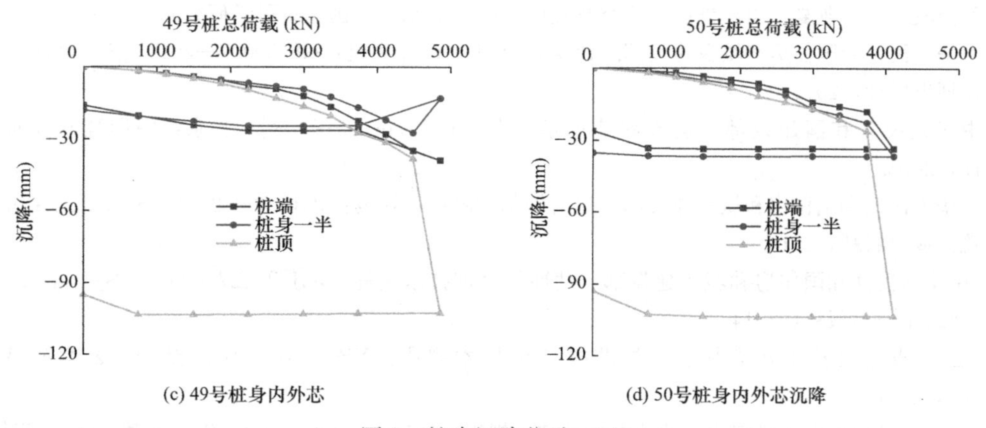

图 9　桩身沉降位移（二）

表 6 表明，劲扩复合桩的桩身沉降变形随荷载增加而增大，桩身中、上部变形大于下部变形。施加荷载在达到承载力特征值之前，桩身变形一般呈逐步递增趋势，桩身压缩量占桩顶总沉降的比例可达 20%～50%；施加荷载超过承载力特征值之后，桩身变形不再是简单的单调变化，而是存在一定波动。由此，在计算桩基沉降时应计入桩身压缩变形。

4　结论

本文介绍了劲扩复合桩足尺试验研究，结论如下：

（1）水泥土搅拌桩结合内夯沉管灌注桩工艺的劲扩复合桩桩型成型工艺质量稳定，桩体完整性较好。水泥土体与芯桩内界面结合面粗糙，可有效保证内芯与水泥土的协同工作，有效提高了桩土之间的侧阻力；同时内夯沉管扩底工艺有效提高了桩端承载能力。

（2）劲扩复合桩竖向抗压承载力明显高于同直径的传统桩型和劲性复合桩。劲扩复合桩承载力是等直径灌注桩的 1.91～2.61 倍，是劲性复合桩的 1.24～1.73 倍。

（3）试验表明，同比条件下劲扩复合桩承载能力大、桩身变形也较大，桩身压缩变形量占桩顶总沉降比例达 20%～50%，因此劲扩复合桩桩身压缩变形应计入桩身沉降中。

（4）劲扩复合桩对环境影响较小，技术优势明显，是场地浅层具有良好工程性能土层时一种有效的中、短桩型。

参考文献

［1］ 任连伟，李建委，肖耀祖．组合桩研究与技术发展探讨［J］．水利与建筑工程学报，2010，8（4）：96-100+122.

［2］ 高文生，梅国雄，周同和，等．基础工程技术创新与发展［J］．土木工程学报，2020，53（6）：97-121.

［3］ 李俊才，邓亚光，宋桂华．等．素混凝土劲性水泥土复合桩承载机制分析［J］．岩土力学，2009，30（1）：181-185.

［4］ 龚晓南．桩基础工程手册（第二版）［M］．北京：中国建筑工业出版社，2015.

［5］ 刘金砺，刘金波．水下赶干作业复合灌注桩试验研究［J］．岩土工程学报，2001，23（5）：536-539.

[6] 刘金波. 干作业复合灌注桩试验研究及理论 [D]. 北京：中国建筑科学研究院，2000.
[7] 中华人民共和国住房和城乡建设部. 建筑地基基础设计规范：GB 50007—2011 [S]. 北京：中国计划出版社，2011.
[8] 中华人民共和国建设部. 建筑桩基技术规范：JGJ 94—2008 [S]. 北京：中国建筑工业出版社，2008.
[9] 中华人民共和国住房和城乡建设部. 建筑桩基检测技术规范：JGJ 106—2014 [S]. 北京：中国建筑工业出版社，2014.
[10] 中华人民共和国住房和城乡建设部. 劲性复合桩技术规程：JGJ/T 327—2014 [S]. 北京：中国建筑工业出版社，2014.
[11] 云南省老科技工作者协会. 加芯搅拌桩技术规程：YB—2007 [S]. 昆明：云南科技出版社，2007.
[12] 天津大学建筑设计研究院. 劲性搅拌桩技术规程：DB 29—102—2004 [S]. 天津：天津市建设管理委员，2004.
[13] 天津市华正岩土工程有限公司. 天津市高喷插芯组合桩技术规程：DB/T 29—160—2006 [S]. 天津，天津市建设管理委员会，2006.
[14] 江苏省住房和城乡建设厅. 劲性复合桩技术规程：DGJ32/TJ 151—2013 [S]. 南京：江苏科学技术出版社，2013.
[15] 中华人民共和国住房和城乡建设部. 水泥土复合管桩基础技术规程：JGJ/T 330—2014 [S]. 北京：中国建筑工业出版社，2014.
[16] 山东省住房和城乡建设厅. 水泥土复合混凝土空心桩基础技术规程：DB37/T 5141—2019 [S]. 北京：中国建材工业出版社，2019.
[17] 天津市住房和城乡建设委员会. 天津市劲性搅拌桩技术规程：DB/T 29—102—2021 [S].

沿海软土地区钢桩振动沉桩分析

张龙，张菊连，杨辉，吴小胜
（上海宏信设备工程有限公司，上海 201805）

摘　要：钢板桩振动沉桩对周边土体和建筑物的影响一直是钢板桩施工中最为关注的问题。本文通过采用三轴测振仪，分别对5个软土地区进行振动监测，提取了距离振源不同距离处地表的径向、切向和竖向的振动加速度，并利用Mathematica和SeismoSignal软件分析了振动峰值加速度和振动峰值速度随着测点和振源不同距离下的变化趋势。结果表明，软土地区的振动响应相比硬土地区明显降低，但软土地区地表振动与土层性质和土层变化有关。在软土层上覆较好土层的地区，由于剪切带较大，地表径向峰值加速度随着测点到振源距离的增加出现先增加后减小的现象；但切向加速度由于钢板桩在沉桩过程中产生水平位移作用的附加影响，并未减小。钢板桩在软土地区的地表振动加速度和速度峰值在距离振源0～3m范围迅速衰减，超过这个范围后对周边环境的影响较小。最后，本文给出了不同建筑物类型下，软土地区振动影响最小安全距离，可以供工程设计人员参考。

关键词：钢板桩；振动沉桩；监测；振动影响；峰值速度

Monitoring and Analysis of Steel Pile Vibration Driving in Soft Soil Coastal Area

Zhang Long，Zhang Julian，Yang Hui，Wu Xiaosheng
（Horizon Equipment & Engineering，Shanghai 201805，China）

Abstract: The influence of steel sheet pile vibration driving on surrounding soil and buildings has always been the most concerned problem in steel sheet pile construction. In this paper，the vibration of the radial，tangential and vertical vibration accelerations of the surface at different distances from the vibration source on five soft soil regions were measured by using triaxial vibrometer. The variation trend of vibration peak acceleration and vibration peak velocity with different distances of measuring points and vibration sources was analyzed by using Mathematica and SeismoSignal software. The results show that the vibration response of soft soil area is obviously lower than that of hard soil area，but the surface vibration of soft soil area is related to soil properties and the Changes in the soil layers. The soft soil is overlaid with silty clay，the radial peak acceleration of the surface increases first and then decreases with the increase of the distance from the measuring point to the vibration source due to the large shear zone. However，the tangential acceleration does not decrease due to the additional effect of horizontal displacement of steel sheet pile during pile driving. The peak value of surface vibration velocity of steel sheet pile decreases rapidly in the range of 0-3m from the vibration source in soft soil，and the influence on the surrounding environment is small after the

---

作者简介：张龙，博士，工程师，E-mail：zhanglong3@fehorizon.com（51608490）。

range is exceeded. As a results, this paper gives the minimum safe distance of vibration influence in soft soil area under different building types, which can be used for reference by engineering designers.

Key words: Steel sheet pile; Vibration driving; Monitor; Vibration influence; Peak acceleration

0 引言

在基坑绿色支护与建造技术成为城市可持续发展的重要需求的大趋势下，具有施工工期短、造价低、可回收的钢板桩围护结构得到了越来越广泛的应用[1-3]。与此同时，钢板桩由于其振动沉桩的施工工艺，振动锤或者机械手带动钢板桩振动，振动波会通过钢板桩的振动传播到周边土体和周边建筑物处，这些振动可能会干扰到人们并对建筑物或构筑物造成不同程度的影响。因此，我国规范《建筑工程容许振动标准》GB 50868—2013[4] 中明确对最大振动速度进行限制，难点在于如何能在施工前较准确的预测不同地层条件下，距离振源不同范围内的振动水平。Attewell & Farmer[5] 基于特定机械和土层情况，给出了钢板桩振动下，周边土体振动水平的预测模型。该模型被一直使用至今，但实际预测结果和软土地区的实测结果相差甚远，不具有适用性[6]。近几年，国外部分学者如 Kim & Lee、Auersch & Said、Whenham &Holeyman 和 Deckner 等[7-9]，对振动沉桩过程中，振动从钢板桩到土体的传播全过程进行监测，认为振动沉桩引起的地表振动受到场地的空间条件、场地的土层类别、距离振源的距离和施工方法等因素共同影响。介于上述多种因素的影响，实际中得到准确的监测模型必须建立在大量的监测数据基础上。尤其对于钢板桩推行较广的我国沿海软土地区，急需大量的实测数据支持并建立准确的振动水平预测模型。

本文通过采用三轴测振仪，分别对 5 个沿海软土地区（常熟、诸暨、徐州、青岛、杭州）进行振动监测，提取了距离振源不同距离处地表的径向、切向和竖向的振动加速度，并利用 Mathematica 和 SeismoSignal 软件分析了振动峰值加速度和振动峰值速度随着测点和振源不同距离下的变化趋势，供相关方向设计人员参考使用。

1 振动在软弱土层中传播

Massarsch[10] 提出振动传递过程主要分为三个部分，分别为振动源的影响（沉桩的能量传递、桩的振动和桩土相互作用）、波在土中的传播和被影响的对象（土与结构的相互作用和结构中的振动传递）三个部分。其中，本文研究范围内沉桩设备和材料分别为振动锤和钢板桩，且相关学者已经对振动源做了大量的研究[7-10]，本节主要讨论桩土相互作用和波在土中的传播过程，进而准确地对振动水平进行判断。

1.1 典型软土地区振动沉桩桩土相互作用

Head 和 Jardine[11]、Athanasopoulos 和 Pelekis[12]、Thandavamoorthy[13] 等学者提出类似观点，即有两种能量传递源来传递振动沉桩产生的地面振动，分别为桩脚和桩身的振动波。在桩脚处，土体的位移产生 y 压缩波和剪切波，从桩尖向外以球面波的形式向各个方向传播。桩的表面和土的摩擦导致平行于桩身的剪切波从桩身向外扩展形成锥形波阵面。由于以压缩波速度沿桩体向下传播的速度通常是土体剪切波速度的10倍甚至更大，且钢板桩桩体的面积较小，遇到软弱土层的振动贯入速度较快。图1绘制了振动沉桩过程中，靠近钢板桩板的滑移和应变变化关系，并说明了沉桩一定范围内土体剪切模量和阻尼比的变化规律。振动过程中，滑移带处的土体剪切模量骤减，但是阻尼比会显著增加。由于滑移带的存在且软土的阻尼比相比硬土层大得多，通常振动影响范围较小，现存设计普遍保守，影响造价。

1.2 波在土中的传播

在地表的振动，当压缩波和剪切波到达地面时，一些能量被转换成面波，而另一些则被反射回地面。面波沿地面传播，同时具有垂直和水平运动分量。其中压缩波从桩脚传到地表的最短距离振源的长度称为临界距离，对临界距离的确定十分必要，用于判断振动影响的最不利位置。Head 和 Jardine[11] 指出一般条件下临界距离等于桩深，但在软土地区其临界距离会明显降低，降低的大小和土性有关。同样，Amick 和 Gendreau[14] 认为在振动沉桩过程中，当振源位于地表以下时，在距离桩体约几米的水平距离处，面波的振动速度不降反升，即存在一定的临界距离。图2为典型软土层条件下的振动沉桩分析中振动波在土中传播的典型情况，在沉桩的过程中，主要有：

（1）沉桩打入较坚硬表层。能量源位于地表，振动主要以面波的形式传播。

（2）沉桩进入软弱层。这种情况下，振动能量主要沿桩身和附近的塑性区消散。

（3）沉桩进入较坚硬土层。在这种情况下，振动将主要以压缩波的形式传播到地面，宏观体现为面波强度增加。

上述三种情况构成了典型的波在土中传播的形式。

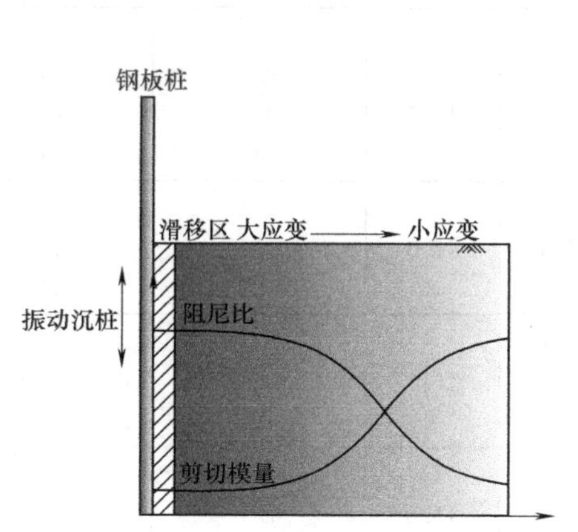

图1 靠近板桩轴的滑移和应变变化示意图

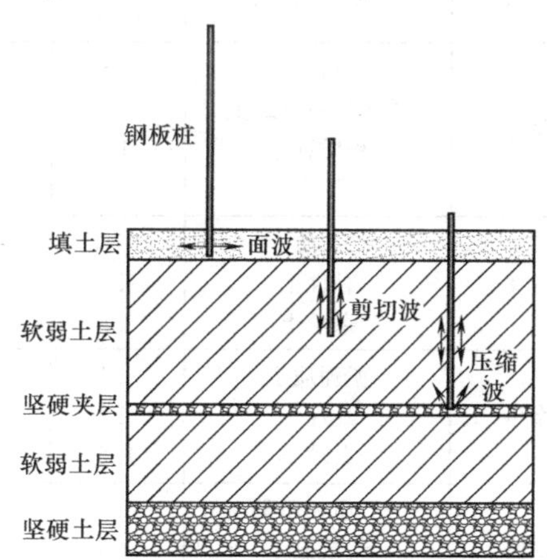

图2 典型软土层振动沉桩中波在土中的传播形成

2 监测方案

2.1 监测设备和数据处理

本文的振动水平监测仪器采用上海同禾工程科技有限公司研制的TH-VBR系列三轴

测振仪系统，主要由三轴测振仪（测点）、连接线缆及通用数据采集箱组成。三轴测振仪内部配有工业级的 MEMS 加速度传感器，输出准确的三向加速度值，并可配合采集器、平台使用输出基频、幅值等振动特性值，如图 3 所示。该三轴测振仪量程±2g，分辨率 0.1mg，可同时监测垂直打桩方向-径向、平行打桩方向-切向和竖向方向的振动加速度。

图 3　三轴测振仪和采集仪

2.2　监测项目介绍

本文对 5 个沿海软土地区（常熟、诸暨、徐州、青岛、杭州）的工程项目进行振动监测，分别为常熟某房建地下室项目、诸暨某公园地下车库项目、徐州某雨水泵站项目、青岛某工业厂房项目和杭州某小区房建项目。5 个项目均涉及不同厚度的软土层，具体钢板桩沉桩范围内土层的信息见表 1。

表 1 中可以看出，各个监测场地的表层填土厚度在 0.8～2m 范围内，且均存在一定厚度的软弱土层，该 5 个场地的试验结果具有一定的代表性。

5 个项目钢板桩沉桩范围内的土层信息　　**表 1**

项目地区	沉桩范围土层	土层厚度(m)	桩长(m)	重度(kN/m^3)	黏聚力 c(kPa)	有效内摩擦角 φ'(°)	承载力特征值(kPa)
常熟	粉土	1.8	12	17.8	10	8	60
	淤泥质粉质黏土	0.5		18.8	8	3.1	55
	粉质黏土	14		17.2	13.5	9.8	70
	填土	1.5		17.2	5	8	55
诸暨	淤泥质土	10.1	12	15.8	7.8	1.4	40
	黏性土	9.0		17.8	18.5	4.7	60
	杂填土	0.8		16	2	5	50
徐州	淤泥质土	4.1	12	16.1	8	2	40
	黏性土	12.0		19.6	25.1	13.6	150
	杂填土	1.2		17.7	4	8	60
青岛	淤泥质粉质黏土	0.5	12	16.48	14	6.8	70
	粉质黏土	14.0		17.74	15.6	7.1	90
	杂填土	2.0		18.5	5	10	65
杭州	淤泥质粉质黏土	6.5	12	17.5	13	10	80
	粉质黏土	10.7		18.7	24.3	13.4	140

2.3　监测方案

本文监测采用上述振动信号采集仪，配 12 个加速度传感器，最大可布置 12 个测点。利用工程尺来准确定位传感器，确保监测点在一条线上；并且尺子有明显的刻度，在移动的过程中也能确保测点间隔相等，具体测点布置如图 4 所示。

5 个地区的项目均采用津西Ⅳ型拉森钢板桩，桩长均为 12m。常熟和诸暨项目打桩机锤头采用诚立 PCF-350 型，施工频率 3500Cpm，即 58.3Hz，最大振力 45 Tons。徐州、青岛和杭州项目采用艾思博 AXB-450 型，施工频率 3500Cpm，即 58.3Hz，最大振力 58Tons。

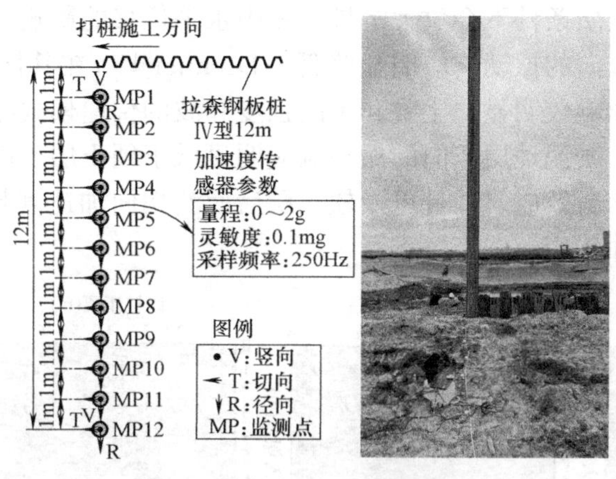

图 4　测点布置示意和现场图

3　现场监测结果

3.1　软土地区典型项目监测结果

以常熟项目为例分析软土地区振动沉桩对地表振动的影响。图 5 为常熟项目距离钢板桩 1m、2m、3m、4m、5m 和 6m 测点处监测得到的切向、径向和竖向峰值加速度随打桩深度的变化曲线。从图 5 中可知，三个方向的峰值加速度都在距离钢板桩 1m、2m 和 3m 的测点处剧烈震荡，大于 3m 以后趋于平缓，表明在该软土地块的振动影响范围主要为距离沉桩 3m 范围以内。同时，对比 1m、2m 和 3m 的测点处三个方向的峰值加速度得出，地表切向峰值加速度在 1m 测点处的值明显大于 2m 测点处，而径向峰值加速度 2m 处的峰值和切向大致相同，该结果说明切向峰值加速度在接近桩侧明显增加。这个结果一方面和 Viking[15] 认为桩锤偏心夹持钢板桩，导致钢板桩在沉桩过程中产生水平位移，从而

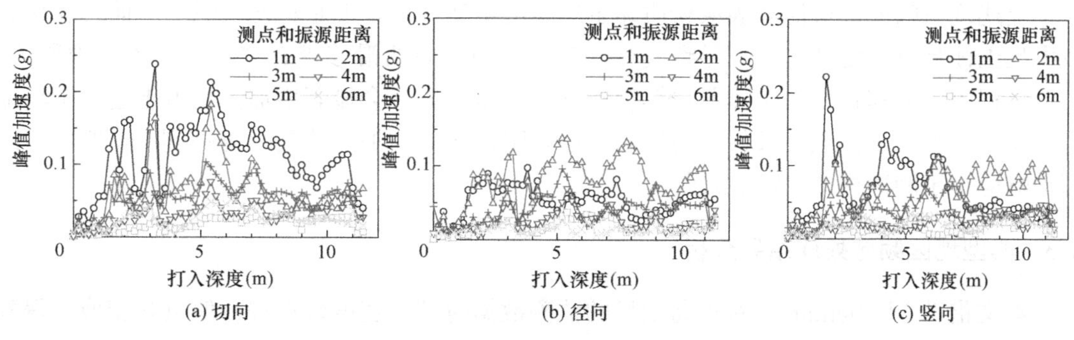

图 5　常熟项目各测点三个方向时域分析曲线

产生附加的水平振动有关。另一方面，随着钢板桩打入较硬土层，水平振动也有增加趋势。

为了解释上述原因，图 6 绘制了桩打入深度和地表三个方向振动加速度的立面图，直观分析土层情况对三个方向振动的影响。由图 6 可知，该地块淤泥土层上覆盖了较厚的粉质黏土层，该土层强度较淤泥土高，导致竖向振动响应明显增加。同时切向振动响应也有所增加，表明在较强土质条件下会放大沉桩过程中水平位移的影响。从图 6 中可直观看出在淤泥土附近，三个方向的振动响应明显降低。Deckner[16] 在其博士论文中点出，沉桩振动受到地层的强弱影响较明显，主要和土的强度和波的传递模式相关。目前根据该项目的监测结果可以证明，淤泥地层竖向的振动响应明显低于硬土层。由图 6 还可以看出，振动测量数据有一定的滞后效应，并且进入软土层后面波切向加速度趋于 0，表明切向加速度无竖向压缩波的叠加作用。

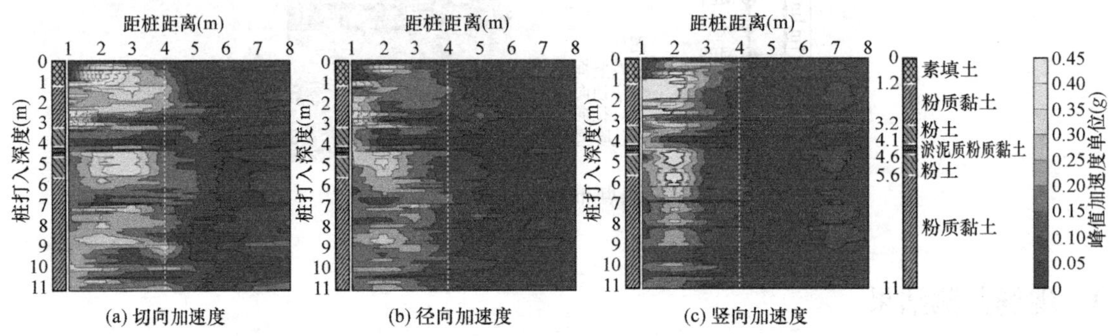

(a) 切向加速度　(b) 径向加速度　(c) 竖向加速度

图 6　常熟项目桩打入深度和地表三个方向振动加速度关系图

3.2　5 个地区监测结果对比分析

图 7 为其余 4 个项目地块，测点与沉桩点不同距离的地表径向加速度监测结果，图中的振动响应基本和表 1 中的土层信息对应，表现出软弱土层振动响应弱，较好土层振动响应强的特点。随着沉桩深度范围内土体强度的变化，表层径向峰值加速度也呈现出相应变化。如徐州项目测试地块表层有约 5m 厚度的承载力特征值为 40kPa 的淤泥质土，图中在沉桩 0～4m 过程中，表层土无振动响应。值得关注的是，对于青岛项目，也类似常熟项目，发现表层径向峰值加速度的幅值出现在距离桩 2m 处，而其余三个测试项目地块并未发生此现象（均为随距离逐渐递减）。将常熟和青岛土层信息与其他项目场地对比发现，产生上述现象的原因可能和表层粉质黏土层强度虽然一般，但是相比淤泥土层而言黏聚力较大且土体具有一定结构性，导致其存在较大范围的剪切滑移带有关。正如图 1 中所述，振动过程中，滑移带处的土体剪切模量骤减，但是阻尼比会显著增加。且由于这两个场地与淤泥土上覆盖土体强度较好的粉质黏土层，阻尼比的增加导致其距离桩侧 1m 处土体的振动响应小于距离桩 2m 处的测点。

3.3　典型地区频域处理结果分析

本文借助 Mathematica 对青岛项目的监测数据时域加速度数据进行傅里叶变换，得到频域下的峰值加速度-频率关系曲线。从图 8 中结果可以看出，三个方向距离钢板桩不同

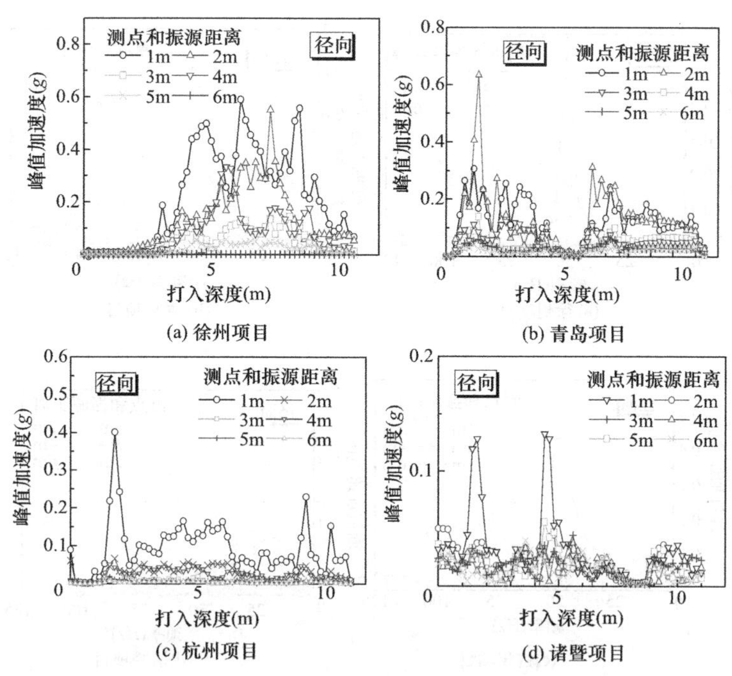

图 7　软土地区项目各测点径向时域分析曲线

测点处的振动峰值加速度随着距离增加明显降低，当测点距离振源距离达到 6m 时，振动主频处的峰值加速度只有场地最大峰值加速的 1/10 左右。同时，图 8 中明显得到振动主频不随着距离的增加而变化，均在 50Hz 左右，接近打桩机锤头的频率 58.3Hz，这表明振动主频在一定沉桩范围内不发生变化。

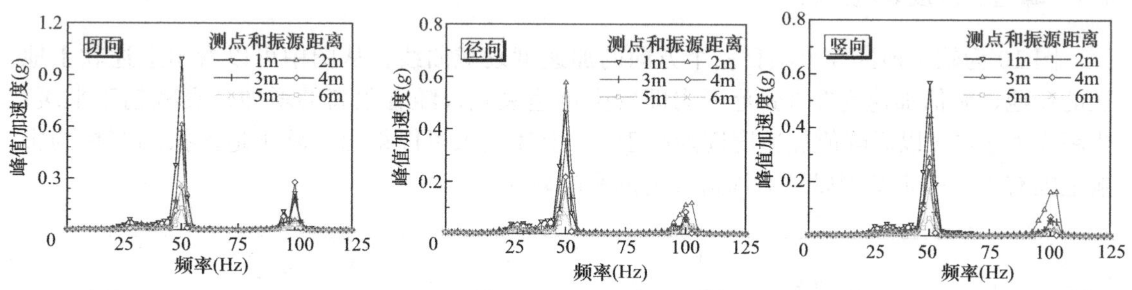

图 8　常熟项目各测点三个方向频域分析曲线

3.4　5 个地区频域处理结果对比分析

为进一步证实振动主频和沉桩范围内的规律以及影响因素，图 9 给出剩余 4 个项目的沉桩频域下的峰值加速度-频率关系曲线。图 9 中可以看出，除了诸暨项目，其余项目的振动主频数值均和常熟项目相似，接近 50Hz。而诸暨项目，由于该沉桩附近土体多为吹填土，土质条件极差且含水率高，略微振动即导致桩体在桩自身重力下完成沉桩，故可能本身机械频率未达到实际工作频率，该结果也间接说明，沉桩附近土体的振动响应频率和土层性质无关，而与打桩机锤头施工的频率相关。

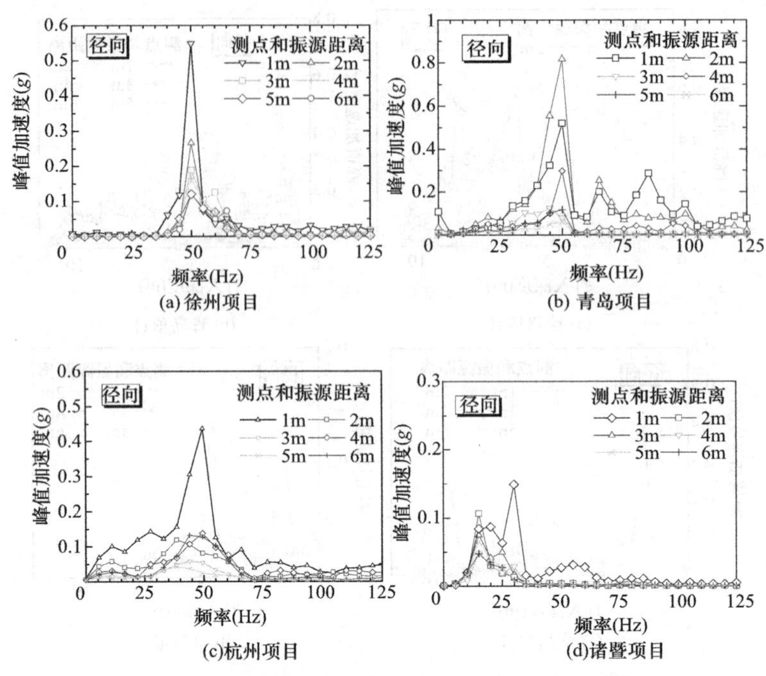

图 9　软土地区项目各测点径向频域分析曲线

4　振动变化规律

4.1　峰值加速度衰减分析

图 10 为软土地区 5 个项目三个方向的加速度衰减曲线，从图中可以看出上述软土地区的场地，峰值加速度在 3m 范围内即发生迅速衰减；随着距离的增加，衰减趋于平缓；当距离大于 6m 以后峰值加速度逐渐趋于 0。上述结果可以得出，软土地区振动沉桩的影响范围有限，一定范围以外对周边环境的影响较小。

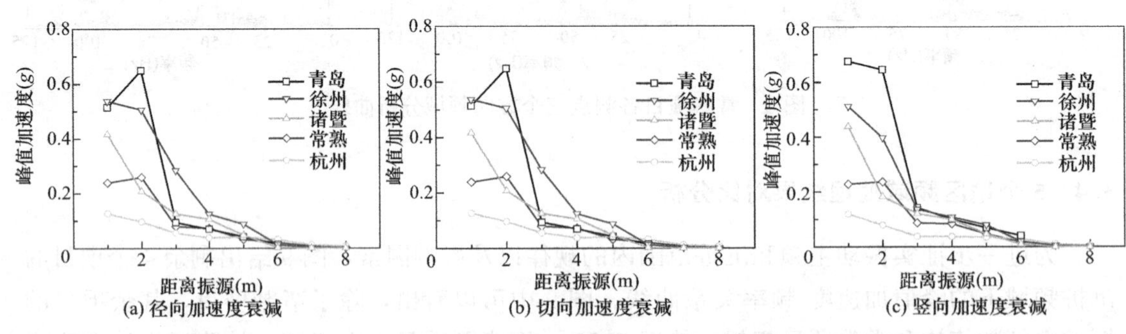

图 10　软土地区项目各测点三个方向加速度衰减曲线

4.2　峰值速度衰减分析

目前所有规范评价其对周边建筑物的影响，均参考抗震设计中的峰值速度指标进行判断。本文采用地震波处理软件 SeismoSignal 对 3 个方向加速度监测数据进行积分，获得峰值速度数据，得到峰值速度值随距离的衰减曲线，如图 11 所示。

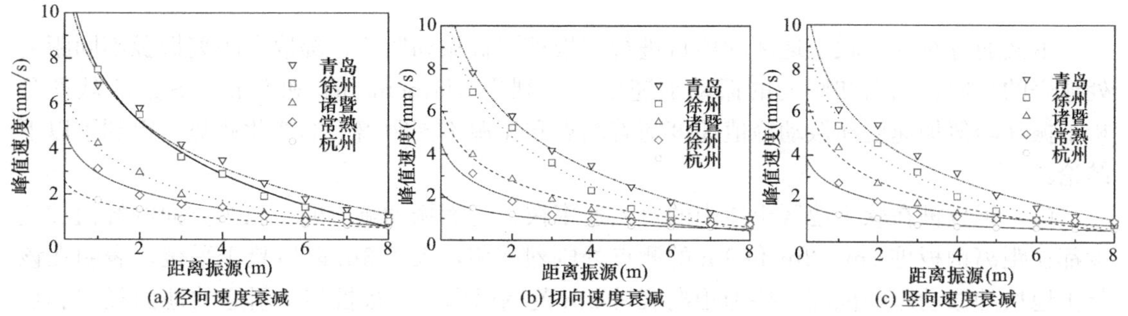

图 11 软土地区项目各测点三个方向速度衰减曲线

针对峰值速度衰减的拟合方程，Athanasopoulos 等[17] 进行了现场监测，并分析不同学者得出的钢板桩施工振动时地面速度的衰减曲线，认为利用指数函数公式可以很好地拟合衰减规律，作者通过对软土地区的数据进行拟合发现，指数函数偏差较大，采用对数函数公式对峰值速度-距离关系进行拟合较为准确，公式如下：

$$V=a+b\ln r \tag{1}$$

式中：V——距振源距离为 r 的速度；

a，b——拟合参数。

由图 11 可见，对数函数能较好地拟合峰值速度监测数据点，对于青岛和徐州地质条件较好的土层，峰值速度在 0～3m 范围内衰减迅速，3～8m 范围内缓慢衰减。对于其余三个项目监测地块内的峰值速度较低，钢板桩沉桩引起的振动在距振源 4m 范围内衰减，而后影响趋于较低水平。

根据国家标准《建筑工程容许振动标准》GB 50868—2013 对工业和公共建筑、居住建筑、振动敏感且具有保护价值建筑的三类建筑给出了容许振动速度峰值。本文用基础处容许振动速度峰值作为上述三个场地峰值速度拟合公式的函数值，反求振源距离 r 值，见表 2，该 r 值即为满足容许峰值的钢板桩施工最小安全距离。

由表 2 可以得到，在软土地区，对工业和公共建筑，保证建筑物在沉桩范围 2.5m 以外即可以满足规范要求；对于居住建筑则需要控制在 4.2m 以外；而对于振动敏感且具有保护价值的建筑，则需要控制在 6m 以外，并可以根据土质条件的不同进行适当放宽。尤其对于深厚软土层地区，如常熟和诸暨项目，保证钢板桩沉桩点到建筑物距离大于 3m 既可以满足所有建筑物类型的规范要求。

5 个项目钢板桩沉桩的最小安全距离 **表 2**

建筑物类型	基础处容许振动速度峰值(mm/s)	最小安全距离(m)				
		青岛	徐州	诸暨	常熟	杭州
工业和公共建筑	8.25	2.5	2.3	1.2	0.8	0.4
居住建筑	4.13	3.6	3.2	1.7	1.2	0.8
对振动敏感且具有保护价值的建筑	2.06	5.8	4.9	3.4	2.6	2.1

5 结语

本文通过对 5 个软土地区的项目进行钢板桩沉桩振动监测，提取了距离振源不同距离处地表的径向、切向和竖向的振动加速度，并利用 Mathematica 和 SeismoSignal 软件分析了振动峰值加速度和振动峰值速度随着测点和振源不同距离下的变化趋势。得到了以下结论：

（1）钢板桩在软土地区土体中的贯入速率快，地面振动响应弱。三个方向的峰值加速度都在距离钢板桩 1m、2m 和 3m 的测点处剧烈震荡，大于 3m 以后趋于平缓，表明在该软土地块的振动影响范围主要为距离沉桩 3m 范围以内。钢板桩施工引起的地面径向和切向加速度在同一深度比较接近，但需要考虑到表层覆盖土体参数和剪切带对两者的影响。

（2）振源距离和土层性质对钢板桩施工引起的地面振动主频率影响不大，而与打桩机锤头施工的频率相关。

（3）对于深厚软土层地区，保证钢板桩沉桩点到建筑物距离大于 3m 即可以满足所有建筑物类型的规范要求。

参考文献

[1] 曹凯平，章康，孔友南，等. 软土地基条件下港区内大型排洪通道结构设计 [J]. 水运工程，2022 (3)：171-176.

[2] 朱艳，石振明，卢耀如，等. 海岸带特殊地质条件下双排钢板桩适用性案例分析 [J]. 工程地质学报，2021，29 (6)：1849-1861.

[3] WHENHAM V，HOLEVMAN A. Load Transfer During Vibratory Driving [J]. Geotechnical and Geological Engineering，2012，30 (5)：1119-1135.

[4] 中华人民共和国住房和城乡建设部. 建筑工程容许振动标准：GB 50868—2013 [S]. 北京：中国计划出版社，2013.

[5] ATTEWELL P B，FARMER I W. Attenuation of ground vibrations from pile driving [J]. Ground Engineering，1973，3 (7)：26-29.

[6] FENG Z，DESCHAMPS R J. A study of the factors influencing the penetration and capacity of vibratory driven piles [J]. Soils and Foundations，2000，40 (3)：43-54.

[7] KIM D-S，LEE J-S. Propagation and attenuation characteristics of various ground vibrations [J]. Soil Dynamics and Earthquake Engineering，2000，19 (2)：115-126.

[8] DECKNER F. Ground vibrations due to pile and sheet pile driving-influencing factors，predictions and measurements [D]. Licentiate Thesis，Division of Soil and Rock Mechanics，KTH Royal Institute of Technology，Stockholm，Sweden.

[9] MASSARSCH K R. Vibrations Caused by Pile Driving. Deep foundations，2004，summer 2004 and fall 2004 (two parts).

[10] HEAN J M，JARDINE F M. Ground-borne vibrations arising from piling. CIRIA Technical Note 142，1992，CIRIA，London，U. K.

[11] ATHANASOPOULOS G A，PELEKIS P C. Ground vibrations from sheetpile driving in urban environment：measurements，analysis and effects on buildings and occupants [J]. Soil Dynamics and Earthquake Engineering，Elsevier，2000，19 (5)：371-387.

[12] THANDAVAMOORTHY T S. Piling in fine and medium sand-a case study of ground and pile vibration [J]. Soil Dynamics and Earthquake Engineering, 2004, 24 (4): 295-304.

[13] AMICK H, GENDREAU M. Construction Vibrations and Their Impact on Vibration-Sensitive Facilities [C]. Proceedings of the 6th ASCE Construction Congress, Orlando, 2000.

[14] VIKING K. Vibro-driveability-a field study of vibratory driven sheet piles in non-cohesive soils [D]. Division of Soil and Rock Mechanics, KTH Royal Institute of Technology, Stockholm, Sweden, 2002.

[15] DECKNER F. Vibration transfer process during vibratory sheet pile driving-from source to soil [D]. Division of Soil and Rock Mechanics, KTH Royal Institute of Technology, Stockholm, Sweden, 2017.

[16] ATHANASOPOULOS G A, PELEKIS P C. Ground vibrations from sheetpile driving in urban environment: measurements, analysis and effects on buildings and occupants [J]. Soil Dynamics and Earthquake Engineering, 2000, 19 (5): 371-387.